防腐蚀工程师必读丛书

腐蚀和腐蚀控制原理

（第二版）

林玉珍　杨德钧　编著

中国石化出版社

·北京·

内 容 提 要

《腐蚀和腐蚀控制原理》为《防腐蚀工程师必读丛书》之一，由中国腐蚀与防护学会组织专家编写。本书主要介绍金属腐蚀的电化学理论，内容包括两部分。第一部分(第1章至第6章)紧紧抓住腐蚀金属电极的特点，在有关可逆过程电化学理论的基础上，阐明腐蚀电极过程的热力学和动力学理论，重点结合讨论了氢和氧两类去极化腐蚀、金属的钝化和常见的局部腐蚀。第二部分(第7章至第15章)介绍了金属在各种典型环境下的腐蚀、影响腐蚀的各种因素、合理的防腐设计及腐蚀控制的途径，还增加了对国民经济重要领域的工业系统(石油、化工、电力等)中的腐蚀及其控制问题的具体剖析，以加深对腐蚀理论的理解，体验理论对解决实际问题的重要意义。

本书是腐蚀科学的基本读物，可作为防腐蚀工程师技术资格认证培训教材，也可供腐蚀工程科技工作者及高等学校材料等专业的教师和学生阅读参考。

图书在版编目(CIP)数据

腐蚀和腐蚀控制原理/林玉珍,杨德钧编著.—2版.—北京:中国石化出版社,2014.6(2024.11重印)
(防腐蚀工程师必读丛书)
ISBN 978-7-5114-2846-2

Ⅰ.①腐… Ⅱ.①林… ②杨… Ⅲ.①腐蚀理论 ②防腐
Ⅳ.①TG171 ②TG174

中国版本图书馆CIP数据核字(2014)第109149号

中国石化出版社出版发行

地址:北京市东城区安定门外大街58号
邮编:100011 电话:(010)57512500
发行部电话:(010)57512575
http://www.sinopec-press.com
E-mail:press@sinopec.com
北京科信印刷有限公司印刷
全国各地新华书店经销

*

787毫米×1092毫米 16开本 23.5印张 581千字
2024年11月第2版第4次印刷
定价:68.00元

《防腐蚀工程师必读丛书》编写委员会

序

金属材料在自然条件或工况条件下，由于与其所处环境介质发生化学或电化学作用而引起的退化和破坏，这种现象称为腐蚀，其中也包括上述因素与力学因素或生物因素的共同作用。某种物理作用(例如金属材料在某些液态金属中的物理溶解现象)也可以归入金属腐蚀范畴。

腐蚀问题遍及各个部门及行业，对国民经济发展、人类生活和社会环境产生了巨大危害。据统计，各国由于腐蚀破坏造成的年度经济损失约占当年国民经济生产总值的1.5%~4.2%，随各国不同的经济发达程度和腐蚀控制水平而异。根据《中国腐蚀调查报告》的资料，我国近年来的年腐蚀损失约占国民经济生产总值的5%，这是一个十分惊人的经济损失数字。除了腐蚀的经济性问题之外，腐蚀过程和结果实际上也是对地球上有限资源和能源的极大浪费，对自然环境的严重污染，对正常工业生产和人们生活的重大干扰，并给人们带来不可忽视的社会安全性问题。腐蚀问题还可成为阻碍高新技术发展和国民经济持续发展的重要制约因素。

腐蚀与防护是一个很重要的学科，它涉及许多对国民经济发展有着重要影响的行业。普遍地、正确地选用适当的腐蚀控制技术和方法，可以防止或减缓腐蚀破坏，最大程度地减轻可能由腐蚀造成的经济损失和社会危害。一般认为，只要充分利用现有的腐蚀控制技术，就可使腐蚀损失降低(挽回)25%~30%。采用适当的腐蚀控制措施和预防对策，其能够达到的目标是：可以保障公共安全，防止工业设备损伤破坏，保护环境，节约资源能源，以及挽回数以百亿、千亿元的腐蚀损失。

腐蚀结果表现为多种不同的类型，在不同条件下引起金属腐蚀的原因不尽相同，而且影响因素也非常复杂。因此，根据不同的金属/介质体系和不同的工况条件，迄今已发展出多种有效的防腐蚀技术(腐蚀控制措施)，内容非常丰富。每一种防腐蚀技术都有其适用范围和条件，只要掌握了它们的原理、技术和工程应用条件，就可以获得令人满意的防腐蚀效果。对国民经济建设的贡献将是巨大的。

当前，随着国民经济的迅速发展，我国腐蚀科学和防腐蚀工程技术领域迎来了又一个春天。防腐蚀市场的发展和巨大需求，给腐蚀科学和防腐蚀工程业界的广大科研人员和工程技术人员带来了极大的机遇。为和腐蚀作斗争，满足国民经济的巨大需求，就需要拥有大量高水平的科技人才和一支很大的防腐蚀从业人员队伍。在开展腐蚀科学研究、发展和推广应用防腐蚀技术、精心实施防腐蚀工程项目的同时，我们还应高度重视防腐蚀教育工作，培养一大批合格的、能满足国民经济需要的各类人才。

中国腐蚀与防护学会经国家主管部门授权，试点开展防腐蚀工程师(系列)技术资格认证工作。同时，对需要提高腐蚀与防护专业知识水平的人员，中国腐蚀与防护学会将组织专业培训和考试。为此中国腐蚀与防护学会组织编写了《防腐蚀工程师技术资格认证考试指南》(中国石化出版社出版，2005 年 1 月)。为了适应防腐蚀工程师(系列)技术资格认证工作的需求，以及满足腐蚀学科与防腐蚀行业的科研人员和工程技术人员进一步学习的需要，中国腐蚀与防护学会和中国石化出版社又共同组织编写了一套《防腐蚀工程师必读丛书》。这套丛书包括《腐蚀和腐蚀控制原理》(林玉珍、杨德钧)、《工程材料及其耐蚀性》(左禹、熊金平)、《表面工程技术和缓蚀剂》(李金桂、郑家燊)、《阴极保护和阳极保护——原理、技术及工程应用》(吴荫顺、曹备)、《防腐蚀涂料与涂装》(高瑾、米琪)、《腐蚀试验方法及监测技术》(李久青、杜翠薇)共 6 册。在编写过程中，力求理论联系实际，深入浅出，通俗易懂，便于自学，尽可能结合防腐蚀工程案例，使它们既可用作技术资格认证培训的教学参考书，也可作为广大科技工作者的科技参考书。

丛书编委会由中国腐蚀与防护学会邀请本学科、本行业的专家教授组成。由于时间短促和限于作者水平，书中缺点错误在所难免，敬请广大读者指正；当然，作者和编委会努力将缺点错误减至最少。我们期望这套丛书对感兴趣的读者有所裨益，对我国的国民经济建设能有所贡献。

《防腐蚀工程师必读丛书》

编写委员会

第一版前言

腐蚀与腐蚀控制原理主要介绍腐蚀电化学理论，其研究对象是非平衡体系中的金属电极系统，而不是平衡体系中的理想电极系统。该电极系统有两个特点：其一是在没有外电流的自然电位情况下，腐蚀金属电极上有两个或两个以上的电极过程同时进行，腐蚀电位是两个或两个以上电极反应耦合的非平衡电极电位，实质上可以说是一个多电极系统。其二是与一般的电化学过程不同，腐蚀金属电极上所发生的电极过程，通常是不可逆过程，而前者主要是可逆状态下的电化学过程。因此，在分析和研究腐蚀问题时，必须要注意这些特点和区别，否则就不会得到正确结果。

本书的特点之一是抓住腐蚀金属电极系统的特点，在有关可逆过程电化学理论的基础上，进一步阐明腐蚀电极过程的热力学和动力学理论。为此，补充并加强讨论了与金属腐蚀相关的电极过程的不可逆热力学问题。

本书的另一个特点是强调基本概念、基本原理，但更注重这些原理的实际应用。讨论腐蚀过程动力学，结合两类常见的氢和氧的去极化腐蚀、金属的钝化以及常见的局部腐蚀，介绍典型的环境介质，讨论腐蚀的发生、发展，揭示机制，以寻找有效的腐蚀控制途径。由于腐蚀理论的难点较为集中，不易掌握，书中特增加了国民经济重要领域，如石油、化工、电力、水利枢纽、铁路运营工业系统中的腐蚀及其控制的内容。用腐蚀理论对实际工况条件下具体的腐蚀问题进行较为系统的剖析，以加深对腐蚀理论的理解，体验理论对解决实际腐蚀问题的重要意义。

作者经历 30 余年腐蚀与防护专业的教学实践与科研工作，对书中内容做了精心选择。本书充分反映了我国腐蚀科学领域中的成果以及国内外在这一领域中的新进展，具有一定的先进性、科学性和实用性。

本书为防腐工程师必读丛书之一，是腐蚀科学的基本读物，可供腐蚀工程科技工作者以及高等学校材料等专业的教师和学生阅读。

本书由北京化工大学林玉珍和北京科技大学杨德钧(第 6、7 章)共同编著。由于作者水平所限，书中错误与不足之处在所难免，敬请读者批评指正。

再 版 前 言

腐蚀是自然界中的一种自发倾向，不以人们的意志而转移，因为腐蚀，人们付出的代价惨痛而巨大。据统计，腐蚀损失比自然灾害(地震，水灾，风灾等)的总和还要大。

腐蚀不仅对资源和能源造成极大的浪费，而且还造成环境的严重污染，甚至影响人身的健康和安全。更重要的是腐蚀极大地限制了新工艺和先进技术的实现。

全面腐蚀是在整个表面上进行的，这类腐蚀可以预测和及时防止，危害性相对较小。局部腐蚀主要是指腐蚀只集中在金属表面某一区域，而表面其他部分则几乎不腐蚀，这类腐蚀往往在事先没有明显征兆的情况下，就可瞬间发生，所以腐蚀难以预测和防止，危害极大。据统计，化工设备的破坏事例中，各种局部腐蚀引起的竟占85%以上，可见，实际生产中，局部腐蚀的破坏远比全面腐蚀的破坏大得多。

为此，本书的再版，保留了原书的结构和基本内容，重点是对局部腐蚀电化学的基本概念、基本原理，以及腐蚀诱因、腐蚀特有的快速成长机制和常见的局部腐蚀形态等，作了必要的修改和充实，以期引起对局部腐蚀的高度重视，并加强对局部腐蚀的研究。对于局部腐蚀的防止，应以尽量减少局部腐蚀发生的诱因和积极采用现代的防护技术这两方面来做好防护工作。希望本书的再版能为实现全面腐蚀控制，为国民经济可持续发展保驾护航、多做贡献。

为配合学习本书，可参考中国石化出版社出版的《金属腐蚀和控制原理难点及解析》。

目　　录

第1章　绪　　论

1.1　金属腐蚀的代价与腐蚀控制在国民经济中的意义

腐蚀是材料和周围环境发生作用而被破坏的现象。它是一种自发进行的过程，给人类带来的经济损失和社会危害极大。

金属的腐蚀，遍及国民经济各个领域、几乎所有的行业，包括冶金、化工、能源、交通、航空航天、信息、医药、农业、海洋开发和基础设施的建设等等。从日常生活到工农业生产，从新工艺、新技术的实现到尖端科学的发展，都存在不同程度的腐蚀问题。由于腐蚀，大量得来不易的有用材料变成废料，造成设备过早失效，生产不能正常运行。不仅消耗了宝贵的资源和能源，造成巨大的直接经济损失，而且还可使产品质量下降，污染并恶化环境，甚至造成突发的灾难性事故，危及人身安全。例如，1979 年由于材料的环境敏感断裂引起国内某厂液化罐爆炸当场炸死 30 余人，重伤 50 多人；1997 年北京某化工厂 18 个乙烯原料储罐因硫化物腐蚀发生火灾，停产达半年，直接经济损失达 2 亿多元，间接损失更是难以估算。不仅如此，更为重要的是腐蚀将使新工程、新技术的实现受到限制。当今，随着我国经济腾飞，腐蚀问题已经成为影响国民经济和社会可持续发展的一个重要因素。

为寻求控制腐蚀的对策和措施，对腐蚀造成的损失有一个比较准确的估计就十分必要。近年来，许多国家不断开展了腐蚀调查，其结果见表 1-1。我国于 2000 年也对某些重要的工业部门做了腐蚀调查，用 Hoar 方法调查的结果示于表 1-2。

表 1-1　一些国家的年腐蚀损失

国　家	时　间	年腐蚀损失	占国民经济总产值/%
美　国	1949 年	55 亿美元	
	1975 年	820 亿美元(向国会报告为 700 亿美元)	4.9(4.2)
	1995 年	3000 亿美元	4.21
	1998 年	2757 亿美元	
英　国	1957 年	6 亿英镑	
	1969 年	13.65 亿英镑	3.5
日　本	1975 年	25509.3 亿日元	
	1997 年	39376.9 亿日元	
前苏联	20 世纪 70 年代中期	130140 亿卢布	
	1985 年	400 亿卢布	
原联邦德国	1968~1969 年	190 亿马克	3
	1982 年	450 亿马克	
瑞　典	1986 年	350 亿瑞典法郎	
印　度	1960~1961 年	15 亿卢比	
	1984~1985 年	400 亿卢比	

续表

国　家	时　间	年腐蚀损失	占国民经济总产值/%
澳大利亚	1973 年	4.7 亿澳元	
	1982 年	20 亿美元	
捷　克	1986 年	15×10^9 捷克法郎	
波　兰	—	—	6~10

表 1-2　Hoar 方法调查结果

部　门	腐蚀损失/亿元	部　门	腐蚀损失/亿元
化学工业	300	建筑部门(公路、桥梁、建筑)	1000
能源部门(电力、石油、煤)	172.1	机械工业	512.43
交通部门(火车、汽车)	303.9	合　计	2288.43

腐蚀造成的经济损失十分惊人。据调查统计全球每年因腐蚀造成的经济损失约 7000 亿美元，占各国国民经济总产值 GNP 的 1%~5%。腐蚀损失为自然灾害(地震、风灾、水灾、火灾等)损失总和的 6 倍。美国近年来每年的腐蚀达 3000 亿美元。而我国 1998 年腐蚀造成的损失就已达 2800 亿元人民币，约占我国国民经济总产值 GNP 的 4%以上。尤其是腐蚀严重的化学工业部门，腐蚀损失竟达 300 亿元左右，化工生产中因腐蚀造成的事故约占总事故的 31%。随着经济的发展，腐蚀损失仍在不断上升。

腐蚀调查使人们清楚地看到腐蚀的普遍性和严重性，腐蚀给国民经济带来的损失巨大。然而腐蚀又是可以通过人类的技术活动加以控制的，可以使它的危害降低到最小。世界各国的腐蚀专家普遍认为，如能应用近代腐蚀科学知识及防腐蚀技术，腐蚀的经济损失可降低 25%~30%。

当前，我国正进入大规模的经济建设时期，在基础设施建设中，如海港、铁路、公路、桥梁、机场和工业基础设施都将使用大量传统的结构材料如钢铁及其制品，是腐蚀消耗的大户。又如，西气东输、南水北调、西电东送、青藏铁路为代表的一系列重大工程，这些关系千秋万代的历史性工程中出现着特殊自然环境中许多新的防腐蚀问题，如高盐地区的腐蚀、酸雨、涂层的快速老化等。可以预见，本世纪我国的腐蚀损失还将保持持续增长的态势。腐蚀好比材料和设施在“患病”，严重的局部腐蚀犹如“癌症”。腐蚀控制是使国民经济、国防设备和基础设施处于安全、良好运行的保障，是国家现代化进程中不可缺少的重要组成部分。因此同样要像关注医学、环境保护和减灾一样关注腐蚀问题。尽管新中国成立以来，我国腐蚀科学和技术已经取得了长足的进步，改革开放以后，市场经济又为与腐蚀相关的产业的发展注入了更大的活力。但由于腐蚀及其控制是跨行业、跨部门、带有共性又是交叉学科领域的科学技术，并不直接创造经济效益，所以它并不太引人注意。为适应新形势，必须加强腐蚀与腐蚀控制工作的科学管理，加强腐蚀科学基础研究，积极推广应用并开发新型防护技术，大力普及防腐知识，加强职业培训，努力提高腐蚀控制工程队伍人员的素质，实现全面腐蚀控制，减少材料消耗，保护环境，防止地球上有限的矿产资源过早枯竭是具有重要意义的。

1.2 腐蚀与腐蚀控制历史的简要回顾

人类自古以来，使用过很多金属。起初是以金属状态产出的金，从天然矿物中较易被还原而得的银和铜。自从人们大量使用铁以来，为了防锈，在其表面涂敷铅氧化物、石膏、植物油等，这在古文书中曾有记载。事实也表明古代制得的铁要比近代制得的防锈性能更好，这是由于在不用煤的时代，用含硫分少的木炭还原制得的铁未被环境中的 SO_2 所污染，因此其表面的氧化膜具有较好的防锈性能。18 世纪末之前，关于腐蚀产生的原因，人们并不太关心。

18 世纪末，意大利生物学者 Galvani(1780 年)通过青蛙实验，惊奇地发现生物体内能产生电流。随后，物理学者 Volta(1792 年)证实了将异种金属与溶液组合在一起，同样能连续发出电流，这就为成功地发明现代的电池奠定了基础。这在科学、技术史上是件大事。

1800 年，在英国直接组装了这种电池，从而使水的电解得以产生，这是电能导致化学作用的新发现。第二年，Wollaston 根据浸在酸性溶液中的金属(即使没有组成金属对)上有 H_2 发生，说明液体与金属间发生电的流动，并认为借助铁溶解时所发生的电，具有使铜析出的能力。

这一发现成了重要契机，到 19 世纪中，Davy、de la Rive、Faraday 等提出了腐蚀的电化学学说。特别是 de la Rive 在探究作为电极材料的 Zn 时，发现由于 Zn 的纯度不同，它在硫酸中的腐蚀速度有显著的差别。他认为，Zn 与不纯物间形成了局部电池，这就是古典腐蚀电化学观点的有力根据。1824 年 Davy 为了防止船舶的铜制外包板在海水中的腐蚀，发现把比铜更容易离子化的锌或铁与之局部接触后，能防止铜的腐蚀。这种方法就是现代电化学保护法的开始。然而在实际使用中，由于铜的腐蚀被防止，却引起了因铜离子不足使船身粘满海藻、甲壳类生物(因为原先被腐蚀下来的 Cu^{2+} 是这类生物的毒剂)，妨碍了船舶的正常行进，使这一保护法未能进入实用阶段而就被沉睡了一百年之久。

1833 年，Faraday(图 1-1)在研究电解和电池作用时，确立了流过的电量与此间溶液中发生化学变化的量之间的定量关系，这就是重要的法拉第定律。此外还确定了电化学用语，例如离子、阳离子、阴离子、电极、阳极、阴极等，这些概念至今仍然在使用着，它不仅对电化学而且对腐蚀科学的发展都起着很大的作用。

看起来在那时似乎用电化学观点，已抓住了腐蚀反应的全貌，也就是说非常强调发生腐蚀的金属必须要与第二种金属或含有氧化物等的不纯物相接触。持这种观点的人相当多，直至 1920 年，还认为要使腐蚀不发生，就必须从金属中尽量除去不纯物。

图 1-1 M. Faraday(1791~1867)

从 19 世纪末到 20 世纪初，欧美的工业化急速进行，特别是使用了很多钢铁材料制成的装置、设备，都在经受着腐蚀，造成了很大的经济损失。主要在美国、英国，不得不对已经确立起来的腐蚀电化学观点，再度进行研究。

由于对古典腐蚀电化学观点的怀疑，也曾出现过腐蚀的“碳酸学说”，这一学说认为腐蚀的发生必须有碳酸的存在。在英国，有人在除去碳酸的水环境中进行实验，其结果表明，即使水中无碳酸而只要有氧的存在，铁的腐蚀仍然能充分进行。也正是通过这一实验使人们再次认识到已被忽视的“氧”对腐蚀的重要性。

在古典的腐蚀理论中，酸性溶液中的腐蚀只注意了水中的 H^+。而美国的 Walker 提出了溶解氧能破坏在金属表面上附着的 H^+，而促进金属溶解的去极化观点。他也暗示被忽视的“氧”对腐蚀的重要作用。

在那个时代，当人们的认知水平没有达到某种高度时，即使提出了很重要的实验事实，也会被忽视，例如，1819 年英国的 Hall 就已指出了溶解氧对铁腐蚀的重要性。从 19 世纪中到末，在意大利、法国、英国，也有很多实例表明，在金属表面上局部的氧浓度、盐浓度的变化可成为局部腐蚀的原因。但很可惜，这些问题不但没能深入研究下去而且完全被忘却。

直到 1916 年，Aston 在美国电化学会上发表了关于环境对腐蚀反应重要性的论文，他明确指出铁试片上被锈覆盖的部分相对裸露部分是成为阳极。其理由是潮湿的锈成了溶解氧向锈层下铁试片表面扩散的物理障碍而产生氧浓度的局部差异所致。在 19 世纪中，他借助异种金属而产生电流时，曾把氧化铁皮看作为阴极。研究的深入使 Aston 的观点的确有 180 度的转变。可是很遗憾，这一重要观点的发表因第一次世界大战而没有能被美国以外的人们广泛知晓。

20 世纪初，对古典电化学观点仍有人持不信任感，曾出现了胶体化学这一新的学术领域。在意大利、德国等国提出了金属的胶体溶解学说。1921 年，多年在英国研究电解质溶液中金属腐蚀的 Friend 在 Faraday Society 提出了腐蚀胶体学说的新观点。其要点是胶体状的氢氧化铁是溶解氧的载体，从而促进了接触处基体铁的腐蚀。同时，英国金属学会腐蚀委员长 Bengough 等人也发表了关于“腐蚀作用的本质与胶体的作用”的论文，他们认为像腐蚀这样复杂的现象不能用单一的理论来解释，竭力主张采用胶体化学的观点。这些情况的出现，预示着说明腐蚀现象的既往观点将要面临一个重大的转变。

图 1-2　U. R. Evans
（1889~1980）

1922 年，剑桥大学年仅 33 岁的 Evans（图 1-2）在 Faraday Society 及其他学会上提出了反对 Friend、Bengough 等人的学说，他用自己的研究基础说明了对腐蚀的新见解。

首先，他认为在金属上形成的皮膜，有的场合对腐蚀有保护性，有的场合对腐蚀没有完全的保护性。并用界面化学的观点给予了说明。其次，他认为 Friend 的胶体说并不能给出很多的实验事实。即使不认为锈胶体具有作为氧的载体的性能，而利用锈层能阻碍氧的扩散作用同样可以用电化学观点合理地来说明腐蚀的原因，他支持了 Aston 的观点。1923 年，他根据自己详细的实验结果又证明：在酸性溶液中主要是氢发生型腐蚀，金属侧的不纯物只决定阳极、阴极的分布。在中性溶液中，溶液中的溶解氧向金属表面的扩散情况，成了是阳极、阴极的决定因素。

Evans 从此真正阐明了腐蚀新电化学学说，开辟了用电化学的观点来观察腐蚀反应的新途径。而且这些观点尤其是关于氧在腐蚀中的作用，在当时还不易被人们真正理解。

英国的 Keir 早就发现了一种奇妙的事实，即将铁直接放在稀硝酸中，会发生剧烈的腐蚀。但是，如果把铁先放在浓硝酸中浸渍后，再放入稀硝酸中去就没有看到腐蚀现象。

Faraday 对这一事实非常感兴趣，与 Schøpbein 商量，把这种现象称之为钝化(1836 年)。后来发现，即使不使用浓硝酸那样的氧化剂，给金属施加阳极电流也同样能获得钝化。关于化学的或电化学的钝化机构，有氧化皮膜说、原子价说、反应动力学说等各种观点，然而一直存在着分歧。1913 年，在 Faraday Society 的讨论会上，最引人注目的展示是由英国研究开发的铁-铬合金“不锈钢”。那时的研究全部只限于单一的金属，因此迫切希望钝化理论也应该能说明合金的钝化。此后，利用阳极极化对钝化进行了定量的解析研究。从那时起，经过 40 多年的奋斗，1957 年由德国、美国、英国共同主办，在德国召开了首届钝化国际会议。

Faraday 虽然认为钝化是由于在金属上形成氧化膜而发生的，但膜用肉眼还不能直接观察到。1927 年，Evans 巧妙地用碘-甲醇溶液从化学钝化的铁表面将透明的氧化膜成功剥离。1929 年，挪威的 Tronstad 首次用椭圆偏光法，借助入射的椭圆偏振光在样品表面上反射时偏振状态发生的变化，用复杂的数学方程计算出膜的厚度与光学常数，证明了铁上未被破坏的钝化膜厚度为 1~10 nm。随着电子计算机的发展和应用，这种偏光解析法至今仍在广泛应用中。

在腐蚀反应中，认为最单纯的、表面损伤比较少的是水分少的大气中的氧化反应。氧化反应的科学研究始于 1920 年左右，以高温下氧化皮膜的生长为研究重点。实验表明：很多的金属在 300℃以上时，皮膜的生长按 $y=kt^2$(y：皮膜厚度，t：时间，k：反应速度常数)抛物线规律进行。德国的 Wagner 用皮膜的电导率等物理常数来表示速度常数，换言之，皮膜的电导性能差，高温氧化则困难。

金属的高温氧化与在室温附近的水中腐蚀(湿蚀)在 1920 年前完全是分别对待。可是，铁中加铬、铝、硅等的合金，不仅仅在高温氧化而且在有水的场合耐蚀性均好，把两者加以严格的区别似乎没有必要。这就清楚地表明：无论是高温氧化还是湿蚀，金属表面形成的皮膜能抑制腐蚀反应。

1938 年，德国的 Wagner 不受局部腐蚀电池模型的束缚，将酸性溶液中发生的腐蚀反应，如 $Fe \longrightarrow Fe^{2+}+2e$，$2H^{+}+2e \longrightarrow H_2$ 的反应速度(部分电流)作为电位的函数，分别独立地求出(极化曲线)，再把它们重叠在一起来预测腐蚀速度。并用锌汞齐在酸溶液中的溶解来具体地实施，其结果表明：用该法所得的腐蚀速度与实测值非常一致。

1946 年，比利时的 Pourbaix 在剑桥大学进行了讲演，发表了他由于二次大战未被广泛知晓的研究成果。他提出了金属在水溶液中的平衡电位与金属本身的离子浓度以及环境的 pH 值之间的关系，这就是电位-pH 图。根据该图，从热力学观点，可预测金属的腐蚀区、钝态区和免蚀区。

1945 年，美国学者 J. H. Bartlett 用一台古典的恒电位仪研究铁在硫酸中的所谓阳极瞬变现象时证实了由于外加电流阳极极化使进入钝态后铁的溶解停止了，这可能要算阳极保护现象最早的发现，但他当时并未指出这种现象和金属防腐蚀有什么关系。直到 1954 年 C. Edeleana 才证明了阳极保护工业应用的可能性，并在一个使用硫酸的小型不锈钢锅炉上做了阳极保护试验。1958 年加拿大第一个将阳极保护用于碱性纸浆蒸煮锅的防腐获得成功。这在腐蚀科学历史上是很重要的进展之一。此后的几年中阳极保护有较快的发展。1967 年在我国首次在碳铵生产中的关键设备碳化塔上实现了阳极保护的工业应用，并在全国许多中小化肥厂得到了推广。阳极保护技术较为精细，基本费用通常较高，其应用范围比阴极保护技术的要小。

受近代腐蚀科学先驱们工作的激发，1949 年 Pourbaix、Rysselberghe 建议，从热力学和动力学的角度，将以往各国个别进行的腐蚀、电池、电解等的研究进行国际合作。从此也促进了腐蚀学科的国际交流。

1961 年在伦敦召开了首届国际全球腐蚀会议，并决定每三年在世界各地开一次。2005 年 9 月在我国北京召开了第 16 届世界腐蚀大会。

腐蚀与腐蚀控制问题，现在已经成为全世界共同的重要课题。广泛普及腐蚀与腐蚀控制知识需要我们倾注极大的关心，付出艰苦的努力。

1.3 金属腐蚀的定义

金属腐蚀是指金属在周围介质(最常见的是液体和气体)作用下，由于化学变化、电化学变化或物理溶解而产生的破坏。例如金属构件在大气中的生锈；钢铁在轧制过程中因高温下与空气中的氧作用产生了大量的氧化皮。化工生产中，金属设备、机械等与腐蚀性强的介质(如酸、碱、盐等)接触，尤其在高温、高压和高速流动的条件下，各种腐蚀极其严重。

腐蚀定义明确指出，金属要发生腐蚀必须有外部介质的作用，且这种作用是发生在金属与介质的相界上。因此，金属腐蚀是包括材料和环境介质两者在内的一个具有反应作用的体系。

随着非金属材料特别是合成材料的迅速发展，它的破坏同样引起了人们的注意。腐蚀定义扩大到了所有的材料，即定义为“腐蚀是物质由于与周围环境作用而产生的损坏”。现已把扩大了的腐蚀定义应用于塑料、陶瓷、木材、混凝土等材料的损坏中。但金属及其合金至今仍是最重要的结构材料，金属腐蚀既普遍又严重，仍然是研究腐蚀问题的核心。

从热力学观点来看，绝大多数金属在自然界中是以化合物状态(稳定状态)存在。为了获得纯金属，人们需要消耗大量的能量从矿物中去提炼(这就是冶金过程)，因此，大多数金属(处于不稳定状态)都具有自发地与周围介质发生作用又转成氧化物状态(化合物)的倾向，即回复到它的自然存在状态(矿石)：

$$\text{金属}\underset{\text{冶金过程}}{\overset{\text{腐蚀过程}}{\rightleftharpoons}}\text{矿物(化合物状态)}$$

所以，金属发生腐蚀是一种自发倾向，且到处可见，是冶金过程的逆过程。所谓进行腐蚀控制，并不是让人们去改变热力学的规律，实质上是利用各种防腐措施把腐蚀的速度降低，控制在尽可能小的程度而已。

1.4 金属腐蚀的分类

由于金属腐蚀的现象和机理比较复杂，分类方法也多种多样，至今尚未统一，为了便于了解规律、研究腐蚀机理，以寻求有效的腐蚀控制途径，以下只介绍常用的分类方法。

1.4.1 按腐蚀机理分类

按照腐蚀过程的特点，金属腐蚀可以按照化学腐蚀、电化学腐蚀、物理腐蚀三种机理分类。具体的腐蚀属于哪类主要决定于金属表面所接触的介质种类(电解质、非电解质和液态金属)。

化学腐蚀：金属表面与周围介质直接发生纯化学作用而引起的破坏。其反应历程的特点是，氧化剂直接与金属表面的原子相互作用而形成腐蚀产物。在腐蚀过程中，电子的传递是在金属与氧化剂之间直接进行的，因而没有电流产生。如金属在非电解质溶液中及金属在高温时氧化引起的腐蚀等。

电化学腐蚀：金属表面与离子导电的电介质发生电化学反应而产生的破坏。其反应历程的特点是，反应至少包含两个相对独立且在金属表面不同区域可同时进行的过程，其中阳极反应是金属离子从金属转移到介质中和放出电子的过程，即氧化过程；相对应的阴极反应便是介质中的氧化剂组分吸收来自阳极的电子的还原过程。腐蚀过程中伴有电流产生，如同一个短路原电池的工作。这类腐蚀是最普遍、最常见又是比较严重的一类腐蚀，如金属在各种电解质溶液中，在大气、土壤和海水等介质中所发生的腐蚀皆属此类。另外，电化学作用既可单独造成腐蚀，也可以和机械作用等共同导致金属产生各种特殊腐蚀（应力腐蚀破裂、腐蚀疲劳、磨损腐蚀等）。

物理腐蚀：金属由于单纯的物理作用所引起的破坏。许多金属在高温熔盐、熔碱及液态金属中可以发生此类腐蚀。如盛放熔融锌的钢容器，铁被液态锌所溶解而腐蚀。

1.4.2 按腐蚀破坏的形貌特征分类

根据金属破坏的形貌特征可把腐蚀分为全面腐蚀和局部腐蚀两类。

全面腐蚀：是指腐蚀分布在整个金属表面上，它可以是均匀的，也可以不是均匀的。例如碳钢在强酸、强碱中的腐蚀属于此类。这类腐蚀的危险性相对较小，当全面腐蚀不太严重时，只要在设计时增加腐蚀裕度就能够使设备达到应有的使用寿命而不被腐蚀损坏。

局部腐蚀：是指腐蚀主要集中在金属表面某一区域，而表面的其他部分则几乎未被破坏。局部腐蚀有很多类型，如电偶腐蚀、孔蚀、缝隙腐蚀、晶间腐蚀、选择性腐蚀、应力腐蚀破裂、腐蚀疲劳以及磨损腐蚀等。这类腐蚀往往是在没有先兆下发生的，目前对其预测和控制都很困难。因此，这类腐蚀是造成设备失效的主要原因。

1.4.3 按腐蚀环境分类

按腐蚀环境可以分为大气腐蚀、海水腐蚀、土壤腐蚀以及化学介质中的腐蚀。这种方法分类虽不够严格，因为大气和土壤中都会含有各种化学介质，但这种分类方法比较实用，它可以帮助人们按照材料所处的典型环境去认识腐蚀规律。

1.5 法拉第(Faraday)定律

电流通过两类导体的界面时，存在着电子的消耗和产生的问题。如果电流通过阳极与溶液的界面时，将有氧化反应发生，相应放出电子供应外电路的需要。如果有电流在阴极与溶液界面通过，则自外电路流入阴极的电子，将全部参加还原反应。因此参加电化学反应的反应物以及所形成产物的量与电极上通过的电量间，必然存在着一定的关系。

假如外电路流入阴极的电子数为 6.023×10^{23} 个，以 N_A 表示之，并已知每个电子的电量 e 是 1.062×10^{-19} C，则这时流入阴极的总电量应是

$$N_A \cdot e = 6.023\times10^{23}\times1.602\times10^{-19} = 96500\ \text{C}$$

因为 N_A 个电子就是 1mol，所以 96500C 等于 1mol 电子的电量。

为了方便，在电化学中将 96500C 叫作 1 法拉第，以 F 表示。

$$1\text{F} = 96500\text{C} = 26.8\ \text{A} \cdot \text{h}$$

对于阴极来说，通电时发生还原反应，例如带 n 个正电荷的某金属离子 M^{n+} 还原为金属 M，其反应式为

$$M^{n+}+ne \Longrightarrow M$$

根据反应式，每个 M^{n+}需要消耗 n 个电子，即 ne 库仑电量，才能形成一个 M 原子的产物。如果电极上通过的总电量是 $N_A \cdot e$ C，则需要在电极上进行反应的 M^{n+}的数量应当为

$$\frac{N_A \cdot e}{n \cdot e}=\frac{N_A}{n}$$

N_A 个离子就是 1mol 离子。也就是说，电极上通过 96500 C 电量时，如果反应的电子数为 n，应当有$\frac{1}{n}$ mol 的反应物质参加电极反应。因此，96500 C 电量通过电极消耗$\frac{1}{n}$ mol 反应物的同时，还要有$\frac{1}{n}$ mol 的产物在电极上生成。这里并未限定是哪种物质和哪类反应，它与物质本性无关。电极上通过的电量与电极反应的反应物和产物数量间的这种精确关系，就是人们所熟知的法拉第定律。

在电极上通过相同电量时，电极反应所形成的各种产物的质量并不一样。例如 Ni^{2+}在阴极上还原反应为

$$Ni^{2+}+2e \longrightarrow Ni$$

反应电子数 $n=2$，若在电极上通过 1mol 电子的电量(96500C)，则所形成的产物 Ni 的质量为

$$\frac{1}{2}\times 58.70=29.35 \text{ g}$$

假如是 Ag^+还原为 Ag

$$Ag^+ +e \longrightarrow Ag$$

反应电子数 $n=1$，则通过 1 mol 电子的电量所形成的 Ag 应为

$$\frac{1}{1}\times 107.87=107.87 \text{ g}$$

法拉第定律是从大量实践中总结出来的，它是自然界最严格的定律之一。温度、压力、电解质溶液的组成和浓度、溶剂的性质、电极与电解槽的材料和形状等等，都对这个定律没有任何影响。这个规律是英国学者法拉第早在 1833 年发现的，对电化学及腐蚀学科的发展起了巨大的作用。但是应当注意，该定律也是在一定条件下才能成立的。这就是说，在电子导体中不能存在离子导电的成分，而且在离子导体中也不应当有任何的电子导电性。例如，在某些化合物电极中，由于点缺陷而引起的某种程度的离子导电性，以及某些固体电解质中存在的一定份额的电子导电性，均将给法拉第定律的应用带来误差。不过这种情况也并不多。

1.6 金属腐蚀速度的表示

金属遭受腐蚀后，其质量、厚度、机械性能以及组织结构等都会发生变化，这些物理和力学性能的变化率均可用来表示金属腐蚀的程度。在均匀腐蚀的情况下，通常可采用质量指标和深度指标来表示。

1.6.1 金属腐蚀速度的质量指标 V

金属腐蚀速度的质量指标是把金属因腐蚀而发生的质量变化，换成相当于单位金属表面于单位时间内的质量变化数值。通常采用质量损失法表示。

$$V=\frac{W_o-W_t}{St}$$

式中　V——腐蚀速度，$g/m^2 \cdot h$；

W_o——金属的初始质量，g；

W_t——金属表面除去腐蚀产物后的质量，g；

S——金属的表面积，m^2；

t——腐蚀进行的时间，h。

1.6.2　金属腐蚀速度的深度指标 V_L

金属腐蚀的深度指标是把金属的厚度因腐蚀而减小的量，以线量单位表示，并换成为相当于单位时间的数值。在衡量密度不同的各种金属腐蚀程度时，此种指标极为方便，可按下列公式将腐蚀的质量损失指标换算为腐蚀深度指标。

$$V_L=\frac{V\times24\times365}{(100)^2\rho}\times10=\frac{V\times8.76}{\rho}$$

式中　V_L——腐蚀深度指标，mm/a；

ρ——金属的密度，g/cm^3。

腐蚀的质量指标和深度指标对于均匀的电化学腐蚀都可采用。此外，在腐蚀文献上还有以 mdd(毫克/分米^2·天)、ipy(英寸/年)和 mpy(密耳/年)作为质量指标和深度指标。这些单位之间可以互相换算。一些常用腐蚀速度的换算因子示于表 1-3。

表 1-3　常用腐蚀速度单位的换算因子

腐蚀速度采用单位	换算因子				
	克/米^2·小时	毫克/分米^2·天	毫米/年	英寸/年	密耳/年
克/米^2·小时	1	240	$8.76/\rho$	$0.345/\rho$	$345/\rho$
毫克/分米^2·天	4.17×10^{-3}	1	$3.65\times10^{-2}/\rho$	$1.44\times10^{-3}/\rho$	$1.44/\rho$
毫米/年	$1.14\times10^{-1}\times\rho$	$274\times\rho$	1	3.94×10^{-2}	39.4
英寸/年	$2.9\times\rho$	$696\times\rho$	25.4	1	10^3
密耳/年	$2.9\times10^{-3}\times\rho$	$0.696\times\rho$	2.54×10^{-2}	10^{-3}	1

注：1mil(密耳)= 10^{-3}inch(英寸)；

1inch(英寸)= 25.4mm(毫米)。

工程上，根据金属年腐蚀深度的不同，将金属的耐蚀性分为十级标准和三级标准，见表 1-4 和表 1-5。

表 1-4　均匀腐蚀的十级标准

耐蚀性评定	耐蚀性等级	腐蚀深度/(mm/a)	耐蚀性评定	耐蚀性等级	腐蚀深度/(mm/a)
Ⅰ完全耐蚀	1	<0.001	Ⅳ尚耐蚀	6	0.1~0.5
Ⅱ很耐蚀	2	0.01~0.005		7	0.5~1.0
	3	0.005~0.01	Ⅴ欠耐蚀	8	1.0~5.0
Ⅲ耐蚀	4	0.01~0.05		9	5.0~10.0
	5	0.05~0.1	Ⅵ不耐蚀	10	>10

表 1-5　均匀腐蚀的三级标准

耐蚀性评定	耐蚀性等级	腐蚀深度/(mm/a)
耐　蚀	1	<0.1
可　用	2	0.1~1.0
不可用	3	>1.0

由表可见，十级标准分得太细，且腐蚀深度也不都是与时间成线性关系，即使按试验数据计算的结果也难以精确地反映出实际情况。三级标准比较简单，但在一些严格的场合又往往过于粗略，如对一些精密部件，虽然腐蚀率小于 1.0 mm/a，这样的材料也不见得“可用”，故应视具体情况而应用。另外，还必须注意，对于高压和处理剧毒、易燃、易爆物质的设备，对均匀腐蚀的深度要求比普通设备要严格得多，选材时要从严选用。

1.6.3　金属腐蚀速度的电流指标 i_a

此指标是以金属电化学腐蚀过程的阳极电流密度(A/cm^2)的大小来衡量金属的电化学腐蚀速度的大小。根据法拉第定律可把电流指标和质量指标关联起来。

根据法拉第定律，腐蚀电极上溶解的物质量与通过电极的电量和参加反应的电子数有关。即

$$\Delta W=\frac{m}{nF}\times It$$

式中　ΔW——腐蚀溶解的物质量，g；

I——电流强度，A；

t——通电时间，s；

F——法拉第常数，1F≈96500C=26.8A·h；

m——相对原子质量；

n——参加反应的电子数。

由此，腐蚀的电流指标和质量指标之间存在如下关系：

$$V=\frac{mi_a}{nF}\times10^4=\frac{mi_a}{n\times26.8}\times10^4\ \mathrm{g/m^2\cdot h}$$

故腐蚀的电流指标(i_a)即阳极电流密度

$$i_a=V\times\frac{n}{m}\times26.8\times10^4\ \mathrm{A/cm^2}$$

例如，腐蚀过程的阳极反应为

$$Fe\longrightarrow Fe^{2+}+2e$$

已知：$m_{Fe}=55.84$ g，$n=2$，设阳极面积 $S=10cm^2$，阳极过程的电流强度 $I_a=10^{-3}A$，则

$$i_a=\frac{I_a}{S}=10^{-4}\ \mathrm{A/cm^2}$$

$$V=\frac{55.84\times10^{-4}}{2\times26.8}\times10^4=1.04\ \mathrm{g/m^2\cdot h}$$

又知 $\rho_{Fe}=7.80\ g/cm^3$，可得

$$V_L=\frac{1.04\times8.76}{7.8}=1.17\ \mathrm{mm/a}$$

关于金属局部腐蚀的腐蚀速度或耐蚀性的表示法比较复杂，各有其特殊的方法来评定。

1.6.4 金属腐蚀的力学性能指标 V_M

对于许多特殊的局部腐蚀形式，如晶间腐蚀、选择性腐蚀、应力腐蚀破裂和氢脆等，常采用腐蚀前后的强度损失率来表示其腐蚀程度

$$V_M = \frac{M_o - M}{M_o} \times 100\%$$

式中 V_M——力学强度的损失率；

M_o——腐蚀前材料的力学性能；

M——腐蚀后材料的力学性能。

常用的力学性能指标有：强度指标(屈服极限、强度极限 σ_b)、塑性指标(延伸率 δ、断面收缩率 ψ)、刚性指标(弹性模量 E)等。由于局部腐蚀一般都伴随材料使脆性增大，所以用得多的是塑性指标，用延伸率变化评定耐蚀性的标准见表 1-6。

表 1-6 延伸率变化评定耐蚀性的标准

耐蚀性评定标准	延伸率的减小率/%	耐蚀性评定标准	延伸率的减小率/%
耐 蚀	<5	稍耐蚀	10~20
较耐蚀	5~10	不耐蚀	>20

第2章　金属电化学腐蚀热力学

2.1　金属的腐蚀过程

金属在所处的周围环境中之所以会发生腐蚀是由于材料的热力学不稳定性。也就是说，该环境中必须有使金属离子化的氧化剂存在。金属的腐蚀过程至少包括三个基本的步骤：

① 腐蚀介质通过对流和扩散作用向界面迁移。

② 在相界面上进行化学反应或电化学反应。

③ 腐蚀产物从相界迁移到介质中去或在金属表面上形成覆盖膜。

探讨腐蚀的基本过程，目的在于揭示腐蚀机理，以合理地寻找有效的腐蚀控制途径，通常首先要找出整个腐蚀过程中决定腐蚀速度的那个反应步骤，然后再确定主要参数(如电极电位、时间、腐蚀介质的成分、浓度及流速等)及其间的相互关系。往往在一个相界面上的反应方式对于确定反应机理具有决定性的作用。例如碳钢在稀硫酸中发生腐蚀时，在相界面铁原子因氧化变成铁离子而进入溶液，同时溶液中的氢离子作为氧化剂被还原。显然，这种类型的相界反应属于电化学腐蚀机理。

腐蚀过程主要在金属与介质之间的界面上进行，因此它具有两个特点：

① 腐蚀是由表及里。腐蚀造成的破坏一般先从金属表面开始，伴随着腐蚀过程的进一步发展，腐蚀破坏将扩展到金属材料内部，使金属的组成和性质发生改变。有时可导致金属和合金的物化性质改变，甚至造成金属结构的崩溃。

② 金属的表面状态对腐蚀的影响显著。通常在金属的表面上具有钝化膜或防氧化覆盖层，腐蚀过程与这一保护层的化学成分、组织结构状态及孔隙率等因素密切相关。一旦表面保护层受到机械损伤或化学侵蚀以后金属的腐蚀过程将大大加速。

金属材料在腐蚀体系中的行为，由材料和介质两方面的因素决定。

金属在介质中的腐蚀行为基本上由它的化学成分所决定。金属材料的金相结构、热处理和机械加工条件的变化往往决定金属被腐蚀的形态。另外，金属的受力状态(如拉应力、交变应力、冲刷应力等)可导致产生应力腐蚀、腐蚀疲劳及磨损腐蚀等特殊的破坏形式。

腐蚀介质对腐蚀过程的影响复杂。介质的化学成分、组分、浓度及流速等决定着腐蚀速度和破坏形式。例如碳钢在稀酸中发生均匀腐蚀，其速度大于在水中的腐蚀；18-8型不锈钢在含有高氯离子水中的孔蚀倾向远大于一般水溶液。另外介质可分为单相和多相(液-固、液-气及液-气-固混合)，尤其在高速、多相流动的介质中会发生磨损腐蚀、空泡腐蚀，不但均匀腐蚀严重，而且局部腐蚀也非常严重。

2.2　平衡电极电位

电化学腐蚀实际上是腐蚀电池工作的结果。因此，首先必须讨论腐蚀电池的电极反应及其相关的问题。

2.2.1　电极系统和电极反应

能够导电的物体(称为导体)有两类：一类是在电场的作用下，向一定方向移动的电荷粒子是电子或带正电荷的电子空穴。这类导体叫作电子导体，它既包括普通的金属导体，也包括半导体。另一类是，在电场作用下向一定方向移动的电荷粒子是带正电荷的或带负电荷的离子。这一类导体叫作离子导体。如电解质溶液或熔融盐就是这类导体。

通常，把一个系统中由化学性质和物理性质一致的物质所组成而与系统中其他部分之间有“界面”隔开的集合体叫作“相”。如果互相接触的两个相都是电子导体，虽然两个相由不同的物质组成，但在两个相之间有电荷转移时，不过是电子从一个电子导体相穿越两相之间的界面进入另一个电子导体相，在两相界面上并不发生任何化学变化。

如果一个系统由两个相组成，其中一个相是电子导体，而另一个相是离子导体，而且在这个系统中有电荷从一个相通过两相的界面转移到另一个相，这个系统称为电极系统。显然，这样定义的电极系统的主要特征是：伴随着电荷在两相之间的转移，不可避免地同时会在两相之间的界面上发生物质的变化——由一种物质变为另一种物质，即发生了化学变化。

由此可见，如果互相接触的是两种非同类的导体，则在电荷从一个导体相穿越界面转移到另一个导体相中时，这个过程必然要依靠两种不同类型的荷电粒子——电子和离子之间互相转移电荷的过程来实现。这个过程就是某种物质得到或失去价电子的过程，这也正是化学变化的基本特征。因此，在电极系统中伴随着两个非同类导体之间的电荷转移而在两相界面上发生的化学反应，称为电极反应。

在腐蚀学科的研究中，电极系统只限于金属与电解质溶液两种不同类型的导体组成的系统。例如，一块铜片浸在除氧的 $CuSO_4$ 水溶液中。此时电子导体是金属 Cu，离子导体是 $CuSO_4$水溶液这两种导体构成一个电极系统。当两相之间发生电荷转移过程时，在两相界面上，也就是在与溶液接触的 Cu 表面上同时发生如下的物质变化，即发生了如下的电极反应：

$$Cu_{(\text{金属相})} \rightleftharpoons Cu^{2+}_{(\text{液相})} + 2e_{(\text{金属相})}$$

伴随着正电荷从电子导体相(金属铜)转移到离子导体相($CuSO_4$ 水溶液)，在铜的表面上有 Cu 原子失去 2 个电子而变成了溶液中的正两价的 Cu^{2+}，反应式自左向右进行；相反，伴随着正电荷从离子导体相转移到电子导体相，则同样在铜表面上有 Cu^{2+}接受 2 个电子变成金属中的铜原子，反应自右向左进行。又如，一块铂片浸入 H_2 气体下的 HCl 溶液中，此时构成电极系统的是电子导体相 Pt 和离子导体相 HCl 水溶液。两相界面上在有电荷转移时发生的电极反应是

$$\frac{1}{2}H_{2(\text{气相})} \rightleftharpoons H^{+}_{(\text{液相})} + e_{(\text{金属相})}$$

关于“电极”的含义，实际上是视场合不同有不同的含义。

在多数场合下，仅指组成电极系统的电子导体相或电子导电材料。在说明电化学测量实验装置时常遇到的“工作电极”“辅助电极”等术语，如常用的“铂电极”“石墨电极”等提法就是属于这种情况。通常也把电极系统中电子导体与同它接触的离子导体两相间的界面称为“电极表面”。

但在少数场合下，当说到某种电极时，指的是电极反应或整个电极系统，而不只是指电子导体材料。例如，上述例子中氢的电极反应往往称为“氢电极”，以表示在某种金属(铂)表面上进行的氢与氢离子互相转化的电极反应。又如，在腐蚀研究中常使用的“参比电极”，指的也是某一特定电极系统及相应的电极反应，而不是仅指电子导体材料。

电极反应是化学反应，因此所有关于化学反应的一些基本定律也适用于电极反应。但它又不同于一般的化学反应。

① 电极反应是伴随着两类不同的导体相之间的电荷转移过程发生的，因此在它的反应式中包含有 $e_{(电极)}$ 作为反应物或反应产物。也就是，在进行电极反应时，电极材料必须释放或接纳电子。因此，电极反应受到电极系统的两个导体相之间界面层的电学状态的影响。这就比一般的化学反应多一个表征电极系统界面层电学状态的状态变量。这对于电极反应是一个极为重要的状态变量。另外由于电极材料中的电子参与电极反应，反应就必须在电极材料表面上发生。因此电极反应具有表面反应的特点，电极材料表面状况对于电极反应影响很大。例如上述氢电极中，H_2 处于气相，H^+ 处于液相，但反应物之一是 $e_{(M)}$，这个电极反应仍在电极表面上进行，所以电极表面状况对反应的进行有很大的影响。

② 电极反应式的一侧中，至少有一种反应物失去电子而被氧化，将电子给予电极，即反应自左向右进行，反应物被氧化，是氧化反应；而电极反应的另一侧中，至少有一种反应物质得到电子被还原，即反应自右向左进行，反应物被还原，是还原反应。可见，一个电极反应则只有整个氧化-还原反应中的一半或是氧化反应，或是还原反应。只有当两个电极反应组成一个原电池时，才是完整的氧化-还原反应，才能应用氧化剂和还原剂的概念。而不像普通化学反应中的氧化-还原反应那样，当反应进行时，电子是直接在氧化剂与还原剂之间转移：还原剂失去电子被氧化，同时还使其他物质还原；氧化剂得到电子被还原，同时还使其他物质氧化。得失电子的过程同时进行，在整个的氧化-还原反应中，既有氧化反应，又有还原反应。

当电极反应是按氧化反应的方向进行时，称这个电极反应为阳极反应。相反，当电极反应按还原反应方向进行时，称这个电极反应为阴极反应。如果电极材料本身参加电极反应，在这一类电极反应中，电极材料本身为还原态，它的离子或化合物为氧化态，把这类电极反应称为金属电极反应。另外，把参与反应的物质中出现气体的电极反应称为气体电极反应。

通常，在腐蚀领域中，构成电化学腐蚀过程的阳极反应都是金属电极反应，构成电化学腐蚀过程的阴极反应，尤以涉及氢或氧的气体电极反应为多。

2.2.2　电化学位

从化学热力学中可知，对于一个化学反应

$$(-\nu_A)A+(-\nu_B)B \rightleftharpoons \nu_C C+\nu_D D$$

式中 ν 是表示物质的化学计量数，并规定左方的化学计量系数用带负号的符号表示，右方的化学计量系数用带正号的符号表示。

当反应式左边体系的化学能高于右边体系的化学能时，反应就自发地按反应式自左向右的方向进行；反之亦然。对于一个体系，也总是从能量高的状态自动地向能量低的状态转变，在转变过程中释放能量或对外界做功。当反应式两边体系的化学能相等时，这个化学反应达到了平衡。此时反应自左向右与自右向左两个方向以相等的速度进行着，从宏观上看起来，反应达到了平衡，好像反应已停止进行。

一个化学反应达到平衡时，其反应式两边体系的化学能应相等，即

$$(-\nu_A)\mu_A+(-\nu_B)\mu_B=\nu_C\mu_C+\nu_D\mu_D$$

或

$$\nu_C\mu_C+\nu_D\mu_D+\nu_A\mu_A+\nu_B\mu_B=0$$

式中的 μ_A，μ_B……是相应物质在所在体系中的化学位。

2.2.2.1　化学位

如果将一种物质 M 加入到一个均匀的相 P 中去时，如图 2-1 所示，必须做功来克服添加进去的物质 M 同相 P 中原有物质之间的化学作用力。这样就使 P 相的自由能增高了，且

添加的物质 M 愈多，P 相的自由能增量就愈大。在恒温恒压下一个体系的自由能，称为吉布斯自由能。在保持相 P 的温度和压力不变的条件下，每添加 1 mol 的物质 M 于相 P 中所引起的相 P 的吉布斯自由能的变化量，就是物质 M 在相 P 中的化学位。可表示为

$$\mu_{M(P)} = \left(\frac{\partial G}{\partial m_M}\right)_{m_i,T,P} \quad (2-1)$$

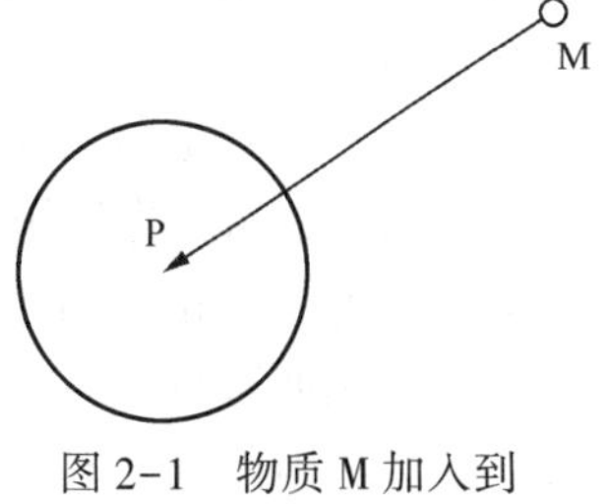

图 2-1　物质 M 加入到相 P 中的示意

式中　$G_{T,P}$——体系的自由能；

m_M——相 P 中 M 的物质的量；

i——表示反应式中第 i 种物质。

由此，在普遍情况下，一个化学反应达到平衡的条件为

$$\sum_i \nu_i \mu_i = 0 \quad (2-2)$$

一个电极反应不是一个普通的化学反应，主要不同之处是，在电极反应中，除了物质的变化外，还有电荷在两种不同的导体相之间转移。因此在电极反应中，除了化学能的变化外还有电能的变化，在电极反应达到平衡的能量条件中，除了考虑化学能之外，还要考虑电荷粒子的电能。

2.2.2.2　电化学位

一个单位正电荷从无穷远处移入相 P 内需要做功。为讨论方便，设想这个单位正电荷是一个只有电荷而没有质量的点电荷。这就是说，当将它从无穷远处移入到相 P 中时，只需克服它同相 P 之间的电作用力，而无须克服它同相 P 之间的化学作用力，因而只会引起相 P 的电能变化而不会引起相 P 的化学能变化。上述过程如图 2-2 所示。

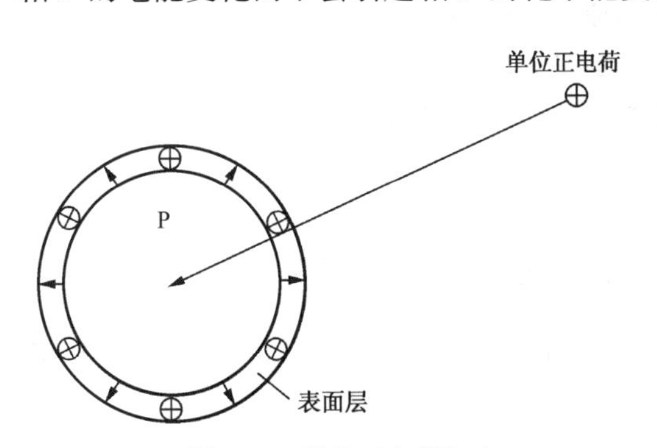

图 2-2　单位正电荷加入到相 P 中的示意

如果相 P 带有电荷。当带正电荷的点电荷在无穷远处时，它同相 P 之间的静电作用力为零。但当这个单位正电荷向相 P 移近时，它就要受到相 P 的电荷所形成的电场的作用。如果相 P 如图 2-2 所示那样带正电，为了克服相 P 外部电场的作用而将单位正电荷移向相 P，就需要对体系做电功；相反，如果相 P 带负电，则单位正电荷移向相 P 时，体系对外界做功。这个功，叫作相 P 的外电位或伏打(Volta)电位，用 ψ 表示。倘若单位正电荷要进入相 P 内部，还需要穿过相 P 的表面层(见图 2-2)。由于相 P 的表面层中的物质的分子同其相内部物质的分子的情况不同。在一个相的内部，每个分子所受到的作用力是各方向相同的，而在一个相的表面层中，分子所受到的作用力不再是各向相同，分子的排列比较有序。因而相 P 的表面相当于是一定向排列的偶极子层(如金属表面上吸附了水分子之类的极性分子，在图 2-2 中用↑表示偶极子)，所以单位正电荷穿过这表面层也需做功，这个功称为相 P 的表面电位用 x 表示。可见，将一个单位正电荷从无穷远处移入相 P 内部所做的总电功是这两项电功之和，则

$$\phi = \psi + x \quad (2-3)$$

ϕ 称为相 P 的内电位。如果进入相 P 的不是单位正电荷，而是电量为 Q 的正电荷，则需要做电功 $Q\phi$。

因此，将带有电荷的物质 M 移入到相 P 中时，需要做两种功：一种是克服物质 M 同相 P 内原有物质之间的化学作用力而做的化学功；一种是克服物质 M 所带电荷与相 P 的电作用力而做的电功。相 P 由于添加了带有电荷的物质 M 而引起吉布斯自由能的增量就是这两项功之和。例如若将 1mol 带正电荷的离子(阳离子) M^{n+} 移到相 P 内，需做的化学功就是离子 M^{n+} 在相 P 内的化学位 $\mu_{M^{n+}(P)}$，需做的电功则是 1 mol 的 M^{n+} 所带电量与相 P 的内电位 $\phi_{(P)}$ 的乘积。1 mol M^{n+} 共携带 nF 库仑的正电量，相应的电功为 $+nF\phi_{(P)}$，所以将 1 mol 的正离子 M^{n+} 移入相 P 时，相 P 的吉布斯自由能的变化为：

$$\left(\frac{\partial G}{\partial m_{M^{n+}}}\right)_{m_i,T,P}=\mu_{M^{n+}(P)}+nF\phi_{(P)}=\bar{\mu}_{M^{n+}(P)} \tag{2-4}$$

仿照化学位 μ 的定义，把 $\bar{\mu}$ 称为电化学位。$\bar{\mu}_{M^{n+}(P)}$ 就是离子 M^{n+} 在相 P 中的电化学位。

可以将式(2-4)所定义的电化学位看作是包括化学位在内的更为广义的定义。因为对于不带电荷的物质 M 来说，$n=0$，于是由式(2-4)就自然得到了化学位的定义式(2-1)。

如果是带负电荷的阴离子 A^{n-}，则 1mol 的 A^{n-} 所带电量为 nF 库仑的负电荷，将它移入相 P 时的电功为 $-nF\phi_{(P)}$，则在电化学位的定义中，应将相应的化学位减去 $nF\phi_{(P)}$。

同样，一个电极反应达到平衡的条件应为

$$\sum_i \nu_i \bar{\mu}_i=0 \tag{2-5}$$

对于一个电极反应，如果这个条件未被满足，电极反应就会从反应式的一侧向另一侧进行。

例如：

$$Cu_{(M)} \rightleftharpoons Cu^{2+}_{(sol)}+2e_{(M)}$$

$$\bar{\mu}_{Cu(M)}=\mu_{Cu(M)} \quad (\text{Cu 为原子，}n=0)$$

$$\bar{\mu}_{Cu^{2+}(sol)}=\mu_{Cu^{2+}(sol)}+2F\phi_{(sol)} \quad (\text{Cu}^{2+}\text{为阳离子，}n=2\text{，在水溶液相中})$$

$$\bar{\mu}_{e(M)}=\mu_{e(M)}-F\phi_{(M)} \quad (\text{每个电子带有单位负电荷 }n=-1)$$

故该式的平衡条件为

$$\bar{\mu}_{Cu^{2+}}+2\bar{\mu}_{e(M)}-\bar{\mu}_{Cu(M)}=0$$

将上述各物质的电化学位代入上式，经整理就得到该电极反应的平衡条件为

$$\phi_{(M)}-\phi_{(sol)}=\frac{\mu_{Cu^{2+}}-\mu_{Cu}}{2F}+\frac{\mu_e}{F} \tag{2-6}$$

又如：

$$\frac{1}{2}H_{2(g)} \rightleftharpoons H^+_{(sol)}+e_{(M)}$$

$$\bar{\mu}_{H_2}=\mu_{H_2} \quad (n=0)$$

$$\bar{\mu}_{H^+(sol)}=\mu_{H^+(sol)}+F\phi_{(sol)} \quad (n=1)$$

$$\bar{\mu}_{e(M)}=\mu_{e(M)}-F\phi_{(M)} \quad (n=-1)$$

所以该电极反应的平衡条件为

$$\phi_{(M)}-\phi_{(sol)}=\frac{\bar{\mu}_{H^+}-\frac{1}{2}\mu_{H_2}}{F}+\frac{\mu_e}{F} \tag{2-7}$$

结合实际的电极反应的讨论，用电化学位表示的电极反应平衡条件，同样可以用化学位和有关的相的内电位来表示电极反应达到平衡的条件，这就启发人们能够寻求某种电化学测

量值来判断所研究的电极反应是否处于平衡状态；如果不是处于平衡状态，则判断这个电极反应进行的方向，即按阳极反应方向进行还是按阴极反应方向进行。

2.2.3 电极电位

由上述讨论可知，表示电极反应平衡条件的总表达式(2-5)可以改写成

$$\Phi_e=[\phi_{(电极材料)}-\phi_{(溶液)}]_e=\frac{\Sigma\nu_i\mu_i}{nF}+\frac{\mu_{e(电极材料)}}{F} \tag{2-8}$$

等式的一侧是电极材料(电子导体相)的内电位 $\phi_{(M)}$ 与溶液(离子导体相)的内电位 $\phi_{(sol)}$ 之差，等式的另一侧总是表示成两项相加：第一项是个分数式，分子是除电子外的参与电极反应的各物质的化学位乘以化学计量系数的代数和，分母是伴随 1mol 的氧化态或还原态在电极反应中转化时的电量(库仑)；第二项则总是 $\frac{\mu_{e(M)}}{F}$。

式中，$\Phi=\phi_{(电极材料)}-\phi_{(溶液)}$，称为该电极系统的绝对电位。$\Phi_e$ 表示电极反应处于平衡时该电极系统的绝对电位。在电化学中，常把两个相的内电位之差叫作加尔伐尼(Galvani)电位差。所以，一个电极系统的绝对电位就是电极材料相与溶液相两相之间的加尔伐尼电位差。

因此，如果知道一个电极反应在一定的条件(温度、压力、反应物质的活度或逸度等)下达到平衡时的绝对电位 Φ_e 的数值，并且又能够测量该电极系统实际上的绝对电位 Φ 值。根据测量的 Φ 值大于、小于或等于 Φ_e 的情况，就可以判断这个电极反应是否达到平衡，如果没有达到平衡，又应该向哪个方向进行。

然而，无论是一个相的内电位 ϕ 数值，还是两个相的内电位之差 Φ 的绝对值，实际上都是无法测得的，那么，一个电极系统的绝对电位也是无法测得的。

以 Cu 电极系统为例。在这个电极系统中，电极材料是金属 Cu，离子导体相是水溶液。若要测量 Cu 电极与水溶液之间的内电位之差，要用一个高灵敏度的高阻电位测量仪 V(电位差计或输入阻抗很高的半导体电压表)，它有两个输入端，用良导体 Cu 导线与被测体相联接。它的一个输入端与 Cu 电极联接，而另一个输入端应该同另一个相即水溶液相联接。可是测量仪器的一个输入端不能直接插入水溶液中，只能借助其他金属 M 插入水溶液中与之相联，如图 2-3(a)中虚线表示的部分。这样测出的电位值却并不是电子导体相 Cu 与离子导体相水溶液之间的内电位差，亦即不是 Cu 电极进行反应的电极系统的绝对电位。

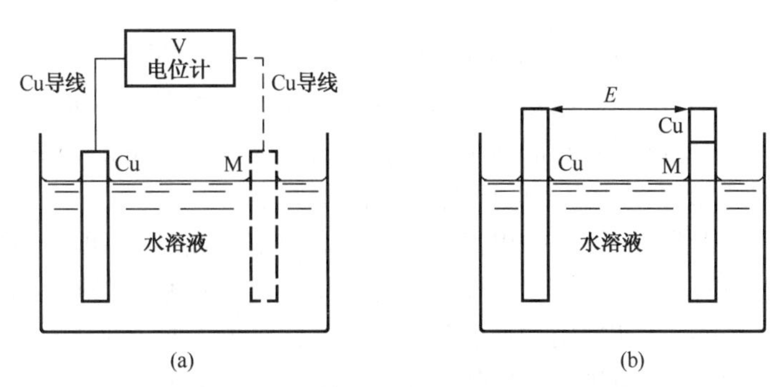

图 2-3 电位差测量的示意

(a)无法测量的绝对电位的示意；(b)电位差测量的物理意义示意

实际上图 2-3 示意的测量回路不只是包括由 Cu/水溶液组成的电极系统，还包括了另一个由 M/水溶液组成的电极系统。由于测量中使用了输入电阻很高的电位计，可以认为整个

测量回路中的电流为零，也就是说，各个不同相的界面上没有物质和电荷的转移。此时，如果测量仪器 V 上的读数为 E，则从图中(a)的等效电路示意(b)中看出，E 包括了 Cu/水溶液、水溶液/M、M/Cu 三个加尔伐尼电位差，而且这三个电位差是相应的两个相处于平衡时的内电位差。因此，

$$E = [\phi_{(Cu)} - \phi_{(sol)}]_e + [\phi_{(水溶液)} - \phi_{(M)}]_e + [\phi_{(M)} - \phi_{(Cu)}]_e \tag{2-9}$$

其中，Cu 与 M 的接触是两个电子导体相之间的接触，电子可以在两个相之间转移而不会引起物质的变化，不构成电极系统。Cu 和 M 分别均与水溶液接触，都是电子导体相与离子导体相之间的接触。它们都能分别构成电极系统。如果在 Cu/水溶液界面上进行的电极反应是

$$Cu \rightleftharpoons Cu^{2+}_{(sol)} + 2e_{(Cu)}$$

而在 M/水溶液界面上进行的电极反应是

$$M \rightleftharpoons M^{n+}_{(sol)} + ne_{(M)}$$

当它们处于平衡时，根据式(2-8)

$$[\phi_{(Cu)} - \phi_{(sol)}]_e = \frac{\mu_{Cu^{2+}} - \mu_{Cu}}{2F} + \frac{\mu_{e(Cu)}}{F} \tag{2-10}$$

$$[\phi_{(M)} - \phi_{(sol)}]_e = \frac{\mu_{M^{n+}} - \mu_M}{nF} + \frac{\mu_{e(M)}}{F} \tag{2-11}$$

在式(2-9)中，还有一项$[\phi_{(M)}-\phi_{(Cu)}]_e$，由于 Cu 和 M 之间只有电子流动，而且金属是电子的良导体，电子可以通过 Cu 和 M 之间的界面自由流动几乎不消耗电功，因此可以认为

$$\bar{\mu}_{e(Cu)} = \bar{\mu}_{e(M)}$$

或

$$\mu_{e(Cu)} - F\phi_{(Cu)} = \mu_{e(M)} - F\phi_{(M)}$$

由此得到

$$[\phi_{(M)} - \phi_{(Cu)}]_e = \frac{\mu_{e(M)} - \mu_{e(Cu)}}{F} \tag{2-12}$$

将式(2-10)、式(2-11)和式(2-12)代入式(2-9)中就得到

$$E = \frac{\mu_{Cu^{2+}} - \mu_{Cu}}{2F} - \frac{\mu_{M^{n+}} - \mu_M}{nF}$$

$$= \frac{n(\mu_{Cu^{2+}} - \mu_{Cu}) - 2(\mu_{M^{n+}} - \mu_M)}{2nF} \tag{2-13}$$

这一等式在 Cu/水溶液和 M/水溶液两个电极系统中的电极反应都处于平衡时成立。

由上可知，原来的目的是要测量 Cu/水溶液这一电极系统的绝对电位，即如式(2-12)表示的$\phi_{(Cu)}-\phi_{(sol)}$，但实际能测到的却是式(2-13)中的 E，即如图 2-3 中示意的由 Cu/水溶液和 M/水溶液两个电极系统所组成的原电池的电动势。

从式(2-13)可以看到，所测得的电动势 E 可以分成两项：第一项只与要测量的电极系统 Cu/水溶液有关，第二项则只是与为了进行测量而使用的电极系统(M/水溶液电极系统)有关。因此，如果能够设法使这第二项的数值保持恒定，那么对处于平衡状态下各电极系统实测值的相对大小次序，仅由第一项数值的相对大小次序来决定，也即只与被测电极系统有关。由此，如果能够保持式(2-13)中第二项的数值恒定，用 E_e 表示被测电极系统处于平衡时的测量值，用 E 表示被测电极系统偏离平衡状态时的测量值，则 $E-E_e$ 的差值，它的大小与正负方向，将反映被测电极系统偏离平衡时的绝对电位 ϕ 与其处于平衡时的绝对电位 ϕ_e 之间的差值大小与正负方向。

综上所述，可以获得两点认识：

① 一个电极系统的绝对电位是无法测量的。

② 不同的电极反应处于平衡状态时，各电极系统的绝对电位值的相对大小以及每个电极系统绝对电位的变化量却是可以测量的。

实际上，在电极过程的研究中，对电极系统的电极反应进行的方向和速度发生影响的，正是绝对电位的变化量而不是绝对电位值本身。为了满足这样的方法来进行测量，就要选择一个各项参数保持恒定、因而参与电极反应的有关物质的化学位保持恒定的、且处于平衡状态的电极系统。这样的电极系统称作为参比电极。由参比电极与被测电极组成的原电池的电动势，习惯地被称为被测电极的电极电位。那么，这个电极电位的大小与变化反映着被测电极系统的绝对电位的相对大小与变化。

参比电极的种类很多，最重要的参比电极是标准氢电极。这个电极系统的电极反应为

$$\frac{1}{2}H_2(g) \rightleftharpoons H^+_{(sol)} + e_{(M)}$$

用这个电极系统代替 M/水溶液电极系统来测量 Cu/水溶液电极系统的电极电位时，式(2-13)应改写成

$$E = \frac{\mu_{Cu^{2+}} - \mu_{Cu}}{2F} - \frac{\mu_{H^+} - \frac{1}{2}\mu_{H_2}}{F} \tag{2-13'}$$

从化学热力学可知，对于某电解质 i，它的化学位 μ_i 与标准化学位 $\mu^\circ{}_i$ 及活度 a_i 或逸度 f_i 存在如下关系

$$\mu_i = \mu^\circ{}_i + RT\ln a_i$$

$$\mu_i = \mu^\circ{}_i + RT\ln f_i$$

式中 $\mu^\circ{}_i$——标准化学位，$J \cdot mol^{-1}$，即该物质在 $a=1$（溶液中）或 $f=1$（气相中），温度为 25℃（298.15K）时的化学位；

a_i——存在于溶液相中物质的活度，$mol \cdot cm^{-3}$；

f_i——存在于气相中的物质的逸度，atm 或 101325Pa；

R——理想气体常数，$8.314J \cdot K^{-1} \cdot mol^{-1}$；

T——绝对温度，K。

在比较稀的溶液情况下以及在气体压力不是很大的情况下，溶液中物质 i 的活度 a_i 可用其浓度 c_i 来代替。而气相中物质 i 的逸度 f_i 可用其分压 p_i 代替。对于只由一种物质组成的固相来说，其化学位 μ 就等于其标准化学位 μ°。

按照化学热力学中的规定

$$\mu^\circ{}_{H^+} = 0$$

$$\mu^\circ{}_{H_2} = 0$$

于是用标准氢电极作为参比电极时，式(2-13′)可以简单地改写成

$$E = \frac{\mu_{Cu^{2+}} - \mu_{Cu}}{2F}$$

由于规定了在任何温度下，标准氢电极电位都为零，故用标准氢电极作参比电极时计算起来最为方便，通常在文献和数据表中的各种电极电位值，除特别注明外，都是相对氢标的电位值。表 2-1 列出了常用的参比电极。表 2-2 为温度对甘汞电极电位的影响。

表 2-1　几种常见的参比电极(25℃)

作为参比电极的电极系统	E(SHE)/V	作为参比电极的电极系统	E(SHE)/V
$Pt(H_2,\ 1atm)/HCl(1mol/L)$	0.000	$Ag/(AgCl)/Cl^-(a_{Cl^-}=1mol/L)$	0.2224
$Hg/(Hg_2Cl_2)/KCl$(饱和)	0.2438	$Ag/(AgCl)/KCl(0.1mol/L)$	0.290
$Hg/(Hg_2Cl_2)/KCl(1mol/L)$	0.2828	$Hg/(Hg_2SO_4)/H_2SO_4(a_{SO_4^{2-}}=1mol/L)$	0.6515
$Hg/(Hg_2Cl_2)/KCl(0.1mol/L)$	0.3385	$Hg/(HgO)/NaOH(0.1mol/L)$	0.165

注：1atm=101325Pa。

表 2-2　温度对不同浓度 KCl 溶液的甘汞电极电位的影响

温度/℃	甘汞电极的电位(SHE)/V			温度/℃	甘汞电极的电位(SHE)/V		
	0.1mol/L KCl	1mol/L KCl	饱和 KCl		0.1mol/L KCl	1mol/L KCl	饱和 KCl
0	0.3380	0.2888	0.2601	30	0.3362	0.2816	0.2405
5	0.3377	0.2876	0.2568	35	0.3359	0.2804	0.2373
10	0.3374	0.2864	0.2536	40	0.3356	0.2792	0.2340
15	0.3371	0.2852	0.2503	45	0.3353	0.2780	0.2308
20	0.3368	0.2840	0.2471	50	0.3350	0.2763	0.2275
25	0.3365	0.2828	0.2438				

2.2.4　平衡电极电位与交换电流密度

从化学热力学可知，在无电场的情况下，引起某种粒子在两相间转移的原因是该粒子在两相中的化学位 μ_i 不同。粒子总是自发地从化学位高的一相转入化学位低的另一相，直至两相中化学位相等时为止。这时

$$\sum_i \nu_i \mu_i = 0$$

对于带电粒子(如金属离子、电子)在电场存在下，它们在两相间的转移则决定于它们在两相中的电化学位 $\bar{\mu}_i$。带电粒子将从电化学位高的一相向电化学位低的另一相转移，直到在两相中的电化学位相等为止，即

$$\sum_i \nu_i \bar{\mu}_i = 0$$

前面讨论的有关金属离子在金属/水溶液两相间的转移就是因为金属离子在两相中的电化学位不同而引起的。当它们在两相中的电化学位相等时，就建立起如下的电化学平衡：

$$M^{n+}\cdot ne \rightleftharpoons M^{n+}+ne$$

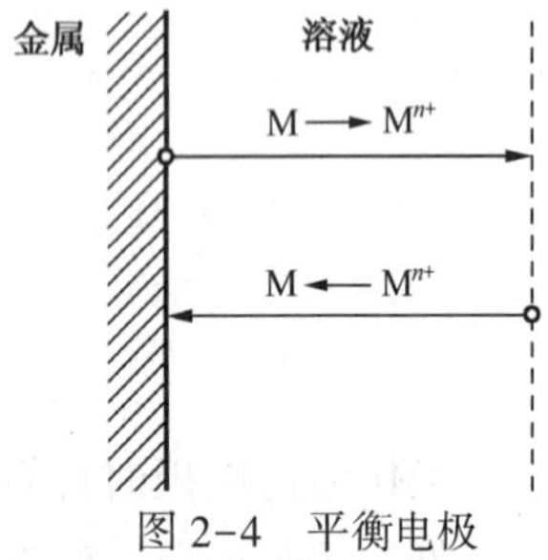

此时电荷和金属离子在上式中从左至右及自右至左两个过程的迁移速度相等，亦即电荷和物质都达到了平衡(见图 2-4)。在这种情况下，金属/溶液界面上就建立起一个不变的电位差值，这个差值就是金属的平衡电极电位。若采用相对电极电位来表示平衡电位，则铜电极的平衡电位为

$$E_{e,(Cu/Cu^{2+})}=\frac{\mu_{Cu^{2+}}-\mu_{Cu}}{2F} \tag{2-14}$$

图 2-4　平衡电极电位的建立

对于液相中的 Cu^{2+} 离子有如下关系：

$$\mu_{Cu^{2+}}=\mu^{\circ}_{Cu^{2+}}+RT\ln a_{Cu^{2+}} \tag{2-15}$$

将式(2-15)代入式(2-14)则得：

$$E_{e,(Cu/Cu^{2+})}=\frac{\mu^{\circ}{}_{Cu^{2+}}-\mu^{\circ}{}_{Cu}}{2F}+\frac{RT}{2F}\ln a_{Cu^{2+}}$$

$$=E^{\circ}{}_{e,(Cu/Cu^{2+})}+\frac{RT}{2F}\ln a_{Cu^{2+}} \tag{2-16}$$

在这里

$$E^{\circ}{}_{e,(Cu/Cu^{2+})}=\frac{\mu^{\circ}{}_{Cu^{2+}}-\mu^{\circ}{}_{Cu}}{2F}$$

E°称为标准平衡电极电位。右下标用(Cu/Cu^{2+})表示电极系统。标准电极电位与μ°一样都只是温度和压力的函数，通常用25℃(298.15K)和101325Pa(1atm)作为标准状态。

式(2-16)就是铜电极平衡电极电位的热力学表达式，这也就是著名的能斯特(Nernst)公式。它表明了金属的平衡电极电位及其溶液中金属本身离子的活度之间有如下关系：

$$E_{e,M}=E^{\circ}{}_{e,M}+\frac{RT}{nF}\ln a_{M^{n+}} \tag{2-17}$$

式中　$E_{e,M}$——金属的平衡电极电位；

$E^{\circ}{}_{e,M}$——金属的标准平衡电极电位。

如果反应物是气体，式(2-17)中相应物质的活度用逸度代替。

如果在标准状态下(即参加电极反应物质的活度 $a_i=1$ 时)，将各种电极分别与标准氢电极组成一个电池，测得的可逆电池的电动势就是该电极的标准相对平衡电极电位 $E^{\circ}{}_{e,i}$，它是以标准氢电极的电极电位为零的相对值。常把各种可逆电极的标准相对平衡电极电位排列成表(称为电动序)，它是按自上而下从负值到正值的次序排列。表2-3列出了若干金属的标准电极电位。表2-4列出了一些常用电极反应的标准电极电位值，其中也包括了氧化-还原电极和气体电极。

表2-3　金属在25℃时的标准电极电位

电极反应	$E^{\circ}{}_{e}$/V	电极反应	$E^{\circ}{}_{e}$/V	电极反应	$E^{\circ}{}_{e}$/V
$Li \rightleftharpoons Li^{+}+e$	-3.045	$Co \rightleftharpoons Co^{2+}+2e$	-0.277	$V \rightleftharpoons V^{3+}+3e$	-0.876
$Rb \rightleftharpoons Rb^{+}+e$	-2.925	$Ni \rightleftharpoons Ni^{2+}+2e$	-0.250	$Zn \rightleftharpoons Zn^{2+}+2e$	-0.762
$K \rightleftharpoons K^{+}+e$	-2.925	$Mo \rightleftharpoons Mo^{3+}+3e$	-0.2	$Cr \rightleftharpoons Cr^{3+}+3e$	-0.74
$Cs \rightleftharpoons Cs^{+}+e$	-2.923	$Ge \rightleftharpoons Ge^{4+}+4e$	-0.15	$Ga \rightleftharpoons Ga^{3+}+3e$	-0.53
$Ra \rightleftharpoons Ra^{2+}+2e$	-2.92	$Sn \rightleftharpoons Sn^{2+}+2e$	-0.136	$Fe \rightleftharpoons Fe^{2+}+2e$	-0.440
$Ba \rightleftharpoons Ba^{2+}+2e$	-2.90	$Pb \rightleftharpoons Pb^{2+}+2e$	-0.126	$Cd \rightleftharpoons Cd^{2+}+2e$	-0.402
$Sr \rightleftharpoons Sr^{2+}+2e$	-2.89	$Fe \rightleftharpoons Fe^{3+}+3e$	-0.036	$In \rightleftharpoons In^{3+}+3e$	-0.342
$Ca \rightleftharpoons Ca^{2+}+2e$	-2.87	$D_2 \rightleftharpoons D^{+}+e$	-0.0034	$Cu \rightleftharpoons Cu^{2+}+2e$	+0.337
$Na \rightleftharpoons Na^{+}+e$	-2.714	$H_2 \rightleftharpoons 2H^{+}+2e$	0.000	$Cu \rightleftharpoons Cu^{+}+e$	+0.521
$La \rightleftharpoons La^{3+}+3e$	-2.52	$Al \rightleftharpoons Al^{3+}+3e$	-1.66	$Hg \rightleftharpoons Hg^{2+}+2e$	+0.789
$Mg \rightleftharpoons Mg^{2+}+2e$	-2.37	$Ti \rightleftharpoons Ti^{2+}+2e$	-1.63	$Ag \rightleftharpoons Ag^{+}+e$	+0.799
$Am \rightleftharpoons Am^{3+}+3e$	-2.32	$Zr \rightleftharpoons Zr^{4+}+4e$	-1.53	$Rh \rightleftharpoons Rh^{2+}+2e$	+0.80
$Pu \rightleftharpoons Pu^{3+}+3e$	-2.07	$U \rightleftharpoons U^{4+}+4e$	-1.50	$Hg \rightleftharpoons Hg^{2+}+2e$	+0.854
$Th \rightleftharpoons Th^{4+}+4e$	-1.90	$Np \rightleftharpoons Np^{4+}+4e$	-1.354	$Pd \rightleftharpoons Pd^{2+}+2e$	+0.987
$Np \rightleftharpoons Np^{3+}+3e$	-1.86	$Pu \rightleftharpoons Pu^{4+}+4e$	-1.28	$Ir \rightleftharpoons Ir^{3+}+3e$	+1.000
$Be \rightleftharpoons Be^{2+}+2e$	-1.85	$Ti \rightleftharpoons Ti^{3+}+3e$	-1.21	$Pt \rightleftharpoons Pt^{2+}+2e$	+1.19
$U \rightleftharpoons U^{3+}+3e$	-1.80	$V \rightleftharpoons V^{2+}+2e$	-1.18	$Au \rightleftharpoons Au^{3+}+3e$	+1.50
$Hf \rightleftharpoons Hf^{4+}+4e$	-1.70	$Mn \rightleftharpoons Mn^{2+}+2e$	-1.18	$Au \rightleftharpoons Au^{+}+e$	+1.68
$Tl \rightleftharpoons Tl^{+}+e$	-0.336	$Nb \rightleftharpoons Nb^{3+}+3e$	-1.1		
$Mn \rightleftharpoons Mn^{3+}+3e$	-0.283	$Cr \rightleftharpoons Cr^{2+}+2e$	-0.913		

表 2-4　电极反应的标准电极电位

电　极　反　应	E_e°/V	电　极　反　应	E_e°/V
中性介质(pH=7)		$MnO_2+4OH^- \rightleftharpoons MnO_4^-+2H_2O+3e$	+1.140
$Al+3OH^- \rightleftharpoons Al(OH)_3+3e$	-1.94	$2OH^- \rightleftharpoons H_2O_2+2e$	+1.356
$Ti+4OH^- \rightleftharpoons TiO_2+2H_2O+4e$	-1.27	$2Cl^- \rightleftharpoons Cl_2+2e$	+1.36
$Fe+S^{2-} \rightleftharpoons FeS+2e$	-1.00	$O_2+OH^- \rightleftharpoons O_3+H^++2e$	+1.654
$Cr+3OH^- \rightleftharpoons Cr(OH)_3+3e$	-0.886	$2SO_4^{2-} \rightleftharpoons S_2O_3^{2-}+2e$	+2.05
$Zn+2OH^- \rightleftharpoons Zn(OH)_2+2e$	-0.83	$2F^- \rightleftharpoons F_2+2e$	+2.85
$Fe+2OH^- \rightleftharpoons Fe(OH)_2+2e$	-0.463	**酸性介质(pH=0)**	
$H_2+2OH^- \rightleftharpoons 2H^++H_2O+2e$	-0.414	$H_2 \rightleftharpoons 2H^++2e$	0.000
$Cd+2OH^- \rightleftharpoons Cd(OH)_2+2e$	-0.395	$Fe^{2+} \rightleftharpoons Fe^{3+}+e$	+0.771
$Co+2OH^- \rightleftharpoons Co(OH)_2+2e$	-0.316	$HNO_2+H_2O \rightleftharpoons NO_3^-+3H^++2e$	+0.94
$3FeO+2OH^- \rightleftharpoons Fe_3O_4+H_2O+2e$	-0.315	$NO+2H_2O \rightleftharpoons NO_3^-+4H^++3e$	+0.96
$Ni+2OH^- \rightleftharpoons Ni(OH)_2+2e$	-0.306	$HClO_2+H_2O \rightleftharpoons ClO_3^-+3H^++2e$	+1.21
$Fe(OH)_2+OH^- \rightleftharpoons Fe(OH)_3+e$	-0.146	$2H_2O \rightleftharpoons O_2+4H^++4e$	+1.229
$Pb+2OH^- \rightleftharpoons PbO+H_2O+2e$	-0.136	$2Cr^{3+}+7H_2O \rightleftharpoons Cr_2O_7^{2-}+14H^++6e$	+1.33
$2Cu+2OH^- \rightleftharpoons Cu_2O+H_2O+2e$	+0.056	$Pb^{2+}+2H_2O \rightleftharpoons PbO_2+4H^++2e$	+1.455
$Cu+2OH^- \rightleftharpoons CuO+H_2O+2e$	+0.156	$Mn^{2+} \rightleftharpoons Mn^{3+}+e$	+1.51
$Cu+2OH^- \rightleftharpoons Cu(OH)_2+2e$	+0.19	**碱性介质(pH=14)**	
$Ag+Cl^- \rightleftharpoons AgCl$	+0.22	$Mg+2OH^- \rightleftharpoons Mg(OH)_2+2e$	-2.69
$H_2O_2+2OH^- \rightleftharpoons O_2+2H_2O+2e$	+0.268	$Al+4OH^- \rightleftharpoons H_2AlO_3^-+H_2O+3e$	-2.35
$2Hg+2Cl^- \rightleftharpoons Hg_2Cl_2+2e$	+0.27	$Mn+2OH^- \rightleftharpoons Mn(OH)_2+2e$	-1.55
$Fe(CN)_6^{4-} \rightleftharpoons Fe(CN)_6^{3-}+e$	+0.36	$H_2+2OH^- \rightleftharpoons 2H_2O+2e$	-0.828
$Mn(OH)_2+OH^- \rightleftharpoons Mn(OH)_3+e$	+0.514	$Fe+CO_3^{2-} \rightleftharpoons FeCO_3+2e$	0.756
$2I^- \rightleftharpoons I_2+2e$	+0.534	$ClO_2^-+2OH^- \rightleftharpoons ClO_3^-+H_2O+2e$	+0.33
$Cr(OH)_3+5OH^- \rightleftharpoons CrO_4^{2-}+4H_2O+3e$	+0.560	$ClO_3^-+2OH^- \rightleftharpoons ClO_4^-+H_2O+2e$	+0.36
$2OH^- \rightleftharpoons O_2+2H^++4e$	+0.815	$4OH^- \rightleftharpoons O_2+2H_2O+4e$	+0.401
$2Br^- \rightleftharpoons Br_2+2e$	+1.09	$ClO^-+2OH^- \rightleftharpoons ClO_2^-+H_2O+2e$	0.66
		$O_2+2OH^- \rightleftharpoons O_3+H_2O+2e$	+1.24

任何一个电极反应，如果用 O 代表氧化态物质，R 代表还原态物质，都可以写为如下通式：

$$O+ne \underset{\overleftarrow{i}_a}{\overset{\overrightarrow{i}_k}{\rightleftharpoons}} R$$

也就是说，电极反应是伴随着两类导体相之间的电量转移而在两相界面上发生的氧化态物质与还原态物质互相转化的反应。根据法拉第定律，电极反应的速度(即相界面上单位面积上的阴极反应或阳极反应的速度)可用电流密度表示。式中的 $\overrightarrow{i}_k$ 和 $\overleftarrow{i}_a$ 分别称为该电极反应的阴极反应电流密度和阳极反应电流密度，简称阴极电流密度和阳极电流密度。

如果在一个电极表面只进行如上式所表示的一个电极反应，当这个电极反应处于平衡时，其电极电位就是这个电极反应的平衡电位 E_e，其阴极反应和阳极反应的速度相等，即

$$\overrightarrow{i}_k=\overleftarrow{i}_a=i^\circ$$

i°是与 $\overrightarrow{i}_k$ 和 $\overleftarrow{i}_a$ 的绝对值均相等的电流密度，称为该电极反应的交换电流密度。它表明平衡

电位下正向反应和逆向反应的交换速度。交流电流密度是电极反应的主要动力学参数之一，任何一个电极反应处于平衡状态时都有它自己的交换电流密度。

当电极处于平衡状态时，虽然在两相界面上微观的物质交换和电量交换仍在进行，但因正向反应和逆向反应速度相等，故电极体系不会出现宏观的物质变化，没有净反应发生，也没有净电流出现。所以，当金属与含有其本身离子的溶液构成的电极体系处在平衡状态时，这种金属是不会腐蚀的，即平衡的金属电极是不发生腐蚀的电极。例如，由纯金属锌和硫酸锌溶液及由纯金属铜和硫酸铜溶液所构成的平衡锌电极和平衡铜电极，当它们分别孤立地存在时，金属锌和金属铜的质和量及表面状态都将保持不变。孤立的平衡电极，当它们单独存在时，既不表现为阳极也不表现为阴极，或者说是没有极化的电极。

2.3 非平衡电极电位

2.3.1 电极反应的过电位

当电极反应偏离平衡状态时，电极系统的电极电位就偏离平衡时的电位。如果用某一参比电极测得的电极电位(非平衡电位)和平衡电位分别为 E 和 E_e，则

$$\eta = E - E_e \tag{2-18}$$

把一个电极反应偏离平衡时的电极电位 E 与这个电极反应的平衡电位 E_e 的差值叫作过电位，用 η 表示之。也就是说，过电位是电极反应偏离平衡状态的程度的反映，于是可以从电位偏离平衡值的方向(正或负)来判断电极反应进行的方向。即：

如果 $\eta=0$，即 $E=E_e$，电极反应处于平衡；

如果 $\eta>0$，即 $E>E_e$，电极反应按阳极反应的方向进行；

如果 $\eta<0$，即 $E<E_e$，电极反应按阴极反应的方向进行。

可见，过电位是一个重要的电化学参数。对于一个电极系统，只要求得了这个电极系统中可能发生的电极反应的过电位 η 的数值后，就能对这个电极系统中是否有电极反应达到平衡、没有达到平衡的电极反应向哪个方向进行，作出肯定的判断。

尤其要注意的是，过电位概念与平衡电位一样必然是与一定的电极反应相联系的。例如，

$$\frac{1}{2}H_2 \rightleftharpoons H^+ + e$$

在一定的 p_{H_2} 与 a_{H_2} 条件下，不论电极材料是什么，该电极反应的平衡电位数是一定的，以 $Ee_{(H_2/H^+)}$ 来表示。而这个电极反应又是在以金属 M 作为电极材料的电极上进行的，因此测得这个电极系统的电位是 E_M 时，则过电位 $\eta=E_M-E_{e(H_2/H^+)}$ 只能称作为氢气体电极反应的过电位，而绝不可以把它称作为“电极 M 的过电位”。

当 $\eta>0$，电极反应按阳极反应方向进行，还原态转化成为氧化态物质，此时，有正电荷(离子)从电极材料相转移到溶液相。总之，在进行阳极反应时，有正电流从电极表面流向溶液。因此把从电极表面流向溶液的电流称为阳极电流。单位面积的电极表面上的阳极电流，称为阳极电流密度，以 i_a 表示，并规定它是正值。

反之，当 $\eta<0$，电极反应按阴极反应的方向进行，氧化态转化为还原态物质，此时，电荷的转移方向同阳极反应的情况相反：正电流从溶液相流向电极材料相。因此，把从溶液流入电极表面的电流称为阴极电流；同样，单位面积的电极表面上的阴极电流称为阴极电流密度，以 i_k 表示，并规定它是负值。

据此布拜(Pourbaix)首先提出在电极反应的过电位与电极反应的电流密度之间存在着如下关系

$$\eta i \geqslant 0 \tag{2-19}$$

其中的 η 与 i 的方向(符号)是一致的。式中包含了以下两种情况:

(1) 对处于平衡状态下的可逆过程

平衡状态下的电极反应，$\eta=0$，$i=0$，即

$$\eta i=0$$

此时，从宏观上看电极表面流出和流入的电流密度都为零，可实际上仍有电流流出和流入电极表面，不过此时的阳极电流密度与阴极电流密度相等，电极反应过程处于可逆状态。

(2) 对处于非平衡状态下的不可逆过程

非平衡条件下的电极反应，不管是阳极反应还是阴极反应，恒有

$$\eta i>0 \tag{2-20}$$

该式可看作是一个电极反应偏离平衡以不可逆过程的方式进行的特征。

η 与 i 之间存在着因果关系，而且两者必须同号。一般说来，在 η 与 i 之间存在着复杂的函数关系，只有当体系偏离平衡很小($|i| \ll i^{\circ}$)时，η 与 i 之间才存在着简单的比例关系:

$$\eta=R_{F} i$$

式中的比例系数 R_F 叫作法拉第电阻。它的大小决定于电极反应体系和条件，差别可以很大。

2.3.2 原电池中的不可逆过程

两个电极系统组成如图 2-5 所示的原电池。

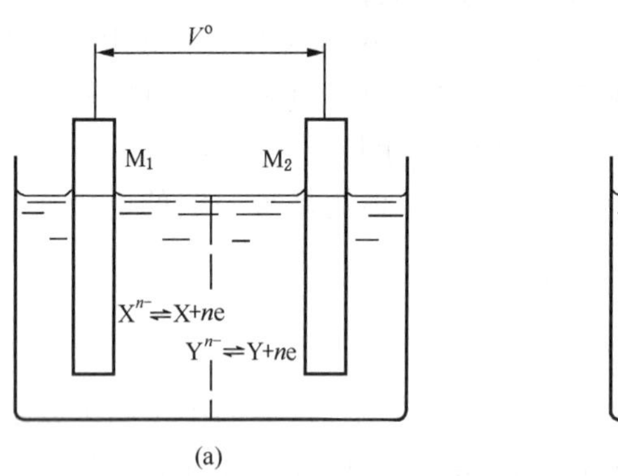

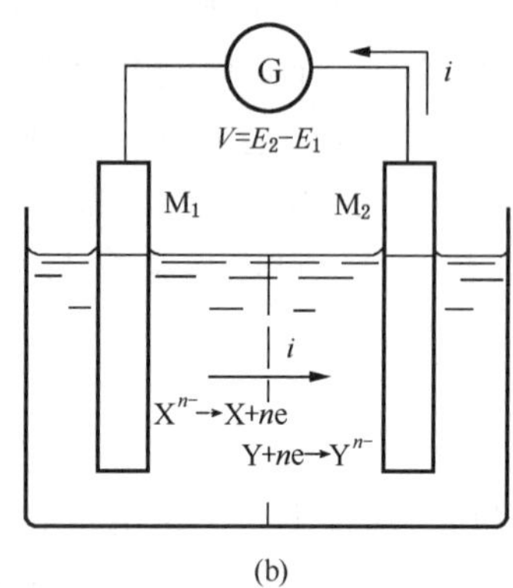

图 2-5 原电池示意图

(a)未工作状态；(b)带负载 G 工作时的状态

当外部没有接通时，原电池还没有工作。现设 $E_{e2}>E_{e1}$，则两个电极上部端点的电位差为

$$V^{\circ}=E_{e2}-E_{e1} \tag{2-21}$$

两个电极系统中的电极反应都应处于平衡状态，如图 2-5(a)所示。此时，原电池的电动势为 V°。

如果将这一原电池与负载 G 接通构成电的回路。负载两端电位不同，电流就将从电位高的一端通过负载 G 流向电位低的一端。在原电池的外电路中，有电流 i 从电极 M_2 通过负载 G 流入电极 M_1 时，则在原电池的内部电路中就有同样大小的电流 i 从电极 M_1 的表面流

向溶液，经过溶液流入电极 M_2 的表面，如图 2-5(b)所示。

对于电极 M_1，由于电流 i 是从电极 M_1 流向溶液，这就是阳极电流，故这一电极系统的电极反应就偏离了平衡，向阳极反应方向进行：

$$X^{n-} \longrightarrow X + ne$$

相应于这个偏离了平衡的不可逆电极过程，有一个正的过电位 η_1。此时，M_1 电极系统的电极电位应该是

$$E_1 = E_{e1} + \eta_1 \tag{2-22}$$

同理，对于电极 M_2，由于电流 i 是从溶液流向电极 M_2 的表面，是阴极电流，在电极 M_2 的表面上的电极反应按阴极反应的方向进行：

$$Y + ne \longrightarrow Y^{n-}$$

相应于这个偏离了平衡的不可逆电极过程，应有一个负的过电位 η_2。此时，M_2 的电极电位将是

$$E_2 = E_{e2} - |\eta_2| \tag{2-23}$$

如果溶液中的电阻很小，小到电流 i 从 M_1 的表面通过溶液流向 M_2 的表面时，溶液中的欧姆阻降可以忽略不计，此时，原电池的两个电极上的端电压将是

$$V = E_2 - E_1 = E_{e2} - |\eta_2| - (E_{e1} + \eta_1) = V^{\circ} - (\eta_1 + |\eta_2|) \tag{2-24}$$

整个原电池中所发生的物质变化为

$$X^{n-} + Y \longrightarrow X + Y^{n-}$$

由于相应于原电池中 1mol 物质变化有 nF(库仑)的电量流动，则原电池的电动势应为

$$V^{\circ} = \frac{-\sum_i \nu_i \mu_i}{nF} \tag{2-25}$$

所以，原电池是直接将化学能转变为电能的装置。

如果原电池输出电功时电流 i 非常小，小到原电池的两个电极上的电极反应仍能保持平衡状况，即它们的电极电位仍能保持为 E_{e1} 和 E_{e2}。在这种情况下进行的过程称之为可逆过程，此时，负载 G 两端的电压(原电池的电动势)为

$$V^{\circ} = E_{e2} - E_{e1}$$

故在这种情况下原电池每输出 1F 的电量所做的电功为最大有用功，以 W°表示：

$$W^{\circ} = V^{\circ} F$$

但实际上为使负载工作，必须要有相当大的电流通过，两个电极系统的电极反应只能以不可逆过程的方式进行。此时，原电池的端电压不能保持为 V°，而是降低为 V。在这种情况下，同样流过 1F 电量所做的电功也将不是 W°，而是实际的有用功，以 W 表示之：

$$\begin{aligned} W &= VF = [V^{\circ} - (\eta_1 + |\eta_2|)]F \\ &= W^{\circ} - (\eta_1 + |\eta_2|)F \end{aligned}$$

可见，当原电池以可以测量的速度输出电流时，原电池中的氧化-还原反应的化学能就不能全部转变为电能。原电池的化学能只有在速度为无穷小的可逆过程中才能转变为最大有用功。这就是说，在以有限速度进行的不可逆过程中，原电池中的两个电极反应的化学能，只有一部分转变为实际有用功，还有一部分即两个电极反应的过电位绝对值之和与电量的乘积却成为不可利用的热能散失掉了。所以，当一个电极反应以不可逆过程的方式进行时，单位时间内单位面积的电极表面上这个电极反应的化学能中转变成为不可利用的热能而散失掉

的能量为 η_i，这就如式(2-20)成为一个电极应以不可逆过程的方式进行的特征。

实际上，不是都能像式(2-22)中忽略原电池中的溶液的电阻。如果溶液电阻为 $R_{(sol)}$，则在原电池中流过电流 i 时，原电池的端电压为

$$V=V^{\circ}-(\eta_1+|\eta_2|+R_{(sol)}i)$$

因此，在溶液中的欧姆阻降不可忽略的情况下，原电池工作时每流过 1F 的电量所能做的实际有用功为

$$W=W^{\circ}-(\eta_1+|\eta_2|+R_{(sol)}i)F$$

无论是过电位 η_1 和 $|\eta_2|$ 的数值，还是欧姆阻降 $R_{(sol)}$ 的数值，都是随电极反应的速度的增大而增大，所以过程偏离平衡愈远(η 和 i 的绝对值愈大)，从化学能中能够得到的有用功部分就愈小，而以热能形式耗散的能量部分就愈大。

2.3.3 腐蚀电池

如果将原电池的两端不接负载而是直接用导线将其短路，如图 2-6 所示，使原电池成为短路的原电池。此时，原电池的端电压 $V=0$，因此原电池对外界所做的实际有用功亦为零，此时，在原电池中进行的氧化-还原反应释放出来的化学能全部以热能形式耗散。这种情况，也是原电池中不可逆过程所可能达到的偏离平衡的最大限度。

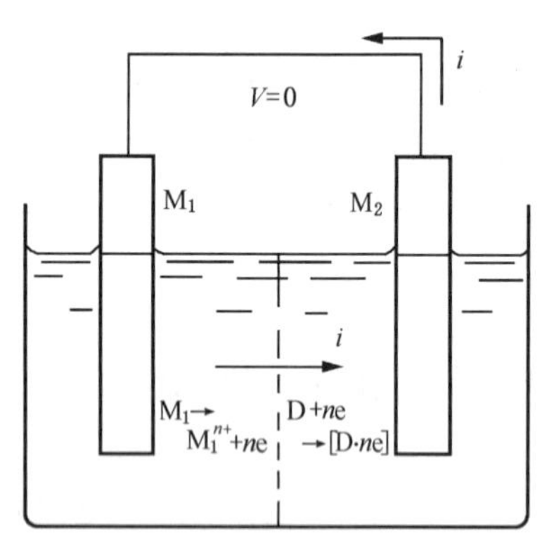

图 2-6　短路原电池示意

图 2-6 中，M_1 电极表面上进行阳极反应，故 M_1 称为阳极，而 M_2 电极表面上进行阴极反应，故 M_2 称为阴极。如果在电极 M_1 上进行的反应为

$$M_1 \longrightarrow M_1^{n+}+ne$$

则这种原电池中所进行的氧化还原反应将是

$$M_1+D \longrightarrow M_1^{n+}+[D \cdot ne]$$

当这种原电池工作时，电极 M_1 上进行阳极反应的结果是材料 M_1 从固体的金属状态将变成为溶液中的离子 M_1^{n+} 状态。金属材料 M_1 在原电池作用下不断遭受破坏而腐蚀，这样的短路原电池不能提供有用功，这是个典型的腐蚀反应，进行这种腐蚀反应的短路原电池称为腐蚀电池。所以，腐蚀电池的定义应是：只能导致金属材料破坏而不能对外界做有用功的短路原电池。

另外，还必须特别说明两点：

① 腐蚀电池的反应所释放出来的化学能都是以热能的形式耗散掉而不能被利用；

② 腐蚀电池中相应的电极反应都是以最大程度的不可逆过程的方式在进行的。

2.3.4 共轭体系与混合电位

前面着重讨论的都是在一个电极表面上只进行一个电极反应的情况。简要说来，如果一个电极上只能进行一个电极反应，当这个电极反应处于平衡时，电极电位就是这个电极反应的平衡电位；此时电极反应按阳极反应方向进行的速度与按阴极方向进行的速度相等，既没有电流从外线路流入电极系统，也没有电流自电极向外线路流出。当电极反应偏离平衡时，电极电位为非平衡电位，它与平衡电位的差值是这个电极反应的过电位。此时，或有电流从外线路流入电极系统，或有电流自电极系统向外线路流出。

然而，一种金属腐蚀时，即使最简单的情况，金属表面至少同时进行着两个不同的电极反应，一个是金属电极反应，另一个是溶液中的氧化剂在金属表面进行的电极反应。如图

2-7所示。

这种腐蚀电池的工作与图 2-6 的短路原电池工作并无原则差别。图 2-7 中的金属 M 相当于图 2-6 中短接在一起的 M_1 和 M_2 金属，而且阳极部分和阴极部分的溶液也混在一起，使得在金属 M 的表面上，既能进行阳极反应

$$M \longrightarrow M^{n+} + ne$$

也能进行阴极反应

$$D + ne \longrightarrow [D \cdot ne]$$

金属材料 M 的表面上进行的腐蚀反应为

$$M + D \longrightarrow M^{n+} + [D \cdot ne]$$

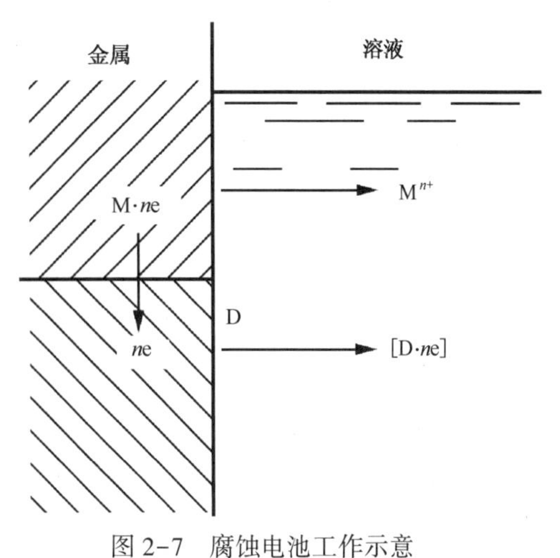

图 2-7　腐蚀电池工作示意

通常，把没有电流在外线路流通的电极称为孤立的电极，当一个孤立电极上同时可以进行两个电极反应时，这两个电极反应进行的情况相当于在短路原电池中进行电极反应的情况。亦即：

① 平衡电位比较高的电极反应按阴极反应的方向进行，平衡电位比较低的电极反应按阳极反应的方向进行。

② 两个电极反应总的结果就是一个氧化-还原反应，这个反应进行的动力来自两个电极反应的平衡电位之差。

③ 这个孤立的电极上的两个电极反应中，一个是按这一电极反应的阳极反应方向、一个是按另一电极反应的阴极反应方向以相等的速度进行，使得阳极反应中从电极流向溶液的电流恰为阴极反应中相反方向的电流所抵消。而且这两个电极反应所组成的氧化-还原反应释放出来的化学能，全部以热能形式而耗散，不产生有用功，过程是以最大限度的不可逆方式进行。

在一个孤立的电极上，同时以相等速度进行着一个阳极反应和一个阴极反应的现象称为电极反应的耦合，而互相耦合的反应称为共轭反应，相应的腐蚀体系有时就称为共轭体系。

在两个电极反应互相耦合时，如果反应 1 是阳极反应，它的平衡电位是 E_{e1}，反应 2 是阴极反应，它的平衡电位是 E_{e2}，如果这个孤立电极的电位为 E，根据式(2-22)和式(2-23)，阳极反应的非平衡电位为

$$E_1 = E = E_{e1} + \eta_1 \qquad (\text{其中 } \eta_1 > 0)$$

而阴极反应的非平衡电极电位为

$$E_2 = E = E_{e2} - |\eta_2| \qquad (\text{其中 } \eta_2 < 0)$$

由此可得，当两个电极反应在一个孤立的电极上耦合时，电极电位 E 的数值将在这两个电极反应的平衡电位之间：

$$E_{e2} > E > E_{e1}$$

这一对共轭反应都在这个非平衡电极电位 E 下进行，故电极电位 E 既是阳极反应的非平衡电位，又是与之共轭的阴极反应的非平衡电极电位。于是把电极电位 E 称为这一对共轭电极反应的混合电位。

如果如图 2-7 中所示，这一对耦合的电极反应中阳极反应是金属材料 M 的阳极溶解反应

$$M \longrightarrow M^{n+} + ne$$

阴极反应是

$$D + ne \longrightarrow [D \cdot ne]$$

这一对电极反应进行的结果是导致金属 M 的腐蚀破坏。它的混合电位又称为腐蚀电位。整个氧化-还原反应就是腐蚀反应，整个反应过程就是电化学腐蚀过程。

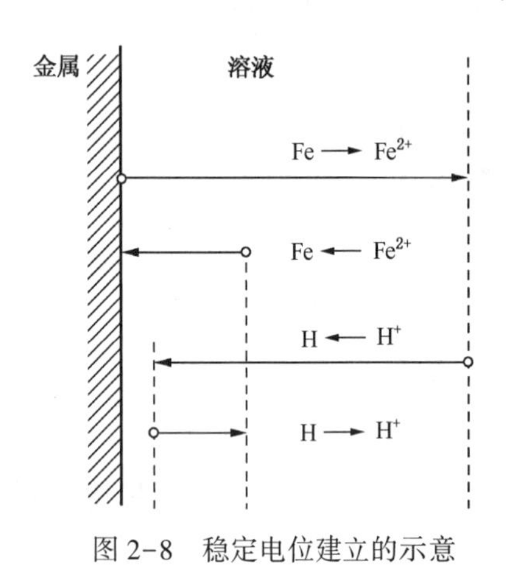

图 2-8　稳定电位建立的示意

以上讨论的是在一个孤立的电极上同时进行着两个不同的电极反应的情况，在这种共轭体系中也能建立起一个相对稳定的电位值亦称稳定电位(或称混合电位)。它与平衡体系中的平衡电极电位完全不同，平衡电位表明金属与溶液界面已建立起可逆平衡状态，即电荷与物质从金属向溶液迁移的速度和从溶液向金属迁移的速度都相等。而稳定电位的建立并不表征反应在电极上已达到平衡状态，此时电极上失去电子靠某一电极过程，而得电子则靠另一电极过程。只是电荷达到平衡，参加电极反应的物质却不平衡。例如铁浸到稀盐酸中的情况，其阳极过程是

$$Fe \xrightarrow{i_a} Fe^{2+} + 2e$$

而阴极过程为

$$2H^+ + 2e \xrightarrow{i_k} H_2$$

如图 2-8 所示，在这种情况下，两个电极反应各自朝一定的方向进行，表征这种不可逆电极反应的电极电位称为非平衡电极电位。非平衡电极电位可以是稳定的，其条件是电荷从金属迁到溶液和自溶液迁移到金属的速度必须相等，也即电荷必须是平衡的，但物质(例如对于 Fe^{2+})并不保持平衡。此时，铁的氧化过程所给出的电子，必须全部为氢离子的还原过程消耗掉，即

$$i_a = i_k$$

这时建立起一个稳定状态，只表示金属表面所带的电荷数量不变而已。如果非平衡电极电位始终不能建立起一个恒定的数值，它也可以是不稳定的。

非平衡电极电位不服从 Nernst 公式，只能用实验方法才可测得。在腐蚀领域中，经常涉及的是非平衡电极电位，故它在研究腐蚀及腐蚀控制时，有着重要的意义。表 2-5 列出一些金属的非平衡电极电位值。

表 2-5　一些金属在三种介质中的非平衡电极电位　　V

金　属	3%NaCl 溶液	0.05 mol/L Na_2SO_4	0.05 mol/L $Na_2SO_4+H_2S$	金　属	3%NaCl 溶液	0.05 mol/L Na_2SO_4	0.05 mol/L $Na_2SO_4+H_2S$
镁	-1.6	-1.36	-1.65	镍	-0.02	+0.035	-0.21
铝	-0.6	-0.47	-0.23	铅	-0.26	-0.26	-0.29
锰	-0.91	—	—	锡	-0.25	-0.17	-0.14
锌	-0.83	-0.81	-0.84	锑	-0.09	—	—
铬	+0.23	—	—	铋	-0.18	—	—
铁	-0.50	-0.50	-0.50	铜	+0.05	+0.24	-0.51
镉	-0.52	—	—	银	+0.20	+0.31	-0.27
钴	-0.45	—	—				

2.3.5 多电极反应耦合系统

在一个孤立电极上同时进行两个电极反应时，它们彼此耦合形成共轭体系，并建立了混合电位。这个混合电位的概念可以推广到一个孤立电极上同时进行两个以上的多个电极反应的情况，如果一个孤立的电极上有 N 个电极反应同时进行，且电极的外电流等于零，则当 $N>2$ 时，称这些电极反应组成了多电极反应耦合系统。在 N 个电极反应组成的多电极反应耦合系统中，必定有一部分电极反应成为阳极反应，另一部分电极反应成为阴极反应。由于阳极反应电流与阴极反应电流的方向相反，而外电流又等于零，所以耦合系统的腐蚀电流为

$$I_c = \sum_{i=1}^{N} I_{ai} = \sum_{i=1}^{N} I_{ki}$$

式中 I_{ai} 和 I_{ki} 分别是第 i 个电极反应的阳极电流和阴极电流。

同时，由于阳极反应的过电位取正值，阴极反应的过电位取负值，而这 N 个电极反应都是在同一个混合电位(腐蚀电位)下进行，所以应有：

$$E_c = E_{e1} + \eta_1 = E_{e2} + \eta_2 = \cdots = E_{ei} + \eta_i = \cdots = E_{eN} + \eta_N$$

式中 E_{ei} 和 η_i 是第 i 个电极反应的平衡电位和在耦合系统中的过电位。式中包含了 N 个等式，从这 N 个等式可以得到

$$E_c = \frac{\sum_{i=1}^{N} E_{ei}}{N} + \frac{\sum_{i=1}^{N} \eta_i}{N}$$

$$= \bar{E}_e + \bar{\eta}$$

式中右方第一项是耦合系统中各个电极反应的平衡电位的算术平均值，第二项是耦合系统中各个电极反应过电位的算术平均值。由于 η_i 有正有负，故视情况不同可以是正值，也可以是负值。

总之，一个多电极反应的耦合系统中，混合电位 E_c 有如下特点：

① 电极反应的个数越多，E_c 与 $\bar{E}_e$ 的差值可能比较小些。

② 在一个多电极反应耦合系统中，混合电位 E_c 总是处于最高的平衡电位与最低的平衡电位之间。或者说，至少有一个电极反应的平衡电位高于混合电位；同理，至少有一个电极反应的平衡电位低于混合电位。

③ 凡是平衡电位比混合电位高的电极反应，按阴极反应方向进行；反之，则按阳极反应的方向进行。因此，平衡电位最高的电极反应，肯定是阴极反应，平衡电位最低的电极反应，肯定是阳极反应。

2.4 金属电化学腐蚀倾向的判断

人类的经验表明，一切自发过程都是有方向性的。过程发生之后，它们都不能自动地回复原状。例如，把锌片浸入稀的硫酸铜溶液中，将会自动发生取代反应，生成铜和硫酸锌溶液。但若把铜片放入稀的硫酸锌溶液里，却不会自动地发生取代作用，也即逆过程是不能自发进行的。又如电流总是从高电位的地方向低电位的地方流动；热的传递也总是从高温物体流向低温物体，反之是不能自动进行的。所有这些自发变化的过程都具有一个显著的特征——不可逆性。因此，讨论什么因素决定这些自发变化的方向和限度，尤为重要。

2.4.1 腐蚀反应自由能的变化与腐蚀倾向

金属腐蚀过程一般都是在恒温恒压的敞开体系下进行，根据热力学第二定律，可以通过自由能的变化(ΔG)来判断化学反应进行的方向和限度。对一个任意的化学反应，它的平衡条件为

$$\Delta G_{T,p}=\sum_i \nu_i \mu_i = 0$$

其中 ν_i 对于反应物而言取负值，对于生成物来说则取正值。

在恒温、恒压条件下腐蚀反应总自由能的变化为

$$\Delta G_{T,p}=\sum_i \nu_i \mu_i$$

因此当 $\Delta G_{T,p}<0$ 过程自发进行；

$\Delta G_{T,p}=0$ 平衡状态；

$\Delta G_{T,p}>0$ 过程逆向进行。

从热力学观点来看，腐蚀过程是由于金属与其周围的介质构成了一个热力学上不稳定的体系，该体系有从不稳定趋向稳定的倾向。这种倾向的大小可以通过腐蚀反应自由能的变化 $\Delta G_{T,p}$ 来衡量。对于各种金属，这种倾向是很不相同的。若 $\Delta G_{T,p}<0$ 腐蚀反应可能发生，自由能变化的负值愈大，一般表示金属愈不稳定。如 $\Delta G_{T,p}>0$ 则表示腐蚀反应不可能发生，自由能变化的正值愈大通常表示金属愈稳定。

例如：在 25℃，10^5 Pa(1atm)下，把 Zn、Fe 金属片分别浸入无氧的盐酸水溶液中，其腐蚀反应的自由能变化为

$$Zn+2H^+ \longrightarrow Zn^{2+}+H_2\uparrow$$

μ(kJ)　　0　0　−147.40　0

$\Delta G=-147.40$ kJ<0　（反应自发进行）

$$Fe+2H^+ \longrightarrow Fe^{2+}+H_2\uparrow$$

μ(kJ)　　0　0　−84.94　0

$\Delta G=-84.94$ kJ<0　（反应自发进行）

可见，Zn 和 Fe 在无氧的盐酸水溶液中反应的自由能变化 ΔG 有很高的负值，说明腐蚀的倾向很大。

又如 Cu 在无氧的盐酸水溶液中不发生腐蚀，而在有溶解氧的盐酸水溶液中却发生腐蚀，这是由于：

$$Cu+2H^+ \longrightarrow Cu^{2+}+H_2$$

μ(kJ)　　0　0　65.06

$\Delta G=65.06$ kJ>0　（反应不能自发进行）

$$Cu+\frac{1}{2}O_2+2H^+ \longrightarrow Cu^{2+}+H_2O$$

μ(kJ)　　0　−1.94　0　65.06　−237.19

$\Delta G=-170.19$ kJ<0　（反应可自发进行）

值得指出的是，用计算 ΔG 值得到的金属腐蚀倾向的大小，并不表示腐蚀速度的大小。也就是说，具有较高负值的 ΔG，也并不一定表示具有较高的腐蚀速度。因为反应速度问题是属于动力学讨论的范畴，它还取决于各种因素对反应过程的影响。因此 ΔG 为负值时，反应速度可大可小。而 ΔG 为正值时，却可以肯定，在所给条件下，腐蚀反应将不

可能进行。

2.4.2 可逆电池电动势和腐蚀倾向

从腐蚀的电化学机理出发，金属的腐蚀倾向也可用腐蚀过程中主要反应的腐蚀电池电动势来判别。从热力学可知，在恒温恒压下，可逆过程所作的最大非膨胀功等于反应自由能的减少。即

$$W' = -\Delta G$$

W'为非膨胀功。如果非膨胀功只有电功一种，则

$$W' = Q \cdot E = nFE$$

式中 Q——电池反应提供的电量，C；

E——电池电动势，V；

n——反应的电子数；

F——法拉第常数。

由此可得：

$$\Delta G = -nFE$$

上式表明，可逆电池所作的最大功(电功)等于该体系自由能的减小。

所谓可逆电池，它需满足如下条件：

① 电池中的化学反应必须是可逆的。

② 可逆电池不论在放电或充电时，所通过的电流必须十分小，亦即电池应在接近平衡状态下放电或充电。

因此，腐蚀反应的自由能变化也可用下式表示

$$\Delta G_{T,p} = -nFE = -nF(E_{e,k} - E_{e,a})$$

式中 $E_{e,a}$——腐蚀电池中阳极反应的平衡电位；

$E_{e,k}$——腐蚀电池中阴极反应的平衡电位。

由于腐蚀反应必须在 $\Delta G<0$ 时，才能自发进行。因此腐蚀电池中这对电极互相耦合的能量条件乃是

$$E_{e,k} - E_{e,a} > 0 \tag{2-26}$$

或

$$E_{e,a} < E_{e,k}$$

可见，若金属的标准电极电位比介质中某氧化剂物质的标准电极电位更负时，腐蚀可能发生。反之便不可能发生腐蚀。例如，前面所举的铁在酸溶液中的腐蚀，实际上在其界面上有两个电极反应：

$$Fe^{2+} + 2e \rightleftharpoons Fe \qquad E^{\circ}_{e,Fe} = -0.44\ V$$

$$2H^+ + 2e \rightleftharpoons H_2 \qquad E^{\circ}_{e,H} = 0.00V$$

由于 $E^{\circ}_{e,Fe} < E^{\circ}_{e,H}$，故铁在酸溶液中腐蚀反应可自发进行($Fe+2H^+ \longrightarrow Fe^{2+}+H_2$)。同理铜在酸溶液中可能发生的电极反应有：

$$Cu^{2+} + 2e \rightleftharpoons Cu \qquad E^{\circ}_{e,Cu} = 0.337\ V$$

$$2H^+ + 2e \rightleftharpoons H_2 \qquad E^{\circ}_{e,H} = 0.00\ V$$

$$\frac{1}{2}O_2 + 2H^+ + 2e \rightleftharpoons H_2O \qquad E^{\circ}_{e,O} = 1.229\ V$$

由于 $E^{\circ}_{e,Cu} > E^{\circ}_{e,H}$，故铜在无氧的酸溶液中不发生腐蚀。而 $E^{\circ}_{e,Cu} < E^{\circ}_{e,O}$，所以铜在含有溶解氧的酸溶液中，能被溶液中的溶解氧所氧化而发生腐蚀。同样可知：

① 在含有溶解氧的水溶液条件下，当金属的平衡电极电位比氧的电位更负时，金属发生腐蚀。

② 在不含氧的还原性酸溶液中，当金属的平衡电极电位比溶液中的析氢电位更负时，金属发生腐蚀。

③ 当两种不同的金属偶接在一起放入水溶液中时，电位较负的金属可能腐蚀，而电位较正的金属可能不发生腐蚀。

由上可知，一个金属在溶液中发生电化学腐蚀的能量条件，或者说，一个金属在溶液中发生电化学腐蚀过程的原因是：溶液中存在着可以使该种金属氧化成为金属离子或化合物的物质，且这种物质的还原反应的平衡电位必须高于该种金属的氧化反应的平衡电位。这种物质，在金属腐蚀领域中有一个习惯上的名称，叫作腐蚀过程的去极化剂。

有些文献上把腐蚀微电池的存在，或甚至把金属中夹杂的杂质的存在，说成是金属发生电化学腐蚀的原因。这种概念在热力学上是不正确的，腐蚀微电池的存在与分布情况，只能影响电化学腐蚀的速度和腐蚀破坏状况的分布，但不是电化学腐蚀过程的必要条件或原因。一个电化学腐蚀过程之所以能够发生，根本的原因乃是溶液中存在着可以使金属材料氧化成为金属离子或其化合物的去极化剂。如果溶液中没有合适的去极化剂的存在，即使金属材料不是均匀相的金属而是有异相的杂质(腐蚀微电池)存在，电化学腐蚀过程也不可能发生。

电动次序表是标准电极电位表，若不是在标准情况下，该电动次序一般来说基本上不会有多大的变动。因为浓度变化对电极电位的影响并不很大。例如对于一价的金属，当浓度变化 10 倍时，电极电位值变化仅为 0.059 V(25℃)。对于两价金属，浓度变化 10 倍，电极电位的变化更小为$\frac{1}{2}\times 0.059$ V。除非当两个 $E^{\circ}_{e,M}$ 很近，而且浓度变化又很大的情况下，电动序才可能发生改变。所以利用标准电极电位表来粗略地判断金属的腐蚀倾向是相当方便的。

这里必须强调指出，使用表 2-3 作为金属腐蚀倾向的判断时，应特别注意到被判断金属所处的条件和状态，以及该表应用时的粗略性和局限性。例如，在实际电偶腐蚀中，大多数情况是由于两种腐蚀着的金属形成了短路原电池的结果，而且，工程材料多数是合金，对于含有两种或两种以上组分的合金来说，要建立它的可逆电极电位是不可能的。因此不宜使用电动序作为偶对中极性判断的依据，采用金属(或合金)在一定的介质中的腐蚀电位排成的电偶序作为判断的依据要比电动序更能明确地表示出电偶腐蚀的真实情况，又如，从电动序表中可知，在热力学上铝比锌有着更不稳定的腐蚀倾向，可实际上铝在大气条件下易于形成具有保护性的氧化膜，反使铝比锌更为稳定。

2.5 电位-pH 图

2.5.1 氧电极和氢电极的电位-pH 图

实际上，同金属的电化学腐蚀过程关系最密切的两个气体电极反应的平衡电位都与溶液的 pH 值有关，它们是氢的气体电极反应和氧的气体电极反应。

2.5.1.1 关于氢的气体电极反应

$$\frac{1}{2}H_2(g) \rightleftharpoons H^+_{(sol)} + e_{(M)}$$

已知这个电极反应的标准电位 $E^{\circ}_{e}=0$，按照 Nernst 方程式，它的平衡电位是

$$E_{e(H_2/H^+)}=\frac{RT}{F}\ln\frac{a_{H^+}}{p_{H_2}^{\frac{1}{2}}}$$

由于溶液的 pH 值与溶液中 H^+的活度之间的关系为

$$pH=-\lg a_{H^+}=-\frac{1}{2.303}\ln a_{H^+}$$

所以这个电极反应的平衡电位可以写成

$$E_{e(H_2/H^+)}=-\frac{2.303RT}{F}(pH+\frac{1}{2}\lg p_{H_2})$$

在 25℃时 $2.303RT/F\approx0.0591$ V，如 $p_{H_2}=1$atm(0.1MPa)时，上式可写成

$$E_{e(H_2/H^+)}=-0.0591pH \tag{2-27}$$

2.5.1.2　关于氧的气体电极反应

$$4OH^-_{(sol)}\rightleftharpoons O_{2(g)}+2H_2O_{(sol)}+4e_{(M)}$$

在稀溶液中，可以认为 a_{H_2O}是一个定值，因此在一定温度和压力的条件下稀溶液中 H_2O 的化学位 μ_{H_2O}是定值，将它同其他物质的标准化学位一起归入标准电位这一项。这样应用 Nernst 方程式就可得到

$$E_{e(OH^-/O_2)}=E^\circ_{(OH^-/O_2)}+\frac{RT}{4F}\ln\frac{p_{O_2}}{a^4_{OH^-}}$$

$E^\circ_{(OH^-/O_2)}=0.401$ V。25℃时，$2.303RT/4F\approx0.0148$ V，故上式可写成

$$E_{e(OH^-/O_2)}=0.401-0.0591\lg a_{OH^-}+0.0148\lg p_{O_2}$$

在 25℃的水溶液中，a_{OH^-}与溶液的 pH 值之间存在下列关系：

$$\lg a_{OH^-}=pH-14$$

所以上式可以写成

$$E_{e(OH^-/O_2)}=(0.401+0.828)+0.0148\lg p_{O_2}-0.0591pH$$
$$=1.229+0.0148\lg p_{O_2}-0.0591pH$$

当 $p_{O_2}=1$atm(0.1MPa)时，上式可化简为

$$E_{e(OH^-/O_2)}=1.229-0.0591pH \tag{2-28}$$

由上可见，对于这两种气体电极反应来说，如果保持相应的气体分压不变，则它们的平衡电位都与溶液的 pH 值存在直线关系。而且直线的斜率也相同。如果以纵坐标表示平衡电位 E_e 的数值，而以横坐标表示溶液的 pH 值作图，可将式(2-27)、(2-28)表示成图 2-9。图上是两条平行的斜线，在任何 pH 值下，它们的距离都是 1.229V。

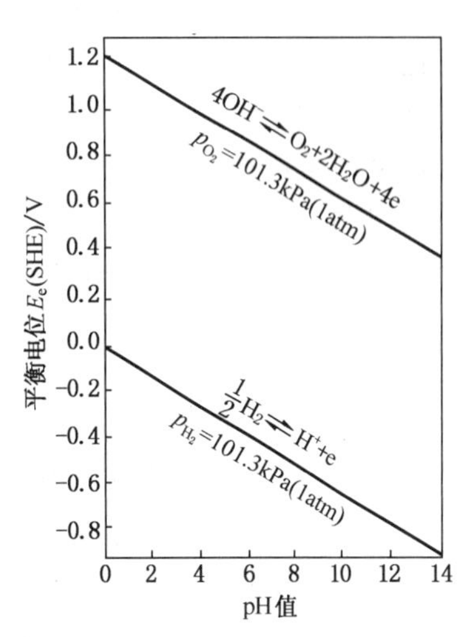

图 2-9　氧电极和氢电极的 E_e-pH 图

这种图叫作 E_e-pH 图，它在电化学腐蚀过程中很有用。这是因为金属的电化学腐蚀绝大部分是金属与水溶液接触时发生的腐蚀过程，而且作为离子导体相的水溶液中，带电荷的粒子除了其他离子外，总是有 H^+和 OH^-这两种离子，它们的活度之间又存在着下列关系：

$$a_{H^+}\cdot a_{OH^-}=10^{-14}\quad（室温下）$$

故在水溶液中，知道 H^+和 OH^-两种离子中的一种离子的活度就可知道另一种离子的活度。一个电极反应中，只要有 H^+或 OH^-参加，这个电极反应的平衡电位就同溶液的 pH 值有关。通常，在金属腐蚀过程的电极反应中，有许多是同 H^+或 OH^-有关的。因此利用 E_e-pH 图来研究金属腐蚀过程的热力学条件，就比较方便。最早将这种图应用于腐蚀科学的是克拉克(Clark)图。

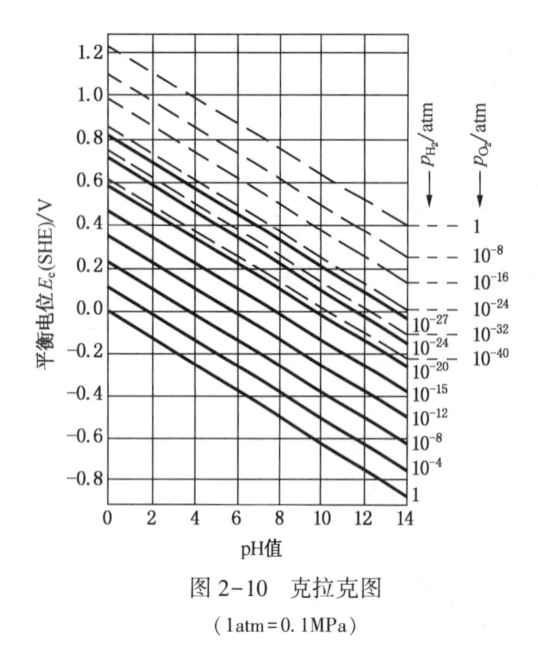

图 2-10　克拉克图

(1atm=0.1MPa)

克拉克图示于图 2-10。图上有分别代表氢和氧的不同分压 p_{H_2}和 p_{O_2}的直线，实线表示氢气体电极反应的平衡电位，虚线表示氧气体电极反应的平衡电位。这样根据实际测量到的电极电位数值和所面临的系统中溶液的 pH 值和 H_2 或 O_2 的分压，就可以很容易地判断相应气体电极反应的进行方向。

2.5.2　布拜(Pourbaix)图

比利时学者 M. Pourbaix 用 E-pH 图研究了所有的同金属腐蚀有关的化学反应，发展成为腐蚀科学中著名的布拜图。

E-pH 图是基于化学热力学原理建立起来的一种电化学平衡图，它是综合考虑了氧化-还原电位与溶液中离子的浓度和酸度之间存在的函数关系，以相对于标准氢电极的电极电位为纵坐标，以 pH 值为横坐标绘制而成。为简化起见，往往将浓度变数指定为一个数值，则图中明确地表示出在某一电位和 pH 值的条件下，体系的稳定物态和平衡状态。在研究金属腐蚀与防护的问题中，它可用于判断腐蚀倾向，估计腐蚀产物和选择可能的腐蚀控制途径。

2.5.2.1　Fe-H_2O 体系的电位-pH 图

金属在水溶液中的腐蚀过程所涉及的化学反应可分为三类：一类是只同电极电位有关而同溶液中的 pH 值无关的电极反应；一类只是同溶液中的 pH 值有关而同电极电位无关的化学反应；还有一类既同电极电位有关又同溶液中的 pH 值有关的化学反应。每一类又可分为均相反应和复相反应两种情况。均相反应是指反应物都存在于溶液相中的反应，复相反应是指某一个固相与溶液相之间或两个固相之间的反应。现就 Fe-H_2O 系统的情况举例说明。

Fe-H_2O 系统的电位-pH 图示于图 2-11。

图中曲线①表示

$$Fe^{2+}+2e \rightleftharpoons Fe$$

$$E_e=-0.441+0.2951\lg a_{Fe^{2+}}$$

此反应为有一种固相参加的复相反应，且只与电极电位有关而与溶液的 pH 值无关。故在一定的电位下，为一水平直线。

曲线②表示

$$Fe_2O_3+6H^++2e \rightleftharpoons 2Fe^{2+}+3H_2O$$

$$E_e=0.728-0.1773pH-0.0591\lg a_{Fe^{2+}}$$

此反应亦为有一种固相参加的复相反应，且既与电极电位有关，又与溶液的 pH 值有关，所

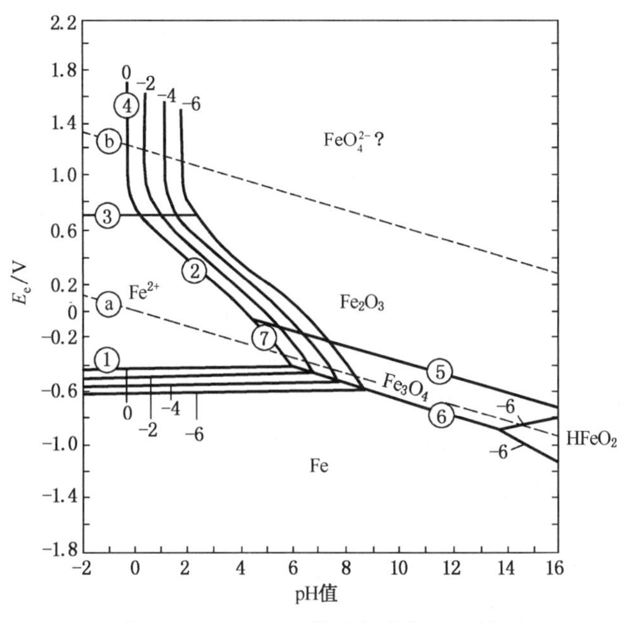

图 2-11　Fe-H_2O 体系的电位-pH 图

以在图中为一条斜线。

曲线③表示

$$Fe^{3+}+e \rightleftharpoons Fe^{2+}$$

$$E_e=0.771+0.0591\lg\frac{a_{Fe^{3+}}}{a_{Fe^{2+}}}$$

当 $a_{Fe^{2+}}=a_{Fe^{3+}}$时，$E_e=0.771$ V，为一条水平直线。此反应为均相反应，且只与电极电位有关而与溶液中的 pH 值无关。

曲线④表示

$$2Fe^{3+}+3H_2O \rightleftharpoons Fe_2O_3+6H^+$$

$$\lg a_{Fe^{3+}}=-0.723-3pH$$

该反应为金属离子的水解反应，无电子参加反应，与电位无关，故为一垂直线。

曲线⑤表示

$$3Fe_2O_3+2H^++2e \rightleftharpoons 2Fe_3O_4+H_2O$$

$$E_e=0.221-0.0591pH$$

该反应是有两种固相参加的复相反应，且过程与电位和 pH 值均有关，所以为一条斜线。

曲线⑥表示

$$Fe_3O_4+8H^++8e \rightleftharpoons 3Fe+4H_2O$$

$$E_e=-0.085-0.0591pH$$

此反应也是有两种固相参加的复相反应，且过程与电位和 pH 值均有关，所以也为一条斜线。

曲线⑦表示

$$Fe_3O_4+8H^++2e \rightleftharpoons 3Fe^{2+}+4H_2O$$

$$E_e=0.980-0.2364pH-0.0886\lg a_{Fe^{2+}}$$

此反应是有一种固相参加的复相反应，且过程既与电位有关，也与 pH 值有关，故为一条斜线。

曲线ⓐ表示

$$2H^++2e \rightleftharpoons H_2$$

$$E_e=0.0000-0.591pH-0.0296\lg p_{H_2}$$

当 $p_{H_2}=1atm$ 时，$E_e=-0.591pH$，此反应为氢的气体电极反应。

曲线ⓑ表示

$$O_2+4H^++4e \rightleftharpoons 2H_2O$$

$$E_e=1.229-0.591pH+0.0148\lg p_{O_2}$$

如果 $p_{O_2}=1atm$ 时，$E_e=1.229-0.591pH$。

图中曲线ⓐ和ⓑ为两条平行的斜线（见图 2-10 中的虚线部分），曲线(XIII)的下方为 H_2 的稳定区；曲线ⓑ的上方为 O_2 的稳定区；而ⓐ和ⓑ线之间为水的稳定区。由于本书重点是讨论金属的电化学腐蚀过程，因此，除考虑金属的离子化反应外，还往往同时涉及氢的析出和氧的还原反应。所以这两条虚线对于研究腐蚀具有特别重要的意义。另外图中还以数字 0、-2、-4、-6 表示的一族平行线，其中的每一条线都表示出与溶液中一定浓度的离子相平衡的两相共存的条件。一般把 10^{-6}mol/L（图中表示为-6）浓度看作是该离子存在与否的界限，如果与金属平衡的离子浓度小于此值时，可以认为实际上不腐蚀。

从金属腐蚀的角度来看，特别值得注意的是涉及溶液与固相之间的复相反应平衡。因为对于一个由金属与溶液介质组成的体系中，与溶液介质接触的固相物质有两种情况：一种是固相物质就是金属本身。在这种情况下，如果条件使得平衡向生成固相物质的方向移动，或者说，在给定的条件下，电极电位低于图中平衡线的电位值，金属就会处于稳定状态而不会溶解到溶液中去。另一种是与溶液接触的固相物质是金属的难溶化合物。这种难溶化合物有可能形成覆盖在金属表面上的保护膜，例如钝化膜，使金属腐蚀速度显著降低，在这种情况下，也希望条件有利于固相的稳定。

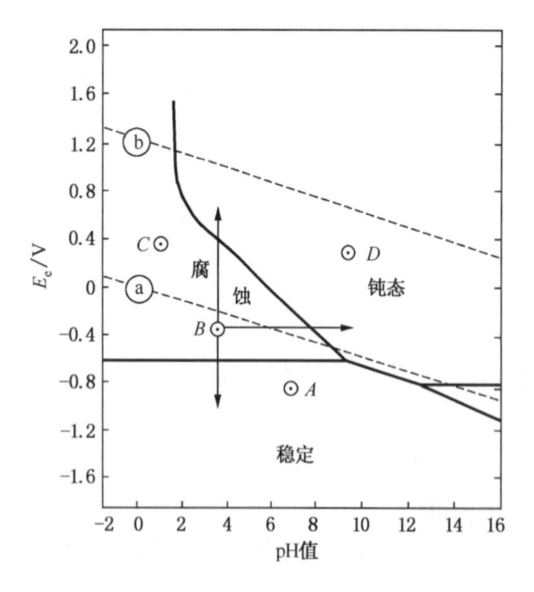

图 2-12　$Fe-H_2O$ 体系简化的电位-pH 图

2.5.2.2　电位-pH 图在腐蚀与腐蚀控制中的应用和限制

如果选定溶液中金属离子的活度 10^{-6} mol/L 为临界条件，就可把 E_e-pH 图中相应于该临界条件的溶液-固相的复相反应的平衡线作为一种"分界线"来看待。从而把 E_e-pH 图简化成图 2-12 所示的那样。由此便把该图大致划分为三个区域。

① 稳定区　在该区内金属处于热力学稳定状态，金属不会发生腐蚀，所以也称为免蚀区。如图中 *A* 点所处的区域。

② 腐蚀区　在该区内，金属所处状态是不稳定的，随时可能发生腐蚀。如图中 *B*

点所处的区域，对应于 Fe^{2+} 和 H_2 的稳定区。在这种状态下，金属发生析氢腐蚀。又如图中 C 点所处的状态，是对应于 Fe^{2+} 和 H_2O 以及 H^+ 的稳定区，所以，只能发生有 H^+ 存在下的吸氧腐蚀。

③ 钝化区　该区内金属表面往往具有氧化性保护膜，如图中 D 点所处状态，是对应于 Fe_2O_3 与 H_2O 的稳定存在区，在此区内金属是否遭受腐蚀，完全取决于这层氧化膜的保护性能。

应用电位-pH 图主要有两个方面：

① 可以估计腐蚀行为。对于某个体系，知道了该金属在该溶液介质中的电极电位和该溶液的 pH 值后，就可以在图中找到一个相应的“状态点”，根据这个“状态点”落在的区域，就可估计这一体系中的金属是处于“稳定状态”，还是“腐蚀状态”或是可能处于“钝化状态”。

② 可以选择控制腐蚀的有效途径。例如，要想把图 2-12 中的 B 点移出腐蚀区，使腐蚀得到有效的控制，可采用使之阴极极化，把电位降到稳定区，使铁免遭腐蚀(阴极保护法)；也可以使之阳极极化，把电位升高到达钝化区，使铁的表面生成并维持有一层保护性氧化膜而显著降低腐蚀(阳极保护法)；另外，还可以将体系中的溶液的 pH 值调至 9~13 之间，同样可使铁进入钝化区而得到保护(介质处理)。

上面介绍的电位-pH 图是一种热力学的电化学平衡图，亦称为理论的电位-pH 图。如上所述，借助这种图虽然可以较方便地来研究许多金属的腐蚀及其控制问题，但必须注意此图至少有下列几方面的局限性：

① 由于电位-pH 图是根据热力学的数据绘制的电化学平衡图，故它只能用来预示金属腐蚀倾向的大小，而无法预测腐蚀速度的大小。

② 图中的各条平衡线，是以金属与其离子间或溶液中的离子与含有该离子的腐蚀产物之间建立的平衡为条件的，但实际的腐蚀情况并非如此，往往是偏离这个平衡条件。

③ 此图只考虑 OH^- 这种阴离子对平衡的影响，但在实际的腐蚀环境中，却往往存在着 Cl^-、SO_4^{2-}、PO_4^{3-} 等阴离子，它们很可能会发生一些附加反应而使腐蚀问题复杂化。

④ 绘制理论电位-pH 图时，在一个平衡反应中，如涉及有 H^+ 或 OH^- 的生成时，通常则认为整个金属表面附近液层中的 pH 值与主体溶液中的 pH 值相等。但实际情况中，腐蚀金属表面局部区域的 pH 值可能不同，金属表面的 pH 值和主体溶液内的 pH 值往往有很大的差别。

⑤ 图中的钝化区并不能反映出各种金属氧化物、氢氧化物等具有保护性能程度的大小。

尽管电位-pH 图有上述局限性，但若能补充一些关于金属钝化方面的实验数据，可得到所谓实验的电位-pH 图，并且在使用过程中结合考虑相关的动力学因素，那么电位-pH 图在腐蚀研究中将会具有更广泛的用途。

第 3 章　电化学腐蚀动力学

3.1　电极系统的界面结构

电极反应是伴随着电荷在电子导体相和离子导体相两相之间转移而发生的物质变化过程，是直接在“电极/溶液”界面上实现的。也就是说这一界面是实现电极反应的“客观环境”。因而了解这一界面的微观结构与建立界面双电层、产生电位差的机制，有助于加深对从前通过热力学方法得到的“界面电位”“电极电位”等物理化学概念的理解，并有助于弄清界面性能对电极反应速度的影响。

一个金属电极浸入溶液中，由于金属相与溶液相的内电位不同，在这两个相之间存在一个电位差。由于这两相之间的界面是一层具有一定厚度的过渡区，确切地说是一“相界区”。在相界区的一侧是作为电极材料的金属相，另一侧是溶液相。如果以 ϕ_M 表示金属相的内电位，以 ϕ_S 表示溶液相的内电位，则 $\phi=\phi_M-\phi_S$ 表示这一个金属电极和这一溶液组成的电极系统的绝对电极电位。假设：①相界区中的电场是均匀电场；②溶液相中不存在空间电荷层。则作为粗略的近似，将相界区的电位分布示意如图 3-1 所示。

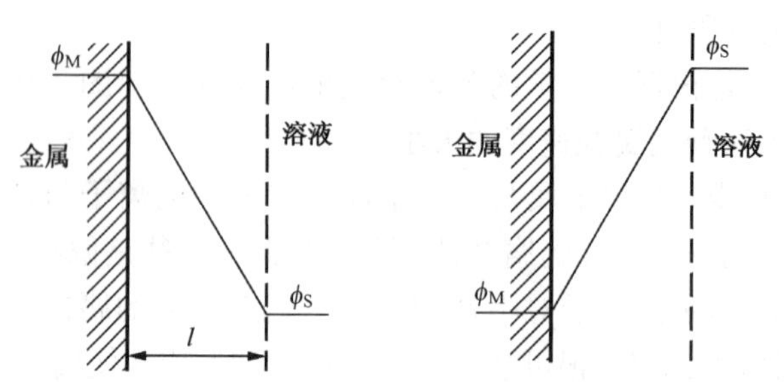

图 3-1　在相界区中均匀电场情况下的电位分布示意

对此问题不作深度了解，这样粗略地简化讨论较为方便。但实际上相界区中的电位分布曲线要比图 3-1 中所表示的斜线复杂得多。

在图 3-1 中，左侧是 $\phi_M>\phi_S$ 的情况，右侧是 $\phi_M<\phi_S$ 的情况，如果相界区的厚度为 l，则若以金属相表面为原点，相界区中的电场强度为

$$\varepsilon_{M/S}=-\frac{\phi_S-\phi_M}{l}=\frac{\Phi}{l}$$

尽管相界区电位差并不大(约 1V)，但由于相界区的厚度很小(约 1nm)，因此相界区中的电场强度可达 10^7V/cm，这个电场强度无疑对电极反应的速度有显著影响，而且甚至可改变电极反应的方向，即使保持电极电位不变，只要改变相界区中的电位分布也对电极反应速度有一定的影响。

3.1.1　电极/溶液界面的基本图像

金属材料与溶液之间的相间区，通常称为双电层。严格地说，双电层本身由两部分组成：

① 靠近金属表面的部分叫紧密双电层，它的电位差又称为“界面上的”电位差；

② 在紧密双电层外面的一层空间电荷层，也叫作分散层，它的电位差又称为“液相中的”电位差。

通常，一个金属电极浸入水溶液中，在不发生电极反应的情况下，双电层是由电极材料的表面吸附作用引起的。表面吸附主要分两类：一类是表面力的作用，由于在相的表面上的分子和原子所受的力不像在相的内部那样各向是平衡的，这就使一个相的表面显现表面力，这样被吸附的粒子可直接同金属表面接触，又称为接触吸附。一般只有水分子、阴离子和某些有机化合物易于接触吸附在金属电极表面上，这种同金属表面之间的短程作用力较强，有的接近于形成化学链，称为特性吸附；另一类是电极/溶液两相中剩余电荷所引起的静电作用。这些作用决定着界面的结构和性质。

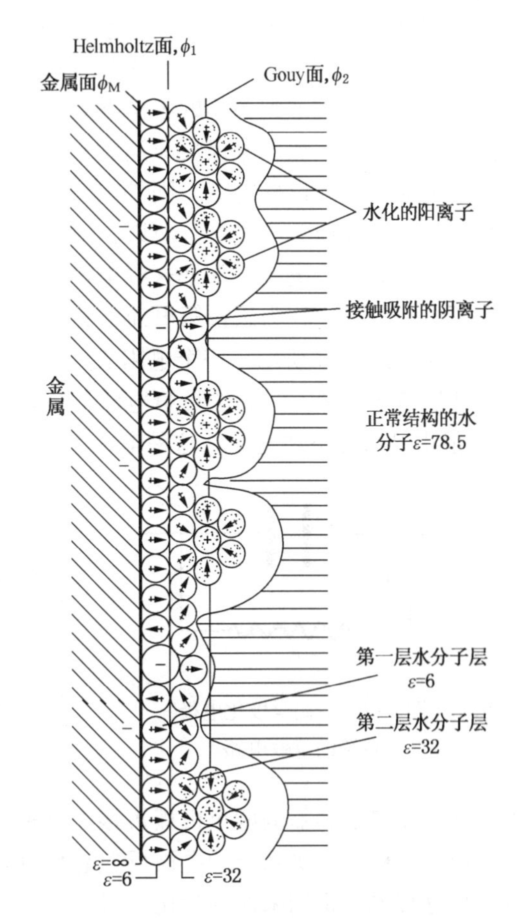

图 3-2　紧密双电层结构示意（ε 为介电常数）

例如，金属/溶液相界区简化的紧密双电层结构示意如图 3-2。由于金属的表面力作用，在金属表面上就会吸附溶液中的一些组分，首先是吸附溶液中大量存在的水分子，此外还吸附溶液中的其他组分，尤其是没有水化层包围的阴离子。除了表面力的作用外，还有静电作用力。当溶液中的荷电粒子如离子接近金属表面时，由于静电感应效应将使金属表面带有电量与之相等而符号与之相反的电荷。这两种异号电荷之间就有静电作用力。这种力又叫作镜面力。水分子是极性分子，每一个水分子就是一个偶极子。当金属表面带有某种符号的过剩电荷时，水分子就以其带有符号相反的电荷的一端吸附在金属表面上，而另一端指向溶液，在定向排列的水分子层外的离子层，也是依靠静电引力的吸附。这样，就在金属相与溶液相之间形成了一个既不同于金属本体情况，也不同于溶液本体情况的相界区。这个双电层的一个侧面是带有某种符号的电荷的金属表面，另一侧是电荷与之异号的离子，在这两个侧面之间主要是定向排列的水分子。如果溶液中的离子浓度比较高的情况下，图 3-2 所表示的双电层结构比较接近于实际。此时的双电层就像在两个极板上带有相反符号电荷的平板电容器，其电位的分布可近似地如图 3-1 所示的那样。作为“电容器”中的介电物质是 1～2 层基本上是定向排列的水分子层，两块“极板”就是金属表面与被金属表面静电吸附的离子的中心所形成的面。

3.1.2　电流通过时对电极系统相界区的影响

3.1.2.1　完全极化电极

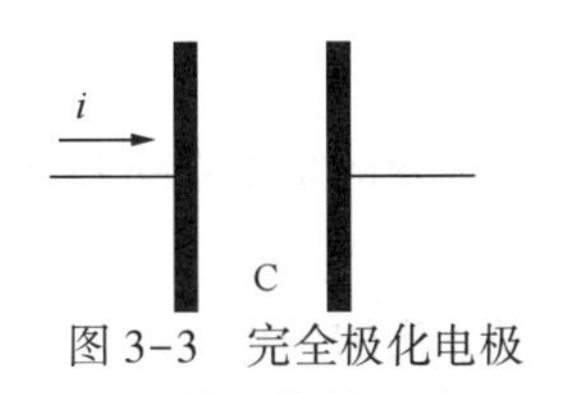

图 3-3　完全极化电极系统的等效电路

在这种电极系统中，当流过一个微小的外电流时，作为电极材料的金属相与溶液相之间没有电荷转移，亦即没有电极反应发生，全部电流只是用于改变界面的结构起着使“电容器”充电的作用，改变双电层两侧的电荷数量，此时电极系统的相界区可用一个不漏电的电容器 C 来模拟，其等效电路示于图 3-3，像这种电极系统叫作完全极化电极，亦称为理想极化电极。通常在研究界面电性质时，选择这种电极系统，因为这种界面上由外界输入的电量全部都被用来改变界面构造。这样既可很方便地将电极极化到不同的电位，又便于定量计算用于建立某种表面结构所耗用的电量。

3.1.2.2　不完全极化电极

在这种电极系统中，作为电极材料的金属相与溶液相之间有电荷转移，亦即有电极反应发生。由于金属和溶液这两个导体相中符号相反的过剩电荷因静电作用力，都只能处于相界区的两侧，不能分散到各相的本体深处。所以在这种电极系统中，双电层的形成，除了上述表面力的作用外，还因电极反应达到平衡前电荷在两相之间的转移而造成的电荷分离。因此对这种电极系统通以外电流，则外电流除了消耗于使双电层充电外，还有一部分消耗于使电极反应向一个反应方向进行。所以，对于这种电极来说，外电流的一部分使双电层两侧的电位差改变，为充电电流，常把这种电流称为非法拉第电流；外电流的另一部分，是进行电极反应的电流，把它称为法拉第电流。这样的电极系统的相界区就像一个漏电的电容器。它的等效电路如图 3-4 所示：一个电阻 R_F 与一个电容器 C 并联的结构。图中的 i_C 是使双电层充电的非法拉第电流，i_F 为法拉第电流。严格地说，这个等效电路只有在流经 R_F 的法拉第电流 i_F 很小的情况下才适用。这种电极系统称为不完全极化电极。

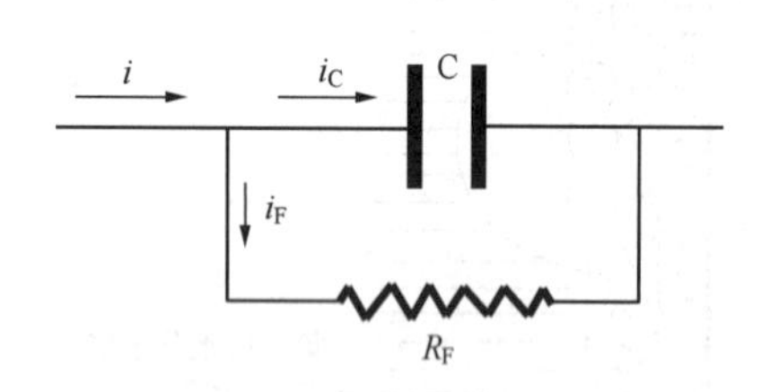

图 3-4　不完全极化电极系统的等效电路

3.1.2.3　不极化电极

在这个电极系统中，电极反应的活化能非常低，反应过程很容易进行。当电极浸入到溶液中以后，电极反应非常迅速地达到平衡。如果在电极上通以微小的外电流，则外电流几乎全部消耗于使电极反应向一个方向进行，而使双电层充电的电流小到可以忽略，即 $i_C \approx 0$，微小外电流的通过，电极电位的变化也很小。这种电极系统的等效电路相当于用一个电阻接近于零的导线将电容器的两个极板短接。这种电极系统称为不极化电极。

由于不极化电极系统的电极反应容易进行，电极电位易达到平衡电位，电极电位比较稳定。故这种电极常用来作为参比电极。

如果只考虑对电极系统通以微小的外电流时，电极系统的相界区总可以用图 3-4 那样的等效电路来表示。上述三种电极只不过是法拉第电阻 R_F 的数值范围不同而已。

① $R_F \to \infty$，完全极化电极；

② R_F 是有限值，不完全极化电极；

③ $R_F \approx 0$，不极化电极。

必须注意，上述电极系统相界区的等效电路的模拟，以及“不极化电极”和“完全极化电极”的概念，只有电极极化很微小的情况下才比较符合实际情况。在电极极化较大的情况下，这些概念就不再适用。

3.1.3　零电荷电位 E_0

在一个电极系统中，金属的表面既不带有过剩的正电荷，也不带有过剩的负电荷。这个电极电位值，称为该电极系统的零电荷电位。

应该特别注意，在零电荷电位下，金属电极相的内电位并不等于溶液相的内电位，即电极系统的绝对电位并不等于零。此时，在金属相与溶液相之间仍然存在一个相界区，在这个相界区内，仍有一定场强的电场。虽然可以通过一些实验近似地测出某一电极系统的零电荷电位，但电极系统的绝对电位值仍然无法测得。

前面已经讨论过，一个电极系统的绝对电位是金属电极相的内电位与溶液相的内电位之差，而据式(2-3)，一个相的内电位是这个相的外电位 ψ 与表面电位 x 之和。因此一个电极系统的绝对电位可以表示为

$$\Phi = \Delta\phi = \Delta\psi + \Delta x$$

式中，符号"Δ"表示两个相的对应的电位项的差值。外电位 ψ 是由该相的过剩电荷引起的，因此在零电荷电位条件下，$\Delta\psi=0$。但表面电位 x 同一个相的表面层中极性分子的排列与分布有关，而这一项并不随这个相的过剩电荷的消失而消失。所以一个电极系统在零电荷电位条件下绝对电位并不等于零，由于表面电位 x 无法测量，零电荷电位时的绝对电位也就无法测量。此时，虽然金属电极表面和相界区的另一侧没有过剩电荷，但由于表面力的作用，仍有定向排列的水分子和其他极性分子吸附在金属表面上，构成双电层。

零电荷电位对于电极过程的动力学研究是个重要的电化学参数。"电极/溶液"界面的许多重要性质都与零电荷电位有关。如果知道了一个电极系统的零电荷电位后，就可以根据测得的电极电位偏离零电荷电位的方向和距离，判断电极表面带电荷的符号，估计电极表面过剩电荷量的多少，分析表面过剩电荷的情况对溶液中的组分在电极表面上的吸附的影响以及表面吸附的粒子的种类、性质和吸附作用的强弱对电极反应速度的重要影响。因此零电荷电位对腐蚀与腐蚀控制的研究是有重要意义的。例如，极性水分子在电极表面的吸附作用的强弱和极性排列的方向同电极表面所带过剩电荷种类有关。在带负电荷的电极表面上，水分子的偶极矩的正端被牢固吸附，而以负端指向溶液。在带正电荷的电极表面上，水分子的偶极矩的负端被牢固吸附，而以正端指向溶液。在零电荷电位下，水分子比较容易从电极表面脱附。这一点对于不带极性基团的有机分子在电极上的吸附很重要，有机分子若要直接吸附在电极表面上，就必须首先排挤掉原来吸附在电极表面上的水分子。由于在零电荷电位下水分子的脱附所消耗的能量最小，因此中性的(不带极性基团的)有机分子在零电荷电位就较容易被电极表面所吸附。又如，金属的阳极溶解过程，就是从溶液中的阴离子、特别是 OH^- 的吸附开始的。金属的钝化过程和钝化膜的破坏过程，也都同溶液中的阴离子吸附过程有关。此外，能使钢铁在酸性溶液中腐蚀速度降低的缓蚀剂，有以阴离子形式存在于溶液中或以负电性的极性基团吸附在金属表面的，也有以阳离子形式存在于溶液中或以正电性的极性基团吸附在金属表面的。可见，金属电极表面层中的过剩电荷对于不同的缓蚀剂吸附可以产生很不相同的影响。

零电荷电位的测量方法，目前最精确的是利用稀溶液中的微分电容曲线(电容随电极电位变化的曲线)的极小值来决定 E_0 的数值，但遗憾的是，工业常用的金属材料在不同溶液中的零电荷电位的精确数值很难测得，一些大家公认的在若干水溶液中的电极系统的零电荷电位数值列于表3-1。

表3-1　室温下若干水溶液中的电极系统的零电荷电位

电极材料	电解质溶液	E(SHE)/V	电极材料	电解质溶液	E(SHE)/V
Ag	0.1mol/L KNO_3	−0.05	Cd	0.001mol/L KCl	−0.90
	0.005mol/L Na_2SO_4	−0.70	Co	0.05mol/L H_2SO_4+	−0.33
C(石墨)	0.05mol/L NaCl	−0.07		0.01mol/L Na_2SO_4	
C(活性炭)	0.5mol/L H_2SO_4+	0.0~+0.2	Cr	0.1mol/L NaOH	−0.45
	0.5mol/L Na_2SO_4		Cu	0.01mol/L Na_2SO_4	−0.02

续表

电极材料	电解质溶液	E(SHE)/V	电极材料	电解质溶液	E(SHE)/V
Fe	0.05mol/L H_2SO_4+ 0.01mol/L Na_2SO_4	−0.29	Pt(光亮)	0.05mol/L H_2SO_4+ 0.5mol/L Na_2SO_4	0.27
Ga	0.1mol/L HCl+ 1mol/L KCl	−0.60	Pt(镀铂黑)	0.005mol/L H_2SO_4+ 0.5mol/L Na_2SO_4	0.4~1.0
Hg	0.01mol/L NaF	−0.192	Te	0.5mol/L H_2SO_4	0.61
Ni	0.001mol/L HCl	−0.06	Tl	0.001mol/L KCl	−0.80
Pd	0.001mol/L KCl	−0.69	Tl(Hg)	0.5mol/L Na_2SO_4	−0.65
PdO_2	0.01mol/L $HClO_4$	1.80	Zn	0.5mol/L Na_2SO_4	−0.63

3.2 腐蚀速度与极化作用

在实际中，人们不仅关心金属设备和材料的腐蚀倾向，更关心的是腐蚀过程进行的速度，因为热力学的研究方法中不考虑时间因素和过程的细节。所以，往往一个大的腐蚀倾向不一定就对应着一个高的腐蚀速度。例如铝，从热力学的角度来看，它有较大的腐蚀倾向，但在某些介质中，它的腐蚀速度却很低，而比那些腐蚀倾向小的金属更耐蚀。可见，腐蚀倾向并不能作为腐蚀速度的尺度。为此，研究腐蚀速度主要是了解腐蚀过程的机理，掌握在不同条件下腐蚀的动力学规律以及影响腐蚀速度的各种因素，以寻求有效的腐蚀控制途径。

3.2.1 极化作用及其表征

观察一个简化的腐蚀电池的工作如图 3-5 所示。

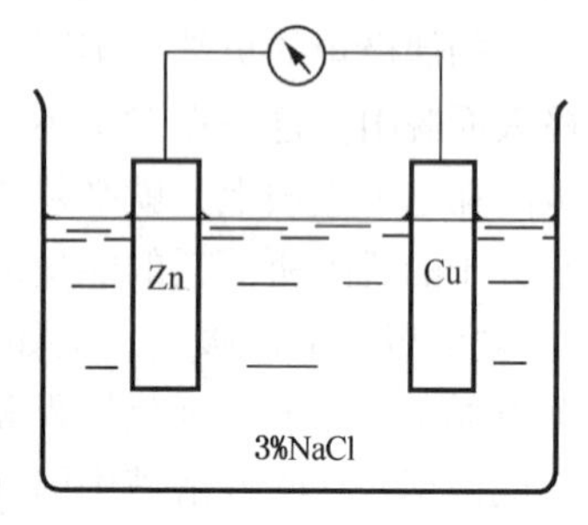

图 3-5 腐蚀电池及其电流的变化示意

将面积各为 10 cm^2 的一块铜片和一块锌片分别浸在盛有 3%NaCl 水溶液的同一容器中，外电路连接上电流表就构成了一个腐蚀电池。当电池未接通前测得铜和锌在该溶液中的开路电位分别为 +0.05 V 和 −0.83 V(相对 S.C.E)；测得外电路和内电路电阻分别为 $R_{外}=110\ \Omega$，$R_{内}=90\ \Omega$。

当外电路未接通前，外电阻相当无穷大，电流为零。

在外电路短接的瞬间，观察一个很大的起始电流，根据欧姆定律其数值为

$$I_{始}=\frac{E^{\circ}_{k}-E^{\circ}_{a}}{R}=\frac{0.05-(-0.83)}{110+90}=4.4\times10^{-3}\text{A}$$

式中 E°_{k}——阴极(铜)的开路电位，V；

E°_{a}——阳极(锌)的开路电位，V；

R——电池系统的总电阻，Ω。

在电流瞬间达最大值后，电流很快减小。经过数分钟后就减小到一个较为稳定的电流值 $I_{稳}=1.5\times10^{-4}$A，约为 $I_{始}$ 的 1/30。

根据欧姆定律可知，影响电流强度的因素为电池两极间的电位差和电池内外电阻的总和。由于电池接通前后其内外电阻没有变化，那么电流强度减小只能是由于电池两极间的电位差随接通后时间变化而降低的结果，实验的测量证明确实如此(图 3-6)。

当电路接通后，阴极(铜)的电位变得越负，阳极(锌)的电位变得越正，两极间的电位差变得越小。最后当电流减小至稳定时，阴极的电位为 E_k，阳极的电位为 E_a，两极间的电位差减小到(E_k-E_a)。由于(E_k-E_a)比($E^\circ_k-E^\circ_a$)小很多，所以，在 R 不变的情况下

$$I_{稳}=\frac{E_k-E_a}{R}$$

必然要比刚接通电路的瞬间 $I_{始}$ 小很多。

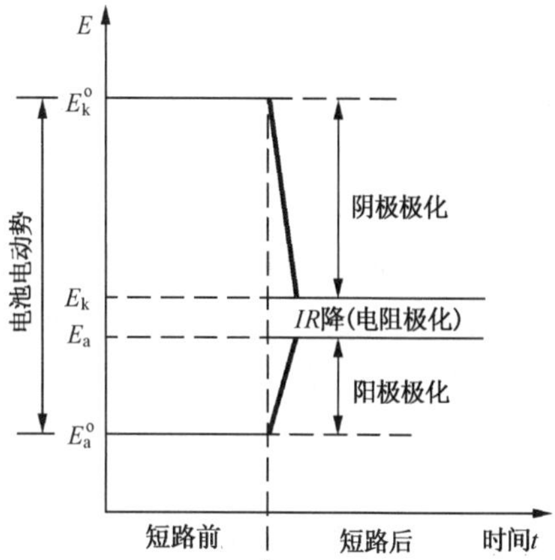

图 3-6　电极极化的电位随时间变化的示意

由于通过电流而引起原电池两极间电位差减小导致电池工作电流强度降低的现象，称为原电池的极化作用。

当通过电流时，阳极电位向正方向移动的现象称为阳极极化。

当通过电流时，阴极电位向负方向移动的现象称为阴极极化。

在原电池工作时，从外电路看，电流是从阴极流出，然后进入阳极，故称前者为阴极极化电流，称后者为阳极极化电流。显然在同一原电池中，阴极极化电流与阳极极化电流大小相等方向相反。

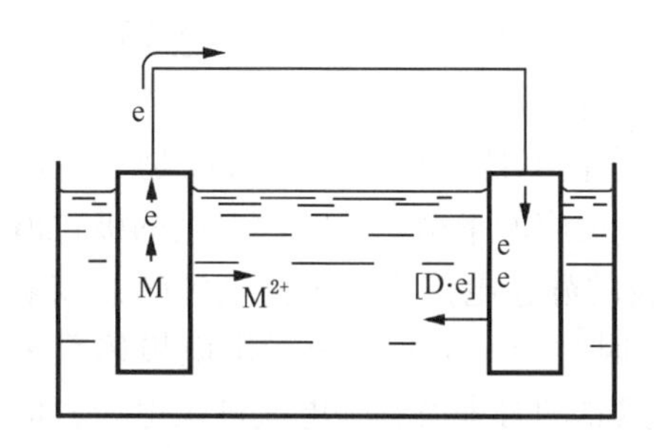

图 3-7　腐蚀电池的极化示意

消除或减弱阳极和阴极的极化作用的过程称为去极化作用或去极化过程。

能消除或减弱极化作用的物质，称为去极化剂。

极化现象产生的本质在于电子迁移的速度比电极反应及其相关的步骤完成的速度快。如图 3-7 所示。进行阳极反应时，金属离子转入溶液的速度落后于电子从阳极流到外电路的速度，这就使阳极上积累起过剩的正电荷，导致阳极电位向正方向移动；在阴极反应中，接受电子的物质来不及与流入阴极的电子相结合，这就使电子在阴极上积累，导致阴极的电位向负方向移动。

可见，极化是一种阻力，由于腐蚀电池的极化作用，使腐蚀电流减小，降低了腐蚀速度。若没有极化作用，电化学腐蚀速度将要大得多，金属材料和设备的腐蚀将更加严重。因此增大极化，有利防护。探讨极化作用的原因、规律及其影响因素，对于金属腐蚀及其控制的研究具有重要意义。

为了使电极电位随通过的电流强度或电流密度的变化情况更清晰准确，经常利用电位-电流强度或电位-电流密度图来描述。例如，把图 3-5 中的原电池接通后，铜电极和锌电极的电位随电流的变化可

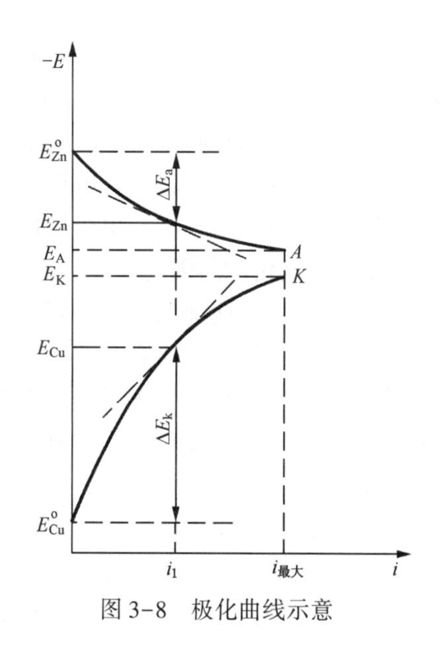

图 3-8　极化曲线示意

绘制成图 3-8 的形式。由于铜电极和锌电极浸在溶液中的面积相等，所以图中的横坐标可采用电流密度 i。图中的 E°_{Cu} 和 E°_{Zn} 分别为铜电极和锌电极的开路电位。随着电流密度的增加，阳极电位沿曲线 $E^{\circ}_{Zn}A$ 向正方向移动。而阴极电位沿曲线 $E^{\circ}_{Cu}K$ 向负方向移动。

把表示电极电位与极化电流或极化电流密度之间的关系曲线称为极化曲线。图 3-8 中的 $E^{\circ}_{Zn}A$ 是阳极极化曲线，$E^{\circ}_{Cu}K$ 是阴极极化曲线，ΔE_a 和 ΔE_k 分别是阳极和阴极在极化电流密度为 i_1 时的极化值，它的大小反映电极过程进行的难易程度。

应该注意，极化值的定义与过电位的定义不同。过电位是一个电极反应以某一速度不可逆地进行时的电极电位与这个电极反应的平衡电位的差值

$$\eta = E - E_e$$

因此，过电位的概念是同电极反应相联系的。

过电位实质上是进行净电极反应时，在一定步骤上受到阻力所引起的电极极化而使电位偏离平衡电位的结果，因此过电位是极化电流（净电流）密度的函数，只有给出极化电流密度的数值，与之对应的过电位才有意义。

极化值则是一个电极有一定大小的外电流时的电极电位同电极的外电流为零时相比较的差值

$$\Delta E = E - E_{(i=0)}$$

因此，极化的概念只同电极是否有外电流以及外电流的大小和方向相联系，而不直接与电极反应相联系。只有当电极上仅有一个电极反应并且外电流为零时的电极电位就是这个电极的平衡电极电位时，极化的绝对值才等于这个电极反应的过电位值。

一个电极在外电流为零时的电极电位 $E_{(i=0)}$ 常称为静止电位。静止电位可以是平衡电位，也可以是非平衡电位。当一个电极的静止电位为某一反应的平衡电位时，电极的极化值 ΔE 就与这个电极反应的过电位值 η 相同，而当一个电极的静止电位为非平衡电位时，该电极极化的绝对值与这个电极反应的过电位值并不相同。因对于一个非平衡稳定电极体系来说，在其电极表面上至少有两个电极反应同时进行。虽然总的看来没有外电流进出电极，但实际上它表面进行的不同的电极反应之间已经互相极化，也就是说它已经是极化了的电极。例如对一个腐蚀电极 M 施加阳极电流极化时，它的极化值与过电位有如下关系：

$$\Delta E_{a(M)} = E - E_c = E - [E_{e(M/M^{n+})} + \eta_{(M/M^{n+})}]$$

$$= E - E_{e(M/M^{n+})} - \eta_{(M/M^{n+})}$$

或

$$E - E_{e(M/M^{n+})} = \eta_{(M/M^{n+})} + \Delta E_{a(M)}$$

从极化曲线的形状也可看出电极极化的程度，来判断电极反应的难易。若极化曲线较陡，表明电极的极化值较大，电极反应的阻力也较大，反应较难进行；若极化曲线较平坦，则表明电极的极化值较小，电极反应的阻力也较小，反应容易进行。

3.2.2 极化的原因与类型

由于极化作用能降低电化学腐蚀速度，因此弄清极化作用的原因及其影响因素，有益于金属腐蚀和腐蚀控制的研究。

电极反应发生在电极表面，即发生在电极材料相和溶液相这两个相的界面，因此具有复相反应的特点。一个复相反应的进行，在最简单的情况下，也至少包含下列三个主要的互相连续的过程：

① 反应物由相的内部向相界反应区的传输。在电极材料是固态金属的情况下，除了在某些合金的阳极溶解过程中存在着合金组分从金属相的内部向金属电极表面的传输问题外，一般主要是溶液相中的反应物向电极表面运动，这称之为液相传质过程。

② 在相界区，反应物进行得电子或失电子的反应而生成产物，这称之为电化学过程或电极表面放电过程，简称放电过程。

③ 反应产物离开相界区向溶液相内部疏散（液相传质过程）或产物形成新相（气体或固体）的过程称之为生成新相过程。

第①和③两个过程并非在所有情况下都存在。例如纯金属的阳极溶解过程中，一般不存在第①过程。又如反应物是沉积在电极表面上的固体，就不存在第③过程。总之，要完成一个电极反应过程都必须经过相内的传质过程和相界区的反应过程。其中最主要的是第②过程，这一过程往往不是一个简单的过程，而是由吸附、电荷转移、前置表面转化、后置表面转化、脱附等一系列步骤构成的复杂的过程。其他步骤则视电极反应及其条件之不同，可能存在，也可能不存在。

总之，任何一个电极反应的进行，都要经过一系列互相连续的步骤，在定常态条件下，各个串联的步骤的速度都相同，等于整个电极反应过程的速度。因此，如果这些串联步骤中有一个步骤所受到的阻力最大，进行最困难，其速度就要比其他步骤慢得多，那么其他各个步骤的速度、因而整个反应过程的速度，都将由这最慢的步骤进行的速度所决定，而且整个电极反应所表现的动力学特征与这个最慢步骤的动力学特征相同。这个阻力最大的、进行最困难的、决定整个电极反应过程速度的最慢步骤称为电极反应过程的速度控制步骤，简称控制步骤。

电极的极化主要是电极反应过程中控制步骤所受阻力的反映。因此，控制步骤与电极极化的原因和类型是相关联的。为研究方便，将电极的极化进行分类：

(1) 根据控制步骤的不同，可将极化分为两类：电化学极化和浓度极化

电化学极化：如果电极反应所需的活化能较高，因而使第②过程，即电荷转移的电化学过程速度变得最慢，使之成为整个电极过程的控制步骤，由此导致的极化称为电化学极化。

浓度极化：如果电子转移步骤很快，而反应物从溶液相中向电极表面运动或产物自电极表面向溶液相内部运动的液相传质步骤很慢，以至于成为整个电极反应过程的控制步骤，则与此相应的极化称之为浓度极化。

此外，还有一类所谓电阻极化，是指电流通过电解质溶液和电极表面存在某种类型的膜时而产生的欧姆电位降。它的大小与体系的欧姆电阻很有关系，对不同的电极系统来说，电阻极化的数值差别很大。这部分的欧姆电位降是包括在总的极化测量值之中。

(2) 按原电池中电极的性质可将极化分成阳极极化和阴极极化

阳极极化：原电池在放电时，由于电流通过，阳极电位向正方向的移动，称之为阳极极化。在腐蚀过程中，阳极反应是不可逆过程，即金属氧化后生成金属离子和放出电子。

产生阳极极化的原因有：

① 阳极反应过程中，如果金属离子离开晶格进入溶液的速度比电子离开阳极表面的速度慢，则在阳极表面上就会积累较多的正电荷而使阳极电位向正的方向移动。这种阳极极化称之为阳极的电化学极化。

② 阳极反应产生的金属离子进入并分布在阳极表面附近的溶液中，如果这些离子向溶液深处扩散的速度比金属离子从晶格进入阳极表面附近溶液的速度慢，就会使阳极附近的金属离子浓度增加，使阳极电位向正方向移动，这称为阳极的浓度极化。

③ 很多金属在特定条件的溶液中能在其表面生成保护膜使金属进入钝态。这种保护膜能阻碍金属离子从晶格进入溶液的过程，而使阳极电位剧烈地向正方移动。同时，由于金属表面有保护膜而使体系的电阻大为增加，当有电流通过时会产生很大的欧姆电位降，这将包

含在阳极电位的测量中。这种因生成保护膜而引起的阳极极化通常称为阳极的电阻极化。

应该注意的是，对于具体的腐蚀体系，这三种原因不一定同时出现，或者虽然同时出现但程度有所不同。例如，金属在活性状态下的腐蚀，阳极的电化学极化就很小；如果腐蚀产物的溶解度很小，则浓度极化微弱；电极表面也没有形成保护膜故不存在电阻极化，这种情况下阳极极化曲线比较平坦，阳极极化较小。

阳极的去极化就是消除或减弱阳极极化的作用。例如，若向溶液中加入络合物或沉淀物，不仅会使金属表面附近溶液中的金属离子浓度大大降低，既消除了阳极的浓度极化，同时又可减弱阳极的电化学极化，又如，搅拌溶液或使溶液的流速加快，也可以消除或减弱阳极的浓度极化。另外向使金属处于钝态的溶液中加入 Cl^- 活性阴离子，将破坏钝化膜使金属又重新回到活性溶解状态，从而消除因形成保护膜而产生的阳极的电阻极化。

总之，阳极的极化表明阳极反应受到了阻碍成为腐蚀过程的控制步骤，它可以减缓金属的腐蚀，而阳极的去极化则会加速金属的腐蚀。

阴极极化：原电池在放电时，由于电流通过，阴极电位向负方向的移动，称之为阴极极化。电化学腐蚀之所以发生，是因为在溶液中含有能使金属氧化的氧化剂，这种氧化剂迫使金属进行阳极反应以夺取其产生的电子而使本身还原，故常称之为腐蚀进程的去极化剂。也就是说，如果没有阴极反应过程消耗电子，则腐蚀的阳极反应过程就不可能发生。凡是能吸收电子而本身被还原的物质都可作为腐蚀过程的去极化剂。在腐蚀过程中，阴极反应也是不可逆过程。

产生阴极极化的原因有：

① 去极化剂与电子结合的速度比外电路输入电子的速度慢，使得电子在阴极上积累，从而引起阴极电位向负方向移动，这称为阴极的电化学极化。

② 去极化剂到达阴极表面的速度落后于去极化剂在阴极表面还原反应的速度，或者还原产物离开电极表面的速度缓慢，都将导致电子在阴极上的积累，使阴极电位向负方向移动，这称为阴极的浓度极化。

阴极极化表明阴极反应受到阻碍，它将影响阳极反应的进行，并因而减小金属腐蚀的速度。

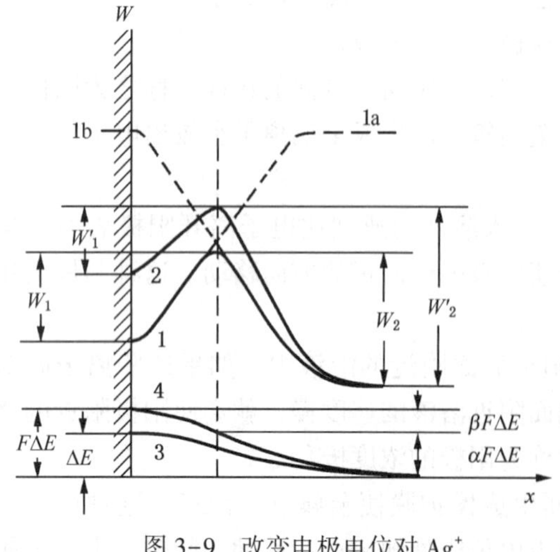

图 3-9 改变电极电位对 Ag^+ 势能曲线的影响

3.3 电化学极化

由电化学步骤的缓慢来控制电极反应速度的极化，称电化学极化，又称活化极化。在浓度极化可以忽略不计的情况下，讨论电化学极化的动力学特征、规律，可以了解整个电极反应的情况。

3.3.1 电极电位对电化学步骤活化能的影响

电极反应的特点是反应速度与电极电位有关。在保持其他条件不变时，仅改变电极电位就可以使电极反应的速度改变许多个数量级。而电极电位对电化学步骤反应速度的影响主要是通过影响反应的活化能来实现的，为了说明这个问题，先分析一个具体的例子：

当银电极与 $AgNO_3$ 水溶液相接触时，电极反应为

$$Ag^+ + e \rightleftharpoons Ag$$

Ag^+ 在两相间转移时涉及的活化能及电极电位对活化能的影响如图 3-9 所示。

设电极电位为某一定值时，Ag^+ 在两相之间转移时势能的变化情况（见图中曲线 1），其中曲线 1a 表示 Ag^+ 自晶格中逸出时的势能变化情况，曲线 1b 则表示 Ag^+ 自水溶液中逸出时的势能变化情况，在曲线 1 的最高点，Ag^+ 具有最大的势能，因此，阳极反应与阴极反应的活化能分别为 W_1 和 W_2。

如果将电极电位改变 ΔE，则紧密双层中的电位变化如图中曲线 3 所示。由此引起附加的 Ag^+ 的势能变化如图中曲线 4 所示，与未改变电极电位时比较，电极上 Ag^+ 的势能提高了 $F\Delta E$。将曲线 1 与曲线 4 相加得到曲线 2，它表示改变电极电位后 Ag^+ 在两相间转移时势能的变化情况。从曲线 4 上不难看出，电极电位改变了 ΔE 后阳极反应和阴极反应的活化能分别变成

$$W'_1 = W_1 - \beta F\Delta E$$

$$W'_2 = W_2 + \alpha F\Delta E$$

可见，改变电极电位后阳极反应的活化能降低了，阳极反应速度会相应增大；同理，阴极反应的活化能增大了，阴极反应受到阻滞。从图中还可见，$\alpha F\Delta E + \beta F\Delta E = F\Delta E$，因此 $\alpha + \beta = 1$，式中的 α 和 β 均为小于 1 的正数，而且分别表示电极电位对阳极和阴极反应活化能的影响程度，称为阳极反应和阴极反应的“传递系数”。

如果对一个电极反应

$$O + ne \rightleftharpoons R$$

当其向右方按还原方向进行时，伴随每一摩尔物质的变化总有数值为 nF 的正电荷由溶液中移到电极上（电子在电极上和氧化态物质结合生成还原态物质与正电荷由溶液中移到电极上是等效的）。若电极电位增加 ΔE，则产物（终态）的总势能必然增加 $nF\Delta E$，因此，反应过程中反应体系的势能曲线就由图 3-10 中曲线 1 变成了曲线 2。显然，由于电极电位增加 ΔE 后，阴极反应的活化能增加使反应较难进行，而阳极反应的活化能减小了使反应较易进行。由图 3-10同样可以看出阴极反应活化能增加的量和阳极反应活化能减小的量分别是 $nF\Delta E$ 一部分。设阴极反应的活化能增加了 $\alpha nF\Delta E$，则改变电极电位后阳极反应和阴极反应的活化能分别为

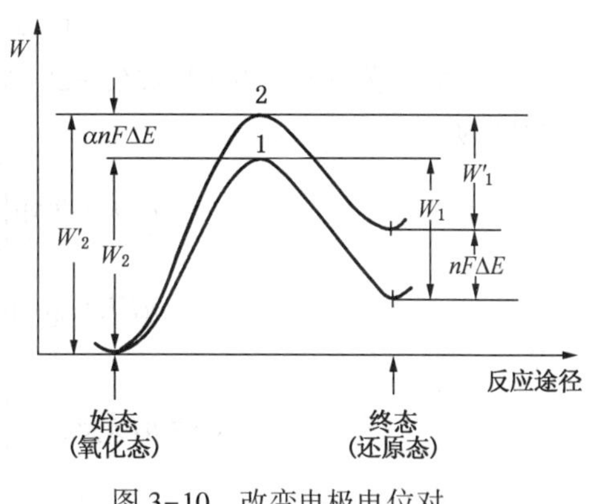

图 3-10 改变电极电位对电极反应活化能的影响

$$W'_1 = W_1 - (1 - \alpha)nF\Delta E \quad (3-1a)$$

$$= W_1 - \beta nF\Delta E$$

$$W'_2 = W_2 + \alpha nF\Delta E \quad (3-1b)$$

由于传递系数 α、β 与活化粒子在双电层中的相对位置有关，所以也称为对称系数。

3.3.2 电极电位对电极反应速度的影响

对一个电极反应 $O + ne \rightleftharpoons R$，设在所选用电位坐标的零点处其阳极反应和阴极反应的活化能分别为 W°_1 和 W°_2。根据化学动力学，此时阳极反应速度和阴极反应速度分别为

$$V^{\circ}{}_{a} = k_{a}c_{R}\exp\left(-\frac{W^{\circ}{}_{1}}{RT}\right) = K^{\circ}{}_{a}c_{R} \quad (3-2a)$$

及

$$V^{\circ}{}_{k} = k_{k}c_{O}\exp\left(1-\frac{W^{\circ}{}_{2}}{RT}\right) = K^{\circ}{}_{k}c_{O} \quad (3-2b)$$

式中　k_a 和 k_k 为指数前因子；

c_R 和 c_O 为还原态和氧化态物质的浓度；

$K^{\circ}{}_{a}=k_{a}\exp\left(-\frac{W^{\circ}{}_{1}}{RT}\right)$ 和 $K^{\circ}{}_{k}=k_{k}\exp\left(-\frac{W^{\circ}{}_{2}}{RT}\right)$ 分别为电极电位 $E=0$ 时阳极反应和阴极反应的速度常数。

由于电极反应速度与电流密度的关系为

$$i=nFv$$

所以由式(3-2a)和式(3-2b)可得

$$\overleftarrow{i}^{\circ}{}_{a} = nFK^{\circ}{}_{a}c_{R} \quad (3-3a)$$

$$\overrightarrow{i}^{\circ}{}_{k} = nFK^{\circ}{}_{k}c_{O} \quad (3-3b)$$

式中　$\overleftarrow{i}^{\circ}{}_{a}$ 和 $\overrightarrow{i}^{\circ}{}_{k}$ 分别为 $E=0$ 时对应于阳极反应和阴极反应的绝对反应速度的电流密度。

如果将电极电位由 $E=0$ 改变至 $E=E$(即 $\Delta E=E$)，则根据式(3-1a)及式(3-1b)应有

$$W_{1} = W^{\circ}{}_{1} - (1-\alpha)nF\Delta E$$

及

$$W_{2} = W^{\circ}{}_{2} + \alpha nF\Delta E$$

代入动力学公式(3-2a)及式(3-2b)后得到在这一电极电位下的阳极反应和阴极反应的电流密度为

$$\overleftarrow{i}{}_{a} = nFk_{a}c_{R}\exp\left[-\frac{W^{\circ}{}_{1}-(1-\alpha)nFE}{RT}\right] = nFK^{\circ}_{a}c_{R}\exp\left[\frac{(1-\alpha)nFE}{RT}\right] \quad (3-4a)$$

及

$$\overrightarrow{i}_{k} = nFk_{k}c_{O}\exp\left(-\frac{W^{\circ}{}_{2}+\alpha nFE}{RT}\right) = nFK^{\circ}{}_{k}c_{O}\exp\left(-\frac{\alpha nFE}{RT}\right) \quad (3-4b)$$

再将式(3-3a)和式(3-3b)分别代入式(3-4a)和式(3-4b)后得到

$$\overleftarrow{i}{}_{a} = \overleftarrow{i}^{\circ}_{a}\exp\left[\frac{(1-\alpha)nFE}{RT}\right] \quad (3-5a)$$

及

$$\overrightarrow{i}{}_{k} = \overrightarrow{i}^{\circ}_{k}\exp\left(-\frac{\alpha nFE}{RT}\right) \quad (3-5b)$$

改写成对数形式并整理后得到

$$E = -\frac{2.3RT}{(1-\alpha)nF}\lg\overleftarrow{i}^{\circ}{}_{a} + \frac{2.3RT}{(1-\alpha)nF}\lg\overleftarrow{i}{}_{a} \quad (3-6a)$$

及

$$-E = -\frac{2.3RT}{\alpha nF}\lg\overrightarrow{i}^{\circ}{}_{k} + \frac{2.3RT}{\alpha nF}\lg\overrightarrow{i}{}_{k} \quad (3-6b)$$

式(3-6a)和式(3-6b)表明 E 与 $\lg\overleftarrow{i}_a$ 和 $\lg\overrightarrow{i}_k$ 之间存在着线性关系，也就是说 E 与 i_a 和 i_k 之间均存在"半对数关系"，如图 3-11 所示。

由图可见，式(3-6a)和式(3-6b)在半对数坐标中是两条直线。这种关系是电化学步骤基本的动力学特征。

需要再次着重指出：在式(3-6a)及式(3-6b)和图3-11中，$\overleftarrow{i}_a$ 和 $\overrightarrow{i}_k$ 是与阳极反应和阴极反应的绝对反应速度相当的电流密度，简称绝对电流密度，它不能用电表直接测量，因此决不能将这种电流与外电路中可以用电表直接测出的电流混为一谈，也不要误认为 $\overleftarrow{i}_a$ 和 $\overrightarrow{i}_k$ 是电解池中"阳极上"和"阴极上"的电流。$\overleftarrow{i}_a$ 和相应的 $\overrightarrow{i}_k$ 总是在同一个电极上出现的。不论在电化学装置的阳极上或阴极上，都同时存在着 $\overleftarrow{i}_a$ 和 $\overrightarrow{i}_k$。

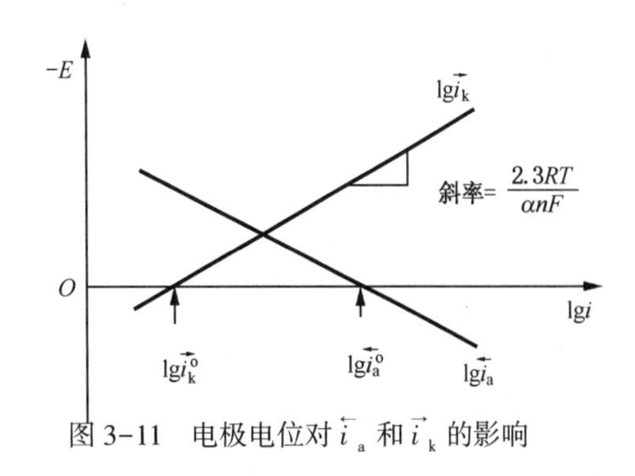

图 3-11 电极电位对 $\overleftarrow{i}_a$ 和 $\overrightarrow{i}_k$ 的影响

3.3.3 电化学步骤的基本动力学参数

上面的讨论中，所选用的电位坐标是任意的。如果选取电极体系的平衡电位(E_e)作为电位坐标的零点，则电极电位 E 的数值就应该是电极电位与平衡电位的差值。这个差值就是前面所讲的过电位。为计算方便，将过电位规定为正值，即 $\eta_a=E-E_e$，$\eta_k=E_e-E$。从式(3-6a)或式(3-6b)可得：

$$\eta_a = E - E_e = E = -\frac{2.3RT}{(1-\alpha)nF}\lg\overleftarrow{i}^\circ_a + \frac{2.3RT}{(1-\alpha)nF}\lg\overleftarrow{i}_a \tag{3-7a}$$

及

$$\eta_k = E_e - E = -E = -\frac{2.3RT}{\alpha nF}\lg\overrightarrow{i}^\circ_k + \frac{2.3RT}{\alpha nF}\lg\overrightarrow{i}_k \tag{3-7b}$$

在电位坐标的零点取在平衡电位 E_e 时，即 $E_e=0$，故 $\overleftarrow{i}^\circ_a=\overrightarrow{i}^\circ_k$，因此可用统一的符号 i°代替式中的$\overleftarrow{i}^\circ_a$和$\overrightarrow{i}^\circ_k$，这个 i°就是前面讲过的交换电流密度。于是式(3-7a)和式(3-7b)可以写成

$$\eta_a = -\frac{2.3RT}{(1-\alpha)nF}\lg i^\circ + \frac{2.3RT}{(1-\alpha)nF}\lg\overleftarrow{i}_a$$

$$= \frac{2.3RT}{(1-\alpha)nF}\lg\frac{\overleftarrow{i}_a}{i^\circ} \tag{3-8a}$$

及

$$\eta_k = -\frac{2.3RT}{\alpha nF}\lg i^\circ + \frac{2.3RT}{\alpha nF}\lg\overrightarrow{i}_k$$

$$= \frac{2.3RT}{\alpha nF}\lg\frac{\overrightarrow{i}_k}{i^\circ} \tag{3-8b}$$

若改写成指数形式，则为

$$\overleftarrow{i}_a = i^\circ\exp\left[\frac{(1-\alpha)nF}{RT}\eta_a\right] \tag{3-9a}$$

$$\overrightarrow{i}_k = i^\circ\exp\left(\frac{\alpha nF}{RT}\eta_k\right) \tag{3-9b}$$

图3-12 表示出平衡电极电位 E_e 与交换电流密度 i°的关系以及过电位 η 对绝对电流密度

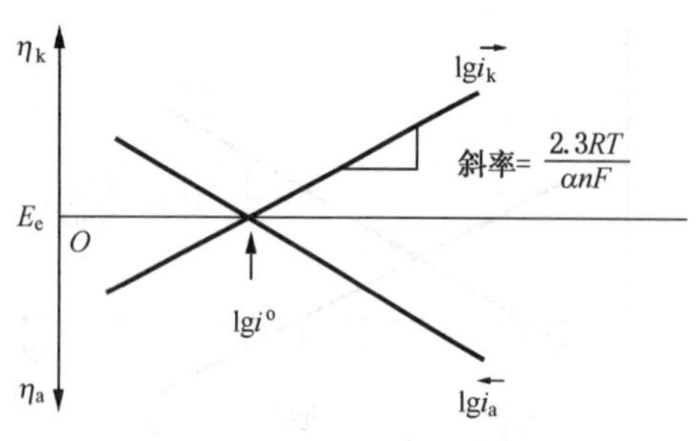

图 3-12 过电位对 $\overleftarrow{i}_a$ 和 $\vec{i}_k$ 的影响

$\overleftarrow{i}_a$ 和 $\vec{i}_k$ 的影响。

E_e 和 i° 为描述电极反应处于平衡状态的参数，如果两个平衡电位 E_e 相近的电极反应，交换电流 i° 的差别却可能很大，而 i° 越大，反应越容易进行。这就是说，两个热力学特性相近的电极反应，在动力学方面的性质却可以很不相同。

根据式(3-9a)和(3-9b)可以认为传递系数 α 和平衡电位下的交换电流密度 i° 是电极反应的基本动力学参数。前者反映双电层中电场强度对反应速度的影响，后者反映电极反应进行的难易程度。知道了这两个参数可以推求任一电极电位下的绝对电流密度。

如果两个电极反应的传递系数差别不大，则当过电位相同时，它们的反应速度将取决于交换电流密度 i° 值的大小。反之，在反应速度相同的情况下，i° 较大的反应其过电位 η 一定较小。所以对 i° 越大的反应，为了维持一定的反应速度所需要的过电位也就越小，即反应可以在较接近平衡电位 E_e 下进行。另外可根据 i° 的大小来估计某一电极反应的可逆程度。

当电极处于平衡电位 E_e 时，则 $\overleftarrow{i}_a=\vec{i}_k=i^{\circ}$，把 $E=E_e$ 代入式(3-4a)和式(3-4b)可得：

$$i^{\circ} = nFK^{\circ}_a c_R \exp\left[\frac{(1-\alpha)nFE_e}{RT}\right]$$

$$= nFK^{\circ}_k c_O \exp\left(-\frac{\alpha nFE_e}{RT}\right) \tag{3-10}$$

可见，交换电流密度 i° 与反应中各组分的浓度有关。若某一组分的浓度改变，则 E_e 和 i° 的数值都会随之改变。而传递系数 α 主要决定电极反应的类型，而与反应物和产物的浓度关系却不大。

为了便于对不同电极反应的动力学性质进行比较，应该找出一个与浓度无关的参数来代替 i°。为此，进一步分析了电极电位为标准平衡电位 E_e 时的情况。

将 $E=E^{\circ}_e$ 代入式(3-4a)或式(3-4b)得：

$$\overleftarrow{i}^*_a = nFK^{\circ}_a c_R \exp\left[\frac{(1-\alpha)nFE^{\circ}_e}{RT}\right]$$

$$= nFK^*_a c_R \tag{3-11a}$$

及

$$\vec{i}^*_k = nFK^{\circ}_k c_O \exp\left(-\frac{\alpha nFE^{\circ}_e}{RT}\right)$$

$$= nFK^*_k c_O \tag{3-11b}$$

式中 $K^*_a = K^{\circ}_a \exp\left[\frac{(1-\alpha)nFE^{\circ}_e}{RT}\right]$；

$K^*_k = K^{\circ}_k \exp\left(-\frac{\alpha nFE^{\circ}_e}{RT}\right)$。

若 $c_O=c_R$，当 $E=E^{\circ}_e$ 时体系处于平衡状态，此时应有 $\overleftarrow{i}^*_a=\vec{i}^*_k$。将这些关系代入式(3-11a)和(3-11b)，可以看出 K^*_a 和 K^*_k 必相等，因此可用统一的常数 K 来代替 K^*_a 和 K^*_k。这一常数称为“电极反应速度常数”。

将式(3-4a)、(3-4b)与式(3-11a)、(3-11b)相比，在任一电极电位 E 时应有

$$\overleftarrow{i}_a = \overleftarrow{i}^*_a \exp\left[\frac{(1-\alpha)nF}{RT}(E-E^{\circ}_e)\right]$$

$$= nFKc_R \exp\left[\frac{(1-\alpha)nF}{RT}(E - E^\circ_e)\right] \tag{3-12a}$$

及

$$\vec{i}_k = \vec{i}_k^* \exp\left[-\frac{\alpha nF}{RT}(E - E^\circ_e)\right]$$

$$= nFKc_O \exp\left[-\frac{\alpha nF}{RT}(E - E^\circ_e)\right] \tag{3-12b}$$

需要指出，虽然在推导 K 时，采用了 $c_O = c_R$ 的标准体系，但由于 K 是一个常数，因此式(3-12a)和式(3-12b)在 $c_O \neq c_R$ 时，即非标准体系中同样可用，只是在后一种体系中当 $E=E^\circ_e$时，$i_k^* \neq i_a^*$ 而已。

因此，传递系数 α 和电极反应速度常数 K 用作电极反应基本动力学的参数。K 的物理意义是当电极电位为反应体系的标准平衡电位 E°_e及还原态物质和氧化态物质的浓度均为单位浓度时的电极反应速度，其量纲是“厘米/秒”与速度相同，因此，也可以将 K 看作是 $E=E^\circ_e$ 时反应粒子越过活化能垒的速度。

根据能斯特平衡电极电位公式

$$E_e - E^\circ_e = \frac{RT}{nF}\ln\frac{c_O}{c_R}$$

以及在 $E=E_e$ 时，$\overleftarrow{i}_a=\vec{i}_k=i^\circ$代入式(3-12a)、(3-12b)后可得到

$$i^\circ = nKc_O\left(\frac{c_O}{c_R}\right)^{-\alpha} = nFKc_O^{(1-\alpha)}c_R^{\alpha} \tag{3-13}$$

将 K、c_O、c_R 及 α 的数值代入式(3-13)就可以计算出任何浓度下的交换电流密度 i°。

上式只适用于 O 和 R 均存在于溶液中的“氧化还原体系”。若电极反应为

$$M^{n+} + ne \rightleftharpoons M_{(固)}$$

时，溶液中 M^{n+}的浓度用“摩尔/升”表示，则平衡电极电位的公式应写成

$$E_e = E^\circ_e + \frac{RT}{nF}\ln\frac{c_{M^{n+}}}{10^{-3}}$$

由此可推出

$$i^\circ = nFKc_{M^{n+}}\left(\frac{c_{M^{n+}}}{10^{-3}}\right)^{-\alpha} = nFK \cdot 10^{-3\alpha} \cdot c_{M^{n+}}^{(1-\alpha)} \tag{3-13'}$$

3.3.4 稳态极化时动力学公式

当电极上通过一定大小的电流时，由于电子转移的速度比电化学反应速度快，在电极表面就会出现剩余电荷的积累，使电极电位偏离平衡电位。这种变化一直延续到 $\overleftarrow{i}_a$ 和 $\vec{i}_k$ 之间的差值与外电流密度 i 相等时，才达到稳定。由于这种电子转移过程中的困难而引起的极化就是电化学极化。为了使电子转移这一电化学步骤以一定的速度进行，需要一部分额外的推动力。这个推动力就是电化学过电位或称为活化过电位。

净电流即外测电流一定时，有下列关系

净阳极电流密度：$i_a = \overleftarrow{i}_a - \vec{i}_k$

净阴极电流密度：$i_k = \vec{i}_k - \overleftarrow{i}_a$

将式(3-9a)和式(3-9b)代入可得：

$$i_a = i^\circ\left[\exp\left(\frac{(1-\alpha)nF}{RT}\eta_a\right) - \exp\left(\frac{\alpha nF}{RT}\eta_k\right)\right] \tag{3-14a}$$

$$i_k = i^\circ\left\{\exp\left(\frac{\alpha nF}{RT}\eta_k\right) - \exp\left[\frac{(1-\alpha)nF}{RT}\eta_a\right]\right\} \tag{3-14b}$$

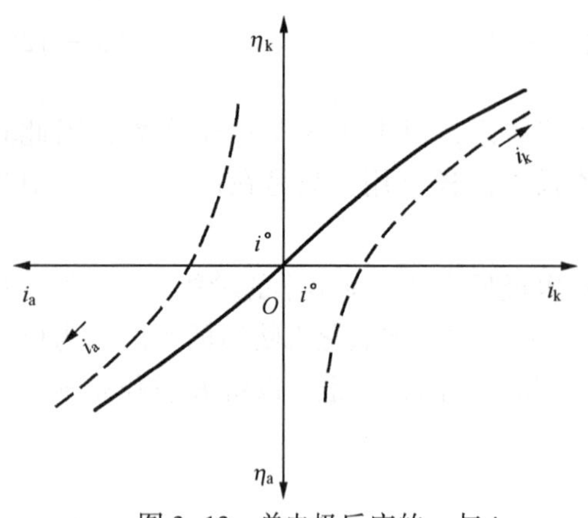

图 3-13　单电极反应的 η 与 i 及 $\overleftarrow{i}_a$ 和 $\overrightarrow{i}_k$ 的关系

式(3-14)就是电化学步骤的极化电流密度与过电位之间的关系式，其极化曲线示于图 3-13 中。

传递系数 α 值，一般位于 0.3～0.7 之间，大多数电极反应的 α 值接近于 0.5。如果取 $\alpha=0.5$，则曲线原点对称，如果 α 偏离 0.5，就不对称。

3.3.4.1　强极化时的近似公式

阳极极化时，当 η 很大以至于 $\frac{(1-\alpha)nF}{RT}\eta_a \gg 1$ 而 $\frac{\alpha nF}{RT}\eta_k \ll 1$ 时，式(3-14a)中右方第一项比第二项大很多，可将第二项略去不计而得到

$$i_a = i^\circ\exp\left[\frac{(1-\alpha)nF}{RT}\eta_a\right] \tag{3-15a}$$

阴极极化时，当 η_k 很大以至 $\frac{\alpha nF}{RT} \gg 1$ 而 $\frac{(1-\alpha)nF}{RT}\eta_a \ll 1$ 时，略去式(3-14b)中右方第二项，可得

$$i_k = i^\circ\exp\left(\frac{\alpha nF}{RT}\eta_k\right) \tag{3-15b}$$

式(3-15)也可写成

$$\begin{aligned}\eta_a &= -\frac{2.3RT}{(1-\alpha)nF}\lg i^\circ + \frac{2.3RT}{(1-\alpha)nF}\lg i_a \\ &= \frac{2.3RT}{(1-\alpha)nF}\lg\frac{i_a}{i^\circ} = b_a\lg\frac{i_a}{i^\circ} \\ &= \beta_a\ln\frac{i_a}{i^\circ} \qquad (\text{其中 } b_a = 2.3\beta_a)\end{aligned} \tag{3-16a}$$

及

$$\begin{aligned}\eta_k &= -\frac{2.3RT}{\alpha nF}\lg i^\circ + \frac{2.3RT}{\alpha nF}\lg i_k \\ &= \frac{2.3RT}{\alpha nF}\lg\frac{i_k}{i^\circ} = b_k\lg\frac{i_k}{i^\circ} \\ &= \beta_k\ln\frac{i_k}{i^\circ} \qquad (\text{其中 } b_k = 2.3\beta_k)\end{aligned} \tag{3-16b}$$

在比较大的过电位下，过电位与极化电流密度的对数之间的线性关系，最早是从实验中得到的，实验得到的经验式一般写成下列形式：

$$\eta = a + b\lg i \tag{3-17}$$

这个式子常被称为塔菲尔(Tafel)式。

式中常数 a 与电极材料、表面状态、溶液组成及温度有关；常数 b 与电极材料关系不

大，称为常用对数的塔菲尔斜率。

一般地说在式(3-14)中，右方的第二项不到第一项的1%时，就可认为满足塔菲尔公式的条件。若 $n=1$，假设 $\alpha=0.5$ 时，经计算，在25℃时的 $\eta>0.116$ V 上述条件就成立。因此只要 $\eta>0.12$V 就可认为是属于强极化范围。

3.3.4.2　微极化时的近似公式

当 $\frac{(1-\alpha)nF}{RT}\eta_a$ 和 $\frac{\alpha nF}{RT}\eta_k \ll 1$ 时，将式(3-14a，b)右方的指数项按级数形式展开并略去高次方项，可得如下近似公式

$$i = i^{\circ}\frac{nF}{RT}\eta \tag{3-18}$$

阳极极化时，式(3-18)可写为

$$\eta_a = \frac{RT}{i^{\circ}nF}i_a = R_F i_a \tag{3-19a}$$

阴极极化时可写为

$$\eta_k = \frac{RT}{i^{\circ}nF}i_k = R_F i_k \tag{3-19b}$$

即在过电位很小的条件下，过电位与极化电流密度之间呈线性关系，故微极化又称线性极化。式(3-19a、b)在形式上与欧姆定律一样，$\frac{RT}{i^{\circ}nF}$ 相当于电阻，可理解为电极上电荷传递过程中单位面积上的等效电阻，以 R_F 表示，称为法拉第电阻。它可从过电位曲线在原点处的斜率求得。

若 $n=1$，$\alpha=0.5$，假定用 $\frac{\alpha nF}{RT}\eta=\frac{F\eta}{2RT}<\frac{1}{5}$ 来满足式(3-17)所要求的条件，则在常温下 $\eta<0.01$V就属于微极化范围。

图3-14表示了从微极化到强极化范围内过电位与极化电流密度之间的关系。由图可见，在高过电位区域 η 与 $\lg i$ 之间呈直线关系。随着过电位的减小，逐渐向 η 与 i 的线性关系过渡。在 η 约为0.01～0.02V 的范围内，是两种线性关系的过渡区，称为弱极化区。

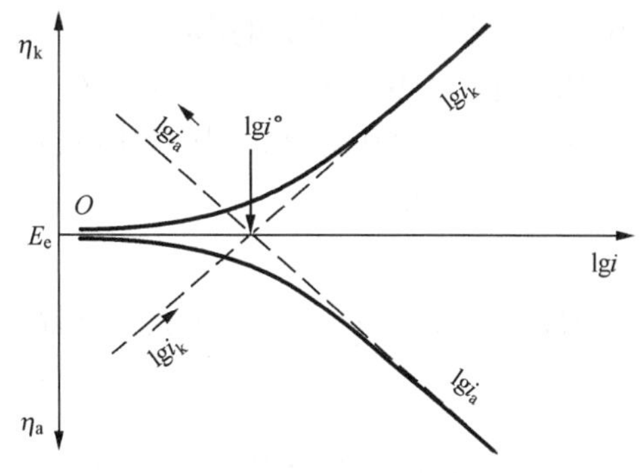

图3-14　过电位与极化电流密度之间的关系

在高过电位时的直线部分称为塔菲尔线段或塔菲尔区，直线的斜率即为塔菲尔斜率 b，直线上对应于单位电流密度时的 η 值即为相应的塔菲尔公式中的常数 a。经过稳态测量作出 $\eta\sim\lg i$ 直线，求出 a 和 b 值后，将 b 值代入式(3-16)即可求出 α，将 α 值和求出的 a 值再代入式(3-16)就可以计算出交换电流密度 i°。在 $E=E_e$ 和 c_O 及 c_R 已知的条件下，就可以将 α 及 i°代入式(3-13)中计算出电极反应速度常数。

图3-14中表示出了 i_a，i_k，$\overleftarrow{i}_a$，$\overrightarrow{i}_k$ 和 E_e，η_a，η_k 诸参数之间的关系。可以看出当$i\ll i^{\circ}$时，电化学步骤的平衡几乎没有受多大的破坏，因而 η 很小，故得到线型的极化曲线[式(3-18)]；当 $i\gg i^{\circ}$时，电化学步骤的平衡受到严重破坏，因而 η 的数值就很大，在这种情况下出现半对数型的极化曲线[式(3-16)]。综上所述，极化曲线的基本形式与 i 和 i°的相

对大小即与 i° 比值有关，仅根据 i° 的绝对数值也可以大致推知极化曲线的形式。通常在生产实践和科学实验中净电流密度的变化幅度不可能太大，一般不超过 $10^{-6} \sim 1A/cm^2$，例如，若 $i^\circ \geqslant 10 \sim 100A/cm^2$，则电化学步骤的平衡几乎不可能受到严重破坏；若 $i^\circ \leqslant 10^{-8}A/cm^2$，则测得的极化曲线几乎总是半对数型的。

另外，可用 i° 的数值来定量描述电极反应的“可逆程度”，并用 i 与 i° 的比值来判别电极反应的“可逆性”是否受到严重破坏。这里讲的电极反应“可逆程度”的大小及这一反应的“可逆性”是否受到破坏，仅指电化学步骤正、反方向的交换速度的大小及这一交换平衡是否受到破坏。根据 i° 的数值可将各种电极体系分为下列几类：

i° 的数值 / 电极体系的动力学性质	$i^\circ \to 0$	i° 小	i° 大	$i^\circ \to \infty$
极化性能	理想极化电极	易极化电极	难极化电极	理想不极化电极
电极反应的“可逆程度”	完全“不可逆”	“可逆程度”小	“可逆程度”大	完全“可逆”
i-η 关系	电极电位可以任意改变	一般为半对数关系	一般为直线关系	电极电位不会改变

3.3.5 参比电极体系

作为参比电极体系应具备下列两项基本条件：

① 电极的平衡电位重现性好，也就是说容易建立相应于热力学平衡值的电极电位；

② 容许通过一定的“测量电流”而不发生严重的极化现象。

如果希望某一电极体系在通过电流时不出现显著的电位移动，则该体系的交换电流密度数值必须比较大，这样，当通过的电流 $i \ll i^\circ$ 时，电极的极化现象不会很大。

热力学平衡电位是否容易建立，表面看来似乎与交换电流的数值无直接关系。因为平衡状态的判据只是考虑 $\overleftarrow{i}_a$ 和 $\overrightarrow{i}_k$ 的数值是否相等，不考虑其绝对值的大小。然而，这种观点只有当体系中不含有任何可在电极上作用的杂质组分时才是正确的，但是在一切经常用到的体系中都不能忽视杂质组分的影响。

如果除了参比电极的电极反应 $O \rightleftharpoons R$ 外，在电极上还进行着另一对氧化还原反应 $O^* \rightleftharpoons R^*$，其交换电流 $i^{\circ *}$ 比参比电极反应的交换电流 i° 要大得多，此时，不通过外电流时应满足下列关系式：

$$\overrightarrow{i}_k + \overrightarrow{i}_k^* = \overleftarrow{i}_a + \overleftarrow{i}_a^*$$

根据假设条件 $i^{\circ *} \gg i^\circ$，上式可化简为

$$\overrightarrow{i}_k^* = \overleftarrow{i}_a^* = i^{\circ *}$$

式中 $\overrightarrow{i}_k^*$ 和 $\overleftarrow{i}_a^*$ 分别表示由 $O^* \rightleftharpoons R^*$ 反应所引起的还原电流及氧化电流。显然，这时建立的电极电位只可能是 O^*/R^* 体系的平衡电位，即与参比电极的平衡电位根本无关。

由此可见，若同时存在不止一对氧化还原反应的体系，则不通过外电流时的电极电位主要是由交换电流密度数值最大的那一对电极反应体系所决定。

通常，如不经过特殊净化处理，在水溶液中由于杂质组分所引起的电解电流往往可达 $10^{-6} \sim 10^{-7}A/cm^2$。因此如果希望建立某一氧化还原反应体系的平衡电位，则该体系的交换电流应满足 $i^\circ \geqslant 10^{-4}A/cm^2$。据此可以说明为什么常用来建立平衡氢电极的材料总是用 Pt(其表面上氢电极反应的 $i^\circ \approx 10^{-3}A/cm^2$)或 Pd(其表面上氢电极反应的 $i^\circ \approx 10^{-3}A/cm^2$，而在高氢过电位金属制成的电极上根本不可能建立起氢的平衡电位。例如，在 Hg 电极上 $i^\circ_H \approx 10^{-11} \sim 10^{-13}A/cm^2$。因此，只有将杂质引起的电流降低到 $10^{-15}A/cm^2$ 左右，才有可能在 Hg

电极上建立起氢的平衡电极电位，这样的要求显然是极难做到的。

不同金属上析氢反应的交换电流密度见表3-2。

表3-2　不同金属上析氢反应的交换电流密度

金　属	$\lg[i_0/(A/cm^2)]$	金　属	$\lg[i_0/(A/cm^2)]$	金　属	$\lg[i_0/(A/cm^2)]$
Pd	-3.0	Fe	-5.8(1.0mol/L HCl)	Cd	-10.8
Pt	-3.1	W	-5.9	Mn	-10.9
Rh	-3.6	Cu	-6.7(0.5mol/L H_2SO_4)	Tl	-11.0
Ir	-3.7	Nb	-6.8	Pb	-12.0
Ni	-5.2	Ti	-8.2	Hg	-12.3
Au	-5.4	Zn	-10.3(0.5mol/L H_2SO_4)		

注：除注明者外，其余为在1mol/L H_2SO_4溶液中的数据。

3.4　浓度极化

伴随着电极过程进行的同时，在溶液中就有传质过程的进行。如果电子转移步骤的速度比反应物或产物的液相传质步骤的速度快，则电极表面和溶液深处的反应物和产物的浓度将出现差别，由这种浓度差引起的电极电位变化称之为浓度极化。此时，则整个电极反应过程的速度可视为液相传质步骤控制。

溶液中的传质过程，可以通过对流、扩散和电迁移三种方式来进行。

对流是物质粒子随流动的液体而进行的移动。引起对流的原因可能是溶液中各部分之间存在温度差或浓度差而引起的密度差(自然对流)，也可能是外加机械搅动作用(强制对流)。对流能促进溶液中溶质浓度趋于均匀，但在接近电极表面的静止层中，对流传质作用并不大。

扩散是由于溶液中某一组分存在浓度梯度，而引起该组分从浓度高的区域向浓度低的区域转移的现象。这种现象即使在静止的溶液中也会发生，在紧靠电极表面的扩散层中起主要作用的传质方式是扩散。对于一般的腐蚀过程来说，扩散过程是一个重要的问题。

电迁移是带电粒子，除了对流和扩散两种传质方式外，发生在溶液中存在电场作用下沿着一定方向的移动。溶液中的各种离子，不论它们是否参加电极反应，都在电场作用下进行电迁移，如果与电极反应无关的离子(称为局外电解质)的浓度越大，则与电极反应有关的离子的电迁移量就越小。

在一般的电化学体系中，上述三种传质方式是同时进行的，但是，在一定条件下，起主要作用的往往只有其中的一种或两种。例如，即使不搅拌溶液，在距离电极表面较远处，由于自然对流而引起的液流速度较大，而扩散和电迁移的传质作用可以忽略。可在电极表面附近的薄液层中，液流速度很小，因此起主要作用的是扩散和电迁移过程。如果溶液中存在着大量不参加电极反应的惰性电解质(又称局外电解质)，则参加反应的带电粒子的电迁移速率将大大减小，这时起主要作用的只是扩散传质过程。

3.4.1　理想情况下的稳态扩散

在溶液中假定有大量的局外电解质存在，则与电极反应有关的离子的电迁移可忽略不计，并假定在电极表面的扩散层以外的溶液本体中，由于自然对流作用其反应物或产物的浓度是均匀的。因此，在扩散层中的传质方式只有扩散过程一种。在这种理想情况下，整个电极反应过程的速度仅由液相传质步骤中的扩散过程控制。这种情况下的浓度极化又称扩散极化。

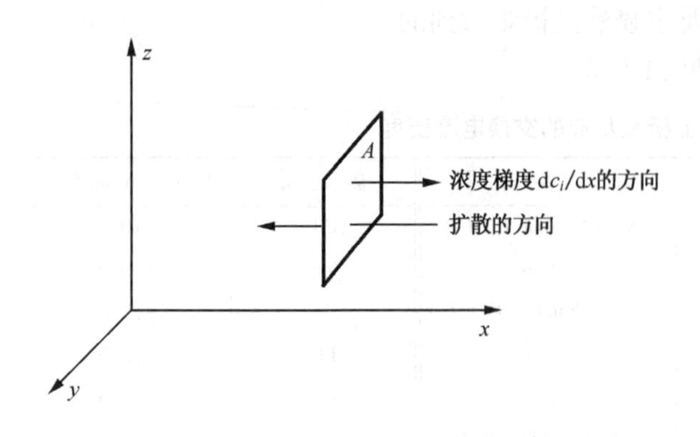

图 3-15　等浓度面、浓度梯度的方向与扩散的方向

下面的讨论只局限于一维的、稳态扩散过程。这里的一维扩散过程是指在表示空间位置的三维直角坐标中，物质 i 的浓度只在一个坐标轴的方向。如图 3-15 所示的 x 轴方向有变化的扩散过程。相当于每一个 x 值，在 y 轴和 z 轴的方向的浓度是均匀的，构成等浓度面(如图中的面 A)。扩散过程只是沿着 x 轴方向，穿过无限多个等浓度面进行。也就是说，只在一个坐标轴的方向存在着浓度梯度。浓度梯度是指空间位置改变单位值时浓度的变化量。例如，沿着 x 轴方向在 x_0 处的浓度梯度就是$(dc_i/d_x)_{x=x_0}$。

如果各处的浓度 c_i 不随时间改变，各处的浓度梯度也就不随时间改变，这种扩散过程称之为稳态扩散过程。

如果取 x 轴向右的方向为正，则当浓度梯度 $dc_i/dx>0$ 时，就表示物质 i 的浓度是随着 x 的增大而增大，此时浓度梯度的方向与 x 轴的方向相同，均指向右方。扩散过程中的物质则是从浓度高的区域向浓度低的区域传输的。因此在 $dc_i/dx>0$ 的情况下，物质 i 的扩散方向是按 x 轴的方向从右向左扩散。所以扩散的方向正好同浓度梯度的方向相反(见图 3-15)。如果在 x_0 处有一个等浓度面 A，在 x_0 处的浓度梯度为$(dc_i/dx)_{x=x_0}$，单位时间内通过单位面积的面 A 扩散物质 i 的物质量(扩散速度)是$(dm_i/dt)_{x=x_0}$，则这两者间存在如下关系：

$$\frac{dm_i}{dt}=-D_i\frac{dc_i}{dx} \tag{3-20}$$

式(3-20)称为费克(Fick)定律。式中右方的负号表示扩散的方向与浓度梯度的方向相反。

式中　dm_i/dt——物质 i 的扩散速度，$mol/cm^2\cdot s$；

dc_i/dx——浓度梯度，$(mol/cm^3)/cm$；

D_i——扩散物质 i 的扩散系数，cm^2/s。

扩散系数 D 的数值取决于扩散物质的粒子大小、溶液的黏度系数和温度。在同样的温度条件下，扩散粒子的半径愈大，溶液的黏度系数愈大，扩散系数就愈小。在室温的稀溶液中，无机离子在水溶液中的扩散系数一般在 $1\times10^{-5}cm^2/s$ 左右。由于氢离子和氢氧根离子在水溶液中的扩散机构与其他离子不同，所以它们的扩散系数很大。在室温下的水溶液中，$D_{H^+}=9.3\times10^{-5}cm^2/s$，$D_{OH^-}=5.2\times10^{-5}cm^2/s$。在金属腐蚀过程中，很重要的去极化剂 O_2 分子在室温下的水溶液中的扩散系数 $D_O=1.9\times10^{-5}cm^2/s$。

在稳态条件下，扩散途径中每一个点上的扩散速度都应相等。也就是说，沿着 x 轴，对于每一个如图中的 A 这种垂直于 x 轴的平面来说，各个瞬间从右方扩散进来的物质 i 的量应与向左方扩散出去的物质 i 的量相等，只有这样才能保持相应于各个平面的浓度不随时间改变而处于稳定状态。如果 D_i 是不随时间改变的常数，那么要得到沿着 x 轴方向的各个点上的扩散速度 dm_i/dt 都相同，就必须要求浓度梯度是不随 x 而改变的定值。这就意味着物质 i 的浓度 c_i 是随着 x 值线性地改变，如图 3-16 所示。如果扩散发生在$x=0$至 $x=\delta$ 的区间内，而且是这一区间内惟一的传质过程，则在稳态条件下，浓度 c_i 随 x 的变化就如图中所示的为一条倾斜的直线。直线的斜率就是浓度梯度。若在 $x=0$ 处物质 i 的浓度为 c_i^S，$x=\delta$ 处的浓度为 c°_i，则在这一扩散区间物质 i 的浓度梯度为

$$\frac{dc_i}{dx}=\tan\theta=\frac{c^\circ_i-c_i^S}{\delta} \qquad (3-21)$$

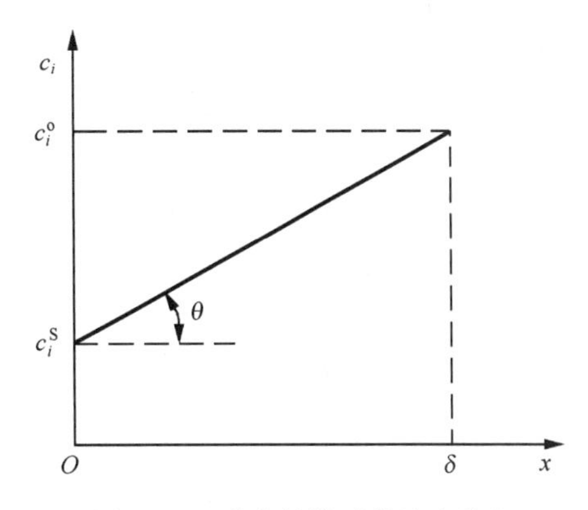

图 3-16　稳态扩散时的浓度分布

在电化学腐蚀过程中，经常遇到的是去极化剂的阴极还原过程中的扩散步骤成为控制步骤的问题。因此下面只讨论阴极反应中的扩散过程。

当溶液中的某一物质在电极表面被阴极还原时，紧靠电极表面的溶液层(扩散层)中，该物质的浓度由于电极反应的消耗而低于溶液本体中的浓度，于是该物质就将不断从溶液深处向电极表面扩散，以补充在电极反应中的消耗。如果溶液的体积相当大，则该物质因电极反应过程引起的浓度变化可以忽略，即可以近似地认为该物质在溶液本体中的浓度不变。另外由于溶液的对流作用，仍然可认为溶液本体中的浓度是均匀的。根据假定，扩散层可以理解为存在着浓度梯度的紧靠电极表面的溶液滞流层。在无搅拌的情况下，扩散层厚度 δ 约为 $1\times10^{-2}\sim5\times10^{-2}$cm，随着搅拌强度增加，扩散层厚度减薄，即使在最强的搅拌下，也不会小于 10^{-4}cm，也远大于双电层的厚度($10^{-7}\sim10^{-6}$cm)。

在稳态条件下，扩散层内的浓度梯度就等于扩散层外测溶液本体的浓度 c° 与电极表面浓度 c^S 的差值除以扩散层厚度 δ

$$\frac{dc}{dx}=\frac{c^\circ-c^S}{\delta} \qquad (3-22)$$

为了保持稳态，该物质从溶液深处通过扩散层到电极表面的扩散速度必须等于它在电极表面的还原速度。由于讨论的是不可逆反应，所以其逆反应的速度可以忽略不计，如以 i_k 表示阴极还原反应的净电流密度，相应于 1mol 物质被还原的电量为 nF，则

$$\frac{dm}{dt}=-\frac{i_k}{nF} \qquad (3-23)$$

因为规定自电极表面指向溶液的方向为 x 轴的方向，所以式中的负号表示反应物沿 x 轴的反方向自溶液本体向电极表面扩散。

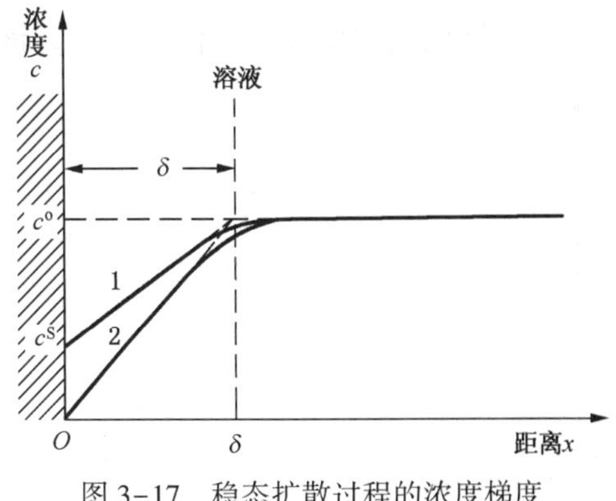

图 3-17　稳态扩散过程的浓度梯度

1—$c^S\neq0$；2—$c^S=0$

将式(3-22)和式(3-23)代入式(3-20)可得：

$$i_k=nFD\frac{c^\circ-c^S}{\delta} \qquad (3-24)$$

在溶液本体中的浓度 c° 和扩散层厚度 δ 不变的情况下，如阴极还原反应电流密度增大，为保持稳态，扩散速度也要相应增大。这只有 c^S 的数值降低，而使扩散层内浓度梯度增大才能实现(见图3-17)。在 c° 与 δ 不变的情况下，扩散层内的浓度梯度在 $c^S=0$ 时达到最大值(图中直线 2)，这相当于被还原物质一扩散

到电极表面就立即被还原掉，与 $c^{S}=0$ 相应的阴极电流密度称为极限扩散电流密度，以 i_d 表示，即

$$i_d = nFD\frac{c^{\circ}}{\delta} \quad (3-25)$$

由式(3−25)可知，极限扩散电流密度与被还原物质在溶液本体中的浓度成正比，而与扩散层厚度成反比。扩散层厚度与溶液黏度、密度及溶液相对于电极表面的切向流速等因素有关。

3.4.2 浓度极化公式

对于电极反应 $O+ne \rightarrow R$ 来说，由式(3−24)和式(3−25)可得：

$$c_O^S = c_O^{\circ}\left(1-\frac{i_k}{i_d}\right) \quad (3-26)$$

在整个电极反应过程中扩散步骤是各步骤中最慢的步骤，当有电流通过时，电子转移步骤仍处于平衡状态，所以极化电位 E 仍可用能斯特平衡电极电位公式计算，即

$$E = E_e^{\circ} + \frac{RT}{nF}\ln\frac{\gamma_O c_O^S}{\gamma_R c_R^S} \quad (3-27)$$

式中 γ_O、γ_R 分别为物质的氧化态、还原态的活度系数(i 物质的活度 a_i = 活度系数 $\gamma_i \times$ 浓度 c_i)。

下面讨论两种情况：

3.4.2.1 反应产物生成独立相

此种情况 $a_R^S=\gamma_R c_R^S=1$，并设反应物的活度系数 γ 不变，则将式(3−26)代入式(3−27)后得：

$$E = E^{\circ}_e + \frac{RT}{nF}\ln\gamma_O c^{\circ}_O + \frac{RT}{nF}\ln\left(1-\frac{i_k}{i_d}\right)$$

$$= E_e + \frac{RT}{nF}\ln\left(1-\frac{i_k}{i_d}\right) \quad (3-28)$$

式中的 E_e 为未发生浓度极化时的平衡电极电位。

因此，浓度极化所引起的电极电位的变化为

$$\Delta E = E - E_e = \frac{RT}{nF}\ln\left(1-\frac{i_k}{i_d}\right) \quad (3-29)$$

该式为产物不溶时的阴极浓度极化公式，其相应的极化曲线如图 3−18 所示。由图可见，随着 i_k 的增大，浓度极化愈显著，当 $i_k=i_d$ 时，浓度极化急剧增大，其值趋于∞。该极

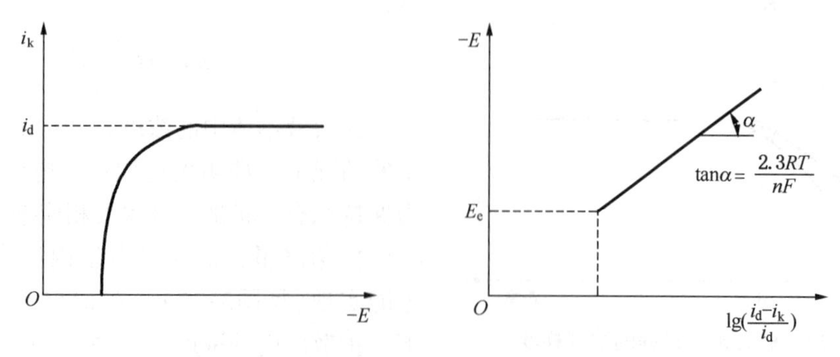

图 3−18 产物不溶时扩散控制的浓度极化曲线

化曲线的一个特征是 E 与 $\lg\left(\frac{i_d-i_k}{i_d}\right)$ 之间存在线性关系，其斜率为 $2.3\frac{RT}{nF}$，因而根据半对数极化曲线的斜率可以获知电极反应涉及的电子数 n。

曾规定过电位为正值，所以阴极浓度极化过电位(或称扩散过电位)为

$$\eta_d = -\Delta E_k = \frac{RT}{nF}\ln\left(\frac{i_d}{i_d - i_k}\right) \tag{3-30}$$

当 i_k 很小时，浓度极化及其 η_d 与 i_k 成线性关系。

3.4.2.2 产物可溶

在这种情况下，$a_R^S \neq 1$，因而首先需计算反应产物的表面浓度。

在电极表面上反应产物的生成速度，若以电流表示，为 $\frac{i}{nF}$。而在稳态下产物自电极表面向溶液内部扩散(流失)的速度应等于它在电极表面的生成速度。所以

$$\frac{i_k}{nF} = D_R\left(\frac{c_R^S - c_R^\circ}{\delta_R}\right)$$

整理后得：

$$c_R^S = c_R^\circ + \frac{i_k\delta_R}{nFD_R} \tag{3-31}$$

假定反应开始前溶液中没有还原产物，即认为 $c_R^\circ = 0$，则式(3-33)可简化为

$$c_R^S = \frac{i_k\delta_R}{nFD_R} \tag{3-32}$$

将式(3-26)、式(3-31)和式(3-32)代入式(3-27)可得

$$E = E_e^\circ + \frac{RT}{nF}\ln\frac{\gamma_O\delta_O D_R}{\gamma_R\delta_R D_O} + \frac{RT}{nF}\ln\left(\frac{i_d - i_k}{i_k}\right) \tag{3-33}$$

当 $i_k = \frac{1}{2}i_d$ 时，式(3-33)右方第二项为零，此时的电极电位 E 称之为半波电位以 $E_{1/2}$ 表示，即

$$E_{1/2} = E_e^\circ + \frac{RT}{nF}\ln\frac{\gamma_O\delta_O D_R}{\gamma_R\delta_R D_O} \tag{3-34}$$

于是式(3-33)可写为

$$E = E_{1/2} + \frac{RT}{nF}\ln\left(\frac{i_d - i_k}{i_k}\right) \tag{3-35}$$

该式为产物可溶时的阴极浓度极化公式，其相应的极化曲线如图 3-19 所示。该曲线的一个特征也是 E 与 $\lg\left(\frac{i_d-i_k}{i_d}\right)$ 之间存在线性关系，其斜率也是 $\frac{2.3RT}{nF}$，由此同样可求得 n。

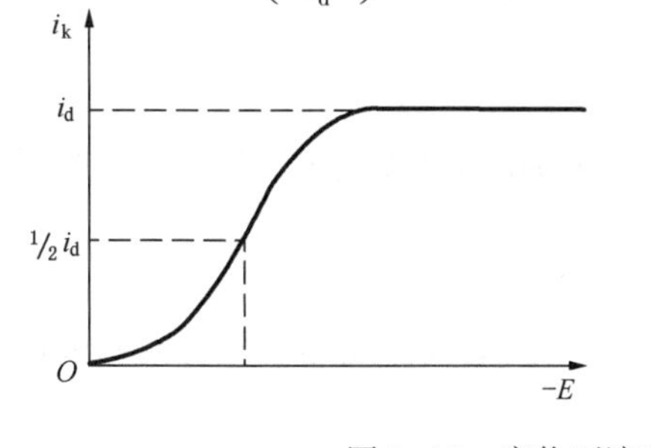

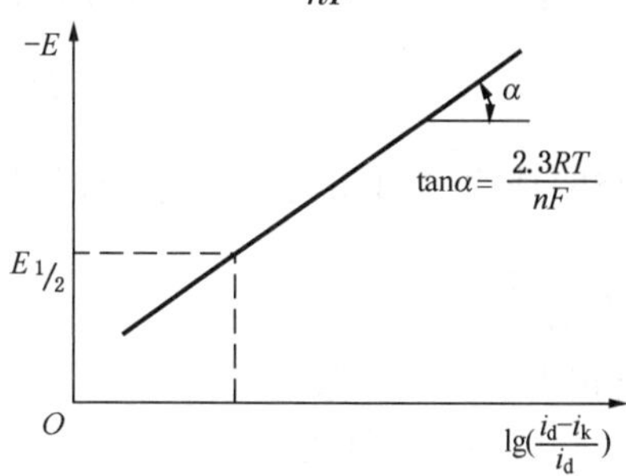

图 3-19 产物可溶时扩散控制的浓度极化曲线

稳态时，δ_O 和 δ_R 均为常数。同时又有大量局外电解质的存在，γ_O、γ_R 及 D_O、D_R 均很少随 c_O 和 c_R 而变化，也可视为常数。所以 $E_{½}$ 与浓度无关，只取决于反应物和产物的特性。当 $\gamma_O \approx \gamma_R$、$\delta_O \approx \delta_R$ 和 $D_O \approx D_R$ 时，$E_{½} \approx E^{\circ}{}_{e}$。

3.4.3 浓度极化对电化学极化的影响

为了方便，在讨论电化学极化时，曾假设浓度极化可以忽略不计。如通过电极体系的净电流密度比极限扩散电流密度小得多时，实际不出现浓度极化现象。但随着极化电势的增大，尤其将接近极限扩散电流 I_d 时，浓差极化不能忽视，而是与电化学极化同时并存。

电化学极化时，如果浓度极化忽略不计，则电极表面的反应物浓度与在溶液本体中的浓度相等，在强极化时($i_k \gg i^{\circ}$)，电极反应的逆过程可以忽略的情况下阴极还原的电流密度为

$$i_k = i^{\circ} \exp\left(\frac{\alpha n F}{RT}\eta_k\right) = i^{\circ} \exp\left(\frac{\eta_k}{\beta_k}\right)$$

如果扩散过程也同时影响整个电极过程的速度，在稳态的条件下，靠近电极表面的溶液层中反应物的浓度由c_O° 降为 c^S，此时阴极反应的电流密度就变为

$$i_k = i^{\circ} \frac{c_O^S}{c_O^{\circ}} \exp\left(\frac{\eta_k}{\beta_k}\right) \quad (3-36)$$

将式(3-26)代入式(3-36)可得：

$$i_k = i^{\circ}\left(1 - \frac{i_k}{i_d}\right) \exp\left(\frac{\eta_k}{\beta_k}\right) \quad (3-37)$$

整理后可得

$$i_k = \frac{i^{\circ} \exp\left(\frac{\eta_k}{\beta_k}\right)}{1 + \frac{i^{\circ}}{i_d} \exp\left(\frac{\eta_k}{\beta_k}\right)} \quad (3-38)$$

或者也可写成

$$\eta_k = \beta_k \ln \frac{i_k}{i^{\circ}} - \beta_k \ln\left(1 - \frac{i_k}{i_d}\right) \quad (3-39)$$

对于式(3-38)和式(3-39)，讨论两种极端情况：

(1) $\frac{i^{\circ}}{i_d} \exp\left(\frac{\eta_k}{\beta_k}\right) \ll 1$

这种情况相当于 $i^{\circ} \ll i_d$，并且 η_k 很小，即极限扩散电流密度远大于电极反应的交换电流密度而阴极过电压又很小，式(3-38)可近似地写成

$$i_k = i^{\circ} \exp\left(\frac{\eta_k}{\beta_k}\right)$$

这就是式(3-15b)或式(3-16b)，即电化学步骤是整个电极反应速度的惟一控制步骤的情况。

(2) $\frac{i^{\circ}}{i_d} \exp\left(\frac{\eta_k}{\beta_k}\right) \gg 1$

这种情况相当于极限扩散电流密度与电极反应的交换电流密度相差不多而阴极过电位很大的情况，此时式(3-38)就成为

$$i_k = i_d$$

即整个阴极还原反应的速度完全由扩散步骤控制，此时，阴极电流密度不再与阴极过电位有关，而等于极限扩散电流密度。

如果 i_d 比 i°大得多，并且阴极过电位可以达到相当大而不发生其他电极反应，则式(3-39)中的阴极过电位与阴极电流密度间的关系可表现为图 3-20 中的曲线形式。在半对数坐标系统中，AB 线段相当于第(1)种极端情况：$\frac{i^\circ}{i_d}\exp\left(\frac{\eta_k}{\beta_k}\right)\ll 1$。此时阴极反应速度仅由电化学步骤控制，阴极过电位与阴极电流密度之间的关系符合塔菲尔公式。BC 线段相当于电化学步骤和扩散步骤都对电极反应速度发生影响的情况，此时阴极过电位曲线随着 i_k 的增大而偏离塔菲尔直线的程度越大，扩散步骤的影响越加突出。最后达到 C 点时，阴极电流密度等于极限扩散电流密度，电极反应速度完全由扩散步骤控制。

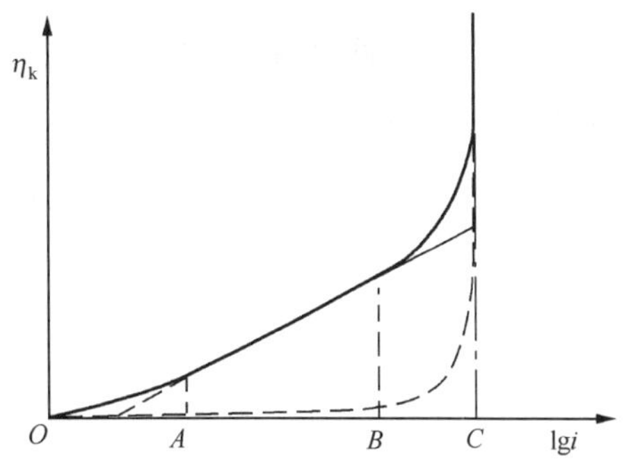

图 3-20　有浓差极化时阴极过电位曲线

(其中虚线为纯扩散控制的情况)

但要注意，并不是在所有情况下都能得到完全像图 3-20 中那样的阴极过电位曲线，例如当 i_d 比 i°大不了多少的情况下，可以不会出现塔菲尔直线段。而在 i_d 比较大的情况下，在阴极过电位还没有大到足以使 $i_k=i_d$ 时，就开始了另一新的阴极反应，则阴极电流密度将随着过电位的增大进一步增大。

在以上的讨论中，对于传质过程只考虑了扩散过程，严格地讲，电迁移的作用是不容忽视的。如果向电极表面不断传输以补充电极反应消耗掉的粒子是带电粒子，则传质过程除了在浓度梯度作用下的扩散过程外，还有电场作用下的电迁移过程。但有两种情况可不考虑。

① 扩散到电极表面参加电极反应的粒子不是带电的离子，而是不带电的分子，例如 O_2 分子的阴极还原情况。

② 扩散到电极表面反应的粒子虽然是带电的离子，但溶液中存在着大量不参与电极反应的带电离子(惰性电解质)，它们也都会在电场作用下迁移，这就使得扩散粒子(参与电极反应的)的电迁移过程对整个电流的贡献小到可以忽略。

通常在金属腐蚀过程中遇到的大多属于这两种情况，所以对以上讨论的各个电极过程动力学公式可以不因电迁移的作用而进行修正。

但是必须强调，以上所述并不意味着电迁移作用对金属的腐蚀破坏过程不重要。在金属腐蚀中，经常遇到阴离子 Cl^-，氯离子虽然在金属腐蚀过程中不直接参加阳极氧化或阴极还原的电极反应(局外离子)，但对于金属的阳极溶解和钝化行为有着主要影响(活性阴离子)。Cl^-在电场作用下会向阳极方向迁移，这个电迁移过程往往与局部腐蚀的发生和发展过程有着密切的关系。

3.5　腐蚀金属电极及其极化行为

3.5.1　腐蚀体系及腐蚀电位

金属发生腐蚀时，在金属/溶液界面上至少有两个不同的电极反应同时进行。一个是金属电极反应，另一个是溶液中的去极化剂在金属表面进行的电极反应。由于两个电极反应的平衡电位不同，它们将彼此互相极化。例如，某种负电性金属浸在非氧化性酸溶液中时，若其在该溶液中的平衡电极电位比在其表面形成氢电极的平衡电极电位低，则在其表面就可能同时进行两个电极反应

$$M^{n+}+ne \underset{\overleftarrow{i}_{a1}}{\overset{\overrightarrow{i}_{k1}}{\rightleftharpoons}} M$$

和

$$nH^{+}+ne \underset{\overleftarrow{i}_{a2}}{\overset{\overrightarrow{i}_{k2}}{\rightleftharpoons}} \frac{n}{2}H_2$$

它们进行的情况与短路原电池作用类似，阳极反应主要是金属的离子化；阴极反应主要是 H_2 的析出，其结果是金属腐蚀溶解。

金属的溶解速度可表示为

$$i_a = \overleftarrow{i_{a1}} - \overrightarrow{i_{k1}} \tag{3-40}$$

氢析出速度可表示为

$$i_k = \overrightarrow{i_{k2}} - \overleftarrow{i_{a2}} \tag{3-41}$$

当没有电流进出该腐蚀体系时，金属的溶解速度与氢析出速度相等，即

$$i_a = i_k = i_c \tag{3-42}$$

式中 i_c 称为金属自溶解电流密度或自腐蚀电流密度，简称腐蚀电流密度。

式(3-42)表明金属电极反应的净阳极反应速度与去极化剂 H^+ 在金属表面进行的电极反应的净阴极反应速度相等。这两个共轭反应互相耦合，故相应的腐蚀体系有时称为共轭体系。

如图 3-21 所示在一个腐蚀体系中，两个电极反应耦合成共轭反应时，由于互相极化，都将偏离各自的平衡电极电位而相向极化到一个共同的电位 E_c，因为 $E_{e2}>E_{e1}$，所以 E_c 位于 E_{e1} 和 E_{e2} 之间，即

$$E_{e1} < E_c < E_{e2}$$

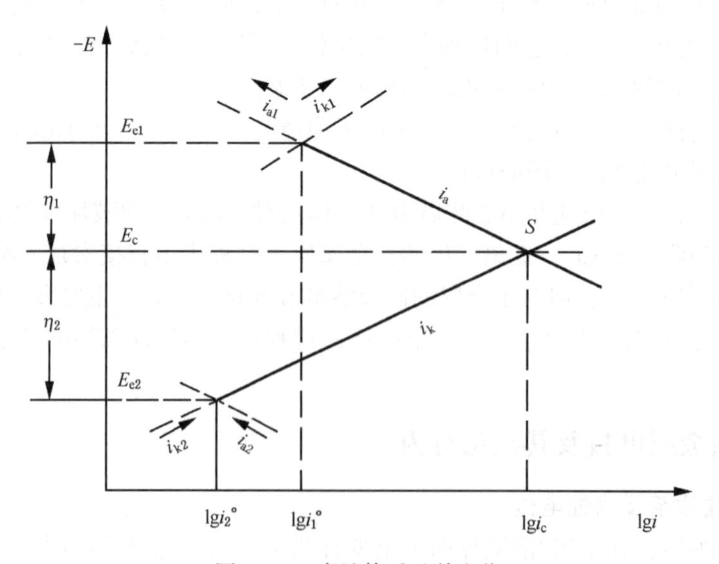

图 3-21　腐蚀体系及其电位

E_c 称为混合电位，它距 E_{e1} 和 E_{e2} 的距离与进行的两个电极反应的交换电流 $i°_1$ 和 $i°_2$ 有关。如果电极反应的交换电流密度 $i°_1>i°_2$，E_c 就接近 E_{e1} 而离 E_{e2} 较远。反之亦然。这是由于交换电流密度大的电极反应极化小而交换电流小的电极反应极化大所致。

将式(3-40)和式(3-41)代入式(3-42)得：

$$\overleftarrow{i_{a1}} + \overleftarrow{i_{a2}} = \overrightarrow{i_{k1}} + \overrightarrow{i_{k2}} \tag{3-43}$$

即在共轭体系中，总的阳极反应速度与总的阴极反应速度相等，阳极反应释放出来的电子恰恰为阴极反应所消耗。此时，电极表面没有电荷积累，其带电状况也不随时间变化，相应的电极电位也不随时间变化。这个状态称稳定状态，其电位称为稳定电位，也是混合电位。与稳定状态对应的电流密度 i_c 就是该腐蚀体系的腐蚀电流密度。

应该明确指出，共轭体系的稳定状态与平衡体系的平衡状态是完全不同的。平衡状态是单一电极反应的物质交换与电荷交换都达到平衡因而没有物质积累和电荷积累的状态；而稳定状态则是两个(或两个以上)电极反应构成的共轭体系，是没有电荷积累却有产物生成和积累的非平衡状态。

把上述两个电极反应构成的共轭体系的腐蚀过程用一个电化学反应表示为

$$M + nH^+ \longrightarrow M^{n+} + \frac{n}{2}H_2$$

即一个腐蚀电化学反应是由一个电极过程的阳极反应和另一个电极过程的阴极反应两个局部反应组成的。

可见，任何一个电化学反应都可以分成两个或两个以上的局部反应过程，而且一般总会达到一个稳定状态，在这个状态下，各局部反应的总的阳极反应速度与总的阴极反应速度相等，体系中没有电荷积累，形成一个稳定电位，即各局部阳极反应和各局部阴极反应的混合电位。

在金属腐蚀学中，混合电位常称为自腐蚀电位或腐蚀电位，以 E_c 表示。腐蚀电位是在没有外加电流时金属达到的一个稳定腐蚀状态时的电位，是被自腐蚀电流所极化的阳极反应和阴极反应的混合电位。由于金属材料和溶液的物理和化学方面的因素对其数值的影响，对于不同的腐蚀体系，材料的腐蚀电位数值也很不相同。但它可以在实验室或现场条件下用相应的仪器直接测得。因此腐蚀电位在金属腐蚀与腐蚀控制的研究中作为一个重要参数经常用到。

3.5.2 影响腐蚀电位和腐蚀速度的电化学参数

金属均匀腐蚀的速度由电化学步骤控制的腐蚀体系称为活化控制的腐蚀体系，简称活化控制的腐蚀体系。例如金属在不含溶解氧及其他去极化剂的非氧化性酸溶液中腐蚀时，如果其表面没有钝化膜存在，一般是属于活化控制腐蚀体系。与处于平衡状态的单一电极体系不同，这种处于稳定状态的腐蚀体系，它的净阳极反应和净阴极反应持续进行，金属不断地溶解而腐蚀。这一对均受活化控制的共轭反应构成的腐蚀体系也可用图 3-22 来表示。

图中曲线 1 为金属的单电极反应的 $i \sim E$ 曲线。E_{e1} 和 i_a° 分别为其平衡电位和交换电流密度；曲线 2 是去极化剂的单电极反应的 $i \sim E$ 曲线，E_{e2} 和 i_k° 为其平衡电位和交换电流密度。

由于阳极反应与阴极反应都是活化控制，所以对于金属单电极体系的阳极反应由式(3-14a)可得：

$$i_a = i_a^\circ\left[\exp\left(\frac{(1-\alpha_1)n_1F}{RT}\eta_a\right) - \exp\left(\frac{\alpha_1 n_1 F}{RT}\eta_k\right)\right] \tag{3-44a}$$

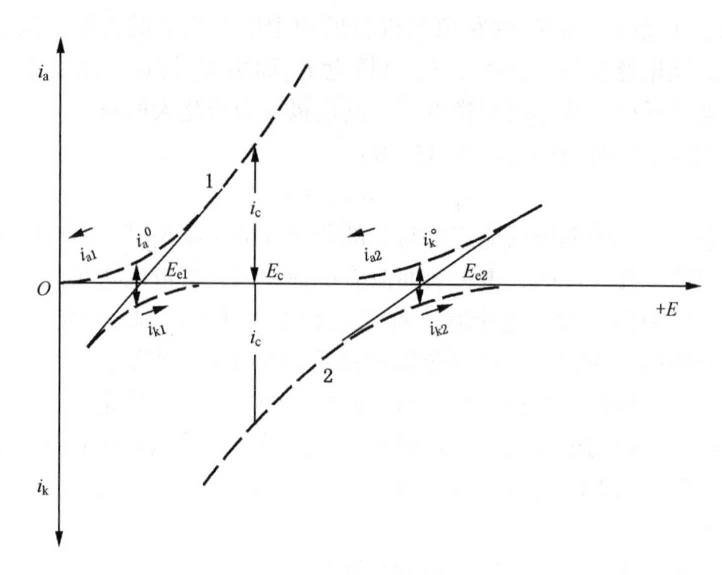

图 3-22　活化控制的腐蚀体系示意

而对于去极化剂单电极体系的阴极反应由式(3-14b)可得：

$$i_k = i_k^\circ\left[\exp\left(\frac{\alpha_2 n_2 F}{RT}\eta_k\right) - \exp\left(\frac{(1-\alpha_2)n_2F}{RT}\eta_a\right)\right] \tag{3-44b}$$

对于大多数腐蚀体系而言，腐蚀电位 E_c 与金属的平衡电位 E_{e1} 和去极化剂的平衡电位 E_{e2} 相距较远(见图 3-22)，因此在腐蚀电位下式(3-41a)和式(3-41b)中的第二项都远小于第一项，故可略去不计，于是得到

$$\begin{aligned} i_a &= i_a^\circ\exp\left[\frac{(1-\alpha_1)n_1F}{RT}\eta_a\right] \\ &= i_a^\circ\exp\left(\frac{E_c - E_{e1}}{\beta_a}\right) \end{aligned} \tag{3-45a}$$

及

$$\begin{aligned} i_k &= i_k^\circ\exp\left(\frac{\alpha_2 n_2 F}{RT}\eta_k\right) \\ &= i_k^\circ\exp\left(\frac{E_{e2} - E_c}{\beta_k}\right) \end{aligned} \tag{3-45b}$$

式中

$$\beta_a = \frac{RT}{(1-\alpha_1)n_1F}$$

$$\beta_k = \frac{RT}{\alpha_2 n_2 F}$$

分别为金属阳极反应和去极化剂阴极反应的自然对数塔菲尔斜率。

3.5.2.1　腐蚀电位及其影响因素

在腐蚀电位 E_c 时，$i_a = i_k$，由式(3-45a)和式(3-45b)可得

$$i_a^\circ\exp\left(\frac{E_c - E_{e1}}{\beta_a}\right) = i_k^\circ\exp\left(\frac{E_{e2} - E_c}{\beta_k}\right)$$

取对数后得：

$$\ln i_a^\circ + \frac{E_c - E_{e1}}{\beta_a} = \ln i_k^\circ + \frac{E_{e2} - E_c}{\beta_k}$$

整理后得：

$$\frac{E_c}{\beta_a} + \frac{E_c}{\beta_k} = \ln\frac{i_k^\circ}{i_a^\circ} + \frac{E_{e1}}{\beta_a} + \frac{E_{e2}}{\beta_k}$$

为了计算简单，若设 $n_1=n_2=n$，$(1-\alpha_1)=\alpha_2=0.5$，则 $\beta_a=\beta_k=\beta$，所以

$$E_c = \frac{RT}{nF}\ln\frac{i_k^\circ}{i_a^\circ} + \frac{1}{2}E_{e1} + \frac{1}{2}E_{e2} \tag{3-46}$$

由此可见，阴、阳极反应的交换电流密度对于腐蚀电位的数值有决定性的影响。如图3-23所示。

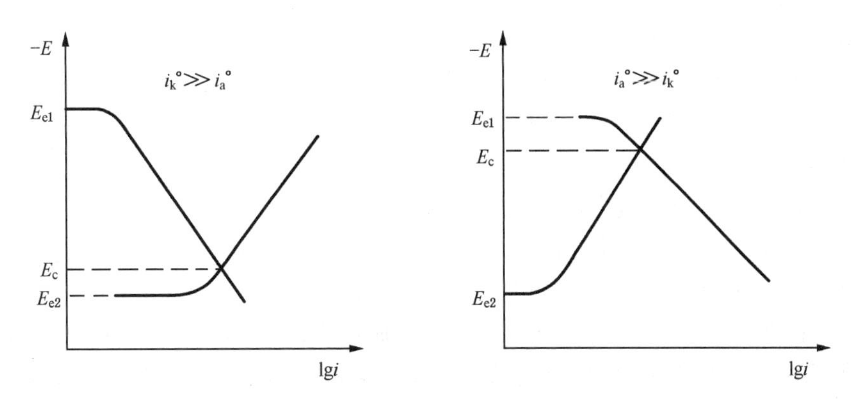

图 3-23　腐蚀电位与阴、阳极反应交换电流密度的关系

当 $i_k^\circ \gg i_a^\circ$ 时，腐蚀电位 E_c 非常接近于阴极反应的平衡电位 E_{e2}；而当 $i_k^\circ \ll i_a^\circ$ 时，E_c 非常接近于阳极反应的平衡电位 E_{e1}。总之哪一个电极反应的交换电流密度大，腐蚀电位 E_c 就接近该电极的平衡电位值 E_e。一般说来，对于多数腐蚀体系来说，阴、阳极反应的交换电流密度相差不大，因此腐蚀电位多位于其阴极反应和阳极反应的平衡电极电位之间，并与它们相距都较远。

3.5.2.2　腐蚀电流及其影响因素

如果金属的阳极反应和去极化剂的阴极反应在整个金属表面上都均匀分布，称之为均匀腐蚀。当腐蚀体系达到稳态时

$$i_a = i_k = i_c$$

将上式代入式(3-45a)和式(3-45b)可得：

$$E_c = \beta_a \ln\frac{i_c}{i_a^\circ} + E_{e1}$$

及

$$E_c = E_{e2} - \beta_k \ln\frac{i_c}{i_k^\circ}$$

于是得到：

$$\beta_a \ln\frac{i_c}{i_a^\circ} + \beta_k \ln\frac{i_c}{i_k^\circ} = E_{e2} - E_{e1}$$

$$\frac{\beta_a}{\beta_a+\beta_k}\ln\frac{i_c}{i_a^\circ} + \frac{\beta_k}{\beta_a+\beta_k}\ln\frac{i_c}{i_k^\circ} = \frac{E_{e2}-E_{e1}}{\beta_a+\beta_k}$$

$$\ln i_c = \frac{\beta_a}{\beta_a + \beta_k}\ln i_a^\circ + \frac{\beta_k}{\beta_a + \beta_k}\ln i_k^\circ + \frac{E_{e2} - E_{e1}}{\beta_a + \beta_k}$$

$$i_c = i_a^{\circ\frac{\beta_a}{\beta_a+\beta_k}} i_k^{\circ\frac{\beta_k}{\beta_a+\beta_k}} \exp\left(\frac{E_{e2} - E_{e1}}{\beta_a + \beta_k}\right) \tag{3-47}$$

式(3-47)表明，决定活性区均匀腐蚀的电流密度 i_c 的数值大小的因素有三个。

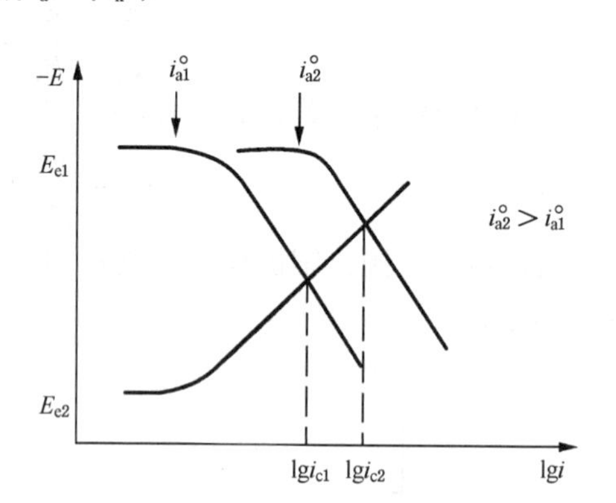

图 3-24　电极反应的交换电流密度对腐蚀速度 i_c 的影响

① 阳极反应和阴极反应的交换电流密度 i_a° 和 i_k°，都是表征各自的电极反应动力学参数。显然交换电流密度越大，腐蚀电流的密度 i_c 就越大。图 3-24 表示在 i_k° 不变的条件下，i_a° 对 i_c 的影响情况。i_k° 的影响情况与之相同。由于阳极反应和阴极反应的交换电流密度与电极材料的种类和溶液的组成都有关系，所以如改变溶液组成，减小它们或它们中之一的数值，都可达到降低腐蚀速度的目的。

金属在非氧化性的酸溶液中的腐蚀一般是活性区的均匀腐蚀，在这种腐蚀过程中，析氢反应是腐蚀过程的主要反应。这个反应在不同的金属上进行时，交换电流密度可以相差好几个数量级。例如，在 Cu 上的析氢反应，其交换电流密度要比在 Zn 上大几千倍，而在 Fe 上的则要比在 Zn 上的大几万倍(参见表 3-2)。因此就不难理解为什么在酸溶液中含有杂质的工业 Zn 的腐蚀要比纯 Zn 的腐蚀速度大得多。因为 Zn 中的主要阴极性杂质是 Cu 和 Fe，而析氢的阴极反应主要是在阴极性杂质表面上进行，而在杂质的 Cu 和 Fe 上析氢反应的交换电流密度比在 Zn 上大得多，所以含有杂质的工业 Zn 的腐蚀速度当然就要比纯 Zn 的大得多。而且随腐蚀过程的进行，在 Zn 的表面上 Cu 和 Fe 等的阴极性杂质会越积越多，导致加速腐蚀速度的效应也就越来越大。然而，假如预先将 Zn 的表面进行汞齐化处理，使锌表面汞齐化，由于在汞上析氢反应的交换电流密度非常小，可使 Zn 在酸性溶液中的腐蚀速度大为降低。正因为如此，在干电池的生产中，往往采用使 Zn 皮汞齐化以降低其在酸性 NH_4Cl 溶液中的腐蚀速度。随着环保要求的日趋严格，可以采用缓蚀剂技术来解决干电池中锌皮的腐蚀问题。通常酸溶液中的缓蚀剂也是由于它们被吸附在金属表面上，使析氢反应的交换电流密度降低，或同时使析氢反应和金属阳极溶解反应的交换电流密度都降低，从而导致缓蚀效应。

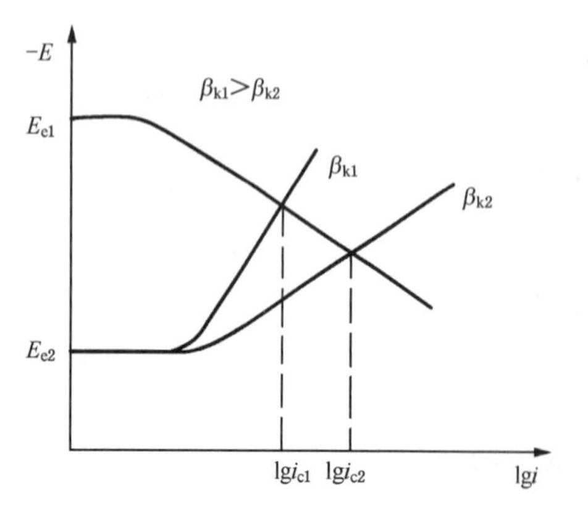

图 3-25　阴极反应塔菲尔常数 β_k 对腐蚀速度 i_c 的影响

② 阳极反应和阴极反应的塔菲尔斜率 β_a、β_k，这个动力学参数对 i_c 的影响主要是通过

$$\exp\left(\frac{E_{e2} - E_{e1}}{\beta_a + \beta_k}\right)$$

这个因子体现的。所以 β_a 和 β_k 的数值越大，i_c 就越小，图 3-25 表示在其他条件相同时，阴极塔菲尔常数的大小对 i_c 的影响。当 $\beta_{k1} > \beta_{k2}$ 时，$i_{c1} < i_{c2}$。阳极反应的塔菲尔常数对 i_c 的影响也是这样。

另外从图 3-25 也可看出，当 β_a 的数值不变时，β_k 的数值越小，腐蚀电位 E_c 越高(越接近 E_{e2})。反之，若 β_k 的数值不变，β_a 的数值越小，腐蚀电位 E_c 越低(越接近 E_{e1})。所以在活性区均匀腐蚀的情况下无法简单地根据腐蚀电位的高低来判断腐蚀的大小。

③ 腐蚀过程阴、阳反应的平衡电位差($E_{e2}-E_{e1}$)越大，腐蚀速度越大。虽然 E_{e2} 和 E_{e1} 是热力学参数，但它们的差值与动力学有直接联系，是腐蚀的驱动力。所以在动力学参数相同或相近的条件下，($E_{e2}-E_{e1}$)数值越大，腐蚀就越大，如图 3-26 所示。

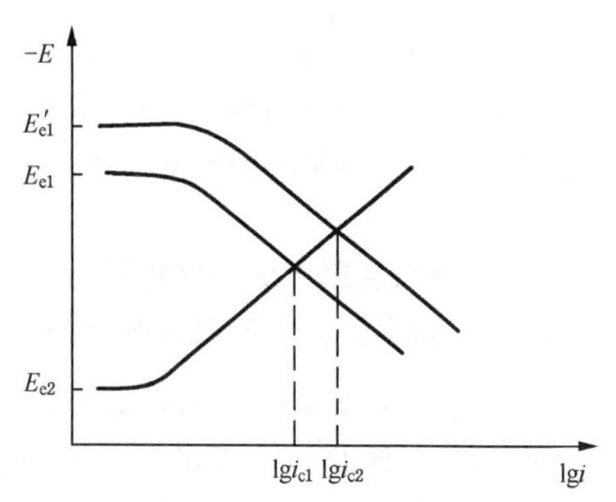

图 3-26 电极反应的平衡电位差对腐蚀速度的影响

如果腐蚀过程的阴极反应速度完全由去极化剂向金属表面的扩散过程控制，那么阴极反应的电流密度等于扩散电流密度 i_d。此时腐蚀电流密度就等于 i_d，而其他因素对腐蚀速度不发生影响，即：

$$i_c = i_d \tag{3-48}$$

将式(3-46)、式(3-48)代入式(3-45a)可得：

$$E_c = E_{e1} + \beta_a \ln\left(\frac{i_d}{i_a^\circ}\right) \tag{3-49}$$

可见，此时虽然腐蚀电流 i_c 只决定 i_d 的大小，但腐蚀电位 E_c 仍同阳极反应动力学参数及它的平衡电位 E_{e1} 有关。

如果阴极反应的速度同时受到电化学过程和去极化剂向电极表面的扩散过程影响，在这种情况下，除了上面讨论的三个因素，即 i_a° 和 i_k°，β_a 和 β_k 以及 $E_{e2}-E_{e1}$ 等以外，阴极反应的极限扩散电流密度 i_d 也对腐蚀速度有影响。此时，根据式(3-38)，腐蚀电流密度应为

$$i_c = \frac{i_k^\circ \exp\left(\dfrac{E_{e2}-E_c}{\beta_k}\right)}{1+\dfrac{i_k^\circ}{i_d}\exp\left(\dfrac{E_{e2}-E_c}{\beta_k}\right)} = i_a^\circ \exp\left(\frac{E_c - E_{e1}}{\beta_a}\right) \tag{3-50}$$

消去上式中的 E_c，就可得

$$i_c = \frac{i_k^\circ \exp\left(\dfrac{E_{e2}-E_{e1}}{\beta_k}\right)}{\left(\dfrac{i_c}{i_a^\circ}\right)^{\frac{\beta_a}{\beta_k}} + \dfrac{i_k^\circ}{i_d}\exp\left(\dfrac{E_{e2}-E_{e1}}{\beta_k}\right)} \tag{3-51}$$

由上式可知：

① 阴极还原极限扩散电流密度很大

$$i_d \gg i_k^\circ \exp\left(\frac{E_{e2}-E_{e1}}{\beta_k}\right)$$

这时，决定 i_c 大小的因子是

$$i_k^\circ \exp\left(\frac{E_{e2}-E_{e1}}{\beta_k}\right)$$

实际上这就相当于阴极反应的浓差极化可以忽略的情况。腐蚀电流密度就只受 i°、β、$(E_{e2}-E_{e1})$ 这三种因素影响，与电化学步骤的控制因素相同。

② 当 $i_k^\circ \exp\left(\frac{E_{e2}-E_{e1}}{\beta_k}\right)>i_d$ 的情况下，i_d 的大小对腐蚀电流密度 i_c 的大小有重要影响，i_d 越大 i_c 越大，反之亦然。在极端情况下，$i_c=i_d$。

综上所述，如果已知腐蚀过程的阴、阳极反应的各项电化学参数，就可以估算出均匀腐蚀的速度。如果知道某些因素对电极反应有关参数的影响，也可以估计这些因素对腐蚀速度的影响。

3.5.3 腐蚀金属电极的极化行为

前面已经指出，活化控制的腐蚀体系处于稳态时，$i_c=i_a=i_k$。由图 3-22 和图 3-13 可看出，i_c 与 i_a 和 i_k 的关系同 i_a° 与 $\overleftarrow{i}_a$ 和 $\overrightarrow{i}_k$ 的关系及 i_k° 与 $\overleftarrow{i}_{a2}$ 和 $\overrightarrow{i}_{k2}$ 的关系非常相似。假如将腐蚀电流密度 i_c 可看作是腐蚀体系的共轭反应之间的“交换电流密度”，于是与式(3-9a)和式(3-9b)相似，将式(3-45a)和式(3-45b)可以写成

$$i_a = i_c \exp\left(\frac{E-E_c}{\beta_a}\right) = i_c \exp\left(\frac{\Delta E_a}{\beta_a}\right) \tag{3-52a}$$

及

$$i_k = i_c \exp\left(-\frac{E-E_c}{\beta_k}\right) = i_c \exp\left(-\frac{\Delta E_k}{\beta_k}\right) \tag{3-52b}$$

式中 ΔE_a 为从 E_c 开始的阳极极化值，ΔE_k 为从 E_c 开始的阴极极化值。

当腐蚀金属电极通过外电流时，电极电位偏离稳定电位 E_c(腐蚀电位)的现象，称为腐蚀金属电极的极化。相应的外电流称为腐蚀体系的外加极化电流。

从 E_c 开始进行阳极极化，电位从 E_c 向正方向移动，$\Delta E_a=E-E_c$ 为正值，此时流经体系的外加阳极极化电流密度

$$i_A = i_a - i_k = i_c\left[\exp\left(\frac{\Delta E_a}{\beta_a}\right) - \exp\left(-\frac{\Delta E_k}{\beta_k}\right)\right] \tag{3-53a}$$

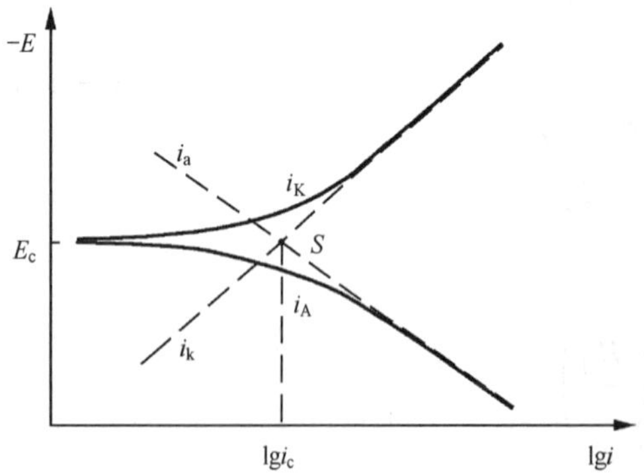

从 E_c 开始进行阴极极化，电位 E_c 向负方向移动，$\Delta E_k=E-E_c$ 为负值，此时流经体系的外加阴极极化电流密度

$$i_K = i_k - i_a = i_c\left[\exp\left(-\frac{\Delta E_k}{\beta_k}\right) - \exp\frac{\Delta E_a}{\beta_a}\right] \tag{3-53b}$$

它们的极化曲线示于图 3-27。

图 3-27 活化控制的腐蚀金属电极的极化曲线

图 3-27 是将 i_a 和 i_k 作为同方向，按式(3-52a)、式(3-52b)和式(3-53a)、式(3-53b)绘制的极化曲线。两条实线分别表示从

腐蚀电位 E_c 开始对该体系进行外加极化时，极化电流密度 i_A 和 i_K 与电位 E 的关系，称为实测极化曲线(又称表观极化曲线)；而两条虚线分别表示 i_a 和 i_k 与电位 E 的关系，称之为理想极化曲线(也称真实极化曲线)。在极化值较大的区域，实测极化曲线与理想极化曲线都呈直线并互相重合。关于两者之间关系后面将详细讨论。

图 3-27 与图 3-14 中的极化曲线，虽然所表征的体系不同，而且有本质上的差别，但它们的曲线形状非常相似，这说明对于腐蚀体系(共轭体系)从其腐蚀电位 E_c(稳定电位)开始极化而测得的极化电位与极化电流密度的关系，与在单一电极体系上从平衡电位 E_e 开始极化而得到的极化电位与极化电流密度的关系之间有着相同的规律性。

3.5.3.1　强极化时的近似式

根据式(3-47a)和式(3-47b)，相对于 i_A 和 i_K 来说 i_a 和 i_k 叫作分支电流。在极化较强的区域，即在阳极极化曲线的塔菲尔区，阴极分支电流 $i_k=0$，由式(3-47a)可得：

$$i_A = i_a = i_c \exp\left(\frac{\Delta E_a}{\beta_a}\right) \tag{3-54a}$$

在阴极极化曲线的塔菲尔区，阳极的分支电流 $i_a=0$，由式(3-47b)可得：

$$i_K = i_k = i_c \exp\left(-\frac{\Delta E_k}{\beta_k}\right) \tag{3-54b}$$

取对数得：

$$\begin{aligned}\Delta E_a &= -\beta_a \ln i_c + \beta_a \ln i_A \\ &= -b_a \lg i_c + b_a \lg i_A \\ &= b_a \lg \frac{i_A}{i_c}\end{aligned} \tag{3-55a}$$

及

$$\begin{aligned}\Delta E_k &= \beta_k \ln i_c - \beta_k \ln i_K \\ &= b_k \lg i_c - b_k \lg i_K \\ &= -b_k \lg \frac{i_K}{i_c}\end{aligned} \tag{3-55b}$$

式(3-49)是腐蚀体系从 E_c 强极化时的动力学公式，也称塔菲尔公式。

由图 3-27 可知，对腐蚀金属电极实测的极化曲线(以 $E\sim\lg i$ 表示)，将其塔菲尔区的直线段外推到腐蚀电位 E_c 处，得到交点 S 所对应的横坐标就是 $\lg i_c$。因此，当某腐蚀体系是属于活化极化控制的腐蚀过程，只要测得它的腐蚀电位和极化曲线，就可以用外推法求得该体系的腐蚀速度。

3.5.3.2　微极化时的近似公式

当极化值小于 0.01V 时，$\frac{\Delta E_a}{\beta_a}$、$-\frac{\Delta E_k}{\beta_k}$远小于 1，将式(3-53a、53b)右方的指数项按级数形式展开并略去高次方项，可得近似公式

$$\Delta E_a = \frac{b_a b_k}{2.3(b_a + b_k)} \times \frac{i_A}{i_c} \tag{3-56a}$$

及

$$\Delta E_k = -\frac{b_a b_k}{2.3(b_a + b_k)} \times \frac{i_K}{i_c} \tag{3-56b}$$

上式为腐蚀体系微极化时的动力学公式，常称为线性极化方程式，若令 $B=\frac{b_a b_k}{2.3(b_a+b_k)}$，则式(3-50)可写为

$$i_c=\frac{B}{\Delta E_a/i_A}=\frac{B}{-\Delta E_k/i_K}=\frac{B}{R_P} \tag{3-57}$$

式中，$R_P=\frac{\Delta E_a}{i_A}=-\frac{\Delta E_k}{i_K}$，为线性极化区的极化曲线的斜率，称为极化阻率，量纲为欧姆·厘米^2($\Omega\cdot cm^2$)。

可见，腐蚀速度 i_c 与微极化时的极化阻率成反比。根据这个规律创立了快速测定腐蚀速度的线性极化技术。

如果腐蚀过程的阴极反应的速度不仅决定于去极化剂在金属电极表面的电化学还原步骤，而且还受溶液中去极化剂的扩散过程的影响，情况要复杂些。

由式(3-37)，在阴极还原过程有浓度极化时，阴极电流密度与电极电位的关系为

$$i_k=i_k^{\circ}\left(1-\frac{i_k}{i_d}\right)\exp\left(\frac{E_{e,k}-E}{\beta_k}\right) \tag{3-58}$$

式中，i_d 是阴极反应的极限扩散电流密度。将 $E=E_c$ 时 $i_k=i_c$ 的关系式代入(3-58)，经整理，并以 ΔE 代替 $E-E_c$ 就得到

$$i_k=\frac{i_c\exp\left(-\frac{\Delta E_k}{\beta_k}\right)}{1-\frac{i}{i_d}\left[1-\exp\left(-\frac{\Delta E_k}{\beta_k}\right)\right]} \tag{3-59}$$

所以，腐蚀金属电极的极化曲线方程式由式(3-53a)变成为

$$i_A=i_c\left\{\exp\left(\frac{\Delta E}{\beta_a}\right)-\frac{\exp\left(-\frac{\Delta E}{\beta_k}\right)}{1-\frac{i_c}{i_d}\left[1-\exp\left(-\frac{\Delta E}{\beta_k}\right)\right]}\right\} \tag{3-60}$$

该式比式(3-47a)是更为普遍的方程式。

① 当 $i_c \ll i_d$ 时，

$$1-\frac{i_c}{i_d}\left[1-\exp\left(-\frac{\Delta E}{\beta_k}\right)\right]\approx 1$$

此时，可认为从式(3-60)又得到式(3-53a)，所以式(3-53a)就是式(3-60)在 $i_c \ll i_d$ 时的特例。

② 当 $i_c \approx i_d$ 时，腐蚀过程的速度受阴极反应的扩散过程控制，腐蚀电流密度等于阴极反应的极限扩散电流密度，此时，从式(3-60)就得到

$$i_A=i_c\left[\exp\left(\frac{\Delta E}{\beta_a}\right)-1\right] \tag{3-61}$$

该式就是腐蚀过程速度受阴极反应的扩散过程控制时的腐蚀金属电极的极化公式。

但要注意的是在 $i_c=i_d$ 的情况下，在 $\Delta E<0$ 时，只要电极电位还没有低于 $E_{e,a}$，且没有发生新的阴极反应，由于

$$i_A=i_a-i_d$$

此时，腐蚀金属电极的极化曲线(实测的或表观的极化曲线)的形状反映出阳极反应的过电位曲线(阳极过程的理论的或真实的极化曲线)的形状。

3.5.4 腐蚀电池及其作用

根据构成腐蚀电池电极的大小，可将腐蚀电池分为微观腐蚀电池和宏观腐蚀电池。

3.5.4.1 微观腐蚀电池

微电池是由于金属表面的电化学不均匀性(表面各部分电位不等)所引起的许多极微小的电极而形成的电池。根据不均匀性的原因不同构成了各种微观腐蚀电池，如图 3-28 所示。

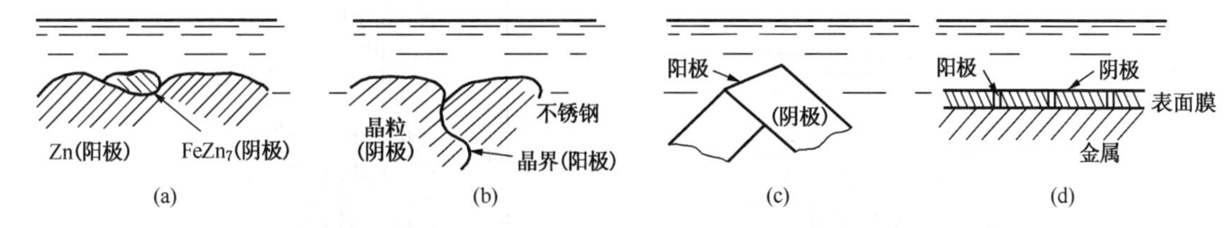

图 3-28 金属表面不均匀性导致的微观腐蚀电池

(a)化学成分不均(Zn 及其杂质)；(b)金属组织不均(晶粒与晶界)；
(c)金属物理状态不均(形变)；(d)金属表面膜不完整而不均(膜有孔)

(1) 金属表面化学成分不均匀引起的微电池

工业用金属材料大多含有不同的合金成分或杂质，当它处于腐蚀介质中时，基体金属与合金或杂质就构成了许多微小的短路微观腐蚀电池(见图 3-28a)。如果杂质或合金成分是阴极性组分，它将加速基体金属的腐蚀。例如工业锌中的铁杂质 $FeZn_7$，碳钢中的渗碳体 Fe_3C、铸铁中的石墨以及工业铝中的杂质 Fe 和 Cu 等，在腐蚀介质中，它们作为阴极相起到加剧基体金属腐蚀的作用。

(2) 金属组织不均匀构成的腐蚀微电池

在同一金属或合金内部一般存在着不同组织结构区域，因而有不同的电位值。如金属中的晶界处由于晶体缺陷密度大，容易富集杂质原子，产生所谓晶界吸附和晶界沉淀，电位要比晶粒内部要低。晶界作为微电池的阳极，腐蚀首先从晶界开始(如图 3-28b)。

(3) 物理状态不均匀构成的腐蚀微电池

金属在机械加工过程中常常造成金属各部分变形和受应力作用的不均匀，一般情况下，变形较大和应力集中的部位成为阳极。例如，铁板弯曲处及铆钉头的部位发生腐蚀就是这个原因(见图 3-28c)。

(4) 金属表面膜的不完整性构成的腐蚀微电池

无论是金属表面形成的钝化膜，还是涂镀覆的阴极性金属层，由于存在孔隙或破损，这些部位裸露出极微小的基体金属成为阳极，受到严重的腐蚀(见图 3-28d)。

在生产实践中，即使是一种较纯的金属材料，要想使其整个金属表面上的物理和化学性质、金属各部位所接触的介质的物理和化学性质完全相同，使金属表面各点的电极电位完全相等是不可能的。严格地讲，由于种种原因，使金属表面产生电化学不均匀性，会使不同位置形成局部微阳极区或微阴极区，促进腐蚀，凡此种情况，应该作为微观腐蚀电池来考虑。

值得注意的是腐蚀电池的存在，只能加速金属材料的腐蚀，因为腐蚀发生时，金属的溶解反应必须与某种物质的还原反应组成共轭体系，所以腐蚀介质中存在着可使金属氧化的去极化剂才是金属发生电化学腐蚀的根本原因。

3.5.4.2 宏观腐蚀电池

这种腐蚀电池通常是指由肉眼可见的电极构成的“大电池”，常见的有：

(1) 异种金属接触的电池

当两种具有不同电极电位的金属或合金相接触并处于电解液中时，电位较负的金属为阳极而不断遭受腐蚀，电位较正的金属为阴极得到保护，这种腐蚀称为电偶腐蚀，亦称接触腐蚀，如图 3-29 所示。

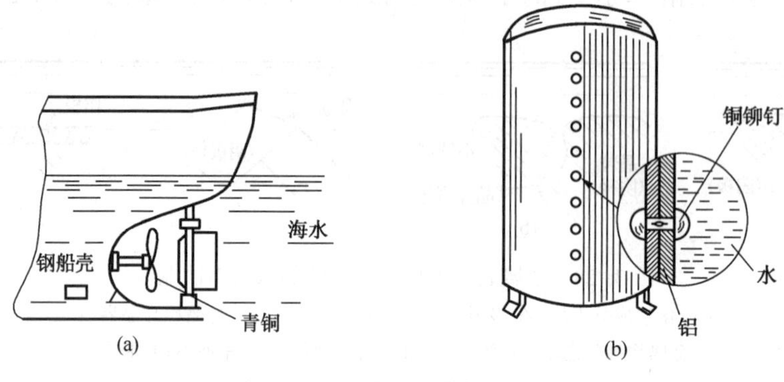

图 3-29 异种金属接触的电池

(a)舰船推进器；(b)有铜铆钉的铝容器

钢质船壳与青铜推进器(见图 3-29a)，由于在海水中，钢质船壳的电位较青铜推进器的电位负，在组成的电偶中成为阳极而遭受加速腐蚀。铝制容器若用铜铆钉时(见图 3-29b)，在腐蚀介质中，由于铝的电位比铜的电位负，在组成的电偶中成为阳极也遭受加速腐蚀，而铜铆钉则受到保护。另外通有冷却水的碳钢-黄铜冷凝器及其他不同金属的组合件(如螺钉、螺帽、焊接材料等与主体设备连接)也常出现这类接触腐蚀。

(2) 浓差电池

浓差电池是由于同一金属的不同部位所接触的介质的浓度不同而形成的，常见的有两种。

盐浓差电池：根据能斯特公式，金属材料的电位与介质中的金属离子浓度有关。浓度稀处，金属的电位较负；浓度高处，金属的电位较正，从而，形成浓差电池。例如，一根较长的铜棒与不同浓度的 $CuSO_4$ 溶液接触，与稀 $CuSO_4$ 溶液接触的这一端电位较负，受到腐蚀。

氧浓差电池或差异充气电池：是由于金属与含氧量不同的溶液相接触而形成的。这种电池是造成局部腐蚀的重要因素，是一种较为普遍存在、危害很大的一种腐蚀破坏形式。金属在氧浓度较低区域的电极电位要比在氧浓度较高区域的低，因而氧浓度低处的金属成为阳极而受到加速腐蚀。例如，水线腐蚀、缝隙腐蚀、沉积物腐蚀等，在一些氧不易到达的地方，成为阳极而遭受严重腐蚀。对于埋地钢管，当管道穿越多种土质(黏土和砂土)时，因黏土中含氧量低成为阳极，腐蚀要比砂土中严重，且越接近黏土和砂土的交界处，黏土侧的管线腐蚀越严重。

(3) 温差电池

这类电池往往是由于浸入腐蚀介质的金属处于不同温度的情况下形成的。它常发生在换热器、蒸煮器、浸式加热器及其他类似设备中。如在碳钢换热器中，可发现高温端电位低成为阳极，腐蚀严重。而低温端则成为阴极。

3.5.4.3　腐蚀电池的作用

以两种不同金属构成的宏电池作用为例进行具体分析。

在实际生产中，当一种负电性金属与某正电性金属在腐蚀性介质中相接触时，发现负电性金属的腐蚀速度剧烈增大，而与其相反的正电性金属仍然不腐蚀。例如锌和铜在去气的3%NaCl溶液中的接触就属于这种情况。如果两金属分别单独处于腐蚀介质中，都发生腐蚀。但当它们在腐蚀性介质中相互接触时，腐蚀电位较负的金属的腐蚀速度将增大，而腐蚀电位较正的金属的腐蚀速度将减小。例如锌和铁在3%NaCl溶液中的接触是属于这种情况。

(1) 一种金属腐蚀而另一种金属不腐蚀的情况

这两种金属构成短路腐蚀电池的作用情况如图3-30所示。

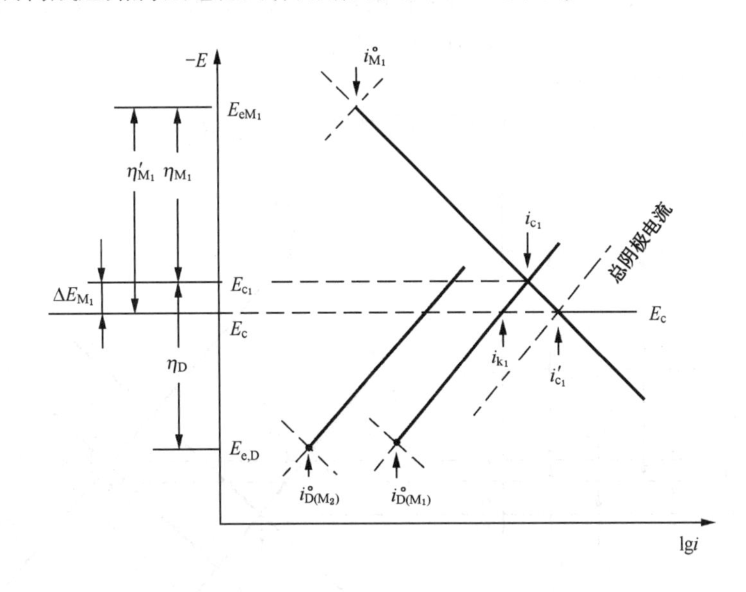

图3-30　一种腐蚀另一种不腐蚀的两金属构成短路腐蚀电池的作用示意

$i^\circ_{M_1}$，$i^\circ_{D(M_1)}$—分别为M_1的和M_1上进行D还原反应的交换电流密度；

$i^\circ_{D(M_2)}$—在M_2上进行D还原反应的交换电流密度

由图可见：

孤立的金属M_1因去极化剂D的作用而腐蚀时，阳极反应，$M_1 \longrightarrow M_1^{n+}+ne$和阴极反应$D+ne \longrightarrow [D \cdot ne]$成为共轭反应，这时$M_1$的电极电位$E_{M1}$就是它的腐蚀电位$E_{c1}$，即$E_{M1}=E_{c1}$。

孤立的金属M_2在该溶液中不发生腐蚀，说明此时金属M_2溶解反应的平衡电位$E_{e,M2}$比去极化剂D还原反应的平衡电位$E_{e,D}$高，即$E_{e,M2}>E_{e,D}$。则在M_2上只能进行去极化剂D的电极反应$D+ne \longrightarrow [D \cdot ne]$，当这一电极反应达到平衡时，则孤立的金属$M_2$的电极电位$E_{M2}$就是D去极化剂电极反应的平衡电极电位，即$E_{M2}=E_{e,D}$。

当M_1和M_2短路放入含有同一去极化剂D的溶液中就构成了外电路短路的宏观电池，由于

$$E_{c1}=E_{e,D}-\eta_D=E_{M1}<E_{M2}=E_{e,D}$$

所以M_1是阳极(电位较负)，M_2是阴极(电位较正)，电流将经外电路流向M_1。这样本

来外电流为零的腐蚀体系 M_1 就有了外加阳极电流，于是它除了与去极化剂 D 形成共轭反应而自溶解外，还由于与金属 M_2 接触形成宏观腐蚀电池的作用而发生阳极溶解。因而它的腐蚀速度增大了，腐蚀电流从 i_{c1}增大到 i'_{c1}(见图 3-30)。

对 M_1 与 M_2 接触的腐蚀电池来说，其驱动力为两极间的电位差，即

$$E_{M2} - E_{M1} = E_{e,D} - E_{c1} = E_{e,D} - (E_{e,D} - \eta_D) = \eta_D \quad (3-62)$$

式中 η_D 是 M_1 未同 M_2 接触时的腐蚀过程中阴极反应(去极化剂 D 的还原反应)的过电位。式(3-62)表明：M_1 与 M_2 接触后，若其他条件不变，η_D 的数值越大，则对 M_1 腐蚀的加速作用越大。这是由于，当 M_1 和 M_2 接触时，D 的还原阴极反应，除了在 M_1 表面进行，同时还在 M_2 表面进行；而 η_D 越大，D 还原反应在 M_2 表面上进行时所占的比例也越大，这就使得 D 还原反应加速，而 M_2 本身又不腐蚀(氧化)。所以 D 还原反应需要的电子只能都由 M_1 的阳极(氧化)反应所提供，因此就越加速 M_1 的腐蚀速度。

(2) 两种金属都腐蚀的情况

两种腐蚀金属构成短路腐蚀电池作用情况如图 3-31 所示。

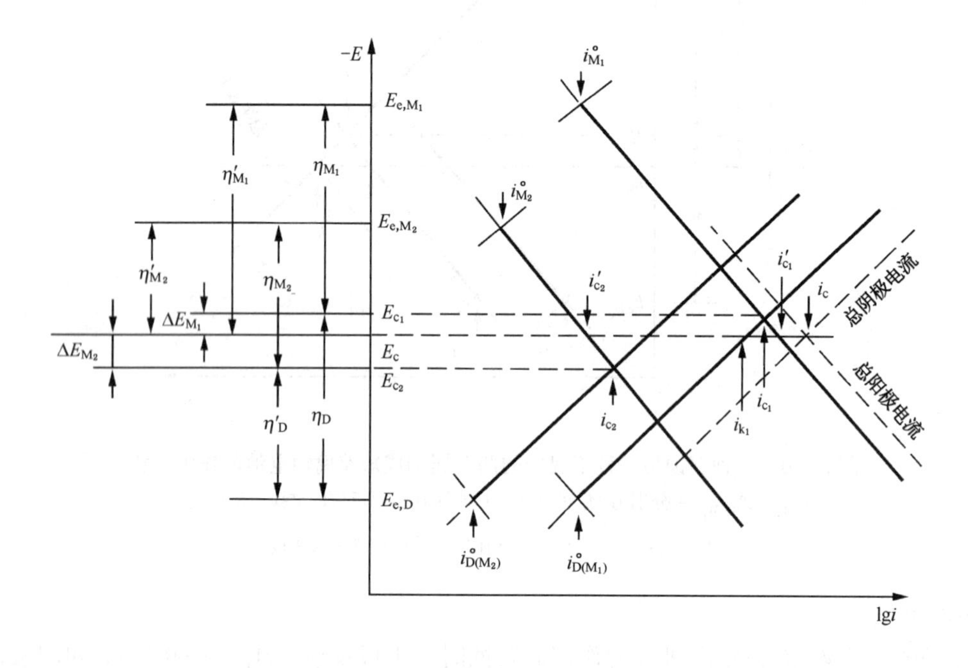

图 3-31　两种腐蚀金属构成短路腐蚀电池的作用情况

金属 M_1 和 M_2 都要发生与 D 还原反应共轭的自溶解腐蚀反应。当 M_2 孤立存在时，它的电极电位就是它的腐蚀电位，即

$$E_{M2} = E_{c2} = E_{e,D} - \eta'_D$$

式中 η'_D 是 M_2 自溶解时去极化剂 D 还原反应的过电位。在这种情况下，如果 $E_{c2}>E_{c1}$，将 M_2 与 M_1 接触，M_1 为阳极，腐蚀仍会被加速。此时，它们构成的宏观腐蚀电池两极间的电位差为

$$E_{M2} - E_{M1} = E_{c2} - E_{c1} = \eta_D - \eta'_D \quad (3-63)$$

由式(3-63)表明：M_1 自腐蚀过程中 D 还原反应的过电位越大，M_2 自腐蚀过程中 D 还

原反应的过电位越小，则 M_2 与 M_1 接触时，对 M_1 的腐蚀加速作用越大，即接触腐蚀效应越大。

当 M_1 和 M_2 未接触时，它们的自腐蚀电位也可以分别写为

$$E_{c1} = E_{e,\ M1} + \eta_{M1}$$

$$E_{c2} = E_{e,\ M2} + \eta_{M2}$$

式中 η_{M1}和 η_{M2}分别是 M_1 和 M_2 单独存在时的自腐蚀过程中的阳极反应的过电位。

如图 3-31 所示，若将 M_1 和 M_2 短路或直接接触构成腐蚀电池时，由于 $E_{c2}>E_{c1}$，所以 M_1 作为阳极，而 M_2 作为阴极，则它们将互相极化到一个共同的混合电位。这个混合电位也就是该腐蚀电池的腐蚀电位 E_c。与 M_2 接触后，M_1 除了自溶解外，还有流经它的外加阳极电流进行的阳极溶解。因此它的腐蚀电流密度 i'_{c1}比它单独存在时的腐蚀电流密度 i_{c1}增大了，即 $i'_{c1}>i_{c1}$。由于 M_2 作为阴极，流经它的是外加阴极电流，这就加强了其表面的 D 还原反应而抑制了其本身自溶解的阳极反应，所以其腐蚀电流密度 i'_{c2}比它单独存在时的腐蚀电流密度 i_{c2}减小了，即 $i'_{c2}<i_{c2}$。

M_1 和 M_2 接触后构成腐蚀电池，其各自的电位变化如图 3-31 所示，即

$$\Delta E_{M1} = E_c - E_{c1} = E_c - (E_{e,\ M1} + \eta_{M1})$$

$$\eta'_{M1} = \eta_{M1} + \Delta E_{M1} = E_c - E_{e,\ M1} \tag{3-64}$$

及

$$\Delta E_{M2} = E_c - E_{c2} = E_c - (E_{e,\ M2} + \eta_{M2})$$

$$\eta'_{M2} = \eta_{M2} - |\Delta E_{M2}| = E_c - E_{e,\ M2} \tag{3-65}$$

式中 ΔE_{M1}和 ΔE_{M2}分别是 M_1 与 M_2 接触后 M_1 和 M_2 的极化值，ΔE_{M1}是阳极极化值，为正值；ΔE_{M2}是阴极极化值，为负值。η_{M1}和 η'_{M1}以及 η_{M2}和 η'_{M2}分别是在 M_1 与 M_2 接触前和接触后的阳极反应的过电位，以及是 M_2 在与 M_1 接触前和接触后的阳极反应的过电位。

由图 3-30 和图 3-31，下面讨论三种情况：

① 接触腐蚀效应：当 $E_2>E_1$ 时，M_1 和 M_2 两种金属接触形成腐蚀电池后，M_1 为阳极，其阳极反应过电位增大，即由 η_{M1}增大至 η'_{M1}。这表明与 M_2 接触后，使 M_1 的腐蚀电流密度即腐蚀速度增大，即由 i_{c1}增大至 $i'_{c1}(i'_{c1}>i_{c1})$。一种金属 M_1 由于与另一种电极电位较高的金属 M_2 在腐蚀介质中接触而增大腐蚀速度的现象称为接触腐蚀效应。

如果不考虑浓度极化，而且溶液的电阻很小，M_1 和 M_2 短接后都极化到同一电位 E_c。根据式(3-53a)和式(3-53b)，M_1 作为阳极，其阳极极化电流密度 i_1 为

$$i_1 = i_{c1}\left[\exp\left(\frac{E_c - E_{c1}}{\beta_{a1}}\right) - \exp\left(-\frac{E_c - E_{c1}}{\beta_{c1}}\right)\right] \tag{3-66}$$

M_2 作为阴极，其阴极极化电流密度 i_2

$$i_2 = i_{c2}\left[\exp\left(-\frac{E_c - E_{c2}}{\beta_{c2}}\right) - \exp\left(\frac{E_c - E_{c2}}{\beta_{a2}}\right)\right] \tag{3-67}$$

若 M_1 同溶液接触的面积为 S_1，M_2 同溶液接触的面积为 S_2，这一腐蚀电池的外电流I_c 为

$$I_c = i_1 S_1 = i_2 S_2 \tag{3-68}$$

原则上讲，将式(3-66)和式(3-67)代入式(3-68)就可以解出 E_c 和 I_c。但实际上这样做很复杂。下面只讨论一种较简单的典型情况。

假如 E_c 离 E_{c1}和 E_{c2}都比较远，以致式(3-67)和式(3-68)中等式右方的第二项可小到忽

略不计。也就是说在 M_1 上主要进行阳极溶解反应，而在 M_2 上则主要进行去极化剂的阴极还原反应，此时

$$I_c = S_1 i_{c1} \exp\left(\frac{E_c - E_{c1}}{\beta_{a1}}\right) = S_2 i_{c2} \exp\left(-\frac{E_c - E_{c2}}{\beta_{c2}}\right)$$

由上式可以解出

$$E_c = \frac{\beta_{c2}}{\beta_{a1} + \beta_{c2}} E_{c1} + \frac{\beta_{a1}}{\beta_{a1} + \beta_{c2}} E_{c2} + \frac{\beta_{a1}\beta_{c2}}{\beta_{a1} + \beta_{c2}} \ln\left(\frac{S_2 i_{c2}}{S_1 i_{c1}}\right) \tag{3-69}$$

$$\ln I_c = \frac{E_{c2} - E_{c1}}{\beta_{a1} + \beta_{c2}} + \frac{\beta_{a1}}{\beta_{a1} + \beta_{c2}} \ln(S_1 i_{c1}) + \frac{\beta_{c2}}{\beta_{a1} + \beta_{c2}} \ln(S_2 i_{c2}) \tag{3-70}$$

所以，M_1 和 M_2 接触腐蚀时，M_1 的阳极溶解电流密度，即它的溶解速度为

$$i_1 = \frac{I_c}{S_1}$$

因此

$$\ln i_1 = \frac{E_{c2} - E_{c1}}{\beta_{a1} + \beta_{c2}} + \frac{\beta_{a1}}{\beta_{a1} + \beta_{c2}} \ln i_{c1} + \frac{\beta_{c2}}{\beta_{a1} + \beta_{c2}} \ln i_{c2} + \frac{\beta_{c2}}{\beta_{a1} + \beta_{c2}} \ln\left(\frac{S_2}{S_1}\right) \tag{3-71}$$

求阳极溶解电流密度对阴-阳极面积比的偏导数

$$\frac{\partial \ln i_1}{\partial \ln \dfrac{S_2}{S_1}} = \frac{\beta_{c2}}{\beta_{a1} + \beta_{c2}} \tag{3-72}$$

因此$\dfrac{\beta_{c2}}{\beta_{a1}+\beta_{c2}}$为 0~1 之间的数值。显然，在接触腐蚀中，影响金属 M_1 的阳极溶解电流密度 i_1 的因素，除 $E_{c2}-E_{c1}$的值、$\beta_{a1}+\beta_{c2}$的值和 i_{c1} 及 i_{c2} 外，还有阴-阳极面积比 S_2/S_1 的值。如果阴极性金属与溶液的接触面积越大，则阳极性金属 M_1 的腐蚀就越严重。

通过以上分析可知，如果实际腐蚀过程中，形成大阴极/小阳极（A_2/A_1 很大）的金属结构件时，阳极区域的金属将具有很高的溶解速度，往往会导致强烈的局部腐蚀，使材料过早失效。这在实际的腐蚀中应特别注意。

② 阴极保护效应：在接触腐蚀电池中，M_2 为阴极，其阴极反应的过电位在接触后减小，即 η_{M2}减小至 η'_{M2}。这表明与 M_1 接触后，使 M_2 的腐蚀电流密度，即腐蚀速度变小，即由 i_{c2}减至 i'_{c2}（$i'_{c2}<i_{c2}$）（见图 3-31）。一种金属 M_2，由于与另一种电极电位较低的金属 M_1 在腐蚀介质中相接触，而使腐蚀速度降低的现象称为阴极保护效应。这种效应正是外加阳极接触体（牺牲阳极）阴极保护法的理论依据。

③ 差数效应：M_1 与 M_2 在腐蚀介质中相接触后，金属 M_1 的总溶解速度增大了。此时 M_1 的阳极溶解速度是由两部分组成：一部分是 M_1 上仍在进行着的腐蚀过程，是相应于去极化剂阴极反应引起的腐蚀部分（图中所示出的 i_{k1}），称之为金属 M_1 在极化条件（E_c）下的自腐蚀速度。另一部分是来自外部的阳极极化电流或来自与金属 M_2 接触形成接触腐蚀电池所引起的腐蚀[图 3-31 中所示出的（$i'_{c1}-i_{k1}$）]。尽管这两部分加合起来，金属 M_1 的总阳极溶解速度要大于 M_1 单独存在时的腐蚀速度，即 $i'_{c1}>i_{c1}$，但阳极极化（与 M_2 接触）后的自腐蚀电流 i_{k1} 却小于其单独存在时的腐蚀速度，即 $i_{k1}<i_{c1}$，这两者之间存在着一个差值（$i_{c1}-i_{k1}$）。这种在极化条件下，金属 M_1 的总溶解速度虽然增大，但此时，M_1 的自腐蚀速度减小的现象称之为差数效应。

实际中也发现有差数效应接近于零和负差数效应的现象。在去极化剂的阴极还原反应的速度完全由扩散过程所控制时，可以出现 $i_c \approx i'_c \approx i_d$ 的情况。在此情况下，$\Delta i_c \approx 0$，差数效应接近于零，而不是反常的情况。

负差数效应是属于反常现象，不能用简单的动力学式和极化曲线的图解来说明。一般出现负差数效应的原因可能有下列几方面。

一种是由于金属的阳极极化，使金属的表面状况同极化前相比发生了剧烈的改变，导致金属的自腐蚀速度剧烈增加而出现负差数效应。例如像 Al 和 Mg 这样的金属，从热力学上讲，都是很不稳定的金属，但由于这些金属表面上存在着牢固完整的氧化物膜，故通常在中性水溶液中的腐蚀速度仍较小。如果在含 Cl^- 的溶液中阳极极化，就会使这些金属上氧化物膜遭破坏，而使自腐蚀速度剧烈增加，这就是这些金属在中性含 Cl^- 的水溶液中出现的负差数效应。

另有一种是有些金属在一定条件下阳极溶解时，还同时有未溶解的金属微小晶粒或粉尘状粒子脱落。在这种情况下，脱落的微小晶粒和粉尘状粒子也进行着腐蚀反应，犹如腐蚀金属的面积增大了很多倍，导致过大的自腐蚀速度出现负差数效应。

还有一种是有些人认为某些金属，如 Al，在一些溶液中阳极溶解下来的直接产物是低价的离子，然后在溶液中被氧化成价数更高的最终产物。如按高价数产物应用法拉第定律，从外侧阳极电流密度计算金属的阳极溶解速度就会远小于金属的实际失重结果，从而得到表观上看起来是负差数效应的现象。

3.5.4.4　多电极腐蚀电池

多于两个金属相组成的腐蚀电池系统，称为多电极腐蚀电池。若这些金属相单独存在时的静止电位分别为 E_1，E_2，……E_i，……E_N，这些静止电位都是非平衡电极电位，即该金属相的自腐蚀电位。以 ΔE_1，ΔE_2，……ΔE_i，……ΔE_N 分别表示这些金属相互相接触达到稳定状态时的极化值，其中阳极极化值为正值，阴极极化值为负值，如果腐蚀电池内外电阻都为零，则该多电极腐蚀电池的总电位，即混合电位为

$$E_c = \frac{\sum_{i=1}^{N} E_i}{N} + \frac{\sum_{i=1}^{N} \Delta E_i}{N}$$

与多电极反应耦合系统的混合电位类似，多电极腐蚀电池的总电位总是处于最高的静止电位与最低的静止电位之间。在多电极腐蚀电池中，静止电位低于总电位 E_c 的金属相为阳极，而静止电位高于总电位 E_c 的金属相为阴极。当多电极腐蚀电池处于稳定状态(外电流为零)时，系统中总的阳极电流与总的阴极电流相等，都等于该多电极腐蚀电池的腐蚀电流I_c，即

$$I_c = \sum_{i=1}^{N} I_{ai} = \sum_{i=1}^{N} I_{ki}$$

式中 I_{ai}，I_{ki}分别是第 i 个金属相的阳极电流和阴极电流。

以上两式就是由 N 个金属相组成的多电极腐蚀电池的条件和规律。

对于腐蚀着的多元合金或工程上的多金属构件，则应作为多电极腐蚀电池来考虑。用图解的方法讨论这种复杂体系比较方便，有实际意义。

用腐蚀极化曲线图的形式将所有的阳极极化曲线和阴极极化曲线进行加合和比较，可以

把任何数量电极的短路的多电极腐蚀电池中的每一个电极的极性及通过电流的大小，用图表示出来。

图解法是基于上述对多电极腐蚀电池的讨论，并将下列的规律作出发点。

① 短路的多电极系统中各个电极的极化电位都等于该系统的总电位。

② 当多电极系统处于稳定状态时，系统中的总的阳极电流等于总的阴极电流。

图 3-32 给出了五电极腐蚀电池的模型及图解示意。

按照每一个电极的面积，把该电极单独存在时的实测极化曲线中的电流密度换算成电流强度，重新绘制在总图上。图中 E_1，E_2，E_3，E_4 和 E_5 分别为未通电流的各个电极的静止电位。$E_1A_1 \sim E_5A_5$ 分别为各个电极的阳极极化曲线。$E_1K_1 \sim E_5K_5$ 分别为各个电极的阴极极化曲线。把在每一个电位下的所有阳极极化曲线的电流值相加起来，就得到总的加合阳极极化曲线 E_1tSu；同样把在每一个电位下的所有阴极极化曲线的电流值加起来，就得到总的加合阴极极化曲线 E_5mSn，两条总的极化曲线交点 S 的纵标为该多电极腐蚀电池的总电位 E_c，该交点的横坐标为总的腐蚀电流 I_c。

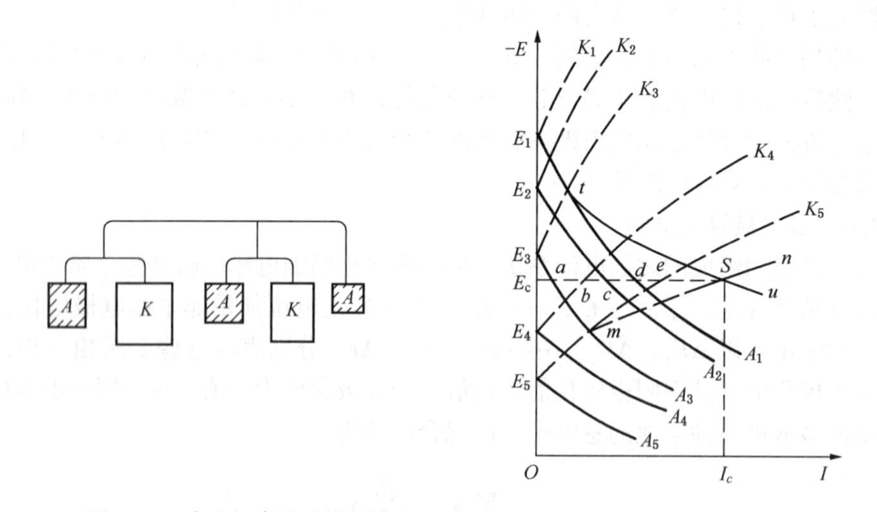

图 3-32　多电极腐蚀系统的模型(左)及实测极化曲线图解(右)的示意

对于电极 1、2 和 3，由于它们的阳极极化曲线是与 E_cS 相交，因此它们是该多电极腐蚀电池的阳极，它们的阳极电流分别是 E_cd、E_cc 和 E_ca 所对应的横坐标的数值。电极 4 和 5，由于它们的阴极极化曲线与 E_cS 相交，因此它们是该多电极腐蚀电池的阴极，它们的阴极电流分别是 E_cb 和 E_ce 所对应的横坐标的数值。

由图 3-30 可得如下结论：某一电极的极化率越小(或其面积越大)，即其极化曲线越平坦，则该电极对其他电极的极性影响越大。假如增加最有效阴极的面积，就有可能使处于中间电位的阴极转化为阳极；反之，减小最强阳极的极化率(或增大它的面积)就可能使中间的阳极转为阴极。这在实际的腐蚀中，值得注意。

3.6　实测极化曲线与理想极化曲线

极化电位与极化电流或极化电流密度间的关系曲线称为极化曲线，它在金属腐蚀研究中有着重要意义。测量腐蚀体系的阴、阳极极化曲线，可以揭示腐蚀的控制因素和作用机制，分析研究局部腐蚀。分别测量两种或两种以上腐蚀金属的极化曲线，可以图解分析两种金属的接触腐蚀和多电极腐蚀电池的腐蚀问题。在腐蚀电位附近进行极化测量，可以快速求得腐蚀速度，有利于鉴定和筛选金属材料和缓蚀剂。通过极化曲线的测量还可以获得电化学保护的主要参数等。可见，极化曲线是腐蚀及腐蚀控制研究中不可缺少的手段。

3.6.1 实测与理想极化曲线及其相互关系

理想极化曲线又称真实极化曲线，是指在理想电极上得到的极化曲线。所谓理想电极，就是指不仅处于平衡状态时电极上只有一对电极反应发生，而且处于极化状态时，电极上仍然只发生原来的电极反应。因此对理想电极来说，它的开路电位就是体系的平衡电极电位。当它作为阳极时，电极上只发生它原有的阳极反应。当它作为阴极时，电极上也只发生它原有的阴极反应。这样当对一个理想电极进行阳极极化而对另一个理想电极进行阴极极化时，阳极极化曲线和阴极极化曲线将从各自的理想电极的平衡电位出发，沿着不同的途径发展，它们交点与对应的电位就是它们的混合电位 E_c。过了交点后，它们仍然按各自的方向继续延伸。

实测极化曲线又称表观极化曲线，是在实际腐蚀金属电极上测得的极化曲线。实测的阴、阳极极化曲线的起点都是该被测体系的混合电位。因为实际的金属表面，由于种种原因存在着电化学不均匀区域，处于溶液中就会形成无数的微观腐蚀电池。因此实际的金属一进入溶液就成了极化了的电极，当其稳定时，在电极表面至少同时进行着两个相互共轭的电极反应，所以实际腐蚀金属电极的开路电位不是平衡电位，而是混合电位即自腐蚀电位 E_c。当它外加电流极化时，其实测的阴、阳极极化曲线的起点都是 E_c。

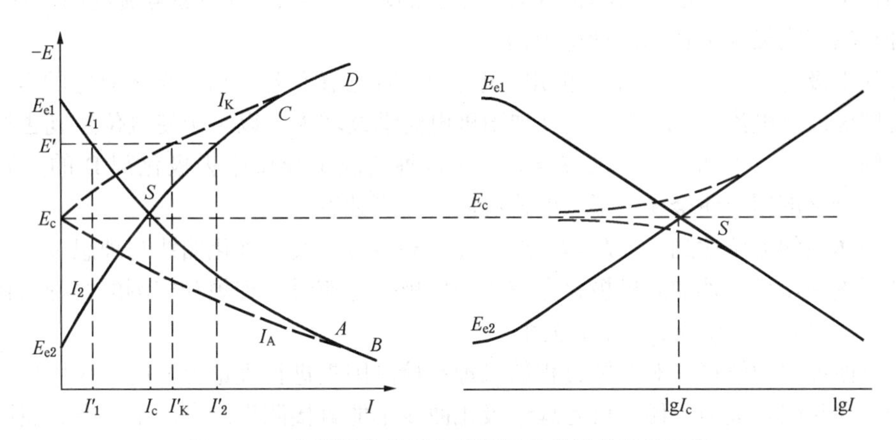

图 3-33 实测极化曲线与理想极化曲线关系的示意

图 3-33 表示在忽略浓度极化的条件下实测极化曲线与理想极化曲线关系的示意图。其中

$E_{e1}AB$ 与 $E_{e2}CD$ 分别表示理想阳极与阴极极化曲线；

I_1 与 I_2 分别表示理想阳极与阴极的外电流；

E_cAB 与 E_cCD 分别表示实测阳极与阴极极化曲线；

I_A 与 I_K 分别表示实测阳极与阴极的极化电流；

E_{e1} 为金属电极反应的平衡电位；

E_{e2} 为溶液中去极化剂反应的平衡电位；

E_c 为该腐蚀体系的混合电位或腐蚀电位；

I_c 为腐蚀电流。

对于均匀腐蚀历程，假设阴极区与阳极区面积相等，横坐标既可以采用电流强度，也可以采用电流密度。由于实际的腐蚀电池中阴、阳极区的面积往往是不相等的，所以采用电流强度表示具有较广泛的代表性。

当没有外加极化电流时，金属在腐蚀介质中自腐蚀，在金属的表面上同时进行着两个相互共轭的电极反应。

其一是金属氧化的溶解反应

$$M \longrightarrow M^{n+}+ne \quad (\text{反应速度为} I_1)$$

其二是腐蚀介质中去极化剂的还原反应

$$D+ne \longrightarrow [D \cdot ne] \quad (\text{反应速度为} I_2)$$

当体系稳定时，电量平衡 $I_1=I_2=I_c$，而物质不平衡，金属作为阳极进行腐蚀，其腐蚀电位为 E_c。

对电极施加外电流极化时，上述电量的平衡状态被破坏，I_1 和 I_2 之间产生差值，这个差值由外加电流来补偿。若外加阴极电流 I_K 使体系阴极极化时，电极电位 E_c 向负值方向移动，与之对应的电流 $I_2>I_1$，故外加阴极极化电流 $I_K=I_2-I_1$。例如，施加阴极电流 I'_K 使体系从腐蚀电位 E_c 负移被极化到 E'。此时金属自溶解速度从 I_c 降低到 I'_1，去极化剂 D 的还原速度则由 I_2 升高到 I'_2，因此外加极化电流 $I'_K=I'_2-I'_1$。当外加阴极极化电流继续增大，以至于使电位负移达到金属电极反应的平衡电极电位 E_{e1}时，$I_1=0$，$I_K=I_2$。在这种情况下金属的溶解腐蚀完全停止。可见，对一个腐蚀的金属施加阴极电流使之电位负移达到一定的极化程度时，同样可以使金属腐蚀显著降低或完全停止的现象，称之为外加电流的阴极保护效应。这就是外加电流阴极保护技术的理论依据。

若外加阳极电流 I_A 使体系阳极极化，电位 E_c 向正值方向移动，与之对应的电流 $I_2<I_1$，故外加的阳极极化电流 $I_A=I_1-I_2$。当外加阳极电流继续增大，以至于使电位达到去极化剂 D 还原反应的平衡电位 E_{e2}时，$I_2=0$，$I_A=I_1$。在这种情况下介质中去极化剂 D 的还原反应停止，外加电流全部用于使金属以很大的速度溶解而腐蚀着。

如果当体系的电位达到 $E_{e1}(I_K=I_2)$ 或 $E_{e2}(I_A=I_1)$ 时，实测极化曲线与理想极化曲线开始重合，若再进一步增大外加阴极极化电流或阳极极化电流时，理想和实测的两种极化曲线完全重合，并保持着 $I_K=I_2$ 或 $I_A=I_1$ 的关系。

对于腐蚀现象的解释、对腐蚀过程的机理和控制因素进行理论分析时，采用理想的极化曲线来分析这些问题极为方便，可是理论极化曲线不能直接测得。实际上，在金属腐蚀和腐蚀控制的研究中大量应用的是实测极化曲线，因此知道了这两者的关系，就可以通过测定实测的极化曲线比较方便地对腐蚀的问题进行分析研究。

3.6.2 理想极化曲线的绘制

理想极化曲线不能直接测得，而是要在测量实测极化曲线的基础上获得，通常有下列两种方法。

3.6.2.1 测定实验数据的计算求取法

测量实测极化曲线的每一个外加极化电流值及与之对应的电极电位值的同时，用重量法或容量法准确测出金属在电位下的腐蚀速度并按法拉第定律换算成相应的电流值 I_1 或 I_2，然后利用 $I_A=I_1-I_2$ 和 $I_K=I_2-I_1$ 的关系求出未知的 I_2 或 I_1。这样根据实测阳极极化曲线的数据(I_A，E)及与之相对应的(在同一电位 E 下)I_1 和 I_2 数据，就可求出理想极化曲线阳极的 SAB 段和阴极的 $E_{e2}S$ 段(见图 3-33 中左侧)。再根据实测阴极极化曲线的数据(I'_K，E')及与之对应的(同一电位 E'下)I'_1 和 I'_2 数据，就可求出理想极化曲线阳极的 $E_{e1}S$ 段和阴极的 SCD 段。

例如，在腐蚀体系中只有氢离子是惟一的去极化剂时，在每一个外加极化电流及相应的电位下，同时准确测出单位时间内氢气的析出量是较为容易的。因此对于单纯以氢离子为去极化剂的腐蚀体系中，在测量实测极化曲线的基础上同时能够较为方便地作出理想极化曲线。而对于氧去极化的腐蚀体系，因测定氧的消耗量十分困难，而只能准确测定金属在每一外加极化电流及相应的电位下金属在单位时间内的溶解量。这样虽然也可以做到，但就实验的操作是相当麻烦的。

3.6.2.2　实测极化曲线的外推法

对于活化控制的腐蚀体系，根据在塔菲尔区理想极化曲线与实测极化曲线重合的关系，可以从实测极化曲线用外推法作图得到理想的极化曲线，如图 3-33 中右侧半对数坐标系中的图示情况。

如果实测的极化曲线的塔菲尔区已经确定，那么在半对数坐标图上可把实测的阳极和阴极极化曲线的直线部分推到电流密度较小，约 10^{-5} A/cm^2(一般这是 E-lg$i$ 对数规律遵守的界线)处。但须注意，为了在电流为零的纵坐标上得到平衡电极电位 E_{e_1}和 E_{e_2}的值，进一步的外推又必须在普通坐标上进行，这是因为在很小的电流密度下，$E \sim I$ 之间的关系已不是对数关系而是线性关系了。

外推法的优点是可以避免繁杂的实验操作，只需要测出实测极化曲线的数据，通过作图就可得到理想极化曲线。它的缺点是，在小电流密度范围内，用外推法作图时，会产生较大的误差，而且它只能适用于活化极化控制的腐蚀体系。

3.7　腐蚀极化图及其应用

研究金属腐蚀问题时，经常应用图解法来解释腐蚀现象，分析腐蚀过程的影响因素和腐蚀速度的相对大小，以揭示腐蚀机理。

3.7.1　腐蚀极化图

通常，腐蚀极化图是根据在互不相关的实验中用外加电流使电极极化，分别测得阴极极化曲线与阳极极化曲线，然后将阴、阳极极化曲线绘制在同一个电位-电流坐标图上作出。如图 3-34 所示。

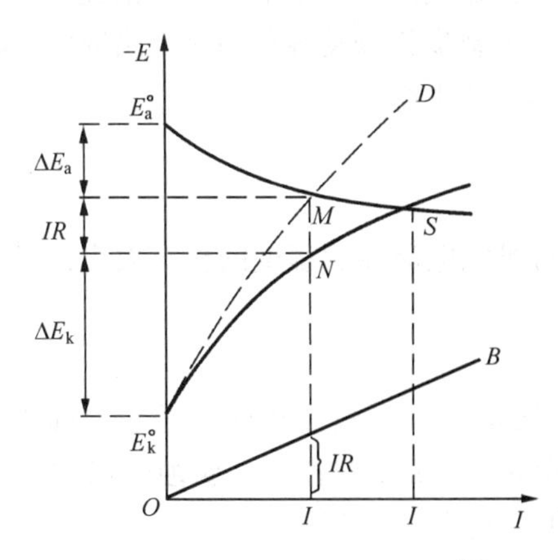

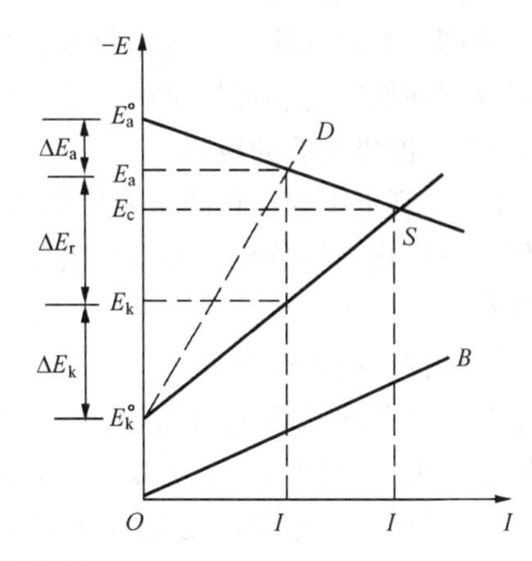

图 3-34　腐蚀极化图

利用极化曲线来作腐蚀极化图，可以直接得到交点 S(见图 3-34 中的左侧)，这是由于外加电流极化可以在宽广的电流区域内得电极电位与极化电流的对应关系。

如果腐蚀电池的电阻不为零而是某一已知值 R 时，必须考虑欧姆阻降。假如 R 值不随电流而变化，则欧姆阻降 ΔE_r 与电流成直线关系，在图中用直线 OB 表示。把欧姆阻降直线与阴、阳极极化曲线之一(例图中是阴极极化曲线)相加合，可得到欧姆阻降与阴极极化曲线的加合曲线 $E_k^\circ D$。而加合曲线 $E_k^\circ D$ 与阳极极化曲线 $E^\circ{}_a S$ 相交 M 点，M 点所对应的电流值就相当于电阻为 R 时电池的腐蚀电流 I_c。这样作图表明，欧姆阻降和由于阳极极化引起的电位降及由阴极极化引起的电位降加合在一起，就等于腐蚀电池两极间的起始电位差，即 $E^\circ{}_k - E^\circ{}_a = \Delta E_a + \Delta E_r + (-\Delta E_k)$。

如果阴极和阳极的极化电位与电流的关系是线性的，那么就得到由直线表示的腐蚀极化图(见图 3-34 中右侧)，图中直线 $E_k^\circ S$ 和 $E_a^\circ S$ 的斜率分别代表该腐蚀体系中阴极过程和阳极过程的平均极化率 P_k 和 P_a。当体系的欧姆电阻等于零时，腐蚀电流就决定于阴、阳极极化曲线的交点 S，此时

$$I_{最大} = \frac{E_k^\circ - E_a^\circ}{P_k + P_a}$$

当体系的电阻不等于零而等于 R 时，则将欧姆阻降直线 OB 与阴极极化直线加合得到加合直线 $E_k^\circ D$ 与阳极极化直线 $E_a^\circ S$ 相交于 M 点。该点所对应的横坐标值即为电阻等于 R 时电池的腐蚀电流 I_c。此时

$$I_c = \frac{E_k^\circ - E_a^\circ}{R + P_a + P_k}$$

如果只考虑腐蚀过程中阴、阳极极化性能的相对大小，而不管电极电位随电流密度变化的详细情况，则可将理论极化曲线表示成直线形式(如图 3-34 中的右侧)，并用电流强度代替电流密度作横坐标，这样得到的腐蚀极化图就是伊文思极化图。图中的阴、阳极起始电位为阴极反应和阳极反应的平衡电位，可以分别用 $E_{e,k}$ 和 $E_{e,a}$ 表示。事实上，这样的简化对于讨论腐蚀问题的正确性并没有多大影响。

通过上述分析可知，如果能绘制出某一腐蚀体系的极化图，就可以定出该体系的腐蚀电位和其最大的腐蚀电流，或电阻不等于零时的腐蚀电流。实际上腐蚀体系的腐蚀电位和腐蚀电流都是在测量实测极化曲线的过程中得到的，尽管如此，借助于上述的理论极化曲线构成的腐蚀极化图，可以简明、直观地分析腐蚀过程、控制步骤以及各种因素对腐蚀的影响。因此腐蚀极化图在腐蚀与腐蚀控制中，是一重要工具，其用途很广。

3.7.2 腐蚀极化图的应用

3.7.2.1 判定腐蚀过程的主要控制因素

从伊文思极化图的分析，可以看出各项阻力对腐蚀电流控制程度的相对大小，确定腐蚀的控制过程。

(1) 阴极控制的腐蚀过程

如果腐蚀体系的欧姆电阻为零，阴极极化曲线很陡，阳极极化曲线平坦，即 $P_k \gg P_a$。此时腐蚀电位 E_c 很接近 $E_{e,a}$，$|\Delta E_k| \gg \Delta E_a$，腐蚀受阴极反应控制，腐蚀电流的大小主要由 P_k 决定。这种腐蚀过程称之为阴极控制的腐蚀，如图 3-35 所示。

由图可见，在阴极控制的腐蚀过程中，任何促进阳极反应(使 P_a 降低)的因素都不会使

腐蚀显著增大。相反，任何促进阴极反应(使 P_k 降低)的因素都将使腐蚀电流显著增大，即 $P'_k<P_k$，则 $I'_c>I_c$(图中阴、阳两极化曲线交点由 S 点移至 S' 点)。例如，铁和碳钢在海水中的腐蚀就属此类情况。海水的流动能促进 O_2 去极化剂的还原反应，从而导致腐蚀速度明显加大，因此动态海水中的腐蚀要比静态中的严重得多。

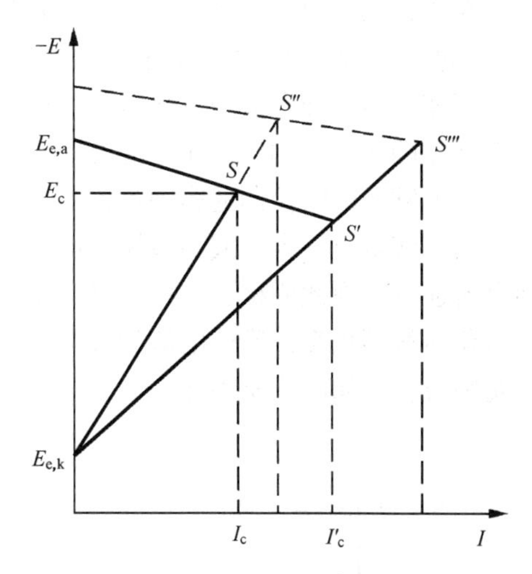

图 3-35 阴极控制的腐蚀过程

若在溶液中加入某种添加物促使阳极极化曲线整个向负电位方向移动，使两极化曲线交于 S'' 点或 S'''，则将使腐蚀电流也会有较显著的增加。如硫化物对于铁在氯化物溶液中的腐蚀影响就是一例，因为硫化物中 S^{2-} 不但使阳极反应受到催化，而且还使溶液中 Fe^{2+} 浓度大大降低，导致阳极反应的起始电位更负，使整个阳极极化曲线向负方向移动。

(2) 阳极极化控制的腐蚀过程

如果 $R=0$，阳极极化曲线很陡而阴极极化曲线较平坦，即 $P_a \gg P_k$，此时 E_c 很接近 $E_{e,k}$，$\Delta E_a \gg |\Delta E_k|$，腐蚀电流的大小主要由 P_a 决定。这种腐蚀过程称为阳极控制的腐蚀过程，如图 3-36 所示。

由图可见，在阳极反应控制的情况下，任何促进阴极反应的因素都不会使腐蚀显著增大，而任何减小 P_a 的因素都将使腐蚀电流增大，即$P'_a<P_a$，则 $I'_c>I_c$(图中两极化曲线交点从 S 移至 S')。

在溶液中形成稳定钝态的金属和合金的腐蚀是阳极控制腐蚀过程的典型例子。破坏钝态的各种因素均促进腐蚀的阳极反应，从而导致阳极控制的腐蚀过程的腐蚀电流显著增大。

(3) 混合控制的腐蚀过程

如果腐蚀体系的欧姆电阻可以忽略，而阴极极化和阳极极化的极化率相差不大，则腐蚀由 P_k 和 P_a 共同决定，这种腐蚀过程称之为阴、阳极混合控制，如图 3-37 所示。

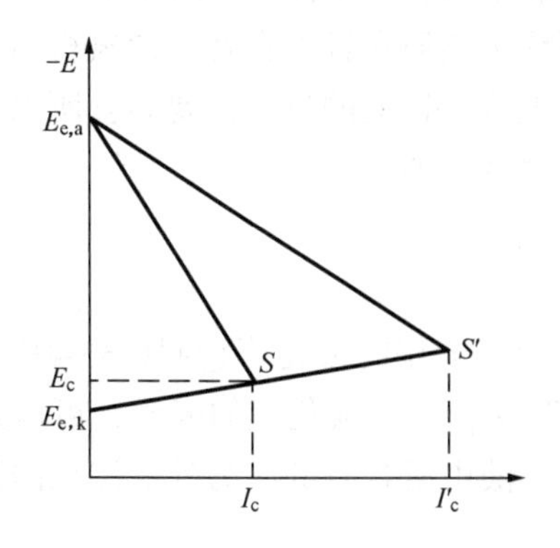

图 3-36 阳极控制的腐蚀过程

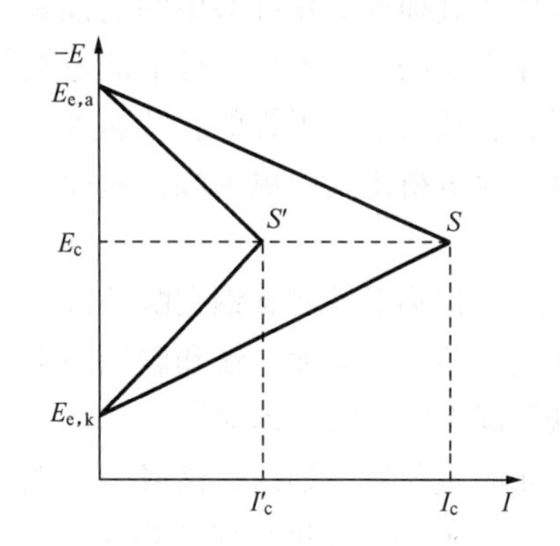

图 3-37 阴、阳极混合控制的腐蚀过程

在阴、阳极混合控制下，任何促进阴、阳极反应的因素将使腐蚀加剧，而任何增大 P_a 和 P_k 的因素都将使腐蚀电流显著减小。若 P_a 和 P_k 以相近的比例增加，虽然腐蚀电位 E_c 基本上不变，但腐蚀电流却明显减小，即 $P'_a>P_a$，$P'_k>P_k$，则 $I'_c<I_c$。例如，铝和不锈钢在不完全钝化的状态下的腐蚀属于此类。

(4) 欧姆电阻控制的腐蚀过程

当溶液电阻很大，或当金属表面上有一层电阻很大的隔离膜时，由于不可能有很大的腐蚀电流通过，因此阴极和阳极的极化很小，阴极和阳极极化曲线的斜率 P_k 和 P_a 都很小，两条极化曲线不相交，腐蚀电流的大小主要由欧姆电阻决定，这种腐蚀过程称为欧姆电阻控制的腐蚀过程，如图3-38所示。

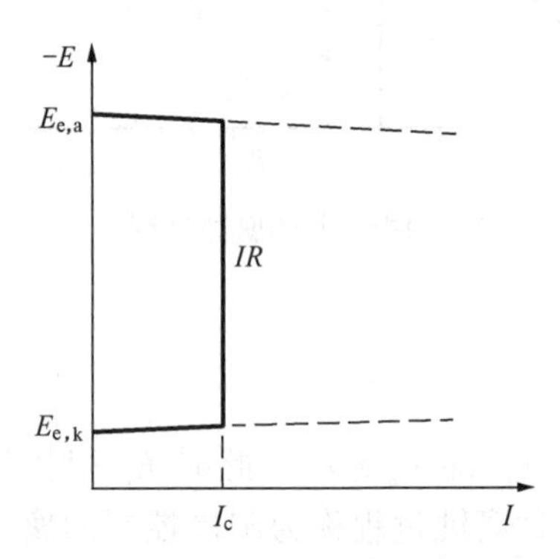

图 3-38　欧姆电阻控制的腐蚀过程

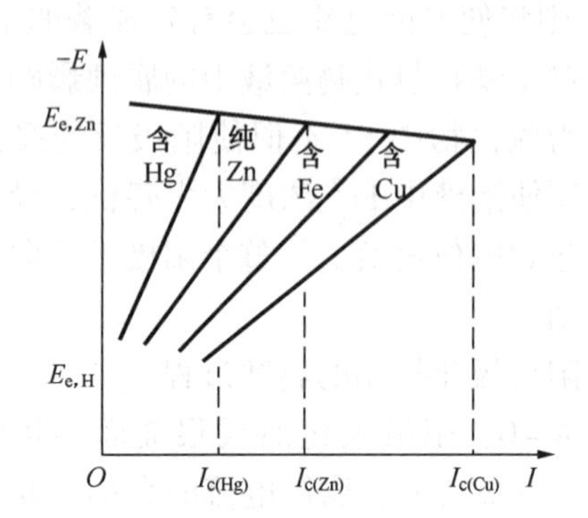

图 3-39　纯 Zn 及含杂质 Zn 在稀硫酸中的腐蚀过程示意

在欧姆电阻控制下，如果通过电流 I 作垂线，那么被两条极化曲线截得的线段正好等于 IR。R 是电路中的总电阻，实质上就等于溶液的电阻，线段 IR 即电流 I 通过电阻 R 产生的欧姆电位降。

地下管线或土壤中金属结构的腐蚀，以及处于高电阻率的溶液中的金属构件，当它们在液相中相距较远而在气相中短路时发生的腐蚀都属于这一类腐蚀过程。

3.7.2.2　解释腐蚀现象

(1) 不同杂质对锌在稀硫酸中腐蚀的影响

锌的交换电流密度大，其阳极溶解反应的活化极化较小，而其氢的过电位较高，所以锌在稀硫酸或其他非氧化性酸中的腐蚀属于阴极控制的腐蚀过程，如图 3-39 所示。

由于铜上的氢过电位比锌上的过电位低，所以铜作为杂质在锌中存在，使氢析出反应更容易进行，从而加大了锌的腐蚀速度。而汞上的氢过电位比锌上的过电位要高，所以汞在锌中存在，使氢析出反应更困难，从而减小了锌的腐蚀速度，即

$$I_{c(Hg)} < I_{c(Zn)} < I_{c(Cu)}$$

(2) 硫化物对铁和碳钢在酸溶液中腐蚀的影响

硫化氢的存在会促进铁和碳钢的阳极反应，减小阳极极化的极化率(见图 3-40)，从而加速铁和碳钢的腐蚀，即对铁 $I_{c_1}<I_{c_2}<I_{c_3}$，对碳钢则 $I'_{c_1}<I'_{c_2}<I'_{c_3}$。硫化氢的来源，可以是来自于金属相的硫化物，如硫化锰或硫化铁等，也可以是溶液中所含有的。另外需注意的是硫化氢的存在，还往往引起“氢脆”现象。

(3) 氧和氰化物对铜腐蚀的影响

铜在无氧的非氧化性酸中不会发生腐蚀，因为析氢反应的电位 $E_{e,H}$低于铜溶解反应的电位

$E_{e,Cu}$，即 $E_{e,H}<E_{e,Cu}$。此时，只能发生氧去极化的腐蚀($E_{e,Cu}<E_{e,O}$)，腐蚀电流为 I_{c_1}。然而铜在除氧的碱性氰化物溶液中却可能发生氢去极化腐蚀，这是因为虽然此时析氢反应的电位很低，但由于形成铜的氰化络离子 $Cu(CN)_4^{3-}$，使铜溶解的电位更低(见图3-41)，所以铜能发生氢去极化的腐蚀，生成一价铜离子，即 Cu^+ 与 CN^- 生成 $Cu(CN)_4^{3-}$ 络离子。

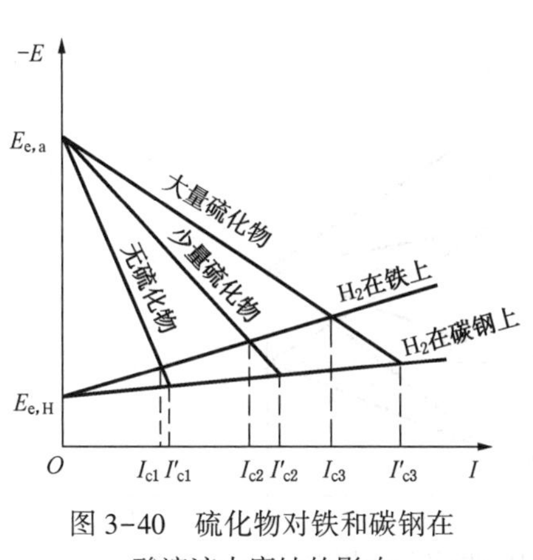

图 3-40　硫化物对铁和碳钢在酸溶液中腐蚀的影响

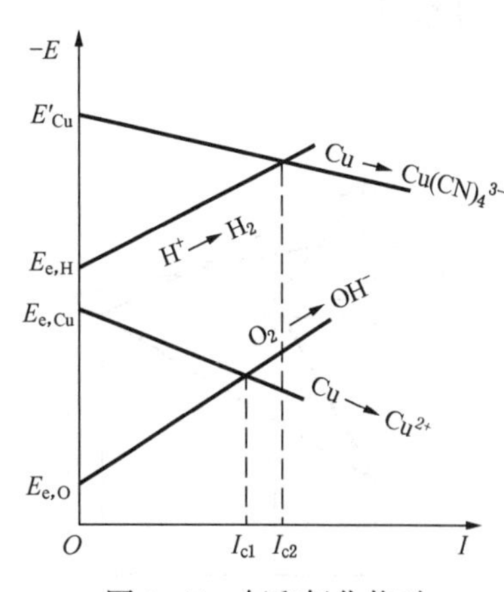

图 3-41　氧和氰化物对铜腐蚀的影响

基于这种原因，由于形成 $Cu(NH_3)_4^+$ 络离子使铜在氨水中也能发生氢去极化腐蚀。

(4) 氧和 Cl^- 对铝和不锈钢在稀硫酸中腐蚀的影响

如图 3-42 所示，铝和不锈钢类似，在稀硫酸中的腐蚀属于阳极极化控制的腐蚀过程，因为铝在充气的稀硫酸中能产生钝化现象，使阳极极化率大于阴极极化率，腐蚀速度较小。当溶液中去气后，铝的钝化程度显著变差，阳极极化率变小，腐蚀也增大。当溶液中含活性 Cl^- 时，由于它能破坏钝态，使阳极极化率变得更小，腐蚀也显著加剧，即 $I_{c_1}<I_{c_2}<I_{c_3}$。

3.7.2.3　分析热力学因素和动力学因素对腐蚀的综合影响

一般来说，起始电位差越大(腐蚀倾向大)腐蚀越严重，腐蚀电流越大，即 $I_{c_3}>I_{c_2}>I_{c_1}$，如图 3-43 所示。但实际并非完全如此。还需进一步把热力学因素(腐蚀倾向)与动力学因素(腐蚀反应的极化率)结合起来考虑。

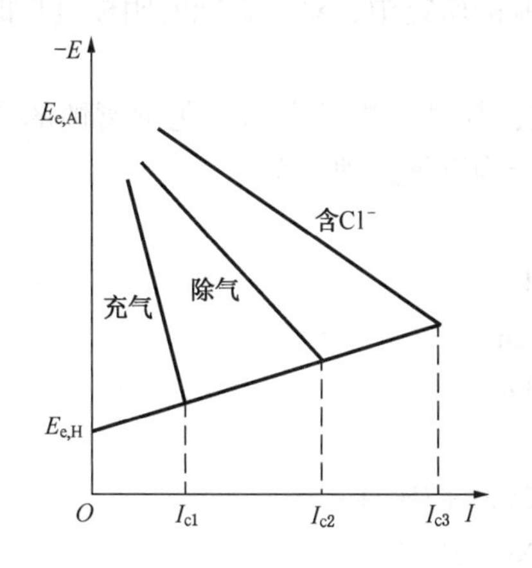

图 3-42　铝在稀硫酸中的腐蚀过程示意

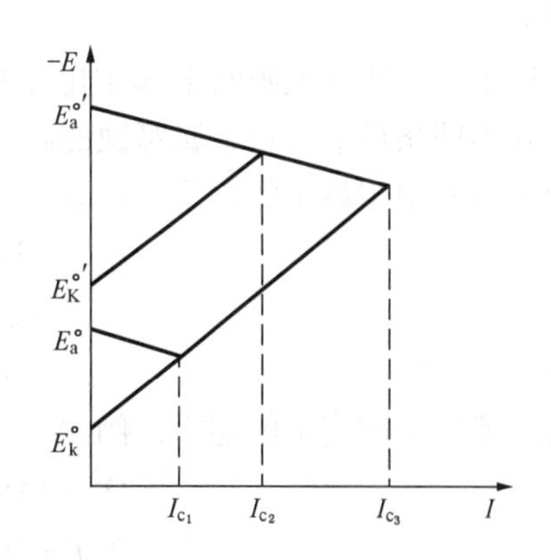

图 3-43　起始电位差对腐蚀的影响

腐蚀体系中起始电位差($E_{e,k}-E_{e,a}$)相同，因其阴、阳极的极化率不同，则腐蚀情况也不同，即 $I_{c_1}<I_{c_2}$。有时，甚至于起始电位差小的，即($E_{e,k}-E'_{e,a}$)<($E_{e,k}-E_{e,a}$)，由于其阴、阳极极化率小，所以腐蚀电流反而大，即 $I_{c_3}>I_{c_2}>I_{c_1}$(见图 3-44 中的左侧)。这表明：腐蚀倾向大的腐蚀体系，其腐蚀电流不一定大，反之，腐蚀倾向小的腐蚀体系，其腐蚀电流不一定小，要具体情况具体分析。

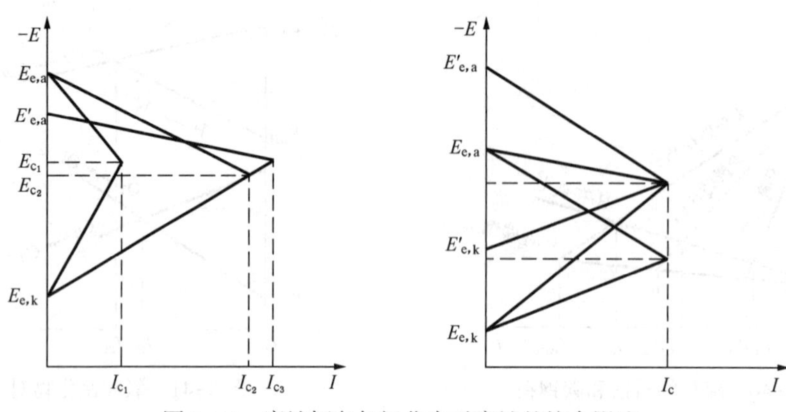

图 3-44　腐蚀倾向与极化率对腐蚀的综合影响

另外，腐蚀体系中，起始电位差相同或起始电位差不同的体系，由于各自的阴、阳极极化率不同，却可能获得相同的腐蚀电流(见图 3-44 中右侧)。因此，对于具体的腐蚀体系，应当重视热力学因素，但更要重视动力学因素，只有二者结合，综合考虑，才能得出有价值的结论。

3.8　腐蚀的阴极过程

前面的讨论已经指出，金属在溶液中发生电化学腐蚀的根本原因是溶液中含有能使该金属氧化的物质，即有腐蚀过程的去极化剂存在。整个腐蚀过程是由金属溶解的阳极过程和去极化剂还原的阴极过程共同组成，而且金属腐蚀的阳极过程和阴极过程相互依存缺一不可。可见，如果没有阴极过程，阳极过程也就不会发生，金属就不会腐蚀。一般来说，金属的阳极溶解过程比较容易进行，因此，在腐蚀与腐蚀控制的研究中，对于腐蚀的阴极过程的研究尤其重要。

原则上讲，所有能吸收金属中电子的还原反应，都可以构成金属电化学腐蚀的阴极过程。但在不同条件下可将金属腐蚀的阴极过程大致分为以下几种类型：

(1) 溶液中阳离子的还原，例如

$$2H^+ + 2e \longrightarrow H_2$$

$$Cu^{2+} + 2e \longrightarrow Cu$$

$$Fe^{3+} + e \longrightarrow Fe^{2+}$$

(2) 溶液中阴离子的还原，例如

$$Cr_2O_7^{2-} + 14H^+ + 6e \longrightarrow 2Cr^{3+} + 7H_2O$$

$$NO_3^- + 4H^+ + 3e \longrightarrow NO + 2H_2O$$

$$S_2O_8^{2-} + 2e \longrightarrow S_2O_8^{4-} \longrightarrow 2SO_4^{2-}$$

（3）溶液中的中性分子的还原，例如

$$O_2+2H_2O+4e \longrightarrow 4OH^-$$

$$Cl_2+2e \longrightarrow 2Cl^-$$

（4）不溶性产物的还原，例如

$$Fe(OH)_3+e \longrightarrow Fe(OH)_2+OH^-$$

$$Fe_3O_4+H_2O+2e \longrightarrow 3FeO+2OH^-$$

（5）溶液中的有机物的还原，例如

$$RO+4H^++4e \longrightarrow RH_2+H_2O$$

$$R+2H^++2e \longrightarrow RH_2$$

式中的 R 代表有机化合物中的基团或有机化合物的分子。

在生产实践中，许多黑色金属和有色金属及它们的合金在酸性溶液中的腐蚀，电极电位很负的碱金属和碱土金属在中性和弱碱性溶液中的腐蚀，都是以氢离子还原作为阴极过程而腐蚀的。大多数的金属和合金在中性电解质溶液和弱酸性与弱碱性溶液中的腐蚀，以及在天然水、海水、大气和土壤中的腐蚀，都是以氧的还原作为阴极过程而进行的。显然，在上述所有的阴极反应中，经常遇到的是氢离子还原的阴极反应和氧分子还原的阴极反应。由于氧的电极反应平衡电位较高，即使在其他去极化剂存在下的腐蚀中，只要有氧，也会同时参加到腐蚀的阴极还原反应中去。所以，特别是氧的还原反应作为阴极反应的腐蚀过程最为普通。

上述其他的阴极反应过程分别在各种条件下也常常起作用。例如，在很多情况下，腐蚀产物如氢氧化物和氧化物也会作为去极化剂，往往这些腐蚀产物中的高价金属离子被还原成为低价金属离子，有时后者可以又被空气中的氧再氧化成高价状态，又可再次作为去极化剂循环使用，从而导致腐蚀加剧。又如矿山机械受的剧烈腐蚀，主要是由于所处的矿水中含有高浓度的铁离子和铜离子，这类高价金属阳离子很容易吸收电子进行还原反应而使设备严重腐蚀。另外，处在含有某些具有氧化性的有机溶液中的金属设备的腐蚀，往往是与这些有机物的还原反应同时进行的。

根据金属的种类和溶液性质的不同，电化学阴极反应过程的性质也各不相同。值得注意的是腐蚀过程的阴极反应，有时并不是单单一种在起作用，而是两个或多个阴极反应同时起作用，构成电化学腐蚀的总的阴极反应。

但在实际发生的腐蚀现象中，经常发生的最重要的阴极过程仍是氢离子和氧分子的还原反应作为腐蚀的阴极过程。

3.9 局部腐蚀电化学

金属的局部腐蚀是指金属表面上各部分的腐蚀程度存在明显差异的情况，尤其是指金属表面上一小部分表面区域的腐蚀速度和腐蚀深度远大于整个表面上的平均值的腐蚀。

通常局部腐蚀有两种情况：

第一种情况，是发生在钝化(惰性)表面的局部腐蚀。在这种情况下，金属表面上绝大部分是处于钝化状态，腐蚀速度小到几乎可以忽略不计，但在有限的很小的表面区域，腐蚀速度却很高，这两个部分表面的腐蚀速度，有时可相差几十万倍。例如，钝性金属表面的孔蚀、缝隙腐蚀以及晶间腐蚀、应力腐蚀裂缝尖端处的腐蚀等就属于这种情况。这种情况的局部腐蚀给人的印象是腐蚀过程只在少量的局部表面区域发生，而绝大部分表面的腐蚀速度小到几乎可以忽略不计。这种腐蚀没有先兆，难以察觉，有一定隐蔽性，比均匀腐蚀的危险性要大得多，是典型的局部腐蚀。

第二种情况，在整个金属表面虽然都发生明显的腐蚀，但腐蚀速度在金属表面各部分的分布很不均匀，部分表面的腐蚀速度明显大于其余表面部分的腐蚀速度，以致金属表面上显现出明显的腐蚀深度不均匀的分布，对这种腐蚀在习惯上也称之为“局部腐蚀”。例如，低合金钢在海水中发生的坑蚀，在酸洗时发生的腐蚀孔和缝隙等，都属于这种情况。严格说来，活性腐蚀状态下的腐蚀速度很难完全处处均匀一致，但只要以宏观的观察方法能够测量出局部表面区域的腐蚀深度明显大于其他表面的腐蚀深度，也就是说，它们之间的阳极溶解速度有较大的差异，就认为是不均匀的腐蚀或局部腐蚀。

3.9.1 导致局部腐蚀的电化学条件

3.9.1.1 局部腐蚀发生的必要条件

如果溶液中的欧姆阻降可以忽略的情况下，对于电位相同的金属表面接触的腐蚀介质也均匀一致的话，金属表面的各个部分应遵循相同的阳极溶解动力学规律，整个金属的表面阳极溶解速度应该处处相同，不应该产生局部的现象。显然，在腐蚀过程中，不同表面区域的阳极溶解速度有很大的差异，才有可能形成局部腐蚀。所以，发生局部腐蚀的必要条件是：在腐蚀体系中存在着或出现了某种因素，使得金属表面的不同区域遵循不同的阳极溶解动力学规律，即具有不同的阳极极化曲线。也就是说在腐蚀过程中，局部表面区域的阳极溶解速度明显地大于其余表面区域的阳极溶解速度。

如果随着腐蚀过程的进行，这种造成表面各部分阳极溶解动力学规律的差异因素迅速地减弱或消失，那还不足以造成明显的局部腐蚀现象。例如，金属材料中有少量的细小的阳极相夹杂物，尽管一开始金属表面阳极相夹杂物的阳极溶解速度比金属表面其余的部分阳极溶解速度高得多，但随着腐蚀的进行，金属表面上的阳极相夹杂物因溶解掉而消失，这就使金属表面各部分的阳极溶解速度不再有重大差异，或即使出现新的阳极相夹杂的表面，也已经不在原来的部分，所以不能继续造成明显的局部腐蚀后果。所以上述条件只是局部腐蚀产生的必要条件。

3.9.1.2 局部腐蚀发生的充分条件

局部腐蚀的产生，除了上述必要条件外，还应有一个条件是：腐蚀过程本身的进行，不会减弱甚至还会加强不同表面区域阳极溶解速度的差异。这样，才能使局部腐蚀过程持续进行，最终形成严重的局部腐蚀。

局部腐蚀条件形成主要有两种情况：

① 金属材料本身具备局部腐蚀过程发生的条件，而且随腐蚀过程本身的进行不会迅速消除或减弱金属表面不同区域之间的阳极溶解速度的差异。这种情况较为简单。

例如，钢铁表面覆盖有镀锡层，因为锡是阴极性的金属镀层，所以在镀层的微孔或损伤处，裸露出来的阳极性的基底金属（钢铁）与镀层金属（锡）组成了接触腐蚀电池。根据式（3-71）A_2 表示接触腐蚀电池中阴极性金属的面积，而 A_1 表示其中阳极性金属的面积，则接触效应与 A_2/A_1 成正比。由于在阴极性镀层的情况下，裸露出来的阳极性金属的面很小，A_2/A_1 比值就很大，这就引起裸露出来的那微小部分的金属表面区域以很高的阳极电流密度溶解，最终形成严重的蚀孔或蚀坑，这是一种“小阳极-大阴极”的腐蚀结构。工程中，特别是紧固件连接时，应尽量避免这种腐蚀。

又如，敏化处理的奥氏体不锈钢在弱的氧化性介质中发生的晶间腐蚀。由于敏化处理，使晶界析出 $Cr_{23}C_6$，造成晶界贫铬，晶界与晶粒形成成分差异，导致晶界与晶粒的阳极溶解行为就很不一样，如图 3-45 所示。

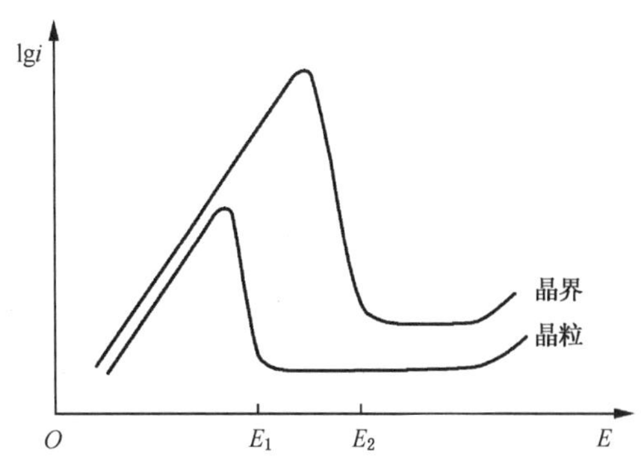

图 3-45　晶粒、晶界阳极极化曲线差异

由图可见在某一电位区间（$E_1 \sim E_2$）晶粒和晶界的阳极溶解速度有很大的差异。这是因为晶粒、晶界的成分差异，使得二者的致钝电位和维钝电流均不同，晶界的致钝电位比界粒的高，而维钝电流也比界晶的大所致。因而在 E_1 和 E_2 的电位区间内，晶界优先快速溶解，不断地暴露出新的晶界，腐蚀过程本身不能消除金属表面不同区域的阳极相电位的差异，导致局部腐蚀得以沿着晶界不断深入发展下去。

② 金属材料本身并不具备必然发生局部腐蚀的条件，一开始整个金属表面遵循相同的阳极溶解过程的动力学规律。但随着腐蚀过程的不断进行，阴、阳极分区，供氧差异电池形成并工作，次生效应能引起金属表面不同区域之间阳极溶解速度产生差异，而且这种差异不仅不会随腐蚀过程进行而消失，甚至还可能有所加强，最终导致严重的局部腐蚀发生。这种局部腐蚀的条件由腐蚀过程进行的本身所引起的腐蚀加剧现象，称之为局部腐蚀的自催化效应（或现象）。许多重要的局部腐蚀过程都与局部腐蚀的自催化效应密切相关。

3.9.2　局部腐蚀中腐蚀电池的特点

全面腐蚀中的电池，阴、阳极尺寸非常小，相互紧靠，难以区分。大量的微阴极、微阳极在金属表面随机分布着。因而可把金属的自溶解看成为在整个电极表面均匀进行，而局部腐蚀中的却不同，它具有以下特点：

① 阴、阳极截然分开。局部腐蚀中的腐蚀电池，阴阳极区毗连但截然分开。大多数情况下，具有小阳极-大阴极的面积比结构，而且随着面积比 $S_{阴}/S_{阳}$ 的增大，阳极区的溶解电流随之加大，这要比全面腐蚀的速度大得多。例如，孔蚀中的孔内（小阳极区）和孔外（大阴极区）；缝隙腐蚀的缝内（小阳极区）和缝外（大阴极区）；晶间腐蚀的晶界（小阳极区）和晶粒（大阴极区）等。

② 闭塞性。局部腐蚀中的电池，其阳极区相对阴极区要小得多，腐蚀产物易在阳极区出口处堆积并覆盖，造成阳极区内溶液滞留，与阴极区之间物质交换困难。因此，这种腐蚀电池又称为闭塞电池。

引起局部腐蚀破坏的腐蚀电池是“供氧差异腐蚀电池”，而不是“氧浓差电池”。尽管它们有相似之处：二者均由供氧差异而形成，而且金属表面在氧浓度较高的区域，电位高成为腐蚀电池的阴极，金属表面在氧浓度较低的区域，电位低成为腐蚀电池的阳极。但是“供氧差异电池”与“氧浓差电池”的工作和作用有着本质的区别。

3.9.3　“氧浓差电池”解释局部腐蚀的问题

氧浓差电池并不能解释局部腐蚀现象，其腐蚀极化图解如图 3-46 所示。

① 氧浓差电池是用热力学中描述平衡电位的奈斯特方程来解释金属接触不同 O_2 浓度的溶液时电位的不同，缺氧区的金属电位 E_{e1} 较低，成为阳极区，而富氧区的金属电位 E_{e2} 较

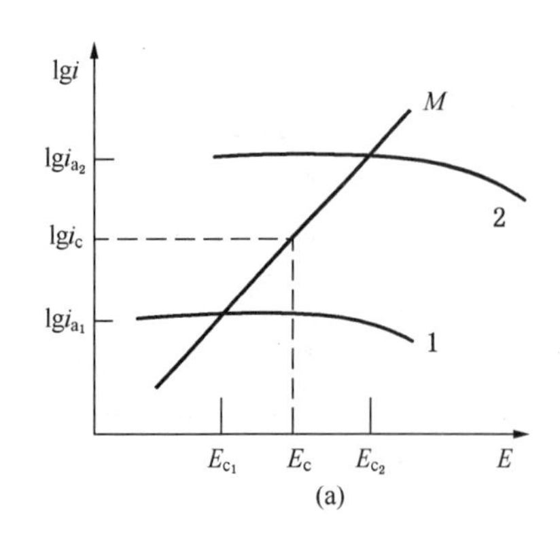

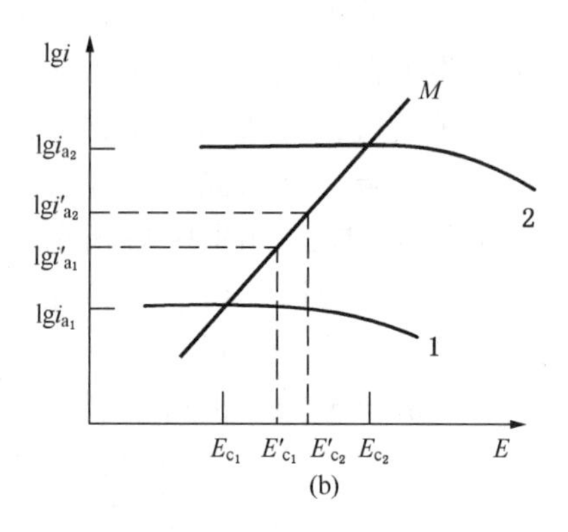

图 3-46　金属在缺氧区 1 和富氧区 2 中的腐蚀情况

(a)溶液中欧姆电位降忽略；(b)溶液中欧姆电位降不可忽略

正，成为阴极区。

② 认为这两个不同电位的金属表面区域，其阳极溶解都遵循相同的动力学规律(见图中曲线 M)。

如果这两部分的金属表面构成腐蚀电池，若溶液中的欧姆阻降可忽略不计，则这两部分金属表面彼此极化至相同的电位，为 E_c(见图中 a)，此时，$E_{c2}>E_c>E_{c1}$。因这两部分金属的阳极溶解行为不变，仍遵守相同的动力学规律，则此时的金属的阳极溶解电流密度也将一样，都等于 i_c。如果溶液中的欧姆阻降不可忽略，与缺氧溶液接触的金属部分的电极电位只能移至 E'_{c1}，而与富氧溶液接触的金属部分的电位也只能移至 E'_{c2}，$E'_{c2}>E'_{c1}$(见图中 b)。此时，与缺氧溶液接触的金属部分的阳极溶解电流密度为 i'_{a1}，而与富氧溶液接触的金属部分的阳极溶解电流密度为 i'_{a2}。

图 3-46 清楚地表明，当这种腐蚀电池形成后，金属与缺氧溶液接触的表面区域的腐蚀速度虽然是增加了，由 i_{a1} 增大至 i_c 或由 i_{a1} 增大至 i'_{a1}，但它并不比单独存在时与富氧溶液接触的金属表面区域的腐蚀速度更大，即 $i_c<i_{a2}$ 或 $i'_{a1}<i'_{a2}$(见图 3-46 中的 b)。所以，仅以与氧浓度低的溶液接触的金属表面区域在腐蚀电池中是阳极这一点，不能说明在这个区域会发生严重的局部腐蚀。

3.9.4　供氧差异电池

① 工业用合金如铁基合金，在以氧为去极化剂进行腐蚀的情况下，金属电极电位是非平衡电极电位，而且它离 O_2 的还原反应的平衡电位相当远。因此不能像在氧浓差电池中用能斯特方程式来计算电极反应的平衡电位的方法来解释供氧差异腐蚀电池的形成，否则是不准确的。

如果金属在进行以 O_2 为去极化剂的腐蚀过程时，它的电位是腐蚀电位，是非平衡电位。这个电位值的高低确实与溶液中的 O_2 的浓度有关，但必须用动力学的规律去分析。而不能用描述平衡体系的能斯特方程式来表示它们之间的关系。此时，如果这一金属的阳极溶解反应的速度遵循塔菲尔式，而 O_2 的还原反应速度受扩散过程控制，则

$$i_a^{\circ}\exp\left(\frac{E_c - E_{e,\ a}}{\beta_a}\right) = i_d$$

又由于

$$i_d = \frac{4FD}{\delta}c_{O_2}$$

得到

$$E_c = E_{e,a} + \beta_a \ln\left(\frac{4FD}{i_a^\circ \delta}\right) + \beta_a \ln c_{O_2} \tag{3-73}$$

该式表明，在腐蚀速度由氧的扩散控制的条件下，如果溶液的pH值和其他成分、O_2的扩散系数和扩散层厚度等保持不变，则金属的腐蚀电位的确也将随O_2的浓度c_{O_2}的对数变化，这一关系与氧还原的平衡电位按能斯特方程来表达的关系颇为相似，但两者是不同的。能斯特方程是从热力学得出的描述平衡状态的方程式，而式(3-73)是从动力学得到的结果。而且$\ln c_{O_2}$项前面的系数也不一样，在能斯特方程式中，$\ln c_{O_2}$项前面的系数是$RT/4F$(对氧还原)，而式(3-73)式中$\ln c_{O_2}$项前面的系数是β_a，故两者不可混同，不可以用能斯特方程式来解释与不同氧浓度的溶液接触的金属材料的腐蚀电位的不同。

② 在金属表面上形成供氧差异电池后，随着腐蚀的进行，金属表面不同区域的阳极行为发生了变化，而且富氧区与缺氧区的变化情况相反，如图3-47所示。中间的一条阳极曲线是金属表面原来的阳极曲线，曲线1和2分别为缺氧区和富氧区中的氧还原的阴极曲线。单独存在时，金属在缺氧的溶液中的腐蚀电位为E_{c1}，相应的腐蚀电流密度为i_{a1}；金属在富氧溶液中的腐蚀电位为E_{c2}，相应的腐蚀电流密度为i_{a2}，且$i_{a2}>i_{a1}$。在同一金属的表面上，一部分与缺氧溶液接触，一部分与富氧溶液接触，形成了供氧差异电池。如果忽略溶液中的欧姆阻降，两部分的金属表面的电位应该一样为E_c。如果两部分金属表面的阳极溶解规律(阳极曲线)保持不变时，这两部分表面的阳极溶解速度就相等，为i_c。

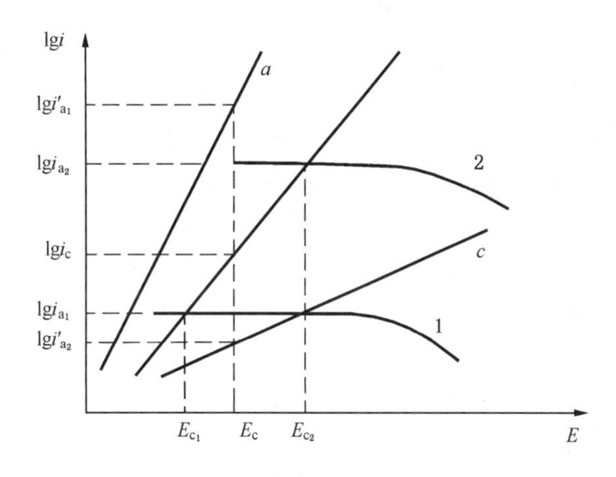

图3-47 腐蚀过程中缺氧区和富氧区的阳极曲线的变化情况

若由于腐蚀过程的次生效应能引起金属表面不同的区域之间的阳极溶解规律产生差异，即与缺氧溶液接触的金属表面区域的阳极曲线变成为图3-47中的阳极曲线a，变得比原来的阳极过程更容易进行，而与富氧溶液接触的金属表面区域的阳极曲线变成为图3-47中的阳极曲线c，变得比原来的阳极过程更难进行。此时，尽管这两部分金属表面的电极电位仍相同，都等于E_c，而它们的阳极溶解电流却不相等，也即与缺氧溶液接触的金属表面区域的阳极溶解电流密度i'_{a1}远大于与富氧溶液接触的金属表面区域的阳极溶解电流密度i'_{a2}，从而使腐蚀破坏就集中在与缺氧溶液接触的表面区域，最终发生严重的局部腐蚀。

3.9.5 自催化效应

随着腐蚀的进行，阴、阳极分区，供氧差异电池的形成并进行工作，引起了不同部分的金属表面接触的溶液中成分发生不同的变化，导致不同金属表面阳极溶解动力学行为发生了不同的变化，使局部表面阳极溶解的速度远大于其余表面，这种自动形成局部腐蚀加剧的现象称为局部腐蚀的自催化效应。

由图 3-47 可知，产生这种引起局部腐蚀的“自催化效应”的原因是：不同部位的金属表面上阳极电流密度与阴极电流密度的不平衡。

在供氧差异腐蚀电池的情况下，如果一开始缺氧区和富氧区的金属的阳极溶解曲线都相同，这两部分的金属阳极溶解电流密度也应相同，都等于 i_c，而这两部分的阴极反应的电流密度是不相同的，缺氧区的金属上 O_2 的还原电流密度为 i_{d1}（缺氧区 O_2 的极限扩散电流密度），亦等于 i_{a1}，它远小于这一表面区域的金属阳极溶解电流密度 i_c，即 $i_{d1}<i_c$。在富氧区的金属上 O_2 的阴极还原电流密度 i_{d2}（等于 i_{a2}）远大于这个表面区域的金属阳极溶解电流密度 i_c，即 $i_{d2}>i_c$。因此这两部分的金属上，阴极电流密度与阳极电流密度都是不平衡的。这种不平衡就引起了不同部位的金属所接触的溶液层的组成向不同的方向变化。这是因为：

① 电极反应产物的影响。在阳极电流密度和阴极电流密度不平衡的情况下，缺氧的阳极区，由于阳极电流密度大于阴极电流密度，金属阳极溶解反应的直接产物是金属离子，pH 值因金属离子的水解而降低，使靠近它的溶液层从中性溶液变成了酸性溶液；而富氧的阴极区，由于阴极电流密度大于阳极电流密度，因 O_2 的阴极还原生成 OH^-，而使靠近它的溶液层从中性变为微碱性。

② 电场作用下的离子迁移的影响。研究局部腐蚀过程的自催化效应时，溶液中离子在电场作用下的迁移过程是一个不可忽略的因素。一旦金属表面的不同部位，阳极电流和阴极电流不平衡时，就会有电流从金属表面的一个区域通过溶液流到金属表面的另一个区域，引起溶液中的离子迁移过程。在有供氧差异腐蚀电池引起的局部腐蚀情况下，溶液中往往主要是 Na^+ 和 Cl^-。离子迁移的结果，导致缺氧区金属表面附近的溶液层中 Cl^- 的富集，而 Na^+ 和溶液中其他阳离子在富氧区金属表面附近的溶液中富集。

基于上述两种原因，与不同部位金属表面邻接的溶液层中的组分就随腐蚀过程的进行而发生不同的变化，从而影响金属的表面状态，使得阳极溶解的规律发生变化。此时，缺氧的阳极区，由于金属表面附近溶液层中 pH 值降低和 Cl^- 浓度增高，越来越加速阳极溶解，使原来的阳极曲线变成为曲线 a（见图 3-47）；而富氧的阴极区附近溶液层中 pH 值升高，使阳极溶解越来越困难，原来的阳极极化曲线变成为曲线 c（见图 3-47），最终，导致缺氧区的金属腐蚀破坏形成严重的局部腐蚀。

在实际生产中，由于种种原因，在材料或构件上存在闭塞条件（特小的缝隙、微孔和缺陷等）时，特别容易形成“供氧差异电池”，由于“闭塞”使得溶液滞流，物质扩散困难，也使自催化效应强化，造成严重的局部腐蚀。因此在实际腐蚀中要特别注意避免闭塞条件的形成，对于防止局部腐蚀是有效的。

第 4 章　常见的两类去极化腐蚀

金属在溶液中发生电化学腐蚀的根本原因是溶液中含有能使该种金属氧化的物质，即腐蚀过程的去极化剂。阴极的去极化剂还原反应与阳极的金属氧化反应共同组成整个腐蚀过程。显然，没有阴极反应，阳极反应就不能进行，金属就不会腐蚀。

以氢离子作为去极化剂的腐蚀过程，称为氢离子去极化腐蚀，简称氢去极化腐蚀，亦称析氢腐蚀，这是常见的危害性较大的一类腐蚀。以氧作为去极化剂的腐蚀过程，称为氧去极化腐蚀，亦称吸氧腐蚀，这是自然界普遍存在因而破坏性最大的一类腐蚀。

4.1　氢去极化腐蚀

从热力学已知，金属在腐蚀介质中能够发生电化学腐蚀的必要条件是该金属的平衡电极电位比氢的平衡电极电位低，即

$$E_{e,M} < E_{e,H}$$

因此，常用的金属材料，如 Fe、Ni、Zn 等，由于它们的平衡电位比氢的平衡电位低，故会发生氢去极化腐蚀。而 Cu、Ag 等由于它们的平衡电位比氢的平衡电位高，所以不会发生氢去极化腐蚀。

4.1.1　析氢反应的基本步骤

金属在酸溶液中腐蚀时，如果溶液中没有其他的氧化剂存在，则析氢反应是腐蚀过程惟一的去极化剂阴极反应。

在电极上氢离子的还原总反应为

$$2H^{+}+2e \longrightarrow H_2$$

一般在酸性溶液中，这一反应分成以下几个步骤进行：

① 水化氢离子向电极扩散并在电极表面脱水

$$H^{+} \cdot H_2O \longrightarrow H^{+}+H_2O$$

② 氢离子与电极(M)表面的电子结合形成吸附在电极表面上的氢原子

$$H^{+}+M(e) \longrightarrow MH_{ad}$$

式中，MH_{ad}表示吸附在金属表面上的氢原子，这一步反应称为氢离子的放电反应。

③ 形成附着在金属表面上的氢分子。这一反应可按两种不同的方式进行：

a. 由两个吸附在金属表面上的氢原子进行化学反应而复合成一个氢分子

$$2MH_{ad} \longrightarrow H_2+2M$$

这一反应称为化学脱附反应。

b. 由一个氢离子同一个吸附在金属表面上的氢原子进行电化学反应而形成一个氢分子

$$H^{+}+MH_{ad}+M(e) \longrightarrow H_2+2M$$

这个反应称之为电化学脱附反应。

④ 氢分子形成气泡离开电极表面。

在碱性溶液中，电极上还原的不是氢离子而是水分子，析氢的阴极过程按下列几步进行：

① 水分子到达电极表面，与 OH^- 离开电极表面。

② 水分子电离及氢离子还原生成吸附在电极表面的氢原子。

$$H_2O \longrightarrow H^+ + OH^-$$

$$H^+ + M(e) \longrightarrow MH_{ad}$$

③ 形成附着在金属表面上的氢分子。

吸附氢原子的复合脱附　　$2MH_{ad} \longrightarrow H_2 + 2M$

或电化学脱附　　$MH_{ad} + H^+ + M(e) \longrightarrow H_2 + 2M$

④ 氢分子形成气泡析离开电极表面。

无论在酸性溶液中还是在碱性溶液中，在以上这些步骤中，如果有一个步骤进行得较缓慢，就会影响到其他步骤的顺利进行，整个氢去极化过程就受到阻碍。对于大多数金属来说，第二个步骤即氢离子与电子结合的放电步骤最缓慢，是控制步骤。但有少数金属如铂，则第三个步骤即复合脱附步骤进行得最缓慢，是控制步骤。其他步骤对氢去极化过程的影响不大。

在涉及析氢反应腐蚀问题上，人们往往会关心伴随腐蚀过程，是否会发生氢脆现象。对有些金属，例如在镍电极和铁电极上，一部分吸附在电极表面的氢原子会向金属内部扩散，这就有可能导致金属在腐蚀过程中发生氢脆。因此，特别要注意，应用和开发钢铁在酸溶液中的缓蚀剂时，该缓蚀剂除了能抑制金属的阳极过程外还要能抑制阴极的析氢过程。如果缓蚀剂主要是抑制了上述析氢过程的第③步骤，即化学脱附和电化学脱附反应，那就有可能尽管反应速度降低了，但金属表面上吸附的氢原子的活度却增大了，从而增大了渗氢速度。这样的缓蚀剂就不是理想的缓蚀剂，它有引起金属材料氢脆的危险性。像 As^{3+} 和某些分子式中有含 S 的基团的缓蚀剂就是这种缓蚀剂。电镀时，也要注意，因被镀件处于阴极极化条件下，会有氢原子向金属中渗透，也有可能引起氢脆。

4.1.2　氢去极化的阴极极化曲线

由于析氢过程中缓慢步骤形成的阻力，在氢电极的平衡电极电位下将不可能发生析氢过程，只有克服了这一阻力才能进行氢的析出。因此，氢的析出电位要比氢的平衡电位更负一些，两者之间差值的绝对值称为氢过电位。

在没有其他氧化剂存在下，典型的氢去极化阴极极化曲线示于图 4-1。

由图可见，在氢的平衡电位 $E_{e,H}$ 时，电流为零，表明没有氢析出。当电位比 $E_{e,H}$ 更负时才有氢的析出，而且电位越负，析出的氢越多，电流密度也越大。在一定的电流密度 i_1 下，氢的平衡电位 $E_{e,H}$ 与析氢电位 E_k 之间的差值就是该电流密度下氢的过电位，即

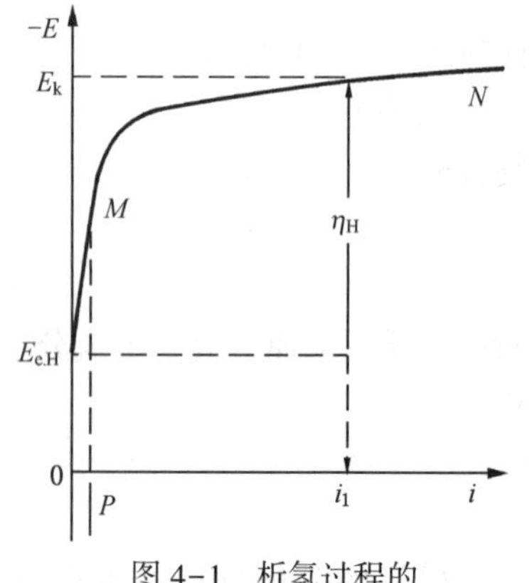

图 4-1　析氢过程的阴极极化曲线

$$\eta_H = E_{e,H} - E_k$$

当电流密度大到一定程度时，氢过电位与电流密度的对数之间成直线关系，服从塔菲尔公式

$$\eta_H = a_H + b_H \lg i$$

当电流密度很小时（约小于 $10^{-4} \sim 10^{-5}$ A/cm^2），η 与 i 成直线关系（$E_{e,H}M$ 直线段），即

$$\eta_H = R_F i$$

图 4-2 分别是氢过电位 η 与电流密度 i 及其对数 $\lg i$ 之间的关系图。

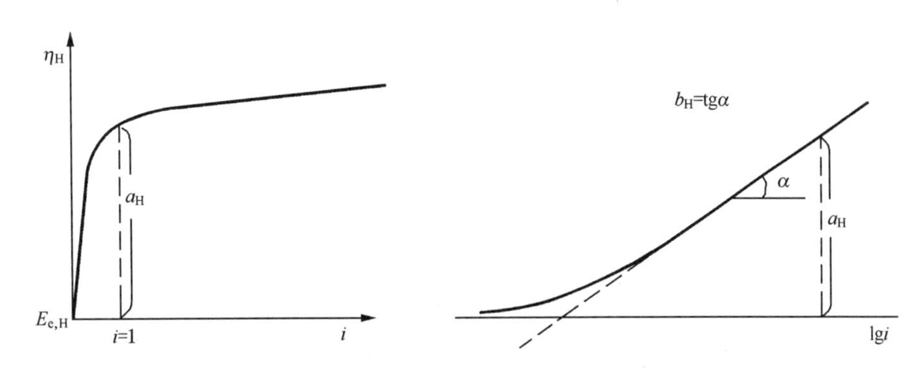

图 4-2　氢过电位与电流密度及其对数间的关系

由图可见，当 $i=1$ 时，$\eta_H=a$。当电流密度较大时，η_H 与 $\lg i$ 成直线关系，常数 b_H 为直线的斜率，也即等于直线与横坐标夹角 α 的正切。

常数 a 与电极材料、表面状态、溶液组成、浓度及温度有关。它的物理意义是单位电流密度时的过电位(见图 4-2)，由于不同材料的电极表面对氢离子还原反应有不同的催化作用，因此，氢在不同材料的电极上析出的过电位有很大的差别，通常，根据 a 值大小将金属材料分为三类：

① 高氢过电位金属，a 值在 1.0~1.5 V，主要有铅、铊、汞、镉、锌、镓、铋、锡等。

② 中氢过电位金属，a 值在 0.5~0.7 V，主要有铁、钴、镍、铜、钨、金等。

③ 低氢过电位金属，a 值在 0.1~0.3 V，主要是铂和钯等铂族金属。

常数 b 即常用对数塔菲尔斜率，它与电极材料无关。对许多金属，因传递系数 $\alpha\approx0.5$，所以常数 $b\approx\frac{2RT}{nF}\times2.3$，当控制步骤中参加反应的电子数 $n=1$，$t=25$℃时，$b\approx0.118$ V。

氢过电位的数值对氢去极化腐蚀的速度有很大的影响。而下列因素影响着过电位数值。

① 电极材料的种类：由于不同电极材料上对析氢反应的催化作用不同，因而其过电位就有很大的差别(见图 4-3)。所以，在相同的腐蚀体系中，不同的金属材料氢去极化腐蚀速度也完全不同。

② 表面状态的不同：相同金属材料的粗糙表面上的氢过电位要比光滑表面上的氢过电位小，这是因为粗糙表面的有效面积比光滑表面积大，所以电流密度小，过电位就小。

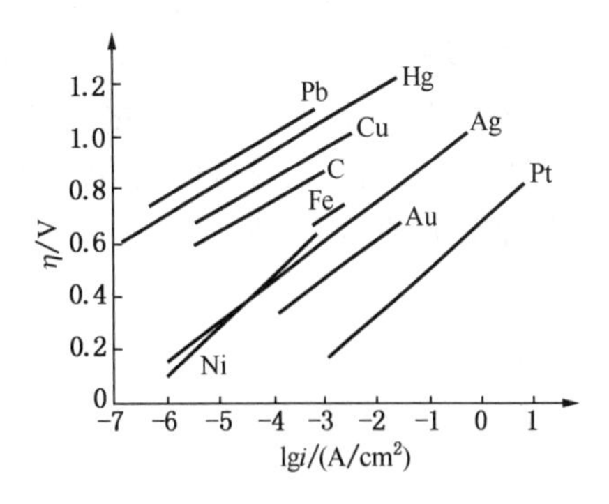

图 4-3　不同金属上的氢过电位与电流密度对数间的关系

③ 溶液的 pH 值和溶液成分：特别是表面活性物质及氧化剂的含量与过电位有关。一般地说在酸性溶液中，氢过电位随 pH 值增加而增加，pH 值每增加 1 单位，氢过电位增加 59 mV；而在碱性溶液中，氢过电位随 pH 值增加而减小，pH 值每增加 1 单位，氢过电位减小 59 mV。

④ 温度的影响：温度增加，氢过电位减小。一

般温度每增加1℃，氢过电位约减小2 mV。

4.1.3 金属的阳极溶解过程

对于金属在酸性溶液中的阳极溶解过程，通常可用一个单的反应式来表示

$$M \longrightarrow M^{n+}+ne$$

工业上常用的结构材料，绝大多数情况下 $n>1$。

从总的反应式来看，金属活性溶解反应似乎很简单，但在实际的溶液中，阳极溶解反应是相当复杂的过程，主要包括：

① 金属原子首先必须离开金属晶格成为吸附在金属表面上的吸附原子。在这一过程中，并不是金属表面上所有的金属原子都能随机地离开金属晶格，而只是那些处于位错露头、螺旋位错台阶端点等位置上的金属原子优先离开晶格，成为吸附在金属表面上的吸附原子，然后吸附原子放电成为离子。既然吸附原子是这个放电过程的反应物之一，则反应速度就与金属表面上的吸附原子活度有关。而吸附原子的表面活度又与金属表面晶格的完整情况有关，因此金属的应变过程，特别是塑性变形会影响金属的溶解反应速度。

② 溶液中的组分在金属表面上的吸附会影响金属阳极溶解过程。金属表面上晶格不完整的地方最容易吸附溶液中的组分粒子，这种吸附作用可能会引起两种不同的后果。一种是使这些地方的金属原子能量降低，从而减小金属表面吸附原子的活度，金属溶解反应的交换电流密度也随之减小，从而抑制金属腐蚀的阳极过程。另一种情况是被吸附的粒子与金属表面上的吸附原子形成吸附络合物。在此情况下，放电过程的反应物将不是简单的金属表面吸附原子，而是表面吸附络合物。

③ 表面吸附络合物放电后形成溶液中的络合离子，再转化为水化的金属离子。上面提到工业用结构材料的阳极溶解总反应中的电子数 n 往往是大于1，而实际上放电过程中并不是 n 个电子同时电离，而是金属原子首先失去一个电子，成为一价的络合离子，然而再逐步氧化，最终成为稳定的 n 价离子。

④ 水化金属离子离开金属表面附近的溶液层向溶液深处扩散。一般，在酸性溶液中水化金属离子不会形成沉淀，而是通过传质过程离开金属表面附近的溶液层。如果金属的腐蚀电流不是很大，而且溶液也不是静止的，溶液中传质过程速度比较大，则金属表面附近的水化金属离子的浓度变化也不大。在这种情况下，对于金属的活性溶解来说，一般可以忽略浓度极化作用对阳极反应的影响。

例如，对于纯铁在不含有能够参与铁的阳极溶解过程的阴离子(不含吸附活性高的阴离子)的酸溶液中的阳极溶解问题，在这样的酸溶液中，纯铁的阳极溶解反应机理，比较一致的看法有“非催化机构”和“催化机构”两种。

对于表面活性比较低的铁(区域熔融或在真空中重结晶的铁)来说，一般认为其反应机理是“非催化机构”，即

① $$Fe+H_2O \longrightarrow Fe(H_2O)_{吸}$$

② $$Fe(H_2O)_{吸} \longrightarrow Fe(OH^-)_{吸}+H^+$$

③ $$Fe(OH^-)_{吸} \longrightarrow (FeOH)_{吸}+e$$

$$Fe+H_2O \longrightarrow (FeOH)_{吸}+H^++e$$

④ $$(FeOH)_{吸} \longrightarrow FeOH^++e \qquad [RDS]$$

⑤ $$FeOH^++H^+ \longrightarrow Fe^{2+}+H_2O$$

可见，每生成一个亚铁离子 Fe^{2+}，至少要经历五个步骤。首先是溶液中的水分子在铁表面吸附，然后成为吸附在铁表面的氢氧离子，接着是单电子放电而形成吸附在铁表面上的络合物。在整个反应过程中，这三个步骤进行的速度都很快，几乎接近平衡状态，因此可把这三个步骤合并看成是一个步骤。接着的第四个步骤是铁表面上的吸附络合物 $Fe(OH)_{吸}$放电而成为溶液中的络合离子 $FeOH^-$，这个步骤进行的速度很慢，是整个反应的速度控制步骤。第五个步骤是溶液中的络合离子转化为溶液中的 Fe^{2+}的快反应。

对于表面活性比较高的铁(表面上晶体缺陷和位错露头等密度比较高的铁)来说，其反应机理一般倾向于“催化机构”，即

① $Fe+H_2O \longrightarrow Fe(H_2O)_{吸}$

② $Fe(H_2O)_{吸} \longrightarrow Fe(OH^-)_{吸}+H^+$

③ $Fe(OH^-)_{吸} \longrightarrow (FeOH)_{吸}+e$

④ $2(FeOH)_{吸} \longrightarrow FeOH^+ + Fe(OH^-)_{吸}$ [RDS]

⑤ $FeOH^+ + H^+ \longrightarrow Fe^{2+}+H_2O$

在这一反应机构中设想的一开始生成$(FeOH)_{ad}$的快反应以及最后一步⑤都与非催化机构一样，主要的差别是第④步，在这一反应机构中，作为速度控制步骤的是两个吸附粒子$(FeOH)_{吸}$在相碰撞中交换电子的反应，其反应产物 $Fe(OH^-)_{吸}$是上一步骤的反应物，因此，$Fe(OH^-)_{吸}$就像催化剂一样在整个过程中起作用。

4.1.4 铁在酸中的腐蚀

铁在酸中的腐蚀是一个典型的金属在活性区的均匀腐蚀，也是金属腐蚀中的一个重要问题，研究也较多。下面以金属在酸中的腐蚀为例讨论有关的腐蚀动力学问题。

铁在酸中腐蚀时，与在其他介质中的腐蚀相比具有以下特点：

① 如果酸溶液中没有其他比氢电极电位更正的去极化剂(氧化性物质)存在，则腐蚀过程的阴极反应只可能是水化 H^+的还原而析出 H_2 的反应——析氢反应。实际上放置在空气中的酸溶液中溶解有一定的氧。而在酸溶液中氧还原的标准平衡电极电位要比氢离子还原的标准平衡电极电位正 1.229 V。因此，溶于酸溶液中的氧要比氢离子更容易还原。但由于氧在酸溶液中的溶解度非常小，例如，20℃的 0.025 mol/L 硫酸溶液中氧的饱和浓度仅为2.67×10^{-4} mol/L[通常，在室温下，氧在稀的水溶液中的溶解度为$(8\sim8.5)\times10^{-4}$mol/L]，所以，在静置的水溶液中氧还原的极限扩散电流密度很小。这同铁在酸溶液中的总腐蚀速度相比也是很小的。所以通常考虑铁在静置的酸溶液中腐蚀时，可以忽略空气中溶解于溶液中的氧的作用，而不会引起明显的误差。但是，若酸溶液中含有抑制以氢离子为去极化剂的高效缓蚀剂时，特别是在溶液有剧烈搅动的情况下溶解于溶液中的氧的作用就不能忽视。

② 在大多数情况下，铁在酸溶液中的腐蚀是在金属表面上没有钝化膜或其他成相膜存在的情况下进行的。虽然铁在强氧化性的酸(如浓硝酸)中可以处于钝化状态，但在氧化性比较弱或非氧化性酸中，铁腐蚀的阳极反应的产物是水化亚铁离子。即使铁在浸入酸溶液以前表面上存在着氧化膜，而在浸入酸溶液后也会很快被溶解掉。所以，铁在氧化性较弱的或非氧化性酸溶液中的腐蚀是活性区的腐蚀。

③ 在大多数情况下，铁在酸溶液中的腐蚀在宏观上是均匀的腐蚀，不能明确地在金属表面上区分出阳极区和阴极区，是一种随机分布。但随酸溶液体系的不同和研究观察的尺度不同，铁在酸溶液中腐蚀的均匀程度也是不同的。如果在铁腐蚀后的粗糙表面上取很小范围

的面积范围以较大的放大倍数来观察，也可以发现表面的腐蚀深度实际上往往是不均匀的。但这种腐蚀深度的差异与整个表面的平均腐蚀深度相比较还是很小的。另外，在某些特定条件下，也确实发现过铁在酸溶液中腐蚀也会产生明显的蚀孔和蚀坑。但一般情况下，铁在酸溶液中的腐蚀是活性区的均匀腐蚀。

④ 实践证明，如果酸溶液中氢离子浓度大于 10^{-3}mol/L，则氢离子还原反应过程的浓度极化可以忽略不计。这是因为水溶液中的 H^+ 的扩散系数特别大，而且酸中腐蚀时表面不断析出氢气泡引起附加搅拌作用。H^+ 又是带电粒子，它向电极表面的传质过程除了依靠扩散外，还有电迁移，特别是如果溶液中同时还有大量别的阳离子(局外电解质的)存在的话，H^+ 的电迁移就更不能忽视。所有这些都使电极表面液层中 H^+ 被还原消耗掉后，能很快地得到补充。此外，腐蚀产物亚铁离子中一部分要转变成 $FeOH^+$，同时有 H^+ 生成，这也会使靠近铁表面的溶液层中消耗掉的氢离子得到部分补偿。因此有实验证实，在 pH<3 的酸溶液中铁的腐蚀过程中氢离子的浓度极化可以忽略。

基于以上四个特点，可以把铁在氧化性较弱的或非氧化性酸溶液中的腐蚀看作是活性区的均匀腐蚀。实际是由下列两个电极反应耦合的孤立电极：

$$2H^+ + 2e \longrightarrow H_2 \uparrow$$

$$Fe \longrightarrow Fe^{2+} + 2e$$

这两个电极反应在同一个电位，即腐蚀电位 E_c 下以同样的速度宏观上均匀地在整个金属表面上进行。两个电极反应的电流密度的数值都等于腐蚀电流密度 i_c，而 i_c 可由前面讨论过的式(3-47)表示。该式是在浓差极化可忽略，而且腐蚀过程的阳极反应和阴极反应都遵循塔菲尔式的条件下得到的。在这种条件下，腐蚀电位 E_c 与腐蚀电流 i_c 的关系式是

$$i_c = i_a^\circ \exp\left(\frac{E_c - E_{e,a}}{\beta_a}\right) = i_k^\circ \exp\left(\frac{E_{e,k} - E_c}{\beta_k}\right) \tag{4-1}$$

由式(3-47)和式(4-1)就可得到

$$E_c = \frac{\beta_a\beta_k}{\beta_a + \beta_k}\ln\left(\frac{i_k^\circ}{i_a^\circ}\right) + \frac{\beta_k}{\beta_a + \beta_k}E_{e,a} + \frac{\beta_a}{\beta_a + \beta_k}E_{e,k} \tag{4-2}$$

此处的阴极反应是析氢反应，这个反应的速度与靠近电极表面溶液层的 H^+ 活度(在稀溶液条件下可用浓度来代替)有关。因为浓度极化可以忽略，则可以认为在金属表面附近的溶液层中 H^+ 的活度与溶液深处的 H^+ 的活度一样。则由式(3-10)可知析氢反应的交换电流密度为

$$i^\circ_k = n_k F k_k a_{H^+}^{v_k} \exp\left(-\frac{E_{e,k}}{\beta_c}\right) \tag{4-3}$$

式中 a_{H^+}——表示溶液中 H^+ 的活度；

k_k——表示 H^+ 阴极还原反应的速度常数；

v_k——表示这个阴极反应中 H^+ 的反应级数；

n_k——这一反应中电子 e 的化学计量系数。

将式(4-3)代入式(4-2)，并注意到 $pH = -\lg a_{H^+}$，略加整理后就得到

$$E_c = \frac{2.303\beta_a\beta_k}{\beta_a + \beta_k}\lg(n_k F k_k) + \frac{\beta_k}{\beta_a + \beta_k} - \frac{2.303\beta_a\beta_k}{\beta_a + \beta_k}\lg i^\circ_a - \frac{2.303\beta_a\beta_k}{\beta_a + \beta_k}v_k \mathrm{pH} \tag{4-4}$$

可见，当金属在酸溶液中进行活性均匀腐蚀时，阳极反应和阴极反应的速度都遵循塔菲尔式时，腐蚀电位 E_c 与溶液的 pH 值成直线关系，随 pH 值降低，腐蚀电位变正。

看起来在式(4-4)的等号右侧前三项似乎与溶液的 pH 值无关，可实际上已经证实，许多金属在活性区阳极溶解时，OH^-是参加反应的，因此金属在活性区的溶解速度往往也与溶液的 pH 值有关。如果设在金属的活性阳极溶解反应中 OH^-的反应级数为 v_a，亦即，H^+的反应级数为$-v_a$(在 OH^-并不参与金属的活性区阳极溶解反应情况下，令 $v_a=0$ 即可)，于是 i_a° 可以表示为

$$i_a^\circ = n_a F k_a a_{H^+}^{-v_a} \exp\left(\frac{E_{e,a}}{\beta_a}\right) \tag{4-5}$$

式中 n_a——金属阳极溶解反应式中电子 e 的化学计量系数；

k_a——金属阳极溶解反应速度常数。

将式(4-5)代入式(4-4)，得到

$$E_c = \frac{2.303\beta_a\beta_k}{\beta_a+\beta_k}\lg\left(\frac{n_k k_k}{n_a k_a}\right) - \frac{2.303\beta_a\beta_k}{\beta_a+\beta_k}(v_a+v_k)\text{pH} \tag{4-6}$$

若以 α_a 和 α_k 分别表示铁的阳极溶解反应式和阴极析氢反应式的对称系数，以 λ_a 和 λ_k 表示这两个电极反应的传递系数，它们同自然对数塔菲尔斜率 β_a 和 β_k 的关系为

$$\frac{1}{\beta_a} = \frac{n_a(1-\alpha_a)F}{RT} = \frac{\lambda_a F}{RT}$$

$$\frac{1}{\beta_k} = \frac{n_k\alpha_k F}{RT} = \frac{\lambda_k F}{RT}$$

而且在式(4-6)中可令

$$(E_c)_{\text{pH}=0} = \frac{2.303\beta_a\beta_k}{\beta_a+\beta_k}\lg\left(\frac{n_k k_k}{n_a k_a}\right)$$

可将式(4-6)写成

$$E_c = (E_c)_{\text{pH}=0} - \frac{v_a+v_k}{\lambda_a+\lambda_k} \times \frac{2.303RT}{F}\text{pH} \tag{4-7}$$

在室温下，$2.303RT/F \approx 0.059$ V。所以，在室温下金属在酸溶液中活性区均匀腐蚀时，腐蚀电位与溶液的 pH 值的关系可表达为

$$E_c = (E_c)_{\text{pH}=0} - 0.059\left(\frac{v_a+v_k}{\lambda_a+\lambda_k}\right)\text{pH} \tag{4-8}$$

例如，Fe 在酸性 SO_4^{2-} 溶液中测得的腐蚀电位与溶液中的 pH 值的关系如图 4-4 所示。

由图可见，腐蚀电位随 pH 值的增大而降低。它们之间呈直线关系，其斜率为-0.058 V。

式(4-6)~式(4-8)是在腐蚀过程的阳极反应和阴极反应都遵循塔菲尔式的条件下才得到。如果溶液的 pH 值过高以致 H^+的浓差极化不可忽略，或如

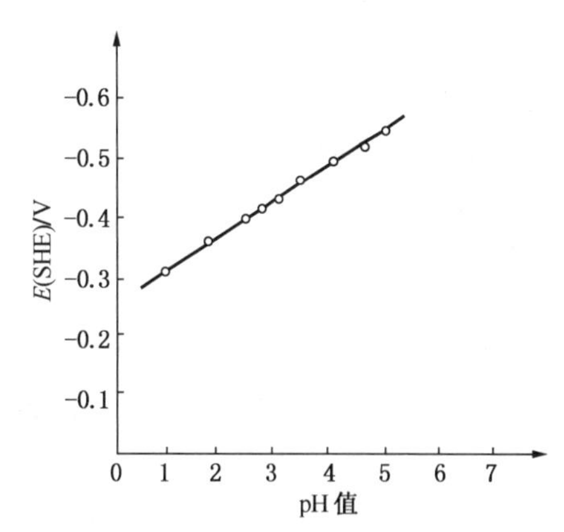

图 4-4 Fe 在酸性 SO_4^{2-} 溶液中 E_c 与溶液 pH 值的关系

果金属的阳极反应的交换电流密度很大以致它的逆过程不可忽略时，E_c 和 pH 值的关系就不会像上述各式那样简单。但即使如此，金属在酸溶液中进行活性区的均匀腐蚀时，腐蚀电位随溶液的 pH 值降低而变正的趋势仍然是肯定的。

值得注意的是：Fe 在酸性溶液中活性区腐蚀的情况同在中性溶液中的腐蚀情况相反。因为对于像 Fe 这类可钝化的金属在中性溶液中的腐蚀来讲，通常在 pH 值比较高的溶液中腐蚀电位比较正，而随着 pH 值的降低，金属表面上的钝化膜随之减薄或破坏，使腐蚀电位降低。因此，如果与金属的不同表面区域接触的溶液层的 pH 值有差异时，则在中性溶液的情况下，同 pH 值较低的溶液接触的表面区域将成为"阳极区"。但在酸溶液中，同 pH 值比较高的溶液接触的表面区域才成为"阳极区"。这一点对于分析在不同介质中的局部腐蚀现象极为重要。

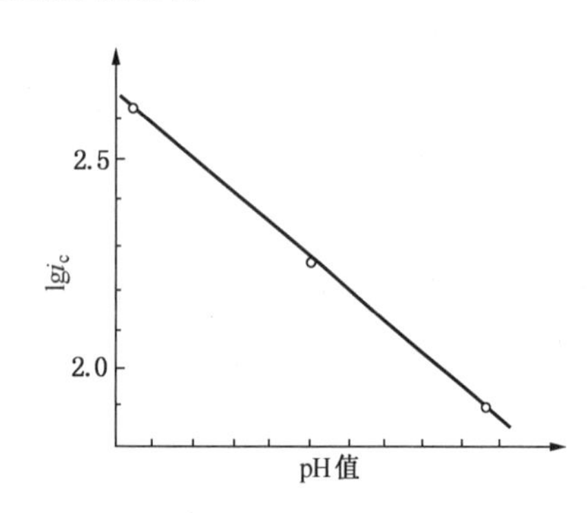

图 4-5　Fe 在含 Cl^- 的酸溶液中的 $\lg i_c \sim$ pH 值的关系
（i_c 的单位是 $\mu A/cm^2$）

由式(3-4)和式(4-2)也可导出腐蚀电流密度与酸溶液 pH 值的关系为

$$\lg i_c = (\lg i_c)_{pH=0} - \frac{\lambda_a v_k - \lambda_k v_a}{\lambda_a + \lambda_k} pH \quad (4-9)$$

可见，腐蚀电流密度的对数与溶液 pH 值也呈直线关系。通常，$\lambda_a v_k - \lambda_k v_a$ 的数值大于零，故腐蚀电流密度一般是随着溶液的 pH 值的降低而增大。例如，图4-5是在室温(25℃)下保持溶液中 Cl^- 的浓度和溶液中总的离子强度(单位体积溶液中所含各种离子所带的电荷的总量)恒定条件下，实验测得的 Fe 在含 Cl^- 的酸溶液中，腐蚀电流密度与溶液 pH 值的关系。

4.1.5　氢去极化腐蚀的特点和影响因素

当氢电极电位一定时，金属电极电位越负，从热力学角度讲，发生氢去极化腐蚀的倾向越大。一般说来，负电性金属在氧化性较弱的酸和非氧化性酸中以及电极电位很负的金属(例如镁)在中性或碱性溶液中的腐蚀都属于氢去极化的腐蚀。此时，金属活性区的均匀腐蚀速度除与阳极反应过程的特点有关外，还在很大的程度上取决于在该金属上析出氢反应的过电位。氢去极化腐蚀的特点和影响因素归纳如下：

① 阴极反应的浓度极化较小，一般可以忽略。这是由于去极化剂是带电的、半径很小的氢离子，在溶液中有较大的扩散能力和迁移速度，去极化剂的浓度也较大。在酸性溶液中去极化剂是氢离子，在中性或碱性溶液中是水分子直接起去极化作用；另外，还原产物氢分子以气泡形式离开电极而析出，使金属电极表面附近的溶液受到较充分的附加搅拌作用。所以溶液的流速或外加搅拌作用对氢去极化腐蚀的影响并不大，往往可以忽略。

② 与溶液的 pH 值关系很大。这是由于 pH 值减小，氢离子浓度大，氢的电极电位变正，在氢过电位不变的条件下，驱动力增大了，故腐蚀速度增大。而 pH 值增加时，则情况相反。

pH 值对氢过电位的影响较复杂，对于不同的电极材料、不同的溶液组成，pH 值对氢过电位的影响也不同。通常，在酸性溶液中，pH 值每增加 1 单位，氢过电位增加 59 mV；在碱性溶液中，pH 值每增加 1 单位，氢过电位减小 59 mV。

③ 与金属材料的种类及表面状态有关。因为主要决定氢析出反应的有效电位的氢过电位受金属种类及金属中阴极相杂质的性质的影响。氢过电位低的阴极性杂质对腐蚀起促进作用，而氢过电位高的杂质将会使基体金属腐蚀速度减小。

④ 与阴极面积有关。阴极区面积增加，氢过电位减小，阴极极化率减小，使析氢反应加快，导致腐蚀速度增大。

⑤ 与温度有关。由于温度升高，使氢过电位减小，阳极反应和阴极反应都将加快，从而使腐蚀速度加剧。

4.2 氧去极化腐蚀

在中性和碱性溶液中，由于氢离子的浓度较小，析氢反应电位较低。因此，一般金属腐蚀过程的阴极反应往往不可能是析氢反应。但由于溶液中氧的还原反应电位要比氢的还原反应电位正 1.229 V，所以，在这种条件下，往往是吸氧反应，氧分子是作为腐蚀的去极化剂。大多数金属在中性和碱性溶液中，以及少数正电性金属在含有溶解氧的弱酸性溶液中的腐蚀都属于氧去极化腐蚀。与氢离子还原相比，氧还原反应可以在正得多的电位下进行，故氧去极化腐蚀比氢去极化腐蚀更为普遍。

4.2.1 氧向金属(电极)表面的输送

在一定的温度和压力下，氧在各种溶液中有着相应的溶解度。腐蚀过程中，溶解氧不断地在金属表面还原，大气中的氧就不断地溶入溶液并向金属表面输送。

氧向金属表面输送的过程，如图 4-6 所示，是一个复杂的过程，大致分以下几个步骤：

① 氧通过空气-溶液界面溶入溶液，以补足它在溶液中的溶解度；

② 以对流和扩散方式通过溶液本体的厚度层；

③ 以扩散的方式通过金属表面溶液的静止层而到达金属表面。

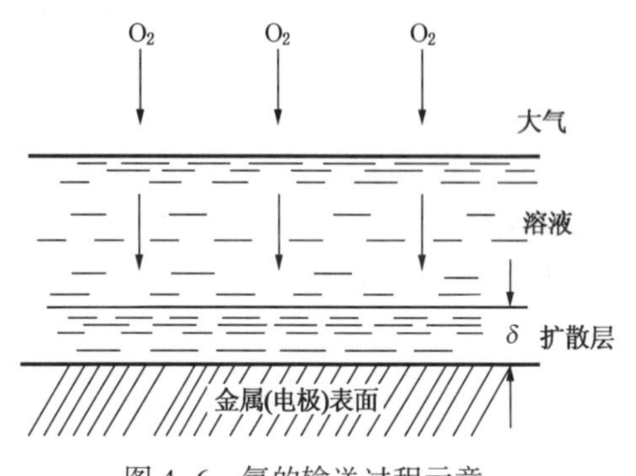

图 4-6　氧的输送过程示意

在这些步骤中，主要受阻滞而成为控制步骤的通常是第三个步骤，即氧通过静止的扩散层步骤。虽然扩散层的厚度不大，一般为 10^{-2} ~ 5×10^{-2}cm，但氧只能以扩散这样一种惟一的方式通过。因此，在一般的情况下，扩散步骤最慢，以致使氧向金属表面输送的速度小于氧在金属表面还原的反应速度，导致此步成为整个阴极过程的控制步骤。

其中的第一步，随着溶解氧因电极反应不断消耗，自然地会使空气中的氧不断溶入溶液中以维持一定的溶解度，所以不会受到阻滞成为控制步骤。

其中的第二步，虽然溶液本体的厚度很大，因为对流过程的速度远比扩散的速度大，因此氧通过这一区域并不困难。经研究证明，即使没有搅拌，外观似乎静止的溶液，也会由于自然对流而引起溶液的搅动。因为溶液的外层由于水从表面蒸发而冷却，同时因蒸发而又引起溶液表层浓度增大等种种原因，形成溶液各部分间的温度差或浓度差所引起的密度差，导致溶质从高密度处向低密度处进行自然对流，所以第二步骤也不会成为整个阴极反应的控制步骤。

4.2.2 氧还原反应的基本步骤

在酸性溶液中氧的还原反应为

$$O_2+4H^++4e \longrightarrow 2H_2O$$

而在碱性溶液中的氧还原反应为

$$O_2+2H_2O+4e \longrightarrow 4OH^-$$

可见，氧电极过程是一个复杂的四电子过程，反应过程中有不稳定的中间产物出现，使研究工作较难进行，因此，对它的研究远不如对氢电极过程的认识深入。根据已有的实验事实可将氧的还原反应的机理分为两类：

第一类反应机理中的中间产物为过氧化氢或二氧化一氢离子。在酸性溶液中的基本步骤为

① 形成半价氧离子

$$O_2+e \longrightarrow O_2^-$$

② 形成二氧化一氢

$$O_2^-+H^+ \longrightarrow HO_2$$

③ 形成二氧化一氢离子

$$HO_2+e \longrightarrow HO_2^-$$

④ 形成过氧化氢

$$H_2O^-+H^+ \longrightarrow H_2O_2$$

⑤ 形成水

$$H_2O_2+2H^++2e \longrightarrow 2H_2O$$

或

$$H_2O_2 \longrightarrow \frac{1}{2}O_2+H_2O$$

在碱性溶液中的基本步骤为：

① 形成半价氧离子

$$O_2+e \longrightarrow O_2^-$$

② 形成二氧化一氢离子

$$O_2^-+H_2O+e \longrightarrow HO_2^-+OH^-$$

③ 形成氢氧离子

$$HO_2^-+H_2O+2e \longrightarrow 3OH^-$$

或

$$HO_2^- \longrightarrow \frac{1}{2}O_2+OH^-$$

在上述氧还原的整个阴极反应过程中，通常认为在酸性溶液中，第一个步骤反应最缓慢，是控制步骤。在碱性溶液中，第二个步骤是控制步骤。

第二类反应机理中，主要是不生成过氧化氢或二氧化一氢离子，认为吸附氧或表面氧化物为中间产物。在酸性溶液中的基本步骤为：

① $$O_2+2M \longrightarrow 2M—O$$

② $$M—O+2H^++2M(e) \longrightarrow H_2O+3M$$

在碱性溶液中的基本步骤为：

① $O_2+2M \longrightarrow 2M—O$

② $M—O+H_2O+2M(e) \longrightarrow 2OH^-+3M$

关于氧还原反应的机理尚待进一步研究。但大多数金属电极上氧还原反应过程是按第一类机理进行，实验已证明在这些电极上都有过氧化氢或二氧化一氢离子中间产物生成。而在某些活性炭及少数金属氧化物电极上氧的还原反应可能是按第二类机理进行。

4.2.3 氧去极化的阴极极化曲线

氧还原反应过程的阴极极化曲线比氢还原反应过程的要复杂，它的反应速度与氧离子化反应和氧向金属表面的输送过程均有关。氧还原过程的总极化曲线示于图4-7。由于控制因素不同，这条总曲线可以分为四个部分。

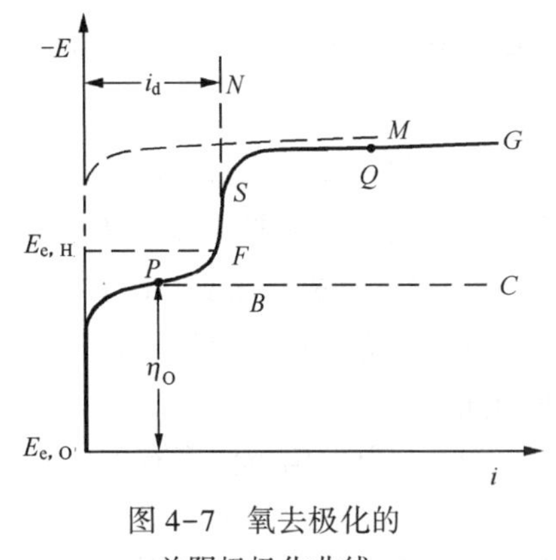

图4-7 氧去极化的总阴极极化曲线

① 阴极过程由氧离子化反应的速度所控制(见图中 $E_{e,O}PBC$)。如果阴极过程是在不大的电流密度下进行，而且阴极表面氧的供应充足时属于这种情况。

与氢过电位类似，在较大的电流密度范围内，氧过电位与电流密度的对数成直线关系，并服从塔菲尔公式

$$\eta_O = E_{e,O} - E_k = a_O + b_O \lg i$$

常数 a_O 与电极材料及表面状态有关，在数值上也等于单位电流密度(通常为1 A/cm^2)时的过电位。常数 b_O 与电极材料无关，对于许多金属因 $\alpha \approx 0.5$，若控制步骤中参加反应的电子数为 $n'=1$ 时，$b_O \approx 0.118V(25℃)$。

当电流密度较小时，氧的过电位与电流密度也成直线关系，即

$$\eta_O = R_F i$$

如果氧的供给始终是充足的，则阴极极化曲线将在很宽广的电流密度范围内沿曲线 $E_{e,O}PBC$ 的走向(见图4-7)。但实际上，当 $i>\frac{1}{2}i_d$ 时，浓度极化的出现，极化曲线的走向将偏离 $E_{e,O}PBC$。因此，与氢离子去极化的阴极过程不同，氧离子化过电位曲线还不是氧去极化完整的阴极极化曲线。

② 阴极过程由氧的离子化反应和氧的扩散过程混合控制。当电流为 $\frac{1}{2}i_d<i<i_d$(极限扩散电流密度)时，由于浓度极化出现，阴极过程的速度将与氧的离子化反应和氧的扩散过程都有关。阴极极化曲线从 P 点开始偏离 BC 线而走向 F 点。因扩散过程的阻滞，又增加了一定数值的极化电位。此时，阴极的电位为

$$E_k = E_{e,O} - (a_O + b_O \lg i) + b_O \lg\left(1 - \frac{i}{i_d}\right)$$

③ 阴极过程由氧的扩散过程控制。随电流密度的增大，因扩散过程的阻滞，极化曲线开始很陡地上升。当 $i=i_d$ 时，就形成垂直的走向 FSN，电极电位大大地向负方向移动，此时整个阴极过程的速度完全由氧的扩散过程控制。由式(3-30)可知：

$$\eta_O = -b_O \lg\left(1 - \frac{i}{i_d}\right) = b_O \lg\left(\frac{i_d}{i_d - i}\right)$$

此时，η_O 不再决定于常数 a_O，也即不再决定于电极材料和表面状态，而是完全取决于氧的极限扩散电流密度 i_d，即取决于氧的溶解度及氧在溶液中的扩散条件。

④ 阴极过程由氧去极化与氢去极化共同组成。当 $i=i_d$ 时，极化曲线将沿着 FSN 的走向。电流继续增大，电位向负方向移动不可能无限制地继续下去。当电位负到一定程度时，在电极上除了氧的还原外，某种新的电极过程也可能进行。例如在水溶液中，通常析氢过程可以进行，因此到达 $E_{e,H}$(该 $E_{e,H}$ 比 $E_{e,O}$ 负 1.229 V)后，阴极过程由氧的去极化和氢的去极化过程共同组成(见图中 $FSQG$ 曲线)。此时电极上总的阴极电流密度为

$$i_k = i_O + i_H$$

而总的阴极极化曲线是把氧去极化作用的 $E_{e,O}PFSN$ 曲线和氢离子去极化作用的 $E_{e,H}M$ 曲线加合起来成为曲线 $E_{e,O}PFSQG$。

4.2.4 氧去极化腐蚀的特点和影响因素

由于作为去极化剂的氧分子与氢离子的本质不同，氧去极化腐蚀的特点和影响因素也很不相同。

(1) 与氧的溶解浓度有关

在不发生钝化现象的情况下，溶解氧的浓度增大，氧离子化反应速度加快，氧的极限扩散电流密度也将增大，因而氧去极化腐蚀速度也随之而增大。例如，中性溶液中当氯化钠含量达 3%左右时，铁的腐蚀速度达到最大。然而随着盐浓度进一步增大，由于氧的溶解度显著下降，故铁的腐蚀速度在浓盐溶液中反而下降。可见影响溶解氧浓度的因素都会影响这类腐蚀速度。

(2) 对于氧去极化阴极过程，浓度极化很突出，常常占主要地位

这是由于去极化剂 O_2 的溶解度本来就很小(通常最高浓度约为 10^{-4} mol/L)，氧分子向电极表面的输送又只能靠对流和扩散，产物也不发生气体析出，不存在任何附加搅拌，反应产物也只能靠液相传质方式(主要靠扩散、对流)离开金属表面。因此，氧的阴极反应往往受扩散过程控制。

(3) 与金属中阴极性杂质或微阴极的数量或面积的增加关系不大

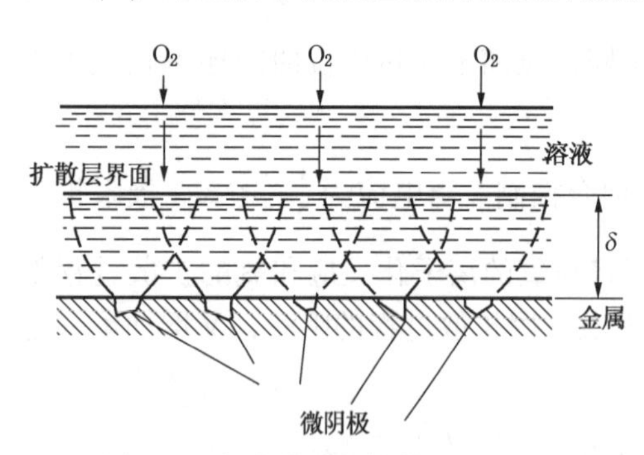

图 4-8　氧向微阴极扩散途径的示意图

因为在扩散控制的条件下，即使阴极的总面积不大，但实际上用来可输送氧的溶液体积通道基本上已被占用完了，如图 4-8 所示。所以，继续增加微阴极并不会引起扩散过程显著增强，也就不会显著增大腐蚀速度。

(4) 溶液流速的影响

在氧浓度一定的条件下，极限扩散电流密度与扩散层厚度 δ 成反比。溶液流速越大，扩散层厚度越小，氧的极限电流密度就越大，腐蚀速度也就越大。

在层流区，由于流速较低，腐蚀速度随溶液流速增加而缓慢上升，当流速增加到临界流速时，腐蚀速度急剧上升，这是由于腐蚀电化学因素和流体动力学因素交互作用协同加速所致，此时溶液基本上处于湍流状态，搅动很激烈。流速再继续增大，协同效应强化，不但均匀腐蚀严重，而且坑、点等局部腐蚀也随之敏感和严重。在很高的流体作用下，金属或合金将发

生空泡腐蚀，使腐蚀破坏更大。

对于有钝化倾向的金属或合金，流速影响更为复杂。当它尚未进入钝态时，适当增加溶液流速会增强氧向金属或合金表面的扩散，有可能使极限扩散电流密度达到或超过致钝电流密度，导致金属或合金进入钝态而降低腐蚀速度。但当流速较高时，也可能破坏金属或合金表面的钝化膜，使腐蚀速度重新增大。因此对具体情况要具体进行分析，不可一概而论。

(5) 温度的影响

溶液温度升高，将使氧的扩散过程和电极反应速度加快，因此在一定温度范围内，腐蚀速度将随温度的升高而加快。但也有相反的效应，随温度升高，反使氧的溶解度降低使腐蚀速度减慢。因此在敞口系统中，铁在水中的腐蚀速度约在 80℃达到最大值，然后则随温度升高而下降。见图 4-9。

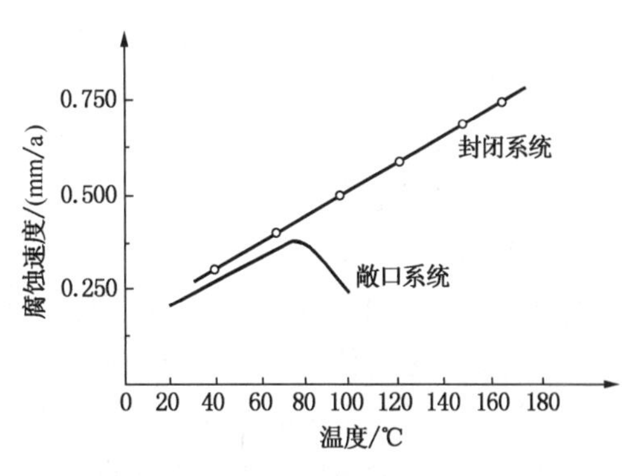

图 4-9　温度对铁在水中腐蚀速度的影响

在封闭系统中却不同。在这种条件下，随温度升高使气相中氧的分压增大，从而增加氧在溶液中的溶解度，因此，腐蚀速度将一直随温度的升高而增大。

4.3　两类不同的腐蚀及其控制因素的分析

4.3.1　两类去极化腐蚀的比较

在实际腐蚀中经常发生并且最重要的就是氢去极化腐蚀和氧去极化腐蚀，尤其是后者更为普遍。在分别讨论了这两类常见的腐蚀一般规律后，现将它们作一简单比较(见表 4-1)。

表 4-1　氢去极化腐蚀与氧去极化腐蚀的比较

比较项目	氢去极化腐蚀	氧去极化腐蚀
去极化剂的性质	氢离子，可以对流、扩散和电迁三种方式传质，扩散系数很大	中性氧分子，只能以对流和扩散传质，扩散系数较小
去极化剂的浓度	浓度很大，酸性溶液中氢离子作为去极化剂，中性或碱性溶液中水分作为去极化剂	浓度较小，在室温及普通大气压下，在中性水中氧的饱和浓度约为 10^{-4}mol/L，随温度升高和盐浓度增加，溶解度将下降
阴极反应产物	氢气，以气泡形式析出，使金属表面附近的溶液得到附加搅拌	水分子或氢氧根离子，只能以对流和扩散离开金属表面，没有附加搅拌作用
腐蚀的控制类型	阴极控制、混合控制和阳极控制都有，阴极控制较多见，并且主要是阴极的活化极化控制	阴极控制居多，并且主要是氧扩散控制，阳极控制和混合控制的情况比较少
合金元素或杂质的影响	影响显著	影响较小
腐蚀速度的大小	在不发生钝化现象时，因氢离子的浓度和扩散系数都较大，所以单纯的氢去极化腐蚀速度较大	在不发生钝化现象时，因氧的溶解度和扩散系数都很小，所以单纯的氧去极化腐蚀速度较小

4.3.2 对氢离子和氧分子共同去极化的总阴极极化曲线的分析

总阴极极化曲线见图4-7所示，对其上的特性点和区域的分析有助于对这两类腐蚀的规律、特征及其相互关系的深入理解。

由图可见曲线上有下列几个特性区域：

$E_{e,O}$~P 区　该区中主要由氧离子化过电位所控制；

$E_{e,O}$~F 区　该区中完全由氧去极化所控制，氢去极化尚未开始；

$E_{e,O}$~Q 区　该区中主要由氧去极化所控制，氢去极化自 F 点开始出现；

PQ 区　该区主要由氧扩散控制，其中 FS 段完全由氧扩散控制；

QG 区　该区主要由氢去极化控制。

总阴极曲线上有下列特性点：

P 点　这是曲线上第一个拐点，也是氧离子化曲线 $E_{e,O}PBC$ 与极限扩散电流密度之半的交点处。该点表明浓度极化开始出现，并且氧在电极表面的浓度等于氧在溶液中的溶解度的一半。其横坐标的值为极限扩散电流密度之半。

F 点　为接近曲线垂直区段 FN 的开始。该点的横坐标值接近极限扩散电流密度，纵坐标的值相当于该溶液中氢电极的平衡电位，表明氢去极化过程开始。

S 点　处于曲线的垂直区段 FN 上，接近曲线的第二个拐点。该点表明，电极表面氧的浓度为零，达到最大的氧去极化，其横坐标的值等于极限扩散电流密度，表明此时达到了最大的扩散速度。

Q 点　处于电流密度等于两倍极限扩散电流密度($2i_d$)处。电极电位为氢去极化曲线 $E_{e,H}M$ 与氧去极化曲线 $E_{e,O}PFSN$ 交点的纵坐标值。该点表明，氧去极化速度等于氢去极化速度($i_O=i_H=i_d$)，阴极总电流密度 $i_K=i_O+i_H=2i_d$。

4.4 对 H^+ 和 O_2 共同去极化腐蚀的控制因素的分析

如果要知道一个具体的腐蚀过程究竟为何种因素所控制，除了要对阴极过程进行分析外还要了解阳极过程的特点。利用腐蚀极化图，可根据阴、阳极化曲线交点的位置以及它们的极化程度的大小就可确定控制因素及其控制的程度。

在实际当中常遇到的各种不同控制程度的一些腐蚀过程的极化图示于图4-10。

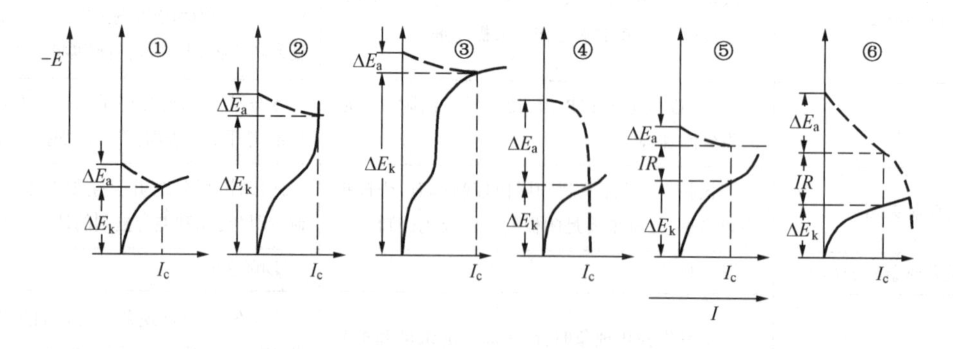

图4-10　不同控制情况的腐蚀极化图

按图号顺序并参见图 4-7 加以说明：

① 氧离子化过电位起主要作用的阴极控制。

阳极极化曲线交于阴极极化曲线的氧离子化过电位曲线 $E_{e,O}P$ 区，且 $|\Delta E_k|/\Delta E_a$ 比值较大。此时，腐蚀过程主要是氧离子化反应受阻滞，需要较高的过电位。腐蚀电流 $I_c<\frac{1}{2}I_d$（见图 4-7）。例如铜在中性溶液中的腐蚀属于这种情况。

② 氧的扩散成为主要阻滞的阴极控制。

阳极极化曲线交于阴极极化曲线于 $P \sim S$ 区，且 $|\Delta E_k|/\Delta E_a$ 的比值很大。腐蚀电流接近或等于该体系中氧的极限扩散电流（因为体系不同，氧的溶解度不同，氧的极限扩散电流也不同）。例如，碳钢、工业用铁或工业用锌等在静止的中性溶液中的腐蚀属于这种情况。

③ 氢去极化占优势时的阴极控制。

阳极极化曲线交于阴极极化曲线主要由氢去极化的 QG 区段，且 $|\Delta E_k|/\Delta E_a$ 的比值很大。腐蚀电流大于该体系中氧的极限扩散电流的两倍，即 $I_c>2I_d$。例如镁和镁合金在氯化物溶液中的腐蚀以及铁、锌或其他金属在非氧化性酸溶液中的腐蚀均具有这种特征。

④ 阳极和阴极混合控制。

$|\Delta E_k|$ 和 ΔE_a 值差不多，通常阳极曲线有显著钝化现象。例如，铝、铁、碳钢和不锈钢在钝态下的腐蚀属此类。

⑤ 阴极和欧姆电阻混合控制。

$|\Delta E_k|$ 和 IR 的值差不多，而外电路和内电路的欧姆阻降很大。当溶液的电导率很小，腐蚀电池的阴、阳极尺寸很大时的腐蚀过程具有这种特征。例如，土壤中的管线因不均匀充气形成的宏观电池而引起的腐蚀属这种情况。

⑥ 阴极、阳极、欧姆电阻混合控制。

$|\Delta E_k|$、ΔE_a、IR 三者大小差不多。当氧的到达不受限制、金属倾向于钝化，并且溶液的电阻很大时的腐蚀属这种情况。例如，在通常的空气湿度时，在很薄的潮气液膜下的大气腐蚀具有此类特征。

综上所述，在大多数情况下，电化学腐蚀都与阴极过程的特征有关。特别是氧去极化的阴极阻滞对腐蚀过程有显著的影响。

第 5 章　金属的钝化

金属钝化这一奇妙的现象早在 17 世纪末被美国的 Keir 发现。他把铁放在稀硝酸中，铁的腐蚀非常剧烈，但当他把铁先放入 9.5 mol/L 的浓硝酸中浸渍后，再放入稀硝酸中时，铁不再受到腐蚀。后来的研究又发现，不仅仅是在氧化性强的溶液中，如果对铁施加阳极电流，同样也会发生钝化现象。这对于控制金属在腐蚀介质中的稳定性，提高金属的耐蚀性都极为重要。

按照腐蚀电化学动力学规律，通常金属在按照阳极反应历程溶解时，电极电位越正，金属的溶解速度也随之越大。如铁和镍在盐酸中进行阳极极化时就是如此。但是也有许多情况下，如金属的电极电位因施加阳极电流而向正方向移动，当超过一定数值后，金属的溶解速度不但不继续随之增大，却反而剧烈地减小了。铁和不锈钢在硫酸中进行阳极极化时便可观察到这种现象。金属阳极溶解过程中的这种“反常”现象称为金属的钝化过程。它的规律、特性、实质及机制都需要深入探讨。

5.1　金属的钝化作用

5.1.1　钝化现象

金属在周围的环境中发生钝化现象有两种方式来实现：

一种称之为“化学钝化”或“自动钝化”，即钝化现象是因金属与钝化剂的自然作用而产生的。例如，铬、铝、钛等金属在空气中和很多种含氧的溶液中都易于被氧所钝化，故常称这些金属为自钝化金属。又如，把一铁片放入稀硫酸中，它会剧烈地溶解，且铁的溶解速度随硫酸浓度的增加而迅速增大，当硫酸的浓度增加到 50% 时，溶解度达到最大值，再继续增大硫酸的浓度(>50%)时，由于产生钝化，腐蚀速度迅速下降(如图 5-1 所示)。硫酸浓度在 70%~100%时，铁片的腐蚀速度非常低，其表面处于一种特殊的状态。这时如果把它转移到稀硫酸中去，也不会再受到酸的侵蚀。

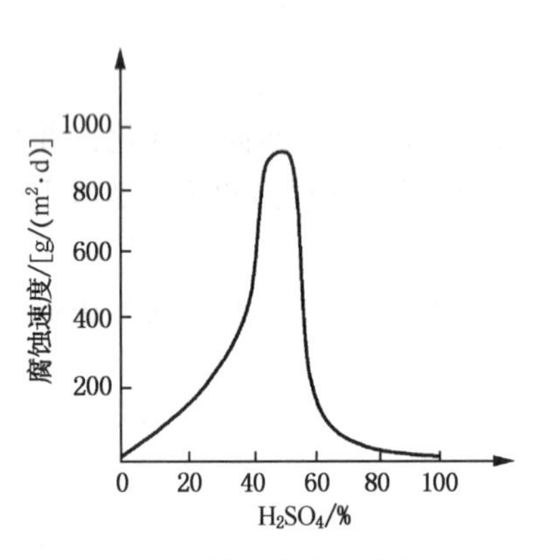

图 5-1　铁的腐蚀速度与硫酸浓度的关系

除氧化性酸(如浓硝酸、浓硫酸)外，如果介质中含有强氧化性的硝酸银、氯酸、氯酸钾、重铬酸钾、高锰酸钾和氧这类化合物，都能使金属产生钝化。把这类化合物统称为钝化剂。但值得注意的是，钝化的发生并不单独地取决于钝化剂的氧化能力的强弱，即体现在钝化剂的氧化还原电位的数值上。例如，高锰酸钾或过氧化氢溶液的氧化还原电位比重铬酸钾溶液的氧化还原电位要正，按说它们是更强的氧化剂，但实际上它们对铁的钝化作用却比铬酸盐要差。而过硫酸盐的氧化还原电位比重铬酸钾的更正，可它反而不能使铁钝化。很显然这是阴离子的特性对钝化过程的影响所致。

此外，钝化现象通常是和氧化性介质的作用有关，但有些金属却可在非氧化性介质中发生钝化。如镁可在氢氟酸中钝化，钼和铌可在盐酸中钝化，汞和银在氯离子作用下却也能发生钝化。

另一种称之为“阳极钝化”或“电化学钝化”。

实验结果表明，在不含有活性氯离子的电解质溶液中，金属的钝化也可以由阳极极化而获得。例如 18-8 不锈钢在 30%的硫酸中会剧烈地溶解。但当外加电流使其阳极极化，达到 -0.1 V(S. C. E)之后，不锈钢的溶解速度将迅速下降到原来的数万分之一。并且在-0.1~+1.2 V范围内保持着高度的稳定性。又如，低碳钢在含 NH_4OH、NH_4HCO_3 的碳化生产液中腐蚀严重，当外加电流使其阳极极化，达到-0.4 V(S. C. E)后，低碳钢的腐蚀速度也将迅速降低，且在-0.4~+0.85 V 范围内保持着稳定钝态，腐蚀速度很低。这种现象叫作“阳极钝化”。铁、镍、铬、钼等金属在稀硫酸中均可发生因阳极极化而引起的电化学钝化。

“阳极钝化”和“化学钝化”本质是一样的。这些现象的发生都是由于原先活化溶解着的金属表面发生了某种突变。这种突变使得金属的阳极溶解过程不再服从塔菲尔规律，其溶解速度也随之急剧下降。所谓钝化就是指金属表面状态的这种突变。金属钝化后所处的状态称作钝态。对于处于钝化状态的金属的阳极行为或腐蚀行为的特性，则称为钝性。

另外，在有的环境中，金属表面上沉淀出一层较厚的但又或多或少疏松的非导体盐层，实际上起了如机械的隔离作用，也会使金属的腐蚀速度降低。这类钝化现象显然不需要金属的电极电位向正值方向的移动。有的当盐的溶度积很低时，金属的电极电位甚至还朝负值方向移动。如铅在硫酸中，镁在水溶液中以及银在氯化物溶液中的情况就是如此。

金属的阳极溶解过程是金属离子从金属相转移到溶液相，因此流过两相之间的电流是离子电流。如果金属表面上的氧化物膜或金属盐膜是不良的离子导体，即金属离子通过膜层的阻力很大。那么，金属钝化在其表面上一旦形成这种膜层时，金属的阳极过程的速度就会降得很低。因此，只要是金属离子不易通过的表面膜，不论其是电子导体膜还是非电子导体膜，都会阻抑金属的阳极溶解过程。但是覆盖有这两种不同表面膜的金属电极的电化学行有不同。如果金属电极表面覆盖着完整的非电子导体膜，则不仅金属的阳极溶解过程难于进行，其他的电极过程也难于进行。如果覆盖在金属电极表面的是电子导体膜，则虽然金属的阳极溶解过程会受到阻抑，而其他依靠电子来实现两相间的电荷转移过程的电极反应仍可以进行。

钝化膜应该仅限于电子导体膜。因此，如果金属由于与介质作用的结果在表面上形成能阻抑金属溶解过程的电子导体膜，而膜层本身在介质中的溶解速度又很小，以致能使金属的阳极溶解速度保持在很小的数值，称金属表面上的这层膜为钝化膜。钝化膜通常是半导体的成相膜。例如，一些不锈钢的钝化膜是 n 型的半导体，镍上的钝化膜或表面渗氮的不锈钢上的钝化膜是 p 型半导体。按照这一概念，例如铝和铝合金的表面上在空气中形成的厚度为几个纳米的氧化膜，可以称为钝化膜。但由于阳极氧化而生成的厚度达微米级的氧化膜，就不可称为钝化膜，而叫作阳极氧化膜。对于金属表面上由于与介质的作用而形成的非电子导体膜，则称为化学转化膜。

对于钝化现象的定义也存在有好多种学说，但必须要强调以下几点：首先认为金属的电极电位朝正值方向的移动是引起钝化的原因；其次认为发生钝化时，只是金属的表面状态发生某种突变，而不是金属整体性质的变化；最后着重指出的是，金属发生钝化后，其腐蚀速度要有较大幅度的降低，以体现钝态条件下金属具有耐蚀性高的这一钝性特征。这三者紧密地相互联系在一起。根据这种定义必须澄清以下问题。

① 不可只简单地把钝性的增加和电位朝正值方向的移动直接联系起来，否则就会错误地认为金属具有较正的电位值就相当处于在更加稳定的钝化状态。实验结果也表明，杜拉铝

(即硬铝)在盐溶液中的电位比纯铝要正，但其耐蚀性确比纯铝差。含铂杂质的锌，在盐溶液中的电位也比纯锌正，但其耐蚀性也比纯锌差。

② 不能把金属的钝化只简单地看作是因为腐蚀速度的降低。因为阴极过程的被阻滞，如因氢过电位升高，也可减慢金属的腐蚀速度。例如，汞齐化的工业锌其稳定性比锌高以及铁在加有砷的酸溶液中稳定性的提高，这已不属钝化的范畴了。

③ 腐蚀的缓蚀剂并不都是钝化剂，只有能阻滞阳极过程进行的一些阳极性的缓蚀剂才是钝化剂。

研究钝化现象，有理论价值也有很大的实际意义。近年来随着科学技术的进步，特别是电子技术、能谱技术、电子衍射仪和电子显微镜等的广泛应用，极大地推动了对金属钝化过程及其作用机理的研究。

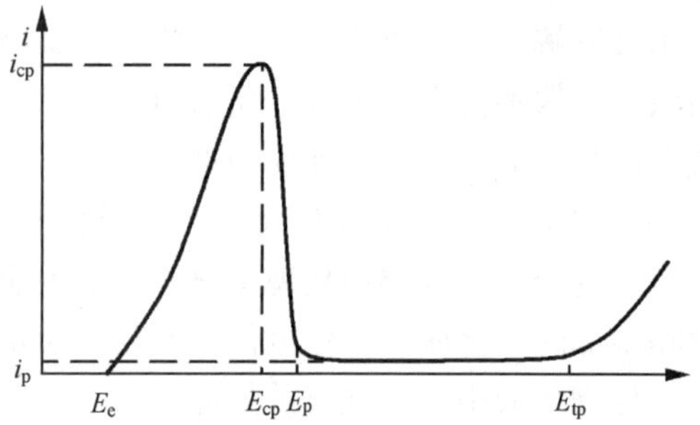

图 5-2　金属钝化过程的阳极极化曲线

5.1.2　金属钝化的特性曲线

为了对钝化现象进行电化学研究，就必须研究金属阳极溶解时的特性曲线。图5-2是采用恒电位法测得的金属钝化过程典型的阳极极化曲线的示意。

图中曲线分成四个部分。

E_e-E_{cp}电位区：E_e 为金属电极的平衡电位，E_{cp}为金属的临界钝化电位(钝化电位)。在这一电位区内，金属的阳极溶解过程主要是活性溶解。金属以低价的形式溶解为水化离子

$$M \longrightarrow M^{n+} + ne$$

对于铁来说，即为

$$Fe \longrightarrow Fe^{2+} + 2e$$

金属的阳极溶解电流密度随电位 E 的升高而不断增大，基本上服从塔菲尔规律。与 E_{cp} 对应的电流密度 i_{cp}，称为临界钝化电流密度，也叫钝化电流密度。

E_{cp}-E_p 电位区，E_p 称为稳定钝化电位。虽然 E_{cp}与 E_p 相距很近，但在这一电位区间金属表面状态发生急剧的变化。当金属的电位升高到某一临界值 E_{cp}时，金属开始钝化，阳极电流密度开始急剧下降。因此在该区间内，电极系统相当于一个“负的电阻”，金属表面处于不稳定状态。有些情况下，在这一电位区间电流密度有大幅度的振荡。例如 Fe 在 10% H_2SO_4 中的阳极钝化过程中，在该区内由于金属表面状态的不稳定，因钝化-活化交替进行而导致电流出现剧烈的振荡。E_{cp}-E_p 电位区叫作钝化过渡区。此时，在金属表面上可能生成二价到三价的过渡氧化物

$$3M + 4H_2O \longrightarrow M_3O_4 + 8H^+ + 8e$$

对于铁即为：

$$3Fe + 4H_2O \longrightarrow Fe_3O_4 + 8H^+ + 8e$$

当电位高于 E_p 时，曲线进入第三部分。

E_p-E_{tp}电位区，E_{tp}为过钝化电位，该区称为稳定钝态区，金属表面处于钝化状态，金属的阳极溶解电流密度 i_p(又称维钝电流密度)很小，而且电位的变化对 i_p 的影响也很小，这时金属表面上可能生成一层耐蚀性好的高价氧化物膜。

$$2M+3H_2O \longrightarrow M_2O_3+6H^++6e$$

对于铁为：

$$2Fe+3H_2O \longrightarrow \gamma\text{-}Fe_2O_3+6H^++6e$$

显然，这里金属氧化物的化学溶解速度决定了金属的溶解速度 i_p，金属按上式反应修补膜以补充膜的溶解。所以 i_p 是维持稳定钝态所必需的电流密度。然后，当电位升高到 E_{tp}，金属电极的阳极曲线就进入第四部分。

高于 E_{tp} 的电位区，称为过钝化区，该区内电流又再次随电位的升高而增加，这可能由于氧化膜进一步氧化成更高价的可溶性氧化物

$$M_2O_3+4H_2O \longrightarrow M_2O_7^{2-}+8H^++6e$$

对于铁可生成含六价铁的化合物，对于含铬的合金，可以形成含六价铬的离子使钝化膜破坏，因而使金属阳极溶解速度上升。但也可能是某种新的阳极反应发生，例如氧的析出。

$$4OH^- \longrightarrow O_2+2H_2O+4e$$

可见，典型的金属电极钝化过程的阳极极化曲线是由金属的活性阳极溶解区、过渡区、稳定钝态区和过钝化区四个部分组成。但有些体系虽然也能够发生钝态，由于存在某种因素，如有活性氯离子存在时，当电位继续升高时，在远未达到过钝化电位 E_{tp} 以前，金属表面的一些点上的钝化膜就局部被破坏，在膜的破坏处金属表面以很大的阳极电流密度进行溶解，金属电极总的阳极电流急剧增大，如图 5-3 所示。在这种情况下，当金属电极到达 E_b 时，电流开始急剧上升，电极表面上出现孔蚀，此时曲线上的稳定钝化区间大为缩短。E_b 被称为击穿电位，也称孔蚀电位。

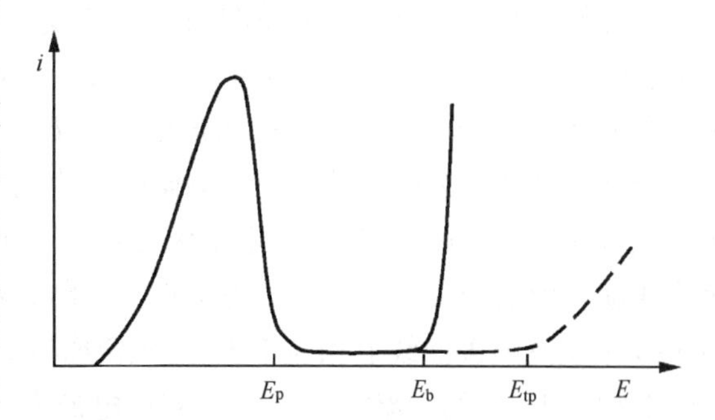

图 5-3　钝化膜发生局部破坏时的阳极曲线

5.1.3　钝化建立的极化图解分析

在没有任何外加极化情况下，金属表面上自钝化现象的发生条件之一就是依靠介质中氧化剂的电化学还原(即共轭极化)促使金属发生钝化。因此，对于同一种金属材料，它的自钝化过程是受氧化剂的阴极还原过程所控制的。图 5-4 为易钝化金属在不同介质中的钝化行为。

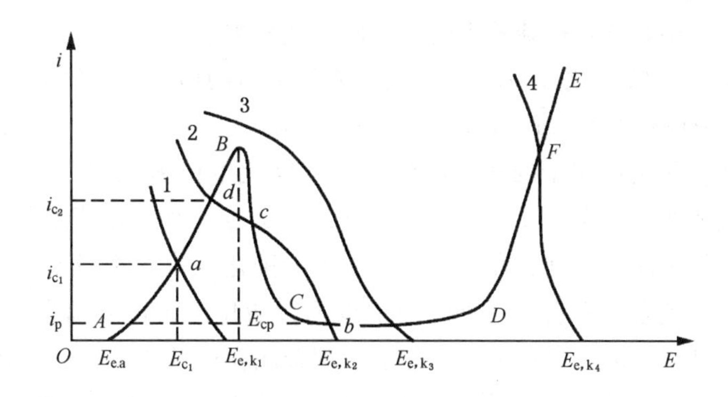

图 5-4　易钝化金属在不同的介质中的钝化行为

图中 *ABCDE* 曲线为金属的理想阳极极化曲线，而介质中的去极化剂(氧化剂)，在该金属上还原时的理想阴极极化曲线随介质的氧化性和浓度的不同分别为 1、2、3 和 4。

曲线 1 代表氧化剂的氧化性很弱的情况，其实测的阳极极化曲线及其与图 5-4 中的理论极化曲线 1 的关系见图 5-5 所示。

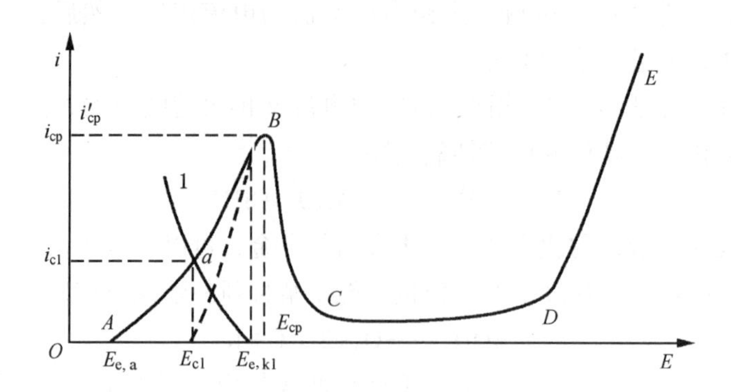

图 5-5　腐蚀电位在活性区的实测阳极极化曲线

在这种情况下，氧化剂初始的还原电位 $E_{e,k1}$，比钝化电位 E_{cp}要低，即 $E_{e,k1}<E_{cp}$。理论的阴、阳极极化曲线只有一个交点 *a*，而且处于活化区内，金属不能进入钝态，只能以相当于 i_{c1}的速度进行腐蚀，其对应的腐蚀电位为 E_{c1}。

当金属电极作为孤立的电极实测阳极极化曲线时，外加电流密度为零时所对应的电位是腐蚀电位 E_{c1}，所以实测阳极极化曲线是从 E_{c1}开始，当电位升高到 $E_{e,k1}$以后，实测的阳极极化曲线就与理论的阳极极化曲线完全重合，两者不重合的部分用虚线表示实测极化曲线。在图 5-4 中理论阳极曲线上相应于 E_{cp}的电流密度 i_{cp}称为钝化电流密度，把图 5-5 中实测阳极曲线上相应于 E_{cp}的电流密度 i'_{cp}称为致钝电流密度。在目前的情况下，致钝电流密度 i'_{cp}与钝化电流密度 i_{cp}相等。因此，这一形式的情况较为简单，实测阳极极化曲线比较接近于理论的阳极极化曲线。

在这种情况下，虽然通过外加阳极极化电流可以使金属表面进入钝化状态，但当外电源被切断，金属电极的电位就会自动从钝化区降落到活性区的腐蚀电位 E_{c1}。所以对于具有这种形式的实测阳极曲线的体系来说，金属表面的钝性要依靠外加阳极电流来维持。如果没有外加阳极电流使金属电极极化到钝性区间，金属表面只能进行活性阳极溶解的腐蚀。例如，不锈钢在无氧的硫酸中和铁在稀硫酸中的腐蚀属于此种类型。

曲线 2 代表氧化剂的氧化性较弱或氧化剂浓度不高的情况。其实测的阳极曲线及其与图5-4中的理论阴极极化曲线 2 的关系如图 5-6 所示。

在这种情况下，氧化剂初始的还原电位 $E_{e,k2}$比钝化电位 E_{cp}要高，即 $E_{e,k2}>E_{cp}$。此时，理论的阴、阳极极化曲线相交于 *b*、*c*、*d* 三个点，三个点处其氧化速度和还原速度都相等。这表明，若原先就处于活态，则它在这种介质中不会钝化，将以相当于 i_{c2}的速度进行腐蚀。如果金属原先就处于钝态，则它在这种介质中也不会活化，而将以相当于维钝电流 i_p 的速度腐蚀着。但由于某种原因一旦使金属活化了，则金属在这种介质中不可能再恢复钝态。因为相应于交点 *C* 处是不稳定的。实测阳极极化曲线，如图 5-6 中的虚线。曲线从腐蚀电位 E_{c2}开始，阳极电流密度随电位 *E* 升高而增大。当电位达到 E_{cp}时，也出现一个致钝电流密

度 i'_{cp}，且 i'_{cp}要比理论阳极极化曲线的钝化电流密度 i_{cp}小，即 $i'_{cp}<i_{cp}$。随着电位继续提高，金属进入钝态，这时实测的阳极极化曲线上出现负电流(见图 5-6 中，E'_{c2}-E''_{c2}的电位区间内)，负电流 i_A 的数值为相同电位下理论极化曲线的阳极电流 i_a 与阴极电流 i_k 的差值；即 $i_{A实测}=i_{a理论}-i_{k理论}$。金属电位再继续提高，就达到金属在钝性区间的腐蚀电位 E''_{c2}，当电位达到 $E_{e,k2}$以后，实测阳极极化曲线就与理论的阳极极化曲线完全重合。

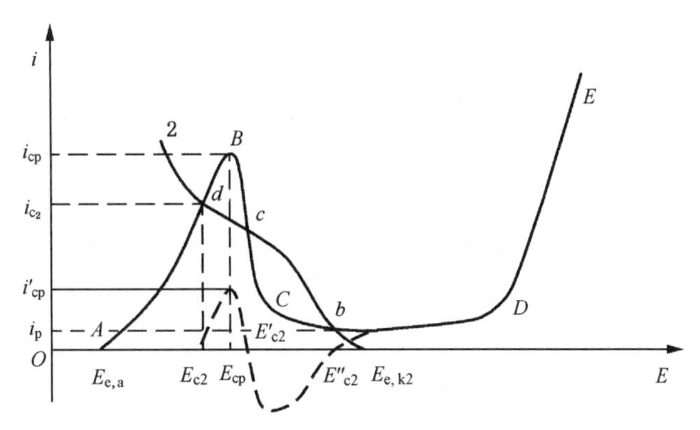

图 5-6　腐蚀电位可在活性区，也可在钝化区的实测阳极曲线

具有这一类型的阳极曲线的腐蚀体系的一个重要性质是：虽然金属表面不能自动从活性阳极溶解状态转变为钝性状态，但如利用外加电源使金属阳极极化到钝性区间，就可以依靠去极化剂的阴极还原反应来维持金属电极电位为 E''_{c2}。因此，对于这样的腐蚀体系来说，只需要外加致钝电流密度 i'_{cp}使金属表面进入钝化状态。以后，只要没有其他的因素破坏金属表面的钝态，就不再需要外加阳极电流来使之维持钝化状态。如不锈钢在含氧的硫酸中的腐蚀属于此类。

对于具有图 5-6 所示的腐蚀体系，如果金属表面已经处于钝态，腐蚀电位为 E''_{c2}，则此时金属的阳极溶解电流密度应为

$$i_a = i_p$$

现在假如由于某种偶然的因素，部分金属表面上的钝化膜被破坏，该部分占钝化膜全面积的份数值为 Q。为了使表面份数值 Q 的钝化膜重新生成，而让其余的 $1-Q$ 的表面部分仍维持钝性状态，所需理论的阳极电流密度为

$$i_a = Qi_{cp} + (1 - Q)i_p$$

若在电位为 E_{cp}时，去极化剂的阴极还原电流密度为$(i_k)_{E_{cp}}$，则在没有外加阳极电流的情况下，可出现两种情况：

① $$(i_k)_{E_{cp}} \geqslant Qi_{cp} + (1 - Q)i_p \quad (5-1)$$

在这种情况下，份数值为 Q 的表面部分上的钝化膜可自动修复，整个金属表面又处于钝化状态，金属的电极电位又重新回到 E''_{c2}。

② $$(i_k)_{E_{cp}} < Qi_{cp} + (1 - Q)i_p \quad (5-2)$$

在这种情况下，钝化膜已经被破坏的表面部分不能重新钝化，金属的电极电位只能低于 E_{cp}，原先有钝化膜的表面部分也因不能维持阳极电流密度 i_p，钝化膜迅速溶解，电位迅速

降低，直至整个表面上钝化膜消失。Q 的数值迅速扩展到 $Q=1$。此时，整个腐蚀系统处于另一个稳定态，即活性阳极溶解电位区的腐蚀状态。金属的电极电位等于 E_{c2}。

所以，对于具有这种实测的阳极曲线的腐蚀系统来说，假定：理想阳极曲线的形状和位置与理想阴极曲线的形状和位置，如图 5-6 中两条实线表示的曲线形状和位置，在整个过程中始终没有变化。那么，金属表面已经处于钝化状态，则当份数值为 Q 的表面部分的钝化膜遭受破坏时，视 Q、i_{cp}、i_p 和$(i_k)_{E_{cp}}$的数值而定，或是 Q 迅速降为 0，或是 Q 迅速扩展为 1，不能保持这两个极端之间的状态。这个规律被称作“全有或全无”规律(Alles-oder-Nichts Gesetz)，意即整个金属电极的表面上要么就是全有钝化膜，完全处于钝性状态，要么就是全部没有钝化膜，完全处于活性腐蚀状态，而不能保持部分表面钝性状态和部分表面活性腐蚀状态同时并存。

值得注意的是：如果钝化膜局部被破坏后，这一表面区域的理论阳极曲线和理论阴极曲线的形状和位置发生了明显的变化，在这样的情况下，就不服从“全有或全无”规律，这在局部腐蚀中经常碰到。

根据式(5-1)和式(5-2)，可以导出 Q 的临界 Q^* 与其他动力学参数的关系。

$$Q^* = \frac{(i_k)_{E_{cp}} - i_p}{i_{cp} - i_p} \tag{5-3}$$

临界值 Q^* 的意义是：当 $Q \leqslant Q^*$ 时，金属表面可以自动回到完全钝性状态；而 $Q>Q^*$ 时，金属表面就会全部转化为活性腐蚀状态。Q^* 数值越大，金属表面的钝性状态就越稳定，而 Q^* 的数值又只决定于 i_p、i_{cp} 和$(i_k)_{E_{cp}}$这三个动力学参数。然而，对于一定的腐蚀体系来说 i_{cp} 和 i_p 由金属电极的阳极极化所确定，是不易随意改变的。所以，如能设法增大$(i_k)_{E_{cp}}$的数值，例如增加去极化剂的浓度或另外添加在电位 E_{cp} 下还原速度更大的氧化剂作为补充的去极化剂，就可以增大临界值 Q^* 的数值，从而增加钝性状态的稳定性。当$(i_k)_{E_{cp}}$增大到$(i_k)_{E_{cp}} \geqslant i_{cp}$时，$Q^*=1$，这时腐蚀体系就转变为图 5-4 中的曲线的情况。

曲线 3 代表中等强度的氧化剂的情况。其实测的阳极极化曲线及其与图 5-4 中的理论阴极极化曲线 3 的关系如图 5-7 所示。

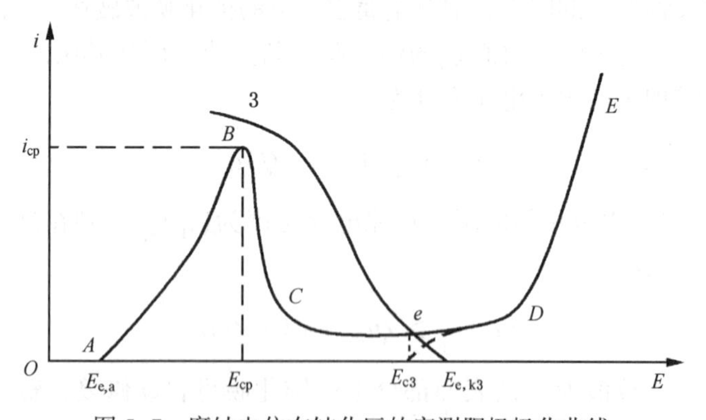

图 5-7　腐蚀电位在钝化区的实测阳极极化曲线

在这种情况下，氧化剂初始的还原电位 $E_{e,k3}$ 比钝化电位 E_{cp} 高，即 $E_{e,k3}>E_{cp}$。理论的阴、阳极曲线也只有一个交点 e，且处于稳定钝化区。因而，只要将金属或合金浸入该介质中，不必依靠外加阳极极化电流，它将与介质自然作用成为钝化状态，这种腐蚀体系叫作自钝化腐蚀体系。这种体系的实测阳极曲线如图 5-7 中的虚线所示，从 E_{c3}起始，当电位升至 $E_{e,k3}$后，实测阳极曲线完全与理论的阳极曲线也完全重合。故这一形式的实测阳极曲线不能反映出从活性阳极溶解转变为钝化状态的钝化过程，也不能反映出钝化电位 E_{cp}和活化电位 E_F。但从防护的角度来看，稳定的钝化状态是人们所希望的。例如，铁在中等浓度的硝酸中，不锈钢在含有 Fe^{3+}的酸中及置于硫酸、盐酸中的高铬合金等的耐蚀行为属于此种类型。

曲线 4 代表强氧化剂的情况，这时，理论的阴、阳极极化曲线相交于过钝化区的 F 点(见图 5-4)，所以金属将因发生过钝化而遭受较严重的腐蚀。例如不锈钢在高浓度和发烟硝酸中的腐蚀属于这种情况。

实践证明，并不是所有的氧化剂都能作为钝化剂，只有那些初始还原电位高于金属的阳极钝化电位 E_{cp}，即 $E_{e,k}>E_{cp}$，而且其阴极的极化率较低的氧化剂才可能使金属进入自钝化状态。

5.2　金属的自钝化过程

从对图 5-7 中的钝化体系的讨论可知，形成自钝化体系的条件是：

$$E_{e,k} > E_{cp}$$

$$(i_k)_{E_{cp}} \geqslant i_{cp}$$

$E_{e,k}$是腐蚀过程的去极化剂阴极还原反应的平衡电位，$(i_k)_{E_{cp}}$是在金属电极的电位为钝化电位 E_{cp}时，去极化剂阴极还原反应的理论的电流密度(在理论的极化曲线上取得)。

在这样的条件下，如用半对数坐标来表示该体系的理论极化曲线，得到图 5-8。那么阴、阳极两条极化曲线只能在钝态稳定区间相交。交点处对应的电位为腐蚀电位 E_c，金属表面可以自动处于稳定的钝化状态。

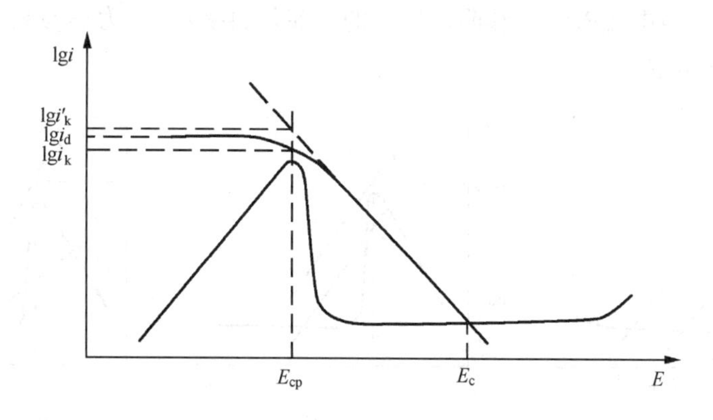

图 5-8　自钝化体系的理论阴、阳极极化曲线

设 i_k°是阴极反应的交换电流密度，i_d 是阴极反应的极限扩散电流密度，则根据式(3-38)，金属电极的电位为 E_{cp}时，阴极反应的电流密度为

$$(i_k)_{E_{cp}} = \frac{i_k^\circ \exp\left(\frac{E_{e,k} - E_{cp}}{\beta_k}\right)}{1 + \frac{i_k^\circ}{i_d}\exp\left(\frac{E_{e,k} - E_{cp}}{\beta_k}\right)} \tag{5-4}$$

如果以$(i'_k)_{E_{cp}}$表示阴极过程完全没有浓差极化时在$E=E_{cp}$时的阴极反应电流密度，则式(5-4)可写成

$$(i_k)_{E_{cp}}=\frac{(i'_k)_{E_{cp}}}{1+\dfrac{(i'_k)_{E_{cp}}}{i_d}}=\frac{(i'_k)_{E_{cp}}}{i_d+(i'_k)_{E_{cp}}} \quad (5-5)$$

因此，对于一个自钝化的体系应满足下列要求

$$(i_k)_{E_{cp}}=\frac{(i'_k)_{E_{cp}}}{1+\dfrac{(i'_k)_{E_{cp}}}{i_d}}\geqslant i_{cp} \quad (5-6)$$

可见，为了能使金属表面进行自动化过程，不仅要求阴极反应的$(i'_k)_{E_{cp}}$足够大，而且还要求阴极反应的极限扩散电流密度也足够大。下面具体讨论阴极反应的各个动力学参数的影响。

① 如果$i_d\gg(i'_k)_{E_{cp}}=i^\circ_k\exp\left(\dfrac{E_{e,k}-E_{cp}}{\beta_k}\right)$，亦即，如果$E=E_{cp}$时，阴极反应的浓差极化可以小到忽略不计，此时式(5-6)就简化为

$$(i'_k)_{E_p}=i^\circ_k\exp\left(\frac{E_{e,k}-E_{cp}}{\beta_k}\right)\geqslant i_{cp}$$

或

$$E_{e,k}-E_{cp}\geqslant\beta_c\ln\left(\frac{i_{cp}}{i^\circ_k}\right) \quad (5-7)$$

因此，在钝化电位E_{cp}和钝化电流i_{cp}的数值一定的条件下，而阴极过程的浓差极化可以忽略，则决定能否发生自钝化过程的参数有三个，即阴极反应的平衡电位$E_{e,k}$(热力学参数)，阴极反应的交换电流密度i°_k和阴极反应的塔菲尔斜率β_k(动力学参数)。图5-9表示了这三个因素影响的示意。

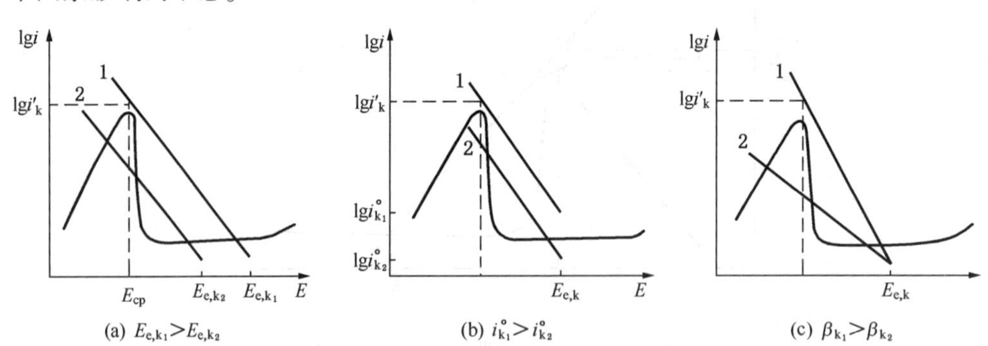

(a) $E_{e,k_1}>E_{e,k_2}$　(b) $i^\circ_{k_1}>i^\circ_{k_2}$　(c) $\beta_{k_1}>\beta_{k_2}$

图5-9 阴极反应的$E_{e,k}$、i°_k、β_k对自钝化过程的影响

1—能使金属自钝化；2—不能使金属自钝化

图中(a)的情况，表示阴极反应交换电流密度i°_k和阴极反应的塔菲尔常数相同时，阴极反应的平衡电位$E_{e,k}$越正，则阴极曲线的位置越高，$(i'_k)_{E_{cp}}$的数值也越大。图中(b)的情况，表示在$E_{e,k}$和β_k相同时，阴极反应的交换电流密度i°_k越大，$(i'_k)_{E_{cp}}$的数值也越大。图中(c)的情况，表示$E_{e,k}$和i°_k相同时，塔菲尔常数较小的，则$(i'_k)_{E_{cp}}$的数值较大。

图 5-9 的(a)、(b)、(c)三种情况中，对应于钝化电位 E_{cp}时，曲线 1 上的阴极电流密度 $(i'_k)_{E_{cp}}$数值均比钝化电流密度 i_{cp}的数值大，即$(i'_k)_{E_{cp}}>i_{cp}$，故金属在阴极反应为 1(曲线 1)的体系中能够产生自钝化过程，在阴极反应为 2(曲线 2)的体系中则不能够产生自钝化过程。

② 如果 $i_d \ll (i'_k)_{E_{cp}}$，也就是说，在 $E=E_{cp}$时，阴极反应的过电位主要来自浓差极化，式(5-6)可简化为

$$i_d \gg i_{cp} \tag{5-8}$$

图 5-10 表示在这种情况下，i_d 对自钝化过程的影响。

由图可见，阴极反应 1 的极限扩散电流密度 i_{d1} 比阴极反应 2 的极限扩散电流密度大，即 $i_{d1}>i_{d2}$，又因 i_{d1} 比钝化电流密度大，即 $i_{d1}>i_{cp}$，所以在该体系中金属能产生自钝化。

③ 在 $i_d \approx (i'_k)_{E_{cp}}$的情况下，自钝化条件式(5-6)就近似地成为

$$(i_k)_{E_{cp}} \approx \frac{1}{2}i_d \approx \frac{1}{2}(i'_k)_{E_{cp}} \geqslant i_{cp}$$

或者

$$\lg i_d \approx \lg(i_k)_{E_{cp}} \geqslant \lg i_{cp} + 0.3 \tag{5-9}$$

图 5-11 表示了这种情况。

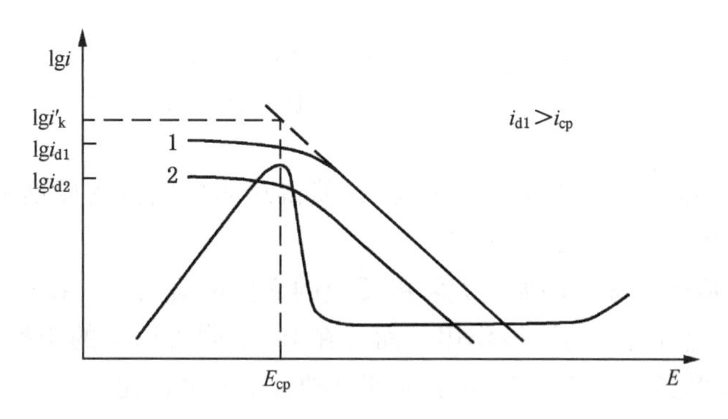

图 5-10　阴极反应的极限扩散电流密度 i_d 对自钝化过程的影响

1—能使金属自钝化；2—不能使金属自钝化

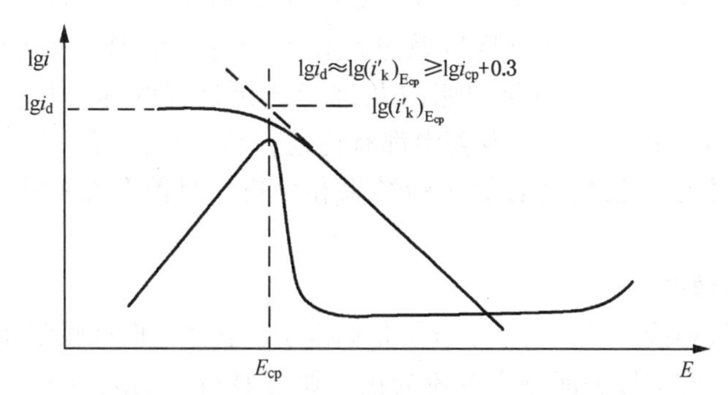

图 5-11　在 $i_d \approx (i'_k)_{E_{cp}}$时体系能自钝化的条件

通过以上讨论可知，虽然 $E_{e,k}>E_{cp}$，但式(5-6)条件不满足，则理论的阴极极化曲线与理论的阳极极化曲线有三个交点，如图 5-9、图 5-10 所示的不能自钝化的情况(阴极曲线 2)。如果金属原来处于活性阳极溶解状态，腐蚀电位就是活性电位区间曲线交点对应的电

位，它不能自动转移到钝性电位区。金属的活性溶解状态也不能自动发生钝化过程而进入稳定钝化状态。然而可以通过下列作用，促使金属表面发生自钝化过程，达到降低金属腐蚀速度的目的。

① 在溶液中添加某些“阳极缓蚀剂”，如钒酸盐、钨酸盐、锝酸盐等可改变阳极极化曲线的形状，使阳极曲线的 i_{cp} 数值降低和 E_{cp} 向负值方向移动，从而使体系能够满足自钝化条件，促使金属表面能够转变为钝化状态，如图5-12所示。这些能使金属表面自钝化的阳极缓蚀剂也称为钝化剂。

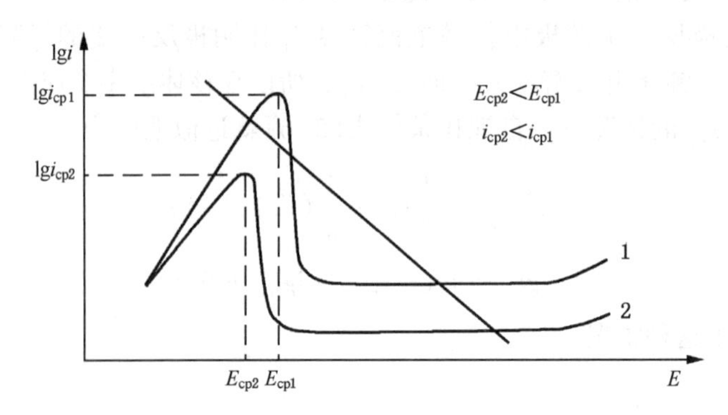

图 5-12 添加阳极缓蚀剂对自钝化过程的影响

1—未添加缓蚀剂；2—添加阳极缓蚀剂

② 额外增加新的阴极去极化剂（氧化剂），使得总阴极电流密度增大到满足式（5-6），使$(i_k)_{E_{cp}}>i_{cp}$，从而促进金属自钝化过程。

③ 增大阴极反应的速度，例如增大阴极反应的交换电流密度，在钛合金中添加 Pd，由于 Pd 在合金表面上起着有效的阴极作用，而且在 Pd 上阴极反应的交换电流密度要比在钛合金（未加 Pd）上大得多，所以添加 Pd 能促使这种合金容易钝化。

5.3 钝化理论

通过恒电位进行阳极极化曲线的测量，如图 5-2 所示，只能得出金属阳极过程的活性溶解区、钝化过渡区、稳定钝化区以及过钝化区的电位范围，和各电位区中的腐蚀平均速度。而不能揭示引起金属钝化的原因及进行钝化过程的详细机理。关于这一问题，曾进行了大量的研究工作，在不少专著中都有论述，至今还没有一个完整的统一的结论，尚在不断深入研究之中。根据已有的实验结果和分析，目前存在的主要观点有成相膜理论和吸附理论。

5.3.1 成相膜理论

当金属与水溶液相接触时，由于水分子是偶极子，它能定向地吸附在金属表面。如果将金属进行阳极极化，使电极表面剩余电荷为正，则 H_2O 分子的氧原子一端朝向金属。当电极电位足够正时，被吸附的水分子便将其一个或两个质子传递给邻近的其他水分，而变成 O^{2-} 或 OH^-，最后与金属离子（例如 Fe^{2+}）形成氧化物层，如图 5-13 所示。这层氧化物增大了金属溶解反应的阻力，使阳极溶解速度急剧下降，一般称这层氧化膜为预钝化膜。预钝化膜不稳定，随着反应的进行，氧化膜不断加厚，最后膜的厚度不再随时间而改变，即处于平衡状态。此时膜的生成速度等于膜的溶解速度，电极上维持着一个几乎不随电位改变的很小的溶解速度，金属进入了钝化状态。

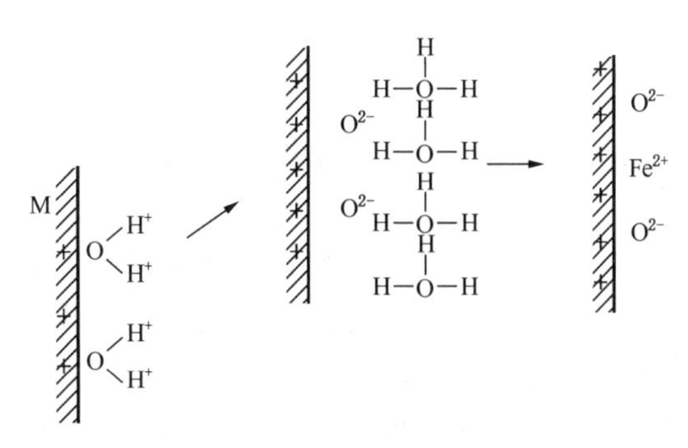

图 5-13　金属表面形成氧化物层示意图

因此，成相膜理论认为，金属钝化是因为在表面生成了一层致密的、完整的、有一定厚度(一般为 1~10nm)的保护膜。这层膜是一个独立相，将金属与溶液机械地隔离开，致使金属的溶解速度大大下降。根据一些实验结果的分析，大多数钝化膜是由氧化物组成。此外磷酸盐、铬酸盐、硅酸盐及难溶的硫酸盐等在一定的条件下，由于金属离子在表面液层中局部地区的浓度超过了其难溶盐的溶度积时，就可以在金属表面上形成结构致密的钝化膜。

很多实验方法能够测出成相膜的厚度和组成，证明电极表面上确实有钝化膜的存在。

① 早在 1927 年 Evans 巧妙地用碘-甲醇溶液从钝化的铁表面将透明的氧化物薄膜成功剥离。

② 用椭圆偏振仪测得钝化膜的厚度。Fe 上钝化膜的厚度为 2.5~3nm，碳钢上的为 9~11nm，而不锈钢上的膜要薄些为 0.9~1nm。

③ 用电子衍射法对钝化膜进行相分析证明，大多数的钝化膜是由金属氧化物组成，如 Fe 的钝化膜是 $\gamma-Fe_2O_3$，Al 的钝化膜下层为无孔的 $\gamma-Al_2O_3$，上层为多孔的 $\beta-Al_2O_3 \cdot 3H_2O$。

④ 很多已钝化金属的阴极充电曲线的测量发现，曲线上出现了电极电位随时间变化很平缓的平阶(如图 5-14)。在这段时间范围内进行的反应是钝化膜的还原过程。可以计算出还原钝化膜所需的电量，并进一步计算出钝化膜的厚度。也可以用电位-pH 图来估计钝化膜的组成及产生钝化膜的条件。

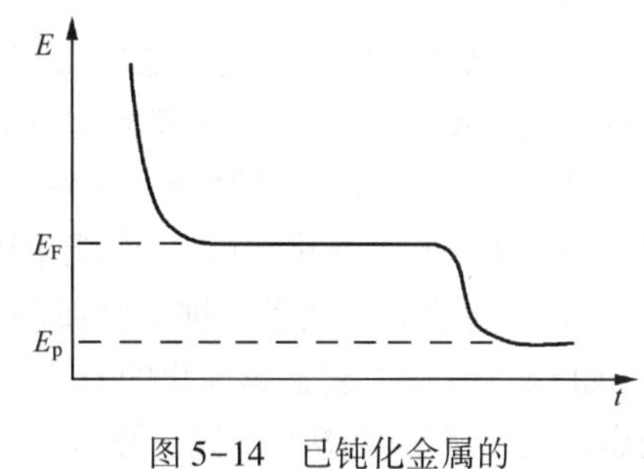

图 5-14　已钝化金属的阴极充电曲线

综上所述，引起金属钝化的原因很可能是很薄的、致密无孔的、直接覆盖在金属表面上的氧化膜，这种膜还必须具有很低的离子导电性与化学溶解速度，否则就不可能有效地抑制金属的溶解。因此，引起钝态出现的原因可能是膜的离子导电性的降低，也可能是氧化层厚度的增长。钝化膜仍具有一定的电子导电性，不少电子交换反应仍可以在钝化膜/溶液界面上进行。

当金属上形成了初始完整的钝化膜后，由于膜具有一些离子导电性，因此，膜的继续生长和金属的缓慢溶解过程是透过膜而实现的。考虑到膜的厚度不过几纳米，而膜两侧的电位差约为十分之几到几伏，所以，膜内的电场强度可能高达$10^6 \sim 10^7$ V/cm。在这样强的电场作用下，可以认为主要是金属离子通过膜迁移到膜/溶液界面上来与阴离子相互作用，如图5-15(a)所示，也可认为主要是阴离子通过膜迁移到金属/膜界面上来与金属离子相互作用，如图5-15(b)所示。

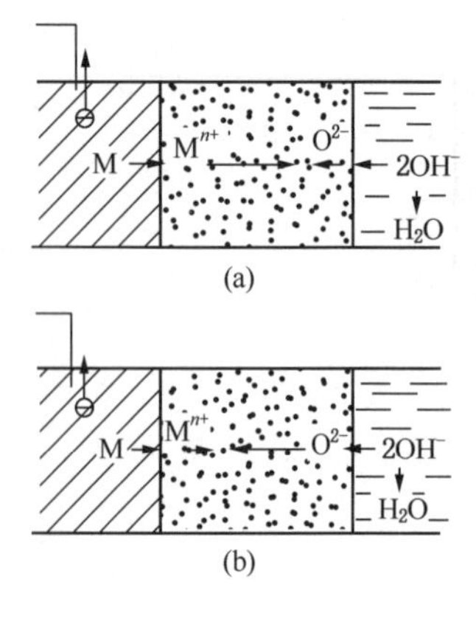

图5-15 表面氧化膜的生长示意图

当金属处于稳定钝态时，并不等于它已经完全停止了溶解，只不过是它的溶解速度大大降低而已，此时的膜生长速度与溶解速度相同。由于膜的溶解是一个纯粹的化学过程，其进行速度与电极电位无关，因此钝态金属的稳态溶解速度也应与电极电位无关。这一结论在大多数情况下与实验结果也相符合。

5.3.2 吸附理论

吸附理论认为，引起金属的钝化并不一定要形成成相膜，而只要在金属表面或部分表面上生成氧和含氧粒子的吸附层就足够了。这一吸附层至多只是单分子层(二维的)，它可以是OH^-或O^{2-}，但更多人认为可能是氧原子。氧原子和金属的最外层原子因化学吸附而结合，使金属表面的化学结合力饱和并改变了金属/溶液界面的结构，大大提高了阳极反应的活化能，降低了金属阳极溶解过程的交换电流密度，使金属进入钝态，导致金属与腐蚀介质的化学反应将显著减小。所以吸附论者认为，钝化的出现是由于金属本身反应能力的降低，而不是由于膜的机械隔离作用。也有不少实验事实支持这种理论的正确性。

① Pt在盐酸中，当它的6%表面积被吸附氧覆盖时，其电极电位朝正值方向移动0.12V，Pt的溶解速度降为原来的1/10，当充满12%表面积时，溶解速度可降为原来的1/16。

② Fe在0.05 mol/L NaOH中，用0.1 A/m^2恒电流阳极极化时，只需通过3 C/m^2的电量就能使Fe进入钝态，这么少的电量还不足以形成氧的单分子层，根本不可能把电极与介质机械隔离开。

③ 在某些条件下，电极电位可以在相应的活化态和相应于钝态的数值间快速振荡。这种现象也表明钝态的建立和破坏是可能借助于很少的电量转移来实现的。

④ Fe、Cr、Ni等过渡金属容易钝化的原因，是因为过渡金属原子都有很容易与具有孤对电子的O^{2-}形成强化学键，O^{2-}能牢固地吸附在这些金属的表面上，使金属进入钝态。

⑤ 一些活性阴离子对钝态金属的活化作用，是由于所谓“竞争吸附”的存在，活性阴离子(如Cl^-)使与引起金属钝化的O^{2-}竞争。最后将吸附在金属表面上的O^{2-}几乎全部取代，导致金属的溶解速度增大，钝态被破坏。

5.3.3 钝化现象吸附论与成相膜论的统一

成相膜理论与吸附理论各自都有一定的实验事实为根据，都能较好地解释一些钝化现象，因而要想绝对肯定或绝对否定其中任一个都是不容易的。吸附论者认为钝化膜不是钝化的起因，而是钝化的结果，认为某些金属表面上只要通过不足以形成单原子氧层就可以使金属钝化。但成相膜论者认为很难证明极化前电极表面上确实完全不存在氧化膜，因此就难以判断所通过的电量究竟是用来“建立”氧化膜，还是“修补”氧化膜，如果是“修补”的话，需要的电量显然就要少得多。但是，由于钝化现象的复杂性，它牵涉的范围很广，而且还必须处理金属-氧化膜-溶液这样一个复杂的相界面。所以到目前为止还没有能提出一个完整而统一的钝化理论。但从目前的研究现状来看，这两种理论的实质并无多大的差别。它们都认为金属的钝化是一种界面的现象，造成金属阳极溶解速度急剧下降的关键是在金属表面上形成的第一层氧层，对于这层氧层，吸附理论认为是吸附氧层而成相膜理论认为是氧化物膜。一般说来，这一层氧层的形成与消失是可逆的。也就是说，当增大阳极极化或者提高钝化剂浓度时，可以在这层氧层基础上继续生长形成成相的氧化膜，进一步阻滞金属的阳极溶解过程，一旦形成成相膜后就具有较强的保持钝化状态的能力；当减小阳极极化或降低钝化剂浓度时，这层氧层会消失使金属又转变成活化状态。实际上，绝大多数对金属溶解具有真正保护价值的钝化膜，可以认为均与成相的氧化膜有关。但也不能否定在钝化膜形成过程中，吸附过程是第一步。

实验已经证明，腐蚀介质中的 H_2O，像参与金属的活性阳极溶解过程一样也参与金属的钝化过程，而且 H_2O 的存在对于金属的钝化过程是必要条件。对于一定的金属，在它能够形成钝性表面的溶液中，Flade 电位 E_F 与溶液的 pH 值有关。因此，可以设想，钝化过程的起始步骤同金属的活性阳极溶解过程步骤类似：首先在金属表面形成$(MOH)_{ad}$中间产物。例如，无论是金属的活性阳极溶解过程或金属表面的钝化过程，共有的起始步骤是

$$M+H_2O \rightleftharpoons (MOH)_{ad}+H^++e \qquad （酸性溶液）$$

或

$$M+OH^- \rightleftharpoons (MOH)_{ad}+e \qquad （碱性溶液）$$

也许在电位比较低时，主要是进行金属电极的活性阳极溶解过程，即$(MOH)_{ad}$进一步氧化成为金属的活性阳极溶解产物。但当达到一定高的电位后，在金属表面并行地进行两个过程。一个过程仍是金属的活性阳极溶解过程，而同时，与之并行地进行着另一过程：$(MOH)_{ad}$被氧化成某种表面化合物膜。这一表面化合物膜或是“钝化前膜”或可能就是钝化膜本身，虽然它同最终电位升高到钝性区间的钝化膜组成还有差别，但有这种化合物膜覆盖的金属表面不能再进行活性阳极溶解过程，而可以进行表面化合膜的化学溶解过程。例如对于 Fe，有人认为：

$$Fe+H_2O \rightleftharpoons (FeOH)_{ad}+H^++e$$

生成中间产物$(FeOH)_{ad}$以后，进一步反应有两个途径。一个就是活性阳极溶解过程：

$$(FeOH)_{ad} \longrightarrow FeOH^++e$$

$$FeOH^++H^+ \rightleftharpoons Fe^{2+}+H_2O$$

另一个是生成$[Fe(OH)_2]_{ad}$膜：

$$(FeOH)_{ad}+H_2O \rightleftharpoons [Fe(OH)_2]_{ad}+H^++e$$

然后这一吸附膜进一步氧化为钝化膜。

所以，按照上述观点，如不考虑特定金属的阳极反应的具体反应动力学机构，一般地，可以认为在金属表面钝化前的阳极过程中可以同时进行着下列三类反应。

共有的起始步骤为：

$$M+H_2O \rightleftharpoons (MOH)_{ad}+H^++e$$

① 活性阳极溶解

$$(MOH)_{ad} \longrightarrow MOH^{(n-1)+}+(n-1)e$$

$$MOH^{(n-1)+}+H^+ \rightleftharpoons M^{n+}+H_2O$$

② 钝化

$$(MOH)_{ad}+H_2O \rightleftharpoons [M(OH)_2]_{ad}+H^++e$$

$$[M(OH)_2]_{ad} \longrightarrow MO_{\frac{n}{2}}(\text{钝化膜})+\left(2-\frac{n}{2}\right)H_2O+(n-2)H^++(n-2)e$$

式中的 n 是金属离子的价数

③ 钝化膜的化学溶解

$$MO_{\frac{n}{2}}+nH^+ \longrightarrow M^{n+}+\frac{n}{2}H_2O$$

另外，也可能溶液中存在能使钝化膜破坏的阴离子 A^-，它们与钝化膜中的金属离子形成易溶的盐类或络离子，其反应表示为：

$$MO_{\frac{n}{2}}+nA^- \longrightarrow MA_n+\frac{n}{2}H_2O$$

对于铁来说，活性阳极溶解产物是二价铁离子($n=2$)，而在钝化膜中的铁离子则是三价离子($n=3$)。可见对于具体金属的具体情况同以上各式还有所不同，而且钝化膜中的金属离子价数 n 不仅因金属种类不同有所差别，而且即使是同一种金属，在不同的电位下也可能不同。尽管不同金属的具体阳极总过程有些差别，但金属电极的阳极过程总的概念大致可以用这些式子表示出来。

5.4 佛莱德(Flade)电位

采用阳极极化法使金属处于钝态时，当把阳极电流中断后，金属钝化状态便会受到破坏重新回到活化状态。图 5-16 表示出了金属活化时，电极电位随时间变化的情况。图中曲线表明，断电后，电极电位开始迅速下降，然后，在一段时间内(几秒到几分钟)，电位改变缓慢，最后电位又急剧地下降到金属的活化电位值。金属在刚回到活化状态时的电位称为 Flade 电位，用 E_F 表示。

Flade 电位是钝态时的特性电位，首先是 F. Flade 在研究钝态 Fe 在 H_2SO_4 溶液中自然活化时，在电位衰减曲线上所看到的停滞电位，后来 K. F. Bonhoeffer 等从活化态向钝化态转变时，也测得了这一特性电位，因此 Flade 电位是金属的活化状态和钝化状态之间的临界电位。

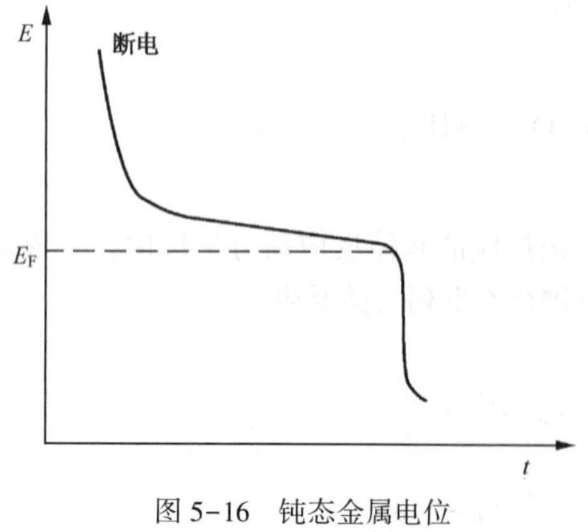

图 5-16 钝态金属电位随时间的改变情况

5.4.1 E_F 与 pH 值的关系

随金属的种类和溶液 pH 值的变化，Flade 电位可表示为：

$$E_F = E_F^\circ - 0.059\text{pH}$$

式中 E_F° 是 pH = 0 时的 Flade 电位，称为标准 Flade 电位，各种金属在 25℃时的标准 Flade 电位(SHE)为

$$\text{Fe：}E_F^\circ = 0.63\ \text{V}$$

$$\text{Ni：}E_F^\circ = 0.22\ \text{V}$$

$$\text{Cr：}E_F^\circ = -0.22\ \text{V}$$

$$\text{Cr(25\%)} - \text{Fe 合金：}E_F^\circ = -0.10\ \text{V}$$

E_F 与 pH 值的关系，一般是 pH 值越大，电位移向负方，金属越易钝化。可见铁具有比较正的 Flade 电位，表示钝化膜有明显的活化倾向，而铬的 E_F°为-0. 22 V，表示其钝化膜具有很好的稳定性。至于 Cr-Fe 合金，当 Cr 含量为 25%时，E_F°为+0. 1 V，其钝化膜比铁、镍要稳定。

5.4.2 Flade 电位的意义

(1) E_F 电位可用来衡量金属钝态的稳定性

Flade 电位与钝化膜的稳定性有关，是关联着钝化生成和破坏的电位，E_F 值越负，生成的钝化膜愈稳定。

对同种金属来说，pH 值越低，E_F 越大，表示钝化膜具有明显的活化倾向，对不同的金属和合金在同样的介质中，E_F 值越小，则钝化膜的稳定性越好，所以按钝化膜稳定性好的顺序为

$$Fe<Ni<Cr(25\%)-Fe<Cr$$

在 Fe-Cr 合金中，Cr 含量越高则越易钝化。

(2) E_F 对应于活化-钝化转变时的平衡电位

如果金属在阳极钝化过程中进行如下反应

$$M+H_2O \longrightarrow MO+2H^++2e$$

在此反应中，E_F 相当于氧化电位，而 MO 是金属上的钝化膜。若我们设想和金属结合的氧量不影响到所给公式，由此可得

$$E_F = E_F^\circ + \frac{0.059}{2}\lg a_{H^+}^2 = E_F^\circ - 0.059pH$$

如果金属的活化-钝化转变是通过金属表面的氧化物组成由低价转化为高价而进入钝化状态的，例如

$$2Fe_3O_4+H_2O \longrightarrow 3\gamma-Fe_2O_3+2H^++2e$$

那么 Flade 电位即为该转变反应的平衡电位。

如果金属的钝化是由于形成了介稳态的氧化物相，那么 Flade 电位相应于介稳态氧化物相形成的最低电位。通常大多数金属在酸性溶液中，按照热力学计算似乎不太可能生成固相产物，然而也能出现金属的钝化现象。此时，因为生成了介稳态化合物。介稳态往往在氧化膜的生成速度大于氧化膜的溶解速度时生成。

(3) Flade 电位与钝化电位 E_{cp}的关系

E_F 与 E_{cp}很接近，但并不相同。E_F 是钝化膜的活化电位，是在断电后，金属由钝化状态开始转变成活化状态时的电位。而 E_{cp}是产生钝化的电位，是通电下测得的金属由活化状态开始向钝化状态过渡时的电位。两者之间有一个很小的差值。也有人认为 E_F 更接近进入稳定钝化状态开始的电位 E_p(稳定钝化电位)。

5.5 钝态破坏引起的腐蚀

金属处于钝态的条件下溶解速度虽然很低，腐蚀速度很小，但并不是百分之百地停止腐蚀。这种状态下，金属表面存在着吸附的或成相的膜，只是由于动力学上受阻，使腐蚀速度显著降低而已。但从热力学角度上看，钝态下的金属具有很高的不稳定性，金属可因其钝化膜的破坏而大大加速它在介质中的腐蚀。

5.5.1 过钝化及其腐蚀

实践表明：金属获得并维持钝态以降低腐蚀是有条件的，若用氧化剂增强钝态必须注意要以一定的氧化剂最大浓度为限。否则氧化剂浓度超出了最适宜的数值时，金属上的钝化膜就失去保护性能，并使金属转变为活化状态。通常，把金属从钝化状态变为活化状态的过程称为金属进入过钝化状态。例如图 5-17、图 5-18 所示的情况。

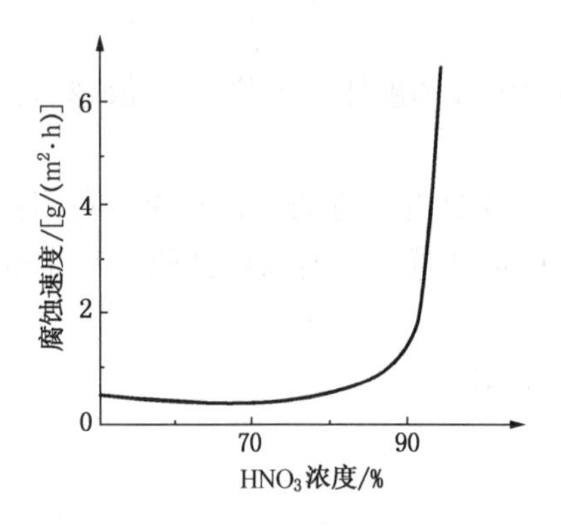

图 5-17　低合金钢的腐蚀速度与硝酸浓度的关系（室温）

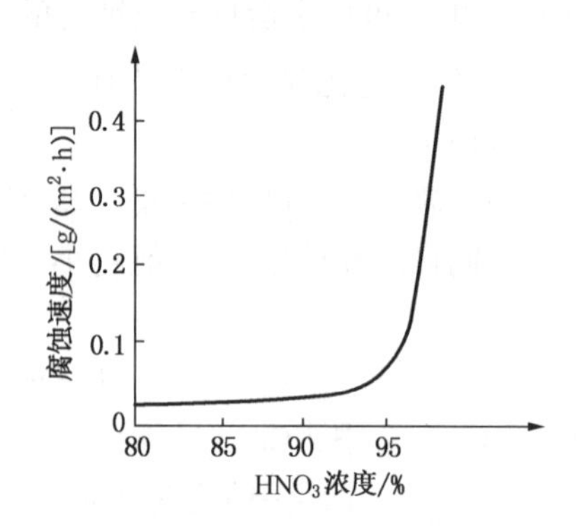

图 5-18　18-8 型不锈钢的腐蚀速度与硝酸浓度的关系（50℃）

图 5-17 为铬硅低合金钢在高浓度硝酸中的耐腐蚀情况，曲线表明当硝酸浓度大于 80% 时，腐蚀速度剧烈增加，这是由于在强氧化剂介质中腐蚀时，形成了可溶性的或不稳定的高价化合物所致。图 5-18 为 18-8 型不锈钢的腐蚀速度与硝酸浓度的关系。曲线同样表明，铬和铬镍钢在高浓度的硝酸中也发生强烈的腐蚀。这是因为：

$$2Cr^{3+}+7H_2O \longrightarrow Cr_2O_7^{2-}+14H^++6e$$

三价铬被氧化成六价铬的氧化物（可溶），导致过钝化，如添加其他氧化剂（如 $KMnO_4$ 等）到硝酸中，也可以使许多常见的合金钢出现过钝化。此外，腐蚀速度的增加与添加氧化剂的数量以及酸浓度的增加等因素有关，也与温度升高有关。

不锈钢在硝酸、硫酸及其他酸中进行阳极极化时，在达到相当正的电位值后也可出现过钝化状态。处于过钝化状态的金属具有相当大的腐蚀电流，但它与孔蚀不同，过钝化所引起的腐蚀形貌呈现完全的均匀腐蚀。

碳钢在碳化生产液中阳极极化时，当电位升高到一定电位值时，同样出现过钝化现象。如图 5-19 所示。由图可见，当电位高于 0.8 V（SCE）时，阳极电流再度升高（见曲线 2，3），碳钢在 NH_4HCO_3 和碳化工作液中均出现过钝化现象。实践证明，在过钝化区，一方面 Fe 被氧化成高价铁（FeO_4^{2-}）的形式，再度溶解；另一方面新的电极过程，即氧的析出反应发生，所以，阳极电流又急剧上升。

过钝化相当于是二次活化，当过钝化后电位继续正移时，又可能出现二次钝化。例如不锈钢在阳极极化过程中，由于 Cr 在过钝化区的选择性溶解，使 Fe 在金属表面上的含量增加，因 Fe 的钝化区间比 Cr 宽，因而造成二次钝化。

5.5.2 氯离子对钝化膜的破坏

氯离子与溴、碘离子为活性卤素阴离子，它们对钝态的破坏和建立均起着显著的影响。对于氯离子如何使钝态破坏而引起腐蚀的机理也还没有定论。

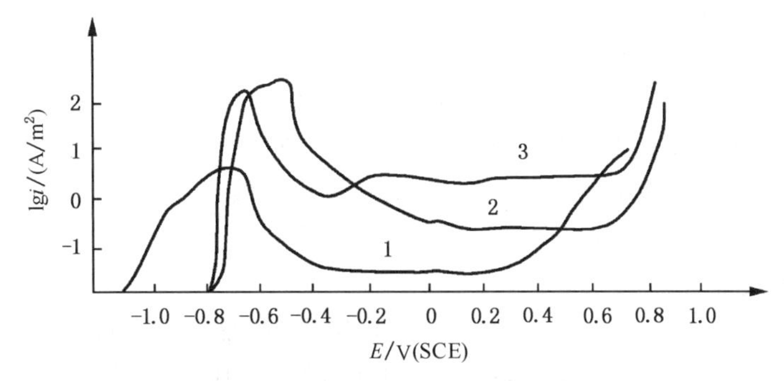

图 5-19 碳钢在 NH_4OH、NH_4HCO_3 和碳化液中的恒电位阳极极化曲线(40℃)

1—NH_4OH 溶液中；2—NH_4HCO_3 溶液中；3—碳化工作液中

成相膜论者认为，由于氯离子半径小、穿透力强，它最容易透过膜内极小的孔隙与金属发生作用形成可溶性的氯化物，从而使钝态破坏产生孔蚀，如 Fe，认为由于氯离子穿过了氧化膜与三价铁离子发生反应，即

$$Fe^{3+}(\text{钝化膜中})+3Cl^- \longrightarrow FeCl_3$$

$$FeCl_3 \longrightarrow Fe^{3+}(\text{电解质中})+3Cl^-$$

由于氯离子通过钝化膜时有物质迁移过程，故上述反应有诱导期，大约需 200 min。

Hoar 从成相膜理论出发提出了离子交换理论，认为 Cl^- 易于变形和极化，当它在氧化膜表面吸附时，可在膜上产生 3 个很强的诱导电场，此电场能将金属阳离子从氧化物晶格中迁出而进入溶液相；也能使 Cl^- 向氧化物晶格内渗透而发生离子交换作用，从而使氧化物晶格产生阳离子空位，增加了氧化物的离子导电性，使阳离子更易在电场作用下迁移，最终形成孔蚀。可见，氧化膜中，产生足够的电场是钝化膜破坏的关键，诱导电场的强度决定于 Cl^- 的浓度和电极电位，因此膜的破坏需要一个最低的 Cl^- 浓度，称为临界浓度和一个最低的电位，即称为孔蚀击穿电位。它的数值与腐蚀介质的溶液组成有关。另外，Cl^- 向氧化物膜内以及金属阳离子向氧化膜外迁移需要一定的时间，所以在这种情况下，孔蚀具有一个较长的诱导期。

吸附论者认为，氯离子破坏钝化膜的根本原因是由于 Cl^- 具有很强的、可被金属吸附的能力，而且由于溶液中的 Cl^- 与溶解氧或 OH^- 在 Fe 表面上的竞争吸附，在那些钝化膜薄弱处原来被吸附的氧可被 Cl^- 替代，使原来耐蚀性好的钝化膜(金属-氧-羟水合络合物)转变成可溶性的络合物(金属-氧-羟-氯络合物)使膜破坏，造成局部腐蚀。

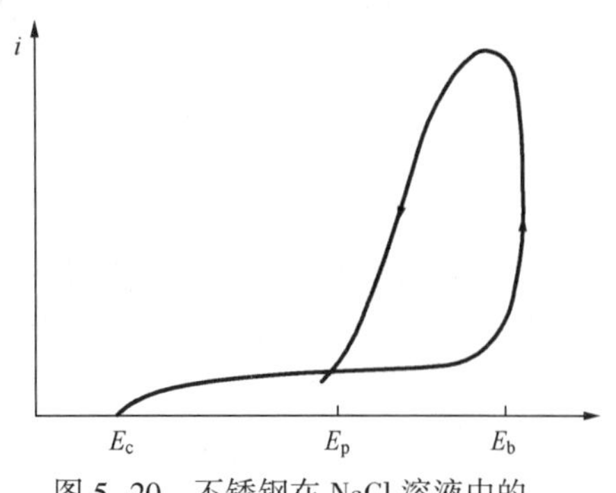

图 5-20 不锈钢在 NaCl 溶液中的“环状”阳极极化曲线

氯离子对金属表面钝化层的活化作用只是在一定的电位范围内，如图 5-20 所示，根据这一阳极极化曲线的形状可以判断不锈钢在某种腐蚀介质中的稳定情况。图中曲线是从自腐蚀电位开始进行阳极极化，当极化电位增加到击穿电位 E_b 时，阳极电流显著增加。这时不锈钢表面产生小孔。在极化

电流密度达到预先规定的数值后，电位立即以一定速度回转扫描。当电流密度又回复到维钝电流密度时，金属表面上的钝化膜已重新修补愈合好，并使之恢复钝化状态。这一电位则称再钝化电位或保护电位 E_p。显然，当金属或合金的电极电位 $E<E_p$ 时，则它处于钝化状态；当 $E_p<E<E_b$ 时，金属表面上已经腐蚀的小孔将继续腐蚀，但不会产生新的蚀孔。图 5-20 中的曲线是不锈钢在 NaCl 溶液中典型的“环状”阳极极化曲线，曲线上的击穿电位 E_b 已被作为评价不锈钢在卤化物介质中耐小孔腐蚀倾向的一种指标。击穿电位越正，金属的钝态便越稳定，孔蚀便越难发生。

这里必须注意，用动电位法测量 E_b 时，采用不同的扫描速度会得到不同的 E_b，而且材料发生孔蚀的诱导时间越长，扫描速度越快，对测量结果的影响越大。同样 E_p 也是随测试条件而变的一个参数。采用不同反向扫描电流密度值或不同的反向扫描速度，测得 E_p 也都不同。只有控制了相同的测试条件，方可用测出的 E_b 和 E_p 值来比较不锈钢耐孔蚀的能力和再钝化的能力。

理论的电位-pH 图，由于只是考虑 OH^- 这种阴离子对平衡产生的影响，因此图中的钝化区并不能反映出各种金属氧化物、氢氧化物等究竟具有多大的保护性能，这是理论电位-pH 图的一个应用上的局限性。而在实际的腐蚀环境中，往往还存在着 Cl^-、SO_4^{2-} 等阴离子又会使问题更加复杂。如果在含有 Cl^-，并具有一定 pH 值的溶液中系统地进行“环状”阳极极化曲线的测量，并把每一个 pH 值下得到的保护电位 E_p 和击穿电位 E_b 和钝化电位 E_{cp}。分别对应地按 pH 值和电位值作图，把这些数据补加到理论电位-pH 图中，可得到一个实验的电位-pH 腐蚀图，如图 5-21 所示。

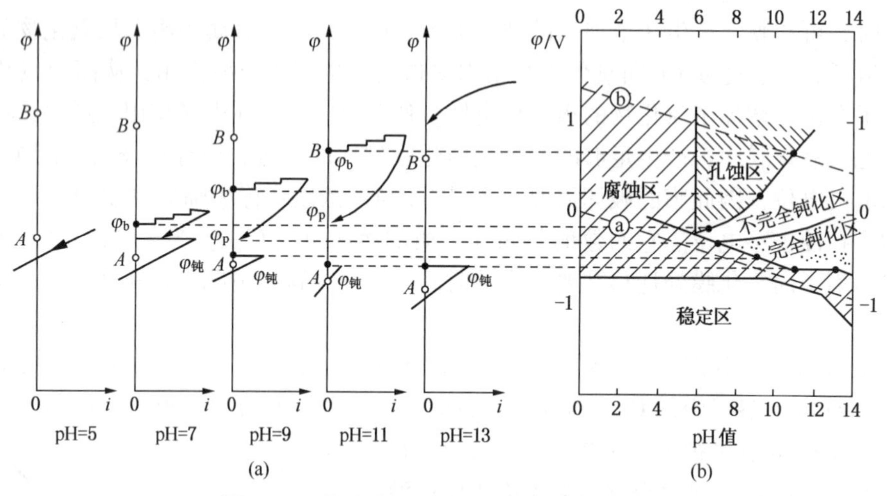

图 5-21　铁在含 355mg/L Cl^- 溶液中的行为

(a) pH 值为 5~13 溶液中的极化曲线；(b) 实验电位-pH 图

图 5-21(a)是用动电位法测得的纯铁在含有 355mg/L Cl^-，pH 值为 5、7、9、11 及 13 溶液中五个极化曲线简图。把这些极化曲线的有关参数绘制补充到理论的电位-pH 图($Fe-H_2O$ 体系)中便得出实验的电位-pH 图[图 5-21(b)]。该图中除了表明金属的稳定区、腐蚀区和钝化区外，还表示了孔蚀区(取决于 pH 值和 Cl^- 浓度的孔蚀发生电位 E_b 以上的区域)。而保护电位 E_p 的图线将钝化区域分割成不完全钝化区和完全钝化区。在不完全钝化区里不再形成新的蚀孔，但原来已生成的蚀孔会继续生长，而只有在完全钝化区里，既不形成新的

蚀孔，原来已有的蚀孔也不会再生长，因此完全是无害。pH 值在 6 以下，仍然不会出现钝化现象，金属进行着全面的均匀腐蚀。可见，结合考虑了有关的动力学因素的经验电位-pH 图，在金属腐蚀的研究中将具有更广泛的用途。

5.6 影响金属钝化的因素

5.6.1 金属本身性质的影响

不同的金属具有不同的钝化趋势。钛、铝、铬是很容易钝化的金属，它们在空气中及很多介质中钝化，通常称它们为自钝化金属。一些金属的钝化趋势按下列顺序依次减小：

钛、铝、铬、钼、镁、镍、铁、锰、锌、铅、铜。

要注意这个次序并不表示上述金属的耐蚀性也依次递减，而只能代表决定于阳极过程的阻滞(即由于钝态引起的)的腐蚀稳定性增加程度的大小而已。

5.6.2 介质的成分和浓度的影响

能使金属钝化的介质主要是氧化性介质。一般说来，介质的氧化性越强，金属越容易钝化。除浓硝酸和浓硫酸外，$AgNO_3$、$HClO_3$、$K_2Cr_2O_7$、$KMnO_2$ 等强氧化剂都很容易使金属钝化。但是有的金属在非氧化性介质中也能钝化，如钼能在 HCl 中钝化，镁能在 HF 中钝化。

金属在氧化性介质中是否能获得稳定的钝态，必须要注意氧化剂的氧化性能强弱程度和它的浓度。如果在一定的氧化性介质中，无其他活性阴离子存在的情况下，金属能够处于稳定的钝化状态，存在着一个适宜的浓度范围，浓度过与不足都会使金属活化造成腐蚀。

介质中含有活性阴离子如 Cl^-、Br^-、I^-等时，由于它们能破坏钝化膜引起孔蚀。如浓度足够高时，还可能使整个钝化膜被破坏，引起活化腐蚀。

5.6.3 介质 pH 值的影响

对于一定的金属来说，在它能形成钝性表面的溶液中，一般地，溶液的 pH 值越高，由于 E_F 电位降低，使钝化稳定的电位区间要宽，而且，溶液 pH 值越高，钝化电流密度 i_{cp} 也降低，因此，钝化越容易。

实际上，金属在中性溶液里一般钝化较容易，而在酸性溶液中则要困难得多，这往往与阳极反应产物的溶解度有关。如果溶液中不含有络合剂和其他能和金属离子生成沉淀的阴离子，对于大多数金属来说，它们的阳极反应生成物是溶解度很小的氧化物或氢氧化物。而在强酸性溶液中则生成溶解度很大的金属盐。但要注意，某些金属在强碱性溶液中，能生成具有一定溶解度的酸根离子，如 ZnO_2^{2-} 和 PbO_2^{2-}，因此它们在碱液中也较难钝化。

5.6.4 氧的影响

溶液中的溶解氧对金属的腐蚀性具有双重作用。在扩散控制情况下，一方面氧可作为阴极去极化剂引起金属的腐蚀。另一方面如果氧在供应充分的条件下，当去极化的极限阴极电流密度 i_d 超过钝化电流密度 i_{cp}时，又可促使金属进入钝态。如图 5-22 所示。

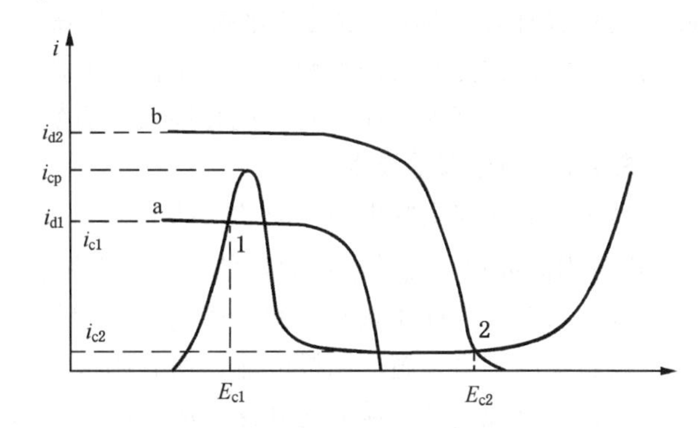

图 5-22 溶解氧浓度对 Fe 电极阳极行为的影响

a—溶解氧浓度较低时；b—溶解氧浓度较高时

由图可见，当溶液中氧的浓度不够大时，由于极限扩散电流密度 $i_{d1} < i_{cp}$，共轭极化的稳定电位 E_{c1}，处于活性电位

区，所对应的电流密度 i_{c1}（相当于两线交点 1）为金属活性溶解的速度，此时，金属不会发生钝化，相应的腐蚀速度较大，为 i_{c1}（等于极限扩散电流密度 i_{d1}）。如设法加快扩散速度，以提高铁电极表面附近氧的浓度，使氧的极限扩散电流密度 $i_{d2}>i_{cp}$时，阴、阳极极化曲线则相交于 2 点。此时，金属的稳定电位 E_{c2}则处于稳定钝化区，铁已进入钝态，相应的腐蚀速度为钝态金属的阳极溶解速度 i_{c2}，腐蚀大大减轻。

5.6.5 温度的影响

温度越低，金属越容易钝化；温度越高，钝化越困难。例如铁在 50%的硝酸中，在 25℃时能钝化。但当温度超过 75℃时，即使 90%的硝酸也很难使铁钝化。不锈钢在 65%硝酸中，室温下即钝化。在沸腾的 65%硝酸中，它的电位移到过钝化区遭到过钝化腐蚀。这是因为温度升高有两个因素同时作用：一方面是致钝电流密度增大，使钝化困难，而另一方面是介质的氧化性增强使腐蚀电位升高。碳钢在高温硝酸中因它本身钝化趋势弱，所以前一因素起主导作用，从而使碳钢无法钝化。而不锈钢则因为容易钝化，电位虽然不会跑到活化区，这是后一因素起了主导作用，但不锈钢的电位可以升到过钝化区，也会遭受腐蚀。因此，不锈钢在硝酸中使用时，硝酸浓度越高，温度就应该相应地降低，才能确保不锈钢在钝态下工作。

5.7 钝性的利用

5.7.1 提高合金的耐蚀性

提高金属材料的耐蚀性，往往是通过合金化的途径。若将某些易自钝化的金属（如 Ti、Al、Cr、Mo 等）和钝化性较弱的金属组成固溶体合金时，这种合金的自钝化趋势将显著提高，使钢的表面形成钝化膜，以提高钢的耐蚀性及其他性能。

例如，Fe-Cr 合金，钢中的铬是不锈钢获得耐蚀性最基本的元素。在氧化性介质中，铬能使钢的表面很快生成 Cr_2O_3 保护膜，这种膜一旦被破坏，会很快修复，在氧化性条件下，随钢中铬含量的升高，其耐蚀性将按固溶体 $n/8$ 规律提高。当铬含量达到 1/8、2/8、3/8……$n/8$ 时，即 12.5%、25%、37.5%……原子比时（换算为质量分数则为 11.7%、23.4%、35.1%）电极电位产生跳跃式上升，耐蚀性便有显著提高，据此可以发展各种不锈钢。这些不锈钢在稀硝酸中可发生自钝化，耐蚀性好。而纯铁却因稀硝酸的氧化性较弱而不能进入钝态，腐蚀严重。

钼也是不锈钢中重要的合金元素，通常添加 2%~3%钼，使钢在表面上形成富钼氧化物膜。这种含有 Cr、Mo 元素的氧化膜，具有较高的稳定性，在许多非氧化性强腐蚀性介质中不易被溶解，并能有效地抑制因氯离子侵入而产生的孔蚀。由于钼十分有效地提高了钢的孔蚀电位，当钼和铬配合使用时，抗孔蚀效果更好。

5.7.2 阳极保护技术

从 $Fe-H_2O$ 体系的电位-pH 图（见图 2-11）可以看出，将处于腐蚀区的金属（如图中 B 点）进行阳极极化，使其电位向正值方向移至钝化区（如图中向上的箭号所示），则金属可由活性腐蚀状态进入钝化状态，使金属腐蚀急剧降低而得到保护。因此，阳极保护的原理是将保护设备变成阳极，施加阳极电流，使其阳极极化，获得并维持金属设备处于钝化状态，以显著降低其腐蚀速度，从而达到保护的目的。把这种技术称为阳极保护，其实质就是钝性的利用。它特别适用于氧化性介质中金属设备的防腐，是一种既经济而且保护效果又好的一种防腐蚀技术。

阳极保护的关键是建立和保持钝态，因此不是阳极极化曲线具有明显的钝化特征的腐蚀体系都一定能实现阳极保护，还必须对阳极保护的主要参数进行分析。

（1）致钝电流密度 i_{cp}

要求越小越好，这样可以选用容量较小的电源设备，减少设备投资和耗电量，而且设备也较容易达到钝态，同时也减少致钝过程中设备的阳极溶解。

（2）维持电流密度 i_p

维持电流密度，代表着阳极保护时金属的腐蚀速度，因此要求维持电流密度越小越好，它的数值小，表明设备腐蚀速度小，保持效果越显著，日常耗电量也越少。

必须注意的是，腐蚀介质中的某些成分和杂质会在阳极上产生副反应时，其维钝电流将会偏高，例如碳化液中含有杂质 S^{2-} 或 HS^-，在阳极能使之氧化而耗电较大。此时，金属真正的腐蚀速度虽然不大，但应用失重法来实测维钝时金属真正的腐蚀速来加以验证。

（3）稳定钝化区电位范围（E_p-E_{tp}）

稳定钝化区电位范围越宽越好。钝化区电流范围宽，电位就可允许在较大的数值范围内波动而不致发生进入活化区的危险。这样，对控制电位的设备和参比电极的要求就可不必太高。

以上分析可知：有钝化特征的腐蚀体系，是能够实行阳极保护的必要条件，而致钝电流密度、维钝电流密度要小，钝化区电位范围要宽则是阳极保护得以实现的充分条件。因此在生产实践中要对技术的难度（致钝、维钝、控制、操作）、保护效果，以及投资及日常维护费用综合考虑来确定。因为阳极保护与阴极保护相比，是技术难度较高，操作更要精细的一种防护技术。

5.7.3 阳极型缓蚀剂

在腐蚀体系中添加很少量物质，就能促使金属进行自钝化过程以降低腐蚀。这类物质称为阳极型缓蚀剂，也是钝化剂。

铬酸盐是以前用得最为普遍的能促使自钝化的添加剂，曾号称“通用钝化剂”。它是一种阳极型缓蚀剂，但它的用量不足时又是阴极去极化剂，不能使金属表面钝化，而使腐蚀加剧。由于它有毒性，对于当今日趋严格的环保限制，已经很少用来作添加剂。又如钒酸盐等也属这类缓蚀剂。它们的添加能使钝化电流降低，钝化电位负移，促进金属表面能够转变为钝化状态。因此，开发无毒或低毒、高效、经济的阳极型缓蚀剂是当今很重要的课题。

第 6 章　金属的腐蚀形态

控制材料和设备装置的腐蚀，需要了解产生的不同腐蚀形态，分析其形成机理和影响因素，才能寻找出适当的腐蚀控制方法，所以学习和研究金属的腐蚀形态是很必要的。

6.1　全面腐蚀与局部腐蚀

按腐蚀本身显示的形态分类是目前常用的分类方法，因为腐蚀形态可用肉眼或借助于放大镜、显微镜、电镜等方法从腐蚀形貌特点就能鉴别出来，这对判断设备损坏和失效的原因往往能获得有价值的资料。

腐蚀形态可分为两大类，即全面腐蚀与局部腐蚀。而局部腐蚀又分为电偶腐蚀、孔蚀、缝隙腐蚀、晶间腐蚀、选择性(脱合金)腐蚀、磨损腐蚀、应力腐蚀和腐蚀疲劳等等，以上就是通常讲的八大腐蚀形态。实际上细分起来还有多种名称，图 6-1 为主要腐蚀形态示意图及可识别的工具。

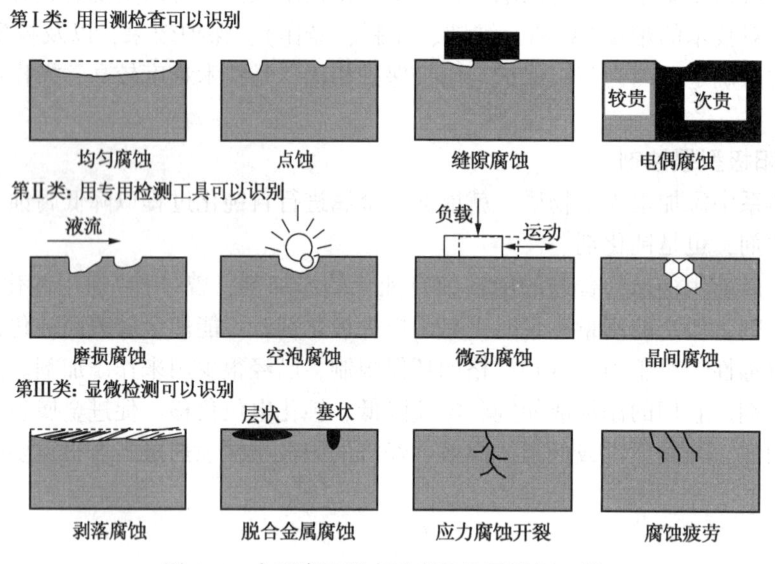

图 6-1　主要腐蚀形态示意图及可识别工具

6.1.1　全面腐蚀

在暴露于含有一种或多种腐蚀介质组成的腐蚀环境中，在整个金属表面上进行的腐蚀称为全面腐蚀，也可视为均匀腐蚀，即整个金属表面几乎以相同速度进行腐蚀，最后使金属变薄直到失效。例如钢或锌浸在稀硫酸中，以及某些材料在大气中的腐蚀等。

全面腐蚀电化学过程特点是腐蚀原电池的阴阳极面积非常小，甚至用微观方法也无法辨认出来，而且微阳极与微阴极位置是变幻不定的，因为整个金属表面在介质中都处于活化状态，只是各点随时间(或地点)有能量起伏，能量高时(处)为阳极，能量低时(处)为阴极，这样使金属表面都遭受腐蚀。

实际上即使在比较均匀的腐蚀情况下，随着研究和观察的尺度不同，如观察很小面积，放大倍数又很大时，可以发现表面上的腐蚀深度上往往是不均匀，所以按全面腐蚀程度又可分为均匀的和不均匀的。我们在评价全面腐蚀速率时都是以单位面积，单位时间的失重或每年失厚来表示。

全面腐蚀往往造成金属的大量损失，按报废的金属吨数计，这是最重要的腐蚀类型。但从技术观点来看，这类腐蚀并不可怕，一般不会造成突然事故，其腐蚀速度较易测定，在工程设计时可预先考虑应有腐蚀裕量，表面还可根据服役年限的要求，涂覆不同的覆盖层，包括金属喷镀、电镀、热浸镀和各种涂料涂装体系以防止设备的过早腐蚀破坏。

6.1.2 局部腐蚀

在腐蚀环境中，金属表面某些区域发生的腐蚀称局部腐蚀。其特点是阳极区和阴极区一般可以截然分开，腐蚀电池中的阳极反应和腐蚀剂的还原反应可以在不同地区发生，而次生腐蚀产物又可在第三地点形成。著名的盐水滴试验证实了上述电化学腐蚀的特征，其腐蚀位置可以用肉眼或微观检查方法加以区分和辨别。

盐水滴实验是在一块抛光、干净的钢片上滴上一滴含有少量铁羟指示剂(酚酞铁氰化钾)的盐水滴，并为空气所饱和。在液滴覆盖区域内出现粉红色和蓝色的小斑点[图6-2(a)]。稍待片刻液滴中心变为蓝色，边缘为粉红色环[图6-2(b)]。这一现象的原因是：在该体系中，钢为阳极被腐蚀，即

$$Fe \longrightarrow Fe^{2+}+2e$$

铁离子与指示剂作用生成蓝色沉淀：

$$3Fe^{2+}+2[Fe(CN)_6]^{3-} \longrightarrow Fe_3[Fe(CN)_6]_2 \downarrow$$

(滕氏蓝沉淀)

而阴极区的反应为：

$$O_2+2H_2O+4e \longrightarrow 4(OH)^-$$

OH^-增多，使pH值增高，酚酞呈红色。

观察盐水滴区域钢板表面上的腐蚀过程，在开始阶段，液滴中的含氧量是均匀的，而金属表面在制样过程中或多或少有些划痕(纹路)，因此阳极小点是沿纹路出现的，而周围粉红斑点是阴极区，说明这时的腐蚀是由于金属表面结构的不均匀而引起的，这种情况称为初生分布。持续一段时间后，液滴中的氧渐渐被消耗，需要从空气中补充氧，液滴中心部位由于液层较厚，氧的扩散路程较长，故供氧较慢。反之液点边缘液层较薄，氧扩散较快，边缘富氧，所以在液滴与金属表面接触处出现了含氧不均匀，这时阴极反应在边缘较易反应，即产生较多的氢氧根离子，使边缘呈红色。而液滴中心阳极反应占优势，Fe^{2+}增多，呈蓝色。同时阳极产物Fe^{2+}及阴极产物OH^-由于扩散和电迁移的结果，在中间地带相遇而形成$Fe(OH)_2$,而后又被氧化成为棕褐色的铁锈$Fe(OH)_3$[图6-2(c)，(d)]，即为腐蚀的二次产物(铁盐)。这一阶段的腐蚀主要是介质的不均匀性引起。腐蚀结果是液滴中心部位钢表面有腐蚀坑出现。

以上试验说明：

① 金属表面结构或组织不均匀性，或腐蚀介质不均匀性，都可以导致腐蚀电池的形成。

② 失电子的阳极反应和得电子的阴极还原反应是在两个相对独立的区域进行的，但彼此又不可分割同时完成。

③ 金属的电化腐蚀过程伴随着电流的发生(有电子流动)，该电流表征着金属的腐蚀速度。

可见，阴阳极分区、供氧差异可以引发局部腐蚀，然而实际的局部腐蚀形态多种，随着

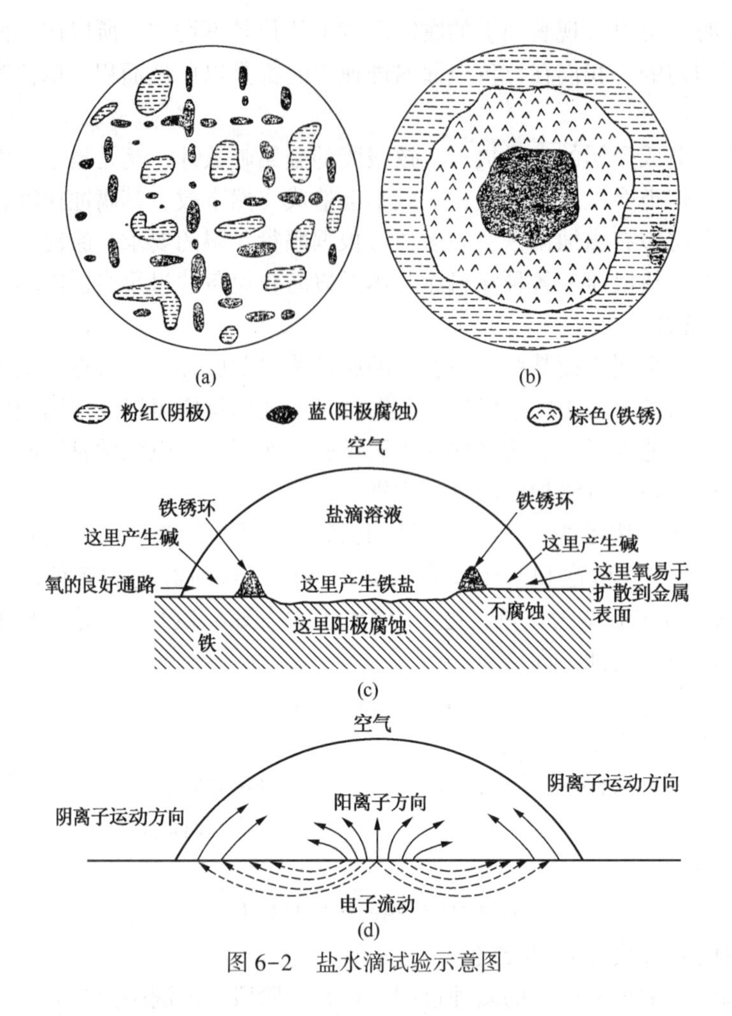

图 6-2　盐水滴试验示意图

腐蚀进一步进行，影响因素诸多，具体的腐蚀机制更为复杂。

局部腐蚀主要是指腐蚀只集中在金属表面很小的区域，腐蚀速度很高。而金属表面的绝大部分是处于钝态，腐蚀几乎可以忽略不计，如孔蚀、缝隙腐蚀、应力腐蚀、腐蚀疲劳等。这类腐蚀往往事先没有明显征兆下就可瞬间发生，所以腐蚀难以预测和防止，危害极大。

另外，金属表面各部分间的腐蚀速度分布极不均匀，以致金属表面出现明显腐蚀深度的不均匀分布，对于这种腐蚀习惯上也称为局部腐蚀，如电偶腐蚀、流体中的磨损腐蚀等。

尽管金属局部腐蚀的质量损失不大，但局部区域的腐蚀破坏极其严重。据统计：化工设备的破坏事例中，各种局部腐蚀引起的竟占 85%以上，可见实际生产中局部腐蚀破坏远比全面腐蚀破坏的大得多。

6.2　电偶腐蚀

电偶腐蚀是指两种或两种以上具有不同电位的金属接触时形成的腐蚀，又称不同金属的接触腐蚀。耐蚀性较差的金属(电位较低)接触后成为阳极，腐蚀加速；而耐蚀性较高的金属(电位较高)则变成阴极受到保护，腐蚀减轻或甚至停止。

在工程技术中，采用不同金属组合是不可避免的，所以在工程设计中，如何减轻和避免发生电偶腐蚀是应该重视的问题。

6.2.1 电动序和电偶序

在腐蚀电化学中已讲过电动序的概念,即按金属标准平衡电极电位大小排列的顺序表称为电动序(见表2-3)。标准电极电位是在标准状态下,纯金属与介质中所含该金属的离子处于平衡状态时的电极电位,此种状态下的金属并不发生腐蚀。用电动序只能粗略地判定金属腐蚀的倾向,在实际腐蚀体系中应用时,要特别注意它的局限性。往往在实际条件下使用的金属大都是合金,且表面有氧化膜,绝大多数又是在不含自身离子的体系中,若用电动序来推断电偶中腐蚀情况,经常会得出相反的结果。如锌和铝在海水中的接触,按电动序来推断($E^{\circ}_{e,Al/Al^{3+}}=-1.66$ V,$E^{\circ}_{e,Zn/Zn^{2+}}=-0.76$V),电偶中的铝腐蚀应加速,锌受到保护。但在实际中,多数情况下其结果恰恰相反,这是因为确定某金属的标准电极电位的条件与海水中的条件相差太大,实际上在海水中,实测的腐蚀电位为$E_{e,Al}=-0.53$V,$E_{e,Zn}=-0.80$V,故铝比锌更稳定。因此要对金属在偶对中的极性作出判断时,以它们的腐蚀电位为判据更能符合实际情况。所以,在实际使用中常应用电偶序(见表6-1)来判断不同金属材料接触后的电偶腐蚀倾向,用电动序不合适。

表6-1 金属与合金在海水中的电偶序①

金 属	E_H/V	金 属	E_H/V
镁	-1.45	镍(活态)	-0.12
镁合金(6%Al, 3%Zn, 0.5%Mn)	-1.20	α 黄铜(30%Zn)	-0.11
锌	-0.80	青铜(5%~10%Al)	-0.10
铝合金(10%Mg)	-0.74	铜锌合金(5%~10%Zn)	-0.10
铝合金(10%Zn)	-0.70	铜	-0.08
铝	-0.53	铜镍合金(30%Ni)	-0.02
镉	-0.52	石墨	+0.02~0.3
杜拉铝	-0.50	不锈钢 Cr13(钝态)	+0.03
铁	-0.50	镍(钝态)	+0.05
碳钢	-0.40	Inconel(11%~15%Cr, 1%Mn, 1%Fe)	+0.08
灰口铁	-0.36	Cr17 不锈钢(钝态)	+0.10
不锈钢 Cr13 和 Cr17(活态)	-0.32	Cr18Ni9 不锈钢(钝态)	+0.17
Ni-Cu 铸铁(12%~15%Ni, 5%~7%Cu)	-0.30	Hastelloy(20%Mo, 18%Cr, 6%W, 7%Fe)	+0.17
不锈钢 Cr19Ni9(活态)	-0.30	Monel	+0.17
不锈钢 Cr18Ni12Mo2Ti(活态)	-0.30	Cr18Ni12Mo3 不锈钢(钝态)	+0.20
铅	-0.30	银	+0.12~0.2
锡	-0.25	钛	+0.15~0.2
α+β 黄铜(40%Zn)	-0.20	铂	+0.40
锰青铜(5%Mn)	-0.20		

① 上列的电位数值,有时还有金属排列次序都是大体上的,因为根据金属的纯度、海水的组分,主要地根据充气程度和金属表面状态,它们的电位能在不同程度上变化。

本表中不锈钢的钝化状态通常相应于流动迅速充气较好的海水条件下建立的电极电位;相反,活性状态是对应于该金属在微弱充气的海水停滞区域建立的电位。

电偶序是按实用金属和合金在具体使用介质中的腐蚀电位(即非平衡电位)的相对大小排列而成的序列表。表6-1为海水中的金属与合金的电偶序。从表中可见，如电位高的金属材料与电位低的金属材料相接触，则低电位的为阳极，被加速腐蚀。若两者之间电位差越大，则低电位的更易被加速腐蚀。如果它们之间电位差很小(一般电位差小于50mV)，当它们在海水组成偶对时，它们的腐蚀倾向小至可以忽略的程度。如碳钢和灰口铸铁、$\alpha+\beta$黄铜(40%Zn)和锰青铜(5%Mn)等，它们在海水中使用不必担心会引起严重的电偶腐蚀。

虽然电偶序在预测金属电偶腐蚀方面要比电动序有用，但它也只能判断金属在偶对中的极性和腐蚀倾向，不能表示出实际的腐蚀速度。而有时某些金属在具体介质中双方电位可以发生逆转。例如铝和镁在中性氯化钠溶液中接触，开始时铝比镁电位正，镁为阳极发生溶解。以后由于镁的溶解而使介质变为碱性，这时电位发生逆转，铝变成了阳极。有时，两种金属的开路电位虽然相差很大，可腐蚀速度却不大，这是因为腐蚀电流的大小、方向不能单由推动力来决定，主要是由极化因素来决定。

6.2.2 电偶电流及电偶腐蚀效应

电偶腐蚀的推动力是电位差，而电偶腐蚀速度的大小和电偶电流成正比，大致可用下式表示：

$$I_g \approx I = \frac{E_k - E_a}{\dfrac{P_k}{S_k} + \dfrac{P_a}{S_a} + R}$$

式中 I_g——电偶电流；

I——电偶中的阳极被加速腐蚀时的总溶解电流；

E_a、E_k——阳极、阴极金属相应的稳定电位；

P_a、P_k——阳极、阴极平衡极化率；

S_a、S_k——阳极、阴极面积；

R——欧姆电阻。

从式中可见，如稳定电位(腐蚀电位)起始电位差越大，P_a、P_k、R越小，则I越大，导致阳极腐蚀被加速的程度越强。

下面用金属A、B在酸性溶液中相接触的极化图解来说明电偶腐蚀的关系，如图6-3所示。

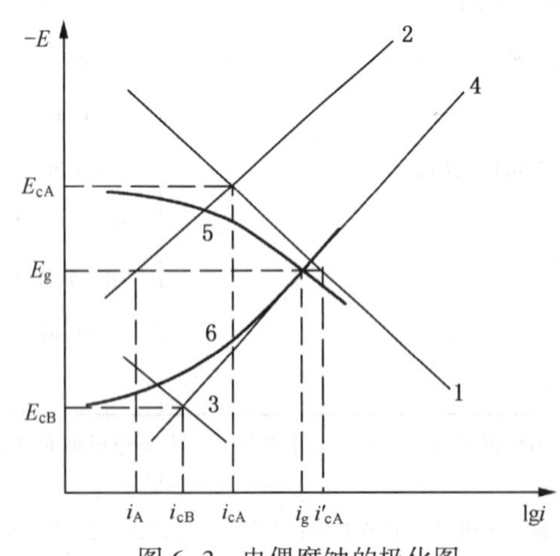

图6-3 电偶腐蚀的极化图

由图可知，金属A的腐蚀电位E_{cA}与自腐蚀电流i_{cA}是由阳极反应$M \longrightarrow M^{n+}+ne$(曲线1)和阴极反应$2H^+ + 2e \longrightarrow H_2\uparrow$(曲线2)的理论极化曲线的交点所决定。曲线5是金属A的实测阳极极化曲线。金属B的腐蚀电位E_{cB}与腐蚀电流i_{cB}，是由其阳、阴极反应的理论极化曲线3和4的交点决定。曲线6是金属B的实测阴极极化曲线。当金属A和B组成电偶对时，由于E_{cA}较负，在电偶对中金属A为阳极，腐蚀被加速。E_{cB}较正，在电偶对中金属B为阴极，腐蚀被抑制。它们具有混合电位E_g，亦称电偶电位，处于E_{cA}和E_{cB}之间。E_g由阳极性金属 A 的实测阳极极化曲线 5 和阴极性金属 B 的实测阴极极化曲线 6 的交点所决定。当 E_g 距离 E_{cB} 较远(负移较大)时，实测的和理论的阴极极化曲线重合，则 E_g 也可以说由曲线 5 和曲线 4 的交点所决定(如图中所示)。该交点所对应的电流 i_g 为电偶腐蚀电流。通过 E_g 的水平线与理论极化曲线 1 的交点所对应的电流 i'_{cA} 为偶接后阳极性金属 A 的总溶解(腐蚀)电流。E_g 与理论极化曲线 2 的交点所对应的电流 i_A 为偶接后阳极性金属 A 的自腐蚀电流，故

$$i'_{cA} = i_A + i_g$$

一般说来，在 E_g 的条件下，金属 A 的自腐蚀电流很小，可以忽略。

通常把 A、B 两种金属偶接后，阳极金属 A 的总腐蚀电流 i_{cA}' 与未偶合时该金属的自腐蚀电流 i_{cA} 之比 γ 称为电偶腐蚀效应，因 i_A 很小可以忽略。

$$\gamma = \frac{i'_{cA}}{i_{cA}} = \frac{i_A + i_g}{i_{cA}} \approx \frac{i_g}{i_{cA}}$$

该公式表示偶接后，阳极金属 A 溶解速度增加的倍数。γ 越大，则电偶腐蚀越严重。

6.2.3 电偶腐蚀的影响因素

6.2.3.1 金属材料的起始电位差

差值越大则电偶腐蚀倾向越大。

6.2.3.2 极化作用

这一因素比较复杂，下面举两个实例加以说明。

① 阴极极化率的影响。例如在海水中不锈钢与铝组成的电偶对，以及铜与铝组成的电偶对。两者电位差是相近似的，阴极反应都是氧分子还原。实际上不锈钢与铝组成的电偶对腐蚀倾向很小，这是因为不锈钢有良好的钝化膜，阴极反应只能在膜的薄弱处，电子可以穿过的地方进行，阴极极化率高，阴极反应相对难以进行。而铜铝偶对的铜表面氧化物能被阴极还原，阴极反应容易进行，极化率小，导致电偶腐蚀严重。

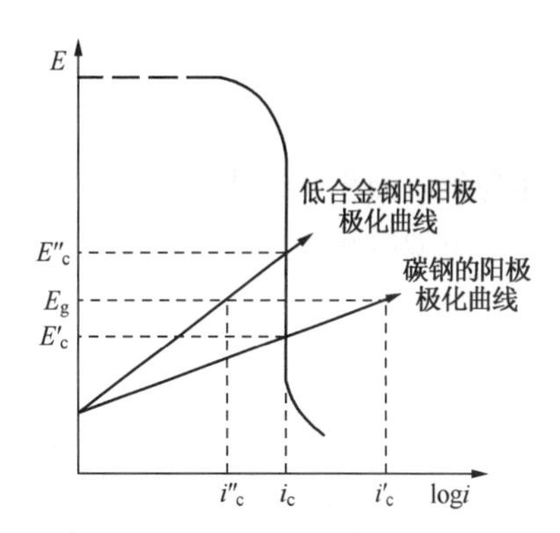

图 6-4　阳极极化率对电偶腐蚀的影响

② 阳极极化率的影响。如在海水中低合金钢与碳钢的自腐蚀电流是相似的，而低合金钢的自腐蚀电位比低碳钢高，阴极反应都是受氧的扩散控制。当这两种金属偶接以后，低合金钢的阳极极化率比低碳钢高，所以偶接后碳钢为阳极，腐蚀电流增大为 i'_c，如图 6-4 所示。

6.2.3.3 面积效应

一般来讲，电偶腐蚀电池的阳极面积减小，阴极面积增大，将导致阳极金属腐蚀加剧。

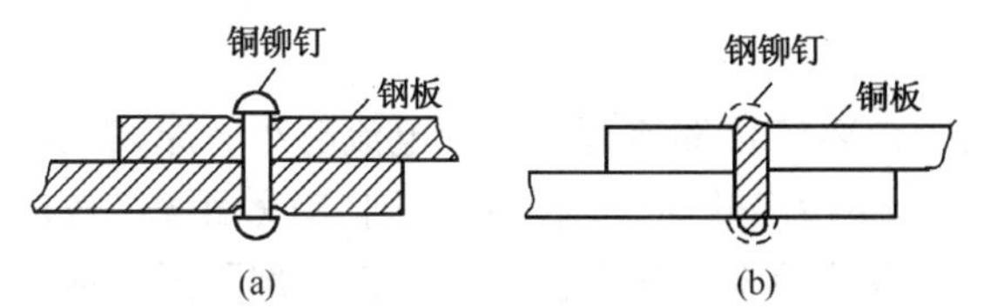

图 6-5　阴阳极面积比不同对电偶腐蚀的影响

(a) 钢板-铜铆钉；(b) 铜板-钢铆钉

这是因为电偶腐蚀电池工作时阳极电流总是等于阴极电流，阳极面积愈小，则阳极上电流密度就愈大，即阳极金属的腐蚀速度增大。如在铜板上装有钢铆钉或钢板上装有铜铆钉并浸入海水中，因铜的电位比铁正，所以图 6-5(b)中，铜板为阴极，钢铆钉为阳极，这就构成了大阴极-小阳极的

电偶腐蚀，导致紧固件钢铆钉很快腐蚀掉，而图 6-5(a) 中铜铆钉为阴极而钢板为阳极，由于是小阴极-大阳极结构，钢板的腐蚀增加不多。可见，工程上应避免大阴极-小阳极的构件连接。

下面分析一下阴阳极面积比对电偶腐蚀的影响。有两种金属 1 和 2 联成电偶，浸入含氧的中性电解液中，电偶腐蚀受氧的扩散控制，假定金属 2 比 1 电位正，联成电偶后的情况如图 6-6 所示，其中 S_{a1}、S_{k1} 表示金属 1 的阳极区和阴极区面积，S_2 为金属 2 的面积。假设金属 2 上只发生氧的还原反应，忽略其阳极溶解电流 I_{a2}，则根据混合电位理论，在电偶电位 E_g 下，两金属总的氧化反应电流等于总的还原反应电流，即

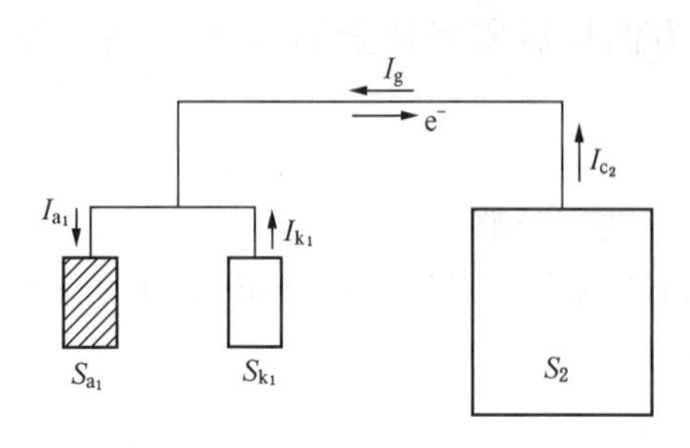

图 6-6　大阴极加速电偶腐蚀示意图

$$I_{a1} = I_{k1} + I_{k2}$$

式中 I_{a1} 为偶接后金属 1 的阳极溶解电流；I_{k1} 及 I_{k2} 分别为金属 1 和金属 2 上还原反应电流。

若金属 1 和 2 的表面积分别为 S_1 和 S_2，

则
$$i_{a1} \cdot S_1 = i_{k1} \cdot S_1 + i_{k2} \cdot S_2$$

因阴极过程受氧的扩散控制，故阴极电流密度相等，都为极限扩散电流密度 i_L，

即
$$i_{k1} = i_{k2} = i_L$$

代入上式可得

$$i_{a1} = i_L\left(1 + \frac{S_2}{S_1}\right)$$

即为集氧面积原理表达式。

电偶电流为

$$I_g = I_{a1} - I_{k1} = I_{k2}$$

$$i_g S_1 = i_{k2} S_2 = i_L S_2$$

$$i_g = i_L \frac{S_2}{S_1}$$

可见电偶电流与金属面积(阴极区) S_2 成正比，S_2 越大则电偶腐蚀越严重。

以上的现象不仅出现在不同金属偶接上，还更多出现在同种金属表面由于各种因素引起的电化学不均匀性上，如点腐蚀孔中的阳极区与孔外阴极区、缝隙腐蚀缝隙中的阳极区与缝外阴极区、金属表面被磨损区为阳极区与未被磨损区的阴极区等等，都能构成小阳极大阴极的电偶腐蚀。对于以上种种不同的腐蚀形态所引起的阴极区面积大小对阳极区的影响，和对阳极区的腐蚀加速机制正被科技工作者重视和研究。

6.2.3.4　溶液电阻的影响

通常阳极金属腐蚀电流的分布是不均匀的，距离接合部愈远，腐蚀电流越小，原因是电流流动要克服电阻，所以溶液电阻大小影响“有效距离”效应。电阻越大则“有效距离”效应越小。例如，在蒸馏水中，腐蚀电流有效距离只有几厘米，使阳极金属在接合部附近形成深的沟槽。而在海水中，电流的有效距离可达几十厘米，阳极电流的分布就比较均匀，比较宽。

6.2.3.5　介质的电导率影响

对电偶腐蚀而言，介质电导率的高低直接影响阳极区腐蚀电流分布的不均匀性。因为在所有的电通路中，电流总是趋向于沿电阻最小的路径流动。从实际观察电偶腐蚀破坏的结果也表明，阳极体的破坏最严重处是在不同金属接触处附近。距离接触处越远，腐蚀电流越小，腐蚀就越轻。例如，在电导率较高的海水中，两极间溶液的欧姆阻降小，电偶电流可以分布到离接触点较远的阳极表面上，阳极受腐蚀相对较为均匀。而溶液电导低的软水或普通大气中，两极间引起溶液欧姆阻降大，腐蚀电流能达到的有效距离很小，腐蚀便集中在接触处附近的阳极表面上，形成很深的沟槽。这种情况特别要注意，不要误认为介质导电率低，可不采取有效的防护措施，形成因电偶腐蚀导致的严重破坏事故。

金属的稳定性因介质条件不同而异，所以电偶序总是要规定在什么环境中才适用。例如Cu-Fe偶对在中性氯化钠溶液中，铁为阳极；如介质中含氨，则铜变为阳极。

6.2.4　控制电偶腐蚀的途径

① 组装构件应尽量选择在电偶序中位置靠近的金属相组合。由于使用介质不一定有现成的电偶序，应预先进行必要的实验。

② 应避免大阴极小阳极的结构件，如图6-7所示。

③ 不同金属部件之间应绝缘，可有效地防止电偶腐蚀，见图6-8。

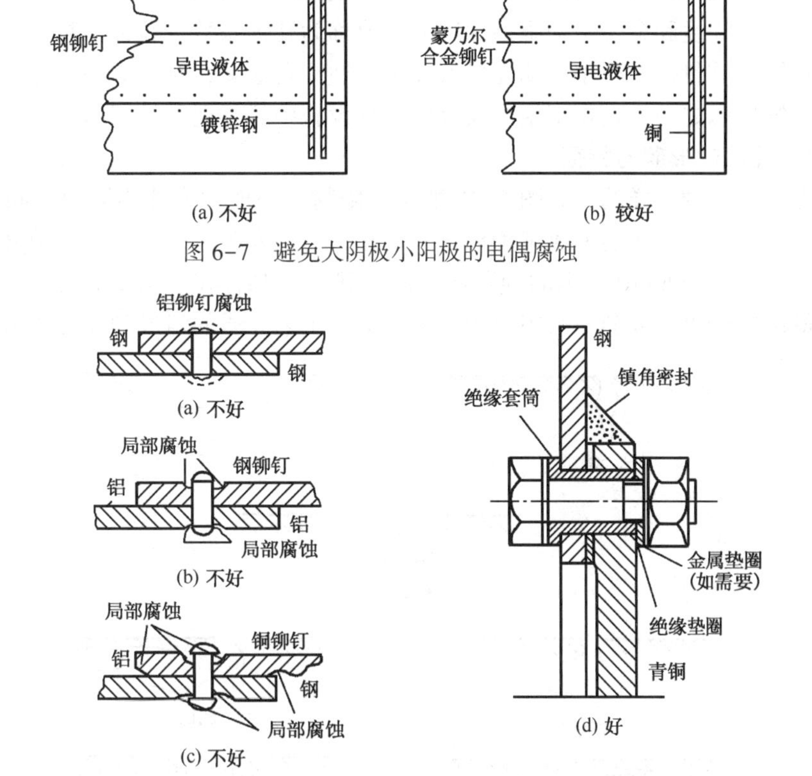

图6-7　避免大阴极小阳极的电偶腐蚀

图6-8　在不同类型金属面之间进行有效隔离，以防止电偶腐蚀

④ 应用涂层方法防止电偶腐蚀，如飞机上连接铝合金的钢螺栓上镀镉，或在两金属上都镀上同一种金属镀层。在使用非金属涂料时，要注意不要仅把两种材料焊接处覆盖起来，

而还应把阴极性材料一起覆盖起来为好，如图 6-9 所示。

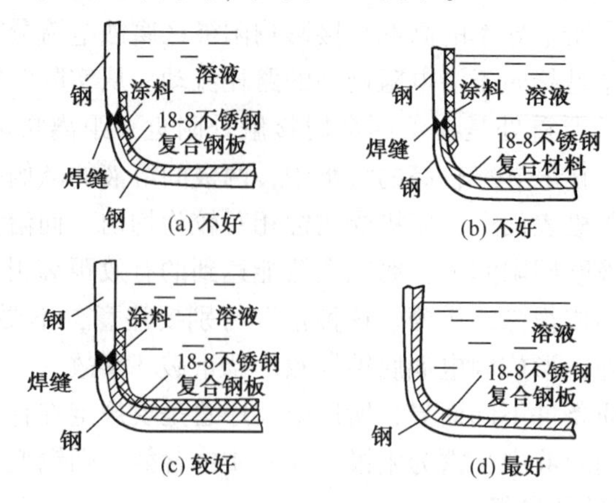

图 6-9 用覆盖层防止电偶腐蚀

⑤ 设计时应将阳极部件做成易更换并且价廉的材料，这样在经济上是合理的。

⑥ 采用电化学保护，即外加电源对整个设备实行阴极保护，使两种金属都变为阴极，或安装一块电极电位比两种金属更负的第三种金属。

6.3 孔蚀

孔蚀是一种从金属表面向内部扩展形成空穴或蚀坑状的局部腐蚀形态，一般是直径小而深。蚀孔的最大深度和金属平均腐蚀深度的比值称为孔蚀系数。孔蚀系数越大表示孔蚀越严重。虽然孔蚀的质量损失很小，却能导致设备腐蚀穿孔泄漏，突发灾害，是一种破坏性和隐患较大的腐蚀形态之一，是化工生产及海洋工程设施中经常遇到的问题。

6.3.1 孔蚀的形貌与特征

孔蚀形貌是多种多样的，如图 6-10 所示，随材料与腐蚀介质不同而不同，目前尚不清楚必须满足哪些条件，才能形成某种形状的小孔。但从实验及现场失效实物材料分析孔蚀坑的剖面形貌，证实图 6-10 所示的蚀孔横截面形状几乎都存在。从图 6-11 所示照片表明孔蚀坑形状既决定于材料成分和组织结构，又取决于工艺介质的组成和孔蚀坑内的溶液组成。

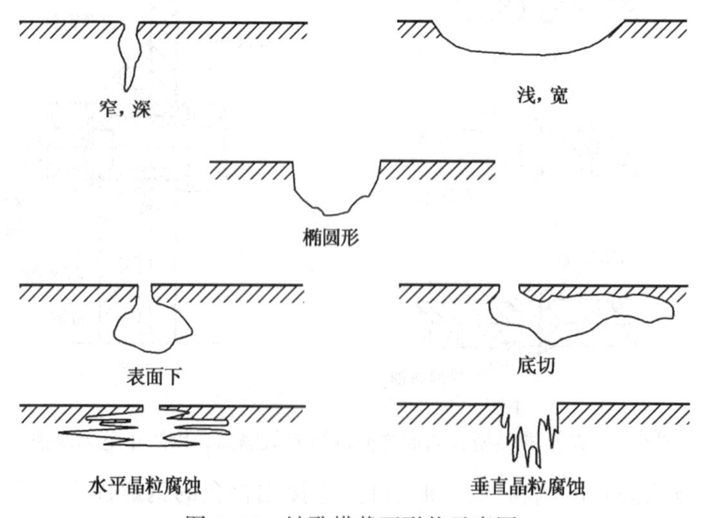

图 6-10 蚀孔横截面形状示意图

孔蚀发生的特征，即产生孔蚀的主要条件有下列三方面：

① 孔蚀多发生于表面有钝化膜的金属材料上(如不锈钢、铝、铝合金等)或表面有阴极性镀层的金属上(如碳钢表面镀锡、铜、镍等)。当这些膜上某点发生破坏，破坏区下的金属基体与膜未破坏区形成活化-钝化腐蚀电池，钝化表面为阴极，而且面积比活化区大很多，腐蚀就向深处发展而形成小孔。

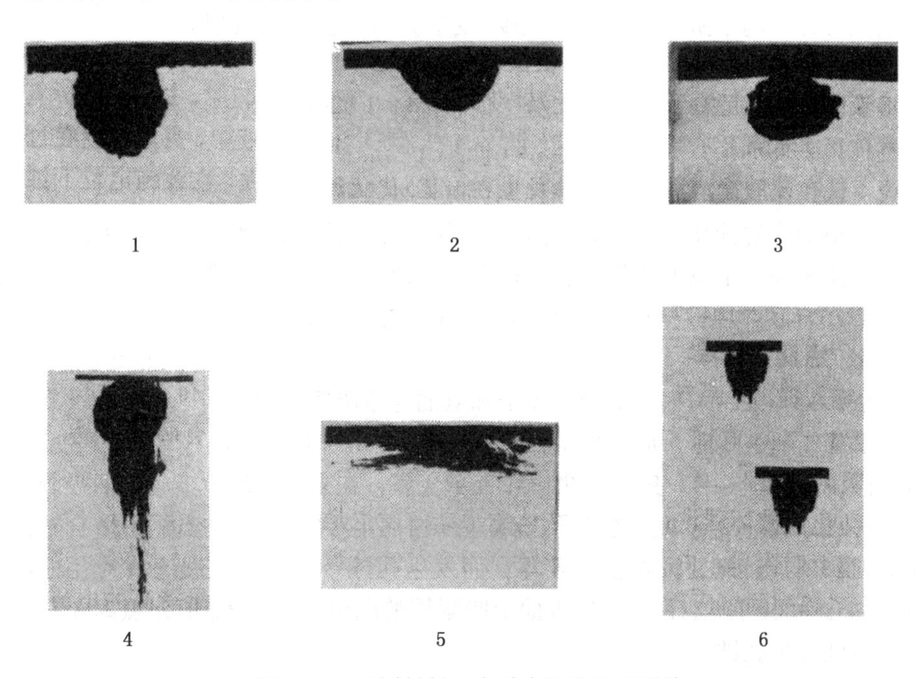

图 6-11 不同材料和介质中的孔蚀坑形貌

1—0Cr14Mo 不锈钢在 10%$FeCl_3 \cdot 6H_2O$ 溶液中；2—0Cr18Ni9Ti 不锈钢在 0.5%$K_3Fe(CN)_6$+4%NaCl 溶液中；3—0Cr18Ni9Ti 不锈钢在 0.5%$K_3Fe(CN)_6$+4%NaCl 溶液中；4—0Cr14Mo 不锈钢在 3.5%NaCl+0.1%双氧水溶液中；5—0Cr15Ni7Mo2Al 在 6.1%NaOCl+3.5%NaCl 溶液中；6—1Cr17Mn9Ni4Mo3Cu2N 双相不锈钢在 10%$FeCl_3 \cdot 6H_2O$ 水溶液中

② 孔蚀发生于有特殊离子的介质中，如不锈钢对含有卤素离子介质特别敏感，其作用顺序为 $Cl^- > Br^- > I^-$。这些阴离子在合金表面不均匀吸附导致膜的不均匀破坏。

③ 孔蚀发生在某一临界电位以上，该电位称为孔蚀电位 E_b(或称击穿电位)，如图5-20所示。当电位大于 E_b 时，孔蚀迅速发生、发展；在 E_b 和 E_p 之间，已发生的蚀孔继续发展，但不产生新的蚀孔；小于 E_p 值时，孔蚀不发生。所以 E_b 值越高，表征材料耐孔蚀性能越好。E_b 与 E_p 值越接近，说明钝化膜修复能力越强。

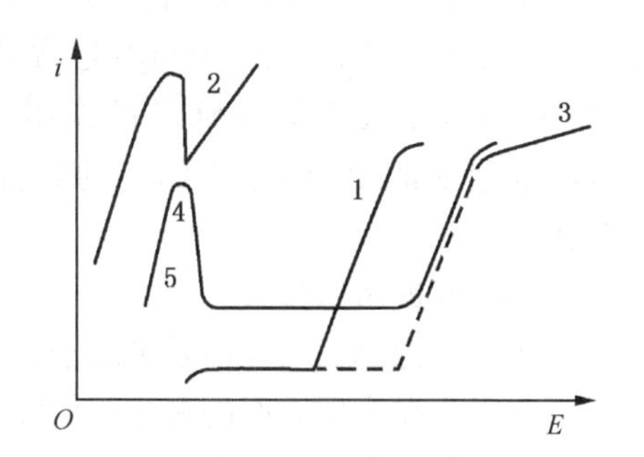

图 6-12 典型的阳极极化曲线示意图

(黑实线表示在不同体系中发生点蚀的区域)

但在不少的金属介质体系中，也可能找不到特定的孔蚀电位，图 6-12 中 5 组极化曲线分别表示已经观察到的不同孔蚀电位区间。曲线 1 是典型的不锈钢在氯化钠溶液中发生的孔蚀，超过 E_b 电位，孔蚀发生、发展很快。曲线 2 是不锈钢在室温浓盐酸或 100℃以上高浓 $MgCl_2$ 溶液中，孔蚀起始于接近活化/钝化转变区的电位下，而且发生在直至析氧反应电位较正的电位区，实际上不存在钝化区。曲线 3 是铁在

ClO_4^- 溶液中，孔蚀发生在过钝化电位区。曲线 4 铁在硫酸盐溶液中，孔蚀发生在活化/钝化转变区内，在致钝电位下蚀孔密度最高。曲线 5 是低碳钢中含有硫化物夹杂在近中性氯化物溶液中，硫化物夹杂区侵蚀，孔蚀成核，所以孔蚀也可能在活化电位区发生(注：曲线 4，5 是同一条曲线，4，5 标出的曲线部位，表示孔蚀发生的区域)。

6.3.2 孔蚀机理

孔蚀机理可分为两个阶段，即蚀孔成核(发生)和蚀孔生长(发展)。

6.3.2.1 蚀孔成核

关于蚀孔成核的原因目前通常有两种学说，即钝化膜破坏理论和吸附理论。

(1) 钝化膜破坏理论

这种说法认为小孔的发生是当腐蚀性阴离子(如氯离子)在不锈钢钝化膜上吸附后，由于氯离子半径小而穿过钝化膜，氯离子进入膜内后“污染了氧化膜”，产生了强烈的感应离子导电，于是此膜在一定点上变得能够维持高的电流密度，并能使阳离子杂乱移动而活跃起来，当膜-溶液界面的电场达到某一临界值时，就发生孔蚀。

(2) 吸附理论

这种说法认为孔蚀的发生是由于氯离子和氧的竞争吸附结果而造成的。当金属表面上氧的吸附点被氯离子所替代时，形成可溶性金属-羟-氯络合物，而使膜破坏孔蚀就发生。这种吸附置换假说可用图 6-13 表示。图中 M 表示金属，在去气溶液中金属表面吸附的不是氧分子，而是由水形成的稳定氧化物离子。ZX^- 为氯的络合离子。可见当氯的络合物离子一旦取代稳定氧化物离子，该处吸附膜被破坏，而发生孔蚀。根据这一理论认为孔蚀击破电位 E_b 是腐蚀阴离子可以可逆地置换金属表面上吸附层的电位。大于 E_b 值，氯离子在某些点竞争吸附强，该处发生孔蚀。

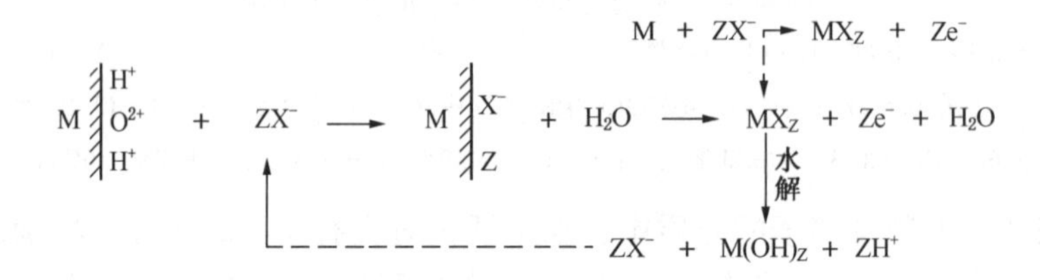

图 6-13 吸附置换假说示意图

H. Л. 罗申费尔等用示踪原子 Cl^{36} 的氯化钠研究了氯离子在铬表面的吸附作用，以及硫酸钠对这种吸附作用的影响，其结果于图 6-14 中表明。溶液中没有 Na_2SO_4 时，大量氯离子吸附在铬的表面；而当 Na_2SO_4 含量足够高时，能完全把氯离子从表面排挤掉。其他离子，特别是 OH^-，也有类似 SO_4^{2-} 的作用，可以减少和抑制 Cl^- 的吸附。对比图 6-15 便可看出 SO_4^{2-} 为什么能使 18-8 不锈钢的孔蚀电位升高。这两方面的实验数据是吸附理论的主要论点。

(3) 孔蚀敏感位置

上述理论都认为孔蚀是氯离子在金属表面某些点引起膜的局部破坏的结果，那么这些点又最易发生在金属表面的哪些部位呢？许多文献都谈到金属的耐蚀能力与其表面的均匀性有关，非金属夹杂物的分布和组成以及金属组织不均匀性都对孔蚀有重大影响。

硫化物夹杂是碳钢、低合金钢、不锈钢以及镍等材料萌生孔蚀最敏感的位置，例如有 MnS、(Fe，Mn)S 包着 Al_2O_3 的复合硫化锰、Ni_3S_2 及硫化镁等。

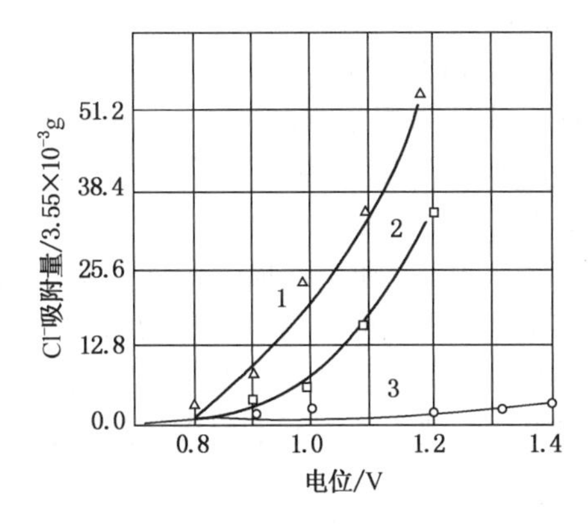

图 6-14　Cl^-在 Cr 表面上的吸附量与 SO_4^{2-} 和电位的关系

1—0.01mol/L NaCl；2—0.01mol NaCl+0.005mol/L Na_2SO_4；3—0.01mol/L NaCl+0.05mol/L Na_2SO_4；
0.01mol/L NaCl 相当于质量浓度为 0.59g/L；
0.005mol/L Na_2SO_4 相当于质量浓度 0.71g/L

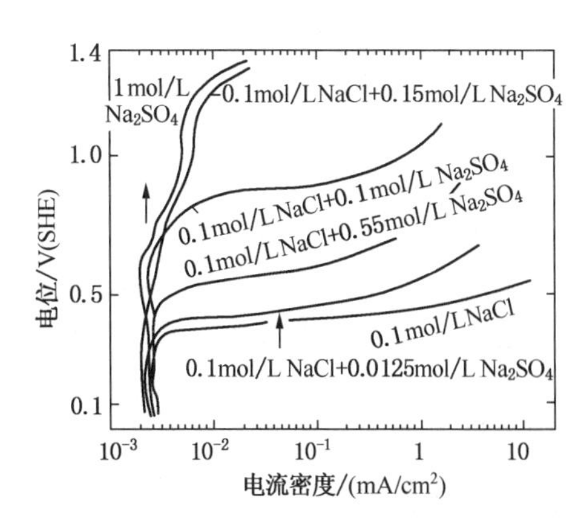

图 6-15　18-8 型不锈钢在 NaCl+Na_2SO_4 中的极化曲线

1mol/L Na_2SO_4 相当于质量浓度 142g/L；
1mol/L NaCl 相当于质量浓度 59g/L；余类推

非金属夹杂如氧化物、硅酸盐、碳化物、碳氮化物、TiN 等都是孔蚀发生的敏感处。

晶界也是孔蚀敏感位置，托马晓夫等研究发现 Cr18Ni14 钢中加入 5%V、Si、Mo 等元素后，晶界上明显地出现孔蚀，这是由于在回火后或焊缝处晶界析出碳化铬引起晶界铬贫化的结果。又有实验表明，同样材料上晶粒尺寸小的比晶粒尺寸大的 E_b 值要低，也证明晶界对孔蚀的影响。对 3RE60 双相不锈钢孔蚀研究表明，在 1%$FeCl_3$ 溶液中浸泡，孔蚀起源于相界，并且在奥氏体一侧，这是由于合金元素铬、钼在两相中的分布是不均匀的，在铁素体相中较多，致使铁素体表面比奥氏体表面有较好的钝态稳定性。

此外，钝化膜的划伤或应力集中，甚至晶格缺陷（例如位错），也都可能是产生孔蚀的原因。

(4) 孔蚀的孕育期

从金属与溶液接触一直到孔蚀刚刚产生，这段时间称作孕育期，孕育期随氯离子浓度增大及电极电位升高而缩短。Engell 等发现软钢的孕育期的倒数与 Cl^-浓度呈线性关系

$$\frac{1}{\tau}=K[Cl^-]$$

$[Cl^-]$在一定临界值以下，不发生孔蚀。总之这还只是定性的讨论，并不成熟。

6.3.2.2　蚀孔的生长

蚀孔经孕育期形成核后，孔蚀的发展是很快的，目前比较公认的是蚀孔内发生自催化过程，如图 6-16 所示。当孔蚀一旦发生，蚀孔内金属发生溶解，

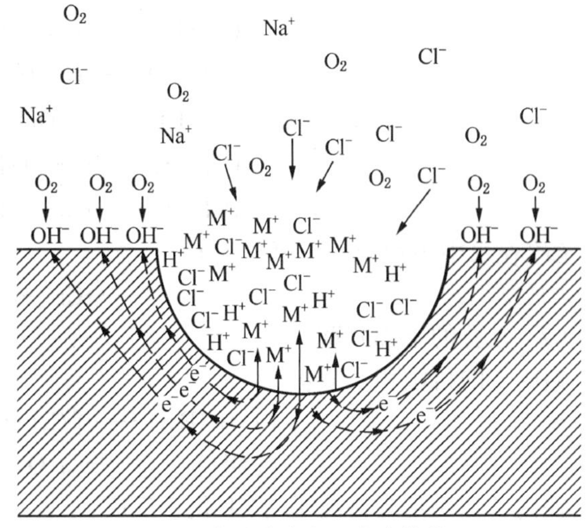

图 6-16　在蚀孔内发生的自催化过程

即 $M \rightarrow M^{n+}+ne^-$，如果是在含氯离子水溶液中，则阴极反应为吸氧反应，由于孔内氧的不断消耗，孔内氧浓度下降，而蚀孔外溶液中仍保持富氧，形成孔内外“供氧差异电池”。孔内为阳极，金属溶解使阳离子不断增加，为保持电中性，孔外阴离子(Cl^-)向孔内迁移，孔内氯化物浓集并发生水解：$M^{n+}+n(H_2O) \longrightarrow M(OH)_n+nH^+$，这使孔内氢离子浓度升高，pH 值降低而酸化。从而，进一步促进阳极溶解，阳离子更多……，如此循环下去。最终，孔内氯离子浓度可为主体溶液中的 3~10 倍，使孔内金属处于 HCl 介质中而成为阳极，呈现活化溶解状态；而蚀孔外溶液仍是富氧，介质维持中性，孔外金属表面维持钝态仍为阴极，发生氧的还原，这就构成了活化(孔内)-钝化(孔外)腐蚀电池。由于孔口易被腐蚀产物堵住，造成孔内溶液滞留，使电池又具有很强的闭塞性，这种腐蚀电池工作引起的自催化过程，促进了孔蚀的迅速发展。

对 1Cr13、1Cr17 在 3.5%NaCl 水溶液中的孔蚀发展过程有比较详细的探讨，补充了上述孔蚀发展模型。用 AES 和 EPMA 及旋转圆盘-圆环电极等方法，发现 Fe-Cr 合金的钝化膜之所以有保护性，是因为钝化膜中的 Cr/Fe 比大大提高。Cr/Fe 比越高，材料耐孔蚀性能越好。孔蚀一旦发生，以后的发展同样具有自催化作用，只是溶解的铬离子并不是与 Fe^+ 一样全部发生扩散和水解，而是一部分铬离子又重新沉积在孔蚀内壁，它们放电沉积后在孔内壁形成了铬含量较高的表面层，这样溶解反应主要发生在孔底部，使孔蚀成为一个较深的坑，其发展模型示意于图 6-17。

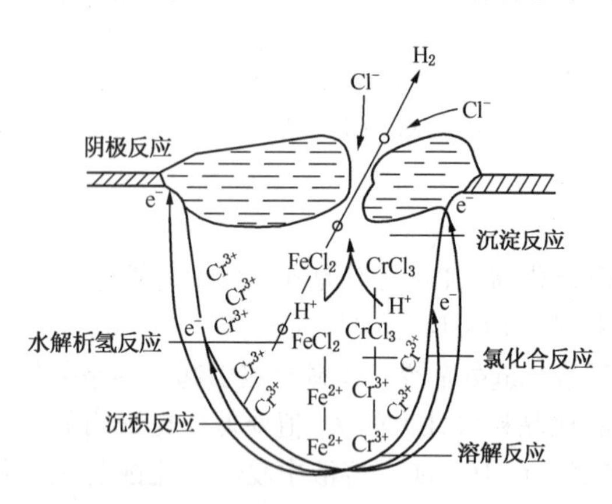

图 6-17　1Cr13 和 1Cr17 孔蚀发展示意图

孔蚀的电化学反应如下：

(1) 在孔蚀孔底部有 Fe 和 Cr 的溶解反应

$$Fe+H_2O \rightleftharpoons Fe(OH)_{ads}+H^++e$$

$$Fe(OH)_{ads}+H_2O \longrightarrow Fe(OH)_2+H^++e$$

$$FeOH^++H^+ \longrightarrow Fe^{2+}+H_2O$$

$$Cr+H_2O \longrightarrow Cr(OH)_{ads}+H^++e$$

$$Cr(OH)_{ads}+H_2O \longrightarrow CrOH^++2H^++O+3e$$

$$\text{或}(CrOH)_{ads}+H_2O \longrightarrow CrOH^{2+}+2H^++O+4e$$

$$CrOH^++H^+ \longrightarrow Cr^{2+}+H_2O$$

$$CrOH^++H^+ \longrightarrow Cr^{3+}+H_2O+e$$

Cr^{2+}在水中不稳定，被氧化为 Cr^{3+}

$$Cr^{2+} \longrightarrow Cr^{3+}+e$$

(2) 在孔的下部侧壁

铬离子的再沉积反应：

$$Cr^{3+}+3H_2O \longrightarrow [Cr(OH)_3]_{ads}+3H^+$$

$$2[Cr(OH)_3]_{ads} \longrightarrow Cr_2O_3+3H_2O$$

铁离子和一部分铬离子与 Cl^- 化合反应：

$$Fe^{2+}+2Cl^- \longrightarrow FeCl_2$$

$$Cr^{3+}+3Cl^- \longrightarrow CrCl_3$$

(3) 在孔的上部

$FeCl_2$、$CrCl_3$ 的水解反应：

$$Fe^{2+}+2H_2O \longrightarrow Fe(OH)_2+2H^+$$

$$Cr^{3+}+3H_2O \longrightarrow Cr(OH)_3+3H^+$$

$$CrOH^{2+}+H_2O \longrightarrow Cr(OH)_2^++H^+$$

析氢反应：

$$2H^++2e^- \longrightarrow H_2$$

(4) 在孔口

沉淀反应：

$$FeOH^++2OH^- \longrightarrow FeOOH+H_2O$$

$$Cr(OH)_2^++OH^- \longrightarrow Cr(OH)_3$$

$$2Cr(OH)_2^++H_2O \longrightarrow Cr_2O_3+6H^++6e$$

Fe^{2+}的氧化反应：

$$2Fe^{2+}+\frac{1}{2}O_2+2H^+ \longrightarrow 2Fe^{3+}+H_2O$$

Fe 的水解反应：

$$Fe^{3+}+H_2O \longrightarrow Fe(OH)^{2+}+H^+$$

$$FeOH^{2+}+H_2O \longrightarrow Fe(OH)_2^++H^+$$

沉淀反应：

$$2Fe(OH)^{2+}+2H_2O+Fe^{2+} \longrightarrow Fe_3O_4+6H^+$$

锈层生成：

$$Fe(OH)_2^++OH^- \longrightarrow FeOOH+H_2O$$

(5) 在孔蚀坑外部

$$O_2+2H_2O+4e \longrightarrow 4OH^-$$

锈层的还原反应：

$$3FeOOH+e \longrightarrow Fe_3O_4+H_2O+OH^-$$

关于孔蚀发展速度，即孔蚀生长动力学的问题，虽然有许多研究，但至今仍不能得到充分解答。

6.3.3 孔蚀的影响因素

孔蚀影响因素可以从冶金因素和环境因素两方面来分析。

6.3.3.1 冶金因素

这里主要讨论合金元素的作用。几种金属与合金的氯化物介质中的耐孔蚀性能如表6-2所示。在 25℃ 0.1mol/L(5.85g/L)的 NaCl 溶液中，对孔蚀最不稳定的是铝，最稳定的是铬和钛。钛的孔蚀仅发生在高浓度的沸腾氯化物中(如 42% $MgCl_2$，61% $CaCl_2$，96% $ZnCl_2$)以及非水溶液中。如加有少量水的含溴甲醇溶液中，增加水的浓度，钛就转变到稳定的钝化状态。表中铁、镍、锆处于中间位置，18-8 不锈钢的 E_b 接近于镍。

表 6-2　在浓度为 5.85g/L 的 NaCl 溶液中各种金属的孔蚀电位

金　属	E_b/V(SHE)	金　属	E_b/V(SHE)
Al	-0.45	Zr	0.46
Fe	+0.23①	Cr	1.0
Ni	0.28	Ti	1.20
18-8 不锈钢	0.26		

① 在 0.585g/L 的 NaCl 中。

人们对工业上大量使用的不锈钢的耐孔蚀性能做了许多详细的研究工作。提高不锈钢耐孔蚀性能最有效的元素是铬、钼，氮、镍也有好的作用。含铬量增加提高了钝化膜的稳定性。钼的作用在于钼以 MoO_4^{2-} 的形式溶解，并吸附于金属表面，抑制了 Cl^- 的破坏作用；也有学者认为可能形成类似于 O ═ Mo(Cl)(Cl) 结构的保护膜，从而防止了 Cl^- 的穿透。氮的作用说法更不一致，可能是由于孔蚀初期在孔内形成氨，而消耗了 H^+，抑制了 pH 值的降低。铬、钼、氮的联合作用更为显著。

不锈钢中加入适量的 V、Si、稀土对提高耐孔蚀性能也稍有作用。从合金材料的组织结构来看，提高其均匀性可增强其抗孔蚀能力。如果钢中含硫量增加，硫化物夹杂增多，以及碳含量增多和不适当的热处理，均易产生晶界析出，这都会增加孔蚀的起源位置，促进孔蚀形核。反之，降低钢中 S、P、C 等杂质元素，则减小孔蚀敏感性。

最近十几年，已提出一些根据合金成分来判断其在含氯离子介质中耐孔蚀能力的指数，其中之一为耐孔蚀当量(*PRE*)。对奥氏体不锈钢，$PRE=\%Cr+3.3\times\%Mo+16\times\%N$；对双相不锈钢，$PRE=\%Cr+3.3\times\%Mo+30\times\%N$；对铁素体不锈钢，$PRE=\%Cr+3.3\times\%Mo$。*PRE* 值越高，不锈钢耐孔蚀性能越好。

除合金成分外，表面氧化膜及表面状态、冷加工及热处理、显微组织等都会对孔蚀敏感性有影响。

6.3.3.2　环境因素

环境因素在这里是指材料所处的介质特性，它对孔蚀形成有重要影响。

(1) 介质类型

某些材料在特定的介质中易发生孔蚀，如不锈钢易在卤族元素阴离子 Cl^-、Br^-、I^- 中发生，而铜则对 SO_4^{2-} 更敏感。当溶液中具有 $FeCl_3$、$CuCl_2$ 为代表的二价以上重金属氯化物时，由于金属离子强烈的还原作用，将大大促进孔蚀的形成和发展。所以实验室常用 10% $FeCl_3$ 溶液作为加速实验介质。

近期研究发现，铁与钢的孔蚀虽然多数在含卤素离子溶液中发生，但也可在其他离子溶液中发生，从图 6-13 中已清楚看到。

(2) 介质浓度

以卤族离子为例，一般认为，只有当卤族离子达到一定浓度时才发生孔蚀。可以把产生孔蚀的最小浓度作为评定孔蚀趋势的一个参量。不锈钢的孔蚀电位与卤族离子浓度的关系可用下式表示：

$$E_b^{X^-}=a+b\lg c_{X^-}$$

式中，$E_b^{X^-}$ 为孔蚀电位；c_{X^-}为阴离子浓度；a、b 值随钢种及卤族离子种类而定。

例如对 Cr17 不锈钢

$$E_b^{Cl^-}=-0.084\lg c_{Cl^-}+0.020$$

$$E_b^{Br^-}=-0.098\lg c_{Br^-}+0.0130$$

$$E_b^{I^-}=-0.265\lg c_{I^-}+0.265$$

对 18-8 不锈钢

$$E_b^{Cl^-}=-0.115\lg c_{Cl^-}+0.247$$

$$E_b^{Br^-}=-0.126\lg c_{Br^-}+0.294$$

对 Cr17Ni12Mo2.5 不锈钢

$$E_b^{Cl^-}=-0.068\lg c_{Cl^-}+0.49$$

$$E_b^{Br^-}=-0.127\lg c_{Br^-}+0.359$$

对 Cr26Mo1 不锈钢

$$E_b^{Cl^-}=-0.198\lg c_{Cl^-}+0.485$$

$$E_b^{Br^-}=-0.120\lg c_{Br^-}+0.366$$

从上式可见 Cl^-对孔蚀电位的影响最大。

N. Stolica 在 H_2SO_4 溶液中测定 Fe-Cr、Fe-Cr-Ni 合金发生孔蚀的最小 Cl^-浓度值如表 6-3 所示。可见当铬含量达 25%时，使发生孔蚀的最小 Cl^-浓度值也提高到 1.0，而镍影响不大。

表 6-3 不同合金在 0.5mol/L H_2SO_4 溶液中发生孔蚀的最小 Cl^-浓度值 g/kg

合金成分	纯 铁	5.6Cr	11.6Cr	20Cr	24.5Cr	29.4Cr	18.6Cr-9.9Ni
$[Cl^-]_{最小}$	0.0003	0.017	0.069	0.1	1.0	1.0	0.1

注：0.5mol/L H_2SO_4 相当于质量浓度为 49g/L。

(3) 介质中其他阴离子作用

介质中如存在 OH^-，SO_4^{2-} 等阴离子，对不锈钢孔蚀起缓蚀作用，效果随下列顺序而递减：$OH^->NO_3^->Ac^->SO_4^{2-}>ClO_4^-$，对铝则有 $NO_3^->CrO_4^->AC^->SO_4^{2-}$。

对应于一定 Cl^-活度的溶液，使不锈钢不产生孔蚀的最低阴离子浓度有如下经验关系：

$$\lg[Cl^-]=1.62\lg[OH^-]+1.84$$

$$\lg[Cl^-]=1.88\lg[NO_3^-]+1.18$$

$$\lg[Cl^-]=1.13\lg[Ac^-]+0.06$$

$$\lg[Cl^-]=0.85\lg[SO_4^{2-}]+0.06$$

$$\lg[Cl^-]=0.83\lg[CrO_4^-]+0.05$$

(4) 介质温度的影响

温度升高，对不锈钢来说孔蚀电位降低。藤井的实验示于图 6-18，孔蚀电位随温度的升高而移向负方。但对 Cr18Ni9 钢超过 150～200℃，Cr18Ni9Ti 和 Cr17Ni12Mo2.5 钢超过200～

250℃，电位又向正方向移动。这可能是温度升高，活性点增加，参与反应的物质运动速度加快，在蚀孔内难以引起反应物的积累，以及氧的溶解度也明显下降等原因造成的。一般来说，在含氯介质中，各种不锈钢都存在临界孔蚀温度（*CPT*），达到这一温度发生孔蚀几率增大，并随温度进一步升高，更易产生并更趋严重。

（5）溶液 pH 值的影响

从图 6-19 可见，pH>10 使孔蚀电位上升，而小于 10 时影响很小。

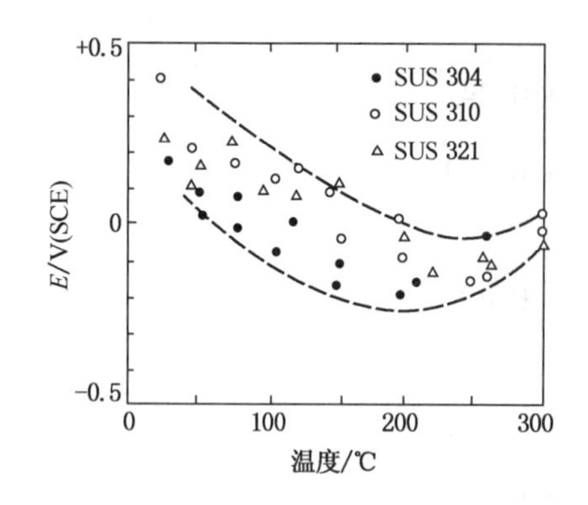

图 6-18 在 0.1mol/L（5.85g/L）NaCl 溶液中温度对奥氏体钢孔蚀电位的影响

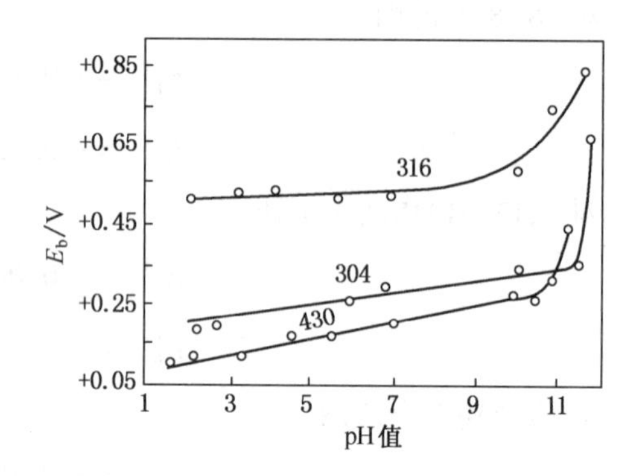

图 6-19 在 3%NaCl 溶液中，不锈钢孔蚀电位与 pH 值的关系

（6）介质流速的影响

静止的或滞留的溶液，易产生孔蚀，适当增加流速会降低孔蚀倾向。对不锈钢而言，有利减少孔蚀的流速为 1m/s 左右。但当进一步增大流速出现湍流时，钝化膜被破坏，孔蚀又随之严重。流速过大将发生严重的磨损腐蚀如不锈钢泵，在静态海水中长期不使用，则很快出现蚀孔。而在运行中，当流速不太大时，孔蚀可减轻。可当流速很大时，孔蚀反而又加剧。

6.3.4 孔蚀的控制途径

为防止或减轻孔蚀，可以采取下列措施：

① 改善介质条件：如降低溶液中 Cl^- 含量，减少氧化剂（如除氧、防止 Fe^{3+} 及 Cu^{2+} 存在），降低温度，提高 pH 值等皆可减少孔蚀的发生。

② 选用耐孔蚀的合金材料：在奥氏体不锈钢中，耐孔蚀性能高低的顺序为 18Cr-9Ni<17Cr-12Ni-2.5Mo<20Cr-14Ni-3.5Mo。近十几年来还发展了很多耐孔蚀不锈钢，这些钢中都含有较多的 Cr、Mo，有的还含有 N，而碳含量都低于 0.03%。双相钢及高纯铁素体不锈钢抗孔蚀性能都是良好的。钛和钛合金有最好的抗孔蚀性能。

③ 阴极保护：阴极极化使电位低于 E_b，最可靠是低于 E_p，使不锈钢处于稳定钝化区。但实际应用困难。

④ 对合金表面进行钝化处理：提高材料钝态稳定性。

⑤ 使用缓蚀剂：特别在封闭系统中使用缓蚀剂最有效，用于不锈钢的缓蚀剂有硝酸盐、铬酸盐、硫酸盐和碱，最有效的是亚硝酸钠。但要注意，缓蚀剂用量不足，反而会加速腐蚀。

6.4 缝隙腐蚀

由于金属表面与其他金属或非金属表面形成狭缝或间隙，并有介质存在时在狭缝内或近旁发生的局部腐蚀称缝隙腐蚀。造成缝隙腐蚀的条件有：

① 金属结构的铆接、焊接、螺纹连接等，如图 6-20(a)所示。

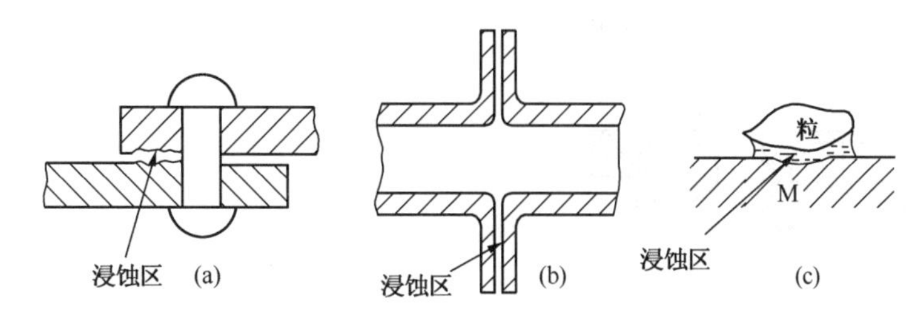

图 6-20　缝隙腐蚀举例

② 金属与非金属的连接，如金属与塑料、橡胶、木材、石棉、织物等，以及各种法兰盘之间的衬垫。如图 6-20(b)所示。

③ 金属表面的沉积物、附着物，如灰尘、砂粒、腐蚀产物的沉积等。如图 6-20(c)所示。

由于缝隙在工程结构中是不可避免的，所以缝隙腐蚀也是不可完全避免的，它的发生会导致部件强度降低，减少吻合程度。缝中腐蚀产物的体积增大，可产生局部应力，并使装配困难等，因此应尽可能避免。

缝隙腐蚀有下列特征：

① 可发生在所有金属与合金上，特别容易发生在靠钝化而耐蚀的金属及合金上。

② 介质可以是任何侵蚀性溶液，酸性或中性，而含有氯离子的溶液最易引起缝隙腐蚀。

③ 与孔蚀相比，对同一种合金而言，缝隙腐蚀更易发生。在 $E_b \sim E_p$ 之间的电位范围内，对孔蚀讲，原有孔蚀可以发展，但不产生新的蚀孔；而缝隙腐蚀在该电位区内，既能发生，也能发展。缝隙腐蚀的临界电位要比孔蚀电位低。

6.4.1　缝隙腐蚀机理

缝隙腐蚀的发生，首先应具有一腐蚀条件的缝隙，其缝宽必须使浸蚀液能进入缝内，同时缝宽又必须窄到能使液体在缝内停滞，一般发生缝隙腐蚀最敏感的缝宽为 0.025~0.1mm。

下面以铆接金属板浸入充空气的海水中为例，说明缝隙腐蚀的机理。参见图 6-21。

缝隙腐蚀可分为初期阶段和后期阶段。在初期阶段，缝内外的全部表面上发生金属的溶解和阴极的氧还原为氢氧离子的反应[图 6-21(a)]：

阳极　　$M \longrightarrow M^+ + e^-$

阴极　　$O_2 + 2H_2O + 4e^- \longrightarrow 4OH^-$

在经过一个短时间后，缝内的氧消耗完后，氧的还原反应不再进行，这时由于缝内缺氧，缝外富氧，形成了“供氧差异电池”。然而金属 M 在缝内继续溶解，缝内溶液中 M^+ 过剩，为了保持电荷平衡，氯离子迁移到缝内，同时阴极过程转到缝外[图 6-21(b)]。缝内已形成金属的盐类(包括氯化物和硫酸盐)发生水解

$$M^+Cl^- + H_2O \longrightarrow MOH\downarrow + H^+Cl^-$$

结果使缝内 pH 值下降，可达 2~3，这就促使缝内金属溶解速度增加，相应缝外邻近表面的阴极过程，即氧的还原速度也增加，使外部表面得到阴极保护，而加速了缝内金属的腐蚀。缝内金属离子进一步过剩又促使氯离子迁入缝内，形成金属盐类，水解，使缝内酸度增加，更加促使金属溶解，这就是缝隙腐蚀发展的自催化过程。上述机理表示了比较全面和统一的

缝隙腐蚀解释，它考虑到了金属离子浓度、氧的消耗、水解和酸化作用、危害性离子的迁移，其发展过程是受金属离子浓差电池、供气差异电池、带有闭塞性的活化-钝化电池等作用。这一过程与孔蚀发展机理是类似的。

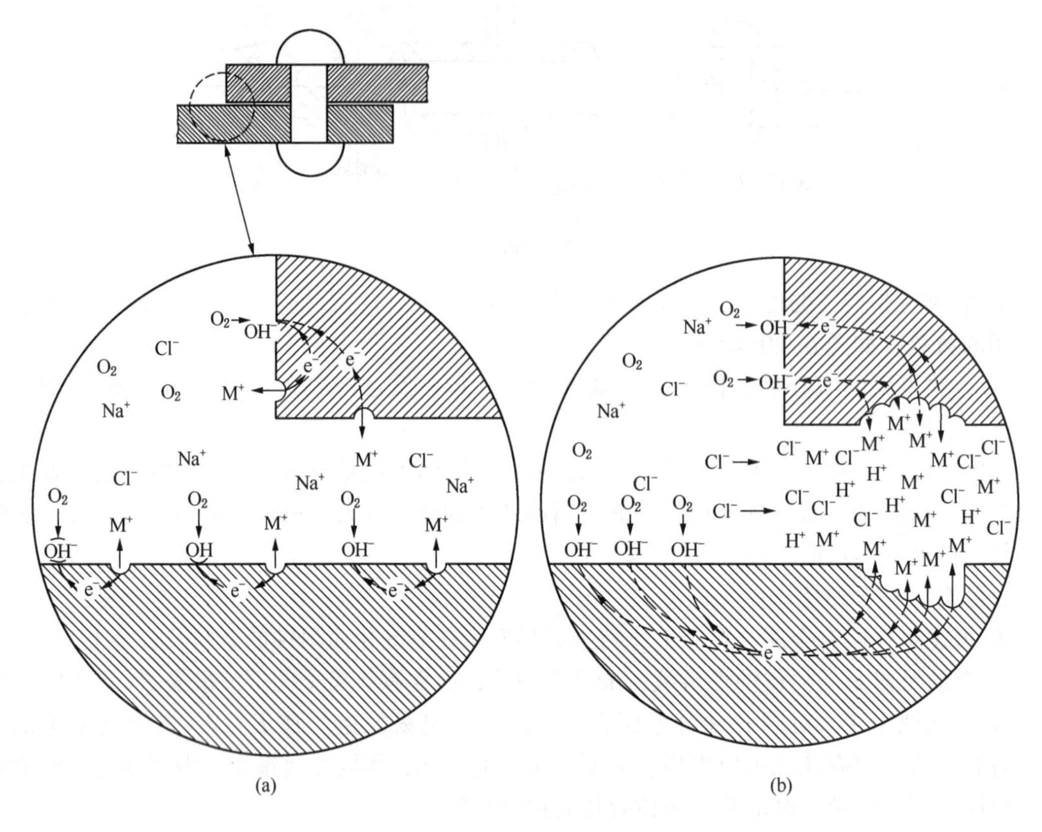

图 6-21　缝隙腐蚀机理图解

(a) 初期阶段；(b) 后期阶段

6.4.2　影响缝隙腐蚀的因素

(1) 几何形状

如前所述，缝隙的宽度与缝隙腐蚀深度和速度有关。例如在 0.5mol/L(29.3g/L) NaCl 溶液中，2Cr13 不锈钢当缝隙变窄时，腐蚀速度增加，最大腐蚀速度的缝宽小于 0.12mm。在该宽度下浸泡 54 天，腐蚀深度可达 90μm。如图 6-22 所示。当缝隙大于 0.25mm 时，该溶液中不产生缝隙腐蚀。另外缝隙腐蚀还与缝外部面积有关，外部面积增大，缝内腐蚀增加。这是一个非常值得注意的情况，由于缝隙内发生了腐蚀，被认为是阳极区，而缝隙外为阴极区，这就会形成类似电偶腐蚀中小阳极大阴极的状况，随着缝隙外与缝隙内面积比的增大，缝隙腐蚀发生的几率也增大，缝隙腐蚀也越严重。图 6-23 表明了 304、316、Incoloy825几种合金在海水中缝隙腐蚀萌生几率与缝隙外/内面积比的关系。

(2) 环境因素

① 溶液中氧的浓度：氧浓度增加，缝外阴极还原更易进行，缝隙腐蚀加速。

② 腐蚀液流速：分两种情况，当流速增加时，缝外溶液中含氧量相应增加，缝隙腐蚀增加；另一种情况，对由于沉积物引起的缝隙腐蚀，当流速加大时，有可能把沉积物冲掉，相应使缝隙腐蚀减轻。

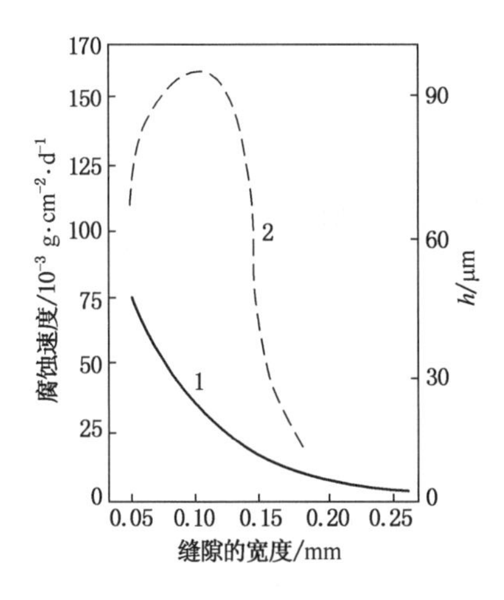

图 6-22 不锈钢在 0.5mol/L(29.3g/L)NaCl 溶液中，缝隙腐蚀与缝隙宽度的关系(实验 54 天)

1—总腐蚀速度；2—腐蚀深度 h

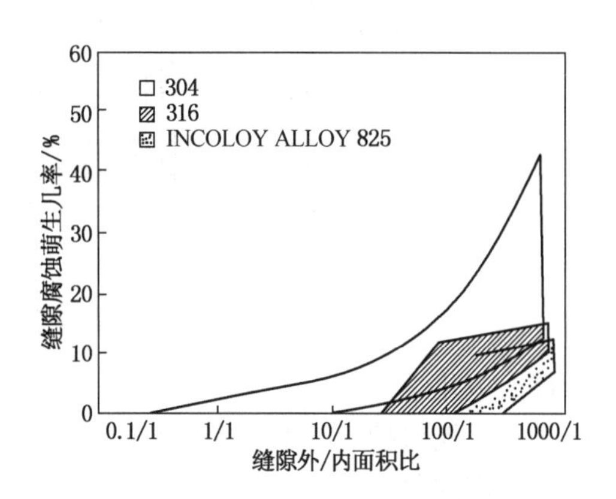

图 6-23 缝隙腐蚀萌生几率与缝隙外(裸露)面积和缝隙内面积比的关系

③ 温度的影响：温度升高增加阳极反应，在敞开系统的海水中，80℃达最大腐蚀速度，高于 80℃由于溶液中溶氧下降而相应腐蚀速度下降。在含氯介质中，各种不锈钢都存在临界缝隙腐蚀温度(*CCT*)，达到这一温度发生缝隙腐蚀几率增大，随温度进一步升高，更容易产生并更趋严重。

④ pH 值：pH 值下降，只要缝外金属仍处于钝化状态，则缝隙腐蚀量增加。

⑤ 溶液中 Cl^-浓度：Cl^-浓度增加，使电位向负方向移动，缝隙腐蚀速度增加。

（3）材料因素

不同材料耐缝隙腐蚀的能力不同，对于耐蚀性依靠氧化膜或钝化层的金属或合金，特别容易遭发生缝隙腐蚀。不锈钢中 Cr、Ni、Mo、N、Cu、Si 等元素由于增加钝化膜的稳定性和钝化、再钝化能力，所以是提高耐缝隙腐蚀性能的有效元素。

6.4.3 控制缝隙腐蚀途径

（1）合理设计

在多数情况下设备上都会有造成缝隙的可能，因此须用合理的设计来减轻缝隙腐蚀，图 6-24 是防止缝隙腐蚀采用的方法示意图。图 6-25 是防止搭接处缝隙腐蚀的几种设计方案比较。在带有垫片的连接件设计时应注意垫圈尺寸要合适，也不能用吸湿性材料，否则也易出现缝隙，如图 6-26 是使用垫圈的实例。还应特别注意两种金属复合在一起时的电偶腐蚀与缝隙腐蚀的联合作用。

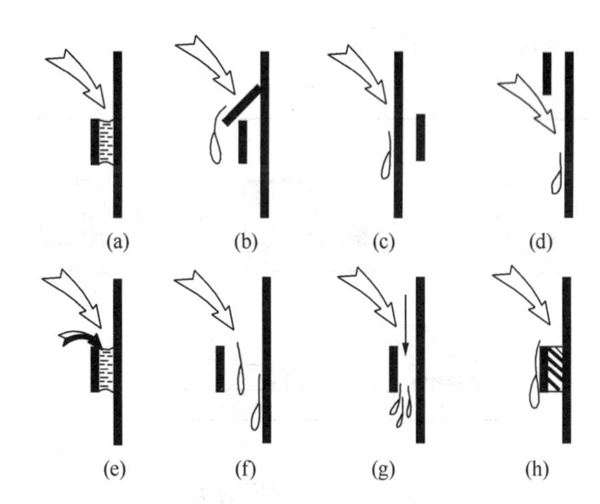

图 6-24 防止缝隙腐蚀可能采用的方法示意图

(a) 带缝的结构件(箭头表示浸蚀液进入缝隙方向)；(b)、(c)、(d)使缝隙处于浸蚀液外；(e) 在缝隙处加入缓蚀剂；(f) 把缝宽增大，使浸蚀液不能保持在缝中；(g) 沿缝口入口处装有气流装置，把缝内存液吹掉；(h)用填料密封缝隙

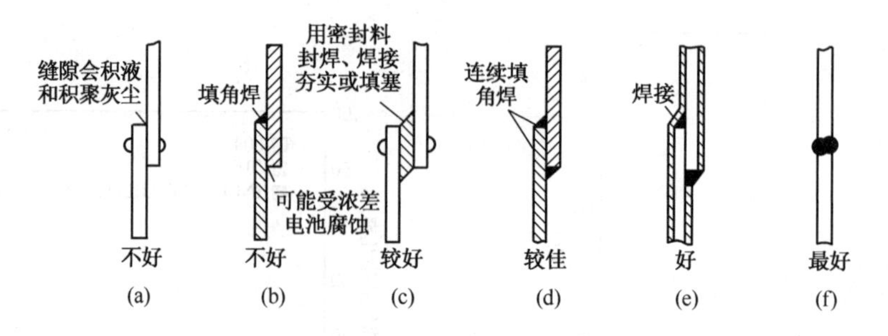

图 6-25　防止搭接处缝隙腐蚀的几种设计方案比较

（2）电化学保护

采用阴极保护，并不能完全解决缝隙腐蚀问题，关键在于是否有足够电流达到缝内，使其产生必需的保护电位。

（3）选材

对不同介质应选不同材质。表 6-4 中列举了在平静海水中抗缝隙腐蚀的材料。

表 6-4　在平静海水中抗缝隙腐蚀的材料

金属或合金	抗缝隙腐蚀能力	金属或合金	抗缝隙腐蚀能力
Hastelloy C Ti	无腐蚀	Incoloy825 Carpenter20 Ni-Cu 合金 铜	较差
90Cu-10Ni(1.5Fe) 70Cu-30Ni(0.5Fe) 青铜 黄铜	优异	316 不锈钢 Ni-Cr 合金 304 不锈钢 铁素体及马氏体不锈钢	缝内形成蚀坑
奥氏体高 Ni 铸铁 铸铁 碳钢	良好		

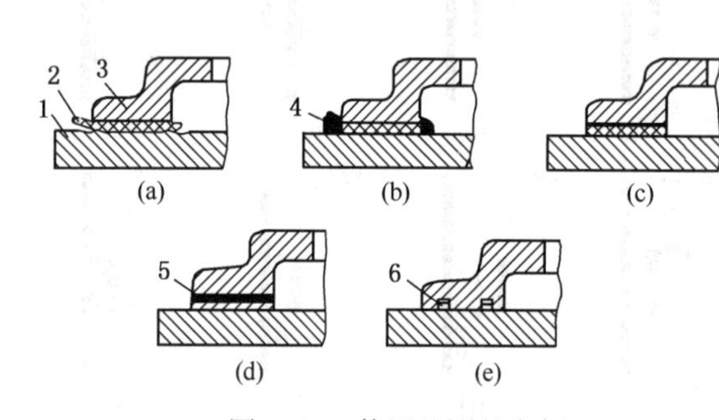

图 6-26　使用垫圈的实例

（a）垫圈的零件边缘凸出，垫圈下易形成缝隙腐蚀；（b）垫圈小时易形成脏物下的缝隙腐蚀；（c）尺寸大小合适；（d）与加缓蚀剂的玛蹄脂层相结合的垫圈；（e）环形密封圈；1、3—连接件；2—垫圈；4—落入缝中的脏物；5—加缓蚀剂的玛蹄脂层；6—密封环

（4）缓蚀剂的应用

用磷酸盐、铬酸盐、亚硝酸盐的混合物，对钢、黄铜、锌结构件是有效的。也可在接合面上涂有加缓蚀剂的涂料。

6.4.4　丝状腐蚀——缝隙腐蚀的一种特殊形式

在金属或非金属涂层下面的金属表面发生的一种细丝状腐蚀，因多数发生在漆膜下面，因此也称作膜下腐蚀。这种腐蚀形态最常见的是暴露在大气中盛食品或饮料的罐头外壳。在涂敷有锡、银、金、磷酸盐、瓷漆、清漆等涂层的钢、镁、铝金属表面上，都曾观察到丝状腐蚀。其形貌如图 6-27 所示。

丝状腐蚀的特征：行迹为丝状，沿迹线所发生的腐蚀在金属上挖出一条可觉察的小沟。腐蚀丝是由一个蓝绿色的活性头部和一个棕红色的腐蚀产物尾巴构成，丝宽为 0.1～0.5mm。

腐蚀只发生在头部，活性头部的蓝绿色是亚铁离子的特征颜色。非活性的红棕色尾部是由于存在三氧化二铁或它的水合物。腐蚀丝相互间的作用也是很有趣。腐蚀丝由金属的边棱或由金属表面上 NaCl、$CaCl_2$ 等盐的颗粒上开始，并以直线进行。细丝不穿过另一丝的非活性尾部，而是碰到另一丝的非活性部位后，就“反折”回来，入射角和反射角通常相等。如果一个活性的发展中细丝以90°角度碰到另一细丝的非活性尾巴，它可能变为非活性，或更多的情况是分裂成两个新细丝，折回角度呈45°。如两根细丝的活性头部以锐角相遇时，它们可以结合成一根新丝。因为生长中的细丝不能穿过非活性尾巴，它们常常因而陷入一个“死套”，并随有效空间减小而消亡。

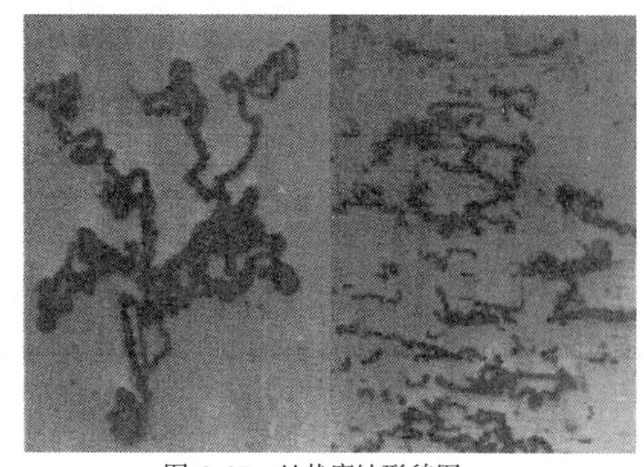

图 6-27　丝状腐蚀形貌图

丝状腐蚀的机理：金属制品存放于含有 $MgCl_2$、NaCl、$CaCl_2$ 等吸水性强的大气中，盐落到金属表面上，以盐为核心吸水，使仅有饱和溶液的小面积上发生了腐蚀，引起小区域膜下的腐蚀，产生高浓度的亚铁离子(Fe^{2+})，周围大气中的水借渗透作用源源渗入，铁离子水解，使局部产生酸性环境，促进铁的进一步溶解，而腐蚀产物 $Fe(OH)_2$ 形成膜的色套，当色套薄弱点破裂，流出液体在原先腐蚀点外形成一个“头”部，头部腐蚀，又引起新的膜套，这一连串过程(膜套破裂—腐蚀—膜套形成)重复无数次形成连续的线。由于头部为阳极溶解区，而丝的两侧和尾部是阴极还原区，头部 pH 值小于1，尾部 pH 值为7~8.5。所以丝状腐蚀可看作为自行延伸的缝隙腐蚀。图 6-28 说明了丝状腐蚀的基本机理。腐蚀丝一直朝一个方向发展，是由于头部两侧碱度比前方高。腐蚀丝的头部遇到另一条丝的尾部而转向也是这一原因。

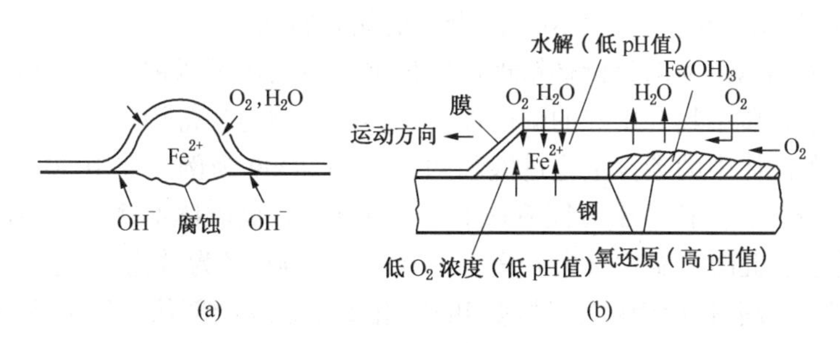

图 6-28　钢表面上丝状腐蚀机理示意图

(a) 头部横切面图；(b) 丝的侧切面图

影响丝状腐蚀的因素：丝状腐蚀最重要的环境变量是大气的相对湿度。表 6-5 表明，丝状腐蚀主要发生在65%~90%的相对湿度之间；相对湿度低于65%，金属不受影响；湿度高于90%，腐蚀主要表现为鼓泡。在金属表面上是哪种保护层，相对地说，并不重要，无论是瓷漆、清漆和金属涂层，下面都发现过丝状腐蚀，不过透水能力低的涂层可以抑制丝状腐蚀。

防止措施：最有效的措施是将有涂层的金属放在低于65%相对湿度的环境中使用，但实际很难实现。其次用脆性涂层，腐蚀在脆涂层下面生长时，膜会在生长的头部破裂，这样氧便进入头部，原来的氧浓差被消除，腐蚀因而停止，但脆性膜易受损坏，所以不是最好的方法。另外，发展透水率低的涂层膜对防止丝状腐蚀是有好处的。

表 6-5　湿度对涂瓷漆的钢的丝状腐蚀的影响

相对湿度/%	外　观	相对湿度/%	外　观
0~60	无腐蚀	93	很宽的细丝
65~85	很窄的细丝	95	多数起泡，另外有分散的细丝
80~90	宽的腐蚀细丝	100	起　泡

6.5　晶间腐蚀

沿着或紧挨着金属的晶粒边界发生的腐蚀称为晶间腐蚀。通常的金属材料为多晶结构，因此存在着晶界，晶界物理化学状态与晶粒本身不同，在特定的使用介质中，由于微电池作用而引起局部破坏。这种局部破坏是从表面开始，沿晶界向内发展，直至整个金属由于晶界破坏而完全丧失强度。所以在表面还看不出破坏时，实际晶粒间已失去了结合力，敲击金属时已丧失金属声音，这是一种危害性很大的局部腐蚀。

晶间腐蚀的产生必须有两个基本因素：一是内因，即金属或合金本身晶粒与晶界化学成分差异、晶界结构、元素的固溶特点、沉淀析出过程、固态扩散等金属学问题，导致电化学不均匀性，使金属具有晶间腐蚀倾向。二是外因，在腐蚀介质中能显示晶粒与晶界的电化学不均匀性。总之，当某种介质与金属所共同决定的电位条件下，晶界的溶解电流密度远大于晶粒本身的溶解电流密度时，便可产生晶间腐蚀。

6.5.1　晶间腐蚀机理

6.5.1.1　贫铬理论

贫铬理论又称为贫乏理论，最早发现于奥氏体不锈钢，由于晶界析出碳化铬而引起晶界附近铬的贫化而造成晶间腐蚀，所以提出贫铬理论。用此理论满意地解释了铁素体不锈钢的晶间腐蚀和杜拉铝(Al-Cu 合金)及 Ni-Mo 合金的晶间腐蚀。

下面以奥氏体不锈钢为例分析贫铬理论的依据。奥氏体不锈钢是生产和使用最多的一类不锈钢，它在许多介质中具有良好的耐蚀性。这类不锈钢为获得均匀固溶体组织，出厂时进行了固溶处理，奥氏体中的碳含量是过饱和的。以 Cr18Ni9 为例，在 1050~1100℃以上高温急冷下来(固溶处理)，奥氏体中可固溶 0.1%~0.15%C。奥氏体不锈钢在使用时不可避免要加工热处理或焊接，此时，温度又会升高，如在 500~700℃(为敏化区)重新受热，而 600℃时奥氏体中固溶量不超过 0.02%C，过饱和的碳就要部分或全部从奥氏体中析出，形成铬的碳化物(主要是 $Cr_{23}C_6$)并连续分布至晶界上。析出的碳化物中铬的含量比奥氏体基体中的铬含量高得多，而且在析出过程中，碳的扩散阻力小，能较快到达晶界，而铬在奥氏体中扩散阻力大，所以形成碳化物时，必定要消耗晶界附近的铬，导致晶界附近的含铬量低于钝化必需的限量(即 12%Cr)，从而形成了贫铬区，在介质中发生晶间腐蚀。图 6-29 为晶间腐蚀贫铬理论示意图。

晶间贫铬区内铬含量低于 12%时,这就意味着在腐蚀介质中贫铬区处于活化状态为阳极区,而不贫铬的晶粒内处于钝态属阴极区,这一点可由图 6-30 所示不同含铬量合金的阳极极化行为得到证实。贫铬区小为小阳极,在大阴极小阳极耦合电偶效应作用下,晶间腐蚀速度将显著加快。

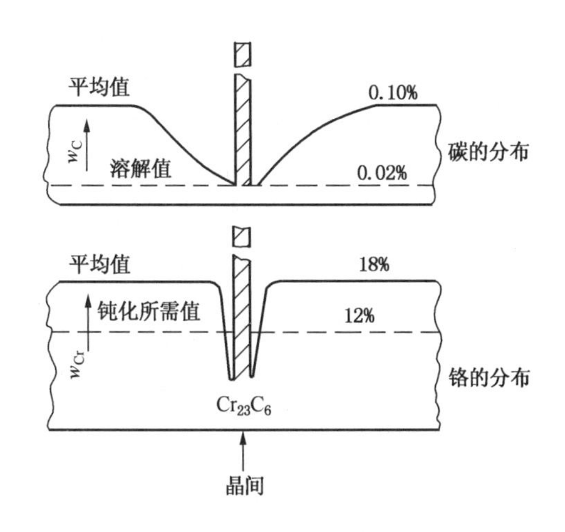

图 6-29　晶间腐蚀贫铬理论示意图

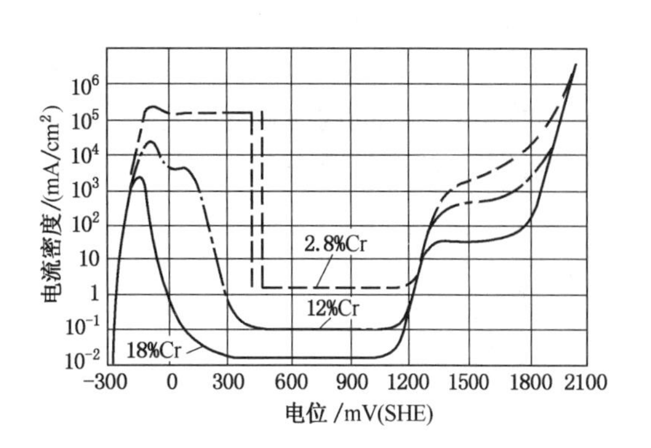

图 6-30　Fe-Cr 合金在 $10\%H_2SO_4$ 中的阳极极化曲线

铁素体不锈钢的晶间腐蚀也可用贫乏理论来解释，自 900℃以上高温区快速冷却(如淬火或空冷)，就能产生晶间腐蚀倾向，就是含 C(或 N)很低的不锈钢也难免产生晶间腐蚀倾向，而在 700~800℃重新加热可消除。看来，铁素体不锈钢与奥氏体不锈钢产生晶间腐蚀倾向的条件是不同的，但机理是一样的，都是由于晶界上析出铬的碳、氮化物的结果。C 或 N 在铁素体不锈钢中的固溶度比奥氏体不锈钢中还少得多，而且铬原子在铁素体中的扩散速度比奥氏体中大两个数量级，所以即使自高温快速冷却，铬的碳或氮化物仍能在晶界析出。

铁素体不锈钢产生晶间腐蚀倾向的碳化物，主要为$(Cr, Fe)_7C_3$ 型。

可用贫乏理论解释的其他合金的晶间腐蚀如高强铝合金(如 Al-Cu，Al-Cu-Mg 合金)，它们在工业大气、海洋大气及海水中都能产生晶间腐蚀，这是因为在晶界上析出 $CuAl_2$ 或 Mg_2Al_3 而形成贫 Cu 或贫 Mg 区而引起的。

镍基合金(如 Ni-Mo 合金)在还原性介质中沿晶界析出 Ni_7Mo_6 造成贫 Mo 而出现晶间腐蚀。又如哈氏合金 C(0Cr16Ni57Mo16W4Fe6)固溶状态无晶间腐蚀，但当在 649~1038℃范围停留，晶界析出金属间化合物 μ 相$(Ni, Fe, Co)_3$，$(W, Mo, Cr)_2$；当碳含量大于 0.004% 时，晶界还会析出富 Mo 的 M_6C 型碳化物，从而导致晶间腐蚀。

6.5.1.2　阳极相理论

随着冶炼工艺的发展，低碳、超低碳不锈钢大量生产，因此由碳化物引起的晶间腐蚀已大为减少，但超低碳钢，特别高铬、高钼含量的 Fe-Cr、Fe-Cr-Ni 系不锈钢在 650~850℃受热，晶界常由于 σ 相析出而引起晶间腐蚀。有人测定了 σ 相的极化曲线，如图 6-31 所示。在过钝化电位下，σ 相发生严重的相选择性溶解。σ 相为 FeCr 金属间化合物，这种晶间腐蚀只能用 $65\%HNO_3$ 方法才能检验出来，即在强氧化性介质中才能发生；促使 σ 相形成的元素除 Cr 外，还有 Mo、Nb、Ti 等。

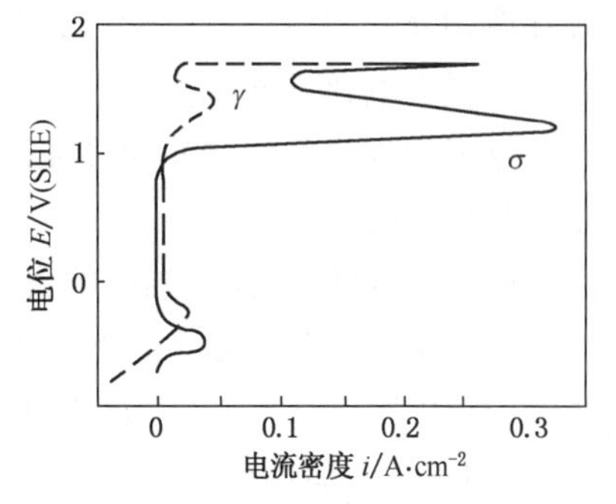

图 6-31　不锈钢中 γ 相和 σ 相的阳极极化曲线

6.5.1.3　晶界吸附理论

在一些非敏化态钢中，主要由于杂质元素(P、Si)等在晶界吸附而产生晶间腐蚀，超低碳的18Cr-9Ni钢，在1050℃固溶处理后，在强氧化性介质中(如硝酸加重铬酸盐)会出现晶间腐蚀，这显然不能用$M_{23}C_6$沉淀及σ相析出来解释。图6-32示出14Cr-14Ni钢中C和P对钢在115℃的5mol/L(315g/L)HNO_3+4g/L Cr^{6+}溶液中腐蚀速度的影响。含C高达0.1%，并没有产生晶间腐蚀，而含P大于0.01%，腐蚀量就大大增加，由此可推论P与晶间腐蚀有密切关系。Amigo等人还报道了Si含量对不锈钢在强氧化性介质中晶间腐蚀的影响，见图6-33，特别当Si含量为1%左右影响最大，但机理还不清楚。

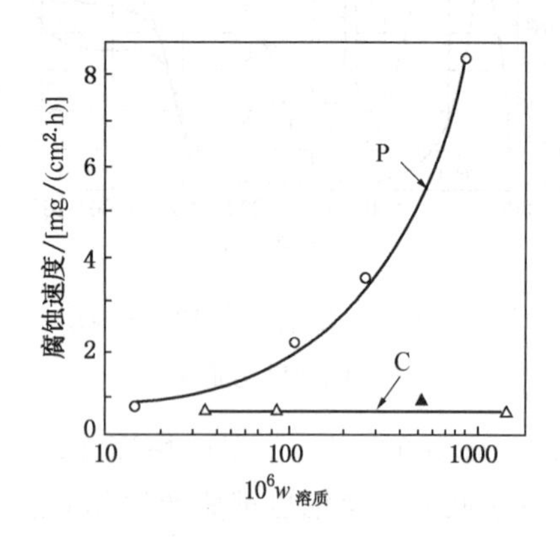

图6-32　P和C对14Cr-14Ni钢在115℃ 5mol/L(351g/L)HNO_3+4g/L Cr^{6+}溶液中的晶间腐蚀的影响(固溶态)

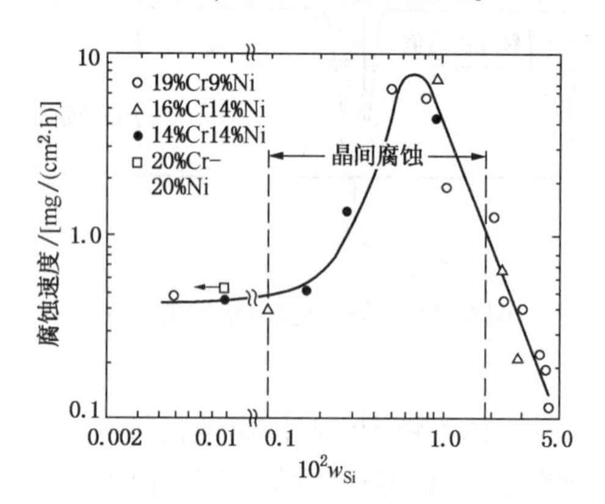

图6-33　在HNO_3+Cr^{6+}溶液中合金腐蚀速度随Si含量增加的变化(峰值是晶间腐蚀)

在探索晶间腐蚀起因、发展和分布时，有不同的依据与解释，形成了许多不同的晶间腐蚀理论，如单相合金晶间腐蚀的晶界吸附理论，多相合金晶间腐蚀的阳极相理论、贫铬(乏)理论、亚稳沉淀相理论、应力论等。肖纪美从现有合金脱溶沉淀理论和金属化合物在腐蚀介质中腐蚀电化学行为的表现出发，将现有种种晶间腐蚀理论分为三大类：

第一类是从脱溶结果考虑，基于热力学及结构学角度，依据平衡相图及金相组织分析沉淀相的性质、沉淀相的形貌、沉淀相所导致的应力、沉淀相附近的贫乏区对晶间腐蚀的影响而得出的理论，有阳极相理论、贫乏论、沉淀相形貌论、应力论。

第二类是从脱溶过程考虑，基于动力学，从脱溶各阶段特别亚稳沉淀相来探讨晶间腐蚀问题的有亚稳沉淀相理论。如将晶界吸附认为是晶界区的预沉淀现象，则晶界吸附理论也属这一类。

第三类是从腐蚀过程考虑，就晶间腐蚀的性质和特征来看它属局部腐蚀，并和多电极系统在腐蚀介质中各相电化学行为有关。所以从腐蚀电化学理论的基本观点看，认为晶间腐蚀是一个微区电化学现象。

这三类理论是随着晶间腐蚀研究的深入而发展起来的，是相互补充、相辅相成的，并不是互相抵触的。

6.5.2　影响晶间腐蚀的因素

晶间腐蚀的发生是与合金成分、结构以及加工及使用温度有关,在生产实践中常遇到的是不锈钢中碳化物析出造成的晶间腐蚀,所以下面以不锈钢为例,讨论影响晶间腐蚀的因素。

6.5.2.1　加热温度与时间的影响

图6-34表示18Cr-9Ni不锈钢晶界$Cr_{23}C_6$沉淀与晶间腐蚀之间的关系。由图得知，晶间腐蚀倾向与碳化物析出有关，但两者发生的温度和加热范围并不完全一致。在低温两者附

合较好；而高温下（高于750℃），析出的碳化物是孤立的颗粒，高温下Cr也易扩散，所以不产生晶间腐蚀倾向。600~700℃易析出连续的网状的$Cr_{23}C_6$，晶间腐蚀倾向严重；低于600℃，Cr与C的扩散速度随温度降低而变慢，需要更长时间才能产生碳化物析出；温度低于450℃就难以产生晶间腐蚀了。这种表明晶间腐蚀倾向与加热温度和时间关系的实验曲线称为温度-时间-敏化图（TTS曲线），每种合金通过实验都可以作出这样的曲线。图6-35、图6-36分别为304L和316L不锈钢晶间腐蚀的温度-时间-敏化图。304L不锈钢的晶间腐蚀实验采用的是沸腾$CuSO_4$-H_2SO_4溶液，主要是碳化物沉淀引起的晶间腐蚀；而316L钢是用沸腾的65% HNO_3进行实验，主要是σ相析出引起的晶间腐蚀。

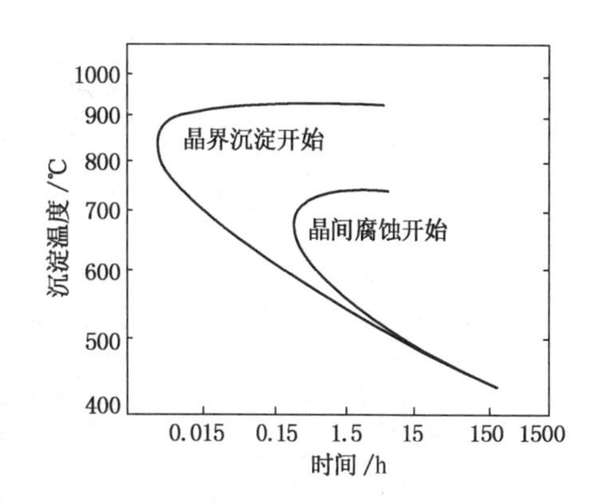

图6-34　18Cr-9Ni不锈钢晶界$Cr_{23}C_6$沉淀与晶间腐蚀之间关系（0.05%C，1250℃固溶，H_2SO_4+$CuSO_4$溶液）

从上述图中可见，为使奥氏体不锈钢不产生晶间腐蚀倾向，加热到1050~1100℃，迅速冷却，使冷却曲线位于C曲线左边，不与曲线相交，这称为固溶处理；而为检验某种材料的晶间腐蚀倾向，则加热到碳化物容易析出的最敏感的温度，恒温处理，这叫作敏化处理。

利用TTS曲线，可帮助我们制定正确的不锈钢热处理制度及焊接工艺，以免产生晶间腐蚀倾向。该图还可研究冶金因素对晶间腐蚀倾向的影响。

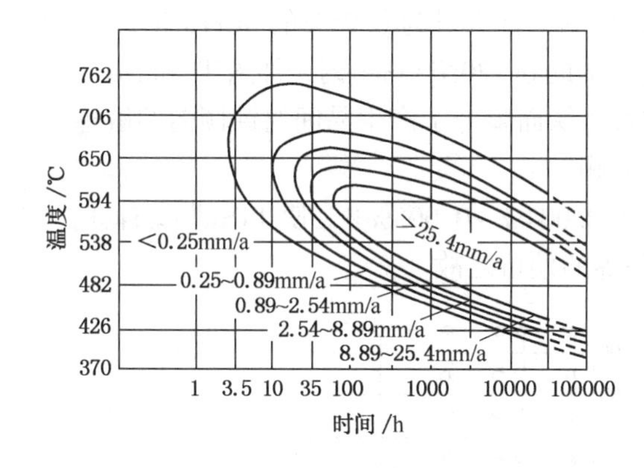

图6-35　304L不锈钢晶间腐蚀的温度-时间-敏化图（TTS曲线）

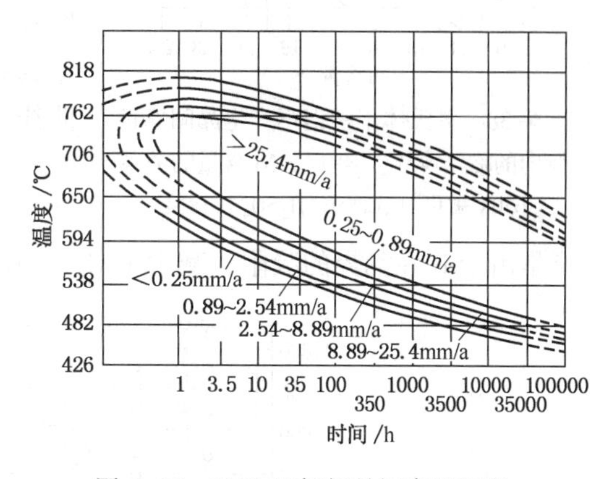

图6-36　316L不锈钢晶间腐蚀温度-时间-敏化图（TTS曲线）

6.5.2.2　合金成分的影响

（1）碳

显然，奥氏体不锈钢中碳含量愈高，晶间腐蚀倾向愈严重，不仅产生晶间腐蚀倾向的加热温度和时间范围扩大，晶间腐蚀程度也加重，见图6-37。而且固溶温度愈高，由于过饱和固溶碳量增多，TTS曲线左移，即晶间腐蚀愈易产生。

（2）铬、镍、钼、硅

Cr、Mo含量增高，可降低C的活度，有利于减弱晶间腐蚀倾向；而Ni、Si等不形成碳化物的元素，会提高C的活度，降低C在奥氏体中的溶解度，促进了C的扩散及碳化物析出。Cr、Ni和C的综合影响示于图6-38。可见，当Ni量相同时，不产生晶间腐蚀所允许的碳量因铬量增

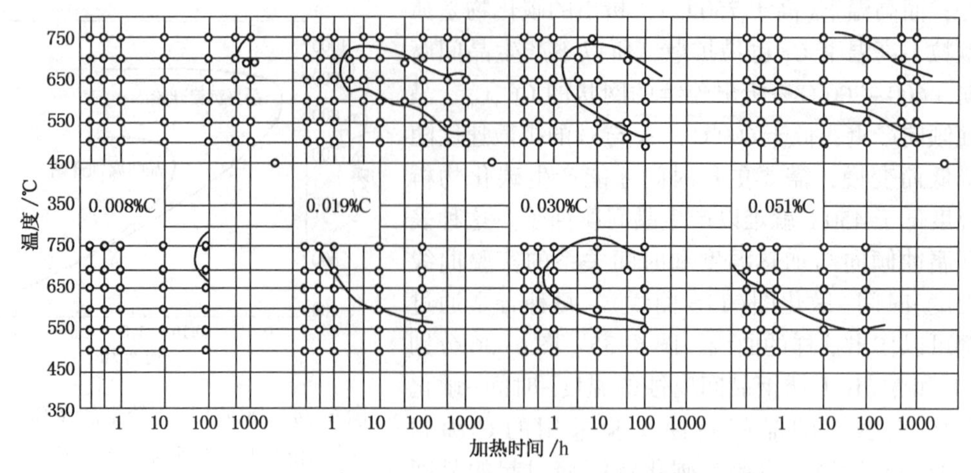

图 6-37　含碳量对 Cr16Ni15Mo3 钢晶间腐蚀倾向的影响

固溶温度：上图—1050℃；下图—1250℃

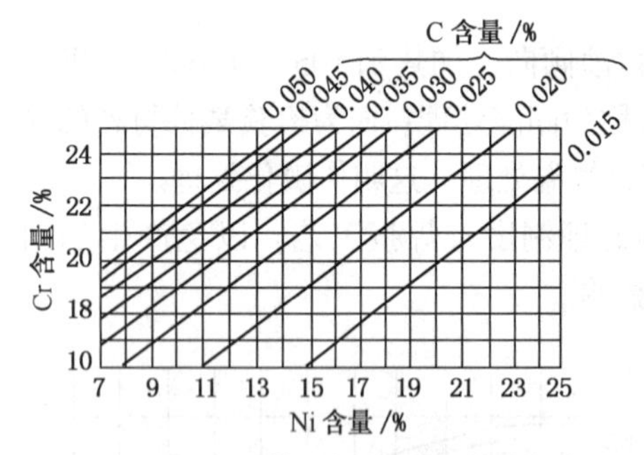

图 6-38　奥氏体不锈钢不产生晶间腐蚀倾向的临界碳量与钢中 Cr、Ni 含量的关系

650℃敏化 1h，$CuSO_4+H_2SO_4$ 法检验

加而增加，而 Cr 量相同时，所允许的碳量因 Ni 量增加而降低。

（3）钛、铌

Ti 和 Nb 与 C 亲合力大于 Cr 与 C 的亲合力，高温时能形成稳定的碳化物 TiC 及 NbC，从而大大降低了钢中的固溶碳量，使铬的碳化物难以析出。从图 6-39 可见，含碳量为 0.05%的 0Cr18Ni12 及含碳量为 0.06%的 0Cr20Ni20Si4 钢，加入 Ti 和 Nb，使 C 曲线右移，从而降低了产生晶间腐蚀倾向的敏感性。

（4）硼

加入 0.004%～0.005%B，使 TTS 曲线右移，这可能是由于 B 在晶界的吸附，减少了 C、P 在晶界的偏析之故。

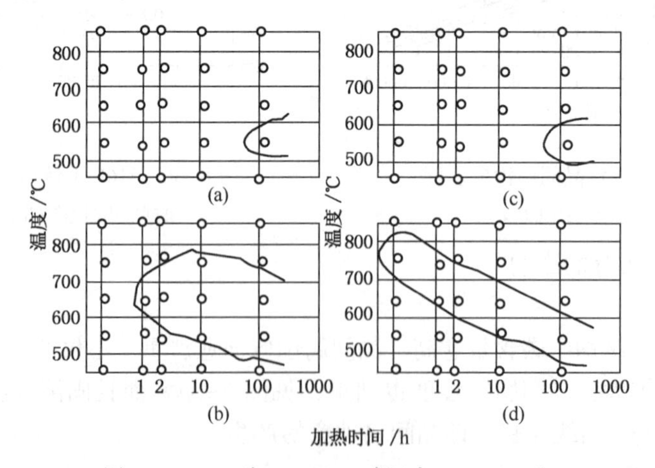

图 6-39　Nb 对 0Cr18Ni12 钢（含 0.05%C）和 0Cr20Ni20Si4 钢（0.06%C）晶间腐蚀倾向的影响 $CuSO_4+H_2SO_4$ 试验

(a) 0Cr18Ni12Nb；(b) 0Cr18Ni12；(c) 0Cr20Ni20Si4Nb；(d) 0Cr20Ni20Si4

6.5.3 控制晶间腐蚀措施

生产中常通过合金化、热 处理及冷加工等措施来控制合金晶界的吸附及晶界的沉淀，以提高耐晶间腐蚀性能。

6.5.3.1 降低碳含量

早期的18Cr-9Ni 钢含碳为0.20%，极易产生晶间腐蚀，后来把碳含量降到0.08%。70年代以来，各国采用了各种精炼方法，低碳不锈钢(C≤0.03%)已大量生产，还可炼制超低碳不锈钢(C+N≤0.002%)，但后者目前成本还较高。碳含量的降低有效减少了碳化物析出造成的晶间腐蚀。

6.5.3.2 钢中加入足够量的钛和铌

如在Cr18-Ni9钢(304)中加Ti，成为Cr18-Ni9-Ti钢(321)；加Nb成为Cr18Ni9Nb钢(347)。为避免产生晶间腐蚀倾向，加Nb量应为

$$Nb=0.093+7.78(C-0.013)+6.66(N-0.022)$$

加Ti量应为

$$Ti=[4C+3.42(N-0.001)]/f$$

式中，C，N为碳、氮含量，f为系数，取决于热处理制度。若在900℃附近进行“稳定化”处理，钢中$Cr_{23}C_6$能全部溶解，而在这种高温下TiC能全部沉淀，有效地发挥了Ti稳定C的作用，这时f为1，否则f小于1。所谓“稳定化”处理就是把加Ti、Nb的钢加热到850~900℃保温2~4h，以充分生成TiC、NbC的热处理制度。

6.5.3.3 适当热处理

含碳量为0.06%~0.08%的奥氏体不锈钢,要在1050~1100℃进行固溶处理。对具有晶间腐蚀倾向的铁素体不锈钢,在700~800℃进行退火处理。含钛、铌的钢要进行稳定化处理。

6.5.3.4 采用适当的冷加工

如敏化前进行30%~50%的冷变形，可以改变碳化物的形核位置，促使沉淀相在晶内滑移带上析出，减少碳化物在晶界的析出量，这对改善奥氏体不锈钢抗晶间腐蚀是有利的。但这种方法在实际应用中还不十分肯定，也有报道认为，18-8不锈钢冷加工促进了过饱和固溶体的分解，使沿晶界、孪晶界及滑移面上析出大量富Cr的$M_{23}C_6$、σ相，χ相，从而抗晶间腐蚀能力变坏。

6.5.3.5 调整钢的成分

调整成分的目的是使奥氏体钢中存在5%~10%的铁素体，以降低晶间腐蚀倾向。这是由于相界面能低于奥氏体晶界能，碳化物择优在相界面析出，减少了在奥氏体晶界的沉淀。

6.5.4 不锈钢焊缝的晶间腐蚀

奥氏体不锈钢经固溶处理或加Ti、Nb等稳定化元素后，一般不产生晶间腐蚀。但不锈钢设备的制造过程中，焊接往往是不可避免的，本来并无晶间腐蚀倾向的不锈钢，在焊缝附近却产生了严重的晶间腐蚀。

根据钢种不同，产生腐蚀部位与形貌的不同，人们习惯地把它分为焊缝腐蚀及刀线腐蚀。

6.5.4.1 焊缝腐蚀

经固溶处理过的奥氏体不锈钢，经受焊接后，在使用过程中焊缝附近发生了腐蚀，腐蚀区通常是在母材板上离焊缝有一定距离的一条带上。这是由于在焊接过程中，这条带上经受了敏化加热的缘故。焊接时，焊缝附近的受热情况如图6-40(a)所示。热电偶放在A、B、

C、*D* 四点[图 6-40(b)]，焊接时记录温度和时间，并描绘在图(a)中，可见 *BC* 之间的金属有一段时间处于敏化温度范围之内，从而引起铬的碳化物析出，导致晶间腐蚀。

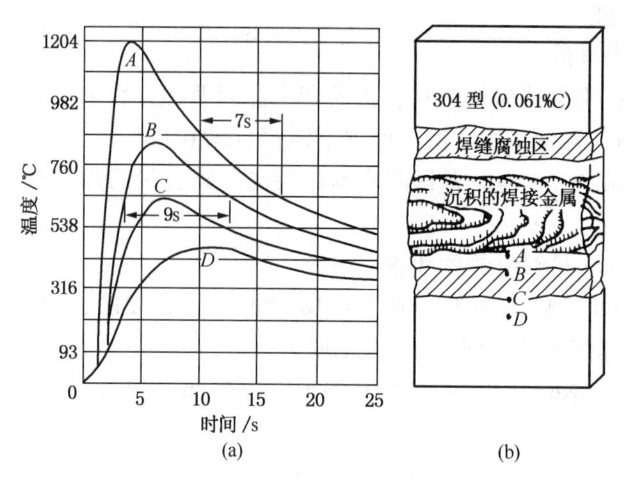

图 6-40　304 不锈钢电弧焊焊缝区受热情况图

(a) 温度-时间关系；(b) 测量热电偶位置

6.5.4.2　刀线腐蚀

加有 Ti、Nb 且进行了稳定化处理的钢，焊接后在邻近焊缝的金属窄带上产生了严重的腐蚀而成深沟，人们形象地称之为刀线腐蚀。这是由于焊接时，邻近焊缝处与熔融金属相接触，温度高达 950~1400℃，这时不仅钢中 $M_{23}C_6$ 溶解，而且 TiC、NbC 也全部溶解。在二次加热时(如双面焊，该部位重新受热，或焊后的消除应力退火)，$M_{23}C_6$、TiC、NbC 又重新沿晶界沉淀。有一种观点认为由于 $M_{23}C_6$ 的沉淀，产生了贫铬区，导致刀线腐蚀。另一种观点认为由于 TiC 或 NbC 以树枝状形态沿晶界沉淀，在强氧化性介质中 MC 可被溶解，导致刀线腐蚀。

以上腐蚀可在焊接后再次采用适当的热处理来防止焊缝腐蚀和刀线腐蚀的发生。

6.6　选择性腐蚀

选择性腐蚀是由于通过腐蚀过程多元合金中较活泼组分的优先溶解，是属于化学成分的差异而引起的。在二元或三元合金中，较贵的合金元素为阴极，较贱的为阳极，在介质中构成腐蚀原电池，较贱的合金元素发生了阳极溶解，而较贵的合金元素保持稳定或重新沉淀。发生选择性腐蚀后，可能引起合金颜色的改变，金属变得比较轻，多孔并失去了金属原有的力学性能，变得很脆，只有很低的抗拉强度。常见的例子是黄铜脱锌和石墨化腐蚀。

有人将选择性腐蚀根据合金中优先溶解的元素名称，称作脱锌、脱铝、脱钴等。表6-6列举了与合金成分有关的选择性腐蚀名称。

表 6-6　与合金成分有关的选择性腐蚀的名称

选择性腐蚀的名称	迁移的元素	所属合金系列	选择性腐蚀的名称	迁移的元素	所属合金系列
脱　铝	铝	Cu-Al	脱　镍	镍	Cu-Ni
脱　钴	钴	斯特莱特合金(Co-Cr-W-C)	脱　硅	硅	Si-Cu
脱　铜	铜	Cu-Ag	(无名)	银	Ag-Au
		Cu-Au	(无名)	锡	Pb-Sn(焊锡)
脱　锰	锰	Cu-Mn	石墨化腐蚀	铁	Fe-C(灰口铸铁)

6.6.1 黄铜脱锌

6.6.1.1 现象与特征

黄铜是 Cu-Zn 合金，含锌低于 15%的黄铜呈红色，称为红黄铜，一般不产生脱锌腐蚀，多用于散热器。含 30%~33%锌的黄铜多用于制作弹壳。这两类黄铜都是 Zn 在 Cu 中的固溶体合金，称作 α 黄铜。含 38%~47%锌的黄铜是 $\alpha+\beta$ 相，β 相是以 CuZn 金属间化合物为基体的固溶体，这类黄铜热加工性能好，多用于热交换器，含锌较高的 α 及 $\alpha+\beta$ 黄铜脱锌腐蚀都比较严重。图 6-41 显示黄铜中含锌量增加，脱锌腐蚀及应力腐蚀敏感性增加。

温度对脱锌腐蚀也有明显影响，如图 6-42 所示。蒙茨黄铜含 47%Zn，海军黄铜含 37% Zn，红黄铜含 15%Zn。随温度升高，含锌高的蒙茨黄铜腐蚀深度明显增加。

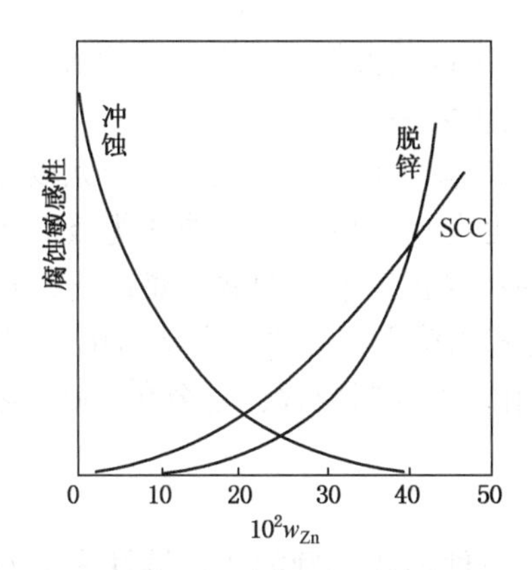

图 6-41 黄铜中锌含量与不同腐蚀形态敏感性的关系

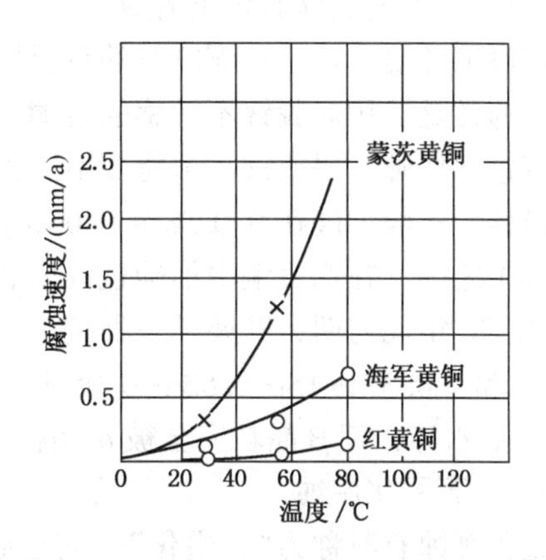

图 6-42 温度对不同含锌量黄铜腐蚀的影响

浓度为 117g/L 的 NaCl 溶液，浸泡 249 天

脱锌形态有两种：一种是均匀型或层状腐蚀，多发生于含锌量较高的合金中，而且总是发生在酸性介质中；另一种是不均匀的带状或栓状脱锌，多发生于含锌量较低的黄铜中及中性、碱性或弱酸性介质中。这种脱锌导致腐蚀产物被溶液冲走形成疏松多孔的铜残渣，丧失了强度。用于海水热交换器的黄铜经常发生这类脱锌腐蚀。图 6-43 为黄铜脱锌示意图。

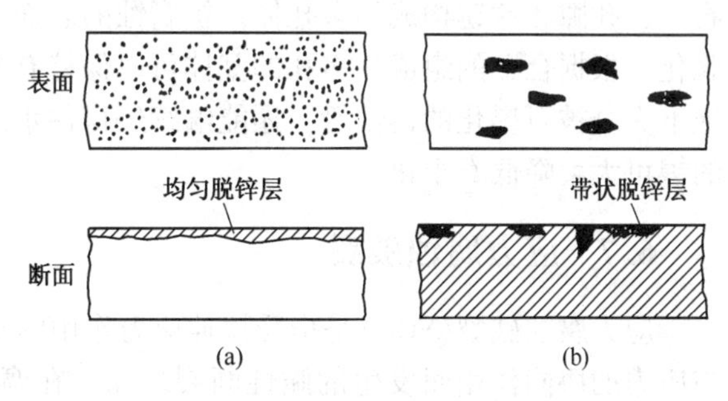

图 6-43 黄铜脱锌示意图

(a)—均匀的层状脱锌；(b)—不均匀的带状或栓状脱锌

6.6.1.2 黄铜脱锌机理

人们对脱锌机理的认识尚不一致，多数人认为黄铜脱锌分三步：①黄铜溶解；②锌离子留在溶液中；③铜镀回基体上。脱锌反应为：

阳极反应：

$$Zn \longrightarrow Zn^{2+} + 2e^-$$

$$Cu \longrightarrow Cu^+ + e^-$$

阴极反应：

$$\frac{1}{2}O_2 + H_2O + 2e^- \longrightarrow 2(OH)^-$$

Zn^{2+} 留在溶液中，而 Cu^+ 迅速与溶液中氯化物作用，形成 Cu_2Cl_2，接着 Cu_2Cl_2 分解

$$Cu_2Cl_2 \longrightarrow Cu + CuCl_2$$

这里的 Cu^{2+} 参加阴极还原反应，使 Cu 又沉淀到基体上。总的效果是 Zn 溶解，留下了多孔的铜。

砷的作用在于抑制了 Cu_2Cl_2 的分解，降低了 Cu^{2+} 的浓度。α 黄铜在氯化物中电位低于 Cu^{2+}/Cu 的电位，而高于 Cu_2^{2+}/Cu 的电位，即只有前者能被还原，因此对 α 黄铜的脱锌，必须从 Cu_2Cl_2 形成 Cu^{2+} 中间产物，才能发展下去。As 抑制了 Cu^{2+} 的产生，也就抑制了 α 黄铜的脱锌。但 Cu^{2+}/Cu 及 Cu_2^{2+}/Cu 的电位都高于 $\alpha+\beta$ 黄铜的电位，即 Cu^{2+} 及 Cu^{+} 都可能被还原，因而砷对 $\alpha+\beta$ 黄铜的脱锌过程没有影响。总之，脱锌过程是一个复杂的电化学过程，而不是一个简单的活泼金属分离现象。

6.6.1.3　黄铜脱锌的防止措施

改善腐蚀环境是防止黄铜脱锌的重要措施，如脱氧或采取阴极保护。但是上述措施是不经济的。通常是选用对脱锌不敏感的黄铜。如红黄铜即其中之一。

在黄铜中加砷、锡或锑，都能在不同程度上防止 α-黄铜产生脱锌现象，其中尤以加砷的效果最佳，一般加砷在 0.02%至 0.06%范围内。加锡也有一定效果。含砷的优级海军黄铜便是其中之一。在铝黄铜中加砷也能防止脱锌，但 $\alpha+\beta$ 双相黄铜的脱锌较难防止。瑞典在 20 世纪 70 年代初期，发展了一种抗脱锌腐蚀的铸造复相黄铜，名义成分为 63Cu-2Pb-0.5Ni-0.5Mn-0.3Al-1Si-0.5Sn-0.05Sb-余量为 Zn，用锑来抑制脱锌，合金在 550℃热处理 3h，然后水淬，使 β 晶粒完全被 α 晶粒所包围。

6.6.2　石墨化腐蚀

石墨化腐蚀有时称为“石墨化”，它是脱合金元素的一种形式。例如灰口铸铁中的石墨以网络状分布在铁素体内，在介质为盐水、矿水、土壤(尤其含硫酸盐的土壤)或稀的酸性溶液中，发生了铁基体的选择性腐蚀，石墨对铁为阴极，形成腐蚀原电池，铁被溶解，形成石墨、孔隙和铁锈构成的多孔体。被腐蚀的表面看不出破坏形貌，但失去重量，变得多孔和脆化。根据合金的组成，多孔的基体可以保持有明显抗拉强度和中等耐腐蚀能力。一个埋于地下完全被石墨化的铸铁管，还能继续经得住水的压力，直到被碰破。铸铁中加入百分之几的镍可大大降低石墨化。

6.7　应力腐蚀破裂

应力腐蚀破裂(SCC)是指受拉伸应力作用的金属材料在某些特定介质中，由于腐蚀介质与应力的协同作用而发生的脆性断裂现象。在腐蚀环境中，金属受到应力作用会使腐蚀加速，不仅是环境与应力的叠加，而且是一种更为复杂的现象，即在某一种特定介质中，材料不受应力作用时腐蚀很小；而受到远低于材料的屈服极限拉伸应力时，经过一段时间甚至延性很好的金属也会发生脆性断裂。

由于应力腐蚀破裂事先常常没有明显征兆，所以往往会造成灾难性后果。例如，在美国，跨越俄亥俄河的“银桥”在使用四十年后于 1967 年 12 月 5 日断裂，其原因就是在潮湿大气中含有 SO_2 和 H_2S，长期作用下钢铁的应力腐蚀。结果 46 人丧生，造成巨大经济损失。1968 年威远至成都输气管线泄漏爆炸，死亡 20 余人。另一次是四川气田，因一个阀门应力腐蚀破裂漏气造成大火灾，延续 22 天，损失 6 亿元左右。1982 年 9 月 17 日，一架日航 DC-8喷气客机在上海虹桥机场着陆时，突然冲出跑道，调查确认事故原因是飞机内一个高压气瓶内壁产生晶间应力腐蚀而爆炸，破坏了液压系统，使全部刹车体系失灵，使飞机受损，旅客受伤。

应力腐蚀波及范围很广，各种石油、化工等管路设备、建筑物、贮罐、船只、核电站、航空、航天设备，几乎所有重要的经济领域都受到 SCC 的威胁。它是种往往突然性发生的“灾难性腐蚀事故”，所以引起了各国科技工作者的重视和研究。

6.7.1 应力腐蚀特征

一般认为发生应力腐蚀的三个基本条件是：敏感材料、特定环境和足够大的拉应力，具体特征如下：

① 发生应力腐蚀主要是合金，一般认为纯金属极少发生。例如纯度达 99.999%的铜在含氨介质中不会发生 SCC，但含有 0.004%磷或 0.01%锑时则发生 SCC；纯度达 99.99%的纯铁在硝酸盐溶液中很难发生 SCC，但含 0.04%碳时，容易发生硝脆。

② 只有在特定环境中对特定材料才产生应力腐蚀。随着合金使用环境不断增加，现已发现能引起各种合金发生应力腐蚀的介质非常广泛。表 6-7 示出常用合金发生应力腐蚀的特定介质。可见某一特定材料，绝不是在所有环境介质中都可能发生应力腐蚀，而只是局限于一定数量的环境中。

表 6-7 常用合金发生应力腐蚀的特定介质

合　金	介　质
低碳钢	NaOH 水溶液，NaOH
低合金钢	NO_3^- 水溶液，HCN 水溶液，H_2S 水溶液，Na_2PO_4 水溶液，乙酸水溶液，NH_4CNS 水溶液，氨(水<0.2%)，碳酸盐和重碳酸盐溶液，湿的 $CO-CO_2$-空气，海洋大气，工业大气，浓硝酸，硝酸和硫酸混合酸
高强度钢	蒸馏水，湿大气，H_2S，Cl^-
奥氏体不锈钢	Cl^-，海水，二氯乙烷，湿的氯化镁绝缘物，F^-，Br^-，$NaOH-H_2S$ 水溶液，$NaCl-H_2O_2$ 水溶液，连多硫酸(H_2SnO_6，$n=2\sim5$)，高温高压含氧高纯水，H_2S，含氯化物的冷凝水气
铜合金：	
Cu-Zn，Cu-Zn-Sn，Cu-Zn-Ni，Cu-Sn	NH_3 气及溶液
Cu-Sn-P	浓 NH_4OH 溶液，空气
Cu-Zn	胺
Cu-P，Cu-As，Cu-Sb	含 NH_3 湿大气
Cu-Au	NH_4OH，$FeCl_3$，HNO_3 溶液
铝合金：	
Al-Cu-Mg，Al-Mg-Zn，Al-Zn-Mg，Al-Mo(Cu)，Al-Cu-Mg-Mn	海水
Al-Zn-Cu	NaCl，$NaCl-H_2O_2$ 溶液
Al-Cu	NaCl，$NaCl-H_2O_2$ 溶液，KCl，$MgCl_2$ 溶液
Al-Mg	$NaCl+H_2O_2$，NaCl 溶液，空气，海水，$CaCl_2$，NH_4Cl，$CoCl_2$ 溶液
镁合金：	
Mg-Al	HNO_3，NaOH，HF 溶液，蒸馏水
Mg-Al-Zn-Mn	$NaCl-H_2O_2$ 溶液，海滨大气，$NaCl-K_2CrO_4$ 溶液，水，SO_2-CO_2-湿空气
钛及钛合金	红烟硝酸，N_2O_4(含 O_2，不含 NO，24～74℃)，HCl，Cl^-水溶液，固体氯化物(>290℃)，海水，CCl_4，甲醇、甲醇蒸气，三氯乙烯，有机酸
镍和镍合金	熔融的氢氧化物，热的浓氢氧化物溶液
锆合金	含氯离子水溶液、有机溶剂

③ 发生应力腐蚀必须有拉应力的作用，压应力反而能阻止或延缓应力腐蚀。但有研究者实验证明，在某些情况下压应力也能产生 SCC，但与拉应力相比，危险性要小得多。

④ 应力腐蚀是一种典型的滞后破坏，破坏过程可分三个阶段：

孕育期——裂纹萌生阶段，裂纹源成核所需时间，约占整个时间的90%左右。

裂纹扩展期——裂纹成核后直至发展到临界尺寸所经历的时间。

快速断裂期——裂纹达到临界尺寸后，由纯力学作用裂纹失稳瞬间断裂。所以应力腐蚀破裂条件具备后，可能在很短时间发生破裂，也有可能在几年或更长时间才发生。

⑤ 应力腐蚀的裂纹有晶间型、穿晶型和混合型三种类型，见图 6-44。类型不同是与合金-环境体系有关。应力腐蚀裂纹起源于表面；裂纹的长宽不成比例，可相差几个数量级；裂纹扩展方向一般垂直于主拉伸应力的方向；裂纹一般呈树枝状。

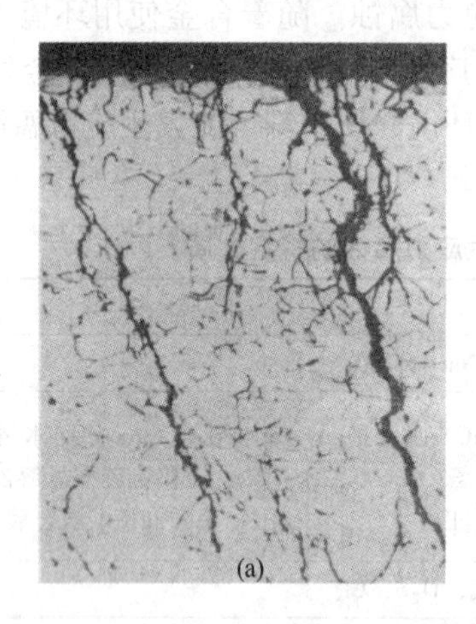

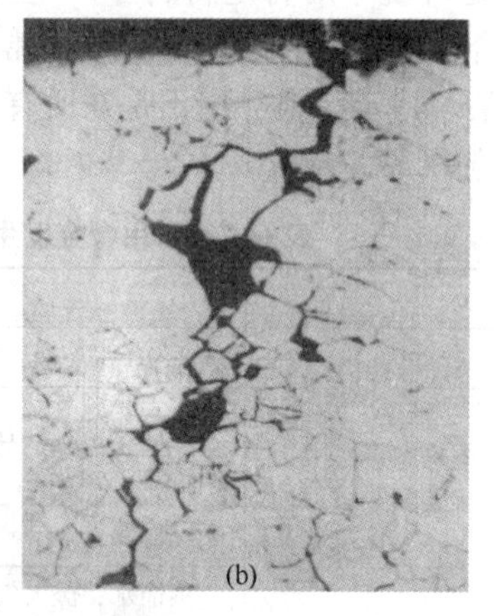

图 6-44　304 不锈钢的应力腐蚀裂纹

（a）在沸腾 45%$MgCl_2$ 溶液中的穿晶裂纹；（b）敏化不锈钢在室温连多硫酸溶液中的晶间裂纹

⑥ 应力腐蚀是一种低应力脆性断裂。断裂前没有明显的宏观塑性变形，大多数条件是脆性断口(解理、准解理或沿晶)，由于腐蚀介质作用，断口表面颜色暗淡，显微断口往往可见腐蚀坑和二次裂纹，穿晶微观断口往往具有河流花样、扇形花样、羽毛状花样等形貌特征；晶间显微断口呈冰糖块状。

6.7.2　应力腐蚀机理

应力腐蚀机理的探索至今尚无统一的完整的说法，流传着多种不同看法，如活性通路-电化理论；膜破裂理论；氢脆理论；“化学脆变-脆性破裂”两阶段理论；腐蚀产物楔入理论；隧洞形蚀孔撕裂理论；应力吸附破裂理论；快速溶解理论等等。虽然理论很多，但可以看到应力腐蚀是一种与腐蚀有关的过程，所以发生应力腐蚀机理必然与腐蚀过程中的阳极反应和阴极反应有关，因此应力腐蚀机理可分为两大类：阳极溶解型机理与氢致开裂型机理。应该指出对某些材料-环境体系的应力腐蚀很难是某种机理单独作用的结果，而是两种机理可能共同起着作用，例如铝合金的应力腐蚀通常认为是阳极溶解机理，但研究表明它也能从水溶液或水蒸气吸附氢而导致晶间应力腐蚀。

6.7.2.1　阳极溶解型应力腐蚀机理

比较公认的看法是黄铜的氨脆、奥氏体不锈钢的氯脆属于阳极溶解型应力腐蚀机理。在大多数情况下，在腐蚀环境中，金属通常是被钝化膜覆盖，不与腐蚀介质相接触。只有膜遭受局部破坏后，裂纹才能形成核，并在应力作用下裂纹尖端才有可能沿某一择优路径定向活性溶解，导致裂纹扩展，最终发生断裂。按这种理论，应力腐蚀要经历膜破裂-溶解-断裂这三个阶段。

（1）膜破裂导致裂纹形核

表面膜可能是吸附膜、氧化膜、反应产物膜、脱合金层等。它们可因电化学作用或机械作用发生局部破坏，使裂纹形核。

电化学作用是由孔蚀、晶间腐蚀等诱发应力腐蚀裂纹形核。在不发生孔蚀情况下，如腐蚀电位处于活化-钝化或钝化-过钝化电位区，见图 6-45，由于钝化膜处于不稳定状态，应力腐蚀裂纹容易在较薄弱的部位形核。

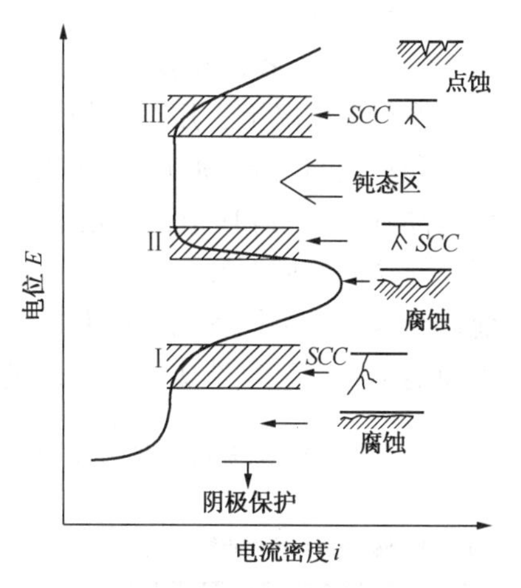

图 6-45　发生应力腐蚀断裂的电位区间

机械作用是因膜的可裸露新鲜的金属表面，该处将发生定向阳极溶解，导致应力腐蚀第二阶段——裂纹扩展。

（2）裂尖定向溶解导致裂纹扩展

只有在裂纹形核后裂尖高速溶解，而裂纹壁保持钝态情况下，裂纹才能不断地扩展。由于裂纹的特殊的几何形状构成了闭塞区，在自催化作用下，裂尖快速溶解成为可能。如晶粒保持钝态，晶界具有较高活性时，裂纹沿晶界活性途径扩展，造成晶间应力腐蚀。这就是裂纹发展的预存活性途径。而另一途径为应力产生的活性途径，有人提出裂纹尖端附近的应变集中强化了无膜裂纹尖端的溶解，而裂尖的阳极溶解又有利于位错的发射、增殖和运动，促进了裂尖局部塑性变形，使应变进一步集中，又加速了裂尖的溶解，这种溶解和局部应变的协同作用造成延性或强度较基体金属差，受力变形后局部破裂，诱发应力腐蚀裂纹形核。如零件结构上的沟槽、材料缺陷、加工痕迹、附着的异物都可能引起应力应变集中或导致有害离子浓缩而引起诱发裂纹。图 6-46 是在应力作用、平面滑移、膜破裂、阳极溶解，导致穿晶型应力腐蚀示意图。图中 1~3 说明有膜材料在稀氯化物介质中，在应力作用下，滑移面上发生滑移，滑移到表面滑移台阶高度 h 远大于膜原 δ 时即 $h \gg \delta$ 时露出穿晶裂纹的解理扩展。图 6-46中 4~8 示意了上述解释。

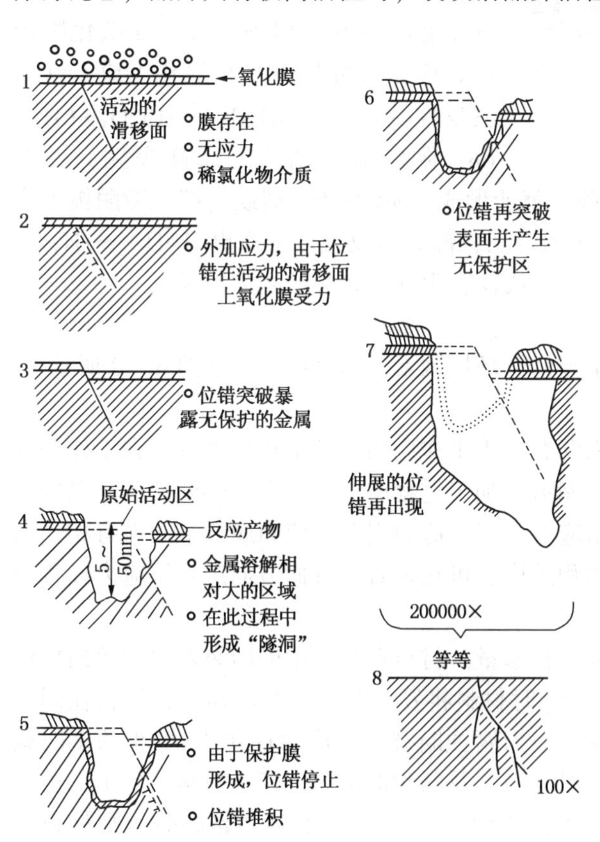

图 6-46　滑移台阶活化和局部溶解示意图

（3）断裂

在应力腐蚀扩展到临界尺寸时，裂

纹失稳导致纯机械断裂。

6.7.2.2　氢致开裂型应力腐蚀机理

在很多情况下，用纯粹的电化学溶解很难解释 SCC 的脆性断口形貌和 SCC 的速度。这种机理承认 SCC 必须首先有腐蚀，蚀坑或裂纹内形成闭塞电池，局部平衡使裂纹根部或蚀坑底部具备低的 pH 值，满足了由于腐蚀的阴极反应产生氢，氢原子扩散到裂纹尖端金属内部，使这一区域变脆，在拉应力作用下发生脆断，所以氢在应力腐蚀中起了决定性作用。目前认为氢进入金属内引起脆断的看法有：氢降低了裂纹前缘原子键结合能；吸附氢的作用使表面能下降；氢气造成高内压促进位错运动；氢引起的相变产物如马氏体或氢化物等等。

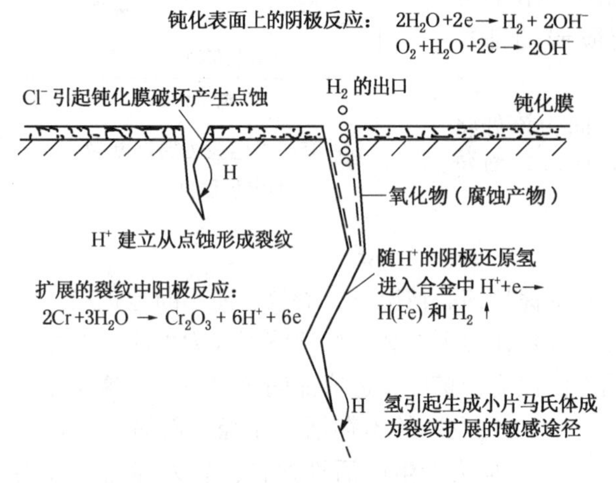

图 6-47　奥氏体不锈钢在氯化物介质中的裂纹形成和扩展的模型

以上两种机理决定于腐蚀体系，有些以阳极溶解为主，有些以氢脆为主，有些体系应把阳极溶解和氢扩散的过程结合起来解释更为清楚。Rhodes 等人研究了奥氏体不锈钢在氯化物介质中的应力腐蚀，并提出了氢致裂纹形成和扩展的模型，见图 6-47。首先不锈钢在氯化物介质中，氯离子破坏钝化膜产生孔蚀，由于阳极溶解形成裂纹，当裂纹尖端的电位比氢的平衡电位负得多时，在裂纹这个有限小的容积中，有腐蚀氯化物形成，如不锈钢中 Cr 阳极氧化生成 Cr_2O_3，其反应为：$2Cr+3H_2O \longrightarrow Cr_2O_3+6H^++6e$，促使酸度增大。计算表明，一个 10^{-4}cm 宽的裂纹中，假如有 2nm 厚的钝化膜，就能形成 1mol 的酸。裂纹内部，微阴极上主要是 H^+的还原反应：$H^++e \longrightarrow H$，氢原子进入金属；部分形成氢分子逸出 $H+H \longrightarrow H_2\uparrow$。进入裂纹尖端的氢原子促使沿滑移带形成小片马氏体，引起氢致裂纹开裂脆断。

6.7.3　影响应力腐蚀的因素

影响应力腐蚀的主要因素有三：即力学因素，环境因素，冶金因素，如图 6-48 所示。

6.7.3.1　力学因素

应力是导致应力腐蚀的推动力，应力来源有：①工作应力。即工程构件一般在工作条件下都承受外加载荷引起的应力。②在生产、制造、加工过程中，如铸造、热处理、冷热加工变形、焊接、切削加工等过程中引起的残留应力。残留应力引起的应力腐蚀事故占有相当大的比例。③由于腐蚀产物在封闭裂纹内的体积效应，可在垂直裂纹面方向产生拉应力导致应力腐蚀开裂。

评定材料抵抗应力腐蚀破裂的能力需要一种参量。材料在空气中的断裂发生在单向拉伸时，当应力 σ 大于材料强度极限 σ_b，即 $\sigma \geqslant \sigma_b$ 时材料将发生断裂。我们知道，材料在固定外界环境，即一定温度下的腐蚀介质中，发生应力腐蚀断裂所需应力往往比 σ_b 小的多时就发生。通常测定一系列固定应力下出现裂纹时间（t_1）及断裂时间（t_f），一般是测定 t_f，也可测定固定 t_f 的断裂应力 σ_f。不同材料对比，同一应力 t_f 越长或断裂应力越高时，则材料抗应力腐蚀能力越大。从图 6-49 可见，t_f 是随 σ 降低而增加的；有时 σ 会趋近一稳定值 σ_c，低于 σ_c 不发生断裂（图 6-49a）；有时 σ 却继续缓慢下降，没有一稳定值（图 6-49b），可采用给定时间下(如 10^2、10^3、10^5h 等)来确定 σ_c。应力腐蚀断裂临界应力 σ_c 和安全系数 α，可用来确定构件的容许最大工作应力：$\sigma_{max}=\sigma_c/\alpha$。有时认为，当应力等于材料屈服强度 σ_s 的 75%，在较长时间内(例如 10^3h)未出现裂纹时，则认为该材料有足够的抗应力腐蚀断裂能力。

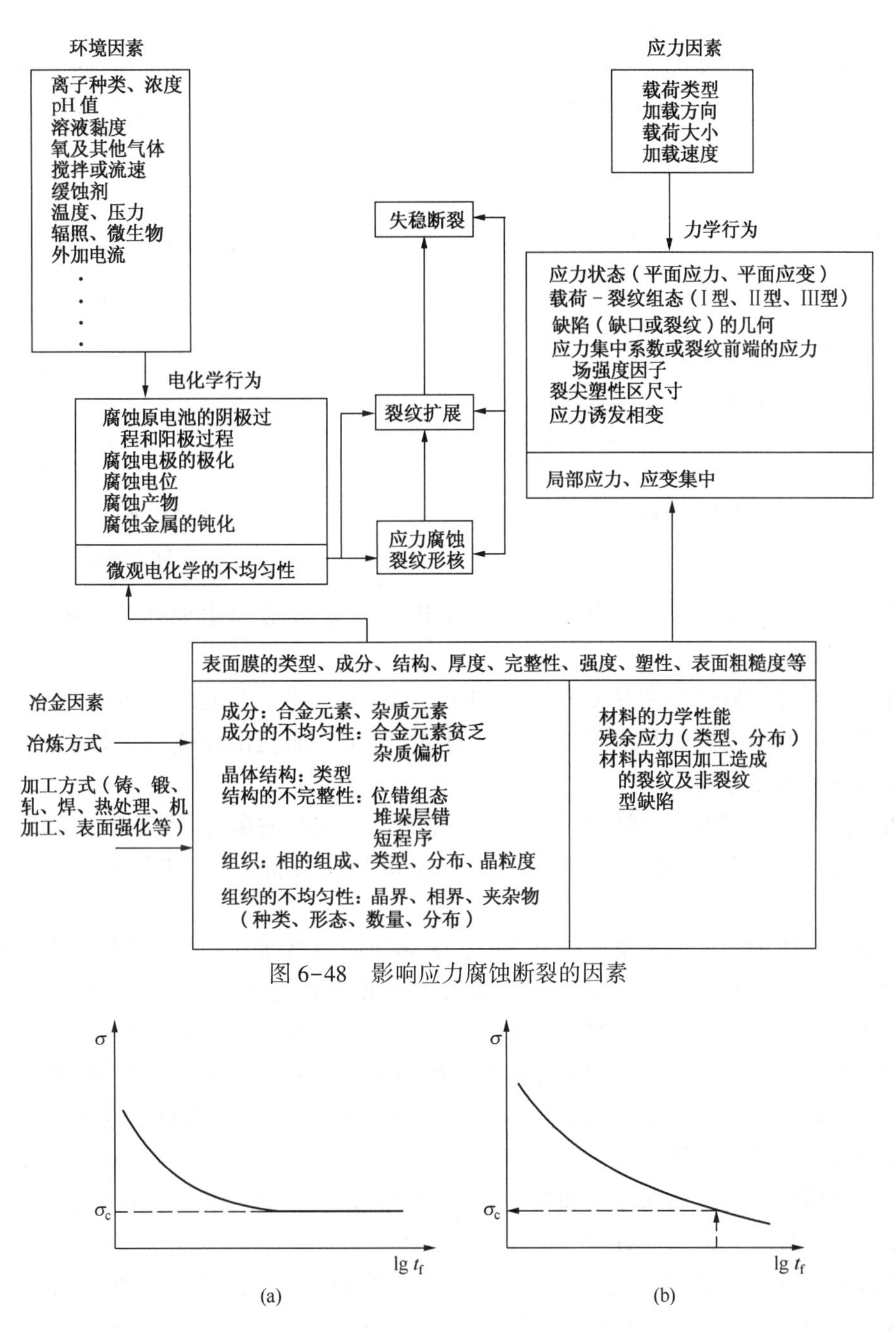

图 6-48　影响应力腐蚀断裂的因素

图 6-49　应力腐蚀断裂试验时断裂时间(t_f)随应力(σ)的变化

以上是无裂纹构件抵抗断裂能力用拉伸强度极限 σ_b 表示。20 世纪 70 年代以来，人们应用宏观力学原理，定量研究含裂纹物体裂纹扩展规律，它是以材料内部不可避免存在原始裂纹为前提，分析裂纹受载后裂纹尖端的应力场和应变场，提出描述裂纹尖端附近应力场的力学参量和裂纹失稳扩展的力学判据，所以采用预裂纹试样，进行应力腐蚀试验，可用K_{I}（张开型应力场强度因子）和$K_{\mathrm{I\,SCC}}$（应力腐蚀断裂的临界应力场强度因子）来表征。如图6-50所示，断裂时间t_{f}随应力K_{I}的降低而增加；与图6-49(a)相似，K_{I}可以趋近于一稳定值$K_{\mathrm{I\,SCC}}$；有时也可与图6-49(b)相似，可采用给定t_{f}来确定$K_{\mathrm{I\,SCC}}$。低于$K_{\mathrm{I\,SCC}}$裂纹不扩展；高于$K_{\mathrm{I\,SCC}}$则裂纹扩展导致断裂。

当应力腐蚀裂纹前端的$K_{\mathrm{I}}>K_{\mathrm{I\,SCC}}$时，裂纹就会随时间而长大，单位时间内裂纹扩展量为应力腐蚀裂纹扩展速率，用$\mathrm{d}a/\mathrm{d}t$表示。图6-51为$\mathrm{d}a/\mathrm{d}t$与K_{I}的关系图，一般分三个区。

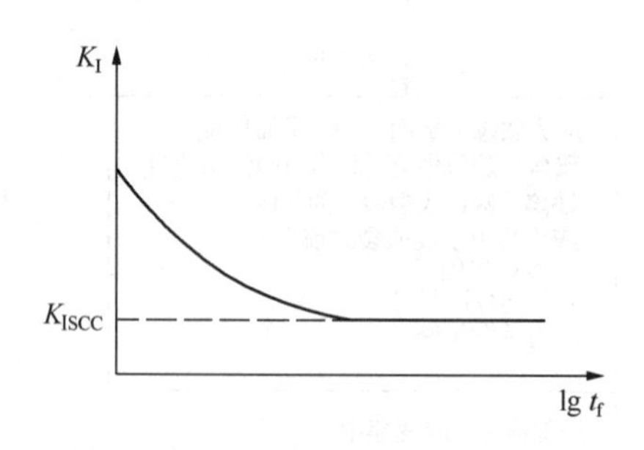

图6-50　断裂时间t_{f}与K_{I}之间的关系

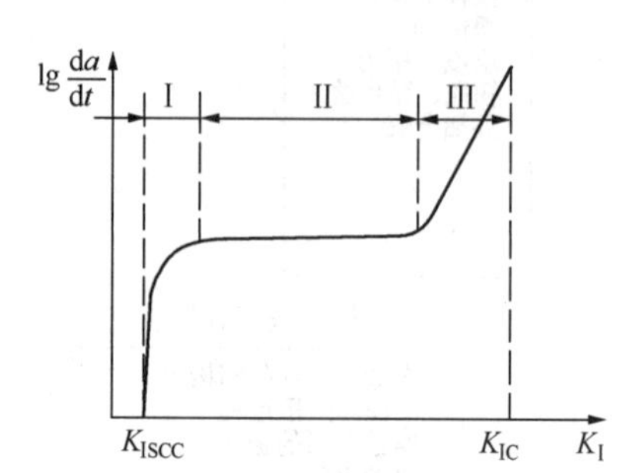

图6-51　裂纹扩展速度$\mathrm{d}a/\mathrm{d}t$与K_{I}之间的关系

第Ⅰ区：当$K_{\mathrm{I}}>K_{\mathrm{I\,SCC}}$时，裂纹以低速扩展，力学因素起主要作用，随$K_{\mathrm{I}}$值增加，$\mathrm{d}a/\mathrm{d}t$迅速增加。

第Ⅱ区：裂纹扩展很小距离后进入第Ⅱ区，$\mathrm{d}a/\mathrm{d}t$与K_{I}无关，以某种不变速率扩展，这表明裂纹扩展并不是由裂纹尖端的力学条件K_{I}决定，而是由环境与材料交互作用控制，即电化学过程起控制作用。

第Ⅲ区：当裂纹扩展接近临界尺寸时进入第Ⅲ区，裂纹尖端K_{I}接近$K_{\mathrm{I\,C}}$（临界应力强度因子），力学因素又起主要作用，随K_{I}增大，$\mathrm{d}a/\mathrm{d}t$迅速增加，直至失稳断裂。

6.7.3.2　环境因素

应力腐蚀发生的环境因素是比较复杂的，大多数应力腐蚀发生在湿大气、水溶液中，某些材料也会在有机液体、熔盐、熔金属、无水干气或高温气体中发生。从水溶液介质中来看，其介质种类、浓度、杂质、温度、pH值等参数都会影响应力腐蚀的发生。许多研究工作表明材料表面所接触的环境，即外部环境又称为宏观环境，而裂纹内狭小区环境称为局部区环境。宏观环境会影响局部区（微区）环境，而局部区如裂缝尖端的环境对裂缝的发生和发展有更为直接的重要作用。

宏观环境最早发现应力腐蚀是和特定的材料-环境组合中发生，例如黄铜-氨溶液；奥氏体不锈钢-Cl^-溶液；碳钢-OH^-溶液；钛合金-红发烟硝酸等等（见表6-8）。但近十几年实践中发现特定材料不只是在特定环境中才发生应力腐蚀，而是在许多环境都能发生，例如Fe-Cr-Ni合金不仅在含Cl^-溶液中，而且在硫酸、盐酸、氢氧化钠、纯水（含微量F^-或Pb）和蒸汽中也可能发生应力腐蚀破裂。所以特性离子的作用至目前尚未对所有破裂体系都有透彻的了解。

环境的温度、介质的浓度和介质中的杂质对应力腐蚀发生各有不同的影响。例如316及347型不锈钢在Cl^-(875 mg/L)溶液中就有一个临界破裂温度（约90℃），当温度低于该温度，试件长期不发生应力腐蚀破裂。关于浓度的影响，只是发现宏观环境中如 Cl^- 或 OH^- 越高，应力腐蚀敏感性越强，例如奥氏体不锈钢-Cl^- 体系中，每升介质中仅含十几毫克的 Cl^-，也会发生应力腐蚀。后来才发现局部区(微区)内的 Cl^- 浓度，由于阴离子的迁移，要比宏观环境高得多，所以微区环境作用更为重要。杂质的影响也不应忽视，例如高强钢和铜合金在大气环境中，微量 H_2S 或 NH_3 就可分别引起应力腐蚀破裂。又如“奥氏体不锈钢-Cl^-”体系中发现，当溶液中不含氧或氧化剂，Cl^- 浓度高达 1000 mg/L，也不发生破裂，而每升溶液含有几毫克微量氯时，即使 Cl^- 浓度仅有十几毫克，也会发生破裂。一些杂质有促进应力腐蚀破裂作用，但一有另一些杂质起到缓蚀作用。表 6-8 是一些应力腐蚀体系的促进剂和缓蚀剂。

表 6-8　一些应力腐蚀体系的缓蚀剂和促进剂

体　系	缓　蚀　剂	促　进　剂
奥氏体不锈钢-Cl^-	乙酸钠,I^-,硝酸盐,亚硝酸盐,磷酸盐,碳酸盐,亚硫酸盐,硅酸盐,甘油,甘醇,卡必醇,苯甲酸盐,$SnCl_2$	酸,氧化剂
奥氏体不锈钢-OH^-	磷酸盐(Na_3PO_4),NaCl,空气	
低碳钢-NO_3^-	Cl^-,乙酸盐,Na_2HPO_4,H_3PO_2,$CO(NH_2)_2$	氧化剂: $KMnO_4$,$MnSO_4$,$NaNO_2$,$K_2Cr_2O_7$
低碳钢-液氨(无水)	水(>0.2%)	O_2
低碳钢-OH^-	Na_2SO_4, NaH_2PO_4, $NaNO_2$, 硅酸盐(<225℃),亚硫酸盐废液,白雀鞣酸	O_2, $KMnO_4$, $Na_2CrO_4$①, $NaNO_3$(过多则有缓蚀作用)
钛合金-甲醇	水(少量),SO_4^{2-},NO_3^-(纯),CN^-,NH_3	Cl^-,Br^-,I^-
钛合金-N_2O_4(液体)	0.6%NO	
钛合金-水或 NaCl 熔液	SO_4^{2-}, NO_3^-, F^-(CP), PO_4^{3-}, OH^-, CrO_4^{2-}, ClO_4^-,S^{2-}(阴极保护有效)	Cl^-,Br^-,I^-
钛合金-CCl_4		I_2
钛合金-H_2	O_2	
钛合金-LiCl-KCl 低共溶物(无水)	阴极保护有效	
钛合金-$LiNO_3$—KNO_3(熔)	(无 Cl^- 时不破裂)	KCl
铜合金-氨	H_2S,苯	
铜合金-海水	$FeSO_4$	

① C-Mn 钢在 CO_3^{2-}-HCO_3^- 中，少量 Na_2CrO_4 有促进作用，>0.03%时，则起缓蚀作用。

溶液中 pH 值下降会使应力腐蚀敏感性增大，破裂时间缩短。

前面已经提到微区环境对应力腐蚀有直接重要作用。我们可以将裂纹尖端状态类似于孔蚀、缝隙腐蚀的狭小闭塞区。许多研究已证实：闭塞区内的环境状态，即化学与电化学状态与外部环境状态是不同的。对裂纹尖端来讲由于氧的浓度低，成为阳极，溶解的金属离子发生水解作用，使 H^+ 浓度增加，pH 值降低，有害离子如 Cl^- 不断进入裂尖，Cl^- 浓度增加以自催化作用使裂缝尖端不断溶解而形成阳极溶解型应力腐蚀机理。由于裂尖缝内 pH 值降低，裂尖酸化，使裂尖 H^+ 参与阴极过程生成原子氢，为氢致开裂型提供了可能。

6.7.3.3　冶金因素

冶金因素主要是指合金成分、组织结构和热处理等的影响。

① 合金成分的影响：以奥氏体不锈钢在氯化物介质中应力腐蚀破裂为例来看合金成分的影响，结果如图 6-52 所示。

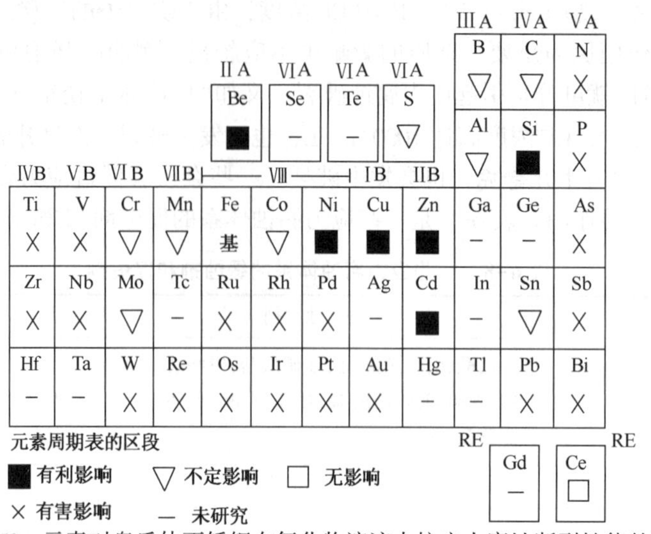

图 6-52 元素对奥氏体不锈钢在氯化物溶液中抗应力腐蚀断裂性能的影响

镍元素在不锈钢中的作用：在 Fe-18Cr 合金中加入少量镍能增加应力腐蚀敏感性，特别是在 5%~10%Ni 时敏感性最大；当镍量超过 10%~12%时敏感性降低；镍元素大于 40%时在 40%$MgCl_2$ 沸腾溶液中经过 1000h 以上仍不破裂，基本可免应力腐蚀，见图 6-53。据认为镍的有益作用是增加了奥氏体结构的稳定性；也有的人认为镍量的增加，使 Ni-Cr 结合能力增加，从而阻碍了 Cl^- 向氧化膜中最大拉应力的迁移；另一种说法是镍量增加，提高了合金层错能，使裂纹形核和扩展困难；此外镍可改变合金的电化学行为和控制如 N、P 杂质的有害作用。

铬元素 5%~12%时 Fe-10Ni 合金中无应力腐蚀发生，但从 12%提高到 25%时应力腐蚀敏感性急剧上升，因为铬影响合金中铁素体的出现。但如调整成分使铁素体含量达到 40%~50%，可大大改善耐应力腐蚀性能，这就是耐应力腐蚀的双相不锈钢，如 00Cr18Ni5Mo3Si2（3RE60）、00Cr22Ni5Mo3N、00Cr25Ni5Ti 等。

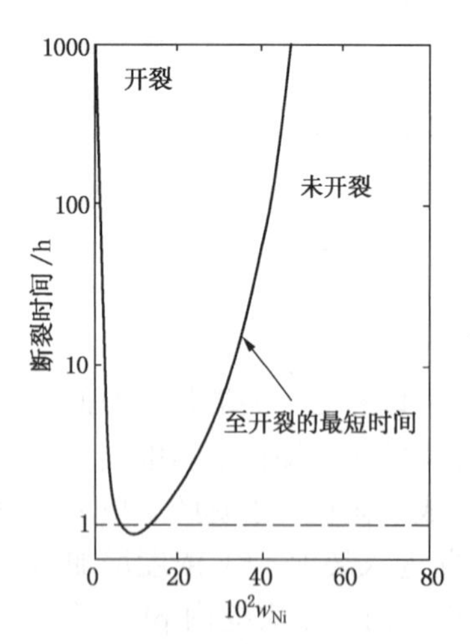

图 6-53 镍含量对 18%~20%Cr 不锈钢丝在 154℃沸腾的氯化镁溶液中应力腐蚀断裂敏感性的影响

氮、磷杂质元素促进了阴极析氢过程，对不锈钢应力腐蚀性能是有害的。

钼的作用是当微量钼存在时是有害的，促进了晶间型应力腐蚀破裂，但当钼含量大于 4%时，又显著改善了耐应力腐蚀性能。

锰元素含量较低时，对奥氏体不锈钢应力腐蚀性能影响不大，但超过 2%则起加速作用。

硅能显著提高 Cr-Ni 奥氏体不锈钢耐应力腐蚀能力，有人认为是出现大量 δ 铁素体有关，也可能是改变了再钝化动力或与硅在表面富集及生成硅酸盐膜有关。

② 组织结构的影响：具有面心立方结构的奥氏体不锈钢在较低应力下容易滑移，则易产生应力腐蚀。而体心

立方结构的铁素体不锈钢滑移系多，容易发生交叉滑移，难以出现粗大的滑移台阶，所以较难发生应力腐蚀。

③ 热处理影响：如奥氏体不锈钢敏化处理后氯脆敏感性增大。

总之冶金因素的影响是很复杂的，即使同一成分，而由于加工处理不同、组织结构不同应力腐蚀破裂敏感性也是不同的。

6.7.4 应力腐蚀的典型示例

6.7.4.1 碱脆

碱脆易发生在锅炉、火力发力厂汽轮机叶轮部位。例如 1965 年 4 月 30 日我国某厂 2.5 万千瓦的汽轮机叶轮，1969 年 9 月 19 日英国某电站 8.7 万千瓦的汽轮机叶轮，从链槽拐角处发生了叶轮飞裂的应力腐蚀严重事故。原因是在上述局部区由于低浓度的蒸汽反复的蒸发和沉积使碱浓度增加，在应力的协同作用下发生了碱脆。一般在键槽区易形成闭塞区，由于该区中碱度升高，热浓 NaOH 对碳钢发生强烈腐蚀，其反应如下：

$$Fe+3OH^- \longrightarrow HFeO_2^-+H_2O+2e$$

$$3HFeO_2^-+H^+ \longrightarrow Fe_3O_4+2H_2O+2e$$

$$H^++e \longrightarrow H$$

$$H+H \longrightarrow H_2\uparrow$$

部分 H^+扩散到金属内部或局部腐蚀尖端，发生氢致开裂的氢脆应力腐蚀。

一般 NaOH 的浓度越高，则碱脆的敏感性越大。碱脆不仅与碱浓度有关，还取决于溶液温度。图 6-54 是这两个因素的综合效应，低于图中 *AB* 线。则不发生碱脆。从碳钢中碳和氮在晶界偏析，微量元素硫、磷、砷等在晶界偏析都会增加碳钢碱脆敏感性。

6.7.4.2 硝脆

硝脆发生在氮肥或硝酸盐的碳钢设备上。由于硝酸盐是一种氧化剂，在浓硝酸根溶液中，腐蚀总反应为 $10Fe+6NO_3^-+3H_2O \longrightarrow 5Fe_2O_3+6OH^-+3N_2$；阳极反应为：$2Fe+NO_2 \longrightarrow Fe_2O_3+\frac{1}{2}N_2+e$；在高温下 Fe_2O_3 转化为 Fe_3O_4，形成表面保护膜，在拉应力作用下，膜破裂导致局部腐蚀，然后按沿晶的阳极溶解型应力腐蚀机理，裂纹扩展速率与按阳极溶解计算的值吻合良好，见图 6-55。

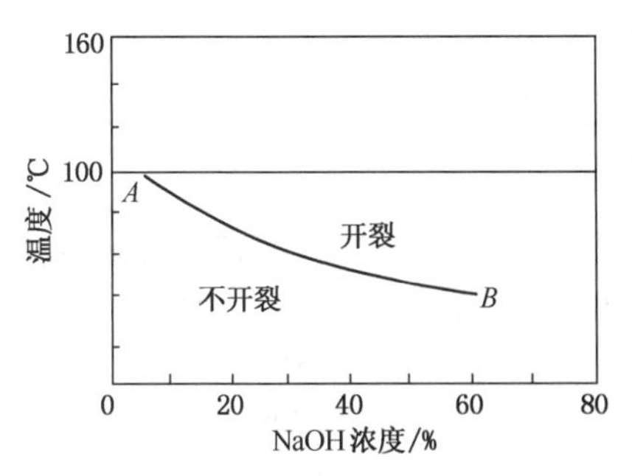

图 6-54 碱脆与溶液浓度和温度之间的关系

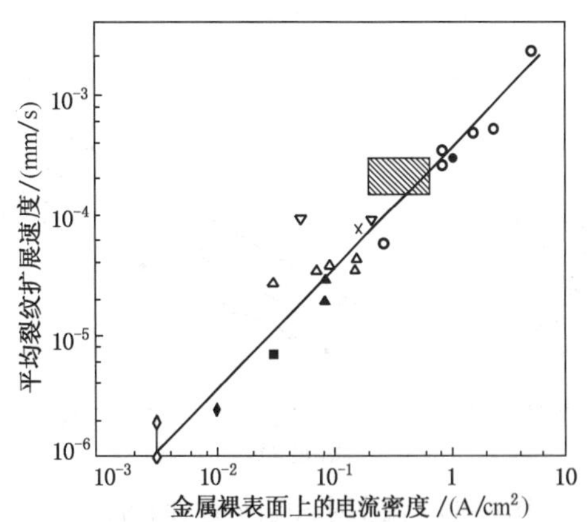

图 6-55 某些体系的裂纹扩展速度与应变电极技术测得的电流密度关系

●—碳钢在 NO_3^- 溶液中；○—碳钢在 NO_3^- 溶液中；▲—碳钢在 OH^- 溶液中；△—碳钢在 OH^- 溶液中；■—铁素体钢在 $MgCl_2$ 溶液中；◆—碳钢在 $CO_3^{2-}-HCO_3^-$ 溶液中；▨—18-8(304 型)钢在 $MgCl_2$ 溶液中；◇—碳钢在 $CO-CO_2-H_2O$ 中；×—Al-7Mg 在 NaCl 溶液中；▽—黄铜在 NH_4^+ 溶液中

硝酸盐中不同阳离子对硝脆有不同影响。引起硝脆的能力按以下顺序排列：

$$NH_4NO_3>Ca(NO_3)_2>LiNO_3>KNO_3>NaNO_3$$

表 6-9 示出了碳钢在各种硝酸盐不同浓度溶液中的应力腐蚀破裂的临界应力。

表 6-9　0.05%C 钢在各种浓度沸腾硝酸盐溶液中的 σ_{th}(MPa)

种类＼浓度	1mol/L	4mol/L	8mol/L
NH_4NO_3	91.2	22.9	15.2
$Ca(NO_3)_2$	174.6(0.5mol/L)	53.3(2mol/L)	28.3(4mol/L)
$LiNO_3$	174.6	60.8	38.1
KNO_3	182.5	68.5	45.6
$NaNO_3$	198.2	144.2	60.9

注：1mol/L HNO_3 相当于 HNO_3 的质量浓度为 63g/L，余按此换算。

上述不同硝酸盐水解后酸度不同，所以引起硝脆能力不同，如将能力较弱的 $NaNO_3$ 盐溶液中加入酸，提高了酸度也能促进硝脆；反之加入碱则削弱引起硝脆能力。

另外温度对碳钢硝脆影响如图 6-56 所示。温度高，硝脆敏感性大。

添加剂 $KMnO_4$、$MnSO_4$、$Mn(NO_3)_2$、$NaNO_2$、$K_2Cr_2O_7$、K_2CrO_4 加入能促进硝脆；而加入 Na_2CO_3、H_3PO_2、NaCl、$FeSO_4$、Na_2HPO_4、$CuSO_4$、NaOH 能抑制硝脆。

合金成分主要是钢中含碳量的影响，一般在含碳量极低时不产生硝脆；随含碳量增加硝脆敏感性增加，当超过 0.2%C 时反而可免于硝脆，见图 6-57。其有害作用是由于以渗碳体或碳原子沿晶偏析造成的。碳含量增加到一定量形成珠光体，使碳从晶界脱离，因而有益。硫、磷的晶界偏析具有有害作用。钢中加入少量 Cr、Mo、Al、Ti、Nb、Ta 等与碳、氮亲合力较大元素，能阻止碳或氮在晶界偏聚，改善了耐硝脆性能，而少量 Ni、Cu 或较多 Si 是害的。

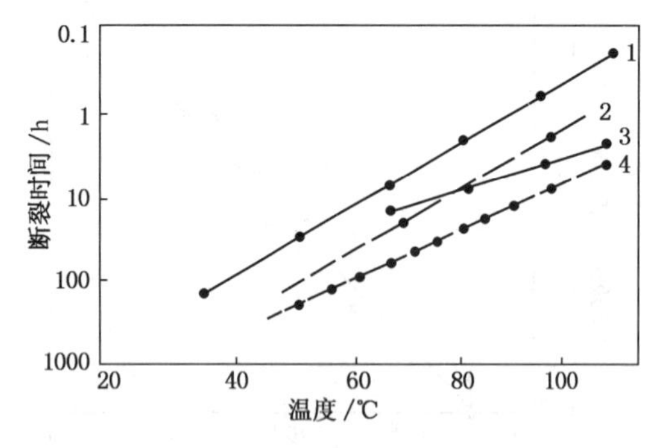

图 6-56　温度对硝脆断裂时间的影响

1—0.24%C 钢带 C 形试样在 60%$Ca(NO_3)_2\cdot4H_2O$-3% NH_4NO_3 溶液；2—0.14%C 钢丝拉伸($\sigma=53\%\sigma_b$)试样在 $Ca(NO_3)_2$-NH_4NO_3 溶液；3—0.09%C 钢带 C 形试样，溶液同 1；4—0.14%C 钢拉伸($\sigma=382$MPa)在 60%$Ca(NO_3)_2$ 溶液

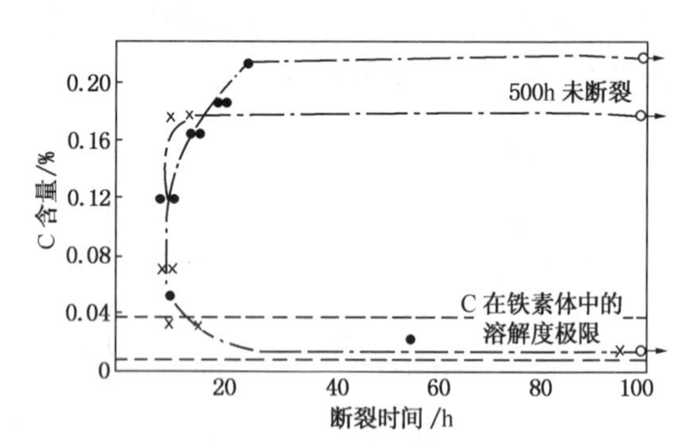

图 6-57　碳钢经湿氢处理脱碳后，碳含量对硝脆断裂时间的影响

四点弯曲加载，沸腾 $Ca(NO_3)_2$-NH_4NO_3，

● 碱性平炉钢；×镇静钢

6.7.4.3 不锈钢的应力腐蚀

随着工业发展的需要，不锈钢应用领域不断扩大，使不锈钢发生应力腐蚀的介质也越来越多，但主要是含卤素元素的离子，特别是含 Cl^- 的水溶液。表 6-10 示出了促使不锈钢产生应力腐蚀的介质。

表 6-10 使不锈钢产生应力腐蚀开裂的介质

不锈钢系	介 质
Fe-Cr	NH_4Cl,$MgCl_2$,$(NH_4)H_2PO_4$,Na_2HPO_4 溶液 H_2SO_4+NaCl 溶液 NaCl+H_2O_2 溶液,海水 H_2S 溶液
Fe-Cr-Ni	NaCl+H_2O_2 溶液,海水 H_2SO_4+$CuSO_4$ 溶液 $MgCl_2$,$CoCl_2$,NaCl,$BaCl_2$ 溶液 CH_3CH_2Cl+水 LiCl,$ZnCl_2$,$CaCl_2$,NH_4Cl 溶液 $(NH_4)_2CO_3$ 溶液 NaCl,NaF,NaBr,NaI,NaH_2PO_4,Na_3PO_4,Na_2SO_4,$NaNO_3$,Na_2SO_3,$NaClO_3$,CH_3COONa 水蒸气+氯化物 H_2S 溶液 NaCl+NH_4NO_3 溶液,NaCl+$NaNO_2$ 溶液 $H_2S_nO_6$(n=2~5)

从 20 世纪 50 年代开始不锈钢应力腐蚀的问题特别受到关注，因为应力腐蚀破坏事故已占铬镍不锈钢整个湿态腐蚀破坏事故的首位，高达 40%~60%；几乎在使用不锈钢的化工、石油、动力、航空、原子能、制盐、造纸等工业部均出现应力腐蚀事故；而且几乎在目前工程中选用的常用不锈钢和合金中都有应力腐蚀事例。所以引起大家的特别重视。

下面列举几个不锈钢设备和部件应力腐蚀工程事故案例：

① 某厂二氯乙烷裂解炉预热管道材质是 1Cr18Ni11Nb，管内二氯乙烷，压力 2.5MPa，管外城市煤气，运转 8 个月发现炉壁管板附近泄漏，分析结果是穿晶型应力腐蚀裂纹，是由于氯化物和硫化物造成的。

② 某发电厂锅炉过热器管，材质是 0Cr18N11Nb，锅炉安装完毕后，在试车时发现过热器管多处泄漏，分析结果是穿晶型应力腐蚀破裂，断口上有大量的 Cl^- 存在。原因是运转前采用了不适当的酸洗工艺，酸洗液为 3%柠檬酸+0.2%若丁溶液，而若丁中含有 50%NaCl，在 70~100℃24h 酸洗介质中发生了本不该发生的应力腐蚀事故。

③ 某化肥厂冷却器管，材质是 00Cr18Ni10 超低碳不锈钢管，管内是高温 CO_2，管外是冷却水，运转不到半年就发生多处破损。分析发现裂纹由管外壁向内壁扩展，裂纹形貌是典型穿晶型应力腐蚀破裂，管子表面垢物中含有 410mg/L 的 Cl^-，破裂是由于冷却水中含有 Cl^- 而造成了氯化物应力腐蚀破裂。

产生以上不锈钢应力腐蚀机理在 6.7.2.1 已有叙述，是“滑移-溶解-断裂”机理，阳极溶解起主要控制作用，而阴极反应所析出的氢，如能进入不锈钢，起了协助作用。

为解决不锈钢应力腐蚀问题，近 20 年来发展了许多耐应力腐蚀不锈钢新的新牌号，在工程中已实际应用，例如高铬铁素体不锈钢有 000Cr18Mo2(Ti)、0000Cr18Mo2(Ti)、0000Cr26Mo1、Cr25 Mo3、Cr28Mo2 等；$\alpha+\gamma$ 双相不锈钢有 00Cr18Ni5Mo3Si2、00Cr18Ni5Mo3Si2Nb、0Cr21Ni6Mo2Ti、00Cr26Ni6Mo2Ti 等；高镍不锈钢和合金有 00Cr25Ni25Si2V2Ti(Nb)、00Cr20Ni25Mo4.5Cu、Cr20Ni32 型、1Cr15Ni75Fe 等。

6.7.4.4 铝合金的应力腐蚀

铝合金由于质地轻、强度与重量的比值高，表面有保护性氧化膜，在大气、水、盐溶液中有良好的耐蚀性，所以应用广泛。但随着铝合金的强度提高，其耐应力腐蚀性能下降，从 20 世纪 20 年代就有铝合金发生应力腐蚀的报道，至今在航空、航天、化工、炼油、造船、建筑等工业中使用铝合金的装备上都存在这类问题。

铝合金发生应力腐蚀的因素：

(1) 冶金因素的影响

用途不同、合金成分不同、强度也不同，一般来说强度越高的铝合金系列，应力腐蚀敏感性越大，如 Al-Zn-Mg-Cu 系的 AA7000 的超硬铝>Al-Cu 系 AA2000 硬铝>Al-Mg 系的 AA5000 的防锈铝>Al-Mg-Si 系的 AA6000 的锻铝。7000 系列铝合金强度最高，因而出现应力腐蚀事故最多。提高铝合金强度往往是采用时效硬化，即固溶处理形成过饱和固溶体，然后在常温或高温下进行时效沉淀硬化处理，析出第二相，导致"硬化"或强化。由于扩散的限制，邻近晶界沉淀相的基体将会出现溶质贫乏现象，如 2000 系铝合金晶界邻近区贫铜，7000 系区贫锌及镁，5000 系区贫镁等。另外发现应力腐蚀最大敏感性是在沉淀硬化过程中达到强度峰值之前出现的，超过峰值强度后继续时效硬化（过时效），能显著改善铝合金的耐应力腐蚀性能（图 6-58），这是工业采用的降低敏感性的有效措施。

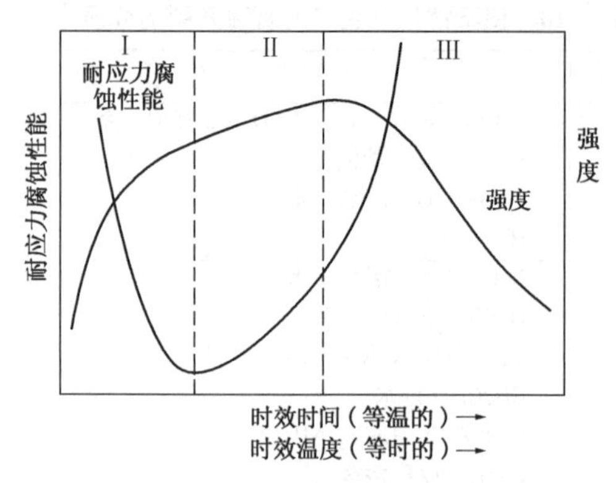

图 6-58　在高强 7000 系列铝合金时效过程中，强度和耐应力腐蚀性能之间的关系

(2) 环境因素的影响

在水溶液中阴离子 Cl^-、Br^-、I^- 加速铝合金的应力腐蚀，而 SCN^-、F^-、SO_4^-、NO_3^-、NO_2^-、HCO_3^-、CH_3COO^- 没有加速作用，有的甚至起到缓蚀作用。阳离子 Li^+、Na^+、K^+、Rb^+、Cs^+、Ca^{2+}、Al^{3+}、NH_4^+ 对裂纹扩展速度没有直接影响，只有 Hg^+ 和 H^+ 能起到加速作用。在大气中，对干燥的氢、氮、氩、氧中没有发现铝合金的应力腐蚀破裂，在湿大气中则产生应力腐蚀，湿度增加，裂纹扩展速度增加，相对湿度 100%的潮大气中的裂纹扩展速度与浸在蒸馏水中相同。在有机溶剂醇类、丙酮、乙烯、苯等中，只要含有≥0.05%水，就会发生铝合金的应力腐蚀，而且裂纹扩展速度与在蒸馏水中的相同。如果含水量降到 0.01%以下，可使裂纹扩展速度大大降低。若同时含有微量卤化物，则裂纹扩展类似在氯化物水溶液中情况。

(3) 力学因素的影响

铝合金经加工后，组织结构沿拉伸、轧制方向晶粒显著拉长，而垂直于加工方向的晶粒呈圆柱状或片状，图 6-59 是晶粒结构三向示意图，从图可以看出，对应力腐蚀断裂最敏感加载方向是短横向，其次是长横向，而沿纵向加载的耐应力腐蚀能力最强。

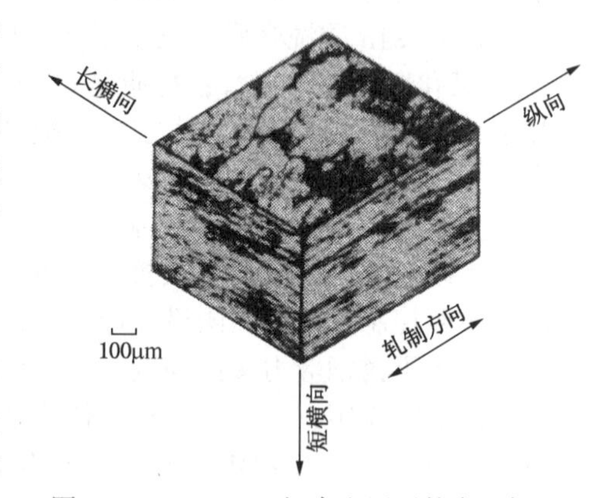

图 6-59　7075-T6 铝合金压延件中心部晶粒结构三向微观示意图

铝合金应力腐蚀机理：由于铝合金在大气或含有氧的水溶液中生成氧化膜，在应力作用或卤素离子作用下形成蚀坑或裂缝源。发生电化学反应：

阳极　　　　$Al \longrightarrow Al^{3+} + 3e^-$

阴极　　　　　　　　$O_2+2H_2O+4e \longrightarrow 4OH^-$

当絮状的 $Al(OH)_3$ 沉淀堵住蚀坑或裂缝而形成闭塞区时，随着里面的氧耗尽，Al^+ 水解、酸化、构成腐蚀自催化环境，闭塞区 pH 值为 3.2~3.4，按阳极溶解型应力腐蚀机理进行。由于 Al-Mg、Al-Mg-Si 合金在晶界存在一层薄而连续的 Mg_5Al_8(β 相)膜，相对晶粒本体为阳极；Al-Cu、Al-Mg-Cu 合金在时效过程中沿晶界析出 Cu · Al_2，晶界两侧的无沉淀区贫 Cu 为阳极；Al-Zn-Mg 合金沿晶界析出 $MgZn_2$(η 相)为阳极，故裂纹多为沿晶扩展，导致沿晶断裂。也有不少研究者认为高强铝合金的应力腐蚀是氢脆引起的。

6.7.4.5　氨脆

在 20 世纪初，英国殖民军贮存在印度仓库中的黄铜弹壳发现大量裂缝，都是在雨季时频繁发生，故称为季裂。经过研究者证实季裂与环境中含有氨或能产生氨的物质(如胺、硫酸铵等)有关，这就是氨脆。也就是凡受拉应力作用下的黄铜在含氨大气、海水、淡水、高温高压水和蒸汽中都可能发生应力腐蚀破裂，而且水介质中还必须有氧，并形成铜氨络离子 $Cu(NH_3)_n^{2+}$，它的存在是产生氨脆的必要条件。

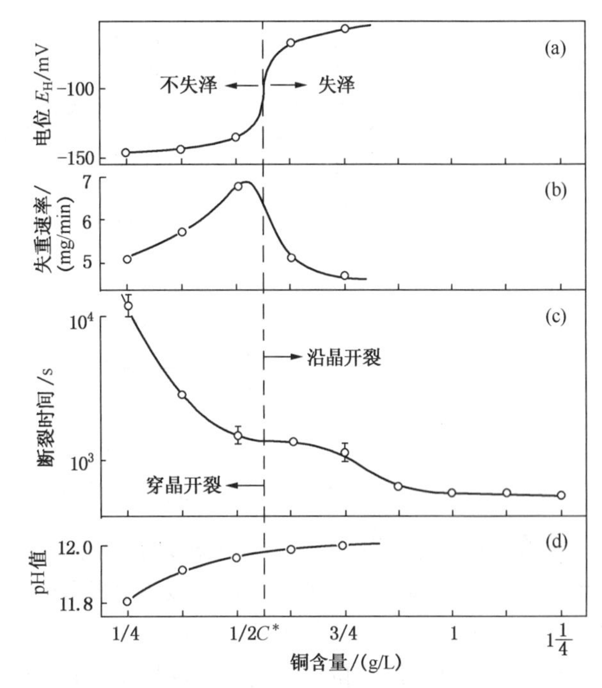

图 6-60　溶解铜量对 Cu-30Zn 黄铜在 1mol/L 氨液中成膜条件(a)，腐蚀速度(b)，断裂时间和方式(c)及 pH 值的影响

引起铜合金应力腐蚀的溶液可分为成膜溶液和不成膜溶液两类。当氨水溶液中临界铜离子含量超过某值时黄铜表面将由无膜到有膜，形成 Cu_2O 膜。图 6-60 示出了溶解铜量对 Cu-30Zn 黄铜在 1mol/L 氨液中成膜条件(a)，腐蚀速度(b)、断裂时间和方式(c)及 pH 值(d)的影响。

黄铜在氨水中溶解时，开始发生阳极反应：

$$Cu+2NH_3 \longrightarrow Cu(NH_3)_2^{+}+e$$

$$Zn+4NH_3 \longrightarrow Zn(NH_3)_4^{2+}+2e$$

亚铜离子不稳定，在有氧存在时，氧化成铜络离子：

$$2Cu(NH_3)_2^{+}+\frac{1}{2}O_2+H_2O+6NH_3 \longrightarrow 2Cu(NH_3)_5^{2+}+2OH^-$$

阴极反应是铜铬离子在合金表面上的还原：

$$Cu(NH_3)_5^{2+}+e \longrightarrow Cu(NH_3)_2^{+}+3NH_3$$

当溶液中铜离子含量足够高时，吸附在表面的亚铜络离子与氢氧根反应形成 Cu_2O 膜：

$$2Cu(NH_3)_2^{+}+2OH^- \longrightarrow Cu_2O+4NH_3+H_2O$$

由于成膜与未成膜的不同，其应力腐蚀机理也是不同的。

① 成膜液中的沿晶断裂机理：Pugh 提出了如图 6-61 的断裂机理示意图。断裂步骤可简述如下：黄铜在氨水溶液中初始状态(a)；表面形成 Cu_2O 膜，并优先沿晶界扩展(b)；应

力使膜开裂(c)；裂纹尖端前金属滑移，使裂纹扩展受阻(d)；表面膜继续沿晶界优先扩展，因有膜区与无膜区电位差大(e)；重复 c、d、形成应力腐蚀断裂(f)；呈现阶梯状断口形貌(g)。

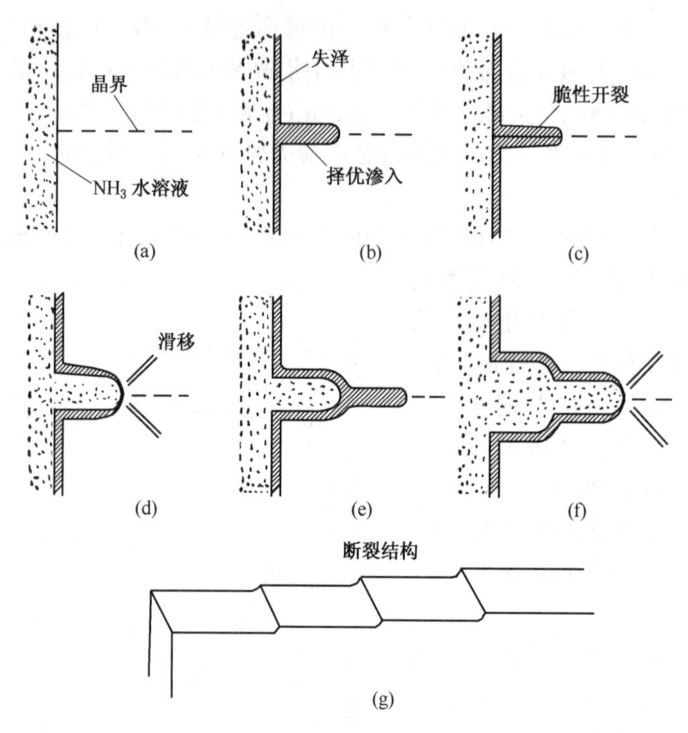

图 6-61　黄铜在成膜的水溶液中应力腐蚀断裂机理的示意图

② 不成膜溶液中的应力腐蚀机理：黄铜在这种溶液中处于活性溶解状态，应力的作用引起露头的位错优先溶解，因而裂纹沿着位错密度最高的途径扩展。对于 Zn 含量较低的合金(Zn<18%)主要是蜂窝状位错，晶间为最大位错密度区，故产生晶间断裂，而 Zn 含量>18%的黄铜呈平面型位错结构，堆垛层错是最大位错密度区，故产生穿晶断裂。

为改善氨脆的发生可考虑消除应力，黄铜在 275～300℃退火处理，可使内应力降低到“无害”程度。另外保持环境中避免氨的存在，如有氨存在时应保持环境干燥或去氧，如黄铜冷凝管在脱氧的锅炉水中可防止氨脆。也可采用加缓蚀剂(如苯并三唑、硫化氢等)、阴极保护、无孔的镀镍层等方法来保护。还可在 200～300℃处理 0.5～1h，缓慢冷却。总之不同材料制造的设备应选用不同的消除残余应力的不同热处理退火工艺。

6.7.5　控制应力腐蚀途径

控制应力腐蚀的方法应针对具体材料使用的环境，考虑到有效、可行和经济性等方面因素来选择，一般可从应力、环境和材料三方面因素来思考。

① 降低和消除应力。首先应改进结构设计，设计时要尽量避免和减少局部应力集中，如采用流线型设计，选用大的曲率半径，将边、缝、孔置于低应力或压应力区，防止可能造成腐蚀液残留的死角使有害物质(如 Cl^-、OH^-)浓缩，尽量避免缝隙。

② 采取热处理工艺消除加工、制造、焊接、装配中造成的残余应力。如钢铁材料可在 500～600℃处理 0.5～1h，然后缓慢冷却。由于应力腐蚀与温度有很大关系，应控制好环境温度，条件许可应降低温度使用，还应考虑减少内外温差，要控制好含氧量和 pH 值。还可

加入缓蚀剂(见表6-9)，来改变材料对环境的敏感性。

③ 选择合适的材质，在已定环境介质条件下应尽量选择在该环境中尚未发生过应力腐蚀破裂的材料。还应通过试验选用研制成功的新型耐应力腐蚀的材料品种。

目前还没有一种能彻底消除应力腐蚀的方法，所以寻找有效、可靠的防止应力腐蚀的措施仍然是一项重要任务。

6.8 氢损伤

氢损伤是指金属材料中由于氢的存在或氢与金属相互作用，造成材料力学性能变坏的总称。它会使材料变脆、开裂、鼓泡与产生氢化物。氢损伤可以分为氢腐蚀、氢鼓泡和氢脆。

6.8.1 氢的来源

造成氢损伤的氢的来源可分为内氢和外氢两种。内氢是指材料使用前就已存在于内部的氢，例如材料在冶炼、热处理、酸洗、电镀、焊接等工艺过程中吸收的氢。外氢是指材料在使用过程中与含氢介质接触或进行电化学反应时所吸收的氢。

材料冶炼时，由于原料或环境中含有较高的水分，使熔融钢液中溶入过量的氢，随冷却凝固，氢在钢中溶解度降低，若过饱和氢来不及扩散出去，在钢中空隙处结合成分子氢，产生巨大压力形成裂纹。早期的合金钢铸锭、锻件中出现的白点(或发纹、鱼眼)，就是这种作用的结果。通过控制原料、炉内气氛，采用精炼除气、缓冷和退火等方法，可以减少钢中氢含量，使这类问题大大减少。

焊接是一种局部冶炼过程，包括焊缝金属熔化的凝固。由于焊条药皮含氢或在潮湿的工作环境下焊接，也可将氢带入熔池，造成同冶炼类似的问题。通过选用低氢焊条，焊前烘烤焊条、焊件预热、后热、保护气氛下焊接，可以避免或减少氢进入焊缝区。

酸洗过程中金属与酸洗液可发生反应，生成的氢，除形成分子氢逸出外，部分原子氢可以浸入金属内部造成氢损伤。所以对高强钢和某些钛合金由于对氢损伤敏感而规定不允许酸洗；对某些酸洗的合金要进行除氢处理，以尽量减少酸洗造成的氢损伤。

电镀时，镀件作为阴极，在酸性溶液中阴极反应时有氢在表面析出，部分氢分子逸出，部分氢原子进入镀件内部。所以可采用氢脆危险性较小的溶液，镀后要除氢处理等。

当金属设备在使用过程中，在某些致氢气体(如 H_2、H_2S、H_2O 等)中工作，也会在金属表面分解成原子氢，然后进入金属基体中。另外在腐蚀或应力腐蚀过程中，若存在氢还原的阴极反应时，部分氢原子也可能进入金属基体中引起氢损伤。

6.8.2 氢腐蚀

氢腐蚀是指在高温下(约200℃以上)氢和钢中的渗碳体(Fe_3C)发生还原作用生成甲烷而导致沿晶界腐蚀的现象。

早在1908年，Bosch 和 Haber 的合成装置的压力容器由30mm壁厚的碳钢制成，用380h后就出现了裂纹，原因是高温高压下氢进入钢中，与碳化铁发生反应生成甲烷，甲烷不能扩散到钢外而在钢中聚集，并逐步形成高压力使金属发生裂纹。1974年在德国一合成氨装置因氢腐蚀引起重大事故，原因是本应用合金钢管的部位误用了碳钢管，发生了氢腐蚀使管道爆炸，高压气体喷射反应吹翻了整个280吨重的氨转化器，造成了大约500万美元的损失。

在化工、石油、煤转化等工业中的钢制设备上都发生过氢腐蚀，所以应引起特别重视。

氢腐蚀的机理是在高温高压下氢与碳作用生成甲烷气泡，即 $4H+C=CH_4$。其机理的模

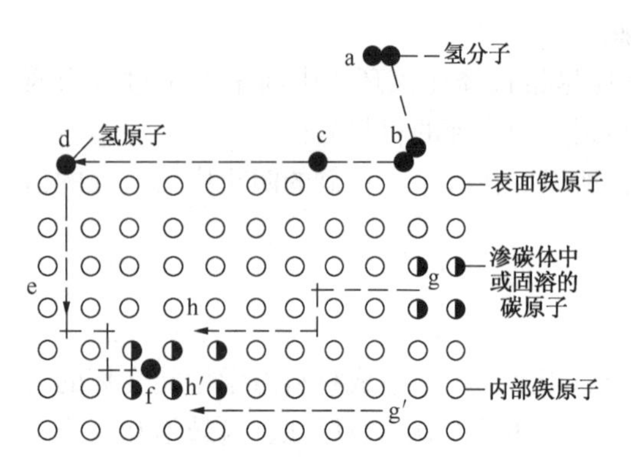

图 6-62　钢的氢腐蚀机理模型

型如图 6-62 所示。首先氢分子扩散到钢的表面并产生物理吸附(a-b)，被吸附的部分氢分子分离为氢原子或氢离子，并经化学吸附(b-c-d)，氢原子通过晶格和晶界向钢内扩散(e-f)。氢与碳反应生成甲烷，甲烷在钢中扩散能力很低，聚集在微孔隙中，如晶界、夹杂物，不断反应的结果使孔隙周围的碳浓度降低，其他位置上的碳通过扩散不断补充(g→h 为渗碳体中的碳原子的扩散补充；g′→h′为固溶体碳原子的扩散补充)，造成局部高压。在甲烷压力较低时，主要靠铁原子沿晶界扩散离开气泡，而使气泡长大；在甲烷压力高时，主要靠周围基体的蠕变使气泡长大。在靠近表面的夹杂等缺陷形成的气泡，最终造成钢表面出现鼓泡；在钢内部的气泡最终发展成裂纹。在孕育期结束时，甲烷气泡可达到相当高的密度，当它分布在晶界时使晶间结合力下降，导致钢的脆化。

所以氢腐蚀可以分为三个阶段：①孕育期——在此期间，晶界碳化物及其附近有大量亚微型充满甲烷的鼓泡形核，钢的力学性能没有变化。②迅速腐蚀期——小鼓泡长大，达到某一临界密度后便沿晶界连接起来形成裂纹，钢的体积膨胀，力学性能迅速下降。③饱和期——裂纹彼此连接同时，碳逐渐耗尽，力学性能和体积不再改变。可以看出，孕育期的长短决定了钢的使用寿命，表示了钢的抗氢腐蚀性能好坏。

这种认识与实验观察相符，如低碳钢含碳量比中碳钢少，甲烷气泡长大与碳的供应有直接关系，故低碳钢的孕育期长。甲烷气泡往往在夹杂物周围成核，用铝脱氧的钢往往在晶界形成很多细小夹杂物，为气泡形核创造了条件，较容易达到气泡的临界密度，故孕育期较短。碳钢经球化处理后，使碳的扩散距离加大，气泡较难达到临界密度会使孕育期延长。钢中含有形成稳定碳化物的合金元素如钛、钒时，其碳化物不易分解，只有在更高的温度下才会出现氢腐蚀。

温度和压力是影响氢腐蚀的重要因素，因为钢的氢腐蚀是一个化学反应过程，无论是反应速度、氢吸收或碳扩散以及裂纹扩展的速度都是克服势垒的活化过程。因此温度升高，氢腐蚀速率增大。在一定氢分压作用下，钢中渗碳体受氢破坏存在一个最低起始温度，即钢材发生氢腐蚀的起始温度。当环境温度低于起始温度时，氢腐蚀反应速度极慢，设备可正常使用。氢分压的增加将加大氢腐蚀的反应速率。钢材发生氢蚀也存在着起始氢分压。当环境氢分压低于起始分压时，无论环境温多高，氢腐蚀也不会发生。对于发生氢腐蚀的温度，氢分压的组合条件即为著名的 Nelson 曲线(图 6-63)。该曲线是针对美、日等国常用碳钢和铬钼钢等钢种系列，分别指出它们在高温高压氢环境中的可使用限度。这对于工程中选用有一定参考价值。

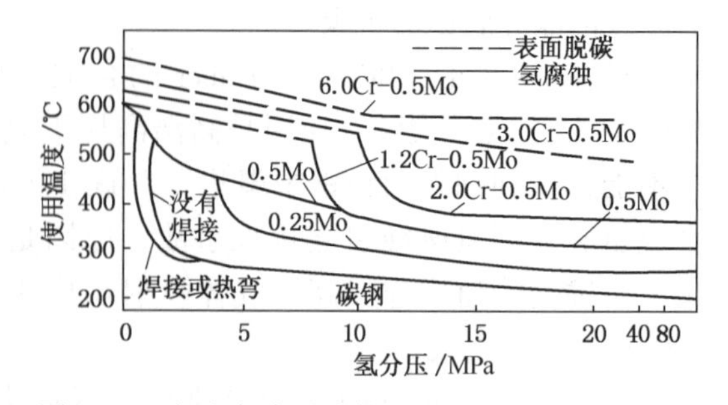

图 6-63　钢在氢介质中使用界线的 Nelson 曲线

解决氢腐蚀问题主要是研制和选用适当的合金钢。例如我国自行研制的 10MoWVNb 抗氢、氮、氨腐蚀用钢，就有良好的抗氢腐蚀性能。除此之外，在结构设计上也可采取一定措施。其原则不外乎是降低设备的温度与压力。例如常采用在碳钢或低合金钢压力容器的内壁加套不锈钢内筒衬里，使抗氢腐蚀性能极好的不锈钢与氢直接接触。此时氢可通过内筒扩散到内外之间的间隙中，通过开在外筒上的小孔泄出。小孔并不影响外筒强度，这样外筒只与常压接触，不会发生氢腐蚀。

6.8.3 钢的氢鼓泡

在湿硫化氢环境中常可观察到钢的两类开裂现象，一种称为硫化物应力腐蚀开裂，另一种称为氢诱发开裂。前者多发生在高强钢，必须有应力存在，裂纹与应力方向垂直。后者主要发生在低强钢上，甚至在没有应力作用时就发生。裂纹平行于轧制的板面，接近表面的形成鼓泡，称氢鼓泡，靠近内部的裂纹呈直线状或阶梯状，其中以阶梯状裂纹的危险性最大，也称阶梯状开裂。在 H_2S 环境中的各种破坏形态示于图 6-64 中。在含硫油、气管线、贮罐、炼制设备及煤的气化设备中常可看到这种氢诱发开裂的现象。

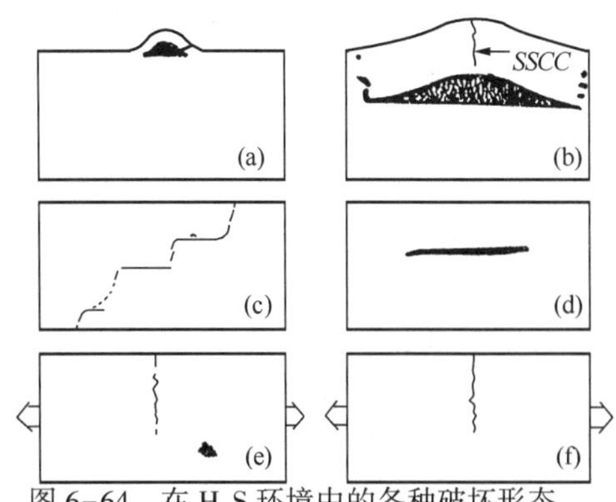

图 6-64 在 H_2S 环境中的各种破坏形态

(a) 氢鼓泡；(b) 氢鼓泡并伴随阶梯状开裂；(c) 阶梯状裂纹；(d) 直线状裂纹；(e) 低强度钢的硫化物应力腐蚀；(f) 高强度钢的硫化物应力腐蚀

(1) 氢鼓泡机理

硫化氢是一种弱的酸性电解质，在 pH 值等于 1~5 的水溶液中主要以分子态的硫化氢形式存在。研究表明 H_2S 是比 HS^-、S^{2-} 更为有效的毒化剂，在表面发生下列反应：

$$H_2S+2e \longrightarrow 2H_{ads}+S^{2-}$$

$$H_2S+e \longrightarrow H_{ads}+HS^-_{ads}$$

$$HS^-_{ads}+H_3O^+ \longrightarrow H_2S+H_2O$$

为氢渗入钢中创造条件。进入钢中的氢原子通过扩散到达缺陷处，并析出成氢分子，氢分子积聚产生很高压力。实验证明，非金属夹杂物是裂纹主要形核位置，特别是Ⅱ型 MnS 夹杂，它与基体膨胀系数不同，热轧过程中变成扁平状，夹杂与基体界面存在孔隙，可视为二维缺陷。氢原子往往在其端部聚积，并由此引发裂纹。氢诱发开裂的机理示意图见图 6-65。此外，硅酸盐、串链状氧化铝及较大的碳化物、氮化物也能成为裂纹的起始位置。低碳钢主要是珠光体-铁素体组织，裂纹往往沿着 Mn、P 偏析造成的低温转变的反常组织(马氏体或贝氏体)或带状珠光体扩展，造成氢诱发开裂。

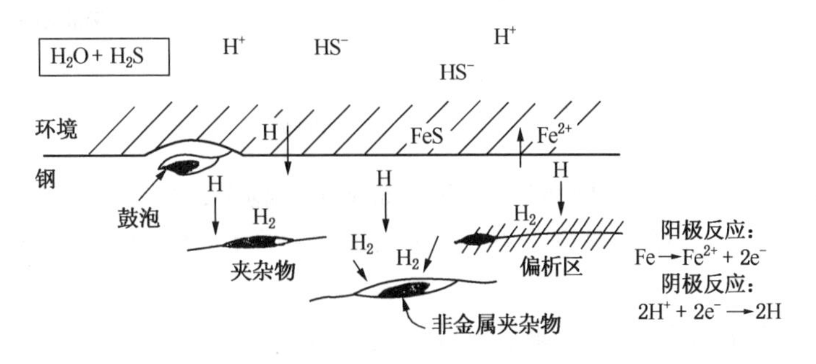

图 6-65 氢诱发开裂的机理

(2) 影响氢鼓泡的因素

首先是介质的影响。随 H_2S 的酸性水溶液 pH 值降低，裂纹发生率增大，随 H_2S 浓度增大，出现裂纹倾向增大。Cl^-的存在，影响电极反应过程，促进氢的渗透。故试验室试验通常用 5%NaCl+0.5HAc 的饱和 H_2S 溶液检查材料的抗氢诱发开裂性能。

其次是温度的影响。因氢鼓泡主要在室温下出现，提高或降低温度可减少开裂倾向。油、气管线如在 60~200℃工作，一般不发生这种破坏。

另外降低钢中硫化物夹杂的数量，尤其 MnS 夹杂可改善其氢鼓泡的敏感性。钢中加入 0.2%~0.3%Cu 由于抑制表面反应可减少氢诱发开裂。加入少量 Cr、Mo、V、Nb、Ti 等元素可改善钢的力学性能，提高基体对裂纹扩展阻力。

6.8.4 氢脆

前面介绍的氢腐蚀和氢鼓泡造成了材料的永久性损伤，使塑性或强度降低，即使从金属中除氢，这些损伤也不能消除，塑性或强度也不能恢复，故称为不可逆氢脆。

本节所说的氢脆是指由于内氢或外氢所引起的可逆氢脆。这是氢损伤中最主要的一种破坏形式。典型的事例有高强钢的滞后断裂，硫化氢的应力腐蚀断裂，钛合金的内部氢脆等。

(1) 氢脆特点

氢脆的特点是材料中的氢在应力梯度作用下向高的三向拉应力区富集，当偏聚的氢浓度达到临界值时，便会在应力场的联合作用下导致开裂，具体特点有：

① 时间上属于滞后断裂：材料受到应力和氢的共同作用后，经历了裂纹形核(孕育期)；在应力作用下裂纹长大(亚临界扩展)；最后发生突然断裂(失稳断裂)，因而是一种滞后破坏，图 6-66 表示这一过程。

② 对含氢量的敏感：随着钢中氢浓度的增加，钢的临界应力下降，延伸率减少(图 6-67)。

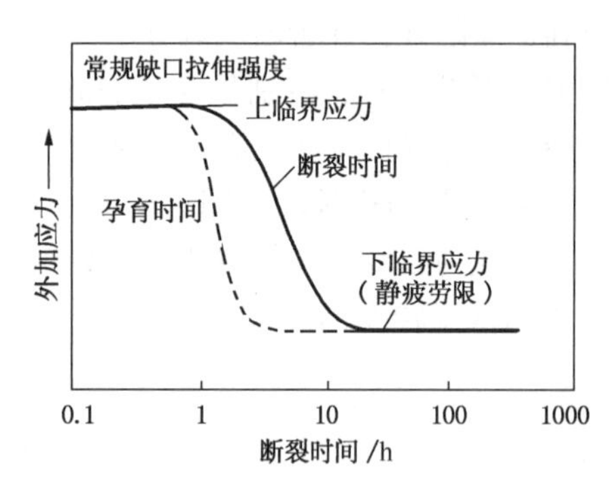

图 6-66 延迟断裂(静疲劳)曲线

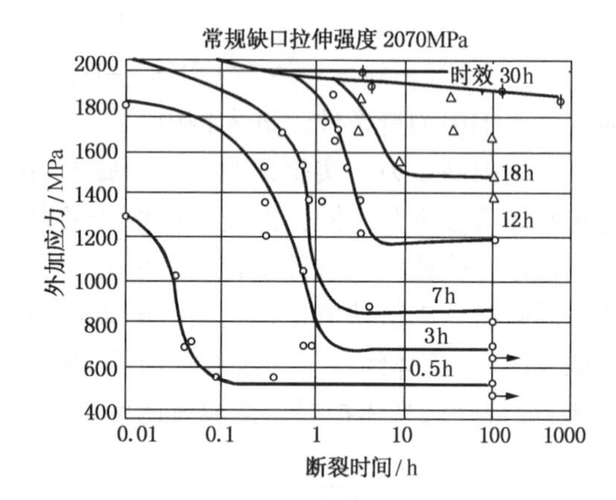

图 6-67 充氢的缺口试样在 150℃经不同时间时效以改变钢中氢含量对延迟断裂的影响

③ 对缺口敏感：在外加应力相同时，缺口曲率半径越小，越容易发生氢脆。

④ 室温下最敏感：氢脆一般发生在-100~100℃(或 150℃)温度范围内，而室温附近(-30~30℃)最为严重。

⑤ 发生在低应变速率下，应变速率越低，氢脆越敏感。

⑥ 裂纹扩展是不连续的。

⑦ 氢脆的裂纹源一般不在表面，裂纹较少有分枝现象，宏观断口比较齐平，微观断口

可能涉及沿晶、准解理、韧窝等较为复杂的形貌。

（2）氢脆机理

人们普遍承认：在应力作用下氢会富集在缺口或裂纹尖端的主向拉应力区，但富集的氢是怎样降低材料的断裂应力 σ_f，造成脆性断裂，目前尚有不同认识。较为流行的氢脆理论有以下四种：

① 氢压理论。这一理论认为，在金属中一部分过饱和氢在晶界、孔隙或其他缺陷处析出，结合成氢分子，使这些部位造成巨大的内压力，降低了裂纹扩展所需的内外应力。该理论可以解释裂纹孕育期的存在，裂纹的不连续的扩展、应变速率的影响，较好地解释大量充氢时过饱和氢引起的氢鼓泡和氢诱发裂纹。但该理论无法解释低氢压环境中的滞后开裂行为、氢脆存在上限温度、断口由塑性转变或脆性的原因以及氢致滞后开裂过程中的可逆现象。但在大量充氢氢含量较高时，氢压理论是适用的。

② 吸附氢降低表面能理论。按照 Griffith 公式，材料发生脆性断裂的应力 σ_f 为

$$\sigma_f = \sqrt{\frac{2E\gamma_s}{\pi l}}$$

式中 γ_s 为表面能，E 为杨氏模量，l 为裂纹长度。当裂纹尖端有氢吸附在表面时，使表面能下降，因而使断裂应力下降。这种理论可以解释孕育期的存在、应变速率的影响以及在氢分压较低时也会脆断的实验现象。但实际金属并非完全脆性材料，裂纹扩展还需要做塑性功 U_p，而 U_p 比 γ_s 大几个数量级，因而吸附氢降低表面能对断裂应力 σ_f 的影响不大。此外这种理论也不能说明氢脆可逆性，裂纹扩展的不连续性、其他吸附物质的影响等等。

③ 弱键理论。这种理论认为氢的 1s 电子进入了过渡族金属元素的未填满的 3d 带，因而增加了 d 带电子密度，其结果使原子间的斥力增大，即减弱了原子间的键力，使金属脆化。该理论可解释氢脆的各种特征，因而得到广泛支持。但原子间键力下降的证据尚不充分，此外某些非过渡族金属的合金（如铝合金、镁合金）的可逆氢脆，因不存在 3d 带，因此这种理论就难以解释了。

④ 氢促进局部塑性变形导致脆断的理论。本理论认为氢致开裂与一般断裂过程的本质是相同的，都是以局部塑性变形为先导，当发展到临界状态时就导致了开裂，而氢的作用只是促进了这一过程。有学者发现氢能促进裂纹尖端局部塑性变形，并在发展到一定程度后裂纹形核、扩展。这是因为通过应力诱导扩散在裂纹尖端附近富集的原子氢与应力共同的作用，促进了该处位错大规模增殖与运动，使裂纹前端塑性区增大，且塑性区中变形量也随着时间增长而不断增大，即产生了氢致滞后塑性变形，当变形量继续增大到临界状态则形成不连续的氢致滞后裂纹。在新形成的滞后裂纹前端又会产生新的滞后塑性区，又产生了新的氢致滞后裂纹，随着塑性区中变形量的不断增大，滞后裂纹逐渐长大并互相连接，直到断裂。

6.8.5 控制氢损伤的途径

氢损伤是和金属中缺陷（如晶界、共格沉淀、非共格沉淀、位错缠结、微孔等）所捕获的氢量 c_T 与引起此类缺陷开裂的临界氢浓度 c_{CT} 之间有关系。

（1）降低缺陷的捕氢量 c_T

主要是通过改进冶炼、热处理、焊接、电镀、酸洗等工艺以减少带入氢量，也可以对含氢材料进行脱氢处理而减少内氢的影响；另外是限制外氢的进入，如可通过物理、化学、电化学、冶金等方法在基材上施加具有低氢扩散性和低溶解度的镀层，如覆盖 Cu、Mo、Al、Ag、Au、W 等形成直接障碍。或通过加入某些合金元素延缓腐蚀反应或生成的产物形成间

接障碍有抑制氢进入基材的作用，如含 Cu 钢在 H_2S 水介质中生成 CuS 致密产物，降低了氢诱发开裂的倾向。还可采用降低外氢的活性，例如在气相 H_2S、H_2 中可通入氧，液相 H_2S 中可通过加入某些促进氢原子复合物质以减少外氢的危害。

(2) 提高缺陷开裂的临界氢浓度 c_{CT}

首先是晶界，它是碳、氮化合物和杂质元素 As、P、Sn、Bi、Se 偏析处，使晶界 c_{CT}降低。所以凡能减少或消除杂质元素含量和减少偏析都对提高 c_{CT}有益。

其次是控制有害夹杂物(如硫化物、氧化物)以及碳化物的类型、数量、形状、尺寸和分布。例如球状 MnS 比带状 MnS 夹杂的 c_{CT}要高，添加 Ca 和稀土元素对改善 MnS 形状和分布能起到好的效果。

6.9 腐蚀疲劳

材料或构件在交变应力和腐蚀环境共同作用下引起的脆性断裂称为腐蚀疲劳。在船舶推进器、涡轮叶片、汽车的弹簧和轴、泵轴和泵杆、矿山的钢绳等常出现这种破坏。

6.9.1 腐蚀疲劳的特征

事实上只有在真空中的疲劳才是真正的纯疲劳，空气中的疲劳通常称之为疲劳。而腐蚀疲劳是指空气以外的腐蚀环境中的疲劳行为。图 6-68 表示了不同环境空气中70-30黄铜疲劳寿命的影响，可见随着腐蚀作用的增强，疲劳极限下降，但还存在某个疲劳极限值。所以腐蚀环境与交变应力共同作用下的腐蚀疲劳有下列特征：

① 在空气中的疲劳存在着疲劳极限，但腐蚀疲劳往往已不存在腐蚀疲劳极限。图6-69是这一概念的示意图。由图可见一般以预指的循环周次(如 $N=10^7$)的应力作为腐蚀疲劳强度。

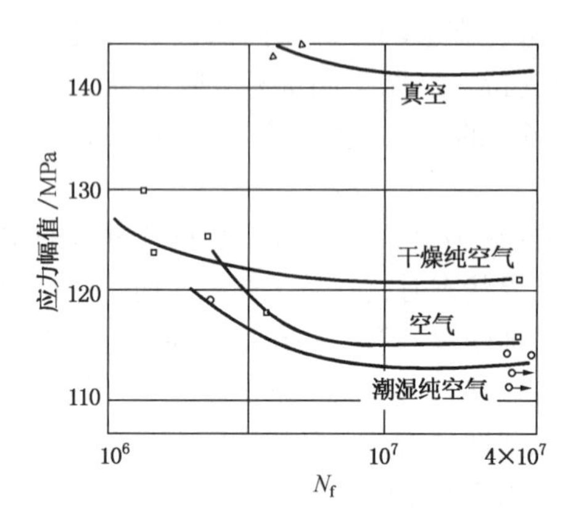

图 6-68 环境气氛对 70-30 黄铜疲劳寿命的影响

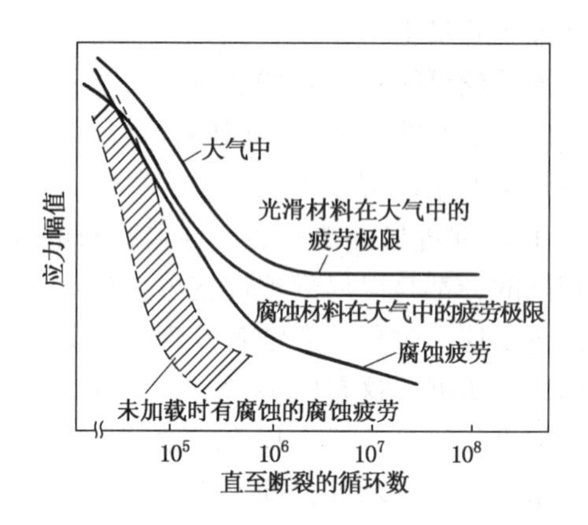

图 6-69 腐蚀疲劳与事先发生腐蚀的材料的疲劳(概念图)

② 与应力腐蚀不同，纯金属也会发生腐蚀疲劳，而且不需要材料-腐蚀环境特殊组合就能发生腐蚀疲劳。金属在腐蚀介中不管是处于活化态或钝态，在交变应力下都可能发生腐蚀疲劳。

③ 腐蚀疲劳强度与其材料耐蚀性有关。耐蚀材料的腐蚀疲劳强度随抗拉强度提高而提高；耐蚀性差的材料尽管它的疲劳极限与抗拉强度有关，但在海水、淡水中的腐蚀疲劳强度与抗拉强度无关，见图 6-70。

④ 腐蚀疲劳裂纹多起源于表面腐蚀坑或表面缺陷，往往成群出现。腐蚀疲劳裂纹主要

是穿晶型，但也可出现沿晶或混合型，并随腐蚀发展而裂纹变宽。

⑤ 腐蚀疲劳断裂属脆性断裂，没有明显宏观塑性变形，断口有疲劳特征(如疲劳辉纹)，又有腐蚀特征(如腐蚀坑、腐蚀产物、二次裂纹等)，见图 6-71。

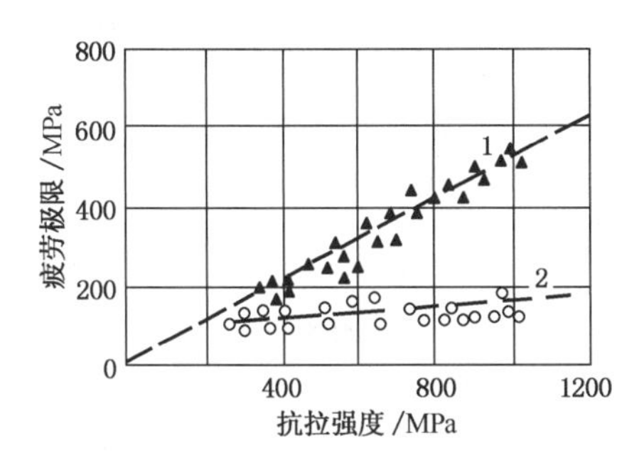

图 6-70 介质对碳钢和合金钢的疲劳强度的影响

1—空气；2—海水

图 6-71 SUS317L 合金在乙酸水溶液中的腐蚀疲劳断口形貌(×1000)

6.9.2 腐蚀疲劳的机理

腐蚀疲劳的定义已说明其是在交变应力和腐蚀环境共同作用的结果，所以研究机理时往往将纯疲劳机理与电化学腐蚀作用结合起来考虑，现已建立了多种腐蚀疲劳模型。我们介绍有代表性的两种机理。

(1) 蚀孔应力集中模型

模型认为，首先是腐蚀环境使金属表面产生蚀孔，在孔蚀底部由于交变应力发生应力集中产生滑移。滑移台阶发生阳极溶解，使逆向加载时表面不能复原，成为裂纹源，反复加载使裂纹不断扩展。图 6-72 是蚀孔应力集中模型图解。

(2) 滑移带优先溶解模型

在某些合金中，如碳钢腐蚀疲劳裂纹萌生不是发生在孔蚀底部，虽然也产生了孔蚀。所以又提出了另一种裂纹萌生机理，认为在交变应力作用下产生驻留滑移带，挤出、挤入处由于位错密度高，或杂质在滑移带沉积等原因，使原子具有较高的活性，故受到优先腐蚀。在交变载荷作用下，变形区为阳极，导致腐蚀疲劳裂纹形核，未变形区为阴极，反复加载应力作用下促进裂纹扩展。图 6-73是该模型的示意图。

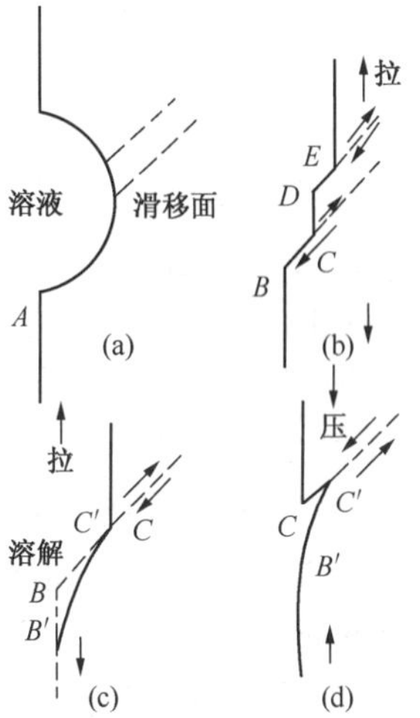

图 6-72 蚀孔应力集中模型

(a) 产生孔蚀；(b)生成 *BCDE* 滑移台阶；(c) *BC* 台阶溶解生成 *B′C′* 新表面；(d)滑移生成 *B′C′C* 裂纹

6.9.3 腐蚀疲劳的影响因素

影响腐蚀疲劳的因素可从三方面来讨论，即力学因素、环境因素和材料因素。

(1) 力学因素

① 应力循环参数：当应力交变频率 f 很高时，腐蚀作用不明显，以机械疲劳为主；当 f 很低时，又与静拉伸应力的作用相似；只是在某一频率范围内最容易产生腐蚀疲劳。图 6-74示出应力交变频率 f 与应力不对称系数 R 对有应力腐蚀敏感性的材料产生应力腐蚀及腐蚀疲劳的影响。

② 疲劳加载方式：加载方式影响按下列次序排列，即扭转疲劳>旋转弯曲疲劳>拉压疲劳。

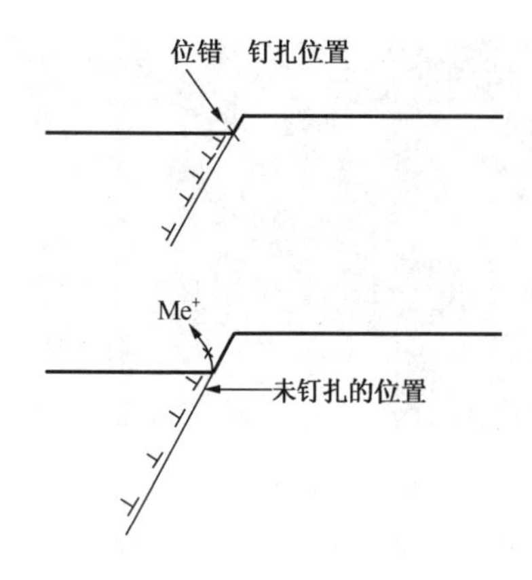

图 6-73　在滑移台阶显露处腐蚀促使裂纹形核的简单模型示意图

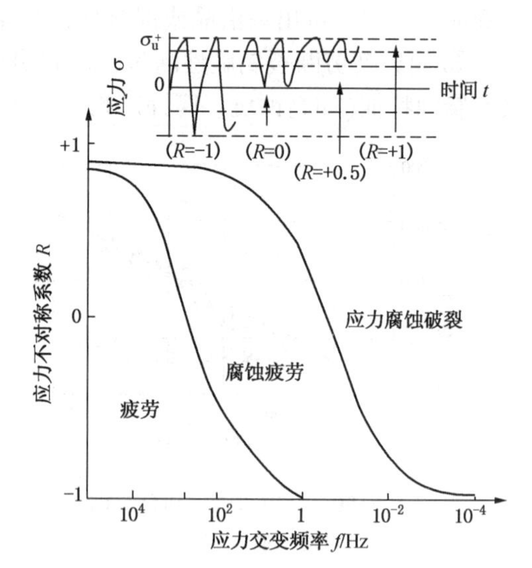

图 6-74　应力交变频率(f)与应力不对称系数(R)对有应力腐蚀敏感性的材料产生应力腐蚀及腐蚀疲劳的影响

③ 应力循环波形：应力循环波形对腐蚀疲劳有一定影响，其中方波、负锯齿波影响小，正弦波、三角波或正锯齿波影响大。

④ 应力集中，表面缺口处易引起应力集中引发裂纹，尤其对腐蚀疲劳初始影响较大，但随疲劳周次增加，对裂纹扩展影响减弱。

（2）环境因素

① 介质的腐蚀性：一般来讲介质的腐蚀性越强，腐蚀疲劳强度越低。而腐蚀性过强时，形成腐蚀疲劳裂纹可能性减少，裂纹扩展速度下降。当介质 pH<4 时，疲劳寿命较低；当 pH 值在 4~10 时疲劳寿命逐渐增加；pH>12 时与纯疲劳寿命相同。在介质中添加氧化剂，可提高钝化金属的腐蚀疲劳强度。

② 温度影响：随温度升高，耐腐蚀疲劳性能下降，但对碳钢来讲，当温度大于 50℃后对低周腐蚀疲劳性能似乎没有影响。

③ 外加电流的影响：阴极极化可使裂纹扩展速度明显降低，甚至接近空气中的疲劳强度；但阴极极化进入析氢电位后，对高强钢的腐蚀疲劳性能会产生有害作用。对处于活化态的碳钢而言，阳极极化加速腐蚀疲劳，但对氧化性介质中使用的碳钢，特别对不锈钢，阳极极化可提高腐蚀疲劳强度。

（3）材料因素

材料耐蚀性较好的金属，如钛、铜及其合金、不锈钢等，对腐蚀疲劳敏感性较小；耐蚀性较差的高强铝合金、镁合金等对腐蚀疲劳敏感性较大。可以采用改善和提高耐蚀性的合金化元素来提高合金耐腐蚀疲劳性能，如在不锈钢中增加 Cr、Ni、Mo 等元素含量能改善海水中的耐孔蚀性能，也改善了耐腐蚀疲劳性能。

材料的组织结构也有一定影响，例如提高强度的热处理有降低腐蚀疲劳强度的倾向，不锈钢敏化处理对腐蚀疲劳强度是有害的。

另外如表面残余的压应力对耐腐蚀疲劳性能比拉应力好；施加某些保护涂层也可改善材

料耐腐蚀疲劳性能(图 6-75)。

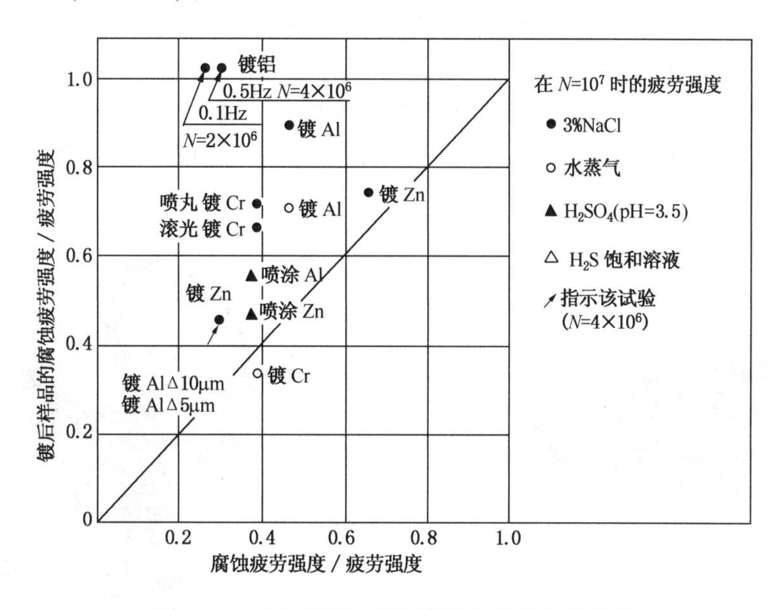

图 6-75 金属镀层对碳钢腐蚀疲劳强度的影响

6.9.4 控制腐蚀疲劳的途径

控制途径首先是合理设计，注意结构平衡，避免颤动、振动或共振出现，减少应力集中，适当加大危险截面尺寸。其次是合理选材，也可造成材料表面压应力或采用表面涂镀层来改善耐腐蚀疲劳性能，如镀锌钢丝可提高耐海水的腐蚀疲劳寿命。采用阴极保护可改善海洋金属结构的腐蚀疲劳性能。还可以用添加缓蚀剂，例如加重铬酸盐可以提高碳钢在盐水中的腐蚀疲劳抗力。

6.10 磨损腐蚀

暴露在运动流体中的所有类型设备、构件都遭受磨损腐蚀。例如，管道系统，特别是弯头、肘管和三通，泵和阀及其过流部件，鼓风机、离心机、推进器、叶轮、搅拌桨叶，有搅拌的容器、换热器、透平机叶轮等。

大多数的金属和合金都会遭受磨损腐蚀。依靠产生某种表面膜(钝化)的耐蚀金属，如铝和不锈钢，当这些保护性表层受流动介质的破坏或磨损，金属腐蚀会以很高的速度进行着，结果形成严重的磨损腐蚀。而软的、容易遭受机械破坏或磨损的金属，如铜和铅，也非常容易遭受磨损腐蚀。

许多类型的腐蚀介质都能引起磨损腐蚀，包括气体、水溶液、有机介质和液态金属，悬浮在液体中的固体颗粒对磨损腐蚀特别有害。

6.10.1 磨损腐蚀的定义和特征

磨损腐蚀是由于腐蚀流体和金属表面间的相对运动，引起金属的加速破坏或腐蚀。一般这种运动的速度很快，同时还包括机械磨耗或磨损作用。金属以溶解的离子状态脱离表面，或是生成固态腐蚀产物，然后受机械冲刷脱离表面。从某种程度上讲，这种腐蚀是流动引起的腐蚀，亦称流动腐蚀。只有当腐蚀电化学作用与流体动力学作用同时存在，相互促进，磨损腐蚀才会发生，缺一不可。

磨损腐蚀的外表特征是槽、沟、波纹、圆孔和山谷形，还常常显示有方向性。图 6-76 示出了一个典型的波纹形的磨损腐蚀破坏。这是一个运转三个星期取出后的泵叶轮的腐蚀情况。图 6-77 是一蒸汽冷凝管弯头部分被冲击磨损的破坏情况。在许多情况下，磨损腐蚀是在较短的时间内就能造成严重的破坏，而且破坏往往出乎意料。因此，特别要注意，决不能把静态的选材试验数据不加分析地用于动态条件下的选材，应该在模拟实际工况的动态条件下进行实验才行。

图 6-76　不锈钢泵叶轮的磨损腐蚀

图 6-77　蒸汽冷凝管弯头的磨损腐蚀

磨损腐蚀是一个复杂的过程，为了有利于认识金属材料在流动体系中发生腐蚀的规律和机理，寻找有效的防护途径，对流体腐蚀进行了分类：

按介质体系分：

① 单相流腐蚀：在单相(如液体等)流动介质中造成的腐蚀。

② 多相流腐蚀：在两相(如液-固等)或两相以上(如液-气-固等)的流动介质中造成的腐蚀。

按照机理可分：

① 传递反应控制的腐蚀。

② 力的作用与化学过程控制的腐蚀。

6.10.2　磨损腐蚀的影响因素

在流动体系中，影响磨损腐蚀的因素诸多。除影响一般腐蚀的所有因素外，直接有关的因素有：

(1) 流速

流速在磨损腐蚀中起重要作用，它常常强烈地影响腐蚀反应的过程和机理。一般说来，随流速增大，腐蚀速度随之增大。开始时，在一定的流速范围内，腐蚀速度随之缓慢增大。当流速高达某临界值时，腐蚀急剧上升，在高流速的条件下，不仅均匀腐蚀随之严重，而且局部腐蚀也随之严重。如对于不锈钢，应力腐蚀破裂的敏感性随流速增大而增大，孔蚀的敏感性也随之增大。在临界流速前，腐蚀主要由传递过程控制，而在临界流速之后，腐蚀受力学作用与电化学过程控制。

(2) 流型(流动状态)

流体介质的运动状态有两种：层流与湍流。雷诺数是判别介质流动状态的流体力学准数。它不仅取决于流体的流速，而且与流体的物性有关，也与设备的几何形状有关。不同的流型具有不同的流体动力学规律，对流体腐蚀的影响也很不一样。湍流使金属表面的液体搅动程度比层流时剧烈得多，腐蚀的破坏也更严重。例如，工业上常见的冷凝器、管壳式换热器的入口管端的“进口管腐蚀”就是一典型。这是由于流体从大口径管突然流入小口径管，介质的流型改变而引起湍流中的严重腐蚀。除高流速外，有凸出物、沉积物，缝隙、突然改变流向的截面以及其他能破坏层流的障碍存在，都能引起这类腐蚀。

（3）表面膜

材料表面不管是原先就已形成的保护性膜，还是在与介质接触后生成的保护性腐蚀产物膜，它的性质、厚度、形态和结构，是流动加速腐蚀过程中的一个关键因素。而膜的稳定性、黏着力、生长和剥离都与流体对材料表面的剪切力和冲击力密切相关。如不锈钢是依靠钝化而抗腐蚀的，在静态介质中，这类材料完全能钝化，所以很耐蚀；可在高流速运动的流体中，却不耐磨损腐蚀。对碳钢和铜而言，随流速增大，从层流到湍流，表面腐蚀产物膜的沉积、生长和剥离对腐蚀均起着重要的作用。

（4）第二相

当流动的单相介质中存在第二相(通常是固体颗粒或气泡)时，特别是在高流速下，腐蚀明显加剧，随着流体的运动，固体颗粒对金属表面的冲击作用不可忽视。它不仅破坏金属表面上原有的保护膜，而且也使在介质中生成的保护膜受到破坏，甚至会使材料机体受到损伤从而造成材料的严重腐蚀破坏。另外，颗粒的种类、硬度、尺寸对磨损腐蚀也有显著影响，例如，含石英砂的盐水中磨损腐蚀要比含河砂的严重得多。不仅如此，流体中固体颗粒的存在，还可影响介质的物性，甚至改变流型，破坏表面的边界层，从而进一步加速腐蚀过程的进行。

6.10.3　磨损腐蚀的动态模拟装置

为了研究磨损腐蚀的规律、控制因素和机理，首要的问题，就是要建立既科学又经济实用的模拟实际工况条件的试验装置。研究者往往为了各自研究的目的设计并应用了各种动态模拟装置，归纳起来，大致有两类：

6.10.3.1　研究试样固定不动

这一类的装置主要有管道流动法、喷射法。在这类装置中，电化学测量容易实现。

管道流动法的装置示意如图 6-78 所示。试样嵌入管(图中 6)的内壁上必须严格保持与壁面平滑并保证没有任何缝隙，否则流体运动对表面的传质情况和腐蚀速度均有影响。另外，嵌有试样的管前面，必须有足够长度的稳流直管(图中 5)，以保证能建立起稳定、充分发展的流体运动状态。

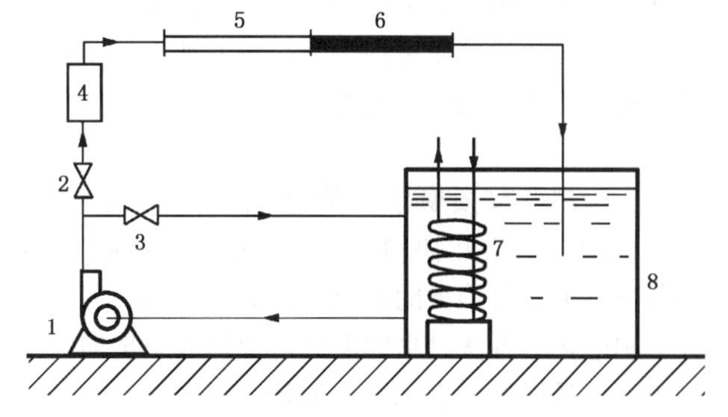

图 6-78　管道动态模拟装置示意

1—泵；2，3—阀；4—流量计；5—稳流直管；6—试样嵌入管；7—冷却管；8—贮液槽

管流装置，能较好地模拟管道中流体的工况条件，实验结果有较强的实用价值，使用较广泛。能与电化学测试仪器实现联机，便于研究腐蚀规律和机理。但是占地面积较大，试验溶液量大，费用较高。

喷射法可以精确控制冲击液流的流速，但模拟工况条件的流体动力学特性差距较大，冲刷试验数据比实际情况严重，它与管流法均不能较好地模拟泵、叶轮和搅拌构件等的工

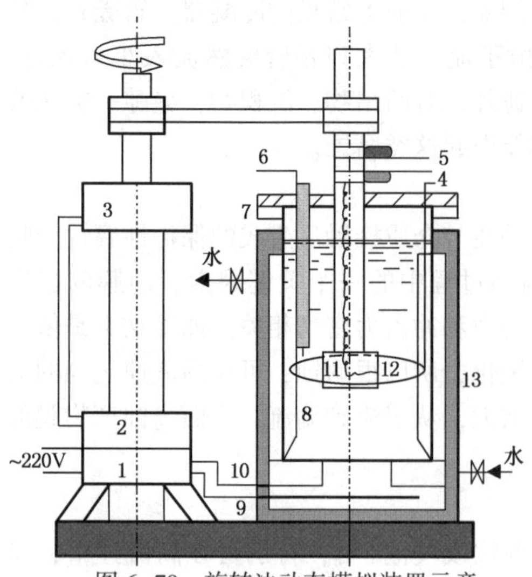

图 6-79　旋转法动态模拟装置示意

1—温度调节器；2—转速调节器；3—直流电机；4—辅助电极；5—电刷；6—参比电极；7—试验容器；8—挡板；9—加热器；10—热电偶；11—旋转圆盘；12—研究试样(嵌入在旋转圆盘的侧壁上)；13—水冷却夹套

况条件。

6.10.3.2　研究试样旋转

这类装置主要有旋转圆盘法、旋转圆筒法，在这类装置中能实现良好的流体动力学模型，通过调节圆盘、圆筒的转速或半径，就可以控制腐蚀介质运动的状态。装置较简单，使用方便，造价低。可以与电化学测试仪器联机，但由于试样为旋转状态，故实现良好的电连接较困难。

常用的旋转圆盘动态模拟装置如图 6-79 所示。该装置主要模拟研究试样表面受切向力的作用。

尽管磨损腐蚀有较强的工业背景，急需解决。但因腐蚀影响因素复杂，又需自行设计加工动态模拟的试验装置，而且装置的类型结构不同其测量结果会存在差异，数据分散，难以横向比较，故研究难度较大。至今，对这类腐蚀的研究还比较少，对其规律、机理的认识还远不够深入。

6.10.4　磨损腐蚀的机理

为了揭示磨损腐蚀的机理，以寻找经济有效的防护途径，人们首先抓住流动使腐蚀加剧的事实入手，从动力学观点出发，或利用解析法，或利用实验观测法做了种种探讨。迄今为止，主要的论点有：

6.10.4.1　协同效应

流体腐蚀过程中，既有腐蚀电化学因素，又有流体动力学因素的作用，同时还存在着二者间的交互作用。为了探明腐蚀机理，不少学者十分注意二者间交互作用引起的协同效应，并把磨损腐蚀的总质量损失解析成各纯因素及其间交互作用造成的分量之和来表达。其中最典型的也是公认的一种观点是：

$$\Delta W = \Delta W_{corr} + \Delta W_{wear} + \Delta W_{syn}$$

实验测得磨损腐蚀总质量损失 ΔW 及纯腐蚀的质量损失 ΔW_{corr}、纯磨耗质量损失 ΔW_{wear}，然后计算出协同效应的质量损失 ΔW_{syn}。但是，对于 ΔW_{corr}，ΔW_{wear} 用不同方法测得的各分项值却有很大的差别。例如，对 ΔW_{corr}，有用静态时的质量损失表示；也有在动态条件下用电化学方法测出的电流再换算成质量损失来表示。对于 ΔW_{wear}，有在阴极保护条件下测出的质量损失来表示；也有用在非导电介质中测出的质量损失来表示。由于测量方法不同，所得同一分项值也不同，因此再从总的质量损失中扣除这两项分值而得出的协同效应分量 ΔW_{syn}，也同样存在着很大的差异。看来，这种解析表达式似乎看起来简单明了，但真正用实验去证明这种机制又不理想。况且到目前为止，流体中金属的纯腐蚀量，尤其是纯磨耗量是难以准确测得的，而且其含义也不十分清楚。

与静态条件相比，流体中的腐蚀之所以加剧，其实质是由于腐蚀电化学因素与流体力学因素之间协同效应所致。这两种因素并不是简单的叠加，而是交互作用，密不可分的。基于

这一考虑，提出了另一种观点：在实际工况条件下，磨损腐蚀总的质量损失应该就是协同效应造成的腐蚀的质量损失，即

$$\Delta W = \Delta W_{syn}$$

这里有两个极端的情况下，当流体力学因素不存在时，协同效应这一项就变成了纯腐蚀的质量损失，即

$$\Delta W = W_{corr}$$

当电化学因素不存在时，协同效应这一项就变成了纯磨耗的质量损失，即

$$\Delta W = W_{wear}$$

另外，从解决工程中的磨损腐蚀的问题来讲也不需要一定求出各因素在其中的纯分量值，只要找出电化学因素或流体力学因素分别对协同效应(也就是总的质量损失)影响程度的大小，也就是说在协同效应中各因素所起作用的相对大小，就可确定主导因素。这同样可以寻找有效防护途径，揭示磨损腐蚀的机理，而且还避开了求出其中的纯腐蚀、纯磨耗质量损失的困难。这种观点和实验思路的正确性，在研究碳钢的磨损腐蚀机理中，已得到了充分证实。

6.10.4.2　流体动力学因素的作用

大量的腐蚀研究通常是在静态溶液中进行的，因此，在腐蚀动力学的分析中经常忽略了流体动力学因素。然而实际生产中的设备，大多是在动态条件下，甚至是在高流速下工作，所以实际的腐蚀破坏要比静态中严重得多。

介质的流动对腐蚀有两种作用：质量传递效应和表面切应力效应。特别是在多相流中，影响就更为强烈。研究表明：流速较低时，腐蚀速度主要由去极化剂的传质过程控制。流速较高时，电化学因素与流体动力学因素的协同效应强化，流体对材料表面的切应力加大，甚至可使表面膜破坏，导致腐蚀进一步加剧。流体中的传质过程不受材料表面层的组分、结构的影响，而在很大的程度上受流体力学参数的影响。

关于描述流体运动的参数有流速 u、雷诺数 Re 和剪切应力 τ。流体的流速直观易测，尤其在早期研究中多数学者均采用流速与腐蚀速度相关联。但流速并不包含流体的物性。如在相同的流速下，流体的运动状态和边界层状况可能全然不同。因此仅用流速与腐蚀速度关联不能从本质上反映流动对腐蚀的影响。剪切应力和雷诺数能综合反映流体的物性、几何特性和速度对流体运动特性的影响，尤其以剪切应力最重要，因为它还直接与金属/流体的界面状态有关，用它们作为描述流体运动的参量要比流速更能与磨损腐蚀的本质相关。但这些参量不能直接获得。有的根据实验，提出不同流型条件下表达表面切应力的经验式。在一定条件下，也可通过计算表面切应力，再与传质系数关联或与腐蚀速度关联，以揭示磨损腐蚀的机理。

随着电子计算机的广泛应用，近似计算方法的发展，计算流体力学的产生，数值计算法已用来研究流动体系中复杂的腐蚀现象。在模拟动态体系中的实验研究基础上与数值计算法相结合，引用基本的动力学方程建立综合数学模型，进行计算和分析，其结果的可靠程度再与实验观测的结果或理论解析的结果进行比较并修正，以资验证。把这三种方法(数值计算法、理论解析法、实验观测法)适当结合是深入揭示流体腐蚀机理的一种好方法。

综上所述，流体动力学对腐蚀过程的影响是极其复杂的，其中包括电化学反应、质量传递过程、流体力学作用等，而这些过程往往又是交互的，因此增加流速，不仅将增加去极化剂的传递速度，而且还影响保护性表面膜的厚度、形态和结构，以及膜的稳定性和黏着力，

从而进一步影响加速腐蚀电化学反应。所有这些绝不是常规腐蚀电化学所能解决的，而是要进行腐蚀电化学动力学和传递过程及流体动力学交叉学科的研究。这一工作，目前在国内尚属开拓性的研究工作。

6.10.5 碳钢在氯化钠水溶液中的磨损腐蚀

碳钢在3%NaCl溶液单相流和双相(加河砂)流中磨损腐蚀的情况如图6-80所示。

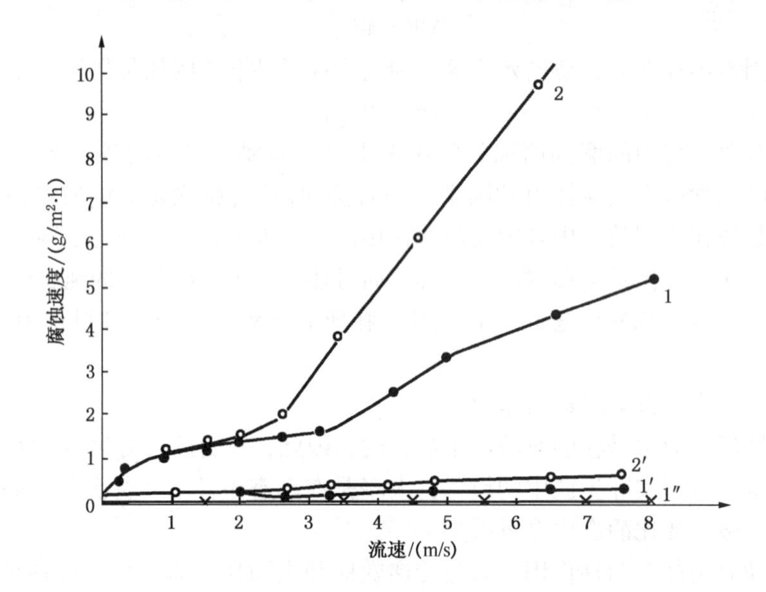

图6-80 碳钢在3%NaCl溶液单相流和双相(加河沙)流中的磨损腐蚀情况

1，1'—单相流中，未除 O_2 和充氮除 O_2 时的情况；2，2"—双相流中，未除 O_2 和充氮除 O_2 时的情况；1"—施加阴极电流后的情况，E=-950mV(S. C. E)

由图可见，随着流速的增大腐蚀随之增大。开始时，腐蚀速度随流速增大缓慢增加，腐蚀主要受传质过程控制。继续增大流速存在一个使腐蚀急剧增大的临界流速值，单相流中为3.14m/s(见图中曲线1)，双相流中为2m/s(见图中曲线2)。此后，腐蚀电化学因素与流体力学因素间协同效应强化，腐蚀随流速进一步增大而迅速增大。此时，不仅均匀腐蚀加剧，而且坑、点等局部腐蚀也随之加剧。在双相流中由于固相颗粒的冲击和磨损，使腐蚀比单相流中要严重得多。

充氮除氧(见图中曲线1'，2')，除去对腐蚀有害成分，显著降低了腐蚀电化学反应，从而大大削弱了与流体力学因素的协同效应，导致腐蚀急剧降低(见图中曲线1'，2')。

施加阴极电流后，保持阴极电位为-950mV(S. C. E)，同样使磨损腐蚀速度急剧降低(见图中曲线1")。可见，抑制了腐蚀电化学因素，从而可大幅度削弱与流体力学因素的协同效应，导致腐蚀大大降低。

充氮除氧，施加阴极电流所得结果均表明碳钢在高速流动的氯化钠溶液中的磨损腐蚀的协同效应中，电化学因素起主导作用。根据所揭示的机制，对现场流量为5000t/h的双吸海水输送泵(铸铁制)实施了涂料与牺牲阳极的阴极保护相结合的联合保护，1995年获得成功。保护效果达90%以上，解决了现场磨损腐蚀的一个难题。

从动态模拟实验研究到现场的应用考核，充分证明，在流动中性氯化物介质中，流体力学因素与腐蚀电化学因素间的协同加剧了金属的腐蚀。其中腐蚀电化学因素起主导作用。因此，只要有效地抑制腐蚀电化学因素，就可大幅度削弱与流体力学因素的协同效应，腐蚀将显著减小。

基于以上事实，充分说明阴极保护不仅可用于静态下的设备防护，而且对于流动体系中的设备(如泵等)也是一种经济、有效的防护方法。

6.10.6 磨损腐蚀的特殊形式

由高速流体引起的磨损腐蚀，其表现的特殊形式主要有湍流腐蚀和空泡腐蚀两种。

6.10.6.1 湍流腐蚀

在设备或部件的某些特定部位，介质流速急剧增大形成湍流，由湍流导致的磨损腐蚀称之为湍流腐蚀。例如管壳式热交换器，离入口管端少许的部位，正好是流体从管径大转到管径小的过渡区间，此处便形成了湍流，磨损腐蚀严重。这是由于湍流不仅加速阴极去极化剂的供应量，而且又附加了一个流体对金属表面的切应力，这个高切应力可使已形成的腐蚀产物膜剥离并随流体带走，如果流体中还含有气泡或固体颗粒，还会使切应力的力矩增强，使金属表面磨损腐蚀更加严重。当流体进入列管后很快又恢复为层流，层流对金属的磨损腐蚀并不显著。

构成湍流腐蚀除流体速度较大外，不规则的构件形状也是引起湍流的一个重要条件，如泵叶轮、蒸汽透平机的叶片等构件是容易形成湍流的典型的不规则几何构型。

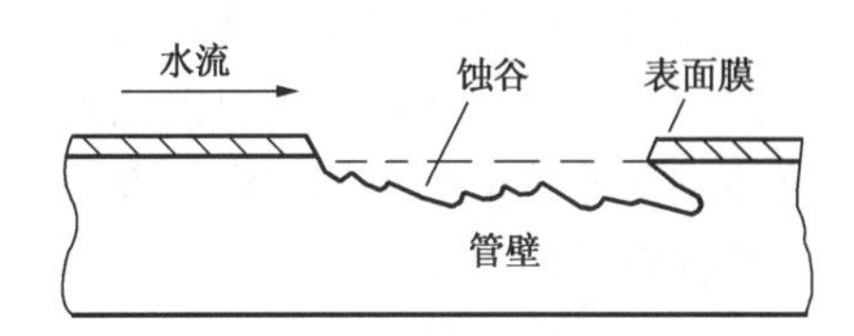

图 6-81 冷凝管内壁湍流腐蚀示意

遭到湍流腐蚀的金属表面，常常呈现深谷或马蹄形的凹槽，一般按流体的流动方向切入金属表面层，蚀谷光滑没有腐蚀产物积存。如图 6-81 所示。

在输送流体的管道内，管壁的腐蚀是均匀减薄的，但当流体突然改向处，如弯管、U 形换热管等的弯曲部位，其管壁的腐蚀要比其他部位的腐蚀严重，甚至穿洞。这种由高流速流体或含颗粒、气泡的高速流体直接不断冲击金属表面所造成的磨损腐蚀又称为冲击腐蚀，但基本上可属于湍流腐蚀的范畴，这类腐蚀都是流体力学和电化学因素共同作用对金属破坏的结果。

6.10.6.2 空泡腐蚀

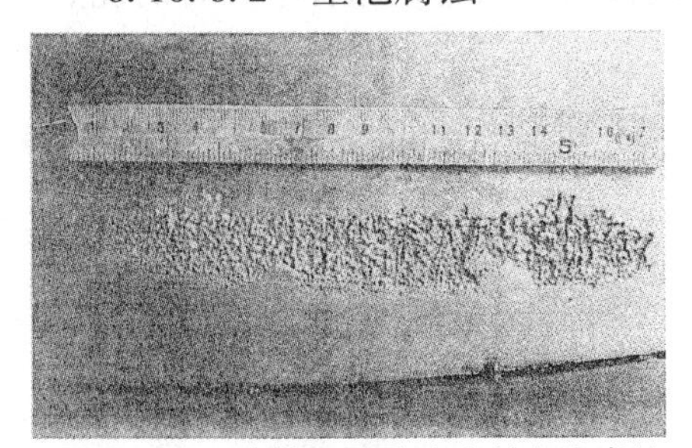
图 6-82 水轮机叶片发生的空泡腐蚀

空泡腐蚀是流体与金属构件作高速相对运动，在金属表面局部地区产生涡流，伴随有气泡在金属表面迅速生成和破灭而引起的腐蚀，又称空穴腐蚀或汽蚀。在高流速液体和压力变化的设备中，如水力透平机、水轮机翼、船用螺旋桨、泵叶轮等容易发生空泡腐蚀。

当流体速度足够大时，局部区域压力降低，当低于液体的蒸汽压力时，液体蒸发形成气泡，随流体进入压力升高区域时，气泡会凝聚或破灭。这一过程以高速反复进行，气泡迅速生成又溃灭，如“水锤”作用使金属表面遭受严重的损伤破坏。如图 6-82 所示。

气泡溃灭时，发生很强的冲击压力，有两种计算方法：一种认为气泡呈球形状态，对称收缩直至破灭，破灭时产生的冲击波压力可高达 410MPa。另一种认为由于某种不稳定因素，随着气泡的球形体积非对称收缩，破灭时发生高速液体喷射(形成射流)，其速度可达 128m/s,图 6-83 是用高速度照相机拍摄的气泡破灭过程及气泡收缩发生冲击波的情况。这种冲击压力足以使金属发生塑性变形，因此遭受空蚀的金属表面可以观察到有滑移线的出现。

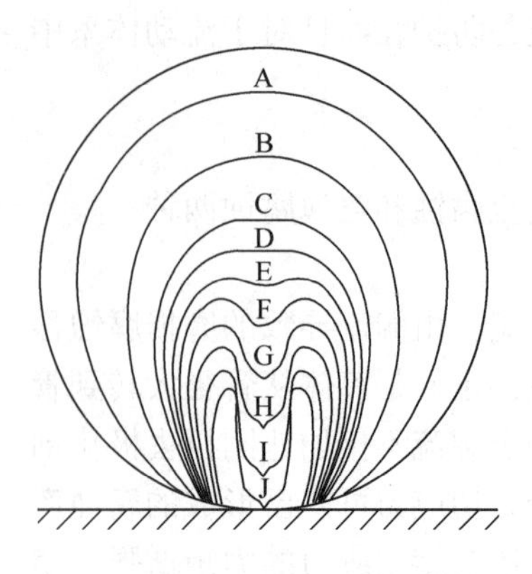

图 6-83　气泡破灭过程

气泡按 A，B…J 方向变化而破灭

通常，空泡腐蚀的形貌有些类似孔蚀，但前者蚀孔分布紧密，且表面往往变得十分粗糙(见图 6-82)。空蚀的深度视腐蚀条件而异，有时在局部地区并有裂纹出现。有时气泡破灭时其冲击波的能量可把金属锤成细粒，此时，金属表面便呈海绵状。

6.10.7　磨损腐蚀的控制途径

通常要根据工作条件、结构形式、使用要求和经济等因素综合考虑。

(1) 正确选材

选择较好的耐磨损腐蚀的材料，这是解决多数磨损腐蚀的基本方法。

(2) 合理设计

合理的设计可以减轻磨损腐蚀的破坏。如适当增大管径可减低流速，保证流体处于层流状态。使用流线型化弯头以消除阻力减小冲击作用；为消除空泡腐蚀，应改变设计使流程中流体动压差尽量减小等。设计设备时也应注意腐蚀严重部位、部件检修和拆换的方便，可降低磨损腐蚀的费用。

(3) 改变环境

去除对腐蚀有害的成分(如去氧)或加缓蚀剂是减轻磨损腐蚀的有效方法，但在许多情况下不够经济。澄清和过滤有助于除去固体物。对工艺过程影响不大时，应降低环境温度。温度对磨损腐蚀非常有害，事实证明，降低环境温度可显著降低磨损腐蚀，例如，常温下双相不锈钢耐高速流动海水的磨损腐蚀性能很好，腐蚀轻微。但当温度升至 55°时，当流速超过 10m/s 时，腐蚀急剧增大。

(4) 涂料与阴极保护联合保护

单用涂料不能很好解决磨损腐蚀问题，而当涂料与阴极保护联合，综合了两者的优点，是最经济、有效的一种防护方法。

第 7 章　金属在各种典型环境下的腐蚀

7.1　金属的高温氧化

金属与环境中的氧化合，在高温下形成氧化物的过程称为金属的高温氧化，这是狭义的定义。如从广义方面来理解金属的氧化，还应包括硫化、卤化、氮化、碳化等等。

金属的高温氧化问题，也和其他的腐蚀问题一样，遍及冶金、航空、航天、能源、动力、石化等工业的许多领域中。在冶金工业生产中钢材轧制前的加热过程都是在高温氧化气氛中进行，由于氧化产生的大量氧化皮，就带来了经济损失。在火力发电设备中，在石油炼制、裂解设备中都存在着高温氧化问题。随着现代科技与工程的发展，例如汽轮机过去工作温度只有 300℃，而现代超音速飞机发动机工作温度已达 1150℃，所以这些工作参数的升高需要解决耐高温、高压、高质流的材料。所以，解决高温腐蚀的问题一直受到腐蚀科技工作者的重视。本节主要介绍的是高温氧化问题。

7.1.1　金属高温氧化的可能性

金属发生高温氧化是否可能进行，可以从热力学的基本定律作出判断，即任何能自发进行反应的系统自由能必然降低。因此可根据反应自由能的变化 ΔG 来判断。

金属 M 在单一氧气中的高温氧化反应

$$M+O_2 \xlongequal{} MO_2 \tag{7-1}$$

根据范托霍夫(Van't Hoff)等温方程式，在温度 T 下此反应的自由能变化为：

$$\Delta G_T=\Delta G_T^{\circ}+RT\ln \frac{a'_{MO_2}}{a'_{M}p'_{O_2}} \tag{7-2}$$

式中 ΔG_T° 为 T 温度下反应的标准自由能变化。a'_M 和 a'_{MO_2} 分别为金属 M 及其氧化物 MO_2 的活度，因为它们都是固态物质，其活度均为 1。p'_{O_2} 为气相中氧的分压。

ΔG_T° 与反应平衡常数 K 的关系如下：

$$\Delta G_T^{\circ}=-RT\ln K=-RT\ln \frac{a_{MO_2}}{a_{M}p_{O_2}} \tag{7-3}$$

式中 a_M 和 a_{MO_2} 分别为 M 和 MO_2 在 T 下平衡时的活度，因为固态，活度为 1。p_{O_2} 为给定温度下平衡时氧的分压，也就是该温度下金属氧化物 MO_2 的分解压。

将式(7-3)代入式(7-2)，化简可得：

$$\begin{aligned}\Delta G_T &= -RT\ln \frac{1}{p_{O_2}} + RT\ln \frac{1}{p'_{O_2}} \\ &= 4.575T\lg p_{O_2} - 4.575\lg p'_{O_2}\end{aligned} \tag{7-4}$$

可见在温度 T 下，金属是否氧化，可根据氧化物分解压 p_{O_2} 与气相中氧分压 p'_{O_2} 的相对大小来判断。由式(7-4)不难看出：

若 $p'_{O_2}>p_{O_2}$，则 $\Delta G_T<0$，反应向生成 MO_2 方向进行；

若 $p'_{O_2}=p_{O_2}$，则 $\Delta G_T=0$，金属高温氧化反应达到平衡；

若 $p'_{O_2}<p_{O_2}$，则 $\Delta G_T>0$，反应向 MO_2 分解方向进行。

显然求解给定温度下金属氧化物的分解压，或者说求解平衡常数，就可以看出金属氧化物的稳定性。对反应式(7-1)而言，$K=1/p_{O_2}$，由热力学得知，K 与 ΔG_T° 的关系：

$$\begin{aligned}\Delta G_T^\circ &= -RT\ln K \\ &= -RT\ln\frac{1}{p_{O_2}} \\ &= 4.575\lg p_{O_2}\end{aligned} \qquad (7-5)$$

由上式可见,只要已知温度 T 时的标准吉氏自由能变化值 ΔG_T°,就可得到该温度下金属氧化物的分解压 p_{O_2},将其与气相中的分解压 p'_{O_2} 作比较,即可判断反应(7-1)的进行方向。

1944 年 Ellingham 编制了一些氧化物的 $\Delta G_T^\circ-T$ 平衡图(图 7-1)。由该图可直接读出在任何给定温度下金属氧化反应的 ΔG_T° 值。ΔG_T° 值愈负，该金属氧化物越稳定，其还原夺氧能力愈强。从而可以判断金属氧化物在标准状态下的稳定性，也可预示一种金属还原另一种金属氧化物的可能性。

具体应用图 7-1 时是从最左边竖线上基点"O"点出发,与所讨论的反应线在给定温度的交点相连,再将连接直线延伸到图上最右边的氧压辅助坐标轴上,即可直接读出氧分压,再利用公式(7-5)计算出 ΔG_T°。例如从图 7-1 可以直接找到 600℃时铝和铁的氧化反应式,并计算出 ΔG_T°。

$$4/3Al+O_2 = 2/3Al_2O_3 \qquad (7-6)$$

$$\Delta G_{600℃}^\circ = -223kcal<0$$

$$2Fe+O_2 = 2FeO \qquad (7-7)$$

$$\Delta G_{600℃}^\circ = -99kcal<0$$

从上两式可看出，在 600℃时铝和铁在标准状态下均可被氧化，而铝比铁的氧化倾向更大。如将式(7-6)减去式(7-7)得

$$2FeO+4/3Al = 2/3Al_2O_3+2Fe \qquad (7-8)$$

$$\Delta G_{600℃}^\circ = -124kcal<0$$

这说明在氧化膜中 FeO 可以被铝还原。即位于图 7-1 中下部的金属(或元素)均可还原上部金属(或元素)氧化物。这就是在炼钢时可用铝、硅等元素进行脱氧的道理。又如铬、铝、硅的氧化物位于 $\Delta G^\circ-T$ 图上铁的氧化物的平衡线以下，在高温下具有较高的稳定性，所以铬、铝、硅是耐热钢中的主要合金元素。

图 7-1 中左边竖线上除"O"点外，还有"C"和"H"点是当反应环境中含有 CO 和 CO_2，或 H_2 和 H_2O 时，可以读出相应的压力比而计算出 ΔG_T°，这里不再详细论述。

7.1.2 金属表面的氧化膜及其成长规律

金属高温氧化时，表面将形成一层氧化膜，并以此把金属与气态环境隔离开来。但由于金属氧化膜的结构与性质不同，保护能力也差异很大。例如在 1093℃的大气中 Cr、Mo、V 均被氧化，反应式如下：

$$2Cr+3/2O_2 = Cr_2O_3$$

$$2V+5/2O_2 = V_2O_5$$

$$Mo+3/2O_2 = MoO_3$$

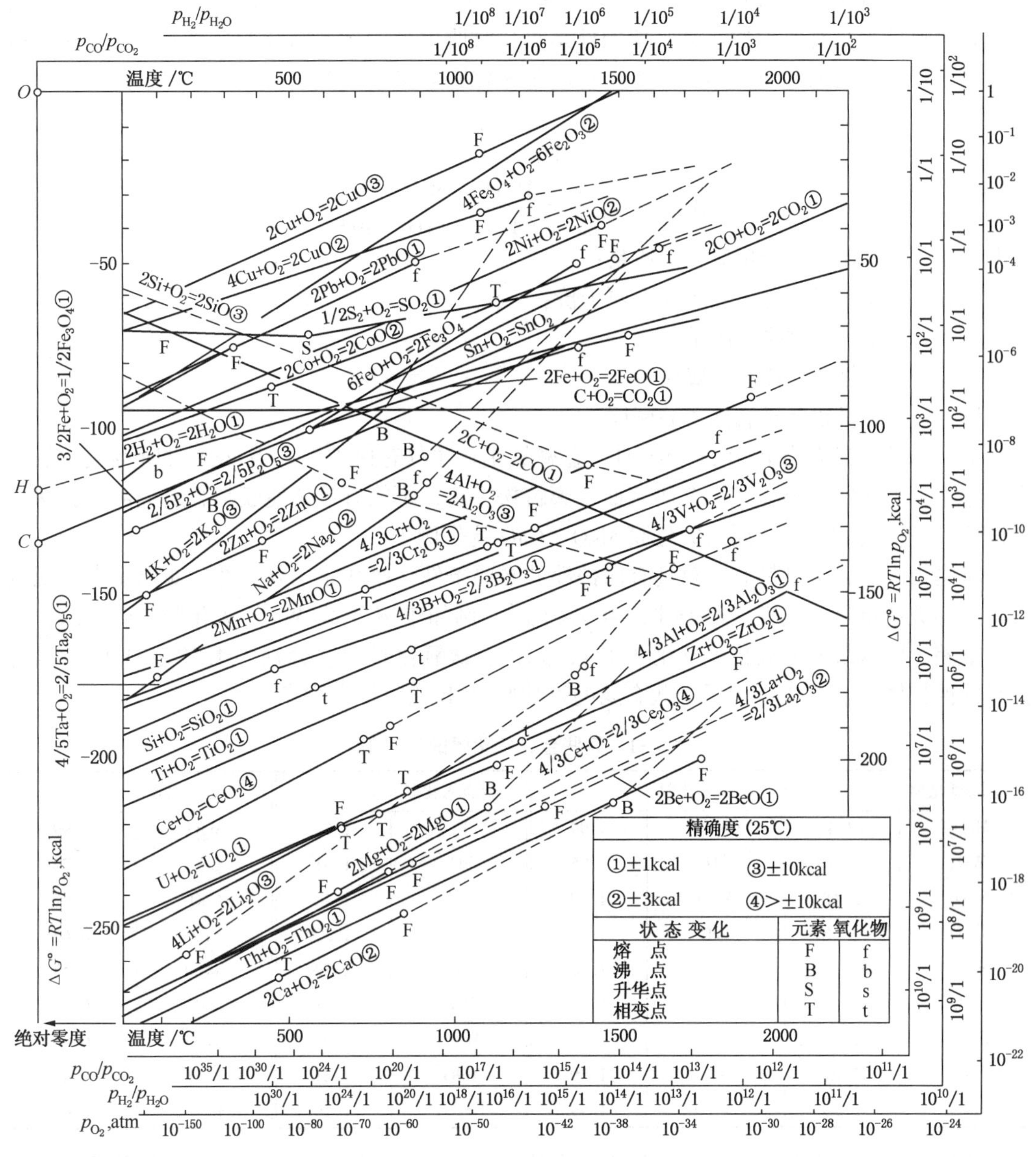

图 7-1 一些氧化物的 $\Delta G^\circ-T$ 图

(1kcal = 4.1868kJ)

三种氧化物在该温度下 Cr_2O_3 为固态，这种氧化膜有保护性，而 V_2O_3 熔点为 658℃，MoO_3 在 450℃以上就开始挥发，所以不但没有保护性，而且还会加速氧化。所以在实际工程中，我们希望在高温氧化的条件下，金属或合金能形成具有保护性的氧化膜，使一定程度降低氧化速度或能获得良好保护性。

实践证明，只有组织结构致密、完整覆盖金属表面的氧化膜才有保护性，所以具有保护性的氧化膜必须具备膜的完整性、致密性、稳定性、膜与基体良好的附着性、组织结构致密性、膜与基体的膨胀系数差异小、膜中存在很小的应力等等。而氧化膜的完整性是具有保护作用的必要条件。

毕林和彼得沃尔斯(Pilling, Bedworth)在研究金属氧化过程中提出：氧化过程中形成的金属氧化膜是否具有保护性，其必要条件是氧化时所生成的金属氧化膜的体积(V_{MO})比生成这些氧化膜所消耗的金属的体积要大，这就是氧化膜完整性的 P-B 比原理。即

$$\frac{V_{MO}}{V_M} > 1$$

$$\text{P - B 比 } \gamma = \frac{V_{MO}}{V_M} = \frac{M/D}{nA/d} = \frac{Md}{nAD} = \frac{Md}{mD} > 1$$

式中 M——金属氧化物相对分子质量；

n——金属氧化物中金属反应原子价；

A——金属相对原子质量；

$m(=nA)$——氧化所消耗的金属质量；

d 及 D——金属和金属氧化物的密度。

由上可见，只有当 P-B 比 $\gamma>1$ 时，金属氧化膜才具有保护性。当 $\gamma<1$ 时所生成的氧化膜不完整，不能完全覆盖整个金属表面，膜疏松多孔，不能有效地使膜与金属隔离开，保护性很差，碱金属和碱土金属的氧化膜 MgO、CaO 就是例子。

应当指出，$\gamma>1$ 只是氧化膜具有保护性的必要条件，而并非充分条件。如果膜中出现应力而使膜破裂将降低或丧失保护性，当 $\gamma\gg1$ 时，例如难熔金属(W)的氧化膜，$\gamma=3.4$，保护性很差。所以最好的氧化膜 γ 稍大于 1，如铝、钛氧化膜的 γ 分别为 1.28 和 1.95，具有较好的保护性。表 7-1 列出了一些金属的氧化膜 P-B 比，供大家参考。

表 7-1 某些金属氧化膜的 P-B 比

金属氧化膜	γ	金属氧化膜	γ	金属氧化膜	γ	金属氧化膜	γ
MoO_3	3.4	Co_3O_4	1.99	NiO	1.52	MgO	0.99
WO_3	3.4	TiO_2	1.95	ZrO_2	1.51	BaO	0.74
V_2O_5	3.18	MnO	1.79	PbO_2	1.40	CaO	0.65
Nb_2O_5	2.68	FeO	1.77	SnO_2	1.32	SrO	0.65
Sb_2O_5	2.35	Cu_2O	1.68	ThO_2	1.32	Na_2O	0.58
Ta_2O_5	2.33	ZnO	1.62	HgO	1.31	Li_2O	0.57
Bi_2O_5	2.27	PdO	1.60	Al_2O_3	1.28	Cs_2O	0.46
SiO_2	2.27	BeO	1.59	CdO	1.21	K_2O	0.45
Cr_2O_3	1.99	Ag_2O	1.59	Ce_2O_3	1.16	RbO	0.45

不同金属在不同条件下膜的生长规律大体上遵循直线、抛物线、立方、对数及反对数五种规律，见图 7-2。

(1) 直线规律

金属氧化时,若不能生成保护性氧化膜,或在反应期间形成气相或液相产物而脱离金属表面,则氧化速率直接由形成氧化物的化学反应所决定,氧化速率恒定不变：

$$\frac{\mathrm{d}y}{\mathrm{d}t} = k_1, \text{ 即 } y = k_1 t + c$$

式中 y——氧化膜厚度；

t——时间；

k_1——氧化的线性速度常数；

c——积分常数。

镁和碱土金属，以及钼、钒等金属在高温下氧化物遵循这一线性规律。膜对氧化无阻止作用。

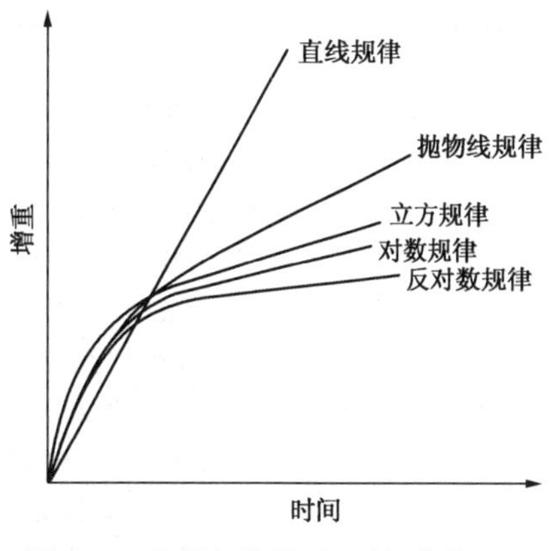

图 7-2　金属氧化增重-时间曲线

(2) 抛物线规律

多数金属和合金在较宽的温度范围内氧化时，表面能生成较致密的固态氧化膜，膜的生长表现为抛物线规律，氧化速率与膜的厚度成反比，表示为：

$$\frac{\mathrm{d}y}{\mathrm{d}t}=\frac{k_p}{y} \quad 即\ y^2=2k_pt+c$$

式中　k_p——抛物线速度常数；

y——在 t 时间内氧化膜厚度；

c——积分常数，反映了氧化物初始阶段对抛物线规律的偏离。

铜、镍、钛的高温氧化属于这规律，膜连续生成后具有保护作用。

(3) 对数与反对数规律

有些金属在低温或室温氧化时，服从对数和反对数规律，表示为：

$$\frac{\mathrm{d}y}{\mathrm{d}t}=Ae^{-By}$$

$$\frac{\mathrm{d}y}{\mathrm{d}t}=Ae^{By}$$

积分后可得：

$$y=k_1\lg(k_2t+k_3)$$

$$\frac{1}{y}=k_4-k_5\lg t$$

式中 A、B 以及 k_1、k_2、k_3、k_4、k_5 皆为常数。

这两种规律均在氧化膜相当薄时才出现，它意味着氧化过程受到的阻滞远较抛物线关系中的为大。例如：室温下 Mg、Al、Cu、Fe，100~200℃下 Zn、Fe、Ni 等金属的氧化为对数规律。100~200℃下 Al、Ta 服从反对数规律。实际上有时要区分上述两者往往是困难的。

(4) 立方规律

在一定温度范围内，如锆在 0.1MPa 氧中，于 600~900℃范围内；铜在 100~300℃各种气压下恒温氧化服从立方规律，表示为

$$y^3=3k_ctc$$

式中 k_c 为立方速度常数。

立方规律也在低温生成薄氧化膜时出现。

表 7-2 列出了一些金属在不同温度下恒温动力学规律。

表 7-2　温度对某些金属氧化过程的影响

金属	温度/℃										
	100	200	300	400	500	600	700	800	900	1000	1100
Mg	对数		抛物线	抛物-直线		直线					
Ca	对数		抛物线	直线		直线					
Ce	对数	直线	增加氧化								

续表

金属	温度/℃										
	100	200	300	400	500	600	700	800	900	1000	1100
Th			抛物线		直线	直线					
U	抛物线	抛物-直线		加速氧化							
Ti			对数	立方		立方	抛物-直线		抛物-直线		
Zr			对数	立方		立方		立方	立方	直线	
Nb			抛物线	抛物线	对数线性		直线		直线	加速氧化	
Ta	对数	反对数		抛物线	对数线性		直线		直线		
Mo			抛物线	对数线性		对数线性	直线		直线		
W				抛物线		抛物线	对数线性		对数线性		对数线性
Fe	对数	对数	抛物线	抛物线	抛物线		抛物线		抛物线		抛物线
Ni		对数	对数	立方	抛物线				抛物线		抛物线
Cu	对数	立方	立方		抛物线		抛物线	抛物线			
Al	对数	反对数	对数	抛物线	直线						
Ge				抛物线		对数直线					
Zn		对数	对数抛物线								

7.1.3 金属和合金的高温氧化

纯金属的氧化一般形成单一氧化物组成的氧化膜，例如 NiO、MgO、Al_2O_3 等。但有的金属也能形成多种不同氧化物组成的膜，例如铁在空气中氧化时，在一定温度下就形成多种氧化物，当温度小于 570℃ 氧化时，氧化膜由 Fe_3O_4 和 Fe_2O_3 组成(图 7-3b)。当大于 570℃ 氧化时，氧化膜由 FeO、Fe_3O_4、Fe_2O_3 组成(图 7-3a)，其中 FeO 最厚，约占膜厚的 90%。铁在 570℃ 以下有良好的抗氧化性；高于 570℃ 其抗氧化性急剧下降。

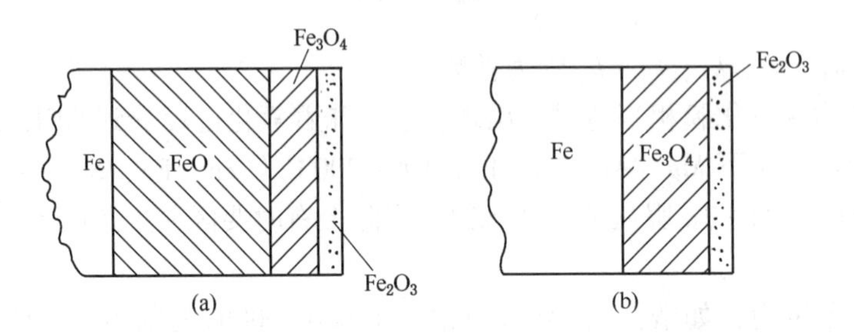

图 7-3 铁在空气中氧化时在其表面上生成的氧化物示意图

(a)570℃以上；(b)570℃以下

表 7-3 列出了一些金属氧化物的晶格结构类型。

表 7-3 一些金属氧化物的晶格结构类型

晶格结构类型	金属							
	Fe	Al	Ti	V	Cr	Mn	Co	Ni
岩盐(立方晶系)	FeO	—	TiO	VO	—	MnO	CoO	NiO
尖晶石(立方晶系)	Fe_3O_4	—	—	—	—	Mn_3O_4	Co_3O_4	
尖晶石(六方晶系)	γ-Fe_2O_3	γ-Al_2O_3	—	—	γ-Cr_2O_3	—	—	
刚玉(斜六面体晶系)	α-Fe_2O_3	α-Al_2O_3	Ti_2O_3	V_2O_3	α-Cr_2O_3	—	—	

对于合金氧化时，生成的氧化物，往往是由构成该合金的金属元素的氧化物组成的复杂氧化物体系。例如二元或多元合金氧化时，可以生成氧化物的共晶混合物，或生成金属化合物型复杂氧化物。前者属固溶体型氧化物，即一种氧化物溶入另一种氧化物中。但两种氧化物中的金属元素之间无一定的定量比例。例如：FeO-NiO、FeO-CoO、FeO-MnO、Fe_2O_3-Cr_2O_3 等等。后者为 mMO-nMO 化合物型复杂氧化物，其特征是一种金属氧化物与另一种金属氧化物之间有一定比例，如形成 Fe_2O_3 为基构成的复杂氧化物可以是 MO · Fe_2O_3 或 FeO · M_2O_3两类具有尖晶石型结构的复杂氧化物。表 7-4 列出了此种尖晶石型复杂氧化的例子。

表 7-4　具有尖晶石晶格的氧化物相

氧化物基型	复合氧化物相	点阵常数 α/Å	氧化物基型	复合氧化物相	点阵常数 α/Å
以 Fe_2O_3 为基的	MnO · Fe_2O_3	8.57	除铁以外的其他金属的氧化物	CoO · Cr_2O_3	8.32
	TiO · Fe_2O_3	8.50		NiO · Cr_2O_3	8.31
	CuO · Fe_2O_3	8.44		CuO · Al_2O_3	8.06
	CoO · Fe_2O_3	8.37		ZnO · Al_2O_3	8.07
	NiO · Fe_2O_3	8.34		MgO · Al_2O_3	8.07
以 FeO 为基的	FeO · Cr_2O_3	8.35	三价金属纯氧化物	γ-Fe_2O_3	8.32
	FeO · Al_2O_3	8.10		γ-Al_2O_3	7.90
	FeO · Fe_2O_3	8.38		γ-Cr_2O_3	7.74
	FeO · V_2O_3	8.40			

注：1Å=0.1nm。

常见的具有保护性的氧化膜有 Al_2O_3、Cr_2O_3、SiO_2 以及稀土氧化物 CeO_2、Y_2O_3、$YCrO_3$ 等，它们可改善氧化物高温稳定性、附着性，提高抗氧化性能。

在工程中很少使用金属本质上就很难氧化的 Au、Ag、Pt 等贵金属，而是使用与氧的亲和力强，ΔG° 值很负，易生成氧化物，而且生成氧化膜缺陷少，进一步成长十分困难的保护膜。这就是通过合金化来提高钢和合金的抗氧化性能的办法。通常加入 Cr、Al、Si 来提高钢的抗高温氧化性能。表 7-5 列出了常见耐热钢的成分和性能。

表 7-5　常见耐热钢的成分和性能

耐热钢种	牌　号	主要成分/%						最高使用温度/℃		应用范围举例
		Cr	Ni	Si	C	Mo	其　他	耐热性	热强性	
低合金钢	3Cr2W8	2			0.3		W8	800	700	热模具钢
	12SiMoVNbAl			0.8	0.12	0.8	Al 0.7,Nb 0.2,V 0.3	650	600	炉管
	15CrMo	0.8/1.0	0.3	0.25	0.15	0.5			500/500	主蒸汽管
	25Cr2MoV	0.5/1.8	0.4	0.25	0.25	0.25	V 0.25	650	500	蒸汽透平紧固件
中合金钢	Cr5Mo	5			≤0.15	0.5		700	550	炼油厂加热炉管
	Cr6SiMo	6		1.2/2.0	≤0.15	0.5		750	550	锅炉零件
	1Cr13	13			≤0.15			750	500	蒸汽透平叶片
	Cr17	17	0.6	0.9	0.12			870	525	加热炉部件
铬镍钢	1Cr18Ni9Ti	18	9	0.8	≤0.1		Ti 0.5/0.8	850	650	航空发动机排气管等
	Cr23Ni13	23	13	1.0	0.2			1150	650	管道,焊条等
	Cr25Ni20Si2	25	20	2	≤0.2			1150	650	抗高温氧化部件

续表

耐热钢种	牌号	主要成分/%						最高使用温度/℃		应用范围举例
		Cr	Ni	Si	C	Mo	其他	耐热性	热强性	
阀门钢	4Cr9Si2	9	≤0.5	2	0.4	0.6		800	550	发动机阀门等
	Cr22Ni4N	22	4		0.4		N 0.23/0.3	900	650	发动机阀门等
电热丝钢	Cr13Al4	13	≤0.6	1.2	≤0.15		Al 3.5/5.5	900	500	电炉加热体,热电偶
	0Cr25Al5	25	≤0.6	≤0.6	≤0.06		Al 4.5/6.5	1200	500	电炉加热体,热电偶
	0Cr25Al6稀土	25	≤0.6	0.28	≤0.06		Al 6	1300	500	加热元件

7.2 金属在大气中的腐蚀

材料暴露在以地球大气作为腐蚀环境和温度下,由于大气中的水和氧等的化学和电化学作用而引起腐蚀称为大气腐蚀。钢铁在大气中生锈就是一种最常见的大气腐蚀现象。统计表明,大约80%的金属构件是在大气环境下工作。各种机器设备、钢轨、桥梁、厂房钢架、车辆等大部分都是在大气环境下使用。据估计,因大气腐蚀而损失的金属约占总腐蚀损失量的一半以上,而对于某些功能材料(如电子材料),装饰材料或文物艺术品而言,即使是轻微的大气腐蚀有时也是不能允许的。因此讨论大气成分及其对腐蚀的影响,大气腐蚀规律和机理以及控制极为重要。

7.2.1 大气成分及其对腐蚀的影响

大气的主要成分几乎是不变的,只有其中的水汽含量随地域、季节、时间等条件而变化。大气的主要成分列于表7-6中,仅有氧、水蒸气以及二氧化碳参与腐蚀过程。氧的含量基本是恒定的,而且是大量的,在腐蚀中主要参与电化学反应作为阴极去极化过程而起作用。水蒸气对于金属表面形成电解质溶液,引起电化学腐蚀起着决定作用。而二氧化碳含量很少,作用是次要的。实际的大气组分还含有许多杂质,如表7-7中所示。

表7-6 大气的基本组成(10℃,不包括杂质)

成分	浓度/(mg/m^3)	质量分数/%	成分	浓度/(g/m^3)	质量分数/$\times10^{-6}$
空气	1172	100	氖	14	12
氮	879	75	氪	4	3
氧	269	23	氦	0.8	0.7
氩	15	1.26	氙	0.5	0.4
水蒸气	8	0.70	氢	0.05	0.04
二氧化碳	0.5	0.04			

我国幅员辽阔,一年四季各地区气候特征各有不同。我国气候区可分为:①寒温带,②中温带,③暖温带,④亚热带,⑤热带,⑥高原气候带六个区域(图7-4)[8]。如果按大气中有害杂质组分不同,又可分为农村大气、海洋大气、城郊大气、工业大气等。

我国于1983年起,已建立和正在建立的大气腐蚀试验网站列于表7-8中。基本上包含了我国主要气候区,有代表性的大气腐蚀特征的试验网站,已经和将会积累我国材料大气腐蚀基础数据提供科学根据。

表 7-7　大气杂质的典型浓度

杂　质	典型浓度/(μg/m³)	杂　质	典型浓度/(μg/m³)
二氧化硫	工业区:冬天 350,夏天 100 农村地区:冬天 100,夏天 40	氯化物 (取空气样品)	工业内地:冬天 8.2,夏天 2.7 农村沿海:年平均 5.4
三氧化硫	大约为二氧化硫含量的 1%	氯化物 (取雨水样品)	工业内地:冬天 7.9,夏天 5.3 农村沿海:冬天 57,夏天 18 (这几个数值单位以 mg/L 表示)
硫化氢	工业区:1.5~90 城市地区:0.5~1.7 农村地区:0.15~0.45 (春季测量的数值)		
氨	工业区:4.8 农村地区:2.1	烟　粒	工业区:冬天 250,夏天 100 农村地区:冬天 60,夏天 15

表 7-8　我国国家材料大气腐蚀试验网站

序号	网站名	环　境	序号	网站名	环　境
1	北京	南温带亚湿润半乡村大气	8	青岛	南温带湿润海洋大气
2	万宁	北热带湿润海洋大气	9	库尔勒	南温带干旱盐渍沙漠大气
3	江津	中亚热带湿润酸雨大气	10	西双版纳	北热带湿润乡村大气
4	拉萨	高原亚干旱大气	11	沈阳	中温带亚湿润城市大气
5	漠河	北温带亚干旱大气	12	敦煌	干热沙漠环境
6	武汉	北亚热带湿润城市大气	13	琼海	热带湿润大气
7	广州	南亚热带湿润城市大气			

影响大气腐蚀的主要因素有湿度、温度、降雨量、有害杂质成分等。

湿度:当金属表面处在比其温度高的空气中,空气中含有的水蒸气将以液体凝结在金属表面上,这种现象称为结露。结露又与空气中湿度有关,湿度大结露容易,金属表面上形成的电解液膜存在的时间也越长,腐蚀速度也相应增加。使金属大气腐蚀开始急剧增加时的大气相的湿度为临界湿度。钢铁、铜、镍、锌等金属的临界湿度约在 50%~70%之间,图 7-5 为钢的腐蚀增重和相对湿度的关系,当相对湿度达 60%以上,钢的腐蚀速度就急剧上升。这说明钢的表面在超过临界湿度时,已形成了完整的水膜,使电化学腐蚀过程可以顺利进行。

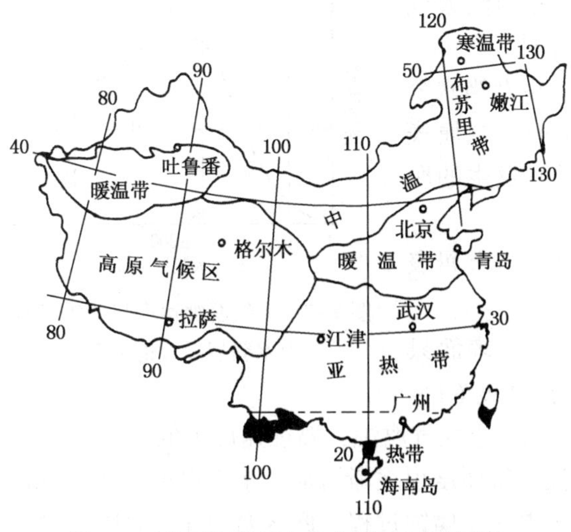

图 7-4　我国气候区与大气腐蚀试验网站

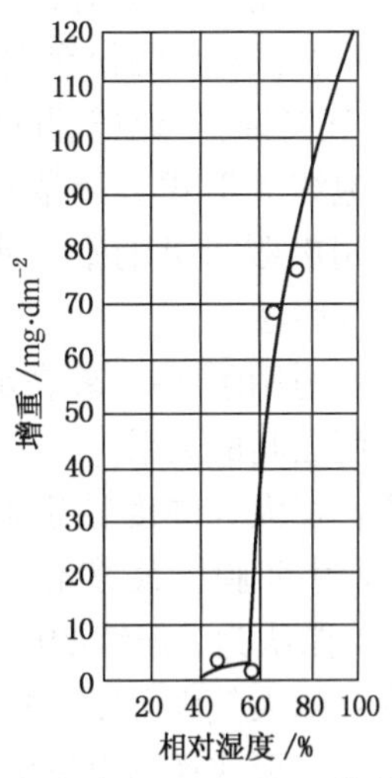

图 7-5　在含有 0.01%SO_2 的空气中,暴露 55 天,钢腐蚀增重和相对湿度的关系

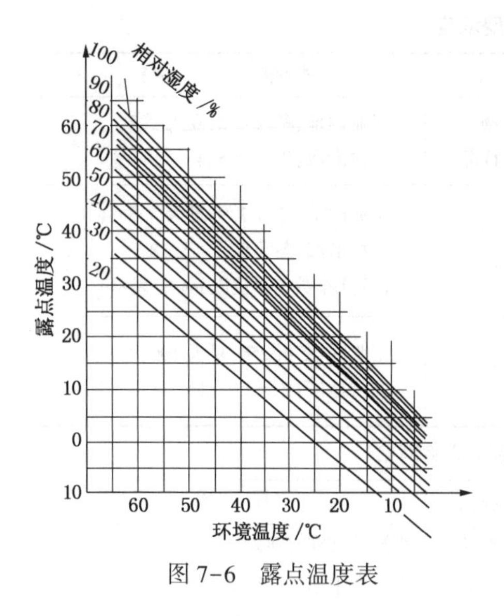

图 7-6　露点温度表

温度：结露与温度有关。在临界湿度附近能否结露与气温变化有关。图 7-6 为露点温度表，可以通过气温和相对湿度简单地求出露点温度，图中斜线为环境相对湿度。一般平均气温高的地区，大气腐蚀速度较大。气温剧烈变化，如昼夜之间温差大，当夜间温度下降使金属表面温度低于周围大气温度，大气中水蒸气结露凝结在金属表面上，就加速了腐蚀。

降雨量：降雨量大小对室外大气腐蚀有很大影响。由于雨水沾湿金属表面和冲刷破坏腐蚀产物保护层而促使腐蚀进一步发展。雨水的另一作用，能把附着在金属表面上的灰尘、盐粒或锈层中易溶于水的腐蚀性物质冲洗掉，可在某种程度上减缓腐蚀。在大气腐蚀室外挂片试验时以 30°倾斜角放置于挂片架上的金属试样，其向上的一面由于受到雨水直接淋洗，它的腐蚀量常比向下的一面要轻微一些。

有害杂质成分：表 7-7 列出了大气中杂质成分由于地域不同，有害杂质成分也不同。例如工业大气中有工厂废气排出的硫化物、氮化物、CO、CO_2 等。沿海地区的大气中 Cl^- 浓度高，这些杂质成分对金属大气腐蚀影响较大。

7.2.2　大气腐蚀的基本特征和机理

大气腐蚀是金属表面存在电解液薄层，是液膜下的腐蚀，液膜层的厚度影响大气腐蚀进行的速度。可以按电解液膜层的存在状态不同，把大气腐蚀分成三类：

① 干大气腐蚀：在空气非常干燥的条件下，金属表面不存在液膜层时的腐蚀称为干大气腐蚀。其特点是在金属表面形成极薄的氧化膜。

② 潮大气腐蚀：当相对湿度足够高，金属表面存在着肉眼看不见的薄液膜层时，所发生的腐蚀称为潮大气腐蚀。例如铁在没有雨雪淋到时的生锈即属于此。

③ 湿大气腐蚀：当空气湿度接近 100%，以及当水分以雨、雪、泡沫等形式直接落在金属表面上时，金属表面便存在着用肉眼可见的凝结水膜层，此时所发生的腐蚀称为湿大气腐蚀。

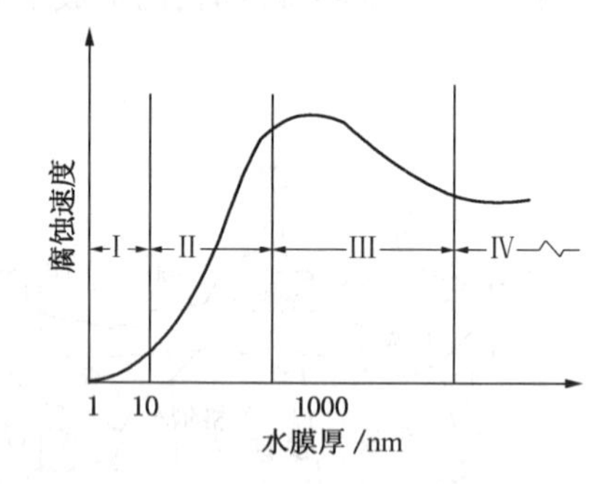

图 7-7　大气腐蚀速度与金属表面上水膜层厚度的关系

可以定性地用图 7-7 来表示大气腐蚀速度与金属表面上膜层厚度之间的关系。

区域Ⅰ：在大气湿度特别低的情况下，金属表面只有薄薄的吸附水膜，最多仅有几个水分子厚度（1～10nm），还不能认为是连续的电解液。此区相当于干大气腐蚀，腐蚀速度很低。

区域Ⅱ：随大气中湿度增加，金属表面液膜层厚度也逐渐增加，水膜厚可达几十或几百个水分子层厚，形成连续电解液薄层，开始了电化学腐蚀过程。此区腐蚀速度急剧增加，相当于潮大气腐蚀。

区域Ⅲ：当金属表面水膜层厚继续增加到几微米厚时，进入到湿大气腐蚀区。由于氧通过液膜扩散到金属表面困难了，所以此区腐蚀速度有所下降。

区域Ⅳ：当金属表面水膜层变得更厚(如大于 1mm)，已相当于全浸在电解液中的腐蚀情况，腐蚀速度基本不变。

应该指出，在实际大气腐蚀情况下，由于环境条件的变化，各种腐蚀形式可以相互转换。例如，最初处于干大气腐蚀类型下的金属，当周围大气湿度增大或生成了具有吸水性腐蚀产物时，就会开始按照潮大气腐蚀形式进行腐蚀。若雨水直接落在金属面上，潮大气腐蚀又转变为湿大气腐蚀。当雨后金属表面上可见水膜被蒸发干燥了，就又会按照潮大气腐蚀形式进行腐蚀。而通常所说的大气腐蚀，就是指在常温下潮湿空气中的腐蚀，也就是主要考虑潮和湿大气腐蚀这两种腐蚀形式。

当讨论大气腐蚀机理时，首先应认识到大气腐蚀是金属处于表面薄层电解液下的腐蚀过程，因此既可以应用电化学腐蚀的一般规律，又要注意大气腐蚀电极过程的特点。

(1) 大气腐蚀初期的腐蚀机理

当金属表面形成连续电解液薄层时，就开始了电化学腐蚀过程。

阴极过程：主要是依靠氧的去极化作用，通常的反应为

$$O_2+2H_2O+4e^- \longrightarrow 4OH^-$$

即使是电位极负的金属，如镁和它的合金(图 7-8)，当它从全浸于电解液的腐蚀转变为大气腐蚀时，阴极过程由氢去极化为主转变为氧去极化为主。在强酸性的溶液中，像铁、锌、铝这些金属在全浸时主要依靠氢去极化进行腐蚀，但是在城市污染大气所形成的酸性水膜下，这些金属的腐蚀主要依靠氧的去极化作用。这是因为在薄的液膜条件下，氧的扩散比全浸状态更为容易。

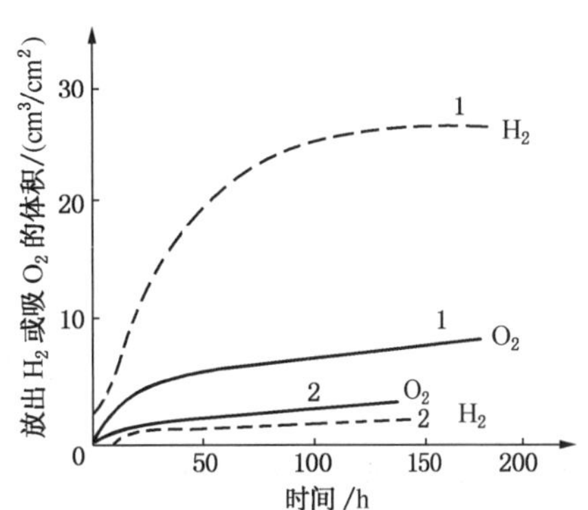

图 7-8　镁在全浸于蒸馏水中及洁净大气条件下腐蚀时，氢去极化和氧去极化

1—全浸；2—大气腐蚀；实线—氧去极化；虚线—氢去极化

阳极过程：在薄的液膜条件下，大气腐蚀阳极过程会受到较大阻碍，阳极钝化以及金属离子水化过程的困难是造成阳极极化的主要原因。

可以得出结论，随着金属表面电解液层变薄，大气腐蚀的阴极过程通常将更容易进行，而阳极过程相反变为困难。对于湿的大气腐蚀，腐蚀过程主要受阴极控制，但其阴极控制的程度和全部浸没于电解质溶液中腐蚀情况相比，已经大为减弱。对于潮大气腐蚀，腐蚀过程主要是阳极过程控制。可见随着水膜层厚度变化，不仅表面潮湿程度不同，而且彼此的电极过程控制特征也不同。

(2) 大气腐蚀在金属表面形成锈层后的腐蚀机理

在一定条件下，腐蚀产物会影响大气腐蚀的电极反应。Evans 认为大气腐蚀的铁锈层处在湿润条件下，可以作为强烈的氧化剂而作用。在锈层内，Evans 模型如图 7-9 所示。

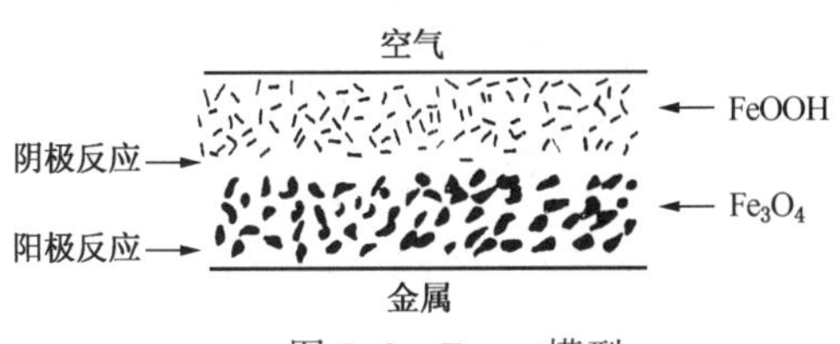

图 7-9　Evans 模型

阳极反应发生在金属/Fe_3O_4 界面上：$Fe \longrightarrow Fe^{2+}+2e^-$

阴极反应发生在 Fe_3O_4/FeOOH 界面上：$6FeOOH+2e^- \longrightarrow 2Fe_3O_4+2H_2O+2OH^-$，即锈层

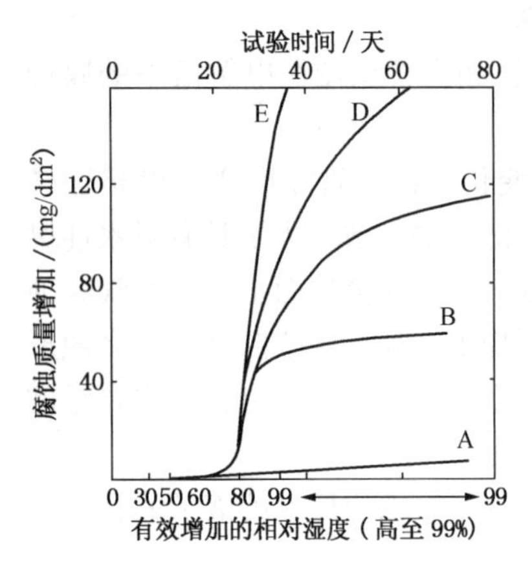

图 7-10　抛光钢样随湿度增加时的腐蚀情况

A—纯净空气；

B—有 $(NH_4)_2SO_4$ 颗粒，无 SO_2；

C—仅 0.01% SO_2，没有颗粒；

D—$(NH_4)_2SO_4$ 颗粒+0.01% SO_2；

E—烟粒+0.01% SO_2

内发生 $Fe^{3+} \longrightarrow Fe^{2+}$ 的还原反应，可见锈层参与了阴极过程。

当锈层干燥时，即外部气体相对湿度下降时，锈层和底部基体金属的局部电池成为开路，在大气中氧的作用下锈层重新氧化成为 Fe^{3+} 的氧化物。可见在干湿交替的条件下，带有锈层的钢能加速腐蚀的进行。

但是一般说来，在大气中长期暴露的钢，其腐蚀速度还是逐渐减慢的。原因之一是锈层的增厚会导致锈层电阻的增加和氧渗入的困难，这就使锈层的阴极去极化作用减弱；其二是附着性好的锈层内层将减小活性的阳极面积，增加了阳极极化，使大气腐蚀速度减慢。

7.2.3　工业大气腐蚀及其控制

对于大多数工业结构用钢和合金来讲，在工业大气中，腐蚀程度最大的是潮湿的、受严重污染的工业大气，污染物有二氧化硫、硫化氢、氯离子。图 7-10 示出了钢在模拟污染空气中的腐蚀情况。可见非常纯净的空气，腐蚀很小，且随湿度增加有轻微增加（见曲线 A）；在污染的空气中，相对湿度小于 70%时即使长期暴露，腐蚀也不大；但在有 SO_2 存在，没有颗粒，相对湿度高于 70%时，腐蚀率大大增加（见曲线 C）；如再有硫酸铵和煤烟粒子存在时腐蚀更为剧烈（见曲线 D、E）。

可见在污染大气中，低于临界湿度时，金属表面没有水膜，是化学作用引起的腐蚀，腐蚀速度很小；高于临界湿度时，水膜形成，便产生了严重的电化学腐蚀，腐蚀速度突然增大。

为什么 SO_2 促进金属大气腐蚀，其一是认为工业废气中排放出的 SO_2 有一部分在高空中能直接被氧化成 SO_3，溶于水后生成 H_2SO_4；其二是认为有一部分 SO_2 被吸附在金属表面，它们与铁作用生成易溶的硫酸亚铁，$FeSO_4$ 进一步氧化并由于强烈的水解作用生成了硫酸，硫酸又可返回和铁作用，整个过程具有自催化反应：

$$Fe+SO_2+O_2 \longrightarrow FeSO_4$$

$$4FeSO_4+O_2+6H_2O \longrightarrow 4FeOOH+4H_2SO_4$$

$$2H_2SO_4+2Fe+O_2 \longrightarrow FeSO_4+2H_2O$$

Schwartz 认为锈层内 $FeSO_4$ 生成有如图 7-11 所示的模型，锈层分为外层 FeOOH，内层 $Fe(OH)_2$，和基体铁表面上的 $FeSO_4 \cdot nH_2O$ 三层。当大气中的 SO_2、H_2O 及 O_2 浸入锈层形成 SO_4^{2-}，它与铁表面阳极溶解出的 Fe^{2+} 反应生成硫酸亚铁

$$Fe^{2+}+SO_4^{2-} \longrightarrow FeSO_4$$

阴极部位：

$$2e+\frac{1}{2}O_2+H_2O \longrightarrow 2OH^-$$

$$Fe^{2+}+2OH^- \longrightarrow Fe(OH)_2$$

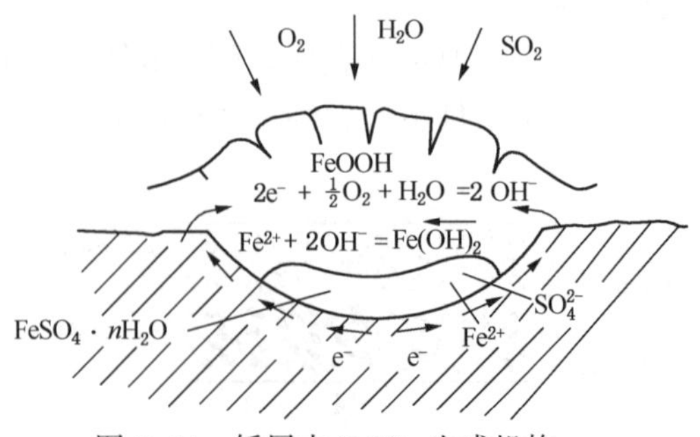

图 7-11　锈层内 $FeSO_4$ 生成机构

可溶性 $FeSO_4$ 存在于锈层中，锈层保护能力减小，腐蚀速度大大增加。

除 SO_2 的影响外，大气中含有较多 Cl^- 或 NaCl 的颗粒(特别在沿海地区)作用在金属表面上，它有吸湿作用，增大了表面液膜层的电导，氯离子本身又有很强的侵蚀性，因而使腐蚀变得严重。图 7-12 表明离海岸线距离越远，空气中海盐粒子减少，材料腐蚀也小。

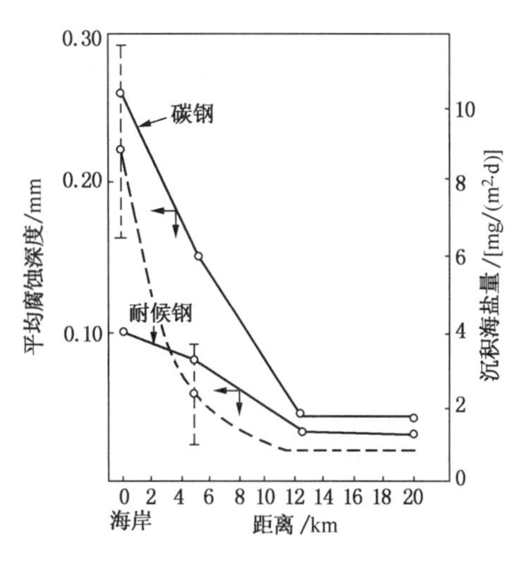

图 7-12 离海岸距离与大气中海盐颗粒含量及钢腐蚀量之间的关系

污染大气中固体尘粒也能加速材料腐蚀，其组成十分复杂，除海盐粒外还包括碳和碳化物、硅酸盐、氮化物、铵盐等固体颗粒。在城市大气中它的平均含量约为 $0.2\sim2mg/m^3$，而在强烈污染工业大气中，甚至可达 $1000mg/m^3$ 以上。

固体颗粒对大气腐蚀的影响可分三种情况：①尘粒本身具有腐蚀性，如铵盐颗粒，能溶入金属表面水膜，提高电导或酸度，起促进腐蚀作用；②尘粒本身无腐蚀作用，但能吸附腐蚀性物质，如碳粒能吸收 SO_2 及水汽，冷凝后生成腐蚀性的酸性溶液；③尘粒既非腐蚀性，又不吸附腐蚀性物质，如砂粒落在金属表面上能形成缝隙而凝聚水分，形成氧浓差电池的局部腐蚀条件。

近年来我国酸雨区在逐渐扩大。酸性雨指的是 pH 值低达 4.3~5.3 范围的雨水，起因是大量的汽车废气及燃料燃烧所生成的 NO_2、SO_2 等污染物质所致。

以上可以看到，工业大气腐蚀性是很复杂的，我国大气腐蚀网站积累了长达 20 年的各地区、各条件下材料大气腐蚀数据，为深入分析和控制大气腐蚀，提供了宝贵的科学依据。

控制大气腐蚀的措施：

(1) 合理选用金属材料

碳钢和低合金钢是在大气环境中应用最广的金属材料，为了提高耐蚀性，通过合金化在普碳钢中加入某些合金元素改变锈层结构特点，生成具有保护性的锈层，改善了耐大气腐蚀性能。其中加入 Cu、P 等合金元素后效果比较显著。国外比较著名的称为 Corten 钢(耐候钢)，其组成属 Cu-P-Cr-Ni 系低合金钢。图 7-13是几种钢的耐候性比较。表 7-9 中列出了我国 17 种碳钢和耐候钢 8 年大气暴露试验的腐蚀数据。可见在腐蚀性较强的工业、海洋大气环境中，耐候钢比碳钢耐蚀性的提高十分明显，但在腐蚀性较弱的一般大气环境中相差不很大，因而选用耐候钢，也要因地制宜。

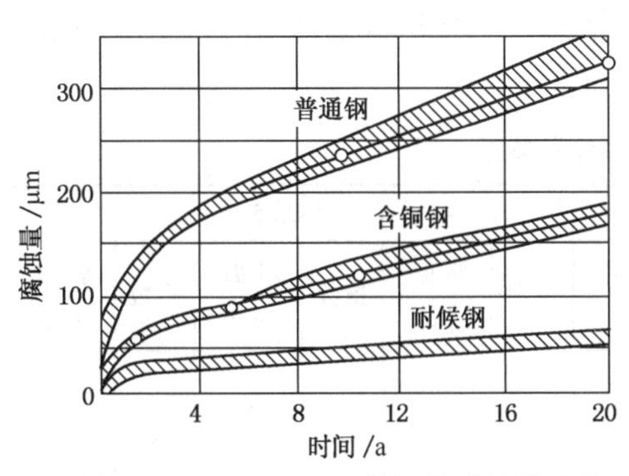

图 7-13 工业地区几种钢的耐候性比较

不锈钢在大气环境中通常是很耐蚀的，但含 Cr 量较低的 Cr13 型不锈钢在户外大气环境中仍会发生孔蚀。对 18-8 型不锈钢或含 Cr、Ni 量更高的不锈钢，其腐蚀速度在 0.1μm/a 以下。

在大气环境中，铝、铜及其合金通常具有较好的耐蚀性。据在我国不同类型大气环境中，10 年的暴露试验表明，铝合金的平均腐蚀速度：城市和乡村的 <0.5μm/a，海洋的

0.16~0.90μm/a，酸雨地区>0.75μm/a。铜合金在污染少的一般大气环境中，腐蚀速度在0.5μm/a左右；在青岛等城市海洋大气环境中，腐蚀速度约为1.0μm/a。在江津试验站的污染大气环境中，因受酸雨及SO_2的影响，铜合金腐蚀速度约为2~3μm/a。

表7-9　碳钢及耐候钢经8年自然暴露试验的腐蚀速度　　μm/a

序号	钢　种	北京	青岛	武汉	江津	广州	琼海	万宁	平均值
1	06CuPCrNiMo	7	15	8	15	12	11	14	12
2	09CuPNi	7	15	7	16	13	12	13	12
3	10CrCuSiV	7	15	7	19	14	12	13	13
4	09CuPTiXt	8	19	9	15	13	14	18	14
5	09CuPCrNi	7	17	8	15	13	15	21	14
6	10CrMoAl	7	12	8	23	18	12	17	14
7	15MnMoVN	9	16	9	17	15	18	26	16
8	14MnMoNbB	10	18	10	20	17	18	21	16
9	12CrMnCu	10	20	9	21	18	18	33	18
10	D36	10	22	10	18	17	25	59	23
11	16MnQ	10	22	10	18	17	23	70	24
12	3C	13	24	10	19	17	28	85	28
13	Q235(A3)	10	25	10	22	17	28	92	29
14	09MnNb	11	25	11	20	18	35	13	33
15	16Mn	11	24	12	27	10	28	39	37
16	20	11	30	11	25	18	41	26	37
17	08Al	12	63	14	56	27	100	39	87
钢　种		平　均　值							
17种钢		9	39	11	36	10	56	77	50
耐候钢A(1~5)		7	16	8	15	13	13	18	13
耐候钢B(6~9)		9	16	9	22	18	15	25	16
普通低合金钢(10~12)		11	23	10	19	17	27	72	25
碳钢(13~17)		11	44	12	39	12	64	216	58

(2) 采用有机、无机涂层和金属镀层保护

涂层保护是防止大气腐蚀最简便的方法，为提高涂层的防蚀效果，根据大气腐蚀环境和涂料的特性，目前常采用多层涂装或几种防护层的组合使用。表7-10、表7-11列出了我国和英国在钢桥上典型的涂料涂装体系。

表7-10　我国典型钢桥油漆涂装体系

涂料名称	体系1		体系2		体系3		体系4		体系5		体系6	
	道数	厚度/μm	道数	厚度/μm	道数	厚度/μm	道数	厚度/μm	道数	厚度/μm	道数	厚度/μm
红丹酚醛底漆	2	2×35	2	2×35								
环氧富锌底漆					2	2×30	2	2×30				
无机富锌底漆									2	2×35	2	2×35
铝锌醇酸磷漆	3~4	3~4×30										
云铁醇酸磷漆			2~3	2~3×40								
云铁氯化橡胶面漆					3~4	3~4×35						
环氧云铁							2	2×40	2	2×40	2	2×40
丙烯酸面漆									2	2×50		
脂肪族聚氨酯							2	2×50			2	2×50
使用寿命/a	2~3		2~5		3~6		8~15		8~15		8~15	

表 7-11　英国钢桥涂料涂装体系

腐蚀环境	涂层寿命/a	涂层体系
无污染的内陆大气	5~10	喷砂 Sa2.5，双组分环氧富锌漆 75μm； 喷砂 Sa2.5，油性富锌底漆 70μm、环氧或氯化橡胶中间漆 80μm，环氧、乙烯树脂等面漆 40μm； 喷砂 Sa2.5，氯化橡胶底漆 35μm，氯化橡胶中间漆 100μm，氯化橡胶面漆 60μm
	10~20	喷砂 Sa2.5，双组分环氧富锌漆 100μm； 喷砂 Sa2.5，无机富锌漆 100μm； 喷砂 Sa2.5，环氧富锌或无机锌或含铅底漆 70μm，环氧或聚氨酯中间漆 125μm，环氧面漆 50μm； 喷砂 Sa2.5，氯化橡胶底漆 70μm，氯化橡胶中间漆 100μm，氯化橡胶面漆 100μm； 喷砂 Sa2.5，环氧锌或无机锌或含铅底漆 70μm，环氧或聚氨酯 125μm，氯化橡胶面漆 100μm
污染的内陆大气	5~10	喷砂 Sa2.5，无机锌涂料 100μm； 喷砂 Sa2.5，有机锌涂料 100μm； 喷砂 Sa2.5，各类油漆富锌底漆 70μm，环氧或氯化橡胶中间漆 80μm，各类面漆 80μm； 喷砂 Sa2.5，环氧富锌 70μm，环氧或聚氨酯中间漆 100μm，环氧或聚氨酯面漆 70μm； 喷砂 Sa2.5，环氧富锌 35μm，环氧或聚氨酯中间漆 100μm，氯化橡胶面漆 100μm；
	10~20	喷砂 Sa2.5，环氧富锌 70μm，环氧或聚氨酯中间漆 1000μm，环氧或聚氨酯面漆 100μm 喷砂 Sa2.5，氯化橡胶富锌漆 35μm，氯化橡胶中间漆 100μm，氯化橡胶面漆 100μm；
污染的海洋大气	5~10	喷砂 Sa2.5，无机富锌 100μm 或有机富锌 100μm； 喷砂 Sa2.5，氯化橡胶富锌 70μm，氯化橡胶中间漆 100μm，氯化橡胶面漆 60μm； 喷砂 Sa2.5，环氧富锌 70μm，环氧或聚氨酯中间漆 100μm，环氧或聚氨酯面漆 100μm； 喷砂 Sa2.5，环氧锌 35μm，环氧或聚氨酯中间漆 100μm，环氧或聚氨酯面漆 100μm
	10~20	喷砂 Sa2.5，有机或无机富锌 75μm，环氧或聚氨酯中间漆 100μm，环氧或聚氨酯面漆 100μm； 喷砂 Sa2.5，氯化橡胶锌 100μm，氯化橡胶中间漆 100μm，氯化橡胶面漆 100μm； 喷砂 Sa2.5，环氧锌 70μm，环氧或聚氨酯中间漆 100μm，环氧或聚氨面漆 100μm； 喷砂 Sa2.5，环氧锌 50μm，环氧或聚氨酯中间漆 150μm，氯化橡胶（TiO_2）35μm，氯化橡胶富锌 100μm
非污染的海洋大气	5~10	喷砂 Sa2.5，有机或无机富锌 75μm； 喷砂 Sa2.5，红丹底漆 70μm，中间漆 80μm，各类面漆 40μm； 喷砂 Sa2.5，氯化橡胶富锌漆 35μm，氯化橡胶中间漆 60μm，氯化橡胶面漆 60μm
	10~20	喷砂 Sa2.5，有机或无机富锌 100μm； 喷砂 Sa2.5，环氧富锌 70μm，环氧或聚氨酯中间漆 125μm，环氧面漆 50μm； 喷砂 Sa2.5，氯化橡胶富锌 70μm，氯化橡胶中间漆 100μm，氯化橡胶面漆 100μm； 喷砂 Sa2.5，环氧富锌 70μm，环氧或聚氨酯中间漆 125μm，氯化橡胶面漆 100μm
海水飞溅、盐雾大气	5~10	喷砂 Sa2.5，有机或无机富锌 75μm，环氧或聚氨酯中间漆 100μm，环氧或聚氨酯面漆 100μm； 喷砂 Sa2.5，环氧煤沥青 350μm； 喷砂 Sa2.5，环氧富锌 70μm，环氧或聚氨酯中间漆 175μm，氯化橡胶面漆 100μm
	10~20	喷砂 Sa2.5，有机或无机富锌 75μm，环氧或聚氨酯中间漆 100μm，环氧或聚氨酯面漆 100μm； 喷砂 Sa2.5，环氧煤沥青 450μm； 喷砂 Sa2.5，环氧富锌 140μm，环氧或聚氨酯 200μm，环氧或聚氨酯面漆 100μm

防腐蚀涂装体系中底层涂料或镀层对整个涂层体系耐蚀性和寿命有举足轻重的影响，因

为直接影响与钢铁表面的结合力，能对钢铁表面有钝化缓蚀作用、阴极保护作用。目前常采用的涂装底层种类见表7-12。其中热喷Zn、Al、Zn-Al合金已有广泛采用，大大提高了涂装体系的使用寿命。

表7-12 常用涂装底层种类

涂装底层种类	常用厚度/μm	涂层与钢铁结合力/MPa	涂装底层种类	常用厚度/μm	涂层与钢铁结合力/MPa
热浸镀锌	80~100		热浸镀铝	80~100	
热喷涂锌	100~300	6~8	热喷涂铝	100~300	10~17
环氧富锌	≤80	2~3			
水性富锌	≤80	2~3	无机富锌	≤80	4~5

在大气环境中，有许多有色金属耐蚀性比钢铁好，有的还能起阴极保护作用。例如电镀锌、锡、铬，热浸或热喷镀锌、铝及其合金，近年来合金镀层如Zn-Ni、Zn-Fe、Al-Zn等的镀层，其耐大气腐蚀性能都有大幅度的提高。

（3）气相缓蚀剂和暂时性保护涂层[6]

主要用于保护储藏和运输过程中的金属制品。例如可用于保护钢铁、铝制品的气相缓蚀剂有亚硝酸二环己胺和碳酸环己胺，保护铜合金可用苯三唑三丁胺等。需要注意的是气相缓蚀剂随温度升高挥发量增加，因此严禁暴晒，使用完毕后立即加盖密封，以免因气相缓蚀剂挥发完而失效。

暂时性保护涂层有水稀释型防锈油、溶剂稀释型防锈油、防锈脂等。

（4）降低大气湿度

适用于室内储存物品的环境控制，通常湿度控制在50%以下，最好保持在30%以下。方法有加热空气、冷冻除湿或利用各种吸湿剂等。在小容积中降低湿度的吸水剂有活性炭、硅胶、氯化钙、活性氧化铝等。

7.3 金属在土壤中的腐蚀

埋设在地下的油、气和水管，还有储罐、电缆等，一旦发生腐蚀，导致漏油、漏气、漏水或使电讯发生故障，给生产造成很大损失和危害，因此金属的土壤腐蚀和防护问题受到很大重视。

土壤腐蚀基本上属于电化学腐蚀，但由于土壤的组成和性质是复杂多变的，不同土壤的腐蚀性相差很大，因此了解土壤的腐蚀性，土壤的结构、组成等变化与对材料腐蚀的影响是必要的。

7.3.1 土壤腐蚀的基本特征

7.3.1.1 土壤电解质的特点

（1）土壤的多相性

土壤是无机物、有机物、水和空气的集合体，具有复杂多相结构。不同土壤的土粒大小也是不同的，例如砂砾土的颗粒大小为0.07~2mm，粉砂土为0.005~0.07mm，黏土为<0.005mm。实际上土壤是这几种不同土粒按一定比例组合在一起。

（2）土壤具有多孔性

在土壤的颗粒间形成孔隙或毛细管微孔，孔中充满空气和水。水分在土壤中可直接渗浸孔隙或在孔壁上形成水膜，也可以形成水化物或以胶体状态存在，正是由于土壤中存在着一定量的水分，土壤成为离子导体，因而可看作为腐蚀性电解质。由于水具有形成胶体的作用，所以土壤并不是分散孤立的颗粒，而是由各种有机物、无机物的胶凝物质颗粒的聚集体。土壤的孔隙度和含水性的大小，又影响着土壤的透气性和电导率的大小。

（3）土壤的不均匀性

从小范围看，土壤有各种微结构组成的土粒、气孔、水分的存在以及结构紧密程度的差异。从大范围看，有不同性质的土壤交替更换等。因此，土壤的各种物理—化学性质，尤其是与腐蚀有关电化学性质，也随之发生明显变化。

（4）土壤的相对固定性

对于埋在土壤中金属表面的土壤固体部分可以认为是固定不动的，仅土壤中的气相和液相可以做有限的运动，例如土壤孔穴中的对流和定向流动，以及地下水的移动等。

7.3.1.2　土壤腐蚀的电极过程

（1）阳极过程

铁在潮湿土壤中的阳极过程和在溶液中的腐蚀相类似，阳极过程没有明显阻碍。在干燥且透气性良好的土壤中，阳极过程接近于铁在大气中腐蚀的阳极行为，阳极过程因钝化现象及离子水化的困难而有很大的极化。在长期的腐蚀过程中，由于腐蚀的次生反应所生成的不溶性腐蚀物的屏蔽作用，阳极极化逐渐增大。

根据金属在潮湿、透气性不良，且含有氯离子的土壤中的阳极极化行为，可以分成四类：

① 阳极溶解时没有显著阳极极化的金属，例如镁、锌、铝、锰、锡等。

② 阳极溶解的极化率较低，并决定于金属离子化反应的过电位，如铁、碳钢、铜、铅。

③ 因阳极钝化而具有高的起始的极化率的金属。在更高的阳极电位下，阳极钝化又因土壤中存有氯离子而受到破坏，如铬、锆、含铬或铬镍的不锈钢。

④ 在土壤条件下不发生阳极溶解的金属，如钛、钽是完全钝化稳定的。

根据上面金属在土壤中不同的阳极极化行为，将有助于电化学保护时阳极材料的选择。

（2）阴极过程

以常用的金属钢铁为例在土壤腐蚀时的阴极过程主要是氧去极化。在强酸性土壤中，氢去极化过程也能参与进行。在某些情况下，还有微生物参与的阴极还原过程。

土壤条件下氧的去极化过程同样可分成两个基本步骤，即氧的输向阴极和氧离子化的阴极反应，后者和在普通的电解液中相同，但氧的输向阴极过程则比在电解液中更为复杂。氧在多相结构的土壤中由气相和液相两条途径输送，并通过下面两种方式：

① 土壤中气相或液相的定向流动。定向流动的程度取决于土壤表面层温度的周期波动，大气压力、土壤湿度的变化，下雨风吹及地下水位的涨落等因素。它们能引起空气及饱和空气的水分吸入和流动，使氧的输送速度远远超过纯粹扩散过程的速度。对于疏松的粗粒结构的土壤来说，氧依靠这种方式传递的速度是很大的，在密实潮湿的土壤内，氧的这种输送方式的效果则很小，这就导致氧在不同土壤中输送速度的差异。

② 氧在土壤的气相和液相中的扩散。这是供氧的主要途径，氧的扩散速度取决于土层的厚度、结构和湿度。厚的土层将阻碍氧的扩散，土壤湿度和黏土组分含量的增加，氧的扩散速度可以降低3~4个数量级。在氧向金属表面的扩散过程中，最后还要通过金属表面在土壤毛细孔隙下形成的电解液薄层及腐蚀产物层。

（3）土壤腐蚀的控制特征

根据上述对土壤腐蚀阳极和阴极过程的分析，不同土壤条件下腐蚀过程控制特征见

图 7-14 所示。

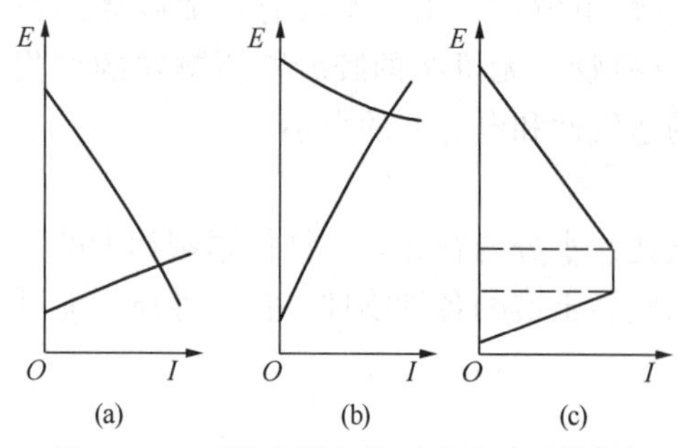

图 7-14　不同土壤条件下腐蚀过程控制特征
（a）大多数土壤中微电池腐蚀（阴极控制）；
（b）疏松干燥土壤中微电池腐蚀（阳极控制）；
（c）长距离宏电池腐蚀（阴极-电阻控制）

在大多数土壤中，腐蚀决定于腐蚀微电池作用时，腐蚀过程强烈地为阴过程所控制，这和完全浸没在静止电解液中的情况相似（见图 7-14a）。在疏松干燥的土壤中，腐蚀过程为阳极控制占优势，这时控制特征近似于大气腐蚀（见图 7-14b）。对于长距离宏电池作用下的土壤腐蚀，如地下管道经过透气性不同的土壤形成氧浓差腐蚀电池时，土壤的电阻成为主要的腐蚀控制因素，其控制特征是阴极-电阻混合控制或者是电阻控制占优势（见图 7-14c）。

7.3.2　土壤参量对腐蚀的影响

与腐蚀有关的土壤参量主要有孔隙度（透气性）、含水量、电阻率、酸度、含盐量、氧化还原电位、有机质、土壤粘土矿物的类型、以及微生物的存在等因素。这些参量又是相互联系的，分别讨论如下：

（1）孔隙度（透气性）

较大的孔隙度有利于氧渗透和水分保存，而它们都是腐蚀初始发生的促进因素。透气性良好的应加速腐蚀过程，但还必须考虑到透气性良好的土壤也更易生成具有保护能力的腐蚀产物层，阻碍金属的阳极溶解，使腐蚀速度减慢。因此透气性对土壤腐蚀的影响有许多相反的实例。例如在考古发掘时发现埋在透气不良的土壤中的铁器历久无损；但另一些例子说明在密不透气的粘土中金属常发生更严重的腐蚀，造成复杂情况的原因还应考虑有氧浓差电池、微生物腐蚀等因素的影响，在氧浓差电池作用下，透气性差的区域将成为阳极区而发生严重的腐蚀。在有硫酸盐还原菌存在时，即使在缺氧条件下，腐蚀速率也可能很高。

（2）含水量

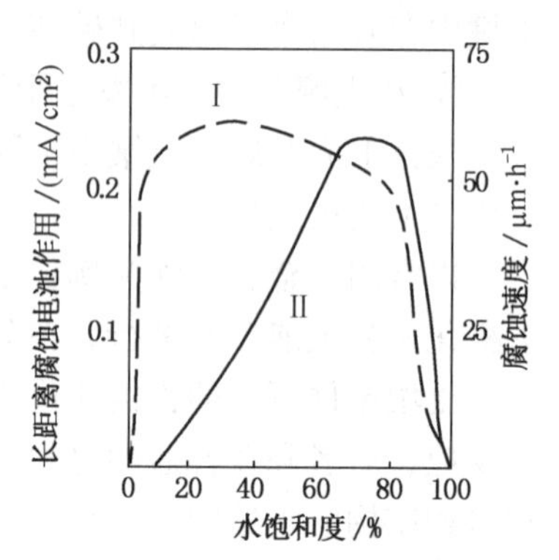

图 7-15　含 0.1mol/L（5.85g/L）NaCl 的土壤中含水量和钢管的腐蚀速度（Ⅰ）及长距离电池作用（Ⅱ）的关系

土壤中含水量对腐蚀的影响很大。图 7-15 表示出钢管腐蚀量与土壤含水量之间的关系。图中可见，当土壤含水量很高时，氧扩散受阻、腐蚀减小，随含水量减小，氧去极化变易，腐蚀速度增加；当含水量下降到 10% 以下时，由于水分短缺，阳极极化和土壤电阻率加大，腐蚀速度又急速降低。另外从长距离氧浓差宏电池的作用来看（曲线Ⅱ），随水含量增加，土壤电阻率减小，氧浓差电池的作用增加，含水量为 70%~90%时达最大值。当土壤含水量再增加达到饱和时，氧浓差作用减少了。在实际情况下，埋得较浅的含水量少的部位的管道为阴极，埋得较深接近地下水位的管道，因土壤湿度较大，成为氧浓差电池的阳极而被腐蚀。

（3）酸度

大部分土壤属于中性范围，pH 值处于 6~8 之间，碱性土壤 pH 值为 8~10；酸性土壤（沼泽土、腐殖土）pH 值为 3~6。随土壤酸度增高土壤腐蚀性增加。因为在酸性条件下，氢的阴极去极化过程已能顺利进行，强化了整个腐蚀过程。应当指出，当在土壤中含有大量有机酸时，其 pH 值虽然近于中性，但其腐蚀性仍然很强。

（4）含盐量

土壤中的阳离子有钾、钠、镁、钙等离子，阴离子有碳酸根、氯和硫酸根离子。土壤中含盐量大，则电导率也增加，因而增加了土壤腐蚀性。氯离子对土壤腐蚀有促进作用，可直接参与金属的阳极溶解反应，所以在海边潮汐区或接近盐场的土壤，腐蚀性更强。而碱土金属钙、镁离子在非酸性土壤中能形成难溶的氧化物和碳酸盐，在金属表面上形成保护层，可降低腐蚀。硫酸盐会被厌氧的硫酸还原菌转变为腐蚀硫化物，在这个意义上硫酸盐的存在会对金属材料造成很大的腐蚀危害性。

表 7-13 示出了土壤中含水量、含盐量及 pH 值与腐蚀性的关系。

表 7-13　土壤含盐量、含水量及 pH 值与腐蚀性的关系

土壤指标 \ 数值 \ 土壤腐蚀性	极强	强	中强	弱	极弱
土壤含盐量/%	>0.75	0.75~0.10	0.10~0.05	0.05~0.01	<0.01
土壤含水量/%	12~25	12~10 25~30	10~7 30~40	7~3 >40	<3
土壤 pH 值	<4.5	4.5~5.5	5.5~7.0	7.0~8.5	>8.5

（5）电阻率

土壤电阻率与土壤的孔隙度、含水量、含盐量等因素有关。一般认为电阻率越小、腐蚀性也越严重，所以可以把土壤电阻率作为估计土壤腐蚀的重要参数。表 7-14 示出了土壤电阻率与腐蚀性的关系。应该指出，电阻率并不是影响土壤腐蚀性的唯一因素，有时这种估计并不一定符合，例如仅土壤电阻率高，并不能确保腐蚀小。在长输管线长度的各地区电阻率是不同的，则将导致腐蚀宏电池，因此基于土壤电阻率的绝对值对腐蚀风险进行分类评估就有可能不符合实际状态。

表 7-14　土壤电阻率与腐蚀性的关系

土壤电阻率/Ω · cm	土壤腐蚀性	钢的平均腐蚀速度/(mm/a)
0~500	很高	>1
500~2000	高	0.2~1
2000~10000	中等	0.05~0.2
>10000	低	<0.05

（6）氧化还原电位

这是土壤充气程度的一个基本指标。氧化还原电位高表明氧水平高。氧化还原值低，有益于厌氧微生物的活动。表 7-15 是土壤氧化还原电位与土壤生物腐蚀性的关系。

表 7-15　土壤的氧化还原电位与腐蚀性

氧化还原电位 E/mV（相对氢标准电极）	土壤生物腐蚀性
<100	严重
100~200	中等
200~400	轻微
>400	无

到目前为止，在土壤参量与腐蚀性之间还不能建立起简单的对应关系。采用单项指

标作为土壤腐蚀性的分级标准是不够准确的，应采取多项指标的综合评价法。例如美国使用的一种土壤腐蚀评价法(ANSI A21.15)，它综合了电阻率、pH 值、氧化还原电位、硫化物、湿度等五项评分值对土壤腐蚀性进行评定。表 7-16 示出了其评价标准。我国许多进行土壤腐蚀研究的单位，如石油、邮电等部门也都相应建立了本部门的标准。

表 7-16　ANSI 土壤腐蚀性综合评价打分标准(ANSI/AWWA C105/A21.15 标准)

土壤性质	测定值	评价指数
电阻率(基于管道深度的单电极或水饱和土壤盒测试结果)/Ω·m	<7	10
	7~10	8
	10~12	5
	12~15	2
	15~20	1
	>20	0
pH 值	0~2	5
	2~4	3
	4~6.5	0
	6.5~7.5	0①
	7.5~8.5	0
	>8.5	3
氧化还原电位/mV	>100	0
	50~100	3.5
	0~50	4
	<0	5
硫化物	存在	3.5
	微量	2
	不存在	0
湿　度	终年湿(排水性差)	2
	一般潮湿(排水性尚可)	1
	一般干燥(排水性良好)	0

① 当有硫化物，氧化还原电位低时，该分值改为 3。当评价指数大于 10 时，表示土壤对灰口铸铁及球墨铸铁有腐蚀性，需要用聚乙烯膜保护。

我国对土壤腐蚀研究非常重视，全国已建立了土壤腐蚀试验站有 22 个，示于表 7-17 中。目前正在新建的还有新疆库尔勒(荒漠盐渍土)、青海格尔木(盐湖盐渍土)、西藏拉萨土壤站(潮湿高原草甸土)等。表中有关参量仅仅是参考，同一地区不同取样点的土壤参量是会有差异的。

表 7-17　我国土壤腐蚀试验站

序号	站　名	土壤类型	pH 值	含盐量/%	含水量/%	电阻率/Ω·m
1	大庆中心站	苏打盐土	10.3	0.1722	35.0	5.1
2	大港中心站	滨海盐土	8.4	1.9669	34.6	0.5
3	沈阳中心站	草甸土	6.9	0.0369	29.7	32.9
4	成都中心站	水稻土	8.1	0.0403	35.2	11.3
5	新疆中心站	棕漠土	9.0	0.0834	15.0	39.6

续表

序号	站　　名	土壤类型	pH 值	含盐量/%	含水量/%	电阻率/Ω·m
6	敦煌站	灰棕荒漠土	7.8	0.829	24.8	6.1
7	玉门站	灰棕荒漠土	7.3	1.3461	4.4	226
8	长辛店站	原始褐土	8.1	0.1063	21.1	18.6
9	成都站	水稻土	7.6	0.0401	30.1	17.7
10	泸州 1 站	潮土	8.2	0.0275	21.5	96.5
11	泸州 2 站	紫色土	8.2	0.024	21.1	43.4
12	张掖站	内陆盐土	7.9	0.1478	30.1	33.4
13	冷湖站	荒漠土	7.6	2.4861	5.3	2100
14	济南站	冲积土	8.2	0.1980	24.8	29.3
15	西安站	黄土	8.8	0.1325	21.4	27.1
16	三峡站	水稻土(黄棕壤)	6.9	0.0145	21.5	62
17	贵阳站	山地黄壤	5.0	0.0560	39.2	84.7
18	南充站	紫色土	8.6	0.0448	21.21	6.5
19	华南站	红壤	5.4	0.0110	21.4	609
20	鹰潭站	红壤	4.8	0.0059	28.4	7628
21	广州站	水化赤红壤	5.3	0.0091	22.5	71000
22	深圳站	花岗岩赤红壤	5.7	0.0120	32.3	428

金属在土壤中的腐蚀数据带有一定近似性，因为土壤腐蚀受到各种因素影响，很难保证试验条件一致，在不同地区的土壤和不同埋设条件下，所得数据会有很大差别。表 7-18 是碳钢埋置在不同土壤站中腐蚀试验的速度。我国有关金属材料的土壤腐蚀数据可查阅《中国材料的自然环境腐蚀》。

表 7-18　土壤腐蚀试验站碳钢腐蚀速率

序号	试验站名称	腐蚀速度/[g/(dm^2·a)]	平均点蚀速度/(mm/a)	序号	试验站名称	腐蚀速度/[g/(dm^2·a)]	平均点蚀速度/(mm/a)
1	新疆中心站	11.77	1.24	14	大港中心站	3.95	0.37
2	阜康站	11.41	1.07	15	长辛店(补)站	3.91	0.40
3	伊宁站	10.10	0.83	16	沈阳中心站	3.72	0.48
4	乌尔禾站	9.10	1.24	17	托克逊站	3.70	0.76
5	706 基地站	6.04	0.80	18	华南站	3.60	0.51
6	深圳站	5.61	0.78	19	哈密站	3.59	0.78
7	昆明站	5.49	0.35	20	济南(补)站	3.22	0.39
8	轮南站	5.34	0.85	21	鹰潭站	2.93	0.73
9	广州中心站	4.91	0.68	22	泽普站	2.88	0.63
10	玉门(补)站	4.90	0.27	23	阿勒泰站	2.70	0.34
11	敦煌(补)站	4.80	0.25	24	宝鸡站	2.42	0.30
12	成都中心站	4.14	0.31	25	泸州(补)站	2.06	0.36
13	西安(补)站	4.04	0.56	26	大庆中心站	1.49	0.16

7.3.3 土壤腐蚀中常见的腐蚀形式

(1) 腐蚀宏电池引起的土壤腐蚀

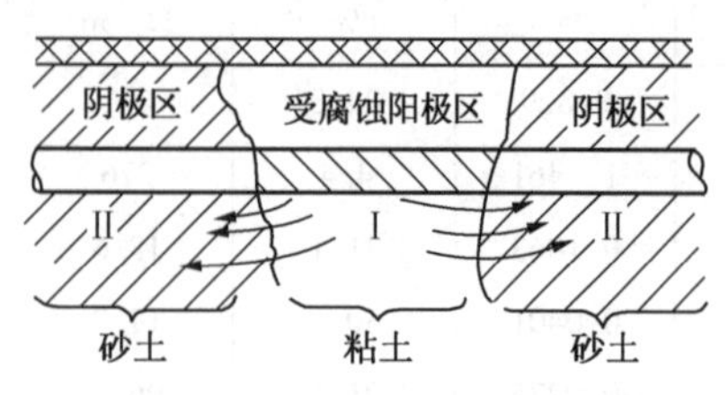

图 7-16 管道在结构不同的土壤中所形成的氧浓差电池

① 长距离腐蚀宏电池：这类宏电池发生在埋设于地下的长距离金属构件上。管线通过组成、结构不同的土壤，在从土壤(Ⅰ)进入另一种土壤(Ⅱ)的地方，便形成电池：钢|土壤(Ⅰ)|土壤(Ⅱ)|钢。如果是因为土壤中氧的渗透性不同而造成氧浓差电池，如图 7-16 所示，那么埋在密实、潮湿的土壤(黏土)中的钢就倾向于作为阳极而受腐蚀。其中一种土壤如含有硫化物、有机酸或工业污水，因土壤性质的变化，也能形成宏观腐蚀电池。长距离腐蚀宏电池可产生相当可观的腐蚀电流(也称为长线电流)。据报道，其电流强度可达 5A，流动的范围可超过 1.5km。显然，土壤的电导率越高，长线电流的数值也更大。

② 因土壤的局部不均匀性所引起的腐蚀宏电池：土壤中石块夹杂物等的透气性如果比土壤本体的透气性差，则该区域金属就成为腐蚀宏电池的阳极，而和土壤本体区域接触的金属就成为阴极。土壤腐蚀中有许多这样的腐蚀实例。所以在埋设地下金属构件时，回填土壤的密度要均匀，尽量不带夹杂物。

③ 埋设深度不同及边缘效应所引起的腐蚀宏电池：即使金属构件被埋在均匀的土壤中，由于埋设深度的不同，也能造成氧浓差腐蚀电池。因此，在地下埋设的金属构件上，能看到离地面较深的部位有更严重的局部腐蚀。甚至在直径较大的水平的输送管道上，也能看到管道的下部比上部腐蚀更为严重，见图 7-17(a)。

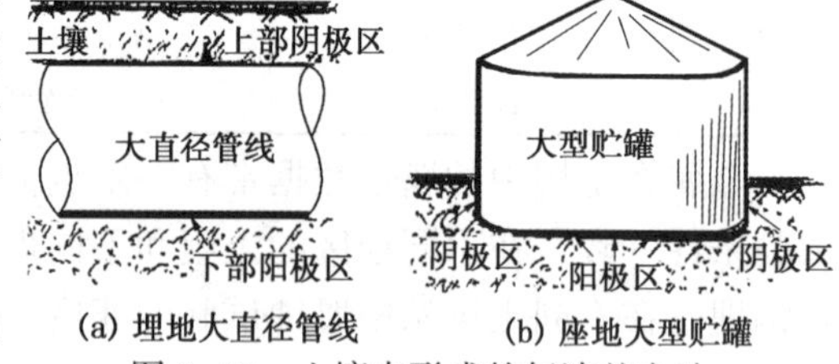

(a) 埋地大直径管线　(b) 座地大型贮罐

图 7-17 土壤中形成的氧浓差电池

同样，由于氧更容易到达电极的边缘(即边缘效应)，因此，在同一水平面上的金属构件的边缘就成为阴极，比成为阳极的构件中央部分腐蚀要轻微得多。座地大型储罐的腐蚀情况就是如此，见图 7-17(b)。

(2) 杂散电流引起的土壤腐蚀

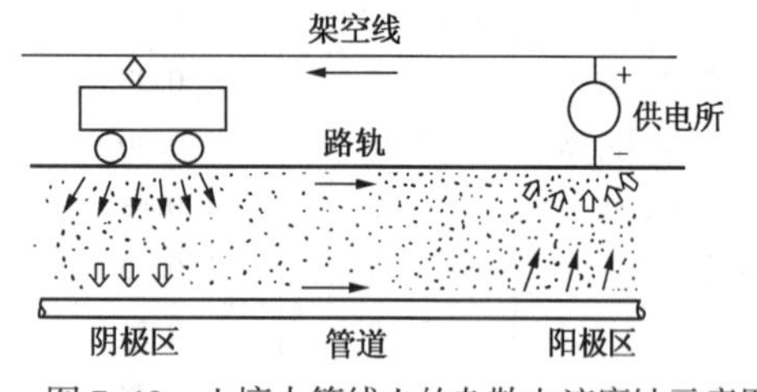

图 7-18 土壤中管线上的杂散电流腐蚀示意图

在不少情况下，杂散电流导致地下金属设施的严重腐蚀破坏。当杂散电流流过埋在土壤中的管道、电缆等时，在电流离开管线进入大地处的阳极端就会受到腐蚀。计算表明，1A 的电流流过一年就相当于使 9kg 的铁发生了电化学溶解。在某些极端情况下，流过金属构件的杂散电流强度可达 10A，显然这将造成迅速的腐蚀破坏。

所谓杂散电流是指由原定的正常电路漏失而流入它处的电流，其主要来源是应用直流电大功率电气装置，如电气化铁道、电解及电镀槽、电焊机或电化学保护装置等。图 7-18 为一实例的示意图。

在正常情况下，电流自电源的正极通过电力机车的架空线再沿铁轨回到电源负极。但是当铁轨与土壤间的绝缘不良时，有一部分电流就会从铁轨漏失到土壤中。如果在这附近埋设有金属管道等构件，杂散电流便由此良导体通过，然后再流经土壤及轨道回到电源。在这种情况下，

相当于产生了两个串联电解池，即

路轨(阳极)| 土壤| 管线(阴极)

管线(阳极)| 土壤| 路轨(阴极)

第一个电池会引起路轨腐蚀，但发现这种腐蚀和更新路轨并不困难。第二个电池会引起管线腐蚀，这就难以发现和修复了。显然，这里受腐蚀的都是电流从路轨或管道流出的阳极区。这种因杂散电流所引起的电解腐蚀就称为杂散电流腐蚀。

杂散电流腐蚀的破坏特征是阳极区的局部腐蚀。在管线的阳极区外绝缘涂层的破损处，腐蚀尤为集中。在使用铅皮电缆的情况下，杂散电流流入的阴极区也会发生腐蚀，这是因为阴极区产生的氢氧根离子和铅发生作用，生成可溶性的铅酸盐。已发现交流电杂散电流也会引起腐蚀，但破坏作用要小得多。对于频率为 60Hz 的交流电来说，其作用约为直流电的 1%。

可以通过测量土壤中金属体的电位来检测杂散电流的影响。如果金属体的电位高于它在这种环境下的自然电位，就可能有杂散电流通过。防止措施有排流法，即把原先相对路轨为阳极区的管线用导线与路轨直接相连，使整个管线处于阴极性；另外还有绝缘法和牺牲阳极法。

(3) 微生物引起的土壤腐蚀

在缺氧的土壤条件下，如密实、潮湿的黏土深处，金属腐蚀过程似应较难进行，但是这样条件下却有利于某些微生物的生长，常常发现硫酸盐还原菌的活动而引起强烈的腐蚀。硫酸盐还原菌的活动有促进阴极去极化的作用，生成的硫化氢也有加速腐蚀的作用。因此，在不通气的土壤中如有严重的腐蚀发生，腐蚀生成物为黑色，伴有恶臭，可考虑为硫酸盐还原菌所致的微生物腐蚀。测定土壤的氧化还原电位，有助于判断土壤中细菌腐蚀发生的倾向。

7.3.4 防止土壤腐蚀的措施

(1) 覆盖层保护

常用的有焦油沥青、环氧煤沥青、聚乙烯塑料胶带等。为了提高防护寿命，近期发展的重防腐蚀涂料有熔结环氧粉末涂层、三层聚乙烯防腐蚀涂层，已应用于西气东输的长输管线上。

(2) 阴极保护

目前世界各国埋地管线都采用联合保护方法，即覆盖层和阴极保护相结合的方法来延长管线的寿命，这也是一种最有效和经济的方法。这既能弥补保护层有缺陷时的不足，又可减少阴极保护的电能或牺牲阳极的消耗。通常情况下，应把钢铁阴极的电位维持在-0.85V(相对硫酸铜参比电极)以达到完全保护。在有硫酸盐还原菌存在时，电位要维持更负一些，详细情况可参考阴极保护和阳极保护一书。

(3) 局部改变土壤环境

例如在酸度高的土壤里，在地下构件周围填充石灰石，或向构件周围移入侵蚀性小的土壤可以减小腐蚀性。

7.4 金属在海水中的腐蚀

海水是自然界中数量大，并具有很强腐蚀性的天然电解质。我国大陆海岸线长达 1800km，有近 300 万平方公里的管辖海域。海洋开发越来越受到重视，各种类型的舰船、海上采油平台、开采和水下输送及储存设备，码头和沿海的各类设施的海水及海洋环境中的腐蚀问题更为突出。我国已在青岛、舟山、厦门、榆林设有国家材料海水腐蚀试验站(图7-19)[22]及其海水环境条件(表7-19)，研究和开发材料在海洋环境中的腐蚀行为和规律，研制新材料和开发新的防蚀措施。

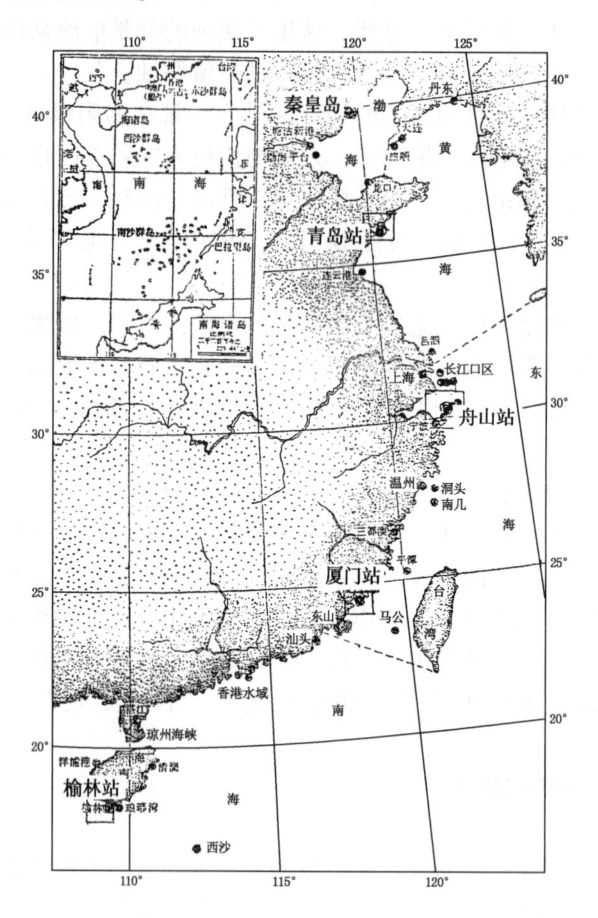

图 7-19　中国海水腐蚀试验网站

表 7-19　我国海水试验站的地理位置和海水环境条件

试　验　站		青岛站	舟山站	厦门站	榆林站
地理位置	北纬	36°03′	30°00′	24°27′	18°13′
	东经	120°25′	122°03′	118°04′	109°32′
隶属海域		黄海	东海	东海	南海
平均温度/℃		13. 6	17. 4	20. 9	26. 7
溶解氧浓度平均值/mL · L^{-1}		5. 6	5. 62	5. 3	4. 5
平均盐度/‰		32	24. 5	27	34
pH 值		8. 16	8. 14	8. 17	8. 30
平均流速/m · a^{-1}		0. 1	0. 2	0. 34~0. 67	0. 014
潮　汐		规则半日潮 平均潮差 2. 7m	不规则半日潮 平均潮差 2. 1m	规则半日潮 平均潮差 3. 9m	混合潮，平均 最大潮差 1. 6m

续表

试验站		青岛站	舟山站	厦门站	榆林站
海生物	附着种类	苔藓虫、牡蛎、藤壶、石灰虫、藻类等	苔藓虫、牡蛎、藤壶、水螅、石灰虫等	牡蛎、藤壶、苔藓虫、石灰虫、水螅等	苔藓虫、牡蛎、藤壶、石灰虫、树枝虫等
	铝板浸泡1年的附着面积	约50%	50%~80%	100%	100%
其他			含泥沙量高(403.2mg/L)	厦门港内，附近有九龙江口	榆林港内

7.4.1 海水的成分、性质

海水中溶有大量的氯化钠为主的盐类。海水中含盐量用盐度或氯度来表示。盐度是指1000g海水中溶解固体盐类物质的总克数，而氯度是表示1000g海水中氯离子克数，常用百分数或千分数作单位。通常先测定海水的氯度(Cl‰)，然后用经验公式推算得到盐度(S‰)值，公式如下：

$$S‰ = 1.80655Cl‰$$

正常海水的盐度一般在32‰到37.5‰之间变化，通常取盐度35‰(相应的氯度为19‰)作为大洋性海水的盐度平均值。表7-20列出了海水中盐类的主要组成和各种离子的含量。海水的总盐度随地区而变化，在某些海区和隔离性的内海中，盐度有较大的变化，如在江河的入海口，海水被稀释，盐度变小。在地中海、红海这些封闭性海中，由于水分急速蒸发，盐度可达40‰。我国近海的盐度平均值约为32.1‰。

表7-20 海水中盐类的主要组成和各种离子的含量

组　分	组成/(g/kg海水)，盐度：35‰	阳离子/%	阴离子/%
氯化物	19.353	Na^+　1.056	Cl^-　1.898
钠	10.76	Mg^{2+}　0.127	SO_4^{2-}　0.265
硫酸盐	2.712	Ca^{2+}　0.040	HCO_3^-　0.014
镁	1.294	K^+　0.038	Br^-　0.0065
钙	0.413	Sr^{2+}　0.001	F^-　0.0001
钾	0.387	累计：1.262	累计：2.184
重碳酸盐	0.142		
溴化物	0.067		
锶	0.008		
硼	0.004		
氟	0.001		

海水中的氧含量是海水腐蚀的主要因素。在海面正常情况下，海水表面层被空气饱和。表7-21为海水在标准大气压空气饱和下的溶氧量，氧的浓度随水温变化大体在5~10mg/L范围内变化。

海水中 pH 值通常为 8.1～8.3，这些数值随海水深度而变化。另外如果植物非常茂盛时，由于 CO_2 减少，溶氧浓度上升，pH 值接近 9.7。当在海底有厌氧性细菌繁殖的情况下，氧溶量低且含有 H_2S，pH 值常低于 7。

表 7-21　海水在标准大气压空气饱和下的溶氧量 mg/L

氯　度/‰	0	5	10	15	20
盐　度/‰	0	9.06	18.08	27.11	36.11
0℃	14.6	13.3	12.8	11.9	11.0
10℃	11.3	10.7	10.0	9.4	8.7
20℃	9.2	8.7	8.2	7.8	7.2
30℃	7.7	7.3	6.8	6.4	5.4

海水有很高的电导率，如表 7-22 所示，海水的平均电导率约为 4×10^{-2}S/cm，其电导率远远超过河水（2×10^{-4}S/cm）和雨水（1×10^{-5}S/cm）。

表 7-22　海水的导电性(氯度 19‰)

温　度/℃	10	15	20	25
电导率/(S/cm)	37.4×10^{-3}	42.2×10^{-3}	47.1×10^{-3}	52.1×10^{-3}
电阻率/Ω·cm	26.8×10^{-3}	23.7×10^{-3}	21.2×10^{-3}	19.2×10^{-3}

随地埋位置、海洋深度、昼夜季节等的不同，海水温度在 0～35℃之间变化。如我国青岛附近海域水温为 2.7～24.3℃，年平均气温为 13.6℃；南海榆林海域水温为 20.0～32.2℃，年平均气温为 27℃。

7.4.2　海水成分对腐蚀影响

（1）盐度

海水中以氯化钠为主的盐类，其浓度范围对钢来讲，刚好接近于腐蚀速度最大的浓度范围，溶盐超过一定值后，由于氧的溶解度降低，使金属腐蚀速度也下降。

（2）pH 值

海水的 pH 值一般处于中性，对腐蚀影响不大。在深海处，pH 值略有降低，此时不利于在金属表面生成保护性碳酸盐层。

（3）碳酸盐饱和度

在海水的 pH 值条件下，碳酸盐一般达到饱和，易于沉积在金属表面而形成保护层，当施加阴极保护时更易使碳酸盐沉积析出。河口处的稀释海水，尽管电解质本身的腐蚀性并不强，但是碳酸盐在其中并非饱和，不易在金属表面析出形成保护层，致使腐蚀增加。

（4）含氧量

海水中含氧量增加,可使金属腐蚀速度增加。这是由于局部阳极的腐蚀率取决于阴极反应,去极化随到达阴极氧量的增加而加快。海水中含氧量可高达 12mg/L,波浪及绿色植物的光合作用能提高氧含量;而海洋动物的呼吸作用及死生物分解需要消耗氧,故使氧含量降低。污染海水中含氧量可大大下降。海水中含氧量随流速和深度也有很大变化,这将在后面述及。

（5）温度

与淡水中作用类似，提高温度通常能加速反应，但随温度上升，氧的溶解度随之下降，又削弱了温度效应。一般讲，铁、铜和它们的合金在炎热的环境或季节里海水腐蚀速度要快些。

(6) 流速

碳钢的腐蚀速度随流速的变化如第6章的图6-80所示。但对在海水中能钝化的金属则不然，有一定的流速能促进钛、镍合金和高铬不锈钢的钝化和耐蚀性。

当海水流速很高时，金属腐蚀急剧增加，这和淡水一样，由于介质的摩擦、冲击等机械力的作用，出现了磨损腐蚀中的特殊形式——湍流腐蚀和空泡腐蚀。

(7) 生物性因素的影响

海水中有多种动植物和微生物生长，其中与腐蚀关系最大的是栖居在金属表面的各种附着生物。在我国沿海常见附着生物有藤壶、牡蛎、苔藓虫、水螅、红螺等。

生物的附着与污损一方面会影响海洋结构效能，例如船体上海生物的严重附着将使阻力增大，航速降低；另一方面则对金属的腐蚀产生影响。海洋生物的附着通常会造成以下几种腐蚀破坏情况：①海洋生物附着的局部区域，将形成氧浓差电池等局部腐蚀。例如藤壶的壳层在与金属表面形成缝隙，产生缝隙腐蚀。②海洋生物的生命活动，局部地改变了海水介质成分。例如藻类植物附着后，由光合作用可增加局部海水中的氧浓度，加速了腐蚀。生物呼吸排出的CO_2以及生物遗体分解形成的H_2S，对腐蚀也有加速作用。③海洋生物对金属表面保护涂层的穿透剥落等破坏作用。不同金属和合金在海水中被海洋生物沾污的程度有所不同。铜和含铜量高的铜合金受海洋生物沾污倾向最小，这与溶出的铜离子或氧化亚铜表面膜具有毒性有关。受海洋生物沾污最严重的是铝合金、钢铁材料及镍基合金。表7-23列出了各种金属在海水中被海洋生物沾污的程度。

表7-23 工业金属及合金按受海洋生物沾污倾向排列(向下递增)

海洋生物沾污特征	合金名称
很少被海洋生物沾污的合金	1. 铜 2. Tombac 黄铜(Cu-Zn) 3. 黄铜(Cu>65%) 4. 青铜(锡青铜，硅青铜) 5. 镍青铜(Cu>70%) 6. 黄铜(Cu<65%) 7. 镍青铜(Cu<70%) 8. 铬镀层和镉镀层 9. 铝青铜(4%Al，4%Ni)
易于被海洋生物沾污的合金	10. 铅、锡及其合金 11. 镁及其合金 12. 哈氏合金(65%Ni，20%Mo) 13. 因科镍(Inconel，70%Ni，16%Cr) 14. 蒙乃尔(60%Ni，30%Cu) 15. Stellite 合金(Co-Ni-Fe) 16. 硅铸铁 17. 不锈钢 18. 铜钢 19. 碳钢 20. 铝及其合金

海水腐蚀是复杂的，与以上的因素综合作用有关，表 7-24 是上述诸因素的汇总。

表 7-24 海水环境中的腐蚀影响因素①

化学因素	物理因素	生物因素
(1) 溶解的气体	(3) 流速	(6) 生物污染
O_2	空气泡	硬壳类
CO_2	悬浮泥沙	非硬壳类
(2) 化学平衡	(4) 温度	游动和半游动类
盐度	(5) 压力	植物生活
pH 值		氧的产生
碳酸盐溶解度		二氧化碳的消耗
		动物生活
		氧的消耗
		二氧化碳的产生

① 以铁为例，有下列的趋向：a. 氧是加速腐蚀的主要因素；b. pH 值增高有利于生成保护性水垢(碳酸盐型)；c. 增加流速会促进腐蚀，尤其是存在夹杂物质时；d. 温度升高使侵蚀加速；e. 压力增加，pH 值降低，如在深海外，不易生成保护性碳酸盐型水垢；f. 生物沾污会减轻侵蚀，或造成局部腐蚀电池。

7.4.3 海水腐蚀的电化学过程

海水既然是典型的电解质，因此电化学腐蚀的基本规律对于海水腐蚀是适用的。但从海水的特性出发，海水腐蚀的电化学过程也必然具有一系列特征：

① 海水腐蚀的阳极极化阻滞对于大多数金属(例如铁、钢、锌、铜等)是很小的。

海水腐蚀由于海水中的氯离子等卤素离子能阻碍和破坏金属的钝化，其破坏方式有：A. 破坏氧化膜。氯离子对氧化膜的渗透破坏作用以及对胶状保护膜的解胶破坏作用。B. 吸附作用。氯离子比某些钝化剂更易吸附。C. 电场效应。氯离子在金属表面或薄的膜上吸附形成了强电场，从金属中引出金属离子。D. 形成络合物。氯离子与金属易形成络合物，加速了金属的阳极溶解。氯络合物的水解进一步降低了 pH 值。以上所有这些作用都能减少阳极极化阻滞，因此海水中的金属腐蚀速度相当大。根据这一原因，有人认为用提高阳极阻滞的方法来防止铁基合金的腐蚀是很困难的，这一点与大气腐蚀有所区别。但是近年来对耐海水钢锈层分析表明，在钢中适当和适量的加入某些元素能形成致密、连续、粘附性好的锈层结构，提高了低合金钢的耐海水腐蚀性能。由于氯离子破坏钝化膜，所以不锈钢在海水中也遭受严重的局部腐蚀。只有极少数易钝化金属，如钛、锆、铌、钽等才能在海水中保持钝态，具有显著的阳极阻滞。

② 海水腐蚀是氧去极化过程，它是腐蚀反应的控制性环节。在海水的 pH 值条件下，析氢反应的平衡电位约为-0.48V。Pb、Zn、Cu、Ag、Au 等金属在海水中不会形成析氢腐蚀。Fe 在 pH=8.8，Cr 在 pH=10.9 以内虽有可能进行析氢反应，其速度也是很缓慢的。海水中的阴极过程主要是氧去极化：$O_2+2H_2O+4e^- \longrightarrow 4OH^-$，反应平衡电位约为+0.75V。溶氧的还原反应在 Cu、Ag、Ni 等金属上比较容易进行，其次是 Fe、Cr。在 Sn、Al、Zn 上过电位较大，反应进行困难。因此 Cu、Ag、Ni 只是在溶氧量低的情况下才比较稳定，而在海水中溶氧量高、流速大的场合腐蚀速度是不小的。

另外在含有大量 H_2S 的缺氧海水中，也可能发生硫化氢的阴极去极化作用。Cu、Ni 是易受硫化氢腐蚀的金属，Fe^{3+}、Cu^{2+} 等高价的重金属离子也可促进阴极反应。当 $Cu^{2+}+2e \longrightarrow Cu$ 的反应析出的铜沉积在铝等其他金属表面上将成为有效的阴极，因此海水中如含有 0. 1μg/g 以上浓度的 Cu^{2+}，就不能使用铝合金。

③ 海水腐蚀的电阻性阻滞很小，异种金属的接触能造成显著的电偶腐蚀。海水具有良好的导电性，因此在海水中异种金属接触所构成的腐蚀电池，其作用将更强烈，影响范围更远，如海船的青铜螺旋桨可引起远达数十米处的钢制船身的腐蚀。

④ 在海水中由于钝化的局部破坏，很易发生点蚀和缝隙腐蚀等局部腐蚀。在高流速的海水中，易产生冲击腐蚀和空蚀。

7.4.4 海洋环境分类及腐蚀特点

按金属和海水接触的情况，可将海洋环境分为大气区、飞溅区、潮汐区、全浸区和海泥区。根据海水深度不同可分为浅水、大陆架和深海区。图 7-20 示出了不同海洋区域的环境条件和腐蚀特点。

腐蚀速度 ⟶	海洋区域	环境条件	腐蚀特点
↑ 高度	大气区	风带来小海盐颗粒，影响腐蚀因素有：高度、风速、雨量、温度、辐射等	海盐粒子使腐蚀加快，但随离海岸距离而不同
平均高潮线	飞溅区	潮湿，充分充气的表面，无海生物玷污	海水飞溅，干湿交替，腐蚀激烈
	潮汐区	周期沉浸，供氧充足	由于氧浓差电池，本区受到保护
平均低潮线 深度 ↓	全浸区	在浅水区海水通常为饱和，影响腐蚀的因素有：流速、水温、污染、海生物、细菌等；在大陆架生物玷污大大减少，氧含量有所降低，温度也较低	腐蚀随温度变化，浅水区腐蚀较重，阴极区往往形成石灰质水垢，生物因素影响大；随深度增加，腐蚀减轻，但不易生成水垢保护层
海底面	（深海区）	深海区氧含量可能比表层高，温度接近0℃，水流速低，pH 值比表层低	钢的腐蚀通常较轻
	海泥区	常有细菌（如硫酸盐还原菌）	泥浆通常有腐蚀性，有可能形成泥浆海水间腐蚀电池，有微生物腐蚀的产物如硫化物

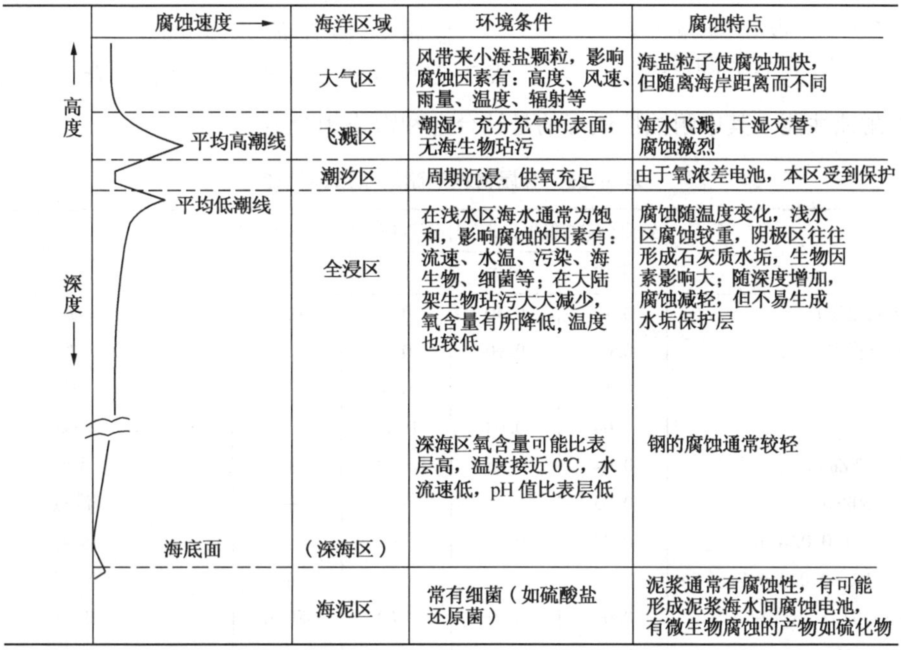

图 7-20　不同海洋区域的环境条件和腐蚀特点比较示意图

海洋大气区是指海面飞溅区以上的大气区和沿海大气区。碳钢、低合金钢在海洋大气区的腐蚀速度在 0. 05mm/a 左右，低于其他各区。飞溅区是指平均高潮线以上海浪飞溅润湿的区段。由于此处海水与空气充分接触，含氧量达到最大程度，再加上海浪的冲击作用，使飞溅区成为腐蚀性最强的区域。在飞溅区碳钢的腐蚀速度约为 0. 5mm/a，最大可达1. 2mm/a。潮汐区是指平均高潮位和平均低潮位之间的区域，海洋挂片腐蚀试验结果表明，对于孤立样板，其腐蚀速度稍高于全浸区。但对于长尺寸的钢带试样，潮汐区的腐蚀速度反而低于全浸区。这是由于对孤立样板，主要为微电池腐蚀作用，腐蚀速度受氧扩散控制，潮汐区的腐蚀速度要高于全浸区。对长尺寸试样，除微电池腐蚀外，还受到氧浓差电池作用，潮汐区部分因供氧充分为阴极，受到一定程度保护，腐蚀减轻。而紧靠低潮线以下的全浸区部分，因供氧相对缺少而成为阳极，使腐蚀加速。在平均低潮线以下部分直至海底的区域称为全浸区。该区碳钢的腐蚀速度约为 0. 12mm/a。海泥区是指海水全浸区以下部分，主要由海底沉积物构成。与陆地土壤不同，海泥区含盐度高，电阻率低，腐蚀性较强。与全浸区相比，海泥区

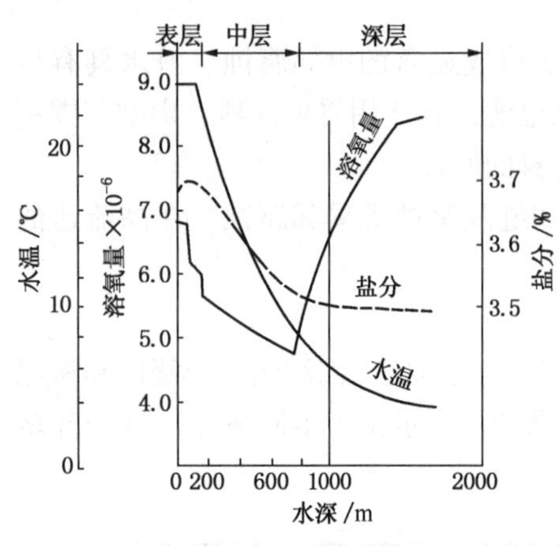

图 7-21　海水深度与温度、盐度、溶氧分布的关系

的氧浓度低，因而钢在海泥区的腐蚀速度通常低于全浸区。

根据海水深度可分为三层：①海面到同水温的表层(100~200m)；②表层下约 1000m，属于盐分和氧浓度急剧下降的过渡层；③更深层时盐分、水温大体一定，而溶氧相反上升。图 7-21 示出了海水深度、温度、盐度、溶氧之间的关系曲线。

7.4.5　海水腐蚀控制途径

控制途径主要是合理选用耐蚀材料，涂液层保护和电化学保护等。

(1) 合理选材

金属材料在海水中的耐蚀有很大差别，表 7-25中比较了几种常用金属和合金材料在海水环境中的耐蚀性能。其中耐蚀性最好的是钛合金和镍铬钼合金。

表 7-25　金属材料的耐海水腐蚀性能

合　金	全浸区腐蚀速度/(mm/a)		潮汐区腐蚀速度/(mm/a)		抗冲击腐蚀性能
	平均	最大	平均	最大	
低碳钢(无氧化皮)	0.12	0.40	0.3	0.5	劣
低碳钢(有氧化皮)	0.09	0.90	0.2	1.0	劣
普通铸铁	0.15	—	0.4	—	劣
铜(冷轧)	0.04	0.08	0.02	0.18	不好
顿巴黄铜(10%Zn)	0.04	0.05	0.03	—	不好
黄铜(70Cu-30Zn)	0.05	—	—	—	满意
黄铜(22Zn-2Al-0.02As)	0.02	0.18	—	—	良好
黄铜(20Zn-1Sn-0.02As)	0.04	—	—	—	满意
黄铜(60Cu-40Zn)	0.06	脱 Zn	0.02	脱 Zn	良好
青铜(5%Sn 0.1P)	0.03	0.1	—	—	良好
铝青铜(7%Al 2%Si)	0.03	0.08	0.01	0.05	良好
铜镍合金(70Cu-30Ni)	0.008	0.03	0.05	0.3	0.15%Fe，良好；0.45%Fe，优秀
镍	0.02	0.1	0.4	—	良好
蒙乃尔[65Ni-31Cu-4 (Fe+Mn)]	0.03	0.2	0.5	0.25	良好
因科镍尔合金(80Ni-13Cr)	0.005	0.1	—	—	良好
哈氏合金(53Ni-19Mo-17Cr)	0.001	0.001	—	—	优秀
Cr13	—	0.28	—	—	满意
Cr17	—	0.20	—	—	满意
Cr18Ni9	—	0.18	—	—	良好
Cr28-Ni20	—	0.02	—	—	良好
Zn(99.5%Zn)	0.028	0.03	—	—	良好
Ti	0.00	0.00	0.00	0.00	优秀

不锈钢在海水中的耐蚀性主要取决于钝化膜的稳定性，它的均匀腐蚀速度虽然很低，但在海水中常发生孔蚀和缝隙腐蚀。表 7-26 示出了 5 种常用不锈钢在我国典型海域全浸区的

局部腐蚀数据。可见奥氏体不锈钢耐蚀性最好，铁素体次之，马氏体最差。其中000Cr18Mo2的耐蚀性明显优于其他4种材料。

表7-26　不锈钢在我国典型海域全浸区局部腐蚀深度　　mm

材料牌号	暴露时间/a	青岛站			厦门站			榆林站		
		点蚀深度		最大缝隙腐蚀深度	点蚀深度		最大缝隙腐蚀深度	点蚀深度		最大缝隙腐蚀深度
		平均	最大		平均	最大		平均	最大	
2Cr13	1		C(1.6)	C(1.6)		C(1.6)	C(1.6)		C(1.6)	C(1.6)
F179	1 2		C(3.1) C(3.1)	1.30 C(3.1)	0.70 1.94	2.09 2.84	1.70 C(3.1)		C(3.1) C(3.1)	C(3.1) C(3.1)
1Cr18Ni9Ti	1 2	0	0 C	1.45 C(2.0)	0.40 1.20	1.19 1.97	C(2.0) C		C C	C(2.0) C
00Cr19Ni10	1 2 8	0 0	0 0 C	1.45 2.10 C(2.5)	0.28 1.08	0.85 2.10 C	0.41 1.76 1.66		C(2.5) C C	1.24 C C
000Cr18Mo2	1 4 16	0 0.08 0.35	0 0.25 0.70	0.19 1.30 1.20	0.24 0.51 0.40	0.73 1.50 1.71	0 0.91 C	0.49 0.64	1.28 2.03 C(2.1)	1.34 C(2.1) 1.88

注：C表示腐蚀穿孔；最大缝隙腐蚀深度系指在固定试样的塑料螺栓垫圈下方测得的数据。

铜和铜合金也具有良好的耐海水腐蚀性和防污性，常用于制造螺旋桨、海水管路、海水淡化装置等。

（2）涂镀层保护

大型海洋工程结构要求设计寿命长达50~100年，而大量使用的是钢铁材料，因此必须用镀涂层保护，常采用喷锌、锌铝合金、铝层，表7-27示出了在青岛站暴露2年的腐蚀速度。

表7-27　喷Zn、Zn-Al、Al涂层在青岛站暴露2年的腐蚀速度

喷涂层	厚度/μm	试验环境	腐蚀速度/(mm/a)		腐蚀外观	
			1年	2年	1年	2年
Zn	100~150	飞溅区	0.0371	0.0178	白色腐蚀产物密布	白色腐蚀产物成片，未出现棕红锈
		潮差区	0.0573	0.0262	白色腐蚀产物密布	白色腐蚀产物密布
	80~130	全浸区	0.0619	0.0282	白色腐蚀产物密布	密集点状白色腐蚀产物
Zn-Al	100~150	飞溅区	0.0038	0.0013	少量白色腐蚀产物	白锈点 ϕ<1mm均起泡密布
		潮差区	0.0035	—	少量白色腐蚀产物	密集白色腐蚀产物，并产生了蚀坑
		全浸区	0.0036	0.0014	少量白色腐蚀产物	轻密集点状白色腐蚀产物
Al	100~150	飞溅区	0	—	较多起泡，表面无腐蚀产物	少量白色腐蚀产物，较多起泡
		潮差区	0	0.0009	较多起泡，表面无腐蚀产物	ϕ2~10mm的密集起泡
		全浸区	0.0094	0.0030	较多起泡，表面无腐蚀产物	ϕ2~3mm的密集起泡

金属镀层有孔隙率，常常要封孔层，通常用有机涂覆盖层。根据防护涂层使用情况，1984~2000年在我国青岛、厦门、榆林3个试验站，选择了10种涂层配套体系(表7-28)进行实海挂片试验。结果表明，仅4号和5号两种体系耐蚀性较好。经16年后，对底材钢铁具有完好的防护功能。最近在杭州湾跨海大桥钢管桩采用多层复合熔融结合改性环氧涂层和阴极保护相结合的防护措施，设计寿命可达100年。

表7-28 有机涂层试样的配套体系

涂层编号	涂层配套体系	总厚度/μm
4	IR8561无机富锌/铁红底漆/WHD-8401/清漆	200~250
5	喷锌/X-06磷化底漆/WHD-8401/清漆	200~250
8	31011Zn/31011底漆/31011面漆	100~150
9	702/31011底漆/31011面漆	100~150
10	喷Zn-Al/31011Zn/31011底漆/31011面漆	200~250
11	无机富锌/31011Zn/31011底漆/31011面漆	100~150
12	喷Zn-Al/聚氨酯富锌/035艇配套涂料	200~250
13	702/846-1/846-2	100~150
15	EP-2/SDC	100~150
16	喷Zn-Al1035聚氨酯配套涂料	200~250

注：表中涂料代号所属的涂料体系：WHD-8401—环氧改性聚氨酯涂料；31011—环氧聚氨酯涂料；035—聚氨酯涂料；846-1，2—环氧沥青涂料；EP-2—聚氨酯(日本产)涂料；SDC—聚氨酯(日本产)涂料。

(3) 电化学保护

适用于海水全浸区，通常用阴极保护，外加电流阴极保护便于调节，而牺牲阳极法则简便易行。详细情况请参考《阴极保护和阳极保护》一书。

7.5 微生物腐蚀

微生物腐蚀是指在微生物生命活动参与下所发生的腐蚀过程。凡是同水、土壤或湿润空气相接触的金属设施，都可能遭到微生物腐蚀。例如，油田汽水系统、深水泵、循环冷却系统、水坝、码头、海上采油平台、飞机燃料箱等一系列装置，都曾发现过受微生物腐蚀的危害。所以微生物腐蚀与控制应受到重视。

7.5.1 微生物腐蚀的特征

① 微生物的生长繁殖需具有适宜的环境条件，如一定的温度、湿度、酸度、环境含氧量及营养源等。微生物腐蚀显然与上述条件紧密相关。

② 微生物腐蚀并非是微生物直接食取金属，而是微生物生命活动的结果直接或间接参与了腐蚀过程。

③ 微生物腐蚀往往是多种微生物共生、交互作用的结果。

微生物主要由以下四种方式参与腐蚀过程：A. 微生物新陈代谢产物的腐蚀作用，腐蚀性代谢产物包括无机酸、有机酸、硫化物、氨等，它们能增加环境的腐蚀性；B. 促进了腐蚀的电极反应动力学过程，如硫酸盐还原菌的存在能促进金属腐蚀的阴极去极化过程；C. 改变了金属周围环境的氧浓度、含盐度、酸度等而形成了氧浓差等局部腐蚀电池；D. 破坏保护性覆盖层或缓蚀剂的稳定性，例如地下管道有机纤维覆盖层被分解破坏，亚硝酸盐缓蚀剂因细菌作用而氧化等。

7.5.2 与腐蚀有关的主要微生物

与腐蚀有关的微生物主要是细菌类，因而往往也称为细菌腐蚀。其中最主要的是直接参与自然界硫、铁循环的微生物，即硫氧化细菌、硫酸盐还原菌、铁细菌等。此外某些霉菌也能引起腐蚀。上述细菌按其生长发育中对氧的要求分属嗜氧性及厌氧性两类。前者需有氧存在时才能生长繁殖，称嗜氧性细菌，如硫氧化菌、铁细菌等。后者主要在缺氧条件下才能生存与繁殖，称为厌氧性细菌，如硫酸盐还原菌。它们主要特性列于表 7-29。

表 7-29 与腐蚀有关的主要微生物的特性

类　型	对氧的需要	被还原或氧化的土壤组分	主要最终产物	生存环境	活动的pH值范围	温度范围/℃
硫酸盐还原菌（Desulfovibrio Desulfuricans 脱硫弧菌）	厌氧	硫酸盐，硫代硫酸盐，亚硫酸盐，连二亚硫酸盐，硫	硫化氢	水，污泥，污水，油井，土壤，沉积物，混凝土	最佳：6~7.5 限度：5~9.0	最佳：25~30 最高：55~65
硫氧化菌（Thiobacillusth Ioxidans 氧化硫杆菌）	嗜氧	硫，硫化物，硫代硫酸盐	硫酸	含有硫及磷酸盐的施肥土壤，氧化不完全的硫化物土壤，污水，海水	最佳：2.0~4.0 限度：0.5~6.0	最佳：28~30 限度：18~37
铁细菌（Crenothrixand Leptothrix 铁细菌属）	嗜氧	碳酸亚铁，碳酸氢亚铁，碳酸氢锰	氢氧化铁	含铁盐和有机物的静水和流水	最佳：7~9	最佳：24 限度：5~40

（1）硫酸盐还原菌

硫酸盐还原菌在自然界中分布极广，所造成的腐蚀类型常呈点蚀等局部腐蚀。腐蚀产物通常是黑色的带有难闻气味的硫化物。硫酸盐还原菌所具有的氢化酶能消耗阴极区的氢原子，从而促进腐蚀过程中的阴极去极化反应，其作用机理可用图 7-22 表示。

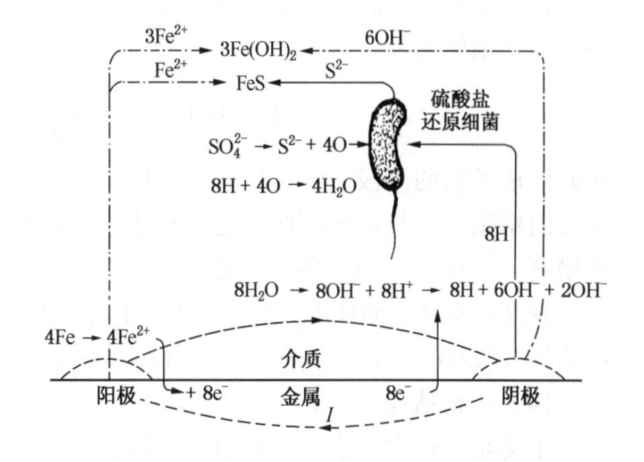

图 7-22 硫酸盐还原菌腐蚀机理图解

反应如下：

$4Fe \longrightarrow 4Fe^{2+}+8e^-$ （阳极反应）

$8H_2O \longrightarrow 8H^++8OH^-$ （水电离）

$8H^++8e^- \longrightarrow 8H$ （阴极反应）

$$SO_4^{2-} + 8H \longrightarrow S^{2-} + 4H_2O$$ （细菌引起的阴极去极化）

$$Fe^{2+} + S^{2-} \longrightarrow FeS$$ （腐蚀产物）

$$3Fe^{2+} + 6OH^- \longrightarrow 3Fe(OH)_2$$ （腐蚀产物）

整个腐蚀反应是

$$4Fe + SO_4^{2-} + 4H_2O \longrightarrow FeS + 3Fe(OH)_2 + 2OH^-$$

表 7-30 表明海泥中硫酸盐还原菌对钢铁的腐蚀作用。

硫酸盐还原菌可分中温型和高温型两种，一般冷却水系统的温度范围内都可以生长。脱硫弧菌属（Desulfovibrio）为中温型硫酸盐还原菌，其典型菌是脱硫弧菌（Desulfovibrio Desulfuricans）。脱硫肠状菌属（Desulfotomaculum）为高温型硫酸盐还原菌，最适生长温度为 35~55℃，最高可达 70℃，其典型菌为致黑脱硫肠状菌(Desulfotomaculum Nigrificans)。

表 7-30　硫酸盐还原菌在 35℃海泥中对钢铁腐蚀速度的影响　　mg/dm²·d

钢铁材料	碳　钢	铸　铁	不锈钢 Cr18Ni8
无　菌	1.7	2.0	微量
有　菌	37.0	47.5	微量

(2) 硫氧化菌

当腐蚀现象发生于含有大量硫酸的环境，而又无外界直接的硫酸来源时，硫杆菌的腐蚀作用就是值得怀疑的对象。这类细菌的存在可由硫细菌的生物检定进一步证实。硫氧化菌能将硫及硫化物氧化成硫酸，其反应为：

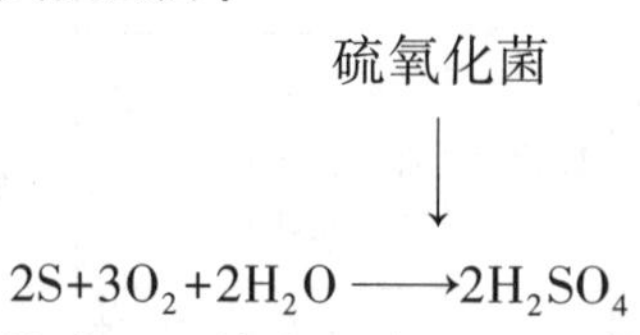

$$2S+3O_2+2H_2O \xrightarrow{\text{硫氧化菌}} 2H_2SO_4$$

在酸性土壤及含黄铁矿的矿区土壤中，由于这种菌形成了大量的酸性矿水，使矿山机械设备发生剧烈腐蚀。

硫氧化菌属于氧化硫杆菌(Thiobacillus)，在冷却水中出现的有氧化硫硫杆菌(Th. thiooxidans)、排硫杆菌(Th. thioparus)、氧化铁硫杆菌(Th. ferrooxidans)。

(3) 铁细菌

铁细菌分布广泛，形态多样，有杆、球、丝等形状。它们能使二价铁离子氧化成三价，并沉积于菌体内外：

$$2Fe(OH)_2+H_2O+\frac{1}{2}O_2 \longrightarrow 2Fe(OH)_3\downarrow$$

从而促进了铁的阳极溶解过程，三价铁离子且可将硫化物进一步氧化成硫酸。铁细菌又常在水管内壁附着生长形成结瘤，造成氧浓差局部腐蚀。在受到铁细菌腐蚀水管内，经常出现机械堵塞以及称为"红水"的水质恶化现象。

铁细菌常见于循环水和腐蚀垢中，有嘉氏铁柄杆菌(Gallionella)、鞘铁细菌(Siderocapsa)、纤毛细菌(Leptothrix)、多孢铁细菌(Crenothrix Polyspora)、球衣细菌(Sphaerotilus)几种。

(4) 生物粘泥

生物粘泥是主要由微生物组成的附着于管道、壁面上的黏质膜层。它往往是多种微生物的集合体，并包容着水中的各种无机物和由铁细菌生成的铁氧化物等无机物沉积而成。生物粘泥是氧浓差电池的成因，由此产生局部腐蚀。在氧浓度高的一侧生长着好气性微生物如铁细菌、氢细菌、硫氧化菌等，其内侧是厌氧菌的繁殖场所。微生物的活动加速了腐蚀，而腐蚀生成的铁离子、氢等以进一步促进微生物的生长，由此形成比一般氧浓差电池作用更为严重的腐蚀。

7.5.3　防止微生物的措施

目前尚无特效方法，除非系统是密闭的，否则很难消灭微生物腐蚀，一般都采用多种联合控制方法，常用防护措施有：

① 用杀菌剂或抑菌剂。可根据微生物种类及环境而选择，对于铁细菌等可通氯杀灭，残留氯含量一般控制为 0.1~1mg/L。抑制硫酸盐还原菌用铬酸盐很有效，加入量约为 2mg/L。处理生物粘泥时，联合使用杀菌剂，剥离剂及缓蚀剂效果较好。除采用氯气等氧化性杀菌剂

外，还并用季铵盐等非氧化性杀菌剂。

② 改变环境条件，控制环境条件可抑制微生物生长。如减少细菌的有机物营养源，提高 pH 值（pH>9）及温度（>50℃）可有效抑制微生物生长。工业用水装置的曝气处理，土壤中积水的排泄可改善通气条件，使硫酸盐还原菌腐蚀减轻。

③ 覆盖防护层。近年来发现，聚乙烯涂层对微生物腐蚀有很好防护作用，用呋喃树脂层防止油箱燃料中微生物腐蚀有一定效果。另外也有用镀锌、镀铬、衬水泥、涂环氧树脂漆等防护措施。

④ 阴极保护。通常是和涂层保护联合使用，为防止土壤中微生物腐蚀，对钢铁物件采用的保护电位应控制在-0.950V 以下（相对 $Cu/CuSO_4$ 电极）才能有效地防止硫酸盐还原菌的腐蚀。

7.6 金属在酸、碱、盐介质中的腐蚀

酸、碱、盐是极其重要的化工原料，在石油、化工、化纤、湿法冶金等许多工业部门的生产过程中，都离不开它们。但它们对金属的腐蚀性很强，如果在设计、选材、操作中稍有不当，都会导致金属设备的严重破坏。因此了解酸、碱、盐介质中金属腐蚀的特点和规律，对延长设备使用寿命，保证正常生产是非常重要的。

7.6.1 金属在酸中的腐蚀

酸是普遍使用的介质，最常见的无机酸有硫酸、硝酸、盐酸等。酸类对金属的腐蚀要视其是氧化性，还是还原性而大不相同。非氧化性酸的特点是腐蚀时阴极过程纯粹为氢去极化过程。氧化性酸的特点是腐蚀的阴极过程主要为氧化剂的还原过程（例如硝酸根还原成亚硝酸根）。但是，若要硬性把酸划分为氧化性和非氧化性酸是不适当的。例如，硝酸浓度高时是典型的氧化性酸，而当浓度不高时，对金属腐蚀却和非氧化性酸一样，属于氢去极化腐蚀。又如稀硫酸是非氧化性酸，而浓硫酸则表现出氧化性酸的特点。通常通过酸的浓度、温度、金属在酸中的电极电位，可以判断其氧化性或非氧化性酸的特性。

7.6.1.1 金属在硫酸中的腐蚀

纯净的硫酸是无色、无臭、黏滞状的液体。市售硫酸通常浓度为98%。高浓度的硫酸是一种强氧化剂，它能使不少具有钝化能力的金属进入钝态，因而这些金属在浓硫酸中腐蚀率很低。低浓度的硫酸则没有氧化能力，仅有强酸性的作用，其腐蚀性很大。硫酸的腐蚀性取决于许多因素，最主要的是温度与浓度，然而其他的一些因素如氧化还原剂的存在、流速、悬浮固体物等，也能影响硫酸对各种材料的耐蚀性。

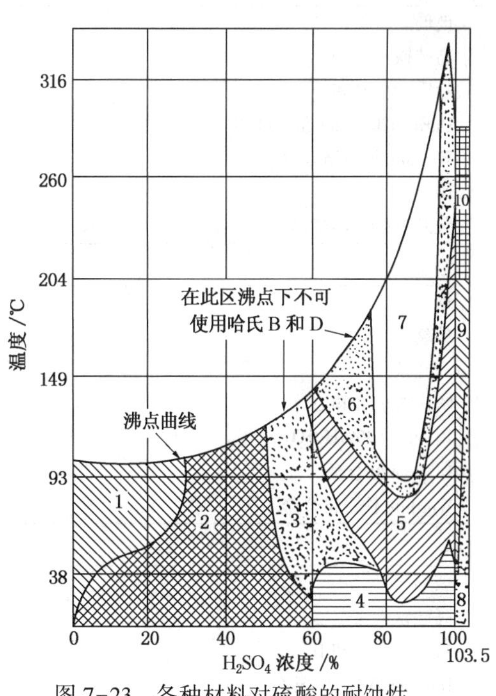

图 7-23 各种材料对硫酸的耐蚀性

（腐蚀速度小于 0.5mm/a）

G. A. Nelson 在收集各种材料于硫酸中腐蚀的大量数据的基础上绘制了腐蚀总图（图 7-23），图中展示了各种材料在硫酸中腐蚀速度小于

0.5mm/a 的适用浓度、温度范围，图 7-23 中的1～10 标号适用的金属在表 7-31 中说明。

表 7-31　图 7-23 中各区所代表的材料种类(在各阴影区内材料的腐蚀速度小于 0.5mm/a)

1　区	
10%铝青铜(不含空气)	不透性石墨
Illium G 镍铬(钼铜铁)合金	钽
玻璃	金
哈氏合金 B 及 D	铂
Durimet20 合金	银
Worthite 铁镍铬合金	锆
铅	Nionel 镍铁铬合金
铜(不含空气)	钨
蒙乃尔(不含空气)	钼
酚醛(石棉)塑料	316 型不锈钢(含空气的 10%以下的酸)
橡胶(至 77℃止)	
2　区	
玻璃	镍铸铁(20%以下，24℃)
高硅铁	不透性石墨
哈氏合金 B 及 D	钽
Durimet20 合金(至 65℃止)	金
Worthite 铁镍铬合金(至 65℃止)	铂
铅	银
铜(不含空气)	锆
蒙乃尔(不含空气)	Nionel 镍铁铬合金
酚醛(石棉)塑料	钨
橡胶(至 77℃止)	钼
10%铝青铜(不含空气)	316 型不锈钢(含空气的 25%以下酸，24℃)
3　区	
玻璃	不透性石墨
高硅铁	钽
哈氏合金 B 和 D	
Durimet20 合金(至 65℃止)	金
Worthite 铁镍铬合金	铂
铅	锆
蒙乃尔(不含空气)	钼
4　区	
钢	镍铸铁
玻璃	316 型不锈钢(80%以上)
高硅铁	不透性石墨(96%以下)
哈氏合金 B 和 D	钽
铅(小于 96%H_2SO_4)	金
Durimet20 合金	铂
Worthite 铁镍铬合金	锆
5　区	
玻璃	铅(至 79℃及 96%H_2SO_4)
高硅铁	不锈性石墨(至 79℃及 96%H_2SO_4)
哈氏合金 B 和 D	钽
Durimet20 合金(至 65℃止)	金
Worthite 铁镍铬合金(至 65℃止)	铂

续表

6　区	
玻璃 高硅铁 哈氏合金 B 和 D(0.5~1mm/a)	钽 金 铂
7　区	
玻璃 高硅铁 钽	金 铂
8　区	
玻璃 铜 18Cr-8Ni Durimet20 合金	Worthite 铁镍铬合金 哈氏合金 C 金 铂
9　区	
玻璃 18Cr-8Ni Durimet20 合金	Worthite 铁镍铬合金 金 铂
10　区	
玻璃 金	铂

通过 Nelson 腐蚀总图可以找到不同硫酸浓度和温度区适用的金属材料。例如 2 区和 4 区浓度范围内，室温时对碳钢和铅两种金属来讲，它们的耐蚀性范围，刚好可以相互补充不足。低于 70%浓度的硫酸，对碳钢的腐蚀严重，而对铅的腐蚀很小。而高于 70%浓度时碳钢却有足够好的耐蚀性。所以浓度小于 70%H_2SO_4 可用铅制的设备储运，而碳钢可用于浓度为 70%~100% H_2SO_4 的贮罐与运输管线。碳钢通常也可用于浓度超过 101%的中温发烟硫酸，但应注意两个问题：一是硫酸是一种强吸水剂，暴露于空气中会因吸水而自动稀释，从而进入高腐蚀区；其二是钢铁材料在硫酸中所生成的粘附性良好的硫酸盐保护膜($FeSO_4$)，易受溶液流动冲刷等机械作用而破坏。

钢和铅所以耐硫酸腐蚀，都是因为表面上生成 $FeSO_4$ 和 $PbSO_4$ 粘结性好的保护膜，这些硫酸盐膜进而在强氧化性环境中被氧化，通常变为钝态的氧化膜。

另一个常用于硫酸中的材料是高硅铸铁，含有约 14.5%Si 的铸铁对各种浓度的硫酸，在沸点以下的各个温度范围内都有良好的耐蚀性。图 7-24 为高硅铸铁的等腐蚀图，腐蚀率通常小于 0.13mm/a。但高硅铸铁不宜用于发烟硫酸中(即浓度大于 100%的酸)。高硅铸铁表面生成的钝化膜耐磨性很好，甚至在磨蚀十分严重的酸性泥浆中也能使用，可用于制造泵、阀、换热器、硫酸浓缩加热管、槽出口等。其缺点是硬而脆，不耐剧烈温度变化。

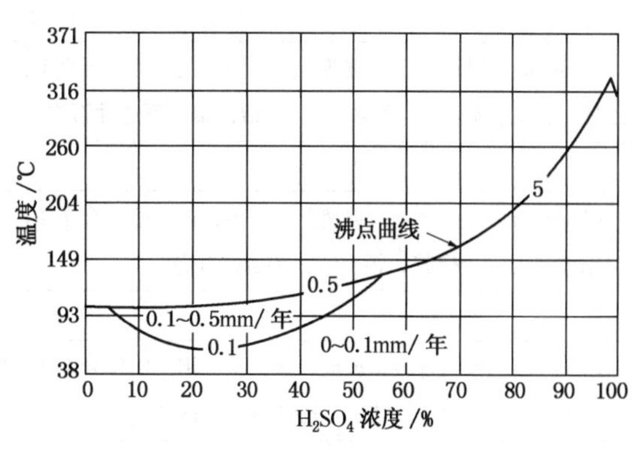

图 7-24　在硫酸中高硅铸铁的腐蚀与浓度和温度的关系

Durimet 20 合金是为了在硫酸中使用而发展起来的一种铸态合金，它可用于硫酸的全部浓度范围，在发烟硫酸中的耐蚀性也非常好。其成分为：<0.07% C，29% Cr，20% Ni，3.25%Cu，2.25%Mo。

对不锈钢来讲，硫酸的腐蚀作用与酸中共存的氧化剂有很大关系。在不含别的氧化剂的硫酸中，能够自钝化的范围仅限于低浓度的稀硫酸和具有氧化性的高浓度的硫酸。在中间浓度的范围内，必须在硫酸中有溶解氧或与其他氧化剂共存的条件下，才能发挥不锈钢的钝态耐蚀性。对奥氏体不锈钢而言，只有含 Mo 的奥氏体不锈钢可用，例如 0Cr23Ni28Mo3Cu3Ti。

某些镍基合金，如哈氏合金 825(Hastelloy 825)可以在一个很宽的浓度范围内应用于硫酸介质中。铜与铜基合金一般不太应用于硫酸，它们对氧化性条件很敏感。铝青铜因有较好的耐磨蚀性，适用于炼油厂处理含碳质泥渣的硫酸的设备。锆可应用于热硫酸介质，但硫酸浓度不得高于 60%。

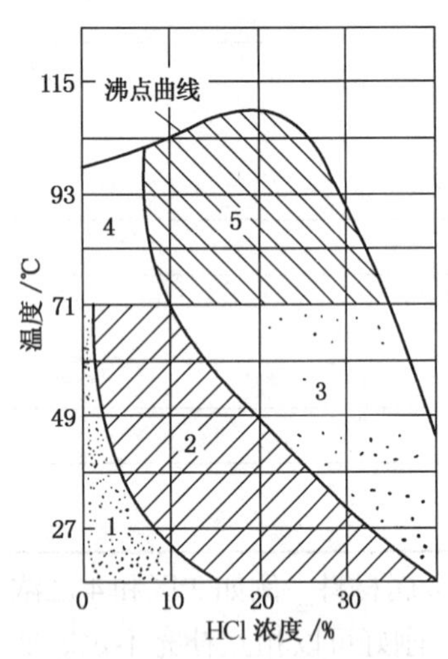

图 7-25　材料对盐酸的耐蚀性
(腐蚀率小于 0.5mm/a)

7.6.1.2　金属在盐酸中的腐蚀

盐酸是典型的非氧化性酸，金属在盐酸中腐蚀的阳极过程是金属的溶解，阴极过程是氢离子的还原。很多金属在盐酸中都受到腐蚀而放出氢气，称为氢去极化腐蚀。

盐酸是腐蚀性最强的强酸之一，多数常用金属和合金对它都难以应付。盐酸中如果同时存在空气或其他氧化剂，腐蚀环境条件就变得更为恶劣。对于含有一定量三氯化铁(或氯化铜)的热浓盐酸，至今难以找到一种工业金属或非金属材料能抗其腐蚀。这是填补选材的空白。

图 7-25 是盐酸中的 Nelson 腐蚀图，该图总结了在各种温度和浓度的盐酸中可适用的材料。图中各区所代表的材料列于表 7-32 中。

表 7-32　图 7-25 中各区所代表的材料种类(各区域中材料的腐蚀率小于 0.5mm/a)

1　区
Chlorimet 2 镍钼合金，玻璃，银，铂，钽，哈氏合金 B，Durichlor 含钼高硅铁(不含 $FeCl_3$)，酚醛石棉塑料，聚偏二氯乙烯，橡胶，硅青铜(不含空气)，铜(不含空气)，镍(不含空气)，蒙乃尔(不含空气)，锆，钨，钛(室温 10%以下的 HCl)
2　区
Chlorimet 2 镍钼合金，玻璃，银，铂，钽，哈氏合金 B，Durichlor 含钼高硅铁(不含 $FeCl_3$)，酚醛石棉塑料，聚偏二氯乙烯，橡胶，硅青铜(不含空气)，锆，钼，不透性石墨
3　区
Chlorimet 2 镍钼合金，玻璃，银，铂，钽，哈氏合金 B(不含氟)，Durichlor 含钼高硅铁(不含 $FeCl_3$)，酚醛石棉塑料，聚偏二氯乙烯，橡胶，钼，锆，不透性石墨
4　区
Chlorimet 2 镍钼合金，玻璃，银，铂，钽，哈氏合金 B(不含氯)，Durichlor 含钼高硅铁(不含 $FeCl_3$)，蒙乃尔(不含空气，0.5%HCl 以下)，锆，不透性石墨，钨
5　区
Chlorimet 2 镍钼合金，玻璃，银，铂，钽，哈氏合金 B(不含氯)，锆，不透性石墨

碳钢或低合金钢一般不适用于盐酸介质中。在有些情况下，厚壁铸铁设备用于处理盐酸蒸气，但当某些部位发生蒸气凝聚时，该部位就会发生严重腐蚀。因此，耐盐酸腐蚀的金属材料仅限于钽、锆等具有极强钝化膜的特殊金属，以及铜、钼、镍等热力学性质稳定的金属为基的合金。不过当盐酸中溶解氧或存在其他氧化剂时，铜、钼、镍基合金腐蚀速度将急增。

一般可以把金属和合金分成三类：①可以适用于大多数盐酸介质条件的材料；②可在特殊条件下使用，用时要慎重；③一般不适用于盐酸介质，只在酸浓度极低的情况下使用。属于第一类的材料有哈氏合金 B 和 C、Chlorimet 2 镍钼合金、钽、锆、钼等。第二类中有铜、青铜、Monel 合金、镍、Inconel 合金、高硅铁、316 不锈钢，这些材料仅能在一定条件下使用，不能用于热盐酸。第三类的有碳钢、铸铁、铝和铝合金、铅和铅合金、黄铜以及只含铬的不锈钢等材料，它们很少用于盐酸介质中。

7.6.1.3 金属在硝酸中的腐蚀

硝酸是一种氧化性的强酸,在全部浓度范围内均显示氧化性。因此,耐硝酸的材料仅限于钝态金属,所以为硝酸选用材料品种有限。选材通常只限于两类材料——不锈钢和高硅铁。

不锈钢在硝酸中有较好的耐蚀性，成为硝酸中常用的金属材料。18-8 不锈钢是硝酸中应用最广的钢种。图 7-26 是 18-8 不锈钢在硝酸中的等腐蚀图。该图适用于所有经过适当热处理的 18-8 型不锈钢，包括 304、304L、321、347 以及铸态的 CF-8、CF-3 等合金。从图中可见，18-8 不锈钢对室温下各浓度的硝酸，以及 50%以下沸腾硝酸有很好耐蚀性。当浓度和温度增高时耐蚀性降低，18-8 不锈钢对热浓硝酸耐蚀性不好，而对室温下的发烟硝酸中却有优良的耐蚀性。在使用时对奥氏体不锈钢有晶间腐蚀倾向，其敏感性随碳化物析出的数量而增加。低碳不锈钢(304L)与碳稳定化型不锈钢(347、321)一般在焊接条件下不发生晶间腐蚀。

高硅铸铁有突出的耐蚀性，但只适用于铸件，而且力学性能相当差。因其价廉而又适应高浓度存在腐蚀的严酷条件，所以经常使用。图 7-27 是 14.5%高硅铸铁的等腐蚀图。可见在 45%以上包括沸点温度的硝酸中，它的耐蚀性非常优良，在 70℃以下的所有浓度的硝酸中，耐蚀性都很好。

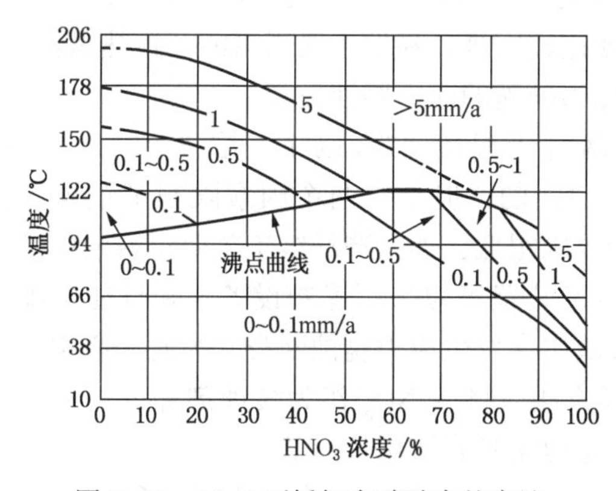

图 7-26 18-8 不锈钢在硝酸中的腐蚀

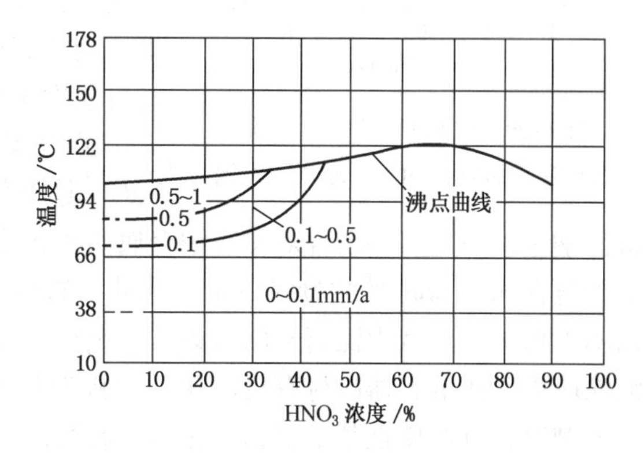

图 7-27 高硅铸铁在硝酸中的腐蚀

7.6.2 金属在碱溶液中的腐蚀

碱溶液一般比酸对金属的腐蚀性小。主要有两方面原因：一是在碱溶液中，金属表面易生成难溶性的氢氧化物或氧化物，对金属有保护作用，使腐蚀减缓；二是在碱溶液中，氧电极电位与氢电极电位要比在酸介质中的电位负，因此，与金属阳极溶解反应的平衡电位之间的电位差要比酸介质中的小，即腐蚀电池“推动力”要小一些，腐蚀速度当然也相应会小一些。

在 NaOH 中可供选择的材料列于图 7-28 的选材图中，图中不同 NaOH 浓度和温度区域可供选择的材料列于表 7-33 中。

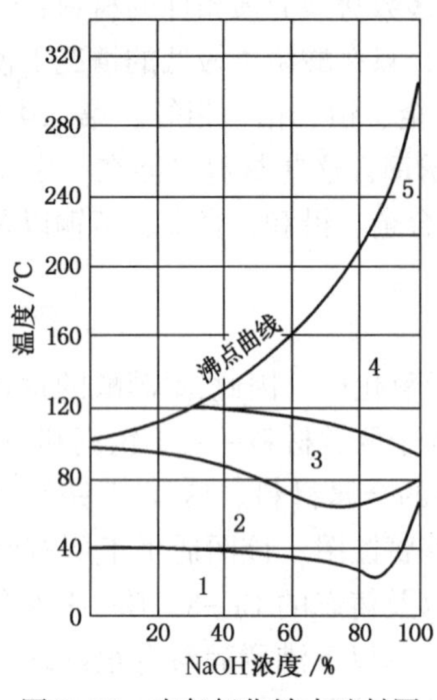

图 7-28　在氢氧化钠中选材图

表 7-33　图 7-28 中各区域所代表的材料种类

1	碳钢，灰铸铁，1Cr13，1Cr18Ni9Ti，铝铸铁，低合金钢
2	1Cr13，1Cr18Ni9Ti，铝铸铁，镍铸铁
3	1Cr18Ni9Ti，Cr18Ni12Mo2Ti，Cr18Ni12Mo3Ti，镍铸铁，9%镍铜合金，镍白铜，铝青铜
4	9%镍铜合金，镍白铜，Monel 合金，纯镍，银
5	镍白铜①，Monel 合金，镍①，银，金，铂

① 当介质中含氯酸盐或其他氧化剂时会加速腐蚀。

对碳钢来讲，pH 值在 4~9 之间，腐蚀速度几乎与 pH 值无关，因腐蚀过程受氧扩散控制，见图 7-29。当 pH 值为 9~14 时，钢在碱溶液中因钝化使腐蚀大为降低；pH 值大于 14 时，钢铁发生过钝化，形成 FeO_2^-，在室温附近腐蚀速度不大，但在相当高的温度和浓度下，腐蚀加剧。碱浓缩罐中的腐蚀及锅炉中的碱腐蚀是一实例。所以对于 NaOH 等这类强碱来讲，稀碱溶液就能使 pH 值达到 10 而使钢自发钝化。但当碱液中有氯化物盐共存时，要使钢达到钝态就比较困难，易发生局部腐蚀。在热碱液中，有可能发生称为碱脆的应力腐蚀破裂。

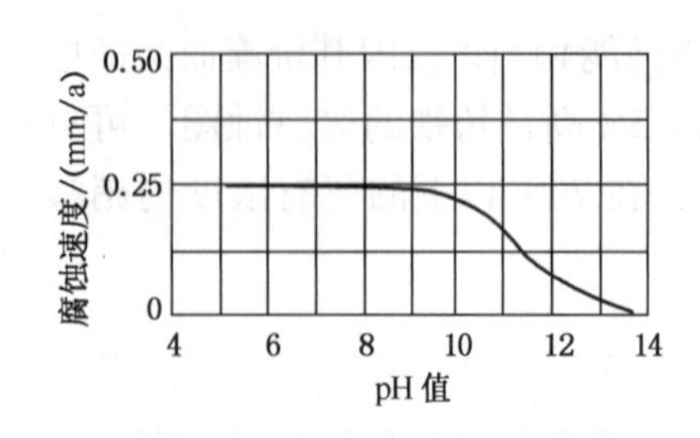

图 7-29　碱侧 pH 值变化对铁的腐蚀速度影响（NaOH，通气，室温）

虽然碳钢对于温度 87℃ 以下、浓度 50% 以下的 NaOH 是十分耐蚀的，但是有两个因素限制了钢裸露在苛性钠中。一是有些场合对碱液中金属离子含量要求很低，如人造纤维工艺要求碱液中铁离子含量在几个 ppm 的数量级以下。为此，碱的蒸发装置等应采用镍制设备，并且还常配合以阴极保护，以减少镍离子的污染。二是钢在碱液中会发生应力腐蚀断裂，为此，必须采用消除应力，在钢容器内衬有机涂层及阴极保护等方法。将 $NaNO_3$ 作为缓蚀剂加入高温、高浓度碱时，将促使铁基金属的钝化而抑制腐蚀，这也是具有实用价值的。

高温碱溶液对铁的腐蚀按碱金属种类不同而变化。一般为碱金属的相对原子质量越大，腐蚀越激烈，即腐蚀性按锂、钠、钾、铷、铯的顺序而增加。

铸铁对于很宽范围浓度与温度的 NaOH 是耐蚀的，所以铸铁锅可用于蒸发 73%浓度的苛性碱以制取无水苛性碱，其使用寿命可达数年。

镍及其合金对于高温、高浓度的碱耐蚀性很好，表 7-34 表示了镍与镍合金在 70% NaOH 中的腐蚀数据。镍通常用于最苛刻的碱介质条件或对金属离子污染限量最低的地方。镍的极低的腐蚀率(甚至在熔融苛性钠中)以及它的抗应力腐蚀的特性，使得镍成为处理强碱(苛性钠)的优良材料。在高浓度(例如 75%~98%的 NaOH)、高温(>300℃)的苛性钠或苛性钾中，最好使用低碳镍，否则会发生晶间腐蚀和应力腐蚀。

奥氏体不锈钢在碱溶液中耐蚀性很好，随着钢中镍含量的增加，其耐蚀性更为提高。钢中含钼是有害的。

表 7-34　镍与镍合金在 70%NaOH 中腐蚀速度　　$mg/dm^2 \cdot d$

	沸点(约 180℃)	350℃
镍	1.8	1.9
Monel	1.7	3.2
Inconel	1.4	3.2

7.6.3　金属在盐类水溶液中的腐蚀

水溶液中的盐类对金属腐蚀过程的影响往往是比较复杂的，一般认为影响腐蚀的原因有：

① 盐类水解后使溶液 pH 值的变化；

② 盐类具有某种程度的氧化还原性；

③ 盐类的阴阳离子对腐蚀过程的特殊作用；

④ 盐溶于水使溶液导电度的增大。

在很多场合下往往是两个以上的原因的联合作用，为了简便起见，下面按盐类主要的影响因素来说明。

7.6.3.1　使溶液的 pH 值发生变化的盐

按照溶于水溶液后 pH 值所发生的变化，可将盐类分为以下三类：

① 显示酸性的强酸-弱碱盐：它包括 $AlCl_3$、NH_4Cl、$MnCl_2$、$FeCl_3$、$FeSO_4$、$NiSO_4$、NH_4NO_3 以及 $NaHSO_4$ 等。酸性盐溶于水，使溶液呈现酸性，并表现出与之相对应的酸类似的腐蚀作用。当溶液中有这一类盐存在时，一般将对腐蚀过程起促进作用。而对其中的 $FeCl_3$、NH_4NO_3 等具有氧化性的盐以及容易生成络合物的盐类，应特别注意它们显示出对腐蚀独特的促进或抑制作用。

② 显示碱性的弱酸-强碱盐：它包括 Na_3PO_4、$Na_2B_2O_7$、Na_2SiO_3、Na_2CO_3 等。它们溶于水呈碱性，有时能作为缓蚀剂来使用，以抑制金属的腐蚀。例如，Na_3PO_4、Na_2SiO_3 能生成铁的盐膜，具有很好的保护性。

③ 显示中性的强酸-强碱或弱酸-弱碱盐：假如不具有氧化性，也没有别的阴、阳离子效果，则仅有导电度和氧的溶解度方面的影响。

7.6.3.2　氧化性盐

按产生氧化作用的离子的种类以及是否含有卤素离子，可分成以下 4 类：

① 不含卤素的阴离子氧化剂，如 $NaNO_2$、Na_2CrO_4 等。

② 不含卤素的阳离子氧化剂，如 $Fe_2(SO_4)_3$、$CuSO_4$ 等。

③ 含有卤素的阳离子氧化剂，如 $FeCl_3$、$CuCl_2$ 等。

④ 含有卤素的阴离子氧化剂，如 $NaClO_3$ 等。

通常，对于以氧化性盐的还原反应作为阴极反应的腐蚀过程来说，盐浓度增加将促进腐蚀。但是，当盐浓度超过某一临界值以后，使钝化型金属钝化，抑制了腐蚀。对于铁基合金来说，Na_2CrO_4、$NaNO_2$、$KMnO_4$、K_2FeO_4 等阴离子氧化剂是钝化型缓蚀剂。要使阳极溶解速度大的金属钝化，应采用不含卤素的阴离子氧化剂，阳离子氧化剂对此没有什么效果。

含有卤素的氧化剂，特别是阳离子氧化剂(例如 $FeCl_3$、$CuCl_2$、$HgCl_2$ 等)，几乎使所有的工业金属都急剧腐蚀。即使是钛这样一些具有强固钝化膜的金属，在高温、高浓度的介质中也会发生局部腐蚀，所以对于这一类盐的腐蚀，很难找到可以对付的金属材料。

7.6.3.3　卤素盐

如前所述，含卤素的盐对金属材料有极大的腐蚀性。卤素离子对钝化膜有特别的局部破坏作用。这是因为卤素离子半径小，穿透膜容易，或者是因为卤素离子易在金属的表面吸附而妨碍了氧的吸附之故。这种作用在氧化性环境中是非常显著的，很多钝态金属由于卤素离子而产生局部腐蚀，其中氧化性卤素盐的这种破坏作用最大。即使是非氧化性卤素盐，如 $NaCl$、KCl、$MgCl_2$、$CaCl_2$ 等盐类，如果和溶解氧等其他氧化剂共存时，其结果也相同，卤素离子能使钝化金属不锈钢等产生孔蚀、缝隙腐蚀、应力腐蚀等局部腐蚀。对孔蚀来讲，卤素离子的这种破坏作用一般按下列顺序递减：$Cl^- > Br^- > I^-$。

7.6.3.4　具有络合能力的盐

含有 NH_4^+、CN^-、SCN^-等这样一些具有络合能力的离子的盐，将促进某些金属的腐蚀。例如 NH_4^+ 能和铜离子形成稳定的络离子，使溶出金属离子稳定化，从而加速了铜的腐蚀。又如钢在高浓度的硝酸铵中有$[Fe(NH_3)_6](NO_3)_2$ 的络合物生成，使腐蚀速度增大。

7.7　金属在工业水中的腐蚀

工业水按其用途可分为冷却水、锅炉用水和其他工业用水(洗涤水、空调水、工艺用水等)。

在全世界的用水量中，工业水所占比例约为60%~80%。工业水对金属腐蚀是一个普遍现象，尤其是换热器经常遭到水的腐蚀。例如一个 100 万千瓦电站的冷凝器中共有 5 万~6 万根凝气管，如果有一支泄漏管子，就要停止一组冷凝器运行来检查泄漏点，其损失据国外资料报道约为 5 万~10 万美元。下面将分别讨论冷却水和锅炉用水的腐蚀与防护。

7.7.1　冷却水的腐蚀

冷却水可用淡水(河水、湖水、地下水等)和海水。冷却水系统普遍存在腐蚀、结垢和微生物腐蚀，并且三者互相影响。如腐蚀产物可加剧结垢，结垢又可促使垢下腐蚀，微生物又往往促使污垢和腐蚀的发展，所以必须综合考虑上述因素。

7.7.1.1　冷却水的腐蚀反应和影响因素

冷却水中的腐蚀是电化学腐蚀，以铁的溶解为例：

阳极反应：　$Fe \longrightarrow Fe^{2+} + 2e$

阴极反应因介质条件不同而有下列的不同反应：

① 氢离子的还原作用

$$2H^+ + 2e \longrightarrow H_2\uparrow \qquad \text{在酸性水溶液中}$$

② 水的还原作用

$$2H_2O + 2e \longrightarrow H_2\uparrow + 2OH^- \qquad \text{在天然水中}$$

③ 氧的还原作用

$$O_2+4H^++4e \longrightarrow 2H_2O \quad 在通气的酸性溶液中$$

④ 水中溶解氧的还原作用

$$O_2+2H_2O+4e \longrightarrow 4OH^- \quad 在天然的通气的水中$$

⑤ 铁离子的还原作用

$$Fe^{3+}+e \longrightarrow Fe^{2+} \quad 在酸性、湍流情况下$$

⑥ 硫酸根离子的还原作用

$$4H_2+SO_4^{2-} \longrightarrow S^{2-}+4H_2O \quad 在硫酸盐还原菌存在的条件下$$

阳极反应产物也可产生副反应，如：$Fe^{2+}+2OH^- \longrightarrow Fe(OH)_2\downarrow$，生成的氧化亚铁溶解度非常低，并以白色絮状物很快沉积在金属表面，然后又很快地氧化为 $Fe(OH)_3$，反应式为：

$$4Fe(OH)_2+O_2+2H_2O \longrightarrow 4Fe(OH)_3\downarrow$$

这些产物的脱水作用导致形成腐蚀产物，这就是通常在含铁表面上看到的红锈和含水氧化铁：

$$2Fe(OH)_3 \longrightarrow Fe_2O_3 + 3H_2O$$

$$Fe(OH)_3 \longrightarrow FeOOH + H_2O$$

腐蚀产物在金属表面沉积并形成带有沉积盐类、泥沙、微生物粘泥等物的腐蚀产物薄层。假如该薄层是多孔性的，金属离子能穿过它到达溶液的界面，则继续发生腐蚀；如果生成致密的附着薄层，它能阻止离子扩散，抑制金属溶解。

冷却水的腐蚀性与水中含腐蚀性因素有关。归纳起来有下列主要因素：

① pH 值：如果形成可溶于酸的金属氧化物，则当 pH 值降低时腐蚀增加。对于两性的金属氧化物，在 pH 值为中等时有利于保护，过低和过高的 pH 值会加速腐蚀。贵金属的氧化物在任何 pH 值都不溶解，呈惰性。

② 水中的盐类：氯化物的存在能破坏金属氧化膜，促进腐蚀。钙、镁、铝的某些盐类沉淀后能生成保护性沉积层。

③ 水中溶解气体：水中溶解氧起阴极去极化作用，促进腐蚀：二氧化碳溶于水中生成碳酸而促进腐蚀；由污染水引入的氨对铜为基体的材料将引起选择性腐蚀。H_2S 如果进入水冷却系统中，一方面引起 pH 值下降加速腐蚀；另一方面，所形成的腐蚀产物硫化铁的电位较高，对铁而言是阴极，所以又导致电偶腐蚀而使腐蚀加速。氯气一般是为了抑制微生物而加入冷却水系统的，但由于能生成次氯酸和盐酸，使 pH 值下降，促使腐蚀增加，并能阻滞某些缓蚀剂形成保护膜。

④ 悬浮物：它来自从空气中带来的污染物，或冷却水系统的补充水中带来的泥沙、灰尘和其他微粒。在这些物质的沉积部位可以形成差异充气电池而加速腐蚀。

⑤ 微生物：微生物的作用是堵塞水流通道，增加水流阻力，降低热交换效率，引起腐蚀穿孔。在水冷却系统中常见的嗜氧菌有硫氧化菌、铁细菌、真菌、硝化细菌等。厌氧菌有中温型和高温型硫酸还原菌。

实际情况不是单一因素作用，所以考虑腐蚀问题要从多方面因素综合考虑和分析。

7.7.1.2　冷却水腐蚀形态

冷却水系统中的腐蚀形态与水介质的特点和使用材料相关联。下面以常用的铜材冷凝器为例，讨论可能出现的腐蚀形态。

（1）均匀腐蚀

一般发生在含有侵蚀性二氧化碳或有酸性侵蚀性介质中。其特征是表面裸露出基体金属，绿色腐蚀产物附着很少，表面无光泽，略有凹凸不平。

（2）脱锌腐蚀

从1920年起人们就发现在α黄铜使用过程中会出现脱锌腐蚀问题，后来通过在黄铜中加入砷，基本上防止了脱锌腐蚀。不过如果使用条件不当或在污染海水中使用时，还会出现此问题。

脱锌腐蚀有两种形态，即层状脱锌和塞状（桩状）脱锌。层状脱锌的腐蚀速度较塞状腐蚀慢，一般来说，在冷却用海水中易产生层状脱锌，而在淡水中容易发生塞状脱锌。

脱锌腐蚀发生的条件为：① 微酸性或微碱性，并含有少量溶解氧的水；② 水流速较低时；③ 管子温度较高时；④ 内表面有渗透性的沉积物。

含锌15%以上的黄铜管容易发生脱锌，当铜合金中有铁、锰时会加速脱锌，而砷、锑、磷能起抑制脱锌。现在常用的含砷黄铜一般含砷量为0.02%～0.03%以上，在冷却水中铜管就不会发生脱锌现象；如果铜管中含有镁，则能抵消砷的作用。在水质污染严重的情况下，铜管中即使含有0.03%以上的砷，还是会发生脱锌的。

海水的稀释，对脱锌有较大的影响，如图7-30所示，Cl^-在10^4mg/L以下容易发生脱锌腐蚀。曲线并没有表示出腐蚀量，而只是说明了水质对脱锌腐蚀的影响。

温度对脱锌腐蚀有影响，加砷黄铜在温度大于60～70℃时，砷抑制脱锌的效果就会下降。pH值对脱锌腐蚀的影响如图7-31所示，图中曲线说明在中性水中锌溶出最少，而在微酸性或微碱性水中较易脱锌。

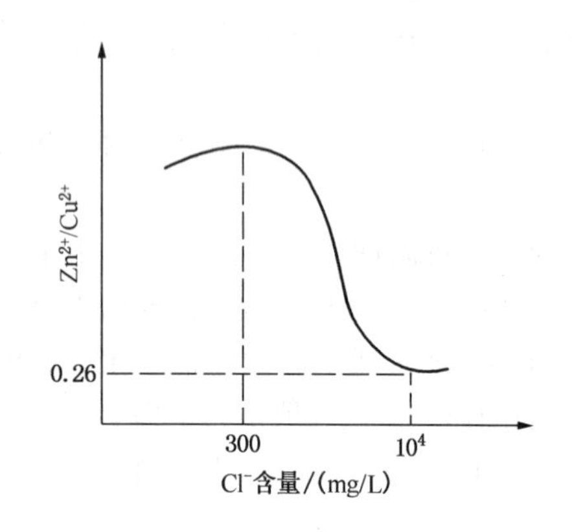

图7-30　溶液中Cl^-含量与脱锌腐蚀的关系

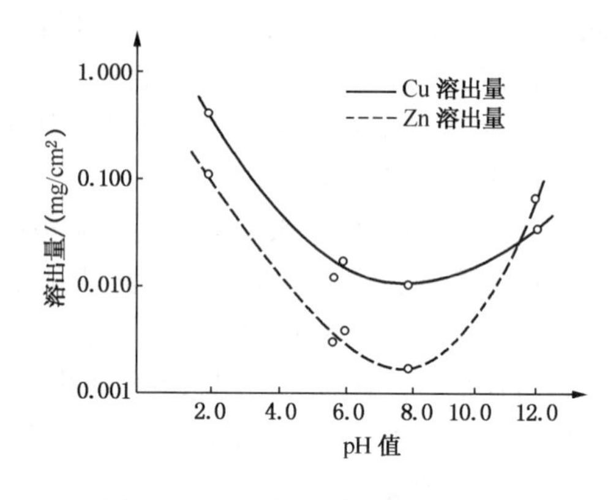

图7-31　pH值对脱锌腐蚀的影响

（3）磨损腐蚀

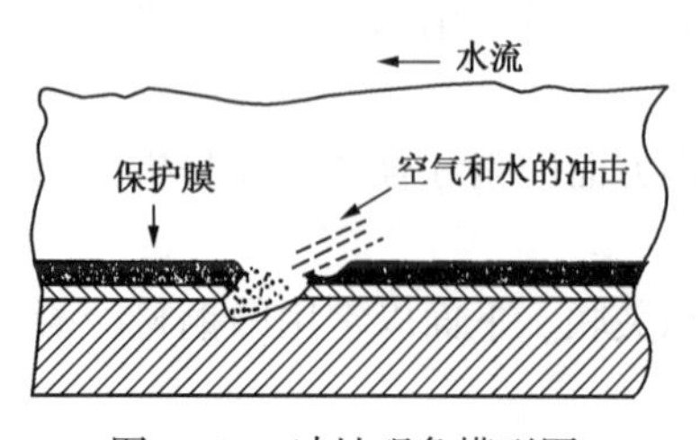

图7-32　冲蚀现象模型图

通常在冷凝器铜管表面上有一层保护膜，使金属和水不直接接触。由于水在管内流动时剧烈搅动，或者混入气泡加剧了水的冲击，致使铜管表面局部地区保护膜破坏，并在该处产生一马蹄形的蚀坑。蚀坑具有方向性，和水流方向一致，这是磨损腐蚀中水流冲刷的腐蚀特征，如图7-32所示，通常发生在靠近冷却水入口端。

磨损腐蚀与管内水流速度有关，表7-35为几种铜合金发生磨损腐蚀的临界速度，大于临界速度则易发生。

从表中可见铝黄铜耐磨损腐蚀性能较好，过去一直认为这仅是由于铝引起恢复保护膜的作用所致，后来发现水中微量的铁在铝黄铜管上可生成 FeOOH 的保护膜。

表 7-35　几种铜材发生磨损腐蚀的临界流速

材　　料	铜	黄铜	海军黄铜	铝黄铜	10%镍铜	30%镍铜
发生冲蚀的临界流速/(m/s)	1.8	2.1	3.0	4.5	4.5	4.5

(4) 砂蚀

这是由于冷却水中含有悬浮砂粒冲刷管壁而引起的铜管腐蚀，其腐蚀特征是在铜管内表面有数量不多的点状小凹坑，有时凹坑排列成条状，凹坑上一般无腐蚀产物，有时凹孔处还露出金属光泽。水中含砂量小于 30mg/L 时就不会引起砂蚀。这也是磨损腐蚀的一种形式。

(5) 沉积物下腐蚀

有两种情况，一是由于流动性不好的物质沉积，而使沉积物下成为隔离区，沉积物的边缘水流通过的地区形成类似缝隙的情况，成为遭受腐蚀的阳极区，在边缘处形成腐蚀槽沟，而沉积物附近的金属表面为阴极区；二是当沉积物是腐蚀产物而且疏松多孔时，在沉积物下的金属表面出现许多点蚀坑。

(6) 孔蚀和晶间腐蚀

在凝汽器的某些部位，当管壁温度超过海水沸点后会产生气泡，气泡又促使管壁温度进一步升高，这时用肉眼就可发现管上有孔蚀发生。有时还可发现晶间腐蚀、晶界脱锌、晶界变粗及变成红色紫铜。这些现象经常发生于海水淡化装置的高温部分。

(7) 应力腐蚀和腐蚀疲劳

对黄铜来讲，氨是一种特定介质，当水中含有氨与氧时，在造成应力处就可能发生应力腐蚀。而腐蚀疲劳是由于冷凝管中水流振动，尤其在长管子中部的铜管表面处产生剧烈的应力变化，致使表面保护膜遭到局部破坏而引起的。

(8) 氨腐蚀

在锅炉给水中通常加入 NH_3 和联氨来控制 pH 值以及防氧，以防止水、汽系统的腐蚀。在凝汽器的空冷区，由于 NH_3 和非凝结性气体的聚积，氨的浓度很高，可达 10g/L，使凝结水的 pH 值达 9~9.4，加上有氧气和水分的存在，该处就发生腐蚀。为防止氨腐蚀，在铝黄铜管上电镀一层厚度为 30μm 的镍，效果较好。最近由于发电机组采用钢管给水加热器，提高了给水的 pH 值(pH>9)，凝汽器空冷区处凝结水的 pH 值达 10~10.4，使镀镍的铝黄铜管也产生局部点腐蚀。为解决这一问题，可采用衬 18-8 不锈钢的铝黄铜管或钛管。表 7-36 中列举了几种材料对氨腐蚀的耐蚀性能。

表 7-36　几种材料对氨腐蚀的耐蚀性

NH_3 的浓度		10^3mg/L	10^4mg/L
腐 蚀 深 度		mm	mm
材　　料	铝黄铜	0.8	7.5
	9/1 铜镍	0.1	6.8
	7/3 铜镍	0.0	0.0
	钛	0.0	0.0
	不锈钢	0.0	0.0

（9）污染海水中的腐蚀

沿海地区常用海水为冷却水，而随工业的发展所排放的大量污水使沿海海水污染日趋严重。衡量海水污染程度有5个指标，列于表7-37。

表7-37 海水污染程度

	pH值	S^{2-}含量/(mg/L)	溶解O_2/(mg/L)	耗O_2量/(mg/L)	NH_4/(mg/L)
清洁海水	8~8.3	0	5~7	~4	<0.01
污染海水	~6.5	~4.5	<4	>4	上升

可把上述因素归纳成经验公式，即海水污染指数PJ：

$$PJ=(8.0-pH)\times2.0+NH_4\times1.5+(5.0-\text{溶解}O_2)\times2.0+S^{2-}\times30+(\text{耗}O_2-2.5)\times0.5$$

PJ<5为清洁海水；

PJ=5~10为中等污染海水；

PJ>10为污染严重海水。

受到污染海水腐蚀的管子，覆盖着一层硫化物含量很高的黏糊状沉淀物，在其下发生点蚀。由于污染海水中存在有机物，有机物与海水中的溶解氧在细菌作用下，发生如下化学反应：O_2+有机物──→CO_2。当有机物含量很大时，就造成了缺氧的环境。海水中的SO_4^{2-}与有机物在硫酸盐还原菌（厌氧细菌）新陈代谢作用下产生了H_2S，pH值下降可达3.2，使金属管道腐蚀严重。

受污染海水腐蚀的铜材表面常覆盖一层黑色多孔的硫化亚铜（Cu_2S）的腐蚀产物，而Cu_2S在海水中的电位为0.1V，铝黄铜为-0.25V（对饱和甘汞电极），Cu_2S将作为有效阴极而加速黄铜管的腐蚀，或产生严重孔蚀。

7.7.1.3 控制冷却水的腐蚀措施

防护措施可主要从下面三方面来考虑。

（1）控制由水质引起的腐蚀

① 严格选择冷却水的水源，并进行水质处理，把腐蚀性物质控制到最低水平，如控制水中的O_2、Cl^-、SO_4^{2-}等的含量。

② 加缓蚀剂。缓蚀剂的选择取决于冷却系统的金属材料和水的组成及环境状态，如应力状态、流速、pH值、溶氧量、溶盐量、悬浮物等等，这些因素常常决定缓蚀剂的效能。

阳极性缓蚀剂在金属表面上形成一层薄的保护膜，最终可覆盖整个金属表面，提高阳极电位并减慢腐蚀反应。例如铬酸盐可在阳极表面上形成含有三价铁和铬的氧化物钝化膜，此膜在组成上类似于在不锈钢上自然形成的钝化膜。属于阳极性缓蚀剂的还有亚硝酸盐、硅酸盐、苯甲酸盐、钼酸盐、正磷酸盐等。

锌盐、丹宁、木质素属于阴极性缓蚀剂。例如丹宁可防止溶解氧的阴极去极化作用。其另一作用是在金属表面上生成一种不透性保护膜。混合型缓蚀剂有锌盐-铬酸盐、铬酸盐-聚磷酸盐、聚磷酸盐-亚铁氰化物、锌盐-丹宁、锌盐-木质素等。在敞开循环系统中通常是两种或更多种缓蚀剂混合使用，以便发挥其各自的优点，减少局限性。例如在冷却系统中，锌盐-铬酸盐的用量为40~50mg/L，这比单独用200mg/L的铬酸盐缓蚀效果更好。

③ 对铜合金进行硫酸亚铁处理。铜质冷凝管可用硫酸亚铁水溶液处理，以形成保护膜。膜结构如图7-33所示。膜层结构是一层与Cu_2O结合比较牢固的水合氧化铁膜。膜层中央部分是一层铜和铁含量均较高的过渡层，它是氢氧化铁的活性胶体吸附渗入到Cu_2O层中形

成的。该膜不仅对阳极过程有明显的阻滞作用，还能阻滞氧在阴极的还原过程，而且阴极阻滞作用大于阳极阻滞。使用经验说明，在铜管使用初期就进行硫酸亚铁处理比发生腐蚀后再进行处理的效果要好得多。

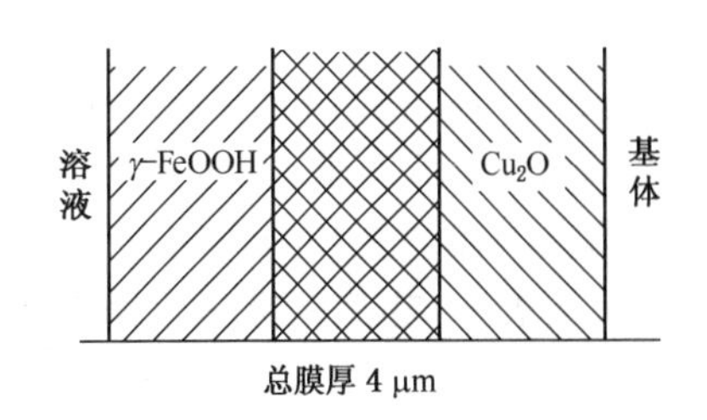

图 7-33　硫酸亚铁处理后膜层结构示意图

(2) 水中沉积物及其控制

为了节约用水和降低废水处理费用，不少工厂使用的冷却水中常含有较高浓度的溶解物，有时还带有许多小颗粒的悬浮物。为了环境保护，现多采用无污染的缓蚀剂，这些药剂一般都在碱性的 pH 值下使用，其结果又增加了结垢的趋势。沉积物的形成会降低原设计的热交换能力，在沉积物处可造成氧浓差电池，促进了腐蚀。

常见的沉积物类型及其影响为：

水中的盐类：如碳酸钙、硫酸钙、硅酸钙、硅酸镁、磷酸钙以及镁盐、铁盐等。沉淀出来的钙镁盐类，通常形成致密而又附着紧密的硬垢，很难清除，它主要影响热效率。

水中污物：有悬浮的泥土、沙子、淤泥、黏泥等，它们通常聚集在流速较低的部位或水流突然发生变化的地方。冷却塔底部、换热器、水箱区等处沉积几率最大。

空气中的污物：敞开循环式冷却水系统接触空气，空气中含有灰尘、砂粒、泥土等。另外，大气污染物质 SO_2、H_2S、NH_3 等气体也会进入水中增加腐蚀性，腐蚀产物引起沉积。

为了控制水中沉积物的数量，可以采取以下几种措施。

① 常规处理：有两种方法，一种是软化处理，即应用钠沸石或氢化沸石进行离子交换、石灰软化和脱去矿物质以移去成垢离子，这些措施可以清除冷却水设备中最常见的硬垢。另一种是加酸处理，这是工业上控制结垢的老方法，目的是用来中和水中的碱度，防止生成碳酸盐。硫酸与重碳酸钙按下式反应：$Ca(HCO_3)_2+H_2SO_4 \longrightarrow CaSO_4+2CO_2\uparrow+2H_2O$。因为硫酸钙在水中的溶解度至少要比碳酸钙大 100 倍，因而只要不超过硫酸钙的饱和浓度，即使系统在较高浓缩倍数下运转，也可防止结垢。加入足够的酸以得到合适的碱度和 pH 值，这不仅对结垢，而且对腐蚀控制也是需要的。加入的酸有时也用硝酸、盐酸、氨基磺酸等，但用时要谨慎，如盐酸会把 Cl^- 带入引起局部腐蚀。

② 聚合物沉积控制，这是目前取代加酸处理的新方法。在水处理中用于控制沉积的聚合物有天然聚合物、改性聚合物(淀粉和羧甲基纤维素)、乙烯基聚合物和缩合聚合物。阳离子聚合物电离后将带有正电荷，阴离子聚合物将带有负电荷。因悬浮物经常带有负的表面电荷，所以带有正电的阳离子聚合物将会凝结这些粒子，按这种方式起作用的聚合物称为絮凝剂。而带有负电的阴离子聚合物可以吸附在污垢表面，使污垢带有相同电荷而互相排斥，维持粒子悬浮于水中，这种类型的聚合物称为分散剂，它们都可以抑制在金属表面上生成沉积物。

③ 加入螯合剂、络合剂。它们可以形成可溶性络合物，防止沉积作用。

(3) 微生物腐蚀的控制

对于工业循环水系统中的微生物腐蚀，常采用下列控制方法：① 阴极保护，电位维持在-0.95V 有效。② 涂层(有机和金属涂层)。③ 控制菌的营养源，如减少冷却水中各种能作为碳源的物质(碳水化合物、烃类、腐殖质、藻类)和有机或无机含氮物质(蛋白质、氨基酸、尿素、硫酸铵、硝酸铵)等，能使微生物的繁殖大幅度下降。④ 化学药剂杀菌灭藻。氧化性杀菌剂有氯、氯胺、次氯酸、臭氧、过氧化氢等；非氧化性杀菌剂有氯酚类(三氯酚、五氯酚、双氯酚)和季铵盐(十二烷甲基二甲基苄基氯化铵、十六烷基吡啶等)。其中氯酚类杀菌力强，成本低，但污染环境。季铵盐类则高效低毒，使用方便，但价格较贵。常用来控制真菌及藻类生长的药剂为有机锡化物(三丁基氧化锡)等。

7.7.2 高温、高压水的腐蚀

锅炉用水通常在高温下使用，当温度超过100℃的水称为高温水。水的沸点是随压力升高而升高，所以液态水的高温与压力紧密相关。在现代工业中，例如高压锅炉、水冷却型原子能反应堆装置都以高温高压水作为工作介质，使用的原水是纯度较高的水，水约在300℃的高温下蒸发，产生的水蒸气过热至600℃以上。为了提高热效率，工作压力越来越高，许多锅炉压力已达9.8MPa(100kg/cm^2)以上，少数超临界锅炉的压力达到29.4MPa(300kg/cm^2)以上。显然，对于这些在高温高压条件下运行的装置来讲，腐蚀是重大的威胁。完全纯净的高温高压水腐蚀性并不严重，但工业用的高温水中多少含有氧、盐类等杂质，其腐蚀性就明显增加，许多在低温水中的耐蚀材料，在高温高压水中将会腐蚀破坏。

7.7.2.1 影响高温水腐蚀的因素

影响高温水腐蚀的主要因素有高温水中含氧量、pH值、过热、CO_2含量等。

(1) 溶解氧

水中溶解氧是高温水腐蚀的首要影响因素。有溶氧存在时还常会形成孔蚀、缝隙腐蚀等局部腐蚀。因此在实际操作中，必须尽可能降低水中含氧量。

对于发电锅炉来说，除氧问题比较容易解决。一方面是由于经过汽轮机凝汽后，凝结水的含氧量可以降低到0.1mg/L以下，另一方面可利用充足的汽源来设置热力除氧器。但是，对于供热锅炉来说，除氧就比较困难，因为供热锅炉的补充水量大，温度低，汽源也不足。一般规定，压力为5.9MPa(60kg/cm^2)以上的发电锅炉的给水含氧量应低于7μg/L，3.8~5.8MPa(39~59kg/cm^2)的发电锅炉给水含氧量应小于15μg/L；而1.6~2.5MPa(16~25kg/cm^2)的工业锅炉给水含氧量标准为小于50μg/L。作出以上规定的目的是将腐蚀速度控制在允许的范围内。

除氧的方法有多种，热力除氧是主要的手段。小容量的工业锅炉常采用化学除氧法，高参数锅炉也常采用化学除氧法作为辅助手段。化学除氧法包括亚硫酸钠除氧、联氨除氧、钢屑或丹宁除氧等方法。

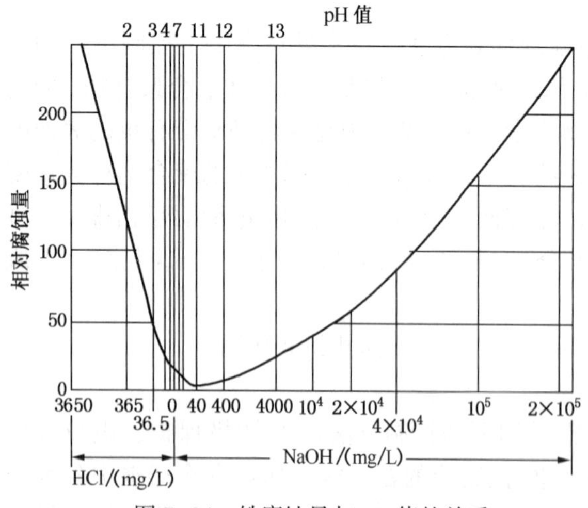

图7-34 铁腐蚀量与pH值的关系

(水温310℃，pH值为25℃时的测定值)

(2) pH值

在室温下，钢的腐蚀速度随水的pH值的增加而显著减小；同样，在高温下，若提高水溶液的pH值，钢铁就会因形成稳定的Fe_3O_4表面保护层而减少腐蚀。图7-34示出高温水的pH值和铁的腐蚀量的关系。pH值的变化是通过加入HCl及NaOH来调节的。由该图可见，当pH值保持10~11时，铁的腐蚀量最小。对于防止高温水腐蚀的措施来说，除了上面已提到的除氧脱气以外，最主要的就要算是控制 pH 值了。

表 7-38 中列出几种控制锅炉水 pH 值的常用水处理方法。加 NaOH 是最早使用的方法，该法的缺点是产生固体沉淀物多，易于发生碱腐蚀。采用磷酸盐处理法可减少这一类问题，不过磷酸钠盐在高温下因溶解度降低而析出，使高温水的 pH 值难于保持稳定。在近代高压锅炉中常用加入氨、联胺(肼)等易挥发性物质的方法来调节 pH 值，以免产生固体沉积物。联氨除了有控制 pH 值的作用外，还可以脱氧。其反应为：

$$N_2H_4+O_2 \longrightarrow N_2+2H_2O$$

$$3N_2H_4 \longrightarrow 4NH_3+N_2$$

表 7-38　水处理方法及使用条件

项　目	氢氧化钠法	磷酸盐处理法	挥发性物质加入法
加入物	氢氧化钠 磷酸三钠	磷酸三钠 磷酸氢二钠 磷酸三钾 磷酸氢二钾	氨 联氨
pH 值	10~11	9~10.5	8.5~9.5
压　力	9.8MPa 级 ($100kgf/cm^2$)	12.7MPa 级以上 ($130kgf/cm^2$)	12.7MPa 级以上 ($130kgf/cm^2$)
特　征	固体物质多，发生碱腐蚀的危险性大	磷酸盐在高温时析出，调整 pH 值较困难	当海水浸入时有腐蚀的危险

这个方法所能得到的 pH 值较其他方法要低一些，但对系统内 pH 值的波动不易控制，这是该法的不足之处。因此，要求有严格的水质管理相配合，还应注意氨所造成的冷凝器腐蚀。

(3) 过热

在蒸发管那样的一些传热面上，由于水在表面沸腾并伴随有大量蒸汽泡产生，金属表面附有蒸气泡后，热传导性变差，易于进一步造成局部过热。当汽泡离去时，因溶液流入又会使该处温度下降，汽泡的急剧生成与破坏，使金属表面处于温度的急剧交变状态(温差约 10~15℃)，金属表面的氧化膜层由此受到破坏，腐蚀加速。

造成过热状态的另一个重要原因是垢层或腐蚀产物层附着于金属表面，使传热恶化，管壁温度上升，甚至发生管道爆破事故。这些情况多发生于管壁的火焰加热侧。图 7-35 表示水垢等附着于管壁后所造成的管壁温升。温度的升高与炉管的热负荷及附着层厚度有关。例如，当热负荷为 $17\times10^5 kJ/m^2 \cdot h$，附着层厚度为 100μm 时，管壁温升已有 50℃。局部过热还会使水中的盐、碱浓缩，引起碱腐蚀。

(4) CO_2 含量

二氧化碳溶于水后，pH 值便下降。反应为：

$$CO_2+H_2O \rightleftharpoons H_2CO_3 \rightleftharpoons H^++HCO_3^- \rightleftharpoons 2H^++CO_3^{2-}$$

图 7-36 表示纯水中 CO_2 浓度和 pH 值的关系。在常温纯水中的游离 CO_2 含量一般为 1mg/L，对应的 pH 值为 5.5，这时铁的腐蚀速度开始剧增。高温水中的碳酸盐受热分解后也会生成二氧化碳，所以高温水中二氧化碳的腐蚀问题也不能忽视。铁与碳酸的反应为：

$$Fe+2H_2CO_3 \longrightarrow Fe(HCO_3)_2+H_2$$

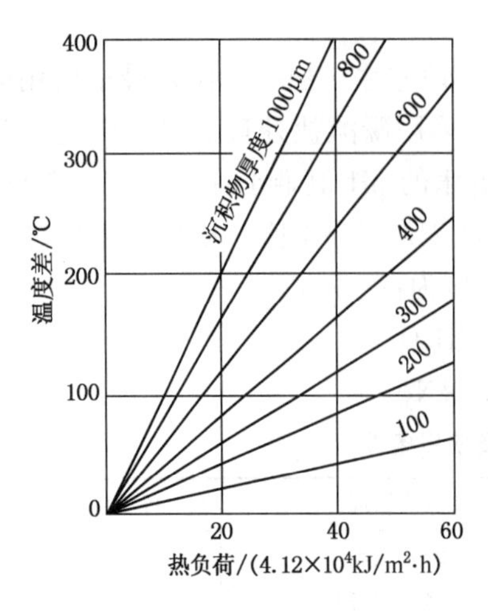

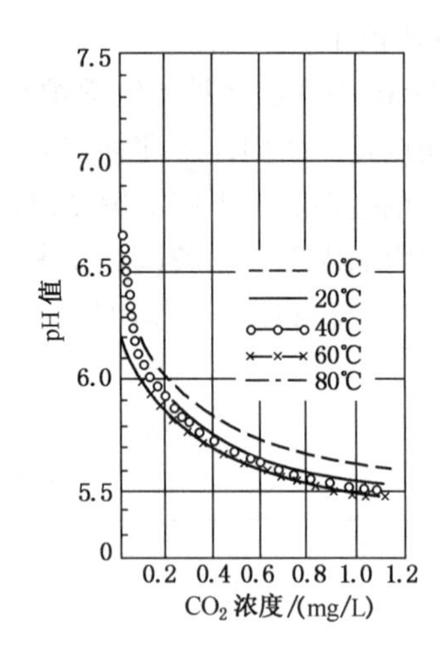

图 7-35 沉积物附着所致管壁温度的上升

图 7-36 纯水中 CO_2 浓度与 pH 值的关系

如果水中含氧，腐蚀产物为 Fe_2O_3，同时又生成了 CO_2，反而会促使 pH 值降低：

$$2Fe(HCO_3)_2+\frac{1}{2}O_2 \longrightarrow Fe_2O_3+2H_2O+4CO_2$$

二氧化碳所造成的腐蚀，多属均匀腐蚀，腐蚀产物被水流或汽流带走，使水汽的品质降低。

在蒸汽动力设备中，二氧化碳的主要来源为碳酸盐的热分解。因此，防止二氧化碳腐蚀的主要措施是降低水中的碱度。根据水质特点，可采取中和法及离子交换树脂处理等方法。

7.7.2.2 高温高压水装置的腐蚀类型

(1) 碱腐蚀

以高温高压水为工作介质的锅炉等装置，运行时为调节水的 pH 值，通常加入氢氧化钠来调节。含有少量 NaOH 的锅炉水对于钢铁来讲腐蚀是很小的，但在缝隙处，腐蚀沉积物层下，金属表面沸腾等局部区，由于反复的蒸发和凝聚作用，NaOH 被局部浓缩，例如在附着有沉积物的钢铁表面处，碱浓度可高达 50%以上。

钢在碱溶液中的腐蚀取决于碱液的浓度和温度。图 7-37 表示过热度与水中 NaOH 的浓缩程度的关系。图 7-38 示出了碱浓度对碳钢腐蚀速度的关系。可见当碱浓度增加到 25%时，腐蚀量急剧增加，造成了明显的碱腐蚀。钢的表面膜受到破坏，生成易溶的铁酸盐。

$$Fe(OH)_2+2NaOH \longrightarrow Na_2FeO_2+2H_2O$$

$$Fe+2NaOH \longrightarrow Na_2FeO_2+H_2\uparrow$$

亚铁碳酸钠与炉锅水接触时，将因 pH 值变化而失去稳定性，成为铁的氧化物和碱

$$2Na_2FeO_2+4H_2O \longrightarrow 6NaOH+Fe_3O_4+H_2\uparrow$$

在腐蚀过程中，NaOH 并没有消耗，生成的 Fe_3O_4 腐蚀产物也不起保护作用，它堆积在金属表面，使碱腐蚀更加严重。

(2) 应力腐蚀

低合金钢在高温高压水中发生应力腐蚀的情况尚未见到，而不锈钢、镍基合金中都会产生应力腐蚀破裂。

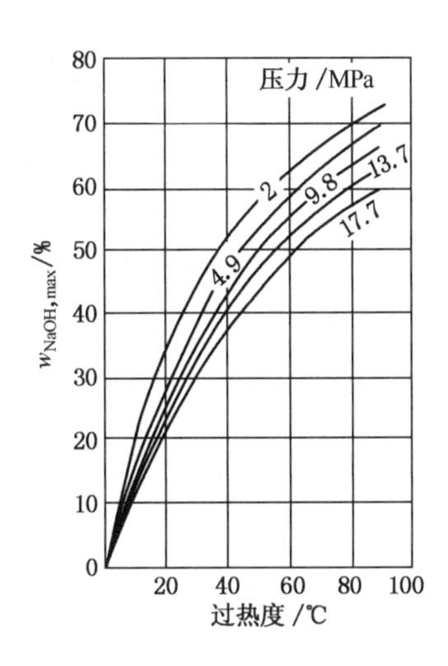

图 7-37　锅炉水的过热度与碱浓缩的最大浓度

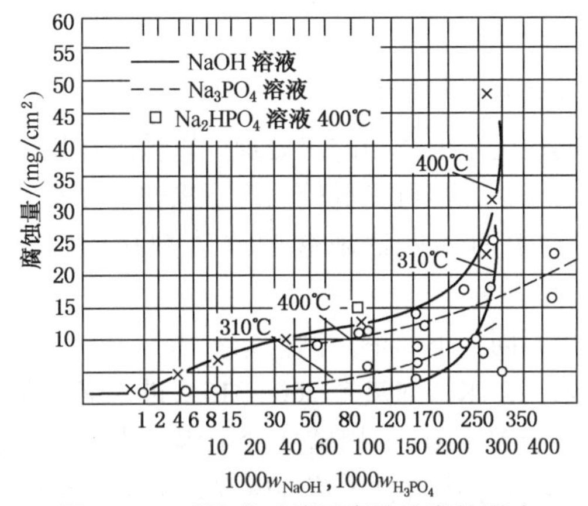

图 7-38　碱浓度对碳钢腐蚀速度的影响

影响应力腐蚀环境因素最重要的是 Cl^- 和溶解氧的浓度，pH 值、温度、应力大小等也有影响。在水冷却型原子能反应堆装置中，开裂大部分是由于 Cl^- 所造成，由于加热蒸发能使 Cl^- 局部浓缩，在规定水中 Cl^- 浓度小于 0.1 mg/L 也不一定十分安全。当溶解氧与 Cl^- 同时存在时，开裂更易发生。如果溶解氧量处于 0.1 mg/L 以下，Cl^- 浓度即使很高，断裂也不发生。但当氧含量在 1 mg/L 以上，必须使 Cl^- 浓度降低到 0.1 mg/L 以下才是安全的。

对 pH 值的影响，有研究报告认为，高温水处于碱性范围内的某一 pH 值范围内，不锈钢不容易发生应力腐蚀破裂，如在 260～270℃下，临界 pH 值为 8～10，并随 Cl^- 和溶解氧浓度而变化。但过分高的 pH 值会引起碱腐蚀。

随温度提高，应力腐蚀破裂倾向增加。处于 100℃以下的低温，应力腐蚀不易发生。

应力的下降使发生应力腐蚀破裂所需时间延长。但实际上也有在很少应力下就发生应力腐蚀的案例。

(3) 碱脆

碱脆是应力腐蚀断裂中的一种特殊形式，它是有游离碱存在时发生的断裂，沿晶间发生裂纹。它在一定条件下才发生，即在金属中存在高的局部应力；水质碱度较高；装置的结构局部区，如铆接、胀管接合处有缝隙，会造成高度浓缩而引发应力腐蚀。

(4) 氢腐蚀

在高温高压水中有时也会发生氢腐蚀。由反应 $3Fe+4H_2O \longrightarrow Fe_3O_4+4H_2$ 所产生的氢渗入钢内和钢中渗碳体作用生成甲烷，即：

$$Fe_3C+4H \longrightarrow 3Fe+CH_4$$

由甲烷引起的内应力造成晶间裂纹，裂纹发展引起腐蚀开裂。

7.7.2.3 高温高压水装置的腐蚀控制

根据腐蚀类型可采用不同的防护措施，例如防止碱腐蚀可采取以下措施：

加强水质管理，减少沉积物和腐蚀产物的附着。金属表面沉积物和腐蚀产物层是碱腐蚀的重要诱发因素。为此，应加强水质管理，包括除氧、除去二氧化碳、控制 pH 值、降低水中硬度盐类和腐蚀产物含量。

进行排污清洗，保证金属表面洁净。采取水处理措施后，仍会残存一定的杂质并析出于金属受热面上，可采取排污措施以保持金属表面洁净。此外，对锅炉等设备应定期进行化学清洗，以去除垢层及腐蚀产物。

对于热力设备应注意避免热负荷过大而使金属过热。经验表明，超负荷运行是许多事故的起因。

为防止碱脆，首先应注意改进锅炉制造工艺，即废止铆接，不用胀管法安装炉管，尽可能使用全焊接工艺组装；其次是采取适当的热处理，以消除在焊接、装配加工时产生的残余应力。在可能条件下降低负荷，在尽可能低的温度下操作。在水处理方面应设法降低水的碱度。作为临时性措施，在水中加入适量硝酸钠或磷酸盐以控制游离碱浓度，往往也是有效的。

对不同装置防蚀措施也不同，下面举二例：

对火力发电厂用锅炉来讲，水被加热至 260~315℃ 进入锅炉前采用加入亚硫酸钠等方法脱氧处理，把氧含量降至小于 50×10^{-9}。用磷酸盐把锅炉水的 pH 值调至 10~11。要注意控制 pH 值与磷酸盐含量，以防止水中有自由苛性碱存在，引起碱腐蚀与碱脆。对高压锅炉来讲，需要采用“无固体物质”的水，通常用高纯水，并采用挥发性的联胺进行脱气处理，pH 值的调节则采用氨及氨的化合物。在温度高于 455℃ 部位不使用碳钢，而用 1.25Cr-0.5Mo、2.25Cr-1Mo 合金钢和 18-8 不锈钢等钢种，以提高其耐蚀性。

对核电站的装置，除冷凝器外都采用耐蚀性较高的材料，都是用奥氏体不锈钢和其他 Ni-Cr-Fe 合金制造，目的为减少系统中的腐蚀产物，因为腐蚀产物随流体通过原子反应堆芯受到辐照后会转变成放射性物质，并可能在远离堆芯的某处沉淀和积聚，危害操作人员的健康。

在压水堆装置中，通过核燃料的水称为一次水，通常用联胺处理以去除溶氧，用 LiOH 或 NH_4OH 调整一次水的 pH 值至 10~11。被一次水加热的锅炉水称为二次水，二次水的处理方法与锅炉水相同。为了防止一次水中放射性气体与裂变产物进入，核燃料必须用包覆材料，锆合金是极好材料。

对核电站的防腐蚀措施要求是非常高的，这里就不再详述，有兴趣者可参考有关资料。

第8章 影响金属腐蚀的因素

金属腐蚀是金属材料与周围环境的作用而造成材料的破坏。因此，影响腐蚀行为的因素很多，它既与金属材料本身的因素(如组成、结构、表面状态、变形及应力等)有关，又与腐蚀环境因素(如介质的pH值、组成、浓度、温度、压力、溶液的流动速度等)有关，还和设备的设计、加工以及施工的合理性有关。了解这些因素，可帮助人们综合分析生产中的各种腐蚀问题，以弄清腐蚀的原因及其主要的影响因素，从而有效地采取防腐措施，做好防腐工作。

8.1 金属材料的因素

8.1.1 合金成分的影响

金属材料耐蚀性的好坏，首先与金属的本性有关，金属的热力学稳定性越高，离子化倾向越小，抗腐蚀能力越强。虽然金属的电极电位和金属的耐蚀性之间，并不存在着严格的规律性，但在一定程度上，两者之间也存在着对应关系。因此，可以从金属的标准平衡电极电位来估计其耐蚀性的大致倾向。

为了提高金属的力学性能或其他原因，工业上使用的金属材料很少是纯金属，主要是它们的合金。合金成分不仅可以通过对合金热力学稳定性的影响来改变腐蚀性能，更主要的是通过对腐蚀过程的极化性能的改变来影响腐蚀。合金成分不仅可以影响材料的阴极极化行为，而且主要通过影响阳极钝化行为，也还可以影响腐蚀产物膜的保护性质来影响腐蚀速率。

如果将平衡电位很高的金属，如铂、铱、钯、银、铜等作为合金元素加到平衡电位较低的金属中，通常会提高合金的平衡电位，使合金具有较高的热力学稳定性，相对来说，耐蚀性好。合金成分对阴极极化的影响，主要是设法造成合金中的阴极相区域析氢过电位提高，这样会使析氢腐蚀的腐蚀电流减小，降低合金在酸中的腐蚀速度。例如含砷或含锑钢能耐被SO_2严重污染的工业大气的腐蚀，或者可作为耐硫酸露点腐蚀钢，用于制造烧重油锅炉的空气预热器、集尘器、烟囱等腐蚀严重的部件。这正是因为砷或锑都是氢过电位高的金属。

更主要的是合金元素的加入可以影响基体金属的阳极钝化行为，从而使合金具有不同于原基体金属的腐蚀动力学规律。例如铁基和钛基合金，各种合金元素对阳极钝化曲线各特征点的影响如图8-1所示。

图8-1(a)为合金元素对纯铁在硫酸中阳极极化曲线特征点的影响。由图可见，镍、钼加入铁中可以使铁的腐蚀电位E_c向正方向移动，提高了热力学的稳定性，镍还可使腐蚀电流i_c变小，有利于耐蚀性提高。而铬加入铁中能使钝化电位E_{cp}负移，使钝化电流i_{cp}变小，有利于钝化。能使孔蚀电位E_b(击穿电位)正移的合金元素有铬、钼、氮、硅等，它们的加入能提高铁合金的耐孔蚀能力。另外加铬、钼到铁中会降低过钝化电位E_{tp}，增大了铁合金的过钝化倾向，说明铁铬钼合金不宜用于氧化性太强的介质中。

图8-1(b)为合金元素对钛在硫酸或盐酸中阳极极化曲线的特征点的影响。由图可见钼加入钛中可使钝化电流i_{cp}变小，使钝化稳定开始的电位E_p负移，维钝电流i_p变小，这些表明有利钛的钝化；同时钼使过钝化电位E_{tp}负移，增大了过钝化的倾向，对耐蚀性不利，所

以钛铝合金不宜用于氧化性过强的介质中。铝加入钛中使 i_{cp} 变大，不利于钝化；使 i_p 增大，提高了钝态下的腐蚀速率；使 E_p 向正值方向移动，缩小了稳定钝态的电位区间，也就是说缩小了其可应用的电位范围。这些都说明钛铝合金中的铝能降低钛在硫酸或盐酸中的耐蚀性。但钯(Pd)等合金元素加入钛中，可以促进钛由活态变为钝态。此时，阴、阳极极化曲线的交点对应的电位已从活化区内转移至钝化区内。目前，钛钯(含微量)高耐蚀合金在国外已有商品出售。

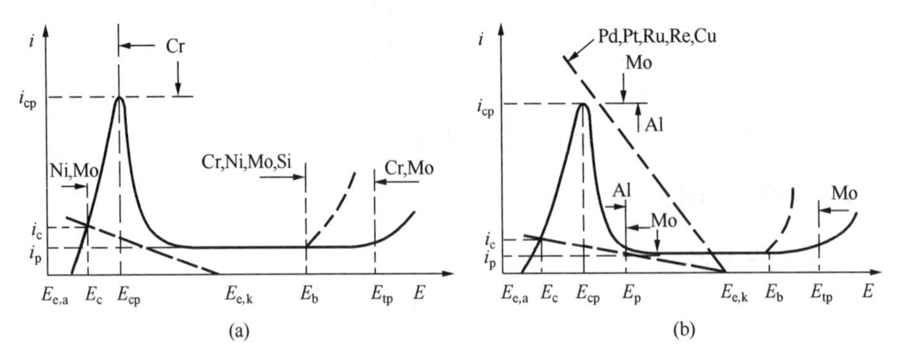

图 8-1　合金元素对纯铁在硫酸中(a)和钛在硫酸或盐酸中(b)阳极极化曲线的影响

一般来说，两相或多相合金要比单相合金容易腐蚀。常用的普通钢和铸铁就是如此。但也有耐蚀多相合金，如硅铸铁、硅铅合金等。在腐蚀微电池中，合金中的第二相为阴极相的情况居多，为阳极相的较少。如果金属中的阳极相是可以钝化的，那么阴极相的存在有利于阳极的钝化而使腐蚀速度降低。例如铸铁在浓硝酸中要比铁耐蚀。此外，在金属表面，由于腐蚀而能生成不溶性的紧密的与金属结合牢固的保护膜时，则阴极相分散性越大，就越能形成均匀的膜而减轻腐蚀，普通钢在稀碱液中耐蚀就是一例。

8.1.2　杂质的影响

在酸性溶液中发生析氢腐蚀时，金属中起阴极作用的杂质，除了氢过电位高的能减轻腐蚀以外，一般都会加速腐蚀。在这种情况下，杂质越多，分散性越大，则腐蚀越剧烈。如果在晶粒边界有微小的阴极杂质时，会产生晶间腐蚀。表 8-1 示出了铝的纯度对其在盐酸中的腐蚀影响。可见，杂质对腐蚀是有害的。此外，在强氧化性介质中，一般处于过钝化电位区，金属中的杂质常发生选择性腐蚀。在高温高压的水中，金属中的杂质也常引起腐蚀，这些情况下的杂质也是有害的。

表 8-1　铝的纯度对其在盐酸中的腐蚀影响

铝含量/%	相对腐蚀率	铝含量/%	相对腐蚀率
99.998	1	99.2	30000
99.97	1000		

在常温的中性水溶液中，许多金属，包括重要的铁基合金中，杂质的种类和数量对吸氧的腐蚀速率无影响。这是由于腐蚀受氧扩散控制，在微阴极数目已经不少的情况下，溶液扩散层为微阴极扩散输送氧的有效通道已全部占用，这时再增加微阴极的数目，也不会使扩散至微阴极的总氧量增多，所以在此种情况下，腐蚀速度不会再增加。

杂质引起的金属腐蚀，在形貌上，有些是局部腐蚀，例如含硫化物的钢在氯化物溶液(包括海水)中会引起孔蚀。

为了避免金属材料中杂质对耐蚀性能的影响，工业上也有用高纯金属材料，例如，高纯铝用于耐浓硝酸腐蚀；各种高纯不锈钢用于高温高压水或酸性氯化物溶液中耐局部腐蚀等。总之，纯金属的耐蚀性良好，但由于价格昂贵，并且一般说来强度也低，所以工业上很少用。

8.1.3 金相组织与热处理的影响

金相组织与热处理有很密切的关系。金相组织虽与金属及合金的成分有关，但是当合金成分一定时，随着加热和冷却能够进行物理转变的合金，由于热处理可以产生不同的金相组织。因此，合金的化学成分和热处理决定合金的组织，而后者的变化又影响合金的耐蚀性。

碳钢在硫酸中的腐蚀率与热处理的关系示于图 8-2。

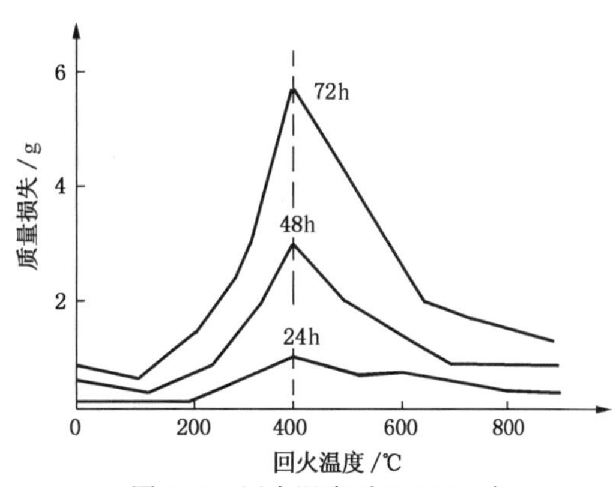

图 8-2 回火温度对 0.95%C 钢在 1%硫酸中腐蚀的影响
（淬火温度：900℃；试验时间：24h、48h、72h）

碳钢在硫酸中腐蚀时，铁素体是阳极，渗碳体(Fe_3C)是阴极。淬火后，形成马氏体组织。马氏体是含有碳的过饱和固溶体，比较耐蚀。马氏体的回火使过饱和固溶体分解 Fe_3C 析出而形成微电池。由图可见，淬火后，在 400℃左右回火，能使钢产生出大量细微而分布稠密的 Fe_3C，因此这种状态的腐蚀率最大。

例如，马氏体不锈钢在退火状态，由于大量的碳化铬($Cr_{23}C_6$)存在，使铁素体中含铬量降低，因而耐蚀性能最差。在淬火状态，碳化铬全部溶于马氏体中，因而组织均匀，耐蚀性能提高。回火过程中，碳化物沉淀析出，又使耐蚀性有所降低。

又如，不锈钢设备的焊缝处，有受晶间腐蚀发生破坏的可能性。由于奥氏体不锈钢中含有少量的碳化铬，当敏化处理(低温 400~850℃)再加热时，碳化物会沉淀出来，首先是沿晶界析出。而设备在焊接时，靠近焊缝处有被加热到 400~850℃的区域，这就使不锈钢具有晶间腐蚀的危险。

8.1.4 金属表面状态的影响

在大多数的情况下，加工粗糙不光滑的表面比磨光的金属表面易受腐蚀。金属擦伤、缝隙、穴窝等部位，都可能成为腐蚀源。因为深洼部分，氧的进入要比表面部分少，结果使深洼部分成为阳极，表面部分成为阴极，产生供氧差异电池，又具有大阴极-小阳极的不利结果，引起严重的局部腐蚀。此外，粗糙表面、灰尘锈物沾污的表面可使水滴凝聚，容易产生大气腐蚀，故暴露在大气中的设备、工具等保持表面洁净可减轻腐蚀。特别是处在易钝化条件下的金属，精加工的表面生成的保护膜要比粗加工表面的膜致密均匀，故会有更好的保护作用。所以设备的加工表面总宜光滑洁净为好。

8.1.5 变形及应力的影响

在设备制造过程中，金属因受到冷、热加工(如拉伸、冲压、焊接等)而变形，并产生很大的内应力，这样使腐蚀过程会加速，而且往往在一些场合还能产生应力腐蚀破裂。但对应力腐蚀破裂有影响的主要是拉应力，因为拉应力才会引起金属晶格的扭曲而降低金属的电极电位，破坏金属表面上的保护膜。在裂缝发展的过程中，若再有外加机械作用，则此应力便集中在裂缝处，所以拉伸应力在腐蚀破裂中的作用很大。而压应力对金属腐蚀破裂不但不产生促进作用，而且还可以减小拉应力的影响。据此，生产上有用锻打喷丸的方法处理焊缝，就是给金属表面上造成压应力，来降低腐蚀破裂的倾向。

8.2 环境的因素

8.2.1 介质 pH 值对腐蚀的影响

介质 pH 值的变化，对腐蚀速度的影响是多方面的，布拜的电位-pH 图，集中阐明了在腐蚀反应中酸度的重要性。它指出了在某种条件下金属能否发生腐蚀的倾向，并对分析腐蚀系统以及进行腐蚀控制有一定的重要意义。

对于阴极过程为氢离子还原过程的腐蚀体系，一般来说，pH 值降低(即氢离子浓度增加)有利于过程的进行，从而加速金属的腐蚀。另外 pH 值的变化又会影响金属表面膜的溶解和保护膜的生成，所以也会影响金属的腐蚀速度。

介质 pH 值对金属的腐蚀速度的影响大致可分为三类，如图 8-3 所示。

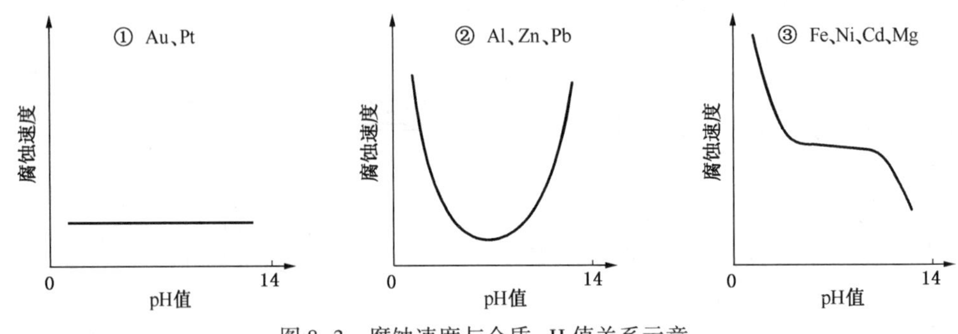

图 8-3 腐蚀速度与介质 pH 值关系示意

第一类为电极电位较正，化学稳定性高的金属，如金、铂等(见图中①)，腐蚀速度很小，pH 值对其影响也很小。

第二类为两性金属，如铝、锌、铅等(见图中②)，由于它们表面上的氧化物或腐蚀产物在酸性和碱性溶液中都是可溶的，所以不能生成保护膜，腐蚀速度也就较大。只有在中性溶液(pH 值接近 7 时)的范围内，才具有较小的腐蚀速度。

第三类是铁、镍、镉、镁等(见图中③)，这些金属表面上生成的保护膜，溶于酸而不溶于碱。所以，在酸性大的溶液中，腐蚀速度就大，而在碱性较大的溶液中，腐蚀速度就很小。

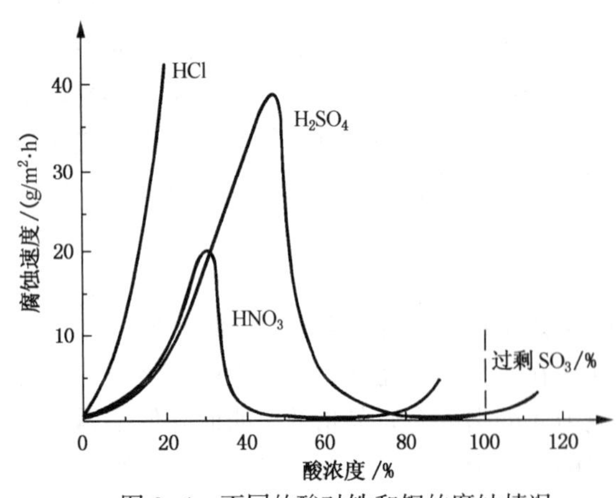

图 8-4 不同的酸对铁和钢的腐蚀情况

值得注意的是，在强氧化性的酸中有例外，如铝在 pH=1 的硝酸中，铁在浓硫酸中也是耐蚀的，因为在这些介质中，金属表面生成了致密的保护膜，所以在生产中，对具体的腐蚀体系，必须进行具体的分析，才能得出正确的结论。

8.2.2 介质的性质、成分及浓度的影响

(1) 不同性质、不同浓度的腐蚀介质对金属腐蚀的影响

不同种类、不同浓度的酸对金属的腐蚀如图8-4所示。多数金属(如铁和碳钢)，在非氧化性酸中(如盐酸)，随着浓度的增加，腐蚀加剧，而在氧化性酸中(如硝酸，浓硫酸)，则随着浓度的增加，腐蚀速度有一个最高值。当浓度大到一定数值以后，再增加浓度，金属表面生成了保护膜而钝化，使腐蚀速度反而减小。

在中性盐溶液(如氯化钠)中，大多数金属腐蚀的阴极过程是氧分子的还原。因此，溶液中氧的溶解量与腐蚀速度有关。开始时，由于盐浓度的增加，溶液导电性增大，加速了电极反应过程，腐蚀速度亦随之增大。但当盐浓度达到一定值后，随盐浓度的增加，氧在其中的溶解量减少，使腐蚀速度反而降低。可见，随着中性盐溶液的浓度增加，腐蚀速度存在一个最高值。但中性及碱性盐类的腐蚀性要比酸性盐的小得多。非氧化性酸性盐类，如氯化镁水解时能生成相应的无机酸(HCl)，可引起金属的强烈腐蚀。而氧化性盐类如重铬酸钾，有钝化作用，可阻滞金属的腐蚀，通常可作为缓蚀剂。但必须用量得当，否则若浓度不够反而加速腐蚀。

金属铁在稀碱液中，腐蚀产物为难溶的金属氢氧化物，对金属有保护作用，使腐蚀速度减小。如果碱浓度增加或温度升高时，则氢氧化物溶解，金属的腐蚀会增大。

(2) 溶液中氧对腐蚀速度的影响

氧是一种去极化剂，能加速金属的腐蚀过程，由于氧的阴极还原反应的电位比较正(比H^+还原反应的电位正1.229 V)，所以，实际上，多数情况下是氧去极化引起的腐蚀，而氧的存在亦能显著增加金属在酸中的腐蚀速度，如表8-2所示。溶解的空气也能影响金属在碱溶液中的腐蚀，如表8-3所示。

表8-2 溶解氧对一些金属在酸中腐蚀的影响(常温)

材料	酸	浓度/%	腐蚀速度/(mm/a)	
			氢饱和的酸(无氧)	氧饱和的酸
软钢	硫酸	6	0.79	9.09
铅	盐酸	4	0.43	4.14
铜	盐酸	4	0.43	35.03
锡	硫酸	6	0.23	27.92
镍	盐酸	4	0.15	11.17
合金(67Ni-33Cu)	硫酸	2	0.03	2.36

氧亦可能阻止某些腐蚀，促进改善保护膜产生钝化。可见氧对腐蚀有双重作用，但一般情况，前一种作用较为突出。

氧对不同金属腐蚀行为的不同影响，如表8-4所示。镍在酸性蒸汽的冷凝液中，腐蚀仅在中等氧浓度的情况下发生，在低的或更高的浓度时，则不腐蚀。而铜在无氧的酸中不腐蚀，在有氧的酸中则发生腐蚀。对于铁，在特别高的氧浓度的水中能产生钝化，有些缓蚀剂也因能帮助氧化生成保护性氧化物覆盖层而有效。

表8-3 溶解空气对铜在碱溶液中腐蚀的影响

腐蚀速度/(mm/a)			
1mol/L NaOH		1mol/L NH_4OH	
充气	未充气	充气	未充气
0.17	0.12	1.90	0.74

表8-4 67Ni-33Cu合金和18-8不锈钢在有、无空气的5% H_2SO_4中的腐蚀(30℃)

材料	腐蚀速度/(mm/a)	
	饱和空气的酸	无空气的酸
合金(67Ni-33Cu)	0.99	0.16
不锈钢(304型)	0.01	1.38

(3) 溶液中阴离子的影响

金属的腐蚀在许多介质中和阴离子的特性有关。实验也已经证明某些阴离子会参与金属的溶解过程，例如通常当 OH^-(或水分子)存在时，对金属的腐蚀速度影响很大，其他阴离子也有影响。在增加金属溶解速率方面，不同阴离子大致具有下列顺序：

$$NO_3^- < CH_3COO^- < Cl^- < SO_4^{2-} < ClO_4^-$$

软钢在钠盐溶液中的腐蚀速度也受到阴离子的影响，其影响的情况随阴离子的种类和浓度的不同而不同，如图 8-5 所示。

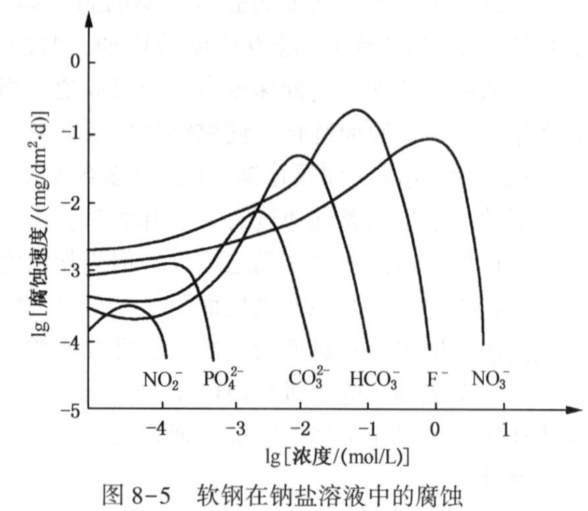

图 8-5　软钢在钠盐溶液中的腐蚀速度与增加阴离子浓度的关系

另外，活性阴离子对金属材料的腐蚀速度影响很大。铁在卤化物溶液中的腐蚀速度依次为：

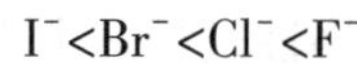

8.2.3　介质温度、压力对腐蚀的影响

通常随着温度升高，腐蚀速度增加。因为温度的升高，增加了反应速度，也增加了溶液的对流和扩散，减小电解液的电阻，从而加速了阳极过程和阴极过程。在有钝化的情况下，随着温度的升高，钝化变得困难，腐蚀亦增大。图 8-6 表示温度对铁在不同浓度的盐酸中的腐蚀速度的影响，图 8-7 表示温度对钢在不同浓度的硫酸中腐蚀速率的影响。

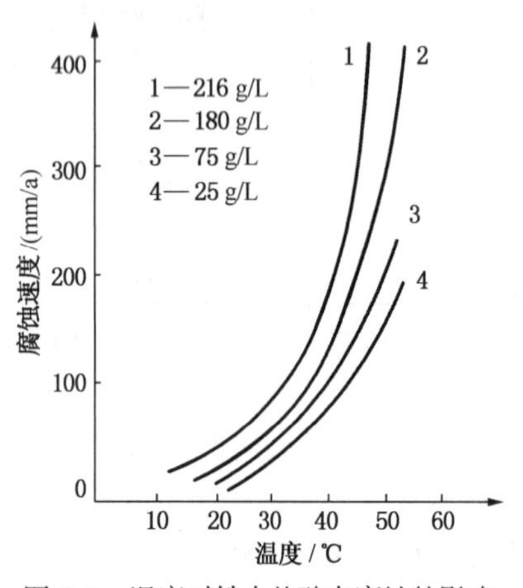

图 8-6　温度对铁在盐酸中腐蚀的影响

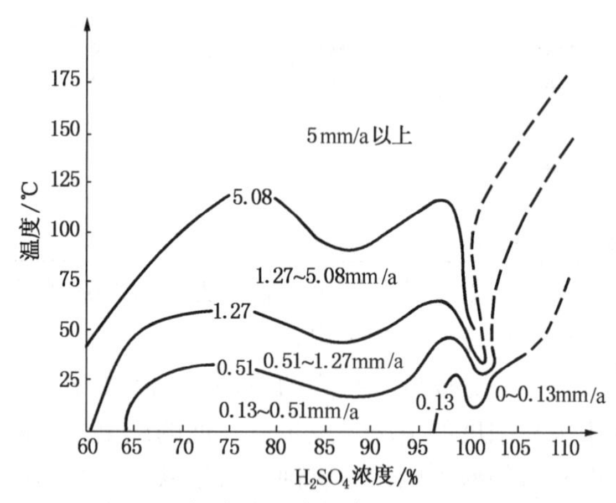

图 8-7　钢在硫酸中的腐蚀与温度关系

另外，随温度的增加，pH 值会降低(如图 8-8 所示)，因此在观察温度对电化学腐蚀加速影响时必须要考虑这一因素。例如，中性溶液(也即在室温时 pH 值近似于 7 的溶液)，随着温度的升高 pH 值变小，溶液就变成了弱酸性。而且随温度的升高越大，pH 值减小的程度也越大。

在许多情况下，腐蚀速度与温度的关系实际还要更复杂些，要考虑去极化剂的种类和性质、材料的种类和性质等因素。例如，对氧去极化腐蚀，随着温度的增加，氧分子的扩散速度增加，但溶解度却减小，在80℃左右时腐蚀率最大，再进一步增加温度，因氧浓度下降，使腐蚀率下降。可见温度对铁在封闭系统和敞开体系的水中腐蚀速度的影响会显著不同。

锌在自来水中的腐蚀速度与温度的关系也较复杂，这与锌的腐蚀产物有关，如图8-9所示。在50℃以下，在锌上形成具有很好粘着力保护性能较好的膜。而在50~90℃之间却形成了颗粒状的粘着力极差的无保护性的膜。当温度超过90℃时又重新形成紧密的、粘着力好的氢氧化锌膜。

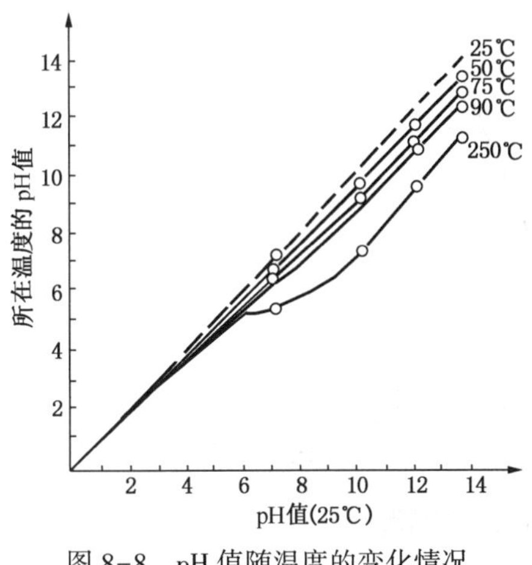

图8-8　pH值随温度的变化情况

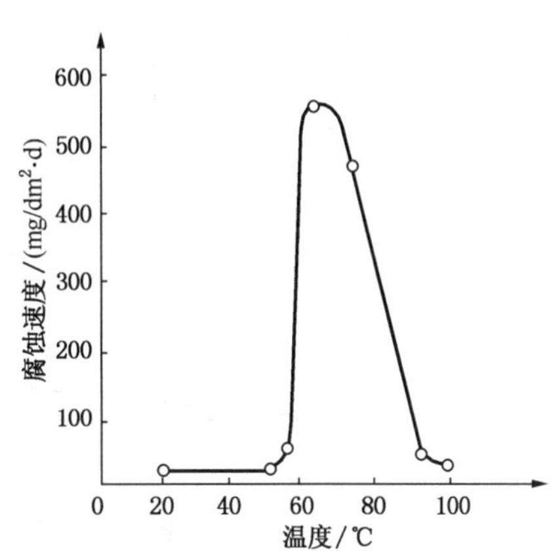

图8-9　温度对锌在水中腐蚀的影响

对腐蚀过程的控制因素，通常都不同程度地随温度而变化。因此，电化学腐蚀的控制特性也随着温度的变化有时会发生相当大的改变。例如，铁-锌电池在自来水中的情况，常温时，锌是阳极，铁为阴极。可在高温时，由于铁的电位随温度变化而变化很小，而锌的电位由于生成致密的保护膜却大大地变正了，所以在热水中锌对铁来讲却变成了阴极。

另外，系统的压力增加，也会使腐蚀速度增大。这是由于参加反应过程的气体的溶解度增大使阴极过程加速所致。如在高压锅炉内，水中只要有少量的氧存在，就可以引起剧烈的腐蚀。

8.2.4　介质流动对腐蚀的影响

腐蚀速率与溶液的运动速度和运动状态(层流或湍流)有关，而且这种关系往往非常复杂。这主要决定于金属和介质的特性。当搅拌或提高溶液流速时，有几种典型的变化情况。

对于受活化控制的腐蚀过程，当搅拌和流速不是太大时，对腐蚀速率几乎没有影响。如铁在稀盐酸中，18Cr-8Ni在硫酸中就是这种情况。

如果过程受扩散控制，在含有很小量的氧化剂时，搅拌将使腐蚀率增加(如在酸或水中含有溶解氧时)。铁在含氧的水中及铜在含氧的水中的腐蚀就属于这类情况。如图8-10中曲线的1区所示。如果过程受扩散控制而金属又容易钝化的情况，增加搅拌时，金属将由活态转变为钝态，如图中曲线1区和2区的情况。当腐蚀介质的流速高时，容易钝化的金属，通常耐蚀性更高。如钛在盐酸加 Cu^{2+} 中及不锈钢

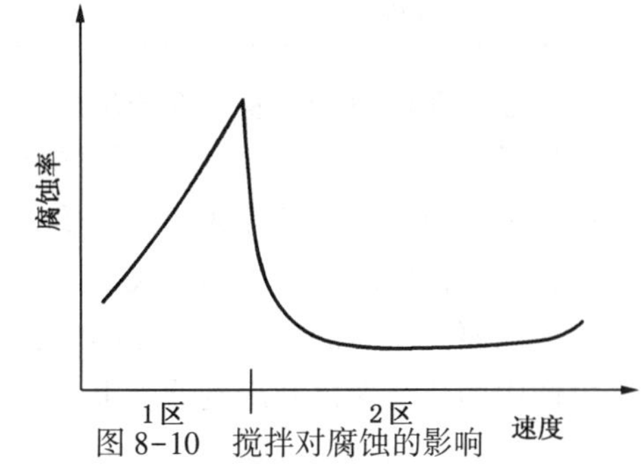

图8-10　搅拌对腐蚀的影响

18Cr-8Ni 在硫酸加 Fe^{3+} 中就是属于这种情况。

有些金属在一定的介质中具有良好的耐蚀性，这是由于表面生成了较厚的保护膜，当这些材料暴露在流动的腐蚀介质中时，随流速的增大对膜的破坏情况如图 8-11 所示。

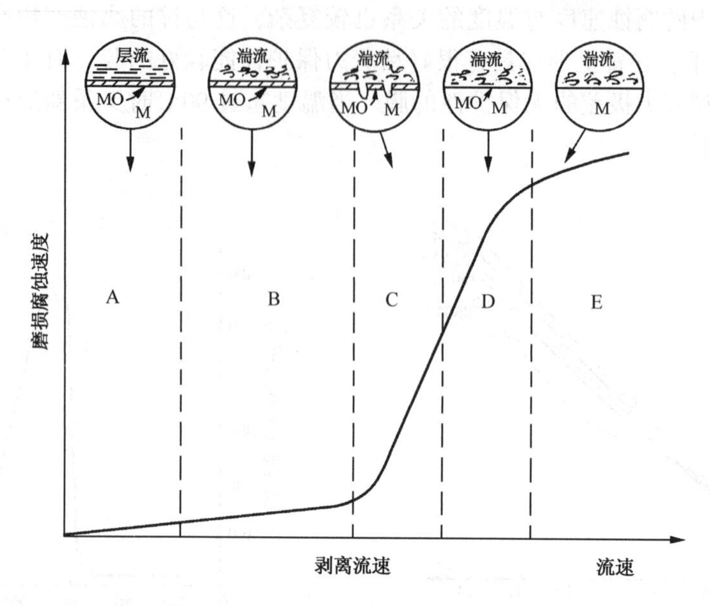

图 8-11　流速对磨损腐蚀的影响情况

当流速较低时，介质处于层流状态，流体对金属表面产生的剪切力小，还不能破坏表面的保护膜(图中 A 区)，腐蚀速度很小。随流速增大，介质的运动已从层流状态开始转至湍流状态，此时，金属表面的保护膜也还能保持稳定，主要是氧的传递决定腐蚀速度(图中 B 区)。流速再增大，流体对金属表面的剪切力增大，开始破坏表面保护膜，局部露出基底的金属。此时膜为阴极而裸露的基底金属部位为阳极，且阳极的面积远比阴极面积小，附加电池的工作造成了严重的局部腐蚀(图中 C 区)。流速再继续增大，则保护膜几乎全部被破坏，腐蚀继续增大(图中 D、E 区)。通常比较厚的、强度较低的氧化膜，随流速增大易受破坏而发生局部腐蚀。使氧化膜破坏的流速称为剥离速度，且膜越坚固剥离速度越大，表 8-5 列出了主要的铜合金的剥离速度。

表 8-5　各种铜合金的剥离速度　　m/s

铜	1.0	10%铜-镍合金	2.4
铝青铜	1.8	30%铜-镍合金	3.6
铝黄铜	2.3		

如铅在稀硫酸中及钢在浓硫酸中，腐蚀速率也很低，其原因就是由于受到了这类不溶硫酸盐膜保护所致，当这些材料暴露在流速很高的腐蚀介质中时，这类膜同样能遭到流体对金属表面的剪切力的破坏或脱离金属，导致腐蚀的加速。这类磨损腐蚀在保护膜未真正破坏之前，搅拌作用或流速影响不大。

当腐蚀介质的流动速度极高时，还能发生强烈的冲击腐蚀，亦可称为湍流腐蚀，如化工生产中的热交换器和冷凝器管束入口端受到的腐蚀。有时还能引起空泡腐蚀，如高速的涡轮机叶轮等受到的腐蚀就是典型的例子。

8.2.5 环境的细节和可能变化的影响

在环境因素中，应尽量重视环境中的细节。有些因素对腐蚀影响不大，也不是关键因素，可以不考虑。但是有的因素，即使是微量，影响却非常大，这决不能忽视。微量的氯离子和氧含量，通常影响就很大，几个 mg/L 的氯离子(加上微量氧)，可以引起 18-8 不锈钢的应力腐蚀破裂。例如，当不锈钢设备进行水压试验时，对所用之水的氯离子含量是有严格要求的。某厂曾用普通自来水对不锈钢设备进行试压，泄水后该设备置于空气中又没有及时使用，结果引起了应力腐蚀破裂而报废。这是由于在放置时期，设备的缝隙等处水的蒸发使氯离子浓缩导致不锈钢设备发生应力腐蚀破裂。所以，必须记住：用于不锈钢设备试压的水，其氯离子含量必须小于 1 mg/L，才是安全的界限。又如铜对不含溶解氧的稀硫酸耐蚀性很好，如果酸中一旦含有氧，就会发生腐蚀，且氧含量越高，腐蚀越严重。如果忽略了酸中的溶解氧，即使是微量，也将会造成很大的危险。

在实际生产过程中，环境常常又是可能变化的，在考虑对腐蚀的影响时，要尽可能掌握各种影响因素的变化情况。例如，浓硫酸中用碳钢作槽和输送管线是可行的，耐蚀性尚好。但当酸液一旦放空后，槽或管壁上粘附的酸液会吸收空气中的水分而变稀，会引起严重的腐蚀。因此，一定要使设备和管线内总是充满浓酸。如果必须放空酸液，那么在泄空后必须用清水彻底冲洗后，再根据停放时间长短决定是否进行适当保护。

设备的开车和停车状态与正常运转状态不同。开车时条件尚未稳定，温度可能过高过低，介质浓度也会波动；停车后，如清洗不彻底，积存有腐蚀性介质等会造成金属设备严重的腐蚀破坏，因此对开停车时应该有相应的防护应对方案。此外环境温度、湿度也会经常变化，这些也都应予注意。

8.3 设计、加工以及防腐施工的影响

8.3.1 设计合理与否的影响

生产设备、构件及管道设计的合理与否对腐蚀有极重要的影响。

例如，某维尼纶厂乙炔净化工段用于贮存 30% 氢氧化钠的贮罐，直径为 1.2m，高 1.4m，为碳钢材质。贮罐筒体外焊有夹套，用于通热水(30~50℃)以保持氢氧化钠的温度。如图 8-12 所示。由于北方冬季温度低，厂里改为向夹套内通入低压蒸汽(0.2MPa)。很快就发现罐底泄漏。经检查，在罐底碱液出口管周围有放射状裂纹。这是一种典型的腐蚀破坏——“碱脆”。碳钢是容易发生碱脆的一类金属材料，对于 30% 的氢氧化钠溶液，当温度超过 55℃就可以使碳钢发生碱脆。在该装置中如使用 30~50℃的热水时，没有腐蚀问题。而改通蒸汽，在蒸汽的入口处温度很高，远远超出了 55℃这个温度界限，而且蒸汽入口处附近又正是焊接应力集中的部位。这就满足了碳钢-NaOH 溶液体系发生应力腐蚀破裂的环境和应力条件，导致碱罐碱脆而破坏。因此，对该类设备应消除应力从根本上去除发生碱脆的危险。另外，从设备结构上加以改进，可改变加热方式，使温度尽可能均匀，避免局部过热，特别是温度较高的部位要避开焊接应力集中的部位。

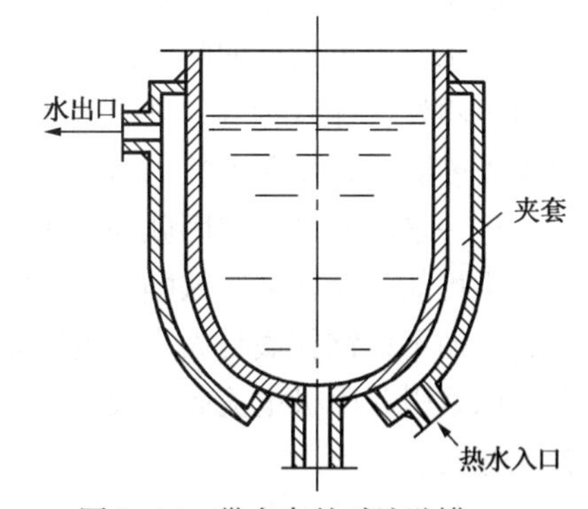

图 8-12 带夹套的碱液贮罐

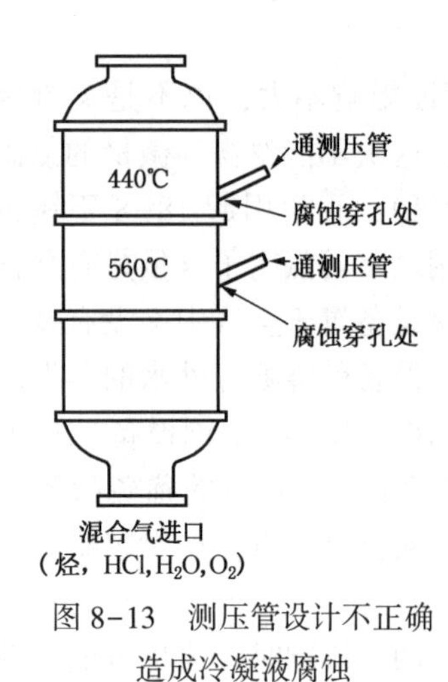

图 8-13　测压管设计不正确造成冷凝液腐蚀

又如某厂的烯烃脱氢反应器内，气体温度为 440～560℃，处于干燥气体状态，对不锈钢容器腐蚀很小。但因为设计的测压管向上倾斜，外面又未保温，结果在测压管中气体冷凝形成盐酸，向下回流，在焊接处滞留，如图 8-13 所示。由于不锈钢不耐盐酸腐蚀，造成测压管与容器壁焊接处仅仅 48h 内被腐蚀穿孔而泄漏。

显然这种设计是不合理的。如果测压管向下倾斜，外面保温防止散热，并在低点安装排凝阀，就可避免这个腐蚀问题。这种当设备某些部分表面的温度低于气体介质的露点，气体介质就会形成强腐蚀性的冷凝液，强腐蚀性组分往往还可能在冷凝液中浓缩，从而导致温度偏低的部位造成严重腐蚀，这又称之为“冷点腐蚀”，在设计中特别要注意。

另外，在许多实际生产过程中，不同材质接触是不可避免的。不同的金属和合金有时常和腐蚀介质接触，这时电偶效应将产生，在相接触的不同金属(或合金)中，电位较负的金属在电偶中成为阳极，会遭到强烈的腐蚀。因此设计时要尽可能避免，特别要注意不要产生小阳极-大阴极的电偶腐蚀结构。

例如，某工厂原有普通钢制的大槽几百个，内壁用酚醛烤漆涂覆。虽然槽中处理的溶液对钢的腐蚀并不大，但因为产品不允许铁离子污染，而底部的涂层由于机械磨损也有破坏，所以要重新扩建并防腐。为了改进这种情况，在新槽的底部的软钢上衬了 18-8 不锈钢，顶和槽边仍是钢制，边和不锈钢的底焊接情况如图 8-14 所示。槽内仍同样用酚醛漆涂覆，焊缝下面只有一小部分不锈钢有涂料覆盖。

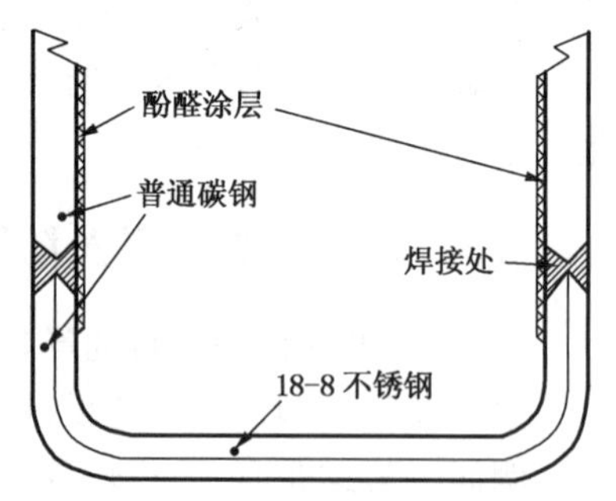

图 8-14　钢和内衬不锈钢槽底的焊接结构和涂层情况

装置新开车后，只有几个月，槽内壁焊缝以上碳钢部分腐蚀穿孔而不能使用。而蚀孔主要集中在焊缝以上 6 cm的窄带内。过去全部用钢制槽，用了 10～20 年之久，并未发生过这样的问题。起初认为是焊缝附近的涂料施工不好，导致蚀穿。再次喷砂清除粘附的涂料(比原来喷砂除锈费用更大)，再次涂漆。结果，使用不久，槽仍然又被腐蚀。

这一事故的真实原因就在于电偶腐蚀中不利的面积效应。涂层一般都是可渗透的，施工时，不可能不存在某些缺陷(如气孔、针眼、擦伤等)。这就使新槽侧壁软钢板上产生了小阳极，而不锈钢衬底是大表面的阴极，又有良好的电接触，阴极和阳极的面积比几乎是无限大，以致引起阳极电流高度集中，电流密度很大，出现了非常高的腐蚀率，致使较短时间内腐蚀穿孔。

由此，必须注意，当两种不同金属接触的情况下，为防止电偶腐蚀而使用涂料时，应考虑不要造成小阳极-大阴极的危险结构，从而避免电偶腐蚀的面积效应所导致的更为严重的局部腐蚀。

通过这些事例的分析表明，设计中必须重视电偶腐蚀的可能性，并努力减少和防止它的有害影响。如必须选择不同材料组装在一起时，要避免小阳极-大阴极的危险结构形式，对于重要的紧固件，如有可能，应该完全绝缘。

也要注意，电偶的影响不都是有害的，可以利用它进行腐蚀防护。如牺牲阳极的阴极保护，就是利用电偶的原理，使被保护金属变为原电池中的阴极而受到保护。镀锌钢(白铁皮)就是钢的阴极保护的典型例子，如图 8-15 所示。锌层镀在钢上，并不是它耐蚀，而恰是它不耐蚀，锌的电位负为阳极，因它的腐蚀而保护了钢，锌作为牺牲阳极。相反，锡比锌耐蚀，它对钢为阴极，因此，在镀锡层的小孔处，钢的腐蚀因电偶作用而加剧。这种镀层用于防腐，千万不能使锡镀层有缺陷和破口处。

图 8-15　锌和锡镀层缺口的电偶腐蚀

(箭头表示腐蚀电流方向)

8.3.2　设备加工、安装措施等合理与否的影响

设备加工安装及维修工作中都离不开焊接，焊接可能造成多种潜在因素，对腐蚀影响很大。

例如，某厂生产己内酰胺，在氧化塔内环己烷氧化成环己酮，氧化塔材质为不锈钢。在安装设备时发现两处有多余的接管就将其割掉，用与原设备相同的不锈钢板补焊好。结果使用一年多后，发现焊缝两侧距离各 1 cm 处有两条宽约 5 mm 的腐蚀带，呈密集针孔状。而设备本体及原焊缝却完好，经检测分析这是由于焊接使焊缝两侧热影响区不锈钢受到敏化，有产生晶间腐蚀倾向，因处于弱氧化性环境中，导致热影响区发生了晶间腐蚀。因此，如果所用不锈钢不属于低碳或超低碳类型，在现场又不可能对焊缝进行固熔处理的情况下，用本事例中的处理方法是错误的。如用盲板堵上也可正常使用，就不会发生如此严重的腐蚀问题。

又比如，镀锌结构钢使用有安全要求，可是，某承包商将镀锌钢扶梯直接焊接到一列不锈钢的贮罐上，后来水压试验时，几乎所有的焊接点都泄漏了。这是由于焊接时会使锌镀层熔化，液态锌会渗入不锈钢晶界引起脆性破裂。这种液态金属腐蚀造成的破坏事故要特别注意。

另外，某食品厂有一条机动运输线，它的一个滚筒的支持轴(直径 10 cm，长 3 m)为 316L 型不锈钢制，某天突然断裂而从一端掉下，险些伤了操作人员。初步调查发现在轴的破断处及其附近有焊珠。原来在事故发生前几天，曾在该轴的上方进行过碳钢结构的焊接，当时焊珠落到了轴上，没有及时发现清理。经检测分析，由于焊珠对轴的局部加热产生应力，熔化的焊珠又使轴表面局部合金组织被稀释，碳钢焊珠生锈形成腐蚀产物，其下面的腐蚀条件强化。在应力和局部环境作用下，被稀释的局部区域发生应力腐蚀裂纹。应力腐蚀的发展造成偏心的负载和很高的局部应力集中。而外在循环应力作用下轴又产生了机械疲劳。应力腐蚀破裂和疲劳裂纹发展，使轴的强度大大丧失，最后因过载而破断。

这个事故告诫人们，在高处进行焊接时，高温焊珠从高处四面飞溅是危险的，它不仅可能造成对人员的伤害，而且也会造成对设备的损坏，如可将控制阀等的塑料薄膜管烧出孔，甚至可能引起火灾等。同时也表明，奥氏体不锈钢对局部腐蚀，如孔蚀、缝隙腐蚀、应力腐蚀等的敏感。因此，不管是在运行期间，还是停工检修期间，都要避免无关的物质和不锈钢的机械和设备接触，以免引起不应有的腐蚀破坏。一旦这种情况已经发生，就应及时检查受影响的程度，以确定是否需要采取必要的补救措施。

对于铝材，由于铝表面很容易氧化生成氧化膜，加之铝的熔点低，焊工焊接时不易看清焊缝。因此，铝材的焊接难度较大，容易造成焊接缺陷，导致焊缝处腐蚀破裂。此外还要特别注意焊条的种类是否合适，否则也会引发严重的腐蚀问题。例如，某厂一个新安装的AA3303铝合金罐，贮存95%的浓硝酸，使用不久，发现所有焊缝处都发生泄漏。经检查表明，原来订单中没有关于使用焊条种类的说明，而焊工使用了AA4043铝焊条，这种焊条含硅量高(5%)，对95%的硝酸腐蚀非常敏感。

工业纯铝对浓硝酸具有良好的耐蚀性，是制造浓硝酸设备的结构材料。铝的纯度越低，所含杂质越多，其耐蚀性愈差。铝中加入合金元素主要是为了改善力学性能和加工性能。如果使用含硅量高的焊条，焊缝金属为铸态铝硅合金，在95%浓硝酸中腐蚀率较大，导致焊缝泄漏。可见焊接工艺、焊条种类对焊缝的腐蚀行为有很大的影响。

第 9 章　化学工业中的腐蚀

化学工业是国家的支柱产业，在国民经济中占有重要地位。由于化工生产过程中，经常接触各种酸、碱、盐及有机溶剂等强腐蚀性介质，与其他工业生产相比，化工生产的腐蚀危害尤为严重。不仅表现在经济损失巨大，最易发生突发的恶性事故，造成严重的环境污染，而且阻碍新工艺、新技术实现的几率最大，消耗人类宝贵资源最多。随着现代化工的迅速发展，化工过程愈来愈要求高温、高压、强腐蚀和连续操作条件下运行，一些新的腐蚀问题还会不断出现。尽管目前化工生产中的腐蚀损失惊人，但运用现代腐蚀科学知识，不少问题还是可以被控制的。本章选择化工行业中腐蚀问题严重的几个生产系统，对其腐蚀产生的原因、特征、影响因素等进行具体的分析，以寻找经济有效的腐蚀控制途径。

9.1　硫酸生产及以硫酸为主要介质生产过程中的腐蚀

9.1.1　硫酸生产系统中的腐蚀

硫酸是产量大、用途广的一种基本化工原料，在化肥、医药、冶金、染料、精细化工等国民经济各重要部门的生产中，都是不可缺少的原料。工业上生产硫酸的方法有接触法和硝化法，目前以接触法多见。我国由于矿产丰富，制酸成本低，因此用硫铁矿制酸仍占硫酸生产量的75%左右。随着人们环保意识的增强，硫黄制酸工艺呈上升趋势。而冶炼气制酸，对于减少环境污染、资源的综合利用有着重要的意义，故也逐渐被采用。但无论工艺如何变化，生产硫酸所用的设备，或者生产过程中使用硫酸的生产装置，只要与硫酸接触，就会遇到腐蚀问题。因此，硫酸的腐蚀是一个相当普遍而又十分重要的问题。

9.1.1.1　硫酸生产中的腐蚀特点和原因分析

在硫酸的生产过程中，从原料、原料气到成品酸，所涉及的腐蚀介质有：SO_2、SO_3、稀硫酸、浓硫酸、发烟硫酸等。酸的浓度波动较大，SO_2、SO_3 气体中常夹带着水蒸气，而且在生产过程中温度波动也较大，从矿中夹带而来的杂质离子以氟离子较多见。

① 硫酸是一种含氧酸，其稀硫酸的氧化性很弱，属非氧化性酸类，主要产生氢去极化腐蚀。在硫酸生产中，以酸性介质为主，SO_2、SO_3 的水溶液对金属的腐蚀是属于氢去极化腐蚀，电化学反应步骤是其控制步骤。

② 浓硫酸具有很强的氧化性，可使一些金属(如钢铁)钝化，在表面生成致密的钝化膜，从而降低腐蚀作用。

③ 容易产生露点腐蚀。由于介质 SO_3 与水蒸气会结合成硫酸蒸汽，当与冷却面相遇受冷时，达到露点以下，就会凝结出来，造成设备、管线的严重腐蚀。

9.1.1.2　硫酸腐蚀的影响因素

(1) 硫酸浓度的影响

硫酸的浓度对金属的腐蚀影响很大，在分析硫酸的腐蚀问题时，这是首先应考虑的因素。

碳钢在稀硫酸中(<50%)腐蚀，随氢离子浓度增大，腐蚀加剧。而在浓硫酸(>50%)中，由于浓酸的强氧化性，使铁钝化，导致腐蚀降低。可见，随酸的浓度不同，酸的性质也不同。

铅在电动序中的电位比较负，它能和硫酸反应析出氢气。但由于它与硫酸作用生成的腐蚀产物硫酸铅与铅的结合很牢固，且在稀硫酸中溶解度又极小，因而腐蚀非常轻，稀硫酸的浓度变化对铅的腐蚀的影响极小。浓硫酸因为能够溶解硫酸铅保护膜，所以铅不耐浓硫酸的腐蚀，且随浓硫酸的浓度增大，腐蚀迅速加剧。

铜在电动序中的电位比氢正，它和硫酸不起作用。但由于浓硫酸的强氧化性，能使铜氧化成氧化铜，而氧化铜和硫酸能起反应，故铜能耐稀硫酸的腐蚀却不耐浓硫酸的腐蚀。

（2）温度的影响

对于任何浓度的纯净硫酸溶液来说，温度的升高对金属材料的腐蚀反应起着加速作用，并且随温度升高，腐蚀率迅速增大。硫酸浓度和腐蚀温度对碳钢、铸铁、18-8 不锈钢材料腐蚀率的影响的等腐蚀区图示于图 8-7，图 9-1 和图 9-2 中。

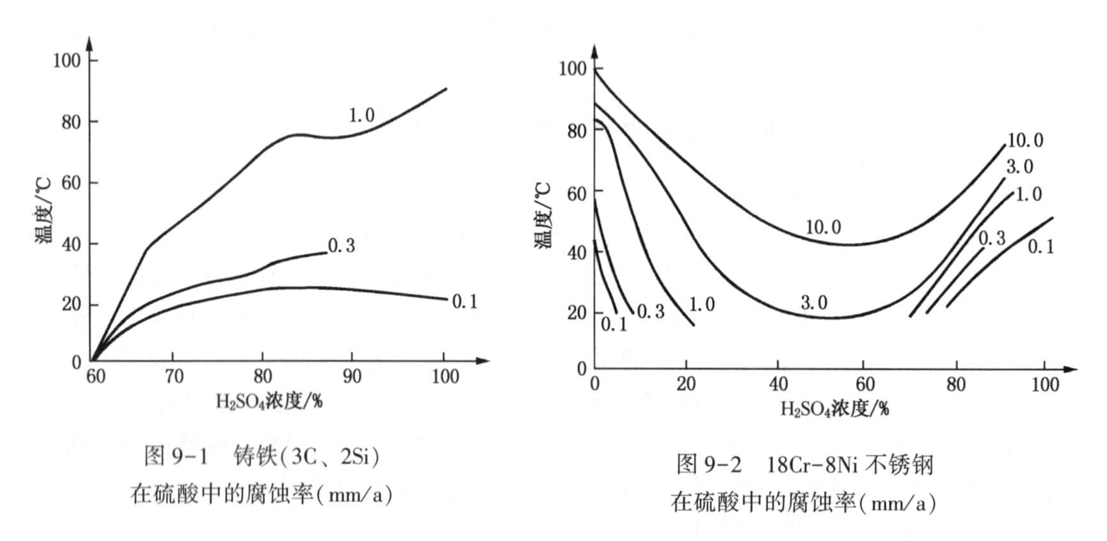

图 9-1　铸铁(3C、2Si)在硫酸中的腐蚀率(mm/a)

图 9-2　18Cr-8Ni 不锈钢在硫酸中的腐蚀率(mm/a)

例如，同样是浓度为 98%的硫酸，20℃时，对碳钢的年腐蚀率仅为 0. 1 mm；50℃时就增加到 0. 8 mm 左右；100℃时的年腐蚀率竟高达 5 mm，为 20℃时的 50 倍。20 号锅炉钢在 175℃的 98%浓度的硫酸中年腐蚀率可高达 58 mm。浓度为 70%的硫酸常温时，尚可选碳钢作为耐蚀材料；但在高于 65℃时，即使镍、铬含量高于 20%的 K 合金都已不适用；如果是在沸腾条件下，就连哈氏 B 合金都不宜使用。

（3）氧和其他氧化剂的影响

稀硫酸中是否存在氧或其他氧化剂，对于某些金属的腐蚀具有决定性的作用。对于不显示有钝化现象的金属，例如铜及铜合金等，在不含有氧或其他氧化剂的稀硫酸中，具有优良的耐蚀性能，而当酸中有一定量的氧或其他氧化剂时，就遭到强烈的腐蚀。这是由于氧或其他的氧化剂的阴极去极化作用所致，且其腐蚀率随着酸中氧化能力的增强呈指数关系上升。对于能显示有钝化现象的材料，例如 Cr18-Ni8 不锈钢等，若在稀硫酸中是处于活化状态，则此时提高酸的氧化能力(如加入 Fe^{3+} 等)腐蚀速度随之加快；而当氧化能力提高到金属处于钝态时，即氧化剂阴极还原反应的电流密度大于金属的临界钝化电流密度时，不锈钢的腐蚀率就突然降低。这时再提高氧化能力，对腐蚀的影响很小。浓硫酸由于其本身就具有很强的氧化能力，因此浓硫酸中充气(含溶解空气)与否，对碳钢的腐蚀没有影响。

(4) 流速的影响

铅在稀硫酸中和碳钢在浓硫酸中，由于表面生成了不溶性硫酸盐膜受到保护，腐蚀轻微，即使有不强的搅拌或低流速对其腐蚀的影响非常小，但当温度升高或流速提高到足以破坏保护膜时，则腐蚀率急剧增大。如图 9-3、图 9-4 所示。

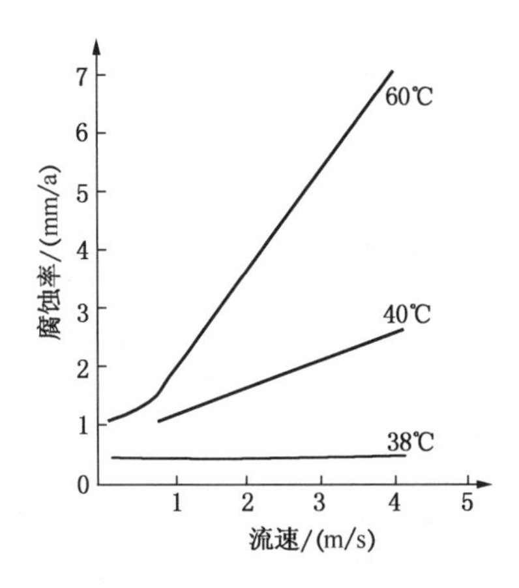

图 9-3 在浓度为 98%硫酸中流速对碳钢腐蚀的影响

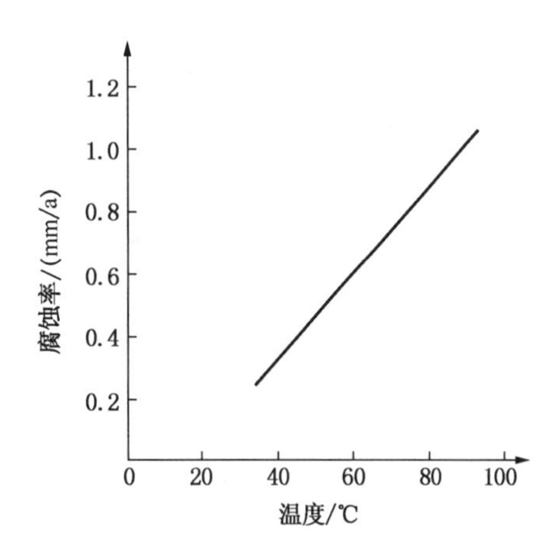

图 9-4 流速为 11.9m/s、浓度为 10%硫酸中硬铅的腐蚀

由图 9-3 可见，在浓硫酸中，38℃时酸的流速从静态提高到 4 m/s 时，流速对碳钢的腐蚀率几乎无影响。当酸的温度升至 49℃时，碳钢的腐蚀率随流速的提高而加大，这是因为表面形成的硫酸铁盐膜已遭破坏。当酸温升至 60℃时，随流速提高，则碳钢的腐蚀率迅速增大，这是因为硫酸的流动状态因温度的升高和流速的变化可能从层流变为湍流，剧烈的搅动使保护膜严重破坏所致。

硬铅在浓度 10%硫酸中，硫酸处于静态或低流速状态时，腐蚀极其轻微，而当流速提高到 11.9 m/s 时，即使在 30℃时，腐蚀率亦能达 0.2 mm/a，随着温度再升高，腐蚀率也随之不断增大(见图 9-4)。

不锈钢(Cr18Ni8)在不含空气的稀硫酸中不能钝化，处于活性溶解状态，因属氢去极化腐蚀受电化学控制，所以搅拌或提高酸的流速都对腐蚀率的影响不大。但当硫酸中加入一定量的 Fe^{3+} 时，搅拌或提高流速就加速了 Fe^{3+} 向电极表面的传递，故不锈钢的腐蚀也就加大；而当流速提高到足以使不锈钢建立钝化时，腐蚀率急剧降低，并保持在一个很低的数值。

(5) 杂质的影响

工业生产中的硫酸，通常并不是单纯的硫酸或硫酸水溶液，其中会含有杂质。不同种类的杂质和含量对于硫酸腐蚀性能的影响是各不相同的。有些杂质的存在，如 F^-、Cl^- 会加速某些材料的腐蚀，即使是不锈钢，尤其当有 Cl^- 存在时会发生严重的局部腐蚀。但也有些杂质(或其他有用成分)对某些材料的腐蚀有缓蚀作用。

9.1.1.3 硫酸生产中的腐蚀控制途径

硫酸生产中，所涉及硫酸腐蚀的设备不外是塔、储槽和容器、冷却器、泵、管子和阀门等几类。这些设备的腐蚀随所接触的硫酸浓度和温度不同，酸的流速及含有杂质的不同而不同。控制腐蚀的具体途径大致有：

（1）选用耐蚀非金属材料

硫酸生产中采用非金属材料，以塑料(PVC、PP)、玻璃钢、石墨砖板、耐酸瓷砖为主。少量管道用衬胶管，保温设备要用耐火砖或耐火混凝土。

沸腾炉中，为防止 SO_2、SO_3、O_2、S 蒸气通过缝隙对钢壳内壁的腐蚀，采用钢壳内衬耐火材料。

冷却塔、洗涤塔、干吸塔等均可用钢壳内衬 3 mm 厚的铅板，再衬非金属材料，如耐酸瓷砖、石墨板等。

电除雾器、尾气吸收塔、增湿塔、稀酸循环槽等，由于温度都低于 60℃，均可用 PVC 制作。全塑设备，如聚丙烯制作的酸洗涤塔(30%稀硫酸操作温度为 80~90℃)，实践已证明使用效果好、寿命长。氟塑料换热器在国外应用很广，国内也试用了氟塑料管壳式冷却器(93%~97%浓硫酸，温度为 70~130℃)效果良好。另外净化工艺、尾吸工艺的管道，由于温度低均可用塑料和玻璃钢制作。

（2）选用金属材料

酸浓度低于 60%，温度不超过 100℃时，铅是耐稀硫酸腐蚀的好材料，但由于铅的机械强度低，一般不作结构材料，只作衬里材料使用。又因为铅在加工过程中，对人体有害，现在大多已被其他非金属材料所代替。

硫酸浓度低于 60%时对碳钢的腐蚀严重，但当浓度增大到 75%以上时，碳钢表面钝化，从而大大提高了耐蚀性，所以碳钢一般用于制作浓硫酸的储槽、塔器、管道等。

铸铁在浓硫酸中比碳钢更容易钝化,尤其是高硅铸铁(含 Si 14%~17%)。铸铁在任何温度、任何浓度的硫酸中都有一定的耐蚀性,常用来制造泵、阀和管道等。但不能用于发烟硫酸中,因为铸铁中的 Si 与渗入铸铁中的游离 SO_3 作用会生成 SiO_2,其体积增大造成铸件开裂。

输送硫酸用泵所接触到的硫酸其浓度和温度与输送硫酸的管道所处条件相同，但泵中硫酸的流速要比管道中高得多，特别是泵的叶轮常遭到严重的磨损腐蚀。通常硫酸浓度高且温度较高时用高硅铸铁；如硫酸浓度较高，且温度较低(<60℃)时，可选用各种不锈钢。对于稀硫酸，且中等温度(60~80℃)时，需要衬橡胶或纤维增强塑料。

控制硫酸流动用的阀门所接触的硫酸条件亦和管道中相同，但阀门与管道相比，它要经常开放、关闭或调节，阀口处的硫酸流速较大而且经常变化，因此腐蚀要比管道严重很多，而阀门用量少，单件质量也小，可选择比较高级的金属或合金材料。衬 F_3 塑料阀门，几乎能在硫酸生产的所有条件下使用(温度超过 130℃时除外)，是比较理想的阀门。但现在生产上实际多用铸铁阀门，虽然使用寿命短，由于价廉，易加工，且当温度低于 50℃时铸铁阀门使用寿命还比较长。

（3）阳极保护

目前，一般硫酸厂用普通铸铁、高硅铸铁制作酸冷却设备，淋洒式铸铁冷却排管由于腐蚀需经常更换。为了提高冷却器的冷却效率，延长硫酸冷却器的使用寿命，可采用不锈钢冷却器并加阳极保护措施，可以得到很好的保护效果。

阳极保护技术实质上是钝性的一种利用。钝化受诸多因素影响，因此控制阳极保护的主要参数应该针对设备使用的材质、介质、操作条件具体去测定，然后选取合理的电位控制值，才能获得最佳的保护效果，切勿一概而论。另外，阳极保护的操作比较精细，必须严格遵守。因为钝化状态只是腐蚀动力学受阻滞，腐蚀轻微，此时，它仍具有较高的热力学不稳定性，一旦活化，金属会以更大的速度溶解。

(4) 工艺控制

在不影响产品质量情况下，合理的工艺设计或改进，能有效降低腐蚀问题。

在硫酸生产过程中，尤其是用冶炼气制酸时，随净化工段洗涤酸的循环次数的增加，含氟杂质积累，常引起洗涤塔瓷质填料和硅铁稀酸泵的腐蚀，为防止氟的腐蚀，采用工业氧化铝或废铝灰固定氟的方法，将铝灰加入洗涤酸中，生成 $Al_2(SO_4)_3$，铝离子与酸中氟络合生成稳定性很强的氟铝络合离子，使游离氟降低到生产所允许的浓度，从而防止了瓷质填料和硅铁泵的腐蚀。

为了解决高温浓硫酸对酸冷却器的腐蚀，生产上也通常采用把一部分冷却过的硫酸返回到冷却器前，和塔内流出的热酸混合以降低冷却器入口时的热酸温度，以减轻酸冷却器的腐蚀问题。

为防止废热锅炉及热交换器的露点腐蚀，就要控制炉气中 SO_3 和水蒸气的分压，使饱和温度高于露点温度。通常炉气情况下，SO_3 的含量约为 0.1%~0.4%，露点温度大致在160~205℃之间，只要选择饱和温度高于露点温度 15~25℃即可。

9.1.2 氢氟酸生产系统中硫酸的腐蚀

无水氢氟酸的生产过程是用工业浓硫酸(98%)和粉料氟石在反应炉内反应，炉外用烟道气加热，反应产生的氟化氢气体由炉尾导出。生产的关键设备是反应炉。在反应炉内的介质主要是不同浓度的硫酸和氟化氢气体，此外还有氧气、水蒸气和少量氟硅酸等杂质。从炉头到炉尾的环境，包括温度和介质，也是不断变化的。

9.1.2.1 腐蚀的特点和原因分析

氢氟酸生产过程中的反应炉的腐蚀条件十分苛刻，它既要经受高温介质的腐蚀，又要经受粉料的磨损。生产实践证明腐蚀最严重的部位是距炉头端 850mm 处，这里的硫酸浓度在75%到 95%的范围内变化，它与氟石粉混合，温度约为 170~180℃；反应炉中部和尾部主要是高温(300℃左右)氟化氢气体和某些杂质的影响。

在 300℃ 时，各种浓度的氟化氢气体对 20 号锅炉钢的年腐蚀率都很低，约小于 0.05mm，如在其中加入氧气、水蒸气及少量硫酸，对腐蚀率的影响也不大。然而 20 号锅炉钢在 175℃各种浓度的硫酸中的腐蚀率却很高。如表 9-1 所示。

表 9-1 20 号钢在浓硫酸中的腐蚀率(175℃)

硫酸浓度/%	75	80	85	90	95
腐蚀率/(mm/a)	30.74	24.25	45.70	44.18	61.29

由表可见，20 号锅炉钢在高温纯浓硫酸中的腐蚀率要比在氟化氢气体中的高几百倍。通过对生产设备腐蚀情况的分析和试验室研究及现场挂片试验的确定：反应炉腐蚀破坏的主要控制因素是高温浓硫酸的腐蚀。而在生产条件下反应炉体的腐蚀比单纯硫酸的腐蚀要轻得多。

9.1.2.2 腐蚀控制途径

可以作为反应炉的构造材料，耐蚀性良好的是高 Ni-Mo 合金，但造价太高，无法在生产中采用。20 号钢板虽然腐蚀得快，但材料便宜，易于制作，从经济上考虑仍然比较合算，所以至今各厂还是宁愿用 20 号钢制造反应炉。

用耐蚀材料来解决反应炉腐蚀问题至今仍然很困难，可以从工艺改革上想些办法。为了降低反应炉的反应温度，国外有的采用了预反应器，这种预反应器中混料用的螺旋同时有旋转和往复两种运动，结构新颖。国内也在进行预反应器的研制。

9.1.3　维尼纶生产时醛化液中硫酸的腐蚀

聚乙烯醇经过溶解、抽丝和醛化处理，就得到了维尼纶纤维。醛化处理的温度为70℃，醛化液的组成主要有：H_2SO_4 235~240 g/L，Na_2SO_4 60~70 g/L，HCHO 25 g/L，醛化装置接触醛化液的部分是用含Mo、Cu的不锈钢，醛化装置中的淋洗盘等，其使用寿命在各厂很不相同，相差非常悬殊，有的厂能使用7~8年，有的厂仅使用3个月就被腐蚀报废，一年的经济损失达50多万元。

9.1.3.1　腐蚀原因分析

经过钝化处理的不锈钢，在醛化液中的电位很正，可达300 mV以上，处于钝态，腐蚀轻微，而由于某种原因一旦活化，电位可负移至-200 mV以下，腐蚀便很严重。醛化液中的Fe^{3+}、O_2等都能促进不锈钢钝态的建立，并有利于维持钝态。但醛化液中含氯离子，活性氯离子的存在不仅使钝态建立困难，而且还能使已经建立的钝态遭受破坏，导致不锈钢活化而发生严重的腐蚀，醛化装置中的淋洗盘、托辊、受槽等的腐蚀，主要是醛化液中含有过量氯离子造成的，如部件还有应力存在，则腐蚀更加容易。

9.1.3.2　腐蚀控制途径

① 降低醛化液中氯离子浓度至可允许的限度。

② 消除加工过程中对构件造成的残余应力。

③ 采用非金属材料(如聚丙烯塑料、氟塑料、橡胶及硅酸盐类材料等)。

④ 如经济合算，重要的部件采用耐蚀性更高的金属材料。

9.1.4　锦纶生产系统中硫酸的腐蚀

用环己烷钴盐氧化法生产锦纶单体己内酰胺时，先用氨水、亚硝酸钠和液态SO_2在0~-5℃的反应器内一步制成羟胺二磺酸盐，然后加热到102~105℃，在水解器内得到硫酸羟胺。在实际生产中，硫酸含量约为7%~9%，由于高温稀硫酸腐蚀，原采用一般的不锈钢和铅制的管子，使用不到两个月就会被腐蚀穿孔。工业纯钛在这种条件下本来也是不耐蚀的，实践证明，因介质中含有铵盐，从而起到了缓蚀作用，结果使腐蚀率大大下降。说明工业纯钛是硫酸羟胺系统中比较理想的耐蚀结构材料。

9.2　化肥生产中的腐蚀

我国是农业大国，农业是国民经济的基础。众所周知，氮、磷、钾元素称为植物营养的“三要素”。因此，化肥的主要作用是合理调配土壤中某些养分的供应量以满足作物生长的需要，增加农作物的产量，促进农业发展。其他行业如家畜饲养、海产品养殖、速生丰产林和牧草、工业原料等都大量使用化肥。

化肥种类较多，氮肥以氨水、尿素、铵盐为主。磷肥以过磷酸钙(普钙)、重过磷酸钙(重钙)、磷铵为主。钾肥过去以氯钾肥为主，现在无氯钾肥(如硫酸钾)生产的比重逐年上升。

化肥的种类不同，生产工艺和条件不同，其腐蚀特性也不同。

9.2.1　合成氨生产中的腐蚀

工业生产合成氨的方法有低压法(约15MPa以下)、中压法(约20MPa)和高压法(70~100MPa)。氨的合成是放热反应，其反应速度十分缓慢，因此工业上必须是在有触媒的存在下进行。合成氨生产须有下列步骤：

① 造气：制取含氮和氢的原料气体。

② 净化处理：除去氢和氮以外的各种对氨合成催化剂有毒成分和杂质，以获得纯净的氮氢混合气体。

③ 压缩氮氢混合气体，使之达到合成氨时所需的压力。

④ 合成：在触媒的作用下进行氨的合成。

合成氨生产的原料气可以用煤、重油、天然气中的任何一种作为原料制得，原料气的主要成分为一氧化碳和氢气，另外还有二氧化碳、氧气、硫化氢、有机硫(CS_2、RSR′)等可以使触媒中毒的有害物质。经脱硫后原料气中的一氧化碳经变换生成氢气和二氧化碳，再经脱碳制得合格的氮氢混合原料气，然后经压缩送至合成塔合成成品氨。

9.2.1.1　腐蚀特点及原因分析

合成氨生产过程中有腐蚀性的介质主要产生于原料气以及在生产过程中带入的，主要有高温气体(如 H_2、N_2 等)、H_2S、CO_2、水蒸气及其水溶液等。

(1) 高温气体腐蚀

在高温高压下，氢原子扩散进入金属内与 Fe_3C 作用生成甲烷，结果造成材料内裂纹和鼓泡，导致钢的机械性能变差，即为氢腐蚀，例如中、高压合成塔容易发生这种腐蚀。另外有转化炉碳钢壳、一氧化碳变换炉碳钢部件以及脱碳设备碳钢配管都会发生氢腐蚀。

干燥的分子氮是惰性气体，对钢基本上不产生侵蚀作用。在合成氨生产条件下，当温度高于 350℃时，氨即开始分解生成活性的原子氢和氮原子。在钢表面的新生态氮原子，极为活泼，除一部分重新结合成分子氮外，另一部分将渗入钢表面形成含有间隙式固溶体和氮化物的渗氮层，硬脆的渗氮层容易开裂脱落，导致设备过早失效。一般认为，温度在 400℃以上，才会产生明显的氮化，即发生氮腐蚀。当温度低于 350℃时，可不考虑氮腐蚀的问题。

(2) 硫化氢腐蚀

在合成氨生产过程中，当硫化氢与水共存时，硫化氢可解离出 H^+，使介质呈酸性，对钢发生氢去极化腐蚀。其腐蚀形貌为金属表面伴有鳞片状硫化物腐蚀产物的沉积。例如，变换热交换器的腐蚀，其腐蚀介质除 H_2S 外，还有 CO_2、H_2O，加之气流的冲刷使碳钢制的列管式变换热交换器经常发生严重的腐蚀。另外硫化氢的酸蚀作用，往往使系统的某些死角处产生大量的黑色硫化亚铁腐蚀产物的堆积，或者以内含黑色锈水的锈疱形式存在，还会导致坑蚀。

硫化物常引起应力腐蚀破裂，应力包括材料承受的外应力(设备或构件承受的工件应力、安装应力等)和内应力(主要在焊接和冷加工过程中产生)。如果焊接过程中残余应力没有及时消除，焊缝和热影响区就会成为整个设备、构件或管线对应力腐蚀破裂最敏感的部位。例如煤气柜、变换气柜、脱硫塔、饱和热水塔等的焊缝处，虽然这些设备的表面都有防腐层保护，但大面积现场施工难免没有针眼、气孔和擦伤。在使用中一旦防腐层出现损坏、脱落，就很容易发生应力腐蚀破裂。

(3) 露点腐蚀

合成氨生产系统中，变换气和水煤气及其他气体都含有水蒸气，在高压力下这些气体的露点都较高，但在低压部分，当这些气体温度达到露点或以下时，会产生冷凝，气体中的 H_2S、CO_2、H_2O、SO_2、Cl^-、SO_4^{2-} 等都会溶解在冷凝液中，若温度较高，会对碳钢或低合金钢设备造成严重的露点腐蚀。因冷凝液呈酸性，主要是发生氢去极化腐蚀。

9.2.1.2　腐蚀控制途径

(1) 选用耐蚀金属材料

合生氨生产系统，主要是在高温高压条件下工作，因此，非金属材料使用很少，即使采用一些，也多以涂料为主。

与氨合成介质接触的设备，如使用温度在220℃以下时，可以不考虑氢腐蚀和氮腐蚀问题，可用碳钢或一般的低合金高强度钢制造。如在350℃以下使用，可以不考虑氮腐蚀，选用一般的低合金抗氢钢。如在350℃以上使用时，既要考虑抗氢腐蚀又要考虑抗氮腐蚀，要选用抗氢、氮的不锈钢材料。

(2) 缓蚀剂防腐

脱碳塔和吸收塔是热钾碱对碳钢造成的腐蚀以及高浓度的 CO_2 引起的腐蚀。添加钒缓蚀剂(加入偏钒酸盐或 V_2O_5)，严格保持一定量的五价钒，对碳钢有缓蚀作用，显著降低了腐蚀速度，所以脱碳塔、再生塔筒体均可用碳钢制造，再加缓蚀剂保护。

(3) 工艺改进

变换热交换器之所以腐蚀如此严重的一个关键因素是进入热交换器的原料气中含有大量的水分，由于进口温度较低，容易冷凝，造成严重的电化学腐蚀，若将原料气的进口温度提高，在变换热交换器前加一个蒸气预热器，提高了原料气进入的温度，使气体中水分蒸发或不能冷凝，干燥气体中的硫化氢、二氧化碳、氧等等腐蚀介质对钢只是化学腐蚀就很轻微。实践已证明，改进工艺后，热交换器工作情况良好。

9.2.2　尿素生产中的腐蚀

尿素是一种高效氮肥,其含氮量达46%,比硝酸铵高30%,比硫酸铵高120%,比碳酸氢铵高170%,是含氮量最高的氮肥品种。尿素为中性,不像其他氮肥那样会由酸根引起土壤板结。它既可作基肥,又可用于根外追肥,很易被植物吸收并促进植物生长。尿素不但能增加产量还能改善有些植物的质量。尿素除用作化肥外,在农业中还用作反刍动物的饲料,可代替25%~30%的蛋白饲料。此外,尿素在工业上还可用来作为树脂、医药、润滑剂、润湿剂、增塑剂、石油净化剂等的原料。它的应用范围,越来越宽广。尿素生产中的腐蚀也越来越被重视。

目前工业上生产尿素的方法均以氨基甲酸铵脱水法为基础。其反应如下：

$$2NH_3+CO_2 \rightleftharpoons NH_4COONH_2 \rightleftharpoons (NH_2)_2CO+H_2O$$

由于原料价格低廉，大大降低了尿素生产的成本，为工业化生产提供了有利条件。在高温高压下氨和二氧化碳合成为甲铵的反应可较完全地进行；而甲铵脱水转化成尿素的这一反应并不能完全进行，其转化率一般为60%~70%左右。未转化的甲铵必须从已转化的尿素中分离出来加以回收利用。分离、回收方法很多，世界各国都在不断开发新型的尿素生产工艺，主要目标是提高热效率、降低能耗，涌现出不少技术先进、节能效果良好的新工艺，其在装置和用材方面也有新进展。在我国，目前绝大部分尿素生产厂采用的是水溶液全循环流程和二氧化碳汽提流程。

水溶液全循环流程是将二氧化碳和氨在尿素合成塔内进行高温高压(压力为19.6MPa，温度为185~190℃；改良C法中的压力为24.5MPa，温度为200~205℃)下的反应。反应后尿液进入分解塔，将其中未脱水转化的甲铵加热分解成气相氨和二氧化碳与尿液分离后经冷凝并用水吸收，再全部返回合成塔被利用。二氧化碳汽提流程是将合成塔出来的尿素甲铵液，进入二氧化碳汽提塔，用加氧的二氧化碳通入汽提塔，将塔中汽提塔内壁尿素甲铵液液膜中大量未反应的氨和二氧化碳提取带出进入高压甲铵冷凝器返回合成塔再利用。而分离后的尿液，经蒸发、分离、干燥、造粒后得到成品尿素。

9.2.2.1　尿素生产系统中的腐蚀特点及原因分析

尿素生产中最主要的腐蚀介质是压力与温度较高的尿素甲铵溶液，此外还有液氨、氨水、二氧化碳、尿液、碳铵、水、蒸汽的腐蚀。和高温高压(中压)尿素甲铵溶液接触的主要设备，对于水溶液全循环法，有尿素合成塔、加热分解设备、高压甲铵泵、减压阀及有关管道；对二氧化碳汽提法，有尿素合成塔、汽提塔、高压甲铵冷凝器、高压洗涤器、高压甲铵泵、有关阀和管道等。由于高温高压尿素甲铵液的腐蚀性很强，这里重点讨论。

(1) 中间产物尿素甲铵溶液的腐蚀

生产尿素的原料二氧化碳和氨以及生产成品尿素的腐蚀性都很弱，而在高温高压(中压)的尿素生产中生成的中间产物尿素甲铵溶液，腐蚀性却很强，在加氧的条件下碳钢和低合金钢仍遭活化腐蚀，在不加氧的情况下不锈钢也不耐蚀。其主要的腐蚀机理有几种。

多数学者认为氨基甲酸铵溶液在水中离解出的氨基甲酸根($COONH_2^-$)呈还原性。有人认为在高温高压下，尿素会产生同素异构物氰氧酸铵，在有水存在时，可离解产生具有强还原性的氰氧酸根：

$$(NH_2)_2CO \rightleftharpoons NH_4CNO \xrightleftharpoons{H_2O} NH_4^+ + CNO^-$$

由于还原性的 $COONH_2^-$ 或 CNO^- 存在，使钝化性金属在其中不易形成钝化膜，而产生严重的活化腐蚀。而且介质的腐蚀性随尿素甲铵含量的提高而增大。

另一种观点是认为尿素甲铵溶液的腐蚀主要是由不锈钢的表面氧化物与氨形成络合物所致。而且经检测发现含钼不锈钢中，镍腐蚀最严重，而钼的腐蚀最轻。因为氧化镍可在最低的氨/水比下溶解，氧化铬在稍高的氨/水比下溶解，氧化铁则要在更高的氨/水比下溶解，而氧化钼不发生络合反应。也有人提出是由于不锈钢与介质进行了羰基化反应，生成了金属的羰基物所致。不锈钢中的镍粒容易形成羰基镍。

(2) 电化学腐蚀特点

高温高压尿素甲铵溶液具有较高的导电性，故对金属的腐蚀属于电化学腐蚀，不锈钢等材料在其中的腐蚀符合钝化型材料的电化学动力学行为，在较低的电位区域会产生活化腐蚀，在较高电位区会产生钝化，电位很高时也会出现过钝化腐蚀。在实际的生产中，没有外加电位时，已证实不锈钢和钛材既可能产生活化腐蚀，又可能维持钝态，腐蚀轻微。

(3) 对不锈钢材料可发生多种局部腐蚀

晶间腐蚀：高温高(中)压的尿素甲铵溶液对不锈钢具有很强的晶间腐蚀能力，对焊接接头的熔合线也具有很强的刀状腐蚀能力。引起腐蚀的原因主要是不锈钢的敏化态，晶间析出了碳化铬($Cr_{23}C_6$)，产生贫铬区造成优先腐蚀所致。

选择性腐蚀：尿素甲铵溶液对具有双相组织的不锈钢及其焊缝具有很强的选择性腐蚀能力。其选择性与尿素甲铵溶液的氧化性有关。介质氧化性较强，如当合成塔正常加氧时，容易产生铁素体选择性腐蚀。介质氧化性较弱，如合成塔停车保压液相缺氧时，或在液相含氧量较低的加热分解设备中，容易产生奥氏体选择性腐蚀。这是由于奥氏体比铁素体含镍量高所造成。而铁素体选择性腐蚀机理与晶间腐蚀类似，可用贫铬理论来解释。

应力腐蚀破裂：一般情况下，尿素生产过程中，应力腐蚀破裂的敏感性不很高，但可以认为尿素甲铵溶液对不锈钢在一定条件下确实存在着应力腐蚀破裂的敏感性，尤以氯离子存在时，会大大提高破裂的敏感性。实践证明，产生应力腐蚀破裂是与尿素甲铵溶液中含有氯离子有关。因此在尿素生产系统中，严禁氯离子进入尿素甲铵溶液中。

腐蚀疲劳：主要出现在往复式甲铵泵上，该泵的缸体受到交变应力与尿素甲铵溶液的联合作用，尤其是四通型与三通型缸体交叉内腔的交角处，承受着较大的应力集中，缸体的腐蚀疲劳开裂往往由此处开始。

磨损腐蚀：当尿素甲铵溶液在设备和管道中的流速超过某一临界值后，腐蚀明显加剧。例如溶液全循环流程合成塔减压阀内尿素甲铵溶液从 19.6~24.5MPa 突然下降到 1.7MPa，流速很高，使阀芯、阀座均遭到磨损腐蚀。改良 C 法合成塔顶盖出口管由于管径过小流速很高，316 不锈钢或钛管也均遭磨损腐蚀。这是由于流体力学作用与腐蚀电化学作用协同加速腐蚀，使钝化型金属表面的钝化膜难以生成或完全破坏导致腐蚀明显加剧。

空泡腐蚀：又称气蚀，发生在汽提塔的 CO_2 入口管上，此处最易使气泡瞬间形成与溃灭，造成很大的冲击波与电化学作用协同加剧腐蚀。

缝隙腐蚀：尿素设备内螺栓与螺帽间、塔板与筒壁间、垫片与密封面间均存在缝隙，以及焊接缺陷所造成的缝隙。由于缝内介质流动性差，腐蚀作用消耗的氧不能得到及时补充，尿素甲铵溶液本来就是靠溶液中加一定的氧来降低腐蚀的，因此缝内缺氧更加速了腐蚀，腐蚀又造成缺氧。如此下去产生了严重的缝隙腐蚀。

（4）钢筋混凝土的腐蚀

这种腐蚀是由混凝土受尿素结晶膨胀破坏后而引起的。尿素是中性盐，干燥状态下对混凝土不腐蚀，但尿素的吸湿性很强，在水中的溶解度大。当尿素粉尘和颗粒在潮湿空气中或遇水，就很易吸湿潮解，又极易渗透到多微孔材料混凝土中，如在自然干燥条件中，会又重新结晶，体积迅速膨胀。这种结晶形态的尿素所产生的结晶胀力可达 $85MPa/cm^2$ 以上，远超出混凝土 $30MPa/cm^2$ 的极限强度。由于尿素多次吸湿，多次结晶膨胀，破坏力越来越大，导致混凝土粉化、开裂、脱落。混凝土内部有钢筋，当水泥（硅酸盐）硬化后，$pH>12$ 呈碱性，钢筋不会被腐蚀，但当混凝土遭受尿素的结晶膨胀破坏后，微孔结构的混凝土产生许多微裂纹，加速了氧、水和其他化学介质渗入，导致钢筋腐蚀，铁锈的膨胀使混凝土层受力从钢筋向外形成裂缝，使腐蚀进一步加剧而失效。

9.2.2.2 尿素生产系统中腐蚀的影响因素

影响金属在尿素甲铵溶液中腐蚀的因素主要有对尿素腐蚀有特殊影响的材料因素和介质因素。

（1）不锈钢的镍含量的影响

不锈钢中的镍在尿素腐蚀中的作用与其他介质中的不同。在一般介质中，镍会扩大不锈钢中的钝化区，起着提高耐蚀性的作用。但是在尿素甲铵液中，提高不锈钢中镍含量会降低不锈钢的耐蚀性，尤其是尿素甲铵溶液处于低氧条件时，镍的不利作用更为明显。这是由于镍容易以镍和氨的络合物或羰基镍的形式优先溶于尿素甲铵液中所致。也正因为如此，生产中常测定中间物料或成品尿素中的镍含量来监测不锈钢设备的腐蚀情况。

（2）温度的影响

温度升高明显加剧尿素甲铵溶液对金属的腐蚀。图 9-5 表明 0Cr17Ni16Mo3Ti 在尿素甲铵溶液中的腐蚀速度随温度的提高而剧增。试验表明，合成介质的温度从 165℃ 提高到 200℃时，1Cr18Ni12Mo2Ti 的腐蚀速度约增加 3 倍，操作温度的提高，尿素合成反应的转化率也相应会提高。但操作温度的提高要受到设备材料耐蚀性的限制。所以在尿素生产中，操作温度是控制腐蚀的主要工艺参数，即使只超温 1~2℃ 也会明显加剧腐蚀。

(3) 氨碳比的影响

尿素合成介质可以看作主要由氨、二氧化碳和水组成，其中氨与二氧化碳的分子比(氨碳比)以及水与二氧化碳的分子比(水碳比)都是影响腐蚀的重要工艺参数。按氨和二氧化碳的合成反应，加入的氨和二氧化碳的分子比应为2，但这时介质的腐蚀性会很强。因此生产中通常需要加过量氨来抑制腐蚀，过量的氨可以部分地中和尿素甲铵溶液的酸性，提高pH值，抑制腐蚀性很强的氰氧酸根的产生，以减轻因水的存在而引起的腐蚀。氨碳比高，腐蚀降低(见图9-5)，氨碳比超过某一值时，腐蚀速度就趋于稳定。一般工业中控制氨碳比为2.8~4。

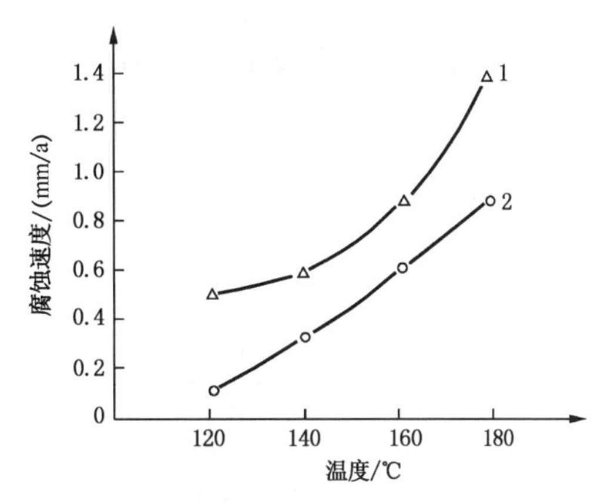

图9-5　0Cr17Ni16Mo3Ti在不同温度和氨碳比时的腐蚀速度

1—氨碳比2.2；2—氨碳比2.6

(4) 水碳比的影响

提高水碳比会促使氰氧酸铵的解离，产生腐蚀性强的氰氧根：

$$NH_4CNO \xrightarrow{H_2O} NH_4^+ + CNO^-$$

这样降低了pH值，增加了介质对金属的腐蚀性。尿素生产工艺中一般不宜控制水碳比过高，如溶液全循环法中正常操作时的水碳比应控制低于0.67。而在开停车时，注入大量的水，可使尿素甲铵溶液大大稀释，从而显著减轻了介质的腐蚀性。

(5) 甲铵浓度的影响

尿素本身的腐蚀性很弱，而甲铵的腐蚀性很强，因此甲铵浓度越高腐蚀性越强。提高尿素含量与甲铵含量的比值，也会使腐蚀性下降。例如，二氧化碳汽提塔入口时尿素甲铵液中甲铵浓度高，腐蚀性强。经汽提后，大量未转化的甲铵被分解成氨和二氧化碳气体提取出来，而尿素不能被分解，因而塔的出口尿素甲铵液中甲铵浓度很稀，腐蚀性亦大大下降。

(6) 氧含量的影响

尿素生产中加入氧并不是工艺的要求，完全是控制腐蚀的需要。图9-6表示了二氧化碳中的加氧量对几种金属腐蚀的影响。由图可见，银和铅要求介质中的氧含量应很低才足够耐蚀，而不锈钢和钛则要求介质中加氧量达到一个临界值以上，其腐蚀速度才能降到可以允许的稳定值。在正常加氧生产条件下，水溶液全循环流程合成塔液相中的氧含量约为100~200 mg/L，二氧化碳汽提流程合成塔液相中的氧含量约为80 mg/L，均超过常用的不锈钢和钛的临界氧含量，可以稳定钝化。而且腐蚀电位落在稳定钝化电位区。如果再继续提高氧含量，反而带来不少副作用，由于物料中多加了惰性介质会降低压力容器的有效利用系数，惰性气体的排放会带出氨而提高了氨耗等，因此加氧量应该适当。

值得注意的是，氧在静态尿素甲铵溶液中的饱和溶解度仅为0.1 mg/L左右，因此正常加氧条件下，80~200 mL/m^{3}的氧含量是大大地处于过饱和状态，这种状态是压缩机强制打入物料所造成，而不是稳定状态，正是这种过饱和溶解的氧才能使金属处于稳定的钝化状态而抑制腐蚀。但当合成塔停车保压时，氧不再能强制打入，液相中过饱和氧必然逸出，直至达到饱和溶解度为止。当液相中的氧含量降到为保持钝化所需的临界氧量以下时，材料就会活化而腐蚀，因此停车保压所能允许的时间不能太长。

另外，合成塔、汽提塔等设备顶部如保温不好温度较低时，顶部气相层会产生冷凝液，溶入二氧化碳和氨后，也是甲铵溶液，气相中的氧只是自由溶入而不是强制溶解在冷凝液中，其结果会造成严重的冷凝液腐蚀。

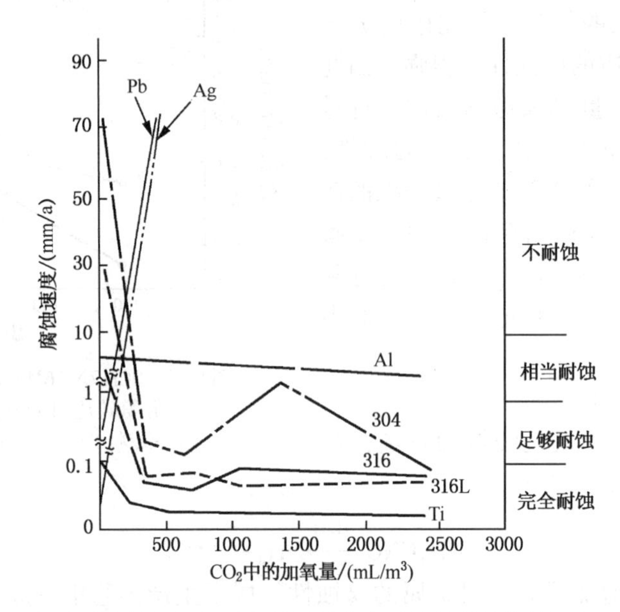

图 9-6　二氧化碳中的加氧量对各种材料在合成塔尿素甲铵溶液中腐蚀速度的影响(温度 180~200℃，压力 26.5MPa)

(7) 硫含量的影响

二氧化碳原料气中往往含硫主要以 H_2S 形式存在，在溶液中主要以 S^{2-} 和 HS^- 的形式存在。硫与氧作用生成硫酸根 SO_4^{2-}，可附着在不锈钢和钛的表面，破坏钝化膜，加剧腐蚀。同时由于硫的氧化作用而消耗了尿素甲铵液中的氧，减弱了对金属的钝化作用。当硫含量在一定范围内，尚可通过增加氧含量的方法来抵消硫对腐蚀的加剧作用。当二氧化碳中不含硫时，往二氧化碳中加入 0.1%以下的氧即可维持材料的钝化。当硫化氢含量为 5~10mg/m³ 时，就需要加入 0.5%~1%的氧，当硫化氢含量超过 15mg/m³ 时，即使加入更多的氧也难完全抵消硫化氢加剧不锈钢的腐蚀作用。

9.2.2.3　尿素生产中腐蚀控制途径

(1) 选用金属材料

尿素设备用材普遍采用不锈钢，例如用 316L(00Cr17Ni14Mo2)等。Ti 材在尿素甲铵溶液中的耐蚀性很好，虽然钛设备比不锈钢设备一次投资费用高，但使用寿命长，而我国钛资源丰富，随着对钛设备设计制造技术和质量的提高，钛制尿素设备会有更广的应用。

总之尿素用材不锈钢的发展趋势为，其中的含碳量趋于下降，含铬量趋于提高，含镍量趋于下降，并发展复相钢提高抗局部腐蚀的能力。

设备焊接应设法减轻、消除热影响区，焊条应选用比不锈钢设备用材高一级，其中含铬量要高些。

(2) 工艺控制

在尿素生产过程中控制腐蚀的重要参数有含氧量、操作温度、氨碳比和水碳比。生产中必须严格按规定指标进行监控，并不断按生产中的变化进行及时调整，才能将系统中设备的腐蚀控制在允许的范围之内。例如，氧是不锈钢钝化必需的促进剂，它的用量随生产的条件、二氧化碳中硫的含量等的不同而不同，因此必须严格控制，切勿疏忽大意！否则造成的损失难以估计。

(3) 停车时防护监控

合成塔停车保压时间不能太长，否则因氧的逸出导致全塔活化腐蚀。如果停留时间较长，应对塔的电位进行现场电化学监测，当电位下降至接近活化腐蚀的电位时，停车保压状态必须停止。

(4) 压缩机段间水冷却器腐蚀控制

注意水中 Cl^- 的含量越低越好，另外可加缓蚀剂降低腐蚀。

(5) 选用非金属材料

选用非金属材料，主要是用在尿素造粒塔以及厂房地坪、楼面、皮带运输栈桥等建筑物上。最主要的是用来减少建材面层的孔隙率，起到良好的防腐作用，如用密实抗渗的面层材料以隔离尿素溶液，达到防腐目的。在钢筋混凝土的施工中，可加密实剂减少毛细孔，提高密实度。也可采用改性混凝土浇筑塔体，再用新型树脂水泥砂浆抹面，这些对防腐都能起好作用。

9.2.3 磷肥生产中的腐蚀

9.2.3.1 磷酸生产中的腐蚀

磷酸是制造高效磷复肥的基本原料，也是重要的化工产品之一。磷酸的生产方法有热法和湿法两种，其中以湿法为主，它的主要化学反应如下：

$$Ca_5(PO_4)_3F+5H_2SO_4+5nH_2O = 5CaSO_4 \cdot nH_2O+3H_3PO_4+HF\uparrow$$

湿法磷酸的生产流程按硫酸钙的水化物形式来分类(反应式中 $n=0$，无水法；$n=\frac{1}{2}$，半水法；$n=2$，二水法)，国内以二水法流程使用最为广泛。

二水法流程是多种多样的，主要的区别在于反应槽的结构不同，有串联多槽、单槽多浆和单槽单浆。移去反应热的方法，有鼓入空气冷却和料浆真空冷却。我国主要采用空气冷却单槽多浆流程。

反应槽内有磷矿粉、硫酸及回流磷酸，其反应温度为 70～80℃，磷酸浓度为 26%～32% P_2O_5，这样的低浓度酸虽然可在某些磷酸盐肥料中生产使用，但对大多数用途来说，采用蒸发浓缩处理达到商品磷酸浓度 50%～54% P_2O_5 则更为经济合理。

(1) 磷酸生产中腐蚀特点和影响因素

湿法磷酸中含有 P_2O_5 30%～45%，SO_4^{2-} 2%～4%，F^- 1%～2%，Cl^- 0～0.05%，以及 Fe^{3+}、Al^{3+} 和 Mg^{2+} 等杂质。反应料浆中含固体 35%～45%。

各种湿法磷酸的腐蚀性有明显的不同，这主要取决于制造磷酸所用的原料和生产方法。杂质对酸的腐蚀性具有决定性的影响，实践证明 F^-、Cl^- 和 SO_4^{2-} 是促进腐蚀的，它们会破坏不锈钢的钝化膜，尤其是 Cl^- 常常引起孔蚀等局部腐蚀的发生。而 Fe^{3+}、Al^{3+} 和 Mg^{2+} 等则有缓蚀作用。以 Fe^{3+} 的缓蚀作用最强，它能促进不锈钢钝化，但要注意，如果 Fe^{3+} 含量不足，反而会加速其腐蚀。

磷酸的腐蚀还随温度、浓度的不同而不同，其影响情况见图 9-7。

由图 9-7 可见，磷酸的腐蚀性随温度的升高而增大，在达到沸点时增加甚剧。低浓度时，腐蚀性随酸浓度增加而增加，达到中等浓度时腐蚀性最大。在更高浓度时，腐蚀性随酸浓度的增加而降低，当酸浓度超过 100% H_3PO_4 达到过磷酸范围时，腐蚀性大为减弱。浓磷酸的沸点一般为 127~138℃，高温下浓磷酸具有强烈的腐蚀性(见图 9-8)。但在高真空下浓缩时，浓磷酸的沸点可降至 85~90℃，从而可以使酸的腐蚀性减弱。采取强制循环(循环酸与进料酸之比为 60∶1)可使循环酸浓度维持在较高水平，并降低了酸中的 F^- 含量，从而减轻腐蚀。

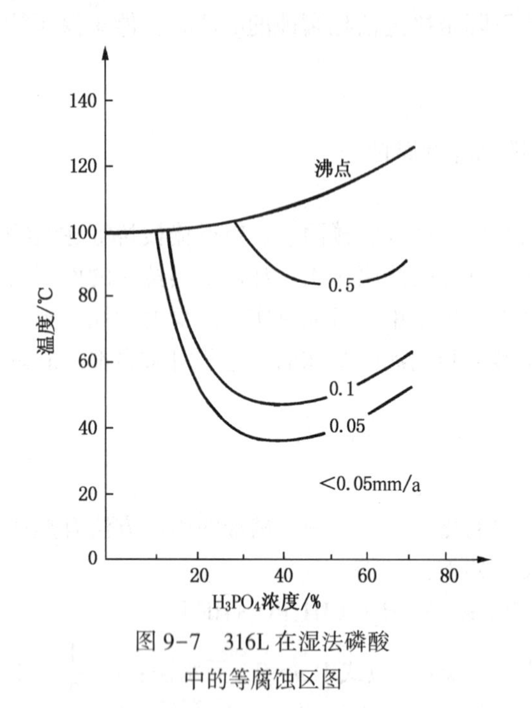

图 9-7　316L 在湿法磷酸中的等腐蚀区图

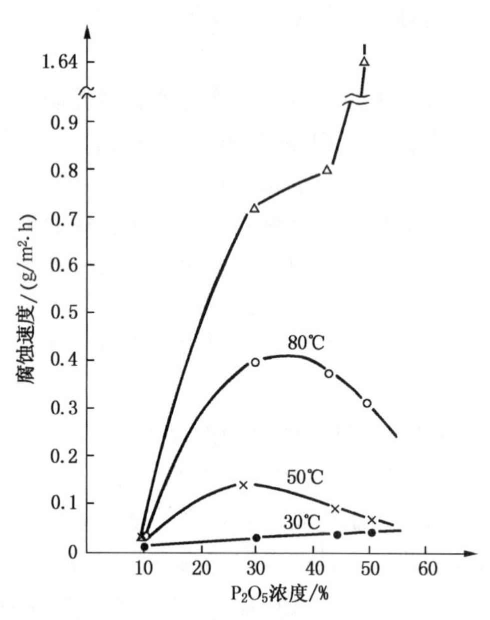

图 9-8　316L 在湿法磷酸浓缩过程中腐蚀速度的变化

氟组分的变化对腐蚀产生复杂的影响，在湿法磷酸中，氟主要以 H_2SiF_6 形式存在，而在加热浓缩过程中，H_2SiF_6 会分解成 HF 和 SiF_4，在浓度达 40% P_2O_5 左右时，SiF_4 首先逸出，溶液中 HF 浓度增加，腐蚀性随之增强，当酸浓度接近 54% P_2O_5 时，HF 才大量逸出。可见在浓缩过程中，浓度的增加和氟化物(HF 和 SiF_4)的逸出，使腐蚀环境变得十分苛刻。尤其是对温度和流速都比较高的加热器传热面，腐蚀最为严重。而蒸汽相中含氟气体的腐蚀又比液体中的腐蚀更严重。

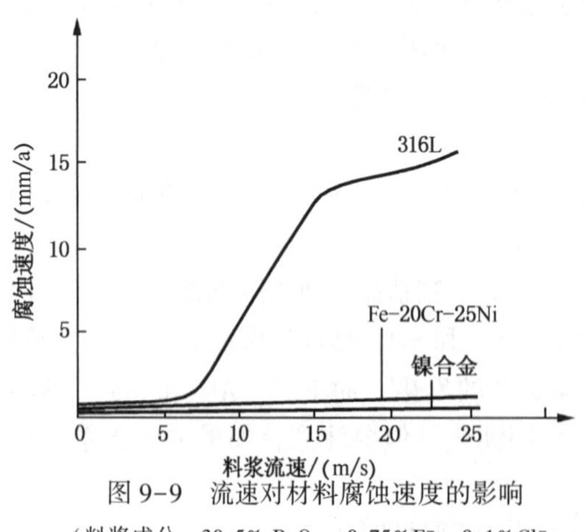

图 9-9　流速对材料腐蚀速度的影响
(料浆成分：30.5% P_2O_5、0.75%F^-、0.1%Cl^-；含固量 35%~40%；温度 80℃)

另外，磷酸料浆中固体悬浮物主要是硫酸钙结晶和酸不溶物(SiO_2)。含固料浆尤其在高速运动状态时会造成严重的冲刷磨损腐蚀，如反应槽、搅拌桨和料浆泵设备均会发生这类腐蚀。

(2) 腐蚀控制途径

① 选用耐蚀金属材料。湿法磷酸常用的结构材料有不锈钢、镍合金等。在 80℃以下 316L 不锈钢对湿法磷酸有良好的耐蚀性(见图 9-9)，是制造与磷酸或反应料浆

直接接触的搅拌器、过滤机及其他设备常用的一种结构材料。然而在苛刻的条件下，316L不锈钢没有足够的耐蚀性，尤其是当流速较高时，耐磨损腐蚀性能差。由于湿法磷酸工艺条件的变化和矿源的多变，使腐蚀条件越来越苛刻，高级不锈钢、合金的用量日益增加。另外由于双相钢有双相结构特点，其硬度、耐磨损腐蚀的性能均优于奥氏体不锈钢，具有良好的耐蚀性能，目前在磷酸及磷酸盐肥料中使用日益广泛。

② 非金属材料的应用。在湿法磷肥生产中，普遍使用的非金属材料主要有石墨板、橡胶、玻璃钢、塑料、各种胶泥、涂料等，这些非金属材料主要用于温度不高、流速不大的静设备，如各种储槽、管道等。

例如湿法磷酸反应槽(萃取槽)，槽内介质条件比较苛刻，有 H_2SO_4、H_3PO_4、HF、HCl 及酸不溶物等，反应温度80℃左右，腐蚀性很强，还有一定磨蚀作用，通常用钢筋混凝土或钢制内壳内衬非金属材料。又如搅拌桨，由于磨损腐蚀存在是腐蚀比较严重的部件，从金属选材来看，选择价格贵的合金还需严格控制 Cl^- 的浓度(宜小于0.1%)，否则耐蚀性显著下降。因此，在这种情况下可用钢或不锈钢包橡胶(以氯丁橡胶为主)，其耐蚀好，但不耐磨。故选用造价低的碳钢，整体包衬橡胶法，并注意维修和更换，也是一种合理的选择。

③ 工艺改进。湿法磷酸的生产中，磷矿的化学成分往往决定它生成的溶液和料浆的腐蚀特性。由于磷矿的品种很多，因此工艺上常把不同的磷矿混合使用以控制腐蚀。

9.2.3.2 过磷酸钙生产系统的腐蚀

过磷酸钙包括普通过磷酸钙(普钙)和重过磷酸钙(重钙)。它们的主要区别在于普钙中含有较多的硫酸钙，而重钙则几乎不含有硫酸钙。其工艺过程和腐蚀环境也很相近。

普钙是用硫酸分解磷矿粉料，再经化成、熟化而得，在生产中，其化学反应分成两个阶段进行。

第一阶段反应是硫酸与70%左右的磷矿反应生成磷酸和硫酸钙：

$$Ca_5(PO_4)_3F+5H_2SO_4 = 3H_3PO_4+5CaSO_4+HF\uparrow$$

第二阶段反应是生成的磷酸与余下的磷矿反应制得过磷酸钙(即磷酸二氢钙)其反应式如下：

$$Ca_5(PO_4)_3F+7H_3PO_4+5H_2O = 5Ca(H_2PO_4)_2\cdot H_2O+HF\uparrow$$

反应中生成的 HF 与磷矿中的 SiO_2 反应生成 SiF_4 逸出，或生成 H_2SiF_6 残留在过磷酸钙物料中。

重钙是用磷酸分解磷矿而得，其主要的化学反应相当于普钙第二阶段的反应。

(1) 普钙生产中的腐蚀

普钙中腐蚀严重的设备主要是带搅拌机的混合器。由于普钙生产用的硫酸(60%~70% H_2SO_4，60~80℃)是强腐蚀性介质，而且硫酸分解磷矿是放热反应，致使反应料浆温度可升至110~120℃。混合机出口的料浆中，磷矿分解率约为50%~60%，液相中为磷酸和硫酸的混酸，其浓度各35%左右，并含有 HF 和 H_2SiF_6。为了加速反应，混合器中装有搅拌桨。因此混合器的腐蚀环境十分苛刻，特别是搅拌桨还要遭受严重的磨损腐蚀。混合料浆进入化成室，继续完成第一阶段反应并开始第二阶段反应，物料逐渐增稠直至固化。化成室出口物料主要为新生成的过磷酸钙，转化率达85%左右，游离酸8%~14% P_2O_5，水分9%~15%。由于生成有大量细长的硫酸钙结晶的架桥聚集，使物料中的液相蓄积至晶穴之中，使新生的过磷酸钙成为一种表面干燥的固体，其腐蚀性大大减弱。特别当料浆与设备接触后，可形成一层垢，也能起到保护作用。

重钙生产中，用磷酸（54% P_2O_5，60℃）分解磷矿反应温度低，酸性也较弱，腐蚀要比普钙中的难些。

（2）普钙生产中的腐蚀控制

过磷酸生产中的主要设备混合器（混合机）和化成室主要从材质上解决，通常用钢壳衬非金属材料（如辉绿岩混凝土、辉绿岩胶泥等）。搅拌桨用普通碳钢包衬橡胶。皮带化成室的输送皮带采用氯丁橡胶。

9.2.3.3 磷酸铵生产中的腐蚀

磷酸铵是由氨与磷酸反应生成，氨和磷酸物质的量比不同，反应可得到不同的铵盐。在工业上主要生产磷酸一铵和磷酸二铵。主要化学反应式如下：

$$NH_3 + H_3PO_4 \xlongequal{} NH_4H_2PO_4$$

$$NH_3 + NH_4HPO_4 \xlongequal{} (NH_4)_2HPO_4$$

以浓磷酸 54% P_2O_5 为原料时，广泛采用预中和氨化粒化流程。近年来改用管道反应器代替预中和器，结构简单，干燥机负荷小，而且投资也低。

以中、低品位磷矿为原料制得的磷酸中杂质含量高，而酸的浓度又低（20%～22% P_2O_5），直接进行浓缩有很大的困难。通常用磷酸与氨在快速氨化蒸发器反应生成磷酸一铵料浆（含水 50%～55%），再送往真空浓缩器中将料浆浓缩，然后，将浓缩料浆（含水 25%～35%）送去喷浆造粒，制得粒状磷酸一铵产品。

（1）磷铵生产中的腐蚀特点

一铵盐 $NH_4H_2PO_4$ 溶液呈弱酸性，pH 值为 3.5～4.5；二铵盐 $(NH_4)_2HPO_4$ 溶液呈微碱性，pH 值为 7.0～7.5。因此，磷酸铵溶液的腐蚀性要比磷酸低得多。但是在生产系统中还存在磷酸及其他腐蚀性介质和磷铵料浆中的固相。在温度升高的情况下，腐蚀环境仍比较苛刻，对设备和管道造成的腐蚀和磨损腐蚀都较严重。

生产磷酸一铵时，预中和反应温度高达 110～120℃，料浆 $NH_3 : H_3PO_4$ 物质的量比为 0.6：1，pH 值为 3 左右，酸性高，腐蚀性强。尤其是管道反应器内，操作压力为 0.2～0.3MPa，反应温度为 130℃，腐蚀性就更强。磷酸二铵生产装置的腐蚀比磷酸一铵的腐蚀要轻。

（2）磷铵生产中腐蚀控制途径

① 选择耐蚀金属材料。温度高且磨损腐蚀严重的部位通常选用 316L 及特种合金等耐蚀金属材料，如管道反应器、泵等。

② 选用耐蚀非金属材料。一般用钢壳内衬非金属材料，通常在磷铵系统中多用橡胶、石墨及耐酸砖等，例如预中和器就是用钢壳内衬橡胶等非金属材料。

③ 工艺改进。在磷铵生产中，将磷酸浓缩工艺改为磷酸一铵浓缩工艺，这不仅对工艺有利，而且避免了磷酸浓缩过程中的严重腐蚀问题。

9.2.4 钾肥生产中的腐蚀

氯化钾的生产方法很多。绝大部分是以钾石盐为原料，经溶解结晶法或浮选法加工制得。其次是由光卤石用冷分解法、热溶法或冷分解和浮选联合法制取，或者用盐湖卤水经过盐田日晒，用化学法或浮选法制取；另外还可从海水制盐后的苦卤和地下卤水中用化学法制得。

9.2.4.1 氯化钾生产中的腐蚀特点

① 生产氯化钾用盐浓度高，大都呈中性，含高浓度 Cl^-，为良导电介质。其电化学腐蚀的特点为氧去极化腐蚀，其阴极反应为：

$$\frac{1}{2}O_2+H_2O+2e \longrightarrow 2OH^-$$

以氧去极化腐蚀的控制步骤是氧的扩散过程。在静态浓盐水中或缺氧的盐水溶液中，腐蚀轻微。但在流动、搅拌的盐水溶液中，由于氧的扩散容易，腐蚀加剧。温度升高时，在敞开体系中，由于氧溶解度降低，腐蚀减轻。

② 盐水中不同金属材料接触易产生电偶腐蚀。溶液中溶解氧量不同易造成浓差腐蚀。例如最常见的水线腐蚀。在盐水储槽中，盐水与空气接触的弯液面上方部位，容易被溶解氧饱和成为富氧区，而靠近弯液面的下方部位，由于氧的扩散比较慢，氧浓度低些相对为贫氧区，这样在液面附近形成氧浓差腐蚀使靠近液面的下方部位遭到严重腐蚀。

③ 氯化钾的生产原料来源广泛，原料中，如钾石盐、光卤石都含有数量不等的水不溶性杂质，导致磨损腐蚀。

9.2.4.2　氯化钾生产中腐蚀的控制途径

(1) 涂料与衬里

氯化钾生产系统中，大部分设备、管道均采用碳钢内涂防腐涂料(如，环氧树脂、呋喃树脂、富锌涂料、过氯乙烯涂料)等或用橡胶衬里，常用的有天然橡胶、氯丁橡胶、氯磺化聚乙烯橡胶。如磨损腐蚀严重的部分除可选用橡胶衬里外还可选钛材。

(2) 阴极保护

在盐水系统阴极保护对一般的腐蚀或局部腐蚀均有效，最好与涂料联合。这样综合了两者的优点，克服了两者的弱点，被公认为是一种最经济、有效的防腐方法。

9.3　纯碱生产中的腐蚀

纯碱工业是基础化学工业，在国民经济中占有重要的地位。纯碱是化学工业中产量最大的产品，是有着广泛用途的基本化工原料。它主要用于化学工业和玻璃工业。此外，还用于冶金、石油化工、造纸、食品等工业部门及民用。目前，我国工业化生产纯碱的主要方法是氨碱法(即索尔维法)及联碱法(侯氏制碱法)。

纯碱生产过程中的工艺介质，主要有盐水溶液、蒸馏冷凝液(主要是游离氨与二氧化碳的混合液)、氨盐水、母液和氨母液等，它们都具有不同程度的腐蚀性。与之接触的生产设备和管道也都存在着各种腐蚀问题。

9.3.1　纯碱生产中的腐蚀特点及原因分析

纯碱生产过程中，主要的腐蚀介质实际上是 NaCl、NH_4Cl、$(NH_4)_2CO_3$、NH_4HCO_3、$NaHCO_3$等盐类的混合溶液，其中 CO_2、Cl^- 的含量大致相似，而结合氨和游离氨含量有不同。

① 纯碱生产中的介质为强电解质溶液，系统中还存在着源源不断的溶解氧，因此腐蚀属于电化学腐蚀，为 O_2 去极化腐蚀。

② 系统中存在 Cl^-和 NH_4^+ 会加速钢铁的电化学腐蚀。Cl^-为活性阴离子可以破坏钢铁表面的钝化膜，易造成局部腐蚀，例如，纯碱工艺中用海水作冷却介质时，对不锈钢碳化冷却管的孔蚀。而 NH_4^+ 会与 $Fe(OH)_2$ 形成铵铁络合物：

$$Fe(OH)_2+2NH_4Cl \longrightarrow (NH_3)_2FeCl_2+2H_2O$$

从而加速阳极溶解过程。因此，在实际生产中，氨母液的腐蚀要比母液的更严重。

③ 纯碱生产中不但均匀腐蚀严重，而且，由于介质的流动，对设备和管道的磨损腐蚀

也严重。例如联碱生产设备的外冷器中，带有大量 NH_4Cl 结晶的半母液，以 0.5~1m/s 的流速自下锥体进入列管，此时，由于流速的变化和大量 NH_4Cl 结晶存在，使下管板和管端造成严重的磨损腐蚀。这是由于介质的流速超过了临界流速，并同时存在固相颗粒的双相流中，流体力学因素与腐蚀电化学因素交互作用协同加速所致。

④ 如果设计、加工、安装等造成局部存在微小的缝隙时，在氧去极化腐蚀的介质中，因缝内处于滞流状态，腐蚀后缺氧，难以得到补充成为阳极，而缝外相对氧含量高成为阴极，形成了闭塞电池，在缝内产生自催化效应，导致严重的缝隙腐蚀。

⑤ 碳钢、低合金钢在氨溶液中，不锈钢在氯化物和海水中都是有应力腐蚀破裂敏感性的特点组合体系，如果再受到一定的拉应力(可以是外加的，也可以是加工后残余的)时，即使应力值大大低于材料的屈服极限，也易发生应力腐蚀破裂，造成十分严重的后果。

9.3.2 纯碱生产过程中的腐蚀控制途径

(1) 选择耐蚀金属材料

在纯碱工业初期，在当时的工艺条件下主要是用铸铁材料。随着纯碱工业的工艺发展，特别是精制盐水工艺的大量采用，Ca^{2+}、Mg^{2+} 的含量大大降低，这种低 Ca^{2+}、Mg^{2+} 含量的盐水与设备、管道接触时，在其表面不能再形成致密的 $CaCO_3$、$Mg(OH)_2$、$MgCO_3$ 等化合物来保护铸铁减轻腐蚀。由于腐蚀，生产不能正常运行，维修工作量大消耗高，还污染环境，也不能保证产品质量。随着纯碱工业新工艺、新技术的发展需要，目前合金铸铁、不锈钢、钛材等已广泛被应用，尽管有些材料价格较贵，但使用寿命长，综合经济效益还是合算的。

(2) 选用耐蚀非金属材料

在纯碱生产中作为防腐的非金属材料是以涂料和衬里为主。涂料主要以环氧及其改性涂料、酚醛清漆及改性涂料等。衬里主要有鳞片衬里、玻璃钢衬里、橡胶衬里和水泥衬里。

防腐涂料和衬里施工简便，成本低廉，易于大面积施工，只要合理选材、精心施工、科学管理，就能达到良好的防腐效果，以节约不锈钢和钛材等高级材料，能以较小的投资满足并维持正常生产。所以非金属材料在纯碱生产中的应用越来越广泛。

(3) 采用缓蚀剂

在纯碱生产中通常加入 S^{2-}(常用 Na_2S 溶液)，S^{2-} 能够与设备和管道材料的铁形成牢固致密的黑色 FeS 保护膜，从而减弱和防止金属的腐蚀。其中的 Na_2S 就是缓蚀剂。

(4) 阴极保护技术的应用

纯碱生产中的腐蚀是属 O_2 去极化腐蚀，且有 Cl^- 存在，因此采用阴极保护对于均匀腐蚀和局部腐蚀都是很有效的防护技术。与涂料结合进行联合保护是最经济有效的一种防护手段，即使对处于流体腐蚀中的泵也不失是一种良好的防护技术。事实已经证明：只要根据生产中所用材质和介质具体进行实验，测得保护参数以及辅助阳极的分布，合理设计，正确操作维护，就能获得很好的保护效果，从而大大节约不锈钢材料。

9.4 氯碱工业中的腐蚀

氯碱工业是以盐水电解制取烧碱、氯气及氢气的基础化学工业。它所处理的原料及相关产品都具有强烈的腐蚀性。例如高温含水氯化氢和盐酸的强腐蚀，湿氯及含氯氧化剂的强氧化性腐蚀。另外，在电解过程中由于大量使用直流电，还会引发产生杂散电流的腐蚀。因此，氯碱工业一直是化工生产中腐蚀最严重的一个工业部门，防腐蚀是一项很重要的工作。

电解制碱工艺通常有：隔膜法、水银法和离子膜法等生产方法，现以隔膜法为主。

氯碱生产的环境复杂、腐蚀严重。为了分析腐蚀特点和原因的方便，按盐水、电解、氯处理以及碱浓缩等工段分别加以讨论。

9.4.1 盐水溶液的腐蚀

供给电解使用的盐水必须是除去 Ca^{2+}、Mg^{2+}、Fe^{3+} 和 SO_4^{2-} 的饱和盐水。因为盐水中存在的 Ca^{2+}、Mg^{2+} 和 Fe^{3+} 会与电解产物 NaOH 起反应，生成 $Ca(OH)_2$、$Mg(OH)_2$ 和 $Fe(OH)_3$ 沉淀，会堵塞隔膜，使隔膜渗透率降低。其中 SO_4^{2-} 含量增高，会降低 NaCl 在水中的溶解度，在盐水生产中产生结晶，造成管路堵塞。因此原盐或卤水必须通过精制，其目的是除去 Ca^{2+}、Mg^{2+}、Fe^{3+} 和 SO_4^{2-}，获得供电解使用的饱和食盐水溶液。

盐水精制的工艺，按电解的方法不同而有不同的要求。一次精制盐水，可供隔膜法使用。而离子膜电解工艺则要求盐水中的 Ca^{2+}、Mg^{2+} 含量更低，因此它所使用的盐水必须在一次精制的基础上对盐水进行二次精制。

9.4.1.1 盐水溶液腐蚀的特点及原因分析

① 金属在食盐水溶液中的腐蚀是属于电化学腐蚀，其腐蚀行为主要是阴极氧去极化作用，通常受氧的扩散控制。因此，在静止、缺氧的含盐水溶液中由于阴极极化显著则腐蚀轻微。而在流动、搅拌的食盐水溶液中由于氧的传输容易，阴极极化较小，腐蚀随之增大。溶液的温度升高，一般会使腐蚀反应加快，但由于温度升高而氧的溶解度又会减小，故影响不明显。

② 在中性饱和盐水的碳钢设备中，常会发生水线腐蚀，见图 9-10。腐蚀较严重的部位是在盐水与空气接触的弯月面下方的罐壁处，这是因为在弯月面上方的罐壁处只有很薄的一层盐水，很容易被溶解氧所饱和，即使氧被消耗后也能及时得到补充，故氧的浓度较高为富氧区。而在弯月面下方的罐壁处，液层较厚，由于受氧的扩散速度影响，在这里氧不容易到达也不容易补给，氧的浓度较低而形成贫氧区。因此，在盐水储罐内，弯月面上方的和该液面下方的罐壁便形成了氧浓差电池。与弯月面下方贫氧溶液接触的部位成为阳极区，发生了严重的腐蚀。

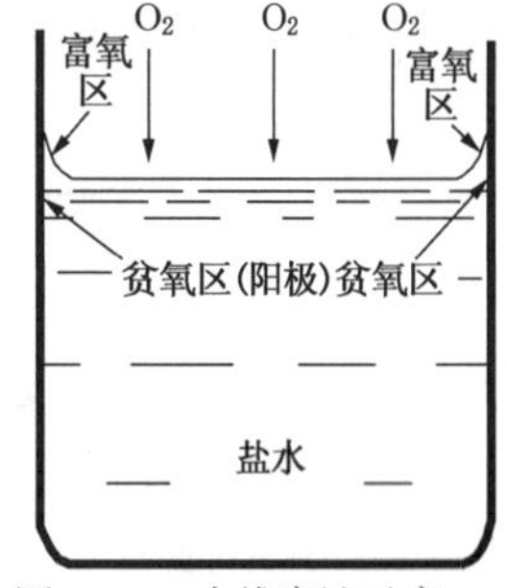

图 9-10 水线腐蚀示意

③ 盐水中有大量 Cl^- 存在。对于易钝化的金属，例如不锈钢会产生孔蚀和应力腐蚀破裂。

④ 盐水的渗透破坏。盐水本身并不是很强的腐蚀性介质，但它是一种强渗透性介质，当衬里层存在结构或施工的孔隙时，盐水渗透过衬里层造成严重腐蚀导致衬里层破坏。另外，饱和盐水有爬盐的现象，会顺着储罐内壁爬至储罐外壁造成污染与腐蚀。

9.4.1.2 盐水系统中腐蚀控制途径

(1) 选择耐蚀金属材料

在饱和盐水中，当温度不大于 60℃时，不锈钢的腐蚀速率很小，但在 Cl^- 作用下可能会产生孔蚀和应力腐蚀。而双相不锈钢耐盐水腐蚀较好。

铜在盐水中具有较好的耐蚀性能，常用铜合金(四六黄铜)制造精制盐水的换热器。

钛在盐水和各种含氯溶液中具有优异的耐蚀性能。钛的设备、管道和管件在含有氯化钠、0.5%~5%的氯化氢、湿氯、次氯酸钠和氯酸钠的典型介质，温度为 20~80℃时，其腐蚀速度不大一般不超过 0.05 mm/a。而当食盐水溶液温度大于 130℃，$pH<8$ 时，钛会发生缝隙腐蚀，其实只要消除决定缝隙腐蚀的尺寸因素就可避免发生。另外，钛钯合金(含

0.2%钯)具有很好的耐缝隙腐蚀性能，因为合金表面的钯具有很强的钝化作用，而且积聚在缝隙中的钛离子促进了阳极钝化的缘故。

(2) 选用耐蚀非金属材料

盐水及其精制过程的设备、管路等大部分是采用碳钢制造，并采用深层或非金属材料的衬里进行防腐。在离子膜法生产系统，对精制盐水的质量要求更高，对于二次盐水设备的防腐衬胶层不仅具有优良的耐蚀性能，同时还应满足不污染高纯盐水的基本要求，一般应选用特殊配方的低 Ca^{2+}、Mg^{2+} 橡胶对设备和管路等进行衬里。

水银法和离子膜法的电解过程中均有大量的含氯淡盐水进行重饱和处理，一般淡盐水的含氯量约为0.3 g/L，并含有少量的氯酸盐和次氯酸盐，含氯淡盐水具有强烈的腐蚀性。淡盐水脱氯装置大多选用耐蚀非金属材料或衬里进行防腐。

衬里通常用软PVC板衬里、橡胶衬里以及玻璃钢衬里。

玻璃鳞片涂层是一项耐腐蚀耐磨性能优异的防腐技术，它具有很高的机械强度，优秀的抗渗透性能。这些宝贵特性是由于在涂层中相互平行排列而又分散的定向玻璃薄片(厚2~5μm，长宽约5mm以下)，可使腐蚀介质的渗透过程受到层层屏障，增加了介质到达金属基体的途径，而且它还将涂层分割成许多微区，使树脂内的微裂纹、微气泡相互分离，有效地阻碍了毛细管作用所引起的渗透过程。此外，玻璃鳞片涂层与基体材料的黏结力很大，耐冲击性能优良，综合物性较常用材料优异，见表9-2。

表9-2 玻璃鳞片涂层与其他材料性能比较

材料名称	水汽透过率/($g/m^2 \cdot 24h$)	硬化线型收缩率/%	膨胀系数/(10^{-6}/℃)	冲击强度/(N·m/cm)
玻璃鳞片涂层(不饱和聚酯为基料)	0.05	0.1	22	3.33
不饱和聚酯	0.49	2.2		
环氧树脂	0.51	3.0	40	2.94
玻璃钢	0.25	0.8	28	5.88
聚氯乙烯	0.92		100	0.78
氯化橡胶	0.86	4.1	80	

玻璃鳞片涂层已在盐水系统的大型设备上成功应用，如盐水槽(200~2700m^3容积)、沉降器(2590m^3容积)等。使用时必须注意涂料本身，包括玻璃鳞片及其偶联剂的质量以及施工质量。

9.4.2 盐水电解系统中的腐蚀

电解食盐水溶液是一种电化学过程，其反应为：

$$2NaCl+2H_2O \xrightarrow{90\sim100℃} Cl_2\uparrow+H_2\uparrow+2NaOH$$

在实际生产过程中电解食盐水溶液总反应结果是生成烧碱、氯气和氢气。而伴随电解的反应进行还会发生“副反应”，如次氯酸盐、氯酸盐、盐酸和氧等的副产物。工业上为减少这些副反应，有效防止在电解槽中烧碱与氯发生反应以及氢和氯的混合，主要采用的电解方法有：隔膜法和离子交换膜法，水银法由于有污染已被淘汰。

隔膜法电解是采用石棉隔膜把电解槽的阳极室和阴极室机械地隔开，它可以防止液体的自由对流，但不能阻止离子的相互迁移和扩散。盐水从总管进入电解槽的方式是通过玻璃喷嘴使盐水喷成液滴状，以保证盐水导管与电解槽之间处于断电状态。电解时，在阳极上产生氯气由电解槽顶部导出，送往氯干燥工段。在阴极上产生氢气和氢氧化钠溶液。氢气由阴极箱上部导出，送往氢处理工段。氢氧化钠溶液由导管经碱液断电器滴入漏斗，汇入计量槽，然后送往蒸发工段。

离子交换膜电解是用一种既不渗透盐水，又能耐氯和碱的腐蚀，并具有排斥阴离子、吸引阳离子的特性阳离子交换膜，代替了隔膜法中的石棉隔膜把阳极室和阴极室分隔开来。由于膜本身具有阳离子选择透过性，只允许 Na^+ 并伴随水分子透过膜而向阴极移动，因此，在阴极室可以获得高纯度、高浓度的烧碱溶液，而阳极室产生的 Cl_2 也不易分解，避免了副反应。

9.4.2.1 盐水电解系统中的腐蚀特点和原因分析

(1) 隔膜电解槽中的腐蚀

阳极为钛钌电极，所接触的腐蚀介质主要是氯气、氯化钠水溶液以及副反应产生的盐酸、次氯酸、氯酸盐等，温度为 90~100℃。因此，腐蚀介质具有较强的酸性和氧化性。

阳极腐蚀导致钛钌活性涂层腐蚀脱落，失去导电活性。如果钛基体还没有被腐蚀，阳极片涂层可修复重新使用。通常造成阳极腐蚀损坏的主要原因是：

① 电解操作运行不当。例如，过高的直流电强度，易使活性成分 RuO_2 被氧化成 RuO_4 而挥发。又如，入槽的含盐水溶液 pH 值过高，碱性太大，造成阳极电解产生过多的氧气，氧会渗透到活性涂层中，使活性涂层性能恶化，放氯电位升高，效率降低。

② 频繁的开停车，容易造成反向电势，影响涂层结构，增加腐蚀，导致涂层活性降低。

③ 涂层配分及涂覆工艺不佳，造成活性涂层与钛基体的黏结不良。

阴极是由镀锌铁丝网制成网袋式阴极箱。网袋外部沉积一层均匀的石棉纤维作为隔膜，因此阴极接触的介质主要是 80~90℃ 的氯化钠水溶液、烧碱及氯酸盐。阴极发生还原反应，表面附近溶液 pH 值升高，碳钢表面生成氢氧化铁起保护膜作用，再加之阴极保护。所以阴极材料基本上不腐蚀。

槽盖的介质条件十分苛刻。电解槽盖内侧接触的气相、液相界面不固定。气相的腐蚀介质主要是 95~105℃ 的湿氯气；液相的主要是 80~90℃ 氯化钠水溶液，少量的次氯酸、氯酸盐、盐酸还有因反渗作用在槽盖与阴极箱密封处积累的烧碱。湿氯对碳钢的腐蚀非常强烈，它兼有盐酸和次氯酸的双重腐蚀作用。铁与盐酸发生氢去极化腐蚀，反应生成的 $FeCl_2$ 会进一步与 Cl_2 反应生成 $FeCl_3$，而 $FeCl_3$ 是很强的氧化剂，又会使铁发生腐蚀而再生成 $FeCl_2$，如此反复进行，致使铁基合金在湿氯中的腐蚀非常迅速。

另外阳极片是通过钛铜复合棒与碳钢电解槽底板螺栓连接，当钛铜复合棒螺母紧固不当(过紧或过松)，电解液易从钛铜复合棒与垫片相接处渗入，会产生缝隙腐蚀，造成电解液泄漏，还影响导电，严重时复合棒的铜质部分会全部被腐蚀掉。

(2) 离子膜电解槽的腐蚀

离子膜电解槽由阳极、阴极和离子交换膜三部分组成，三者间由槽柜相隔。

阳极及其支撑结构的基材均采用钛或钛钯合金，阳极板上涂有活性涂层。阳极接触的介质主要是添加了盐酸的饱和氯化钠水溶液，含有少量氯酸盐，温度为 85~90℃。电解时阳极上析出氯气，因此阳极上还遭受湿氯气的冲刷和腐蚀。阳极腐蚀主要表现为涂层脱落，直至钛基材的腐蚀破坏。

阴极除了接触 30%~50%的氢氧化钠、并经受析出氢气的冲刷，由于阴极本身受到保护而不被腐蚀。但在断电时，阴、阳极形成的原电池，在二极间形成与电解正常进行时流向相反的反向电流，这样就使电槽的阴极成了原电池的阳极而发生腐蚀。若电解槽再次通电后，阴极上析出氢的电位会升高，导致槽压升高。所以在反向电流存在时，离子膜电槽阴极的腐蚀危害是严重的。

离子膜膜体中的活性基团，只允许透过 Na^+，对 Cl^- 和 OH^- 具有排斥作用，从而可获得高纯度的氢氧化钠。膜的损坏除了机械损伤和腐蚀外，盐水中的 Ca^{2+}、Mg^{2+} 等杂质离子在膜的孔隙中沉积也是重要因素。断电停槽发生反向电流，不仅使阴极受到破坏，亦会使离子膜的阴极侧被镍和铁污染，使膜电阻增大，电位升高。犹如膜反装似的，反向电流使水反向迁移，导致膜的水含量减少，造成膜鼓泡而破坏，电流效率急剧下降。此外，反向电流还会使 NaCl 沉积于膜内，在停车洗槽时，沉积的 NaCl 会被溶解而出现小洞。

另外，在离子膜电解槽的结构中，在垫片与密封面之间存在很小的缝隙。尤其在阳极侧，膜垫片与钛金属阳极的密封面之间更易发生。此外，在阳极液的进出口接管的密封面与橡胶垫片之间亦会发生缝隙腐蚀。

9.4.2.2　盐水电解系统中腐蚀的控制途径

（1）选用耐蚀金属材料

作为电解氯化钠水溶液的析氯阳极不仅要考虑它的耐湿氯的强氧化作用，还要考虑它的电化学性质，即表面不能生成高电阻的钝化膜而影响导电。对于隔膜法电解，采用钛阳极基材表面涂覆 RuO_2-TiO_2 的活性涂层，提高了阳极的抗氯气冲刷和抗盐酸、氯酸盐的腐蚀能力，同时降低了氯在阳极的析出电位。对于离子膜电解，阳极及其支撑结构的基材采用钛或钛钯合金。在电解槽不可避免地形成隙缝的部位，如作为离子膜槽框的阳极室密封面可采用钛钯合金或钛表面钌处理，以抗缝隙腐蚀。另外，距离子膜电解槽较近的盐水管路、钛泵的钛法兰等部位也可采用钛表面上涂钌处理，从而避免产生缝隙腐蚀。

对于离子膜电解的阴极材料，采用碳钢基材上电镀致密的 Ru-Ni 活性层，显著提高了阴极使用寿命，抵抗了反向电流的破坏，同时使阴极上的析氢电位降低。阴极的支撑结构以及 32% NaOH 溶液系统配置的接管、阀门、泵等，一般可选用不锈钢、高铬钼不锈钢或镍材。其中的镍可耐高温浓碱腐蚀。预期使用寿命可为 5~20 年，以镍的寿命最长。

（2）选用耐蚀非金属材料

隔膜法电解槽盖的腐蚀是个难题，它不仅要耐湿氯的腐蚀，还要能耐热和耐碱的腐蚀。国内大都采用碳钢或铸铁盖衬天然橡胶。聚丙烯塑料的耐湿性虽优于 PVC 塑料，但耐湿氯性能不好。氟塑料尽管具备优良的耐蚀性能和较高的耐温性，但在氯介质中并不推荐使用。

目前，正开发双酚 A 聚酯、乙烯基酯树脂和氯化聚酯树脂，它们都具有良好的耐湿氯性能及一定的耐热性和耐碱性。国内也已有改性双酚 A 富马酸聚酯和氯化聚酯的电解槽盖。

（3）严格操作管理

在正常操作条件下，阴极由于受到保护，腐蚀很轻微或不被腐蚀。如果电槽断电时，阴、阳极形成原电池造成反向电势，阴极就成了阳极发生腐蚀，危害严重。因此必须严格操作管理，减少不应该发生的开停车。

9.4.3　电解中杂散电流引起的腐蚀

电解槽工作时，大直流电流本应从阳极全部流向阴极。但常常会出现部分电流从电解槽内泄漏出来，经过漏电途径，流出电解系统之外，最终也返回电解系统，形成了漏电回路，这部分漏出的电流常称为杂散电流。当杂散电流从介质流入金属构件的某一区域时，这一表面区域为阴极，此处的腐蚀不会被加速。但杂散电流从金属构件的另一区域流出而再进入到介质时，金属构件的这一表面区域为阳极，加速了金属的阳极溶解，造成由于杂散电流而引起的腐蚀，这是氯碱工业中腐蚀的一大特点。

在生产中，杂散电流的形成比较复杂。在电解系统中，电解槽系列与整流器构成了直流电路。其中任何一点或通过盐水、碱液、管道或金属构件而与地面接触，当两者存在电位差时都有可能漏电。直流电路上的杂散电流流向，可由漏电部位的对地电位来确定。杂散电流使得电解系统之外的漏电回路上金属构件的局部位置发生腐蚀，但所有漏电，最终仍会流入总的电气回路，回至整流器。因此，杂散电流仍是存在于电解槽系列与整流器形成的电气回路内。

在氯碱电解过程中漏电可以发生在盐水进口处、碱液的出口处及氢气、氯气(含水)的出口处，也可发生在电槽支脚、铜排支柱等部位构成漏电回路。

杂散电流的腐蚀是电化学腐蚀的一种特殊形式，通常腐蚀速度较快，多集中在一处，其腐蚀形貌呈圆形蚀孔，具有局部的电化学特征，危害较大。

9.4.3.1 漏电回路系统及其腐蚀

(1) 盐水漏电回路

杂散电流的腐蚀破坏，以电解槽区域的盐水管路、泵阀和盐水预热器、氢气盐水热交换器的腐蚀最为严重和明显。

电解槽区域的盐水管路：受杂散电流的腐蚀普遍比较严重，对安置于地下的进入电解槽区域前的盐水总管，尤其是在多雨季节或地下水位较高的沿海地区的氯碱企业，加之盐水的泄漏使部分盐水总管被浸没，这样杂散电流的腐蚀非常严重，造成管道局部腐蚀穿孔，管路法兰，泵阀法兰局部腐蚀减薄，螺栓蚀断。如不采取防护措施，无法进行正常生产。

盐水预热器：该设备为列管式结构，为降低电解时的电耗，以提高进入电解槽中的盐水温度。一般说来，它的位置比较靠近电解槽区域，会发生严重的杂散电流腐蚀，导致列管腐蚀穿孔，无论是海军黄铜材质还是碳钢列管。影响其使用寿命的主要因素就是周围环境的杂散电流。氯碱生产中，盐水预热器的这一腐蚀既普遍又严重。

氢气盐水热交换器：该设备亦采用列管结构。食盐电解后的氢气温度高达90℃，为了安全输送氢气，必须降温后才能输出。利用氢气的余热来加热盐水的工艺，管内通60~70℃的饱和盐水，管外通入90℃的含水氢气，进行逆向间接换热，可使盐水温度提高10~12℃，故在某些季节，经氢气盐水热交换加热后的盐水无须再经蒸汽加热。因此，这种工艺已在氯碱企业广泛被用。这样由于设备靠电解槽区近，杂散电流腐蚀严重，同样使列管腐蚀穿孔，检修频繁，严重影响生产正常运行。

(2) 碱液漏电回路

电解槽区域内的碱液管路与盐水管路一样存在漏电而引起的杂散电流腐蚀，在其管壁上的电位分布因漏电量的不等而电位不一致。但总的说来，由于碳钢在碱性溶液中，在铁的表面能生成一层难溶性的氢氧化膜。因此，碱液管遭受杂散电流的腐蚀要比盐水管略好些。

(3) 氯气、氢气漏电回路

从电解槽出来的氯气、氢气均伴有水及带有雾状的电解液，在管道内壁凝聚会形成导电液膜。因此，通入电解槽的电流会经液膜产生漏电。但经液膜导电漏出的电流在氯气、氢气管路上的杂散电流密度要比盐水系统中的小，腐蚀程度也比盐水系统中的要轻。

(4) 电槽支脚漏电回路和连接铜排支座漏电回路

随着使用时间的延长，积水、污染物的表面附着，即使原先选择绝缘性能优良的陶瓷作为电解槽的支脚，也会导致输电母线的电流经支脚与地面构成漏电回路。在导电铜排与电解槽底板的接触处，一旦隔离绝缘不良，就会发生漏电与地面构成漏电回路，导致杂散电流的腐蚀。

在直流电路中，母线的来路为正电位区，其回路为负电位区，中间则是零电位点。在正电位区的杂散电流是经过设备、管件等导入大地的，故出现的腐蚀部位往往是在物料的出口或接近地面处。而在负电位区的杂散电流是由大地经过设备、管件等进入电路系统的，因此发生的腐蚀部位大多是在物料的入口而靠近电路的地方。实际上，处于正电位区的设备、管线的腐蚀程度通常要比处于负电位区的轻，这是由于处于正电位区的设备、管道可使杂散电流排入大地；而负电位区的设备、管道不但不能排流，反而会将大地的电流引入而加速腐蚀。

9.4.3.2　杂散电流腐蚀的控制

根据电化学腐蚀的原理来控制杂散电流的腐蚀是最有效和最经济的方法，生产中常采用的方法有：

① 采用断电装置。如盐水喷雾断电法，碱液滴液断电法。对电解槽采取有效的断电，切断电流通路，减少漏电，显著降低杂散电流引起的腐蚀。这是一种最根本的方法。

② 采用排流装置。将杂散电流引导大地或电位更负的馈线，防止电流从金属构件表面流向介质。这是一种简单有效的方法，被广泛应用。

③ 设置导流器。将杂散电流不从金属构件表面而从导流器流向介质，这种导流器材料上的阳极反应，不是原来的金属溶解(腐蚀)，而是介质中的物质被氧化。例如，OH^-被氧化成 O_2 等。

④ 采用绝缘措施。增大漏电电路的电阻，以减小漏电。例如电解槽与地面接触部位，设置绝缘瓷瓶。与电解槽连接的管路，可选用非金属管件或衬里管件。盐水预热器、氢气盐水热交换器与地面及各管路连接处应用绝缘材料绝缘。

⑤ 采用牺牲阳极。将导出电流的金属构件部做成可拆换的零件，便于腐蚀损坏后的更换，达到保护系统的设备和管路。

⑥ 减少或消除跑冒滴漏，保持室内和设备的干燥清洁。有利于减小杂散电流腐蚀。

⑦ 采用阴极保护。由于杂散电流分布、走向多变，电流值亦不稳定，必须经常根据变化进行调节使之处于最佳保护状态，才会达到满意的效果。

总之，杂散电流情况复杂，要针对具体的现场具体分析，综合防护治理。解决杂散电流引起的腐蚀，实质上是要通过强漏电断电和杂散电流的限流措施，使漏电电压稳定在一个限度内；然后采取阴极保护方法，消除杂散电流的腐蚀效应；并在运行的过程中，应根据监测的漏电情况，及时调整设备的保护参数以保证系统设备处于最佳保护状态，从而保护系统的设备，免遭腐蚀损坏。生产应用已经证明：这种电法综合防护技术解决氯碱生产中杂散电流的腐蚀行之有效，而且是一种最经济的方法。

9.4.4　氯处理生产中的腐蚀

电解槽阳极过程中产生的氯气是被水蒸气所饱和，这种湿氯气具有强烈的腐蚀性，只有少数金属或非金属材料可耐湿氯气的腐蚀。由于输送湿氯需用特殊的耐蚀材料，不便于生产中的使用，通常需把湿氯先经冷却，分离出其中大部分的水蒸气冷凝液，再用浓硫酸干燥脱水，然后压缩送至各部门使用。因此，氯气处理工艺主要是将湿氯中的水分除去使其成为干燥的氯气以大大降低其腐蚀性。

常见的氯气处理工艺流程示意见图 9-11。

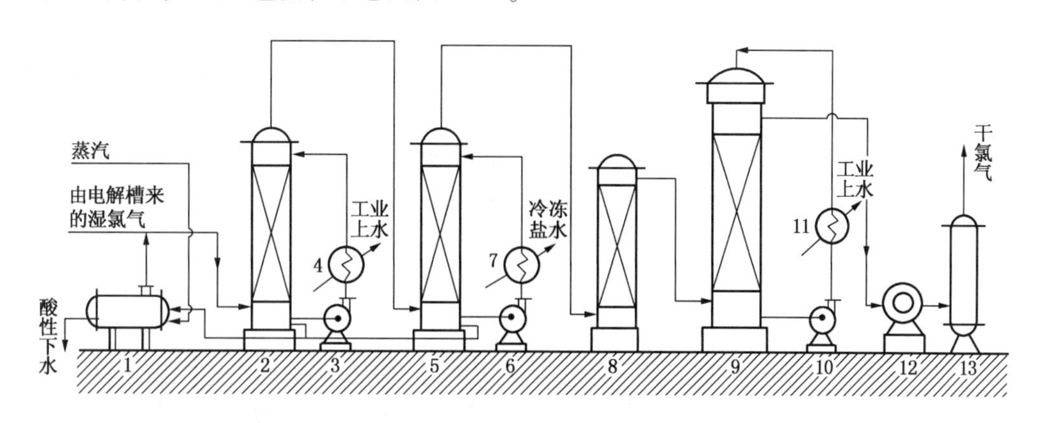

图 9-11 氯气处理工艺流程示意

1—脱氯槽；2—第一级冷却塔；3—氯水循环泵；4—第一级氯水冷却器；5—第二级冷却塔；6—氯水循环泵；7—第二级氯水冷却器；8—除雾器；9—干燥塔；10—硫酸循环泵；11—硫酸冷却器；12—氯气压缩机；13—酸分离器

湿氯气经第一级冷却塔(36℃左右的氯水直接喷淋)冷至 35℃左右，然后进入第二冷却塔(8℃左右的氯水直接喷淋)冷却至 10℃左右。此时氯气中的大部分水蒸气冷凝，并随着冷却水排走。冷却的氯气经过除雾器 8，除去夹带的水雾沫，进入干燥塔 9。在干燥塔中，氯气与自塔顶喷淋下来的浓硫酸逆流接触除去水分，再经氯气压缩机后并经酸分离器 13 成为干氯气，其中的含水量应不超过 0.04%(质量分数)，送往氯气产品生产车间。

9.4.4.1 氯气的腐蚀特性

(1) 氯气对金属材料的腐蚀

氯微溶于水，部分氯与水反应生成 HCl 和 HClO，其中 $HClO \longrightarrow HCl+[O]$，故湿氯带有强氧化性，许多金属，如碳钢、铝、铜及不锈钢等均被腐蚀。在常温下，氯中的水分与碳钢的腐蚀速度关系如表 9-3 所示。

表 9-3 氯中的水分与碳钢的腐蚀关系(常温)

氯中水分含量/%	碳钢的腐蚀率/(mm/a)	氯中水分含量/%	碳钢的腐蚀率/(mm/a)
0.00567	0.0107	0.08700	0.1140
0.01670	0.0457	0.14400	0.1500
0.02060	0.0510	0.33000	0.3800
0.02830	0.0610		

湿氯对碳钢的腐蚀过程如下：

水解反应：　$Cl_2+H_2O \longrightarrow HCl+HClO$

盐酸与铁作用：　$Fe+2HCl \longrightarrow FeCl_2+H_2$

氯对铁的反复作用：　$2FeCl_2+Cl_2 \longrightarrow 2FeCl_3$

$2FeCl_3+Fe \longrightarrow 3FeCl_2$

可见，只要氯中存在少量水和 $FeCl_3$ 时，碳钢的腐蚀将继续进行。当氯中除去水分，如含水量小于 150 mg/L 时，上述水解反应几乎停止，普通的结构材料才认为不被腐蚀，如碳钢在这种干氯中的腐蚀率仅为0.04 mm/a以下。因此除去湿氯中的水分是一项很重要的防腐蚀措施。

氯对金属的腐蚀作用与含水量和温度因素有着密切的关系。常温干燥的氯对大多数金属的腐蚀都很轻，但当温度增高时腐蚀则加剧，这是由于干氯与金属作用所生成的金属氯化物具有较高的蒸气压和熔点较低之故。但镍、高铬镍不锈钢、哈氏合金等的金属氯化物具有较低的蒸气压或较高的熔点，因而这些金属能耐高温干燥氯的腐蚀。可钛在干燥氯中发生强烈的化学反应，生成四氯化钛，还有着火的危险甚至发生腐蚀燃烧。然而钛在湿氯中却非常耐蚀，这是由于为保护钛在氯中的钝性必须要有适量的水分存在，实践中发现，氯中至少需要含有1.5%的水分。

(2) 氯气对非金属材料的腐蚀

不少非金属材料对氯气均有一定的耐蚀性，但氯气会渗透且与绝大多数的高分子材料起反应，表面会生成一层黄色的油糊状腐蚀产物，俗称"氯奶油"(Chlorine Butter)，只是各自的厚度、色泽深浅、硬度有所不同。例如，橡胶衬里的腐蚀生成物表面为淡黄色、糊状、底部稍硬；而双酚A聚酯就薄些而稍硬、色泽淡黄；氯化聚酯表面的最薄但最硬，且为浅黄色；而经改性了的双酚富马酸聚酯在耐碱性方面与双酚A聚酯相比，则有所提高。

硬PVC塑料在60℃以下氯气中，也会被氯气渗透，生成稍硬的黄色渗透层。在氯气气氛中，塑料的腐蚀率大小顺序为：

聚丙烯>聚乙烯>硬PVC

9.4.4.2 氯处理系统中腐蚀的控制途径

(1) 选用耐蚀金属材料

钛在湿氯及氯水中有较好的耐蚀性。故氯水冷却器、氯水泵选用钛材。干燥塔硫酸冷却器所接触的介质为含氯硫酸，应选哈氏合金C或高镍铬钼铜合金等。干氯管路采用碳钢管。

(2) 选用耐蚀非金属材料

冷却塔中是塔顶喷淋氯水，冷却洗涤从塔底进入的氯气，在塔内逆向接触。塔底出来的氯经氯水泵、氯水冷却器打入塔顶侧进入塔内循环使用。冷却塔采用钢衬非金属材料，通常是衬胶后用酚醛胶泥衬瓷板二层，也可用水玻璃胶泥。氯水泵也可采用陶瓷泵。

干燥塔：主要是接触20~70℃的湿氯，76%~98%浓硫酸。如是泡沫塔，可用硬PVC塑料焊制，有的可用钢衬非金属材料。如是填料塔，可采用玻璃增强硬PVC塑料结构。有的也采用酚醛胶泥、水玻璃胶泥衬瓷砖。

脱氯槽：是用蒸汽加热自氯气冷却系统而来的多余的氯水，除去氯水中残留的氯气并将其回收。该槽可采用钢结构，衬胶后用酚醛胶泥衬瓷板或石墨板。

9.4.5 碱液浓缩生产中的腐蚀

碱浓缩一般分为蒸发和熬煮两种方法。

碱液的蒸发是提高碱液浓度，使之成为商品液碱，并利用在氢氧化钠浓度提高后，氯化钠在碱液中的溶解度的急剧下降而结晶析出除去，这样既提高了商品液碱的质量，又可回收利用NaCl。

碱液的熬煮是进一步将30%以上的成品碱液再经浓缩成为固体烧碱。通常离子膜生产的电解液含氢氧化钠约30%以上，且含盐量亦很少，可以直接熬煮生产固碱。

蒸发工艺根据蒸发效数、供液方式及循环形式的不同有多种类型。目前主要考虑节能和提高效率，蒸发工艺已趋向采用以下几种：

① 三效顺流自然循环流程和三效顺流部分强制循环流程，均可生产30%液碱。

② 三效逆流强制循环流程，可生产42%液碱。

③ 四效逆流强制循环流程，可生产50%液碱。对于逆流加料方式的设备的选材应提出更高的要求，一般需选用纯镍和优质不锈钢来制造。

固碱的浓缩目前有升降膜蒸发和固碱锅熬制等方法。随着浓缩的过程进行，碱液浓度的提高，物料的沸点也在升高，当碱液为98.5%时，沸点竟高达300℃，因此固碱生产是在高温下进行。由于高温浓碱对材料的腐蚀严重，所以如用直接火加热的方法制固碱，需用厚壁的含镍铸铁锅。若用升降膜法生产时，则需用镍制设备。

9.4.5.1　金属在碱液浓缩生产中的腐蚀特点及原因分析

① 大多数金属在碱液中的腐蚀是阴极过程的氧去极化反应。当pH值为9~14时，铁的腐蚀速度很低，这主要是由于腐蚀产物在碱中的溶解度很小，并能牢固地覆盖在金属表面，从而阻滞着阳极的溶解，也同时影响氧的阴极去极化反应。当碱的浓度大于pH值为14时，铁由于其表面的氢氧化铁转变为可溶性的铁酸钠(Na_2FeO_2)将重新发生腐蚀，若氢氧化钠浓度大于30%时，铁表面的氧化膜的保护性能随碱浓度升高而降低，尤其当温度升高并超过80℃时，普通钢铁会发生明显的腐蚀。但镍及高镍铬合金、蒙乃尔合金和含镍铸铁等甚至在135℃、73%碱液中仍是耐蚀的。

② 常用的耐碱金属差不多均具有产生应力腐蚀破裂的特性，如图9-12所示。

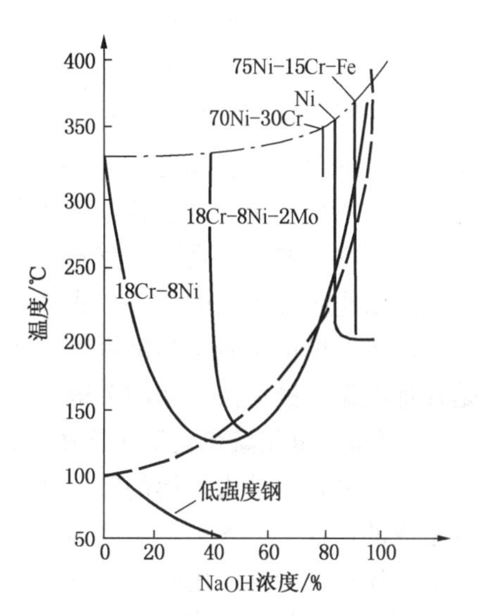

图9-12　产生应力腐蚀破裂的烧碱浓度与温度关系

由图可知，碳钢几乎在5%NaOH以上的全部浓度范围内都可能产生碱脆(应力腐蚀破裂)，而以30%NaOH附近的浓度为最危险，碱脆的最低温度为50℃，以沸点附近的高温区最易发生。18-8不锈钢在0.1%NaOH以上的浓度时，均能发生碱脆，尤以约40%NaOH时最危险。这时最易发生碱脆的最低温度为115℃左右。当18-8不锈钢中加入2%钼时，便可使这种不锈钢的“碱脆”界限缩小，而向高浓度区域移动。镍和镍基合金具有较高的耐应力腐蚀性能，它们的碱脆范围很狭窄，且位于高温高浓碱区域。

③ 在生产浓度大于30%以上的液碱工艺中，因副反应而产生的氯酸盐会残留在碱液中，当碱液中含有0.05%~0.15%的氯酸盐时，对不锈钢的腐蚀严重，这是由于阻碍了不锈钢表面的钝化膜生成的缘故。对于镍的耐蚀性也随氯酸盐在碱中的含量增加而降低，这是由于氯酸盐在一定温度下会发生分解，释放出初生态氧，使镍也不耐蚀，当氯酸盐的含量超过0.3%时，镍的腐蚀严重加剧。

④ 碱液蒸发过程中有NaCl、Na_2SO_4和$NaClO_3$结晶析出，会产生磨损腐蚀。

9.4.5.2　金属在碱液浓缩生产中腐蚀的控制途径

(1) 选择耐蚀金属材料

碱液蒸发器的选择应根据各部件的实际腐蚀情况，可依次采用碳钢、不锈钢、镍材和镍基合金制作。例如碱液浓度高达38%、温度达145℃的三效逆流的一效蒸发器，为了避免设备频繁检修，就必须用镍材。

随着碱浓度的提高，烧碱的沸点亦升高，不锈钢和碳钢一样不耐熔融烧碱的腐蚀，它们容易发生“碱脆”现象，在400℃以上时，不锈钢在浓碱中还会发生晶间腐蚀。而镍的突出性能就是耐碱，它在熔融烧碱中也很耐蚀，是膜式蒸发工艺制固碱生产中的首选材料。

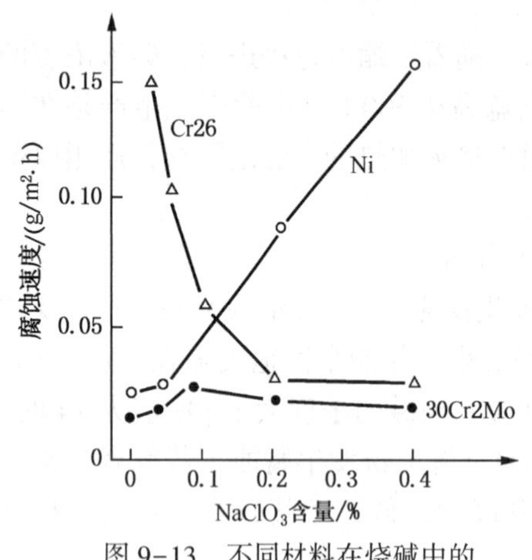

图 9-13　不同材料在烧碱中的耐蚀性与 $NaClO_3$ 含量的关系

（50%NaOH+5% NaCl、沸腾、20h）

高纯高铬铁素体不锈钢由于具有优异的耐蚀性能和机械性能，近年来得到了发展。在碱液中常用的有26Cr-1Mo 和 30Cr-2Mo 等，尤其对含盐碱液的耐蚀性能非常好。而 30Cr-2Mo 不锈钢即使有 $NaClO_3$ 存在也有良好的耐蚀性，如图 9-13 所示。所以它适用于作高浓度碱液浓缩设备的材料。

鉴于成本，至今仍然使用铸铁作为固碱生产主要设备的材料，由于熬碱锅经常遭受不均匀周期性加热和冷却，从而产生很大的热应力与高温浓碱的协同作用下会产生“碱脆”而损坏。

（2）正确控制工艺操作

要解决腐蚀问题，仅仅依赖正确选材是不够的，还必须正确控制工艺操作。如果在碱液中，氯酸盐、次氯酸盐的含量远超过工艺允许值，固体悬浮盐的含量亦严重超标，特别是在逆流蒸发工艺装置中，尽管蒸发器及其配置的泵、阀、管路系统都是镍材装备，仍然会发生以磨损腐蚀为主的严重的腐蚀破坏事故。

对铸铁熬碱锅的腐蚀，熬煮前在锅内加适量硝酸钠，可使铸铁锅内壁生成 Fe_2O_3 沉积层而起到阻止高温浓碱的进一步腐蚀。

阴极保护也是防止熬碱锅碱脆的有效方法。选择在高温条件下优秀的耐蚀辅助阳极材料是外加电流阴极保法成功的关键。

9.4.6　氯化氢和盐酸生产中的腐蚀

利用电解食盐水制得的氢气和氯气，在燃烧喷嘴处混合，在合成炉中直接燃烧完成氯化氢生成的过程，一般火焰温度为700~900℃，出合成炉的气体温度在400℃左右。合成的氯化氢气体再经冷却，用吸收尾气后的稀酸吸收制得浓度为31%以上的盐酸。另外合成的氯化氢还可经冷却、冰冻、干燥，不经吸收工序，制得干燥氯化氢，作为原料输送至生产部分使用。

9.4.6.1　氯化氢和盐酸生产中的腐蚀特点

① 干燥氯化氢在200℃以下，对碳钢实际上并不腐蚀，其腐蚀率不大于 0.1mm/a。随温度升高腐蚀加剧。含水氯化氢气体的腐蚀，实质上就是盐酸的腐蚀。

② 盐酸是一种典型非氧化性酸，大多数金属在盐酸中的腐蚀是属于氢去极化腐蚀。因此影响氢析出过电位的因素对金属在盐酸中的腐蚀都会产生影响。例如，铸铁在盐酸中的腐蚀要比碳钢严重，是因为铸铁中含碳量高，在其上面的析氢过电位低，且表面很粗糙，真实电流密度小也使氢过电位低、阴极上去极化容易所致。

③ 普通不锈钢即使在1%浓度盐酸中，都会发生孔蚀，因此，它在盐酸中是不稳定的。只有含钼不锈钢、钽、钛、银的耐蚀性好，尤其是钽，即使在 $FeCl_3$ 和 Cl_2 存在下，在任何浓度和任何温度(直至沸腾)的盐酸中，也不会被腐蚀。因此要求特别高的场合、重要的装置，可优先选择钽。

9.4.6.2 氯化氢和盐酸生产中腐蚀的控制途径

由于非合金钢和普通不锈钢在含水氯化氢和盐酸中不稳定。所以，在盐酸生产系统中大量使用了非金属材料。

氯化氢合成炉：由 H_2 和 Cl_2 直接燃烧合成的氯化氢气体，温度高(大致在800℃左右)，又有水分存在，因此碳钢的合成炉的炉体，由于腐蚀而使用寿命一般不长。目前多用石墨合成炉，用石英制燃烧喷嘴。

盐酸吸收器采用石墨制作降膜式吸收工艺，由于石墨耐蚀，又有高导热率，可使吸收时的热容易被移走，保证了酸的浓度和产量。尾气吸收装置，通常采用钢衬胶、再衬砖或滚衬聚乙烯等。

盐酸储槽的选材原则应以衬胶为主，如果受硫化条件所限，可选用缠绕结构的玻璃槽，对于容积偏小或内受压的盐酸槽，可用外缠绕增强硬 PVC 槽。

实践证明：盐酸储槽应避免采用涂料防腐，即使是耐蚀性很好的涂料或者是玻璃鳞片涂料也不宜，结果均遭失败。

9.5 化工建筑物和构筑物的腐蚀

由于化工生产中的酸、碱、盐等介质的强腐蚀性，使化工生产厂房建筑物和构筑物的地基基础、墙、梁、柱和屋面板等受到腐蚀破坏，致使生产不安全或遭到破坏，甚至引起建筑物和构筑物的倒塌，导致化工物料泄漏、爆炸起火等恶性事故。

建筑材料通常多用碳钢、砂石、砖瓦、混凝土以及钢筋混凝土，尚有少量木材。考虑材料来源方便、价廉、坚固耐用，在化工建筑物和构筑物中，混凝土和钢筋混凝土被广泛采用。但这些材料抵御腐蚀的能力都不强。

9.5.1 化工建筑物和构筑物的腐蚀实例

(1) 尿素、硝铵厂房及散装库房

尿素、硝铵的粉尘飞散至厂房、库房结构与地坪，遇水潮解并渗入建筑物、构筑物的混凝土内且结晶膨胀，使皮带输送机栈桥、散装库房、楼板、主梁、地坪的基础上混凝土疏松剥落，钢筋暴露。有的受运输移动中的振动影响，地坪的裂缝腐蚀加快，严重影响安全生产。在生产过程中要防止尿素等的粉尘飞散、潮解十分困难，要想彻底清除已深入混凝土中的尿素结晶亦十分困难，因此一旦受到侵蚀，修复的难度很大，这是生产尿素，硝铵等化肥厂的老大难问题。

(2) 盐水厂房与盐库

散装的盐库、盐地槽等直接与氯化钠接触的钢筋混凝土构件，由于食盐遇水溶解成盐水而渗入混凝土孔隙，使钢筋腐蚀产生混凝土顺筋裂缝。在盐库、溶盐的敞开部位和盐的皮带输送栈桥等部位，因为盐分子的扩散而生成盐雾，使屋面板，屋架等构件出现腐蚀渗透，导致钢筋锈蚀。

处于盐雾条件下的金属构件，例如钢结构、门窗、梯、平台、栏杆和预埋件等的腐蚀剥离也比较快。

(3) 氯气处理厂房

氯气的干燥与压缩输送，都涉及硫酸的使用，不慎泄漏的浓硫酸，往往采用水冲洗，因此地面、设备的基础和墙、柱面都受到硫酸的腐蚀，即使有防护措施，腐蚀亦较严重。硫酸渗入地下会腐蚀厂房基础，并造成地面隆起和变形。

(4) 氯化氢合成厂房

氯碱企业腐蚀最严重的部位是氯化氢合成厂房。主要腐蚀介质是盐酸和氯化氢气体。盐酸对楼面、地面的钢构件和钢筋的腐蚀特别严重。腐蚀的顺筋裂缝伸展很大，严重的会露筋和断筋。而且受盐酸严重腐蚀的钢筋混凝土结构，修复很难。如不采用适当的防护措施，使用寿命不长。

(5) 烧碱蒸发厂房

烧碱蒸发厂房主要的腐蚀介质为烧碱溶液和氯化钠水溶液，主要腐蚀部位是碱泵的设备基础和附近地面、墙面、柱面。由于碱浓度较高，混凝土与水泥砂浆的腐蚀明显，表面凹凸不平还出现露石和开裂。局部墙面、柱石层层剥落，表面还附有碱的结晶体。如果碱液储槽发生非正常泄漏，会产生厂房基础土体膨胀、地基变形、砖墙开裂、钢筋混凝土框架变形等破坏。如果泄漏发生在泵的基础、碱罐区等部位，有的会使设备基础抬高，碱罐地基变形等。碱液如在楼面的泄漏会造成下部梁、柱的钢筋和混凝土开裂。

(6) 酸、碱贮库与发货地点

酸的贮库与发货地点的地坪、路基、码头等的腐蚀均较严重，凡有装酸平台的钢筋混凝土结构和钢结构也均受到严重的腐蚀。

液体烧碱的装车地点，主要对地面发生腐蚀，局部混凝土露石、麻面、碱液下渗较多时，会有局部地坪的起鼓开裂。

(7) 重碱厂房

重碱厂房的主要腐蚀介质为碳酸氢钠和氨气。原设计中未做防腐，使用7~8年后发现了严重腐蚀，根梁出现裂缝，裂缝顺梁纵向发展，裂缝较大处混凝土疏松。梁内钢筋腐蚀，柱的腐蚀与梁类同。墙面下部水泥砂浆层呈麻面，有的部位露出砖砌体，并有碳酸氢钠晶体析出。虽然后来也做了一些防护措施，效果不好。

(8) 室外管系的支撑架

以氯碱工厂为例，通常多采用钢筋混凝土的管架，由于大气环境中有氯和氯化氢，在湿气或雨水影响下，钢筋混凝土的柱、梁和桁架因钢筋生锈出现顺筋裂缝，立柱的下部腐蚀更为严重。负荷较大的电线立柱也因钢筋锈蚀、混凝土开裂而弯曲变形，为了安全只有频繁更换。

9.5.2 化工建筑物和构筑物的腐蚀特点及其原因的分析

化工建筑物和构筑物结构通常是由水泥、钢材、砖、砂石等基本材料组成的一种多孔结构体。化工生产过程中，各类化工介质对建筑物和构筑物的腐蚀过程是比较复杂的。综合多种介质对建筑材料的破坏和腐蚀大致有：对非金属，为化学溶蚀和膨胀腐蚀；对金属，主要为电化学腐蚀。

9.5.2.1 化学溶蚀

这种腐蚀是由于腐蚀介质与材料相互作用，生成可溶性的化合物或者无胶结性能的产物所致。以酸对水泥类材料的腐蚀最具有代表性。

大多数的酸与水泥砂浆、混凝土中游离的氢氧化钙以及铝酸钙、硅酸钙中的氧化钙反应，生成水溶性的盐。强的无机酸，如硫酸、盐酸、硝酸等能够溶解全部胶结水泥的成分，而形成钙盐、铝盐、铁盐和硅胶。弱酸和大多数有机酸，如碳酸、乳酸等仅能与水泥形成水溶性盐和一些钙化物，而且反应比较慢，所以腐蚀性也较小。

酸也可以溶解黏土砖中的氧化铝，生成易溶的盐。碱和某些盐类对材料也有溶蚀作用，例如，碱类介质与混凝土中的硅酸钙作用生成胶粘强度不高的氢氧化钙和易溶于碱液的硅酸钠；与铝酸钙作用则生成氢氧化钙和易溶的铝酸钠。氢氧化钠与黏土砖也能生成可溶或易溶的腐蚀产物。镁盐和铵盐也能与水泥中的氢氧化钙生成可溶盐。

化学溶蚀与三个因素有关：

① 与介质的 pH 值有关。pH 值愈低，则腐蚀性愈强。

② 与材料的成分有关。介质与材料中起反应的成分愈多，腐蚀性愈强。

③ 腐蚀程度与腐蚀产物的溶解度有关。腐蚀产物的溶解度愈高，腐蚀速度愈快；腐蚀产物难溶或不溶时，则腐蚀速度减慢或停止。

9.5.2.2　膨胀腐蚀

这种腐蚀是介质与材料中的组分发生化学反应，生成体积膨胀的新生成物，导致材料内部产生应力，使材料结构破坏；或盐的溶液渗入材料的孔隙中积聚，然后脱水结晶，固相水化物体积膨胀，同样导致在材料中产生内应力，而使材料结构破坏。以上两种现象通称膨胀腐蚀。

单纯的盐类结晶膨胀主要是盐类溶液渗入多孔材料中，在温度、湿度变化条件(尤其是干湿交替)下，在孔或缝隙中结晶生成固态盐时发生。例如，碳酸钠渗入不密实的砖或混凝土内，结晶后的十水碳酸钠体积增大为原来的 2.48 倍，这样大的体积膨胀足以使材料开裂，甚至剥落。

盐类对水泥砂浆混凝土的破坏主要属于膨胀腐蚀，也有溶蚀。硫酸盐的腐蚀是盐类腐蚀中最普遍而具有代表性的。其腐蚀过程为：硫酸盐与水泥混凝土中游离的氢氧化钙作用，生成二水硫酸钙($CaSO_4 \cdot 2H_2O$)，再与水化铝酸钙($4CaO \cdot Al_2O_3 \cdot 19H_2O$)作用，生成硫铝酸钙($3CaO \cdot Al_2O_3 \cdot 3CaSO_4 \cdot 31H_2O$)，体积膨胀两倍以上。所以，通常受硫酸盐腐蚀的水泥砂浆混凝土普遍出现体积膨胀而腐蚀破坏。

在硫酸盐中，又以硫酸钠、硫酸铵对水泥混凝土的腐蚀性最大。纯净的氯化钠对混凝土并无腐蚀性，但氯化钠中经常会有氯化镁、氯化钙等吸湿性强的成分，而且氯化钠渗透性很强，在干湿交替的条件下，能缓慢地腐蚀混凝土。

9.5.2.3　电化学腐蚀

这类腐蚀主要表现在钢结构和混凝土结构内的钢筋腐蚀。

钢筋混凝土材料来源广、价格低、坚固耐久，是最常见的现代建筑结构材料。当钢筋混凝土的外层水泥砂浆与混凝土，在遭受介质腐蚀破坏后，或由于本身结构的多孔性，会使介质渗入，在有氧条件下适当温度时，钢筋混凝土内的钢筋产生电化学腐蚀，锈产物的膨胀使混凝土顺筋裂缝破坏，最终将会导致化工建筑物和构筑物致命的破坏。

9.5.3　化工建筑物和构筑物腐蚀的控制途径

9.5.3.1　建筑防腐设计的若干原则

① 有严重腐蚀生产的工厂，厂址应选择在通风良好的地段。应注意避免背风和窝风的地带，造成腐蚀气体无法排除，会导致加剧建筑物和构筑物的腐蚀。同时，还应尽量减少对邻近工厂和生活区的污染。

② 当生产工艺允许的前提下，有条件时，尽量将建筑物设计成敞开式或半敞开式，以利减轻腐蚀。在同一建筑中，有腐蚀和无腐蚀的部位宜隔开，以缩小介质扩散的范围。输送腐蚀性介质的管道不得穿越无腐蚀的生产厂房或住房。

③ 不同腐蚀特性的生产设备，应尽可能分别集中设置，不宜交叉布置，以利区别选材

和防护。例如浓硫酸与氢氧化钠以及次氯酸钠的生产设备应分开设置。

④ 液相介质是化工建筑物和构筑物的主要腐蚀来源，因此应特别注意对每一部位流出或泄漏液体的控制和排放。例如，各楼面的腐蚀性液体都需要有耐蚀的下水管系，有序下引，切记不可直接进入雨水管，应先进行污水处理后再排放。

⑤ 车间内的控制室、配电室等重要仪表和电气集中的房间，不应放在有液相腐蚀介质作用的楼层下，也不应放在有气相腐蚀部位的相邻处。有腐蚀性液体作用的地面，不宜埋设电缆和设置电缆沟；电缆宜架空。

⑥ 对重要的建筑构件或维护困难的部位，应重点防腐，采用耐久性较高的防护。

9.5.3.2　经济合理地选择耐腐蚀材料

耐蚀材料的选择，首先要考虑腐蚀介质的性质、介质组成和浓度的变化情况，及介质的作用的强度(是指介质作用的频繁程度或持续的时间)等这些具体情况，选择相当的耐蚀材料。例如在制盐过程中，不能只看作是单纯的氯化钠的作用，因为盐卤中所含成分很多，其中的氯化镁、硫酸钠等对材料的腐蚀有较大的影响。水泥砂浆耐氯化钠，但不耐氯化镁和硫酸钠。又如储槽的衬里，对材料的耐蚀性要求要严格一些，而对少量介质作用或偶尔作用的部位，则可放宽些。其次要根据防护部位的功能要求，在耐蚀材料中还要考虑选择物理力学性能合适的材料。例如，在大部件的酸洗或电镀车间的地面还要求耐冲击，花岗石地面的使用效果良好。又如储槽的衬里材料，还要求抗渗性较好的材料，而对耐磨性要求不高，因此，塑料和增强塑料得到较为广泛的应用。另外，还要考虑材料的来源是否充足，价格是否低廉以及对施工条件、水平等综合分析，经济合理地选择。

耐腐蚀材料的品种较多，除了传统的无机材料外，20 世纪 60 年代以后出现了大量的高分子有机材料，还产生了有机和无机复合的新型材料。化工建筑物和构筑物所处的腐蚀条件比较复杂，当建筑构配件本身不能满足防腐蚀的要求时，往往需要采用各种耐腐蚀的覆盖层以及其他防腐蚀措施来进行防护。

9.5.3.3　合理的结构设计

合理的建筑设计、结构选型和防腐设计是控制化工建筑物和构筑物腐蚀的重要环节。

通常，钢筋混凝土较其他材料的适应范围广，应优先采用。当相对湿度>75%，且有氯、氯化氢、氧化氮等强腐蚀性气体作用时，不宜采用钢结构，在一般的条件下也不宜采用薄壁型钢结构，因为氯、氯化氢在水中溶解度很大，使钢发生严重的电化学腐蚀所致。在干湿交替作用的条件下，如有硫酸钠、氢氧化钠、碳酸钠等结晶性盐作用时，不应采用钢结构。当有大量碱、硝酸铵粉尘和氧化氮气体作用时，则不应采用木结构，这是由于木材在这些介质作用下很容易失去强度的缘故。对散装盐库、盐水、碱液蒸发和盐酸吸收与发货地点，对砖砌体有腐蚀的厂房，不宜采用砖砌体的承重结构，应改为钢筋混凝土结构为好。

9.5.3.4　地面和设备基础等的防腐

一般情况下，地面和设备基础是接触腐蚀性介质较为频繁、腐蚀较严重的部位。尤其是地面腐蚀常常最为严重，而且楼层地面的破坏或渗漏可直接影响楼板下部的承重结构，底层地面的破坏，会导致基础甚至厂房地基的腐蚀。

(1) 地面的防腐

防腐蚀地面自下而上分为基层、垫层、找平层或找坡层、隔离层、面层(包括结合层)等。

基层：是地面的持力层。底层地面一般是地基土，楼层地面大部分是钢筋混凝土楼板，也有钢楼板。

垫层：该层起着均匀传递地面荷载的作用。为防止面层由于变形而破坏，一般宜采用刚性垫层。

找平层：该层是为了使基层或垫层表面的平整度达到符合隔离层或面层施工的要求。同时可兼作找坡层。

隔离层：该层是防止腐蚀性液体下渗。隔离层的设置主要根据腐蚀性液体的作用量、腐蚀性液体的性质以及对基层的危害程度而定，还要结合面层材料的抗渗性和所处部位的重要性等因素进行考虑。常用的隔离层材料有沥青玻璃布油毡、再生胶沥青油毡和树脂玻璃钢等。

面层：地面面层起着承受腐蚀介质、冲击磨损等各种外界条件的直接作用。该层是防腐蚀地面最重要的构造层。

通常，防腐蚀地面可分整体面层和块材面层两大类。整体面层具有质轻、价廉、施工速度快、容易修补和整体性好等优点，但多数有机材料的整体面层不耐高浓度的酸，耐溶剂性能也较差；水玻璃混凝土整体面层虽然耐浓酸，但是抗渗性差，也不耐碱。块材面层可耐各种强腐蚀性介质；花岗石面层还可承受较大的冲击和磨损，其缺点是灰缝不易保证全部严密，渗漏后不易被发现和及时修补。

另外，根据具体情况的需要在地面还可设挡水和排水明沟，以捕集地面积液，防止腐蚀性液体向楼面的孔洞下漏或向非防护地带漫流。

（2）设备基础的防腐

大部分设备基础是采用混凝土制作，表面加以防护。在特殊情况下，例如腐蚀性很强的小型酸泵基础，也可采用整体水玻璃混凝土或整体花岗石、拼装的花岗石制作。

一般情况下，设备基础的防护应结合具体的结构。大型构架式的设备基础采用与梁柱结构类似的防护方法。柱身用涂料防护，柱根设墙裙或踢脚，上部表面如有液体腐蚀时可按防腐地面的构造处理。设备基础的地脚螺栓孔一般采用细石混凝土灌浆。在酸的腐蚀下，容易受腐蚀而造成地脚螺栓松动时，可在螺栓孔上部用耐蚀材料封闭。

（3）梁、柱、屋面板等构件的防腐

尤其对钢筋混凝土结构承受载荷的梁等应特别注意防护。首先要提高混凝土的密实性，现浇混凝土等级应不低于 C25，装配式结构应不低于 C30，还必须适当加大现浇结构的钢筋保护层厚度，要比设计规定加厚 10mm。在腐蚀严重的场合，钢筋混凝土结构中，应加入阻锈剂，而且还需外涂耐腐蚀涂料。

第 10 章　石油工业中的腐蚀

石油是国家经济和社会发展的重要物质基础，是创造社会财富的关键因素，涉及工业、农业、科技、军事等各个领域，所以石油是一种主要的战略物资，在各国对外政策和经济战略中占有主导地位。对任何国家来说都是一条生命线。

石油是地下天然存在的气态、液态和固态的多种烃类混合物。原油和天然气是石油的主要类型。原油是石油的液态或半固态的采出物质，天然气则是石油的气态烃类的采出物质。而石油是一种不可再生的能源。

石油工业是由石油勘探、钻井、开发、采油、油气集输、油气处理、油气贮存、运输、石油炼制等环节组成。原油产出后输送至炼油厂，经多种装置的加工，生产出合格的多种油品。石油工业各环节中的构建物、管线、设备，大多是“钢铁铸成”，它们又常处于复杂、恶劣的工作环境中运行。例如，海上采油、采气作业的设备、管线、海上平台还会遭受海浪、海雾的侵蚀，遭受空气或海水中氯离子的腐蚀。石油中随含水量、含盐量、含硫量的增加，石油设备遭受的腐蚀损失是相当严重的。例如，我国某油田，仅 1993 年一年内，油田地面生产系统腐蚀穿孔竟达 8345 次。全油田有 400 多口油井因深井泵腐蚀穿孔而停止作业；100 多口注水井套管腐蚀穿孔，其中 30 多口井因此报废；注水井油管的年更换达 50 多万米。1993 年油井井口管线穿孔 1945 次，更换约 4 万米，注水管线穿孔 4067 次，更换约 3. 5 万米。频繁腐蚀穿孔，造成大量原油泄漏，农田污染。该油田生产系统因腐蚀造成的经济损失在 1993 年竟达 1. 6 亿元。

不难看出重视腐蚀问题，减缓或防止腐蚀的危害，加强石油工业的防腐蚀工作，提高防腐技术水平和管理水平不仅经济效益显著，社会效益重大，而且对于石油工业的发展至关重要。

10. 1　钻井系统中的腐蚀

油气田开发过程中，腐蚀是伴随始终的严重问题。钻井工程中使用的各种专用管具及机械装备处于易发生电化学腐蚀的环境中。而且钻井过程中金属材料大多还处于动态条件下，通常受机械力和水力的作用，会使腐蚀加剧并产生多种类型的严重腐蚀。

10. 1. 1　钻井过程中的腐蚀环境

钻井过程中的腐蚀介质主要来自大气、钻井液和地层产出物，往往是几种组分同时存在，使钻井专用管材、井下工具、井口装置处于含氧、硫化氢、二氧化碳或导电良好的钻井液中。

氧气：由于钻井液的循环系统是非密闭的，大气中的氧通过钻井液循环过程混入钻井液，成为游离氧，部分氧溶解在钻井液中，直至饱和状态。

硫化氢：侵入钻井液体系中的硫化氢主要来自含硫化氢的地层流体，细菌对存在于钻井液中硫酸盐的作用，以及在钻井液中含硫添加剂的分解等。

二氧化碳：钻井液中的 CO_2 主要来自含 CO_2 的地层流体，为提高原油的采收率有时要向地层注入 CO_2。另外钻井过程中的补水进气。

钻井液：根据不同的钻井目的和地质条件选用不同类型的钻井液体系，这些钻井液对金属材料的腐蚀程度亦不同。例如，未经处理的钻井液的腐蚀速度见表 10-1。

表 10-1　未经处理的钻井液的腐蚀速度

钻井液类型	腐蚀速度/(mm/a)	钻井液类型	腐蚀速度/(mm/a)
新鲜水	1.85~9.26	KCl 聚合物	9.26
非分散低固相	1.85~9.26	饱和 NaCl	1.23~3.09
海　水	9.26	油基泥浆	<1.23

10.1.2　钻井过程中的腐蚀特点和原因分析

钻井工程中的金属材料不仅发生着严重的均匀腐蚀，而且常见的腐蚀，如应力腐蚀、腐蚀疲劳、孔蚀、硫化氢应力腐蚀开裂、磨损腐蚀以及细菌腐蚀等都可能发生。

(1) 电化学腐蚀

在水溶液和盐水钻井液中主要发生金属的电化学腐蚀，主要的去极化剂是钻井液中的溶解氧。单一的氧去极化腐蚀是均匀腐蚀，大气中的钻井设备腐蚀就是氧去极化腐蚀的典型。而氧在水溶液中的溶解度随溶液的温度升高，矿化度的增加而下降。通常，饱和盐水钻井液中氧的溶解量小，故其腐蚀性弱。

干燥 CO_2 是一种非腐蚀性气体，但当存在水时，水与 CO_2 反应生成碳酸，会引起电化学腐蚀(氢去极化腐蚀)。一般情况下 CO_2 腐蚀与 pH 值有关，pH 值降低，腐蚀严重；反之 pH 值升高，腐蚀性随之降低。

(2) 应力腐蚀破裂

在钻井时，旋转速度、钻压、泵压、深井钻进等都是高应力产生的条件，同时又在腐蚀性的钻井液循环系统中，由于受残余应力和外加拉应力导致应变和腐蚀协同作用产生材料的应力腐蚀。在这种环境中，高强度钻杆对应力腐蚀破裂敏感性更强。腐蚀裂纹在钻杆表面出现甚至断裂。

(3) 磨损腐蚀

在钻井过程中，具有腐蚀性的钻井液循环流动着，因此，动态下的介质对金属材料的腐蚀(称为磨损腐蚀)要比静态下的腐蚀严重得多。这是由于流体力学因素与腐蚀电化学因素协同加速作用所致。如钻杆的腐蚀就属于这种腐蚀。特别是在钻井液中还含有第二相(如固相颗粒或气泡)组成双相流或多相流时，由于固相颗粒对材料的冲击和磨损，使腐蚀更为严重。例如，在加重钻井液中的腐蚀，由于钻井液的加重材料为重晶石，在不同密度的加重钻井液中钢的腐蚀速度亦不同，其结果见表 10-2。

表 10-2　不同密度加重钻井液中的腐蚀速度
(120℃，动态扰动 37h)

重晶石加量/%	密度/(g/cm³)	腐蚀速度/(g/m²·h)	腐蚀特征
50	1.54	0.0539	有孔蚀
100	1.70	0.1891	局部腐蚀，面积小
160	1.96	0.2888	局部腐蚀，面积大

(4) 硫化物应力开裂

金属在硫化物中，特别是在硫化氢环境中易产生应力腐蚀破裂，这种破坏，断口形貌平整，断裂时间很短，又无明显腐蚀征兆，可造成的后果非常严重。

（5）腐蚀疲劳

钻杆在使用过程中还长期经受扭、弯曲等交变应力作用与腐蚀联合作用，易造成钻杆的腐蚀疲劳破坏。破坏沿管壁圆周方向发生且垂直于钻杆轴线。钻杆腐蚀疲劳多与先期的孔蚀有关，对管体表面的机械损伤也十分敏感，易发生在井内介质腐蚀性严重的部位。据报道，钻杆失效事故的主要原因和形式是腐蚀疲劳及其与其他腐蚀共同作用加快钻杆的损坏。可见，钻杆的疲劳失效是钻杆使用中的最大威胁。

10.1.3 钻井系统中的腐蚀控制途径

（1）降低钻井液的腐蚀性

消除和控制钻井液中对腐蚀有害的成分主要有下列几种方法：

① 添加除氧剂，降低钻井液中发生氧去极化腐蚀的可能性。对于水基钻井液，广泛使用的除氧剂为亚硫酸盐，要注意当水中钙盐含量高时，应适当增加除氧剂的量，才能获得良好的效果。

② 添加缓蚀剂。在钻井液中使用较多的是有机类缓蚀剂，如有机胺类、季铵化合物、酰胺化合物等。现场应用时，一般从钻井液循环系统的首端投入，使它能在钻杆表面以及井下套管部分均得到保护。

③ 添加除硫剂。除硫剂是利用化学反应将钻井液中可溶性硫化物等转化成一种稳定的、不与钢起反应的惰性物质，从而降低对钻具的腐蚀性。常用的除硫剂是海绵铁和微孔碱式碳酸锌。

④ 降低含砂量。在钻井装置上配备适当的除砂设备，控制钻井液中的含砂量，以减少磨损腐蚀。

⑤ 提高 pH 值。通常将钻井液的 pH 值提高到 10 以上，可以显著降低钻井液的腐蚀性，这是抑制钻井液对钻具以及井下设备腐蚀的最简单、最经济、有效的一种处理方法。

（2）钻杆内防腐层的应用

钻井实践深知，钻杆的内壁腐蚀较其外壁腐蚀更为严重。在钻杆内壁涂敷防腐涂料是防止钻杆腐蚀最有效的方法。由于内防腐层钻杆内壁光滑，还可降低摩阻，提高流速，降低泵压，具有明显的经济效益。

钻杆内防腐层的质量必须保证，应具有较好的机械性能，如良好的抗拉强度、附着力，良好的耐冲击和耐磨蚀性能，同时也要考虑 pH 值适用范围、耐温及优良的耐蚀性能。国内外使用的钻杆涂料主要为溶剂型涂料，成膜物质以环氧酚醛树脂作基料配制而成。

（3）正确选材，合理组合设计

特别在硫化物环境中，避免采用高强度钻杆或钻杆接头，在满足提升强度条件下，优先选用低强度钻杆。优化钻具组合和结构，改善钻杆的应力分布，减少结构上的应力集中。根据钻具负荷采用内平钻杆，推广加厚结构改进型新钻杆。

（4）加强科学管理

必须严格正确的操作，尽量避免产生各种应力。强化防腐管理以保证各种防腐措施应有的最佳效果。例如，当钻杆从井里取出时，应清洗后用油和缓蚀剂混合液涂于钻杆表面，以减缓钻杆放置在露天的腐蚀。钻杆的存放，也必须保证良好的防腐蚀环境等，另外，要加强现场腐蚀与防护的监测，为改进防腐措施、合理进行工程设计以及进行科学管理提供依据。

10.2 采油及集输系统中的腐蚀

采油及集输系统的腐蚀是指原油及其采出液、伴生气在采油井、计配站、集输管线、集中处理站和回注系统的金属管线、设备、容器内产生的腐蚀以及与土壤、大气接触所造成的外腐蚀。由于油田所处地理位置及生产环节的不同，其腐蚀特征和影响腐蚀的因素也有不同，但油田生产过程中内腐蚀造成的破坏一般占主要地位。

10.2.1 采油及集输系统中的腐蚀特点及原因分析

10.2.1.1 油井腐蚀

油井腐蚀是指油水井油管、套管及井下工具的腐蚀。一般受采出液及伴生气组成的影响较大，对油井腐蚀的有害成分主要是 CO_2、H_2S 和采出水组成。

采出水在处理过程中与空气接触而含溶解氧，使材料发生氧去极化腐蚀。游离 CO_2 在水中产生酸，导致材料同时发生氢去极化腐蚀。而硫化氢在常温、常压下是一种较易溶于水的气体。采出水中的 H_2S，一方面来自含硫油田伴生气在水中的溶解，另一方面重要来源是由于油田集输系统中存在的硫酸盐还原菌的分解。H_2S 不仅使钢锈蚀，腐蚀所产生的原子氢极易向钢的内部渗透产生氢脆，甚至在较低的拉应力下都可能发生破裂。

油田水还含有相当的溶解盐，使采出水成为良好的导体。尽管油田水是处在运动状态，即使有充足的氧传递到金属表面，但由于有活性 Cl^- 的存在，金属表面不能建立起钝化，因此随流速增加，磨损腐蚀随之加剧。

可见，当油井出现游离水后采油井井下工具、油井、套管内的腐蚀才会严重。由于抽油杆、活塞、阀等是处于运动状态，因此遭受严重的磨损腐蚀。在含水高又含较高的 H_2S 的油井中，由于腐蚀疲劳、氢脆、应力腐蚀等原因，经常出现抽油杆的断裂。

另外，套管外腐蚀是硫酸盐还原菌引起的严重腐蚀。油井套管外侧，处于死水缺氧状态，适合硫酸盐还原菌大量繁殖，导致严重的细菌腐蚀，甚至使套管破裂。其腐蚀形貌呈大片不均匀块状，表面布满树皮状黑色腐蚀产物，层状明显且疏松。

10.2.1.2 集输系统的腐蚀

油气集输系统是指油井采出液从井口经单井管线进入汇管，最后进入油气集中联合处理站，处理后的原油进入原油外输管道，长距离外输。根据油品性质和集输工艺要求，有些原油还要经中转站加热、加压，再进入汇管。其中以油气集输管线和加热炉的腐蚀最为严重。

(1) 集输管线的腐蚀

集输管线内腐蚀决定于被输运的原油中的含水率、含砂、采出水的性质、流速、温度等因素。当含水率较高，出现游离水时，才会发生严重的电化学腐蚀。如果水中含有 CO_2、O_2 或有硫酸盐还原菌时，腐蚀则加剧。当流速较慢时，细菌腐蚀和结垢或沉积物下的腐蚀更加突出。因此，如果管线设计尺寸过大，输液量小，流速低(小于 0.2~0.3 m/s)，含水高，输送距离远时，管线易发生腐蚀穿孔。

集输管线外腐蚀主要是埋地管线沿线土壤造成的腐蚀。常见的腐蚀形式有因土壤性质不同(透气性、含盐量、含水量、pH 值等)形成的土壤宏观腐蚀电池(如管线穿过不同性质土壤的交界处)腐蚀和杂散电流引起的腐蚀。当土壤中有 SO_4^{2-} 存在时，硫酸盐还原菌的生长对土壤腐蚀起促进作用。此外，温度对腐蚀的影响也较显著，通常温度升高，腐蚀加剧。油田的实际情况也证实：埋地高温单井管线、稠油管线及伴热管线的腐蚀率高于集油管线，而常温输送管线腐蚀率最低。

(2) 加热炉的腐蚀

大多数加热炉以原油作为燃料。当原油中含有硫化物时，燃烧后生成的SO_3和SO_2，与烟气中的水蒸气作用生成酸蒸气，然后生成液态硫酸和亚硫酸，这些是强腐蚀剂。通常酸蒸气的露点比水蒸气的露点高，对于高硫分、低灰分的燃料有可能超过180℃。因此，对于原油加热炉的管式空气预热器，当金属管壁的温度低于酸露点时，会造成严重的硫酸露点腐蚀。

10.2.1.3　油气集中联合处理站设备的腐蚀

处理站是专门进行油、气、水三相分离处理的场所。水区腐蚀较重，油区腐蚀常发生在水相部分和气相部分。

(1) 原油罐的腐蚀

原油罐的外腐蚀主要是底板外壁的土壤腐蚀和罐外壁的大气腐蚀。

原油罐的内腐蚀，不同部位的腐蚀程度不同。罐底的腐蚀较为严重，主要是罐底沉积水和沉积物较多，而水中含Cl^-、溶解O_2及硫酸盐还原菌等。沉积物中含有盐类和有机淤泥，其黏性抑制氧的扩散，往往造成氧浓差电池腐蚀，其腐蚀形貌呈现溃疡状的特点，容易形成穿孔。

当油罐中有加热盘管时，油罐底部处于高盐分污水中，加热管电化学腐蚀、细菌腐蚀及垢下腐蚀均较严重，导致腐蚀穿孔破坏。

罐内壁腐蚀较轻，只在油水界面或油与空气交界处腐蚀严重。罐内顶部腐蚀较罐壁严重，常伴有孔蚀等局部腐蚀。由于水蒸气易在罐顶内壁形成凝结水膜，这层水膜是溶解了多种腐蚀成分的电解质溶液；另外由于罐的呼吸作用，氧气不断进入罐内也很容易通过这层凝结水膜，扩散到金属表面。从而导致罐顶发生严重的电化学腐蚀，其中氧的去极化起主导作用。

(2) 三相分离器的腐蚀

分离器的腐蚀主要发生在焊缝附近热影响区内，金属组织不均匀遭受的腐蚀。

(3) 污水罐及污水处理设备

污水处理设备的腐蚀与含油污水水质、处理量等有关，通常是CO_2、O_2及细菌造成的电化学腐蚀。当处理量不足，污水在站内停留时间过长时，污水处理设备的腐蚀以细菌腐蚀为主。

10.2.1.4　注水系统的腐蚀

在油田开发过程中，为了保持地层压力，提高采收率，国内大多油田普遍采用了注水开发工艺。因此注水系统的腐蚀，直接影响油田开发水平的提高。

(1) 注水管线的腐蚀

注水管线的内腐蚀主要受水质、管道焊接施工质量和注水工艺的影响。

在水的流动较好，又没有沉积物发生的注水系统，主要呈现均匀腐蚀的形貌，虽然这种均匀腐蚀不会对管线和设备有突发性的破坏，但是腐蚀速度较大时，尤其是在注水量小而管径又较大的情况下，水中铁的浓度会很高，从而引起地层堵塞。

油田现场是在露天条件下，现场焊接因施工条件所限，焊缝易产生未焊透、塌陷、气孔等缺陷，这些地方容易产生缝隙，诱发孔蚀源，随着腐蚀的进行，形成了闭塞电池，产生自催化酸化作用，导致严重的局部腐蚀。

用清水注水时，其中Cl^-少，一般是$NaHCO_3$水型，腐蚀性最弱，也不易产生局部腐蚀。

有的油田采用清、污水混注时，腐蚀就严重，这是由于污水水型是 $CaCl_2$ 型，与清水相遇后产生 $CaCO_3$ 沉淀，会引起垢下腐蚀。而且污水中掺入清水后，矿化度降低，促进细菌的繁殖。另外，清水中氧的溶解度相对较大，增大了系统中的氧含量，导致腐蚀加剧。

(2) 注水井油套管的腐蚀

套管以内腐蚀为主，注水井环形空间内中上部温度相对较低，主要是由于污水中细菌、CO_2、O_2 及氯化物共同造成的电化学腐蚀，腐蚀严重的井段在 1000m 以上，形貌呈现孔蚀为主的局部腐蚀。所生成的腐蚀产物比较疏松，没有保护性能。中下部由于温度较高，细菌活力降低，生成非常致密的 FeS，使腐蚀得到控制。油套管丝扣腐蚀严重，占很大比例。由于丝扣连接处是硫酸盐还原菌理想的生长处，细菌作用和应力协同作用使套管丝口腐蚀破坏，中上部井段有 90%以上的套管丝口存在腐蚀，而越往井段下部越轻，约 1200m 以下丝扣基本完好。另外，如果在井斜变化较大的井段，作业中油管对套管的多次擦伤也加速了套管的腐蚀穿孔。

(3) 回水管线的腐蚀

回水管线是将注水井中洗井水回收输送到联合站进行处理的管线，一般水质很差，含有大量悬浮物、污油、砂粒、垢物等，多呈黑色水。又因洗井属间歇作业，不洗井时，管道中的水长期处于死水状态，大量细菌繁殖，产生 H_2S，造成细菌腐蚀和沉积物垢下腐蚀协同加速，导致腐蚀严重。

(4) 注水泵的腐蚀

常用标准离心泵，其叶轮是硅黄铜材质，在注水过程中，特别是在污水中，表面发生脱锌腐蚀。在高流速运行条件下，流体力学因素和电化学因素间协同作用，大大加速了泵的腐蚀。

10.2.2 采油及集输系统中的腐蚀控制途径

10.2.2.1 正确选材

出于经济性的考虑，在一般情况下，油田通常采用普通钢并辅以其他防腐手段联合防护。油田地面工程常用碳钢和低合金钢，若在含 H_2S 及 CO_2 的介质中选用耐腐蚀合金钢 N-80、13Cr 等。耐蚀非金属材料很多，如防腐层、玻璃钢衬里、工程塑料、橡胶等，但在油田的使用上除防腐层外，用量最大的是玻璃钢，如玻璃钢抽油杆、玻璃钢管道等。尤其是玻璃钢管，具有耐腐蚀性强、管内壁光滑、输送能耗低等一系列优点，对油气集输管线、注水管线、污水处理管线和油管及套管等都可采用玻璃管。特别对于强腐蚀介质，如在强腐蚀区站内短管道系统和施工条件复杂的站外较长管道，玻璃钢管显示出更大的优越性。但在使用中应注意玻璃钢管有不耐高温，使用温度不能超过 200℃，不防火、能燃烧的缺点。

10.2.2.2 合理设计

合理的防腐设计包括结构设计和工艺流程的设计。

防腐结构设计应遵循：结构形式应尽量简单，表面积小，便于防腐蚀施工和检修。避免造成应力集中、产生隙缝，防止积液、沉积物形成。防止高速流体直接冲击设备，避免同一结构中采用两种金属材料造成电偶腐蚀等。

在考虑工艺过程同时，必须充分考虑发生腐蚀的可能性和应采取的防腐措施。例如，常温干燥的原油、天然气对金属腐蚀很小，而带水的就腐蚀加剧，故在工艺过程中尽量要降低原油、天然气的含水量。又如严格清污水分注，减少垢的形成，避免垢下腐蚀；采用密闭隔氧技术，降低使用水中的氧含量，有效降低氧去极化腐蚀。可见腐蚀问题是与现场生产工艺过程相关，如果不合理，则很可能造成许多难以解决的腐蚀问题。

10.2.2.3 防腐层

(1) 外防腐涂层

对防大气腐蚀的涂料，通常应根据大气的腐蚀成分(如腐蚀性气体、酸雾、颗粒物、滴溅液体等)、腐蚀性质的强弱分别选择相应的涂料。在油气生产中，一般用于储罐、容器及架空管道外防腐层。对较强腐蚀环境常用的常温涂料有过氯乙烯涂料、聚氯乙烯涂料、氯磺化聚乙烯涂料、氯化橡胶涂料、环氧树脂涂料等。耐高温的涂料有氯磺化聚乙烯改性耐温涂料、改性聚氨酯涂料等。在比较苛刻的环境条件下，如比较湿热或海洋大气条件下，外防腐层通常选用底层为热喷锌、喷铝或无机、有机富锌涂料。

对防土壤腐蚀的涂料，油气田所有埋地金属管线必须做外防腐层。选择防腐层时，应根据土壤的腐蚀特性、相关的腐蚀环境因素、管道运行参数以及管道使用寿命来确定。场、站、库内埋地管道以及穿越铁路、公路、江河、湖泊的管道应采用加强级防腐。为确保管道安全、延长寿命，对于长输管线及集油干线一般应采用防腐涂层与阴极保护联合保护。

(2) 内防腐层

内防腐层必须根据储存或输送介质的腐蚀性、介质的温度，选择耐蚀性较强，并与工程寿命相一致，施工简便，质量易保证，经济性好，维修方便的品种。常用防腐涂料和玻璃钢衬里。玻璃钢一般用在储罐和容器的内壁衬里，用环氧树脂、石英粉、增韧剂、固化剂及玻璃布组成。

10.2.2.4 电化学保护

阴极保护有两种形式，外加电流阴极保护和牺牲阳极阴极保护。油田采油及生产系统中常采用阴极保护来抑制油井套管、站内埋地管网及储罐底的腐蚀。

对地下金属构筑物、管线较多的地区，常进行区域性阴极保护，也有两种结构形式：一种以油、水井套管为中心的区域保护，一般采取每2~4口井为一组形成小区域保护，这样容易保证保护电流的平衡，可保证良好的保护效果。另一种把所保护区域地下的金属构筑物当一个阴极整体，整个区域是一个统一的保护系统。这种保护系统可避免干扰产生，投资少，但缺点是电流分配不均，对阳极的布置要求较严，电能消耗要大些。在实际应用中常常采用划小保护区域的方法进行外加电流阴极保护，容易达到理想的保护效果。

10.2.2.5 缓蚀剂

油田中添加缓蚀剂，不但可以保护油管、套管及井下设备，而且也可以起到保护集油管线和设备的作用。它是一种用量少、见效快、容易实现的防护措施。据目前油田应用情况，效果较好的缓蚀剂主要有丙炔醇类、有机胺类、咪唑啉类和季铵盐类等。油井缓蚀剂通常是用泵将缓蚀剂注入油套管环形空间，靠缓蚀剂的自重降到井底，随产出液从油管内返出。在这一过程中，缓蚀剂大部分溶解于产出水中，少量分散在油中，随着药剂在油管中上返，缓蚀剂在金属表面被吸附而形成保护膜，从而起到了保护作用。

对弱酸性油田水系统使用的有机缓蚀剂主要有：季铵盐类、咪唑啉类、脂肪胺类、酰胺衍生物类等。应用效果较好的是前两类，因为这些化合物通常还具有较好的分散性，还可以防止一些沉积物对地层的堵塞。

缓蚀剂的效果不仅与金属、介质性能有关，而且还与其在介质中的溶解度、缓蚀剂用量、介质温度、流速等诸多因素有关，因此在应用时，必须针对具体情况进行分析，通过试验筛选、评定后确定。要特别注意缓蚀剂的毒性，保护环境安全。另外，在油田油井和油气集输系统中，缓蚀剂与破乳剂等药剂一起使用，而且整个水处理系统中，缓蚀剂还与阻垢剂、杀菌剂、净水剂等多种药剂并用。因此应当十分注意药剂相互之间的配伍性问题，使之既不产生沉淀，又不影响各自的使用效果。

10.2.2.6　其他化学药剂的使用

(1) 杀菌剂

油田污水及注水系统中常常存在着各种微生物，例如，硫酸盐还原菌、粘泥形成菌(腐生菌，铁细菌等)。这些微生物的生命活动使油田污水具有很强的腐蚀性，对油田生产产生极大的危害。因此，油田系统中常采用有效的杀菌剂来控制细菌引起的腐蚀破坏。目前油田采用的杀菌剂主要有季铵盐类化合物、氯酚及其衍生物、二硫氰基甲烷、醛类化合物等。杀菌剂在油田系统的使用过程中，应当注意细菌的抗药性，对不同类型的药剂应间歇轮换使用，才能取得良好的效果。

(2) 阻垢剂

在采油系统、油田水处理系统和注水系统等部位，水垢的沉积会引起设备和管道的局部腐蚀，甚至穿孔而破坏。因此，油田通常根据水介质的成分和结垢的类型选择适合的阻垢剂，在水中添加有效的阻垢剂来抑制水垢的形成，从而减轻因结垢产生的严重腐蚀。

油田常用的阻垢剂主要有 EDTMPS(乙二胺四亚甲基膦酸钠)、改性聚丙烯酸等。另外把阻垢和缓蚀性能综合考虑，开发了不少新型的阻垢缓蚀(如 DC1-01 复合阻垢缓蚀剂、各种 CW 缓蚀阻垢剂)和水质稳定剂。

10.3　酸性油气田的腐蚀

湿含 H_2S 或/和 CO_2 的油气称为酸性油气。产出酸性油气的油气田为酸性油气田。在我国天然气资源中，大部分都含有 H_2S 和 CO_2。四川气田就是一个典型的酸性天然气气田。多数天然气层中 H_2S 含量为 1%~13%(体积分数，下同)，最高可达 35.11%，CO_2 含量通常为 0.55%~5.46%。我国含 H_2S 最高的酸性油气田为华北赵兰庄油气田，有的井 H_2S 含量可达 92%(体积分数)，相当于 1400 g/m^3。

地层中的油气除含 H_2S、CO_2 外，还含有矿化水，在高温高压下，有时还含有多硫和单质硫类络合物，因此具有很强的腐蚀性。另外，在开采油气田的过程中，会把空气中的氧带入井下，有时必须对低渗透度地层进行酸化处理。残留于井下的无机酸，使产出液的 pH 值很低。某些特定部位，由于微生物(特别是硫酸盐还原菌)的生命活动，不仅使金属产生局部腐蚀，还会产生强腐蚀性的 H_2S。总之，在油气田的运行条件下，引起酸性油气田设施腐蚀的诸多因素中，水在金属材料腐蚀中起着决定性的作用，溶于水中的 H_2S 和 CO_2 是最危险的因素，特别是 H_2S，不仅会导致金属材料突发性的硫化物应力腐蚀开裂，造成巨大的经济损失，而且硫化氢的毒性可威胁人身安全。

10.3.1　酸性油气田腐蚀特点及原因分析

10.3.1.1　硫化氢腐蚀

① 干燥的 H_2S 对金属材料无腐蚀破坏作用。湿含 H_2S 天然气对气田钢构件的腐蚀一般呈全面腐蚀，腐蚀率较低。通常年腐蚀率只有几十微米。H_2S 只有溶解在水中才具有腐蚀性。在油气开采中与 CO_2 和 O_2 相比，H_2S 在水中的溶解度最大。H_2S 在水中电离呈酸性，释放出的 H^+ 是强去极化剂，使钢铁发生电化学腐蚀。

软钢的腐蚀率与 H_2S 浓度之间的关系如图 10-1 所示。由图可见，开始时腐蚀率随 H_2S 浓度增加而增大。当 H_2S 含量为 200~400mg/L 时，腐蚀率达最大，而后又随 H_2S 浓度增加而降低，当 H_2S 浓度高于 1800mg/L 时，H_2S 浓度再增加对腐蚀几乎无影响。

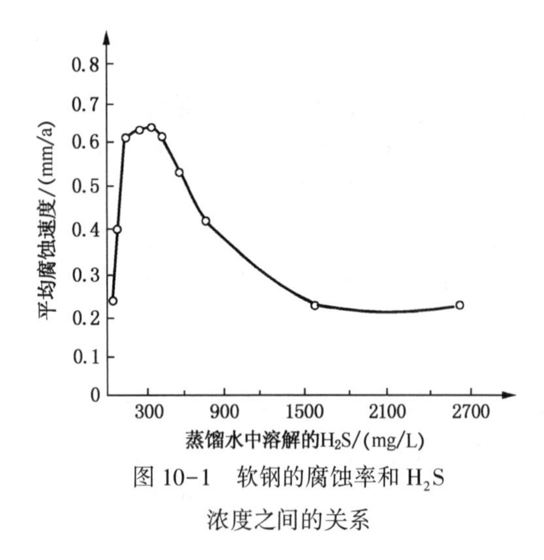

图 10-1　软钢的腐蚀率和 H_2S 浓度之间的关系

② 当含 H_2S 水溶液中含有其他腐蚀性组分如 CO_2、Cl^-、残酸等，碳钢的腐蚀率将会大幅度增高。这是由于腐蚀产物 Fe_xS_y 有多种形式，随 pH 值变化而变化。当 pH 值较低时，生成含 S 量不足的硫化物，如 Fe_9S_8 为主的无保护性膜，腐蚀则加速。随 pH 值增高，FeS_2 含量增多，因此，在高 pH 值条件下，生成以 FeS_2 为主的具有一定保护效果的膜，则腐蚀较低。通常 pH 值为 6 时是临界值，为 $pH < 6$ 时，钢的腐蚀速率较高，腐蚀液呈黑色。

另外，氯离子的存在往往会阻碍保护性的硫化铁膜在钢铁表面的形成。氯离子首先被吸附到钢铁表面，通过钢表面腐蚀产物硫化铁膜的细孔和缺陷渗入其内，形成孔蚀核。随腐蚀继续进行，闭塞电池形成，自催化效应加速了孔内铁的溶解，导致孔蚀破坏。大量的研究也表明：溶有盐类(特别是含 Cl^-)、酸类的 H_2S 和 CO_2 水溶液往往比单一的 H_2S 或 CO_2 水溶液的腐蚀要严重得多，腐蚀速度要高几十倍，甚至几百倍。酸性天然气气井中，气田水，特别来自地层的含 Cl^-较高的情况下，对油套管的腐蚀与氯离子的作用有密切关系。

③ H_2S 水溶液对钢的电化学腐蚀会导致氢损伤，甚至发生 H_2S 环境开裂。H_2S 作为一种强渗氢介质，不仅是因为它的腐蚀本身产生氢的来源，而且，它还能起毒化作用，阻碍氢原子结合成氢分子。因此提高了钢铁表面氢原子的浓度，从而加速了氢向钢中的扩散溶解，导致钢的基体开裂。尤其是在 pH 值较低，又含有活性阴离子——氯离子的情况下氢损伤敏感性越大。

硫化物应力开裂(SSC)：

进入钢中的氢原子，在拉伸应力(外加的或/和残余的)作用下，在冶金缺陷(晶界、位错、裂纹等)处富集，导致高强度钢、高内应力构件及焊缝的氢应力型的开裂。主裂纹沿垂直于拉伸应力方向扩展。裂纹的产生和扩展迅速，因此，SSC 破坏多为突发性。断口形貌呈脆性特征，有穿晶型和沿晶型，一般高强钢多为沿晶开裂。

SSC 可起始于试件的内部，不一定需要一个作为开裂起源的表面缺陷。因此它不同于一般的应力腐蚀开裂必须起始于正在发展的腐蚀表面。

氢诱发裂纹：

这种现象常出现在具有抗 SSC 性能的延性较好的低中强度的管线钢和容器钢上。它的生成不需任何外加应力，与拉伸应力无关。是由腐蚀生成的氢原子，从钢的表面进入后，便向具有高结合能的缺陷处扩散富集，一旦氢原子结合成分子，会产生很大的压力(可达 300MPa)导致裂纹(一组平行于板面、沿着轧制向的裂纹)和氢鼓泡(常呈椭圆形，长轴方向与轧制向一致，氢鼓泡的边缘均有裂纹)，从而使钢材脆性增大。研究和现场实践表明：在外力作用下，这组氢诱发的裂纹相互连接贯穿发展，使管线和压力容器破裂。

10.3.1.2　二氧化碳的腐蚀

① 研究表明：在常温无氧的 CO_2 水溶液中，钢的腐蚀为氢去极化腐蚀。这是由于 CO_2 在水中的溶解度很高，一旦溶于水便形成碳酸，释放出的 H^+ 是强去极化剂，导致电化学腐蚀发生。在含 CO_2 油气环境中，钢铁表面常被碳酸盐腐蚀产物膜所覆盖。因此，CO_2 水溶液对钢铁的腐蚀，除受氢的阴极去极化反应速度的控制，还与腐蚀产物是否能在钢表面成膜以及膜的结构和稳定性有关。

② 腐蚀与油气环境中 CO_2 浓度有关。当 CO_2 分压低于 0.021MPa 时，腐蚀可以忽略。当 CO_2 分压为 0.021～0.21MPa 时，腐蚀可能发生。其中，温度是重要的因素，当温度低于 60℃时，因不能生成保护性的腐蚀产物膜，腐蚀速度是由 CO_2 水解生成碳酸的速度和 CO_2 扩散至金属表面的速度共同决定，且以均匀腐蚀为主。当温度在 60～110℃范围内，金属表面有碳酸亚铁生成，但腐蚀产物厚而松，结晶粗大且不均匀，易破损、脱落，会诱发局部腐蚀，导致严重穿孔破坏。当温度高于 150℃时，碳钢表面可生成完整、致密、附着力强的稳定性腐蚀产物，有一定的保护性，故腐蚀率下降。可见，含 CO_2 油气井的局部腐蚀因温度的影响常常选择性地发生在井的某一深处。

③ 当油气中 H_2S 和 CO_2 共存时，当 CO_2 和 H_2S 的分压比小于 500 时，腐蚀产物膜的主要成分仍是 FeS，腐蚀过程仍受 H_2S 控制。当 CO_2 和 H_2S 的分压比大于 500 时，腐蚀产物膜的主要成分才是碳酸亚铁。在含 CO_2 系统，有少量 H_2S 时，也会生成 FeS 膜，它有改善膜的防护作用。但要注意，作为有效阴极的 FeS 会诱发局部腐蚀。

10.3.2　酸性油气田中的腐蚀控制途径

10.3.2.1　选用耐蚀材料

在含 CO_2 油气中，含铬不锈钢有较好的耐蚀性，但当油气中还含有硫化氢和氯化物时，应注意对硫化物应力开裂和氯化物应力开裂的敏感性，一般不适用。而含铬 22%～25%的双相不锈钢和高含镍的奥氏体不锈钢，在 250℃以上和高氯化物环境中仍有良好的耐蚀性，并能抗硫化氢应力开裂(SCC)。1999 年最新修订版 NACE MR0175 为含 H_2S 酸性油气田设施用材及制造工艺提供了可靠依据。我国编制的石油行业标准 SY/T 0599《天然气地面设施抗硫化物应力开裂金属材料要求》，为含 H_2S 气田地面设施选用国产抗 SSC 材料提供了依据。

总之，应根据设备、管道等的运行条件(温度、压力、介质腐蚀特性，要求的运行寿命等)经济合理地选用耐蚀材料。例如，耐蚀合金虽然价格昂贵，但使用寿命长，而且也不需要加注缓蚀剂及修井换油管等作业，从总成本来算并不显得昂贵。因此，对腐蚀性强的高压高产油气井来说，可能是一种有效的经济的防护措施。

近年来，非金属耐蚀材料的迅速发展，如环氧型、工程塑料型的管材及其配件，也很适用于腐蚀性强的系统。

10.3.2.2　脱水

脱除油气中的水分是降低或防止 H_2S、CO_2 腐蚀的一种有效措施。因为无水的 H_2S、CO_2 不具备电解质溶液的性能，故不会使电化学反应发生。天然气中的水，可用水分离器，各种干燥剂的脱水装置，经脱水使含 H_2S、CO_2 天然气水露点低于系统的运行温度，就不会导致 SSC 及其他各种腐蚀。另外脱硫也是防止 SSC 而广泛应用的有效方法。

此外，金属设施的结构一定要简单、合理，应避免易积液的缝隙和死角，以防止局部腐蚀。

10.3.2.3　添加缓蚀剂

由于 H_2S、CO_2 对金属的腐蚀是以氢去极化腐蚀为主，因此，金属表面原有的氧化膜易被溶解，采用氧化性的缓蚀剂非但不起缓蚀作用，而且还会成为去极化剂从而加速腐蚀。因此，对含 H_2S、CO_2 酸性油气的腐蚀，通常添加吸附型缓蚀剂。由于吸附型缓蚀剂是含有 N、O、S、P 和极性基团的有机物，能被吸附在金属表面，改变金属表面状态和性质，从而抑制腐蚀反应的发生。

缓蚀剂对应用环境的选择要求很高，针对性很强，不同介质和材料要求使用的缓蚀剂也不同，甚至同种介质，操作条件(如温度、压力浓度、流速)改变时，所采用的缓蚀剂也需要随之变化。因此，正确选取特定系统的缓蚀剂，不仅要考虑系统中的介质组成、运行参数及其可能发生的变化，也应了解可能发生的腐蚀类型及缓蚀剂的缓蚀性能，还要了解与处理介质及其他添加剂的兼容性和添加工艺上的要求，如材料表面洁净方法、预膜处理、加注方法、加注周期、加量等。

目前用于酸性油气系统的缓蚀剂品种很多。虽然从理论上来讲，缓蚀剂可以防止氢的形成来阻止硫化物应力开裂等腐蚀，但鉴于油气田开发过程中的复杂性，从现场实践表明，要准确无误地来控制缓蚀剂的添加，保证生产环境的腐蚀处于受控制的良好状态，是十分困难的，因此，缓蚀剂只能作为一种减缓腐蚀的措施，尤其不能单独用作防止 SSC。为了确定最佳缓蚀剂添加方案，在系统中必须设置在线腐蚀监测系统。通过监测腐蚀率的变化调整缓蚀剂的添加方案，以确保腐蚀得到良好的控制。

10.3.2.4　防腐层和衬里

防腐涂层和衬里使钢材和含 H_2S 酸性油气之间隔离，使腐蚀反应不能进行，起到防护作用。随着防腐层和衬里技术发展，品种繁多，应本着因地制宜、耐蚀、价廉等原则综合评价选用。可供含 H_2S 酸性油气田选用的内防腐涂层和衬里有环氧树脂、聚氨酯及环氧粉末等。

由于现场大面积施工，防腐涂层不可能做到无针孔，加之焊接接头涂覆困难，质量不易保证，且生产、维护保养过程中易受损伤，因此，在使用防腐涂层的同时，常需添加适量缓蚀剂联合防护。

实践表明，对高温、高压的天然气井，内防腐涂层易在针孔处起泡剥落而导致孔蚀等局部腐蚀，因此，在含 H_2S 酸性天然气气井中，使用内防腐层并不是一种好的选择。

10.3.2.5　定期清管

对于集输管线，用清管器定期清除管内污物和沉积物，避免由于流速不足、间歇流或输送压力、温度变化等导致从油中沉降或解析出的水和其他液体及腐蚀产物、锈垢、砂等滞留沉积在管底引起的局部腐蚀，以达到改善和保护管内的洁净，减轻腐蚀，同时还可提高缓蚀剂预膜质量和缓蚀效率。

10.4　海洋中油气田的腐蚀

21 世纪，人们把更多的注意力转向资源丰富的海洋。开发和利用海洋是人类社会发展的必然趋势。仅海洋石油的产量现已占世界石油总产量的 30%左右，对世界能源供给起着举足轻重的作用。

开采海底和滩涂石油资源的难点，主要是战胜海洋环境所造成的困难。这里重点讨论海洋环境对海洋和滩涂油气开采设施的腐蚀行为，以寻找经济有效的防腐途径。

由于影响材料腐蚀的海洋环境因素的多元性、复杂性、可变性，使腐蚀问题复杂化，致使许多腐蚀机理尚未搞清，不少腐蚀现象难以解释。现对已被实践证明了的，也被人们公认的一些机理和规律加以总结，分别叙述。

10.4.1 海洋及滩涂环境中钢铁腐蚀的特点以及原因分析

根据海洋环境中介质的差异以及钢铁在这些介质中受到腐蚀作用的不同，通常将海洋腐蚀环境划分为海洋大气、飞溅区、潮差区（又称潮汐区）、全浸区和海泥区五个区带，其分布情况参见7.4.4中的图7-20。

滩涂是指一般在高潮时淹没，低潮时露出的海陆交界地带，除了没有全浸区以外，就腐蚀而言，其最重要的特征是海泥区周期性地暴露于大气，同时还受陆地环境因素的影响。

10.4.1.1 碳钢在海洋环境中的腐蚀

① 海上固定式钢质石油平台的结构是上下连续的，但其腐蚀率随所处海洋环境区带不同有很大的差别。

在飞溅区的腐蚀最严重，它位于高潮位的上方。钢铁构件表面经常呈潮湿状态，又与空气接触，供氧充足。加之经常受海浪拍击，海水中的气泡冲击破坏材料表面及其保护层，对结构物表面造成更大的腐蚀破坏作用。通常钢铁材料在海洋飞溅区的腐蚀都有一个腐蚀峰值。对于碳钢在飞溅区的腐蚀速度可以达到甚至超过0.5 mm/a，也有不少深度在2 mm以上的蚀坑，暴露的钢表面无海生物污损。实践同样证明，飞溅区是海洋石油开发设施腐蚀最严重的区带。

全浸区：长期浸没在海水中，比淡水中的腐蚀要严重得多，海生物污损严重。我国7个实海试验站的数据表明：暴露第1年，碳钢的腐蚀速度在0.10~0.42 mm/a，稳定的腐蚀速率在0.053~0.13 mm/a。海水中的溶解氧和盐度对其腐蚀影响最大。一般说来，20 m深以内的海水较深层海水具有较强的腐蚀性。因为水浅易被溶解氧所饱和，而且温度高，流速大，故腐蚀相对严重。而深层海水，温度较低，氧含量少，流速也低，腐蚀性相对较低。

海泥区：一般认为由于缺乏氧气和电阻率较大等原因，海泥中钢铁的腐蚀速度比海水中要低一些，在深层泥土中更是如此。但海底泥沙和滩涂泥沙是很复杂的沉积物，往往还存在硫酸盐还原菌等，因此不同海区的海泥对钢铁的腐蚀也不同，尤其是有污染和大量有机质沉积的软泥，需要特别注意。

潮差区：在潮差区的构件物经常出没于潮水，和饱和了空气的海水接触，因此，在连续的钢铁表面上，潮差区的水膜中富氧，全浸区相对地缺氧，形成氧浓差电池。潮差区电位较正，成为宏电池的阴极，腐蚀较轻。如果是采用单独的短尺寸试件在此区进行腺片试验，由于富氧，此时微电池起作用，碳钢在潮差区的腐蚀速度要比全浸区高得多。在高潮位附近，腐蚀可类似于飞溅区，有海生物污损存在。

海洋大气区：海洋大气不仅湿度大，且其中含一定数量的盐分，使钢铁表面容易凝结成水膜，加之溶解在其中的盐分组成了导电性良好的液膜，提供了电化学腐蚀的条件。因此，海洋大气与内陆大气有显著的不同，海洋大气中碳钢的腐蚀速度要比内陆大气中的高4~5倍。

现场试验结果证明，长期使用时，低合金钢在潮差区和全浸区的耐蚀性并不优于普通碳钢。

尤其值得注意的是，在开发滩涂和极浅海石油时，往往会遇到淡水和海水混合的区域，使腐蚀环境变得复杂化，这时应当调查水质，弄清盐度、溶解氧、生物活动及污染情况等，以便分析腐蚀原因，寻找经济有效的防腐对策。

② 碳钢和低合金钢在海洋环境中不能建立钝态，腐蚀在整个暴露表面上发生。主要的

腐蚀类型有不均匀全面腐蚀、孔蚀，而腐蚀形貌可分为斑状、麻点状、蜂窝状、坑状、溃疡状腐蚀等。一般说来，钢在全浸区的腐蚀坑直径较大，深度较浅，腐蚀坑呈斑状或溃疡状。在飞溅区的腐蚀坑直径较小，深度较大，腐蚀坑呈麻点状、蜂窝状或溃疡状。

③ 海生物(特别是大型海生物，如牡蛎、藤壶等)的污损，会使钢表面出现宏观氧浓差电池，从而引起钢的腐蚀不均匀，甚至形成闭塞电池，产生自催化效应，导致严重的局部孔蚀。

10.4.1.2　不锈钢在海洋环境中的腐蚀

不锈钢具有很强的钝化能力，是一种具有活性-钝性转变特性的合金，其耐蚀性取决于表面膜的特性。当表面膜由于某种原因被破坏而又不能自行修复时，即呈活化态，金属将会遭受腐蚀。

① 海水中，氯离子含量一般高达约 2×10^4 mg/L，因此，钝化膜易受到破坏。在潮差区，虽然潮水充气良好，但此区带中有生物附着和沉积物覆盖等因素可妨碍不锈钢表面保持钝态，导致表面产生严重的局部腐蚀。在全浸区，当流速较低(约低于 1.5 m/s)时，扩散到不锈钢表面的氧不足以保持钝化膜的稳定，而此时海生物仍能附着，不锈钢的局部腐蚀仍不能避免。在海泥中，相对缺氧，不锈钢表面钝态一旦被破坏，便难以弥合，同样会产生局部腐蚀。

一般地说，不锈钢在海洋大气中有极好的耐蚀性，即使在对碳钢有很强腐蚀性的飞溅区，不锈钢也同样表现出了很好的耐蚀性能。这是由于虽然经常接触海水，但充气良好，使不锈钢表面得以保持稳定钝态。但如果表面有污物沉积，特别是在缝隙处沉积，无论在大气区或飞溅区带，因为沉积中含有对钝化膜有破坏作用的盐分(Cl^-)，便会造成严重的局部腐蚀。

② 不锈钢在海水中，由于其钝化能力，表明它具有很好的耐均匀腐蚀的性能，但由于钝化膜局部易受破坏而易产生局部腐蚀。不锈钢在海水中常出现的腐蚀形态有孔蚀、缝隙腐蚀、隧道腐蚀、溃疡等。

孔蚀：这种腐蚀形态在海洋环境中极易出现。由于氯离子的存在，当钝化膜的破坏点一出现，就成了被广大阴极区包围的微阳极，随着孔内微阳极金属的快速溶解，形成自催化过程，导致发生严重的孔蚀。

缝隙腐蚀：这种腐蚀可在多种介质中产生，而含大量 Cl^- 的海洋环境是缝隙腐蚀比较敏感的环境。缝隙腐蚀的起因是由于表面产生特小的缝隙造成缝内外供氧差异电池所致，虽然缝隙腐蚀始发机制与孔蚀不同，但扩展机制相似，皆为自催化过程。这种腐蚀常发生在不锈钢设备的法兰连接处，垫片下及一些大型硬壳海生物附着处。在海洋环境中不锈钢的缝隙腐蚀往往比孔蚀还要敏感。

隧道腐蚀：在金属表皮下向某个方向所形成的隧道状局部腐蚀，称为隧道腐蚀。这种腐蚀仅在金属表皮上显示出一条很稀疏的腐蚀针孔带，表面依然比较光平，去除表皮即显露出一条深沟，其形貌如图 10-2 所示。隧道腐蚀是由点蚀或缝隙腐蚀引起，其扩展过程也和它们相似，为自催化过程。

10.4.2　海洋及滩涂石油平台腐蚀的防护

10.4.2.1　防腐蚀原则

钻探和开采海洋滩涂石油的平台，其结构是从海洋大气一直深入到海底泥中，绝大多数是用钢铁建造的庞然大物，建造这样的平台耗资巨大，而且海洋环境条件十分恶劣，对平台的维修防护也要付出很大的代价。因此，对石油平台的防护的基本要求是它的可靠性和长效性，同时要考虑防护技术的先进性和经济的合理性，具体的防护措施确定需遵循下列一些原则。

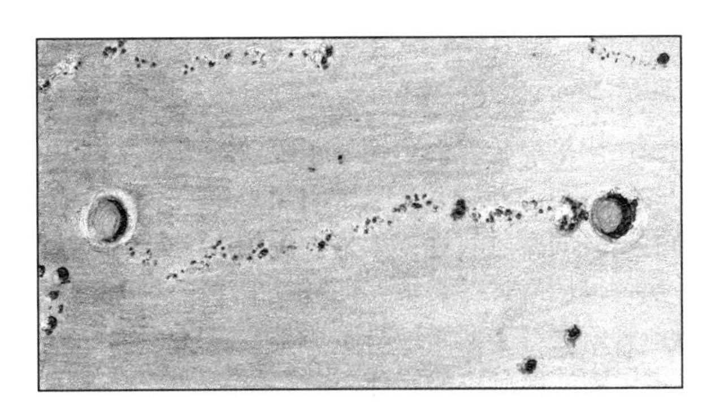

图 10-2　1Cr18Ni9Ti 不锈钢隧道腐蚀形貌

① 要准确掌握和使用标准、规范。我国海洋石油工程主要的防腐蚀标准有 SY/T—10008，idt NACE RP 0176《海上固定式钢质石油生产平台的腐蚀控制》和 SY/T 4091《滩海石油工程防腐蚀技术规范》。

② 结构设计应当减小腐蚀因素，并有利于防腐蚀措施的实现。如尽量减少飞溅区面积和大气区需要涂覆的面积；在飞溅区不采用 T 型、K 型和 Y 型交叉连接；使用焊接而避免铆接、紧配合、螺栓连接等构件组合方式等。

③ 防腐蚀设计前，应当掌握平台所处海域的具体环境条件(特别是各种腐蚀因子及其强度)，并要了解平台使用的功能、设计寿命以及建造场地和施工条件，平台的结构形式，建造材料的性能等。

④ 在确定防腐蚀措施时，应进行必要的技术经济论证。如全浸区的防护，现在只是单独用阴极保护，而不采取防腐层和阴极保护联合防护。这是因为防腐层在全浸区的耐用期不可能达到平台的使用寿命，水下重新涂装费用太高，况且防腐层在联合保护中主要是起降低保护电流的作用，而今的阴极保护技术已相当成熟，只要设计得当，效果很好，且投资和维护费用都不高。

⑤ 防腐蚀施工要精心，要有具体的标准和严格的质量保证和监理，防腐蚀材料的性能要经过严格的测试。

10.4.2.2　腐蚀控制途径

(1) 飞溅区的保护

飞溅区，无论是海中还是滩涂上的石油平台，都是腐蚀最严重的部位。进行腐蚀保护时，必须清楚地掌握平台位置的风浪情况，准确确定飞溅区带的范围。由于飞溅区的防护对平台的安全是极为重要的事情，所以在确定其范围时宁可扩大一些，有一定的安全系数。

① 增加结构壁厚或附加“防腐蚀钢板”，是最有效的防护措施。有关的规范要求飞溅区结构有防腐蚀钢板保护，厚度达 13~19 mm，并要用防腐层或包覆层保护。

② 含有玻璃鳞片或玻璃纤维的有机防腐层也可用来对飞溅区结构进行保护，其厚度为 1~5 mm。重防腐涂层(厚度为 250~500 μm)在平台飞溅区也能维持较长时间。

③ 热喷涂金属层(铝、锌)在飞溅区也有较长的防腐寿命。通常在其表面都要涂封闭层。

(2) 大气区的保护

海洋和滩涂石油平台的大气区，都采用涂层保护。对一些形状复杂的结构，也采用浸镀锌加涂层。近年来，喷涂铝、锌等金属层加涂层(封闭)已获得日益广泛的应用。

(3) 潮差区的保护

潮差区通常也采用涂层保护，涂层的范围应深入低潮位 2~3m。

(4) 全浸区以下的结构的防护

全浸区的构件可只采用阴极保护。对于使用年限较短的平台也可考虑防腐层和阴极保护联合防护。平台在泥中的钢桩和油井套管，只采用阴极保护。

阴极保护不但能抑制钢材的普遍腐蚀，如果电位控制得当还可降低钢材的腐蚀疲劳，阴极保护所产生的石灰质层可以填塞疲劳裂纹，使裂纹的生长速度降低。但要防止过保护。

10.4.3 海洋环境中钢筋混凝土的腐蚀与防护

10.4.3.1 海洋环境中钢筋混凝土的腐蚀

用钢筋加强的混凝土建造海洋和滩涂石油开采设施比较广泛，例如混凝土的人工岛、储罐、输油码头等，也有钢筋混凝土建造海上石油平台，使用水深达 150m 以上。由于海洋环境的恶劣，本来在内陆大气和淡水中，钢筋混凝土具有很好的耐蚀性，而在海洋环境中会遭到严重的腐蚀，会使混凝土剥落，钢筋普遍锈蚀，导致使用寿命大大缩短，维修费用随之增高。

(1) 混凝土的腐蚀及原因分析

混凝土是由水泥、粗细骨料和水混合后凝结硬化而成。水泥是 Ca、Si、Al、Fe 的氧化物的合成物。骨料主要有碎石、卵石和河砂。海洋大气中的盐分和酸性气体(SO_2、CO_2、HCl 等)是混凝土的主要腐蚀因素。酸性有害气体与混凝土中的氢氧化铝、铝酸钙等反应使之发生化学溶蚀，导致混凝土粉化、胀裂，孔隙液的 pH 值显著降低，腐蚀性更强。

海水中的各种盐类，如镁盐和氯化物会使混凝土中的 $Ca(OH)_2$ 反应生成可溶性盐，同样产生化学溶蚀。尤其是 Cl^-，有很强的渗透性，能渗入到混凝土的深部，破坏混凝土的组织结构，而硫酸盐与混凝土中部分物质反应，最终的产物由于体积大大膨胀，发生所谓的膨胀腐蚀。化学溶蚀加膨胀腐蚀严重破坏了混凝土的结构。另外干湿交替，海水冲刷，反复冻融等都会加剧海洋环境中混凝土的腐蚀破坏。

(2) 混凝土中钢筋的腐蚀

混凝土具有很强的抗压性能，但都不耐高强度的张拉。在海洋工程设施中，为能利用混凝土这种很好的建筑材料，需要在混凝土中加配钢筋。本来混凝土凝结硬化过程中生成的 $Ca(OH)_2$ 可使钢筋周围的 pH 值达到 13，如此高碱性环境，在钢筋表面会产生钝化受到保护。然而，混凝土在长期使用中，受海洋环境中有害物质的化学溶蚀和膨胀腐蚀，有害气体和盐分(离子)会通过裂缝和混凝土中许多微孔侵入到钢筋表面，使钢筋受到严重的腐蚀。

实质上钢筋在混凝土中的腐蚀是一种复杂的电化学现象。Cl^- 的渗入不仅损坏混凝土，而且破坏钢筋的钝化膜，产生孔蚀。氧的扩散导致钢筋表面充气差异，形成供氧差异电池，阳极区受腐蚀。而钢筋的腐蚀产物又会进一步降低周围的 pH 值。同时由于膨胀腐蚀，使混凝土胀裂甚至剥落。这一连串的化学、电化学和物理作用的交互加速，使钢筋腐蚀严重，尤其是在飞溅区更是如此。

10.4.3.2 海洋环境中钢筋混凝土的腐蚀控制

石油工程中，对钢筋混凝土的防护主要是源于海港工程的防护经验。交通部在 20 世纪 80 年代发布了《海港钢筋混凝土结构防腐蚀》标准(TTJ 228—87)。主要有以下措施：

① 提高混凝土的密实性和抗渗性能。

保证混凝土的密实性。应使用符合要求的水泥品种和标号；有一定级配的骨料，且含盐量不能超标；拌和及养护水应不含有害杂质，尤其是 Cl^-、SO_4^{2-} 和 pH 值不能超过限度；对用于不同海洋环境区域的混凝土，其水灰比和水泥用量应符合规范要求，推荐值见表10-3；构件如出现超过规定宽度的裂缝，应及时采用枪喷水泥砂浆、环氧砂浆或水泥乳胶砂浆进行修补。

表 10-3　混凝土的水泥用量及水灰比

环境区域	海洋大气区	飞溅区	潮差区	全浸区
水泥用量/(kg/m^3)	360~500	400~500	360~500	325~500
水灰比	≤0.50	≤0.45	≤0.50	≤0.60

确保混凝土的防护层厚度是保证其抗渗能力的重要措施。掺入某些添加剂，如硅灰、火山灰、粉煤灰和乳胶、液体树脂等，可提高混凝土的抗渗性能，减少有害气体和离子的渗入。

② 防腐层。在混凝土表面施加防腐层，所用涂料与混凝土必须有良好的结合力，具有抵御海浪冲击的强度，符合要求的耐候性。

混凝土防腐层通常有两种类型。

一类为表面涂装型，如厚浆性环氧涂料、聚氨酯涂料、氯化橡胶涂料等，防腐层厚度为300~400μm。树脂砂浆(聚合物混凝土)广泛用于混凝土表面防腐层，并获得了良好的保护效果。

另一类为渗透型涂料，如硅烷、氯乙烯-醋酸乙烯共聚物涂料等。它可以渗入混凝土数毫米，填充封闭混凝土的孔隙，大大提高了防渗性能。

③ 添加缓蚀剂，在拌制混凝土时，加入适量的缓蚀剂，对钢筋能起缓蚀作用。

④ 钢筋的防腐处理，采用镀锌和涂装环氧树脂防腐层也是防止混凝土中钢筋腐蚀的有效措施。

⑤ 阴极保护。阴极保护抑制钢筋的腐蚀效果已经得到实践证明，应用技术仍在完善之中，对于防腐层好的新混凝土结构，很少使用阴极保护，只有在其他维护和修补方法不适用或不经济时，才用阴极保护。

为了使钢筋得到良好的保护，必须对保护电位进行严格控制，最负的电位不能低于-1.10 V(相对饱和硫酸铜电板 $Cu/CuSO_4$)，否则会产生析氢的过保护。由于海水和海泥有良好的导电性，因此，对全浸区以下的钢筋混凝土可采用牺牲阳极法。但由于混凝土导电性很差，故对于飞溅区和海洋大气区，通常采用外加电流阴极保护。另外，由于海洋环境复杂多变，因此在设施过程中，要随时监控。

10.5　石油炼制工业中的腐蚀

原油中的主要成分是各种烷烃、环烷烃和芳香烃等。它们本身对金属设备并不产生腐蚀，但原油开采过程中带入了水分，其中还含有盐类，而原油中还有少量杂质，例如，硫的化合物、环烷酸及氮的化合物等，在加工过程中，它们之中有的本身就是腐蚀介质，有的在加工过程中可转化为腐蚀介质。因此，对设备的危害极大。另外，在炼制过程中还要加一些溶剂及酸碱化学药剂，这也会形成腐蚀介质，从而加速着设备的腐蚀。

近年来，由于我国的原油变重，含硫、含氮、酸值在增加。根据国民经济发展的需要，又大量引进中东的含硫原油，其特点是原油中的硫含量和重金属镍钒含量较高。如沙特的轻质原油硫含量为1.91%，中质原油的硫含量为2.56%，重质原油的硫含量可高达3.39%。而伊拉克原油的硫含量也为2.10%。虽然高硫原油中的盐含量不高，但可能含有结晶盐类，使深度脱盐困难。由于含硫原油的这些特点，造成了石油炼制过程中存在着一系列的严重腐蚀问题。

10.5.1 原油中的腐蚀介质

10.5.1.1 硫化物

原油中的硫有元素硫、硫化氢、硫醇、硫醚、二硫化物、噻吩类化合物以及相对分子质量大、结构复杂的含硫化合物。根据它们对金属的作用，通常将原油中存在的硫分为活性硫和非活性硫。元素硫、硫化氢和低分子硫醇等能直接与金属作用而引起设备的腐蚀，故统称为活性硫；其余不能和金属直接作用的硫化物统称为非活性硫。因此原油中总含硫量与腐蚀性能之间并无精确关系，主要是与参加腐蚀反应的有效硫化物含量有关。硫化物含量越高，则对设备腐蚀也就越强。

硫化物对设备的腐蚀与温度、水分和介质的流速关系很大，存在下列一般规律。

① 温度≤120℃，硫化物未分解，在无水时，对设备没有腐蚀性。只要温度不高于240℃，原油中的活性硫化物未分解，对设备无腐蚀性。但当含水时，原油中的 H_2S 能形成各种 H_2S-H_2O 型腐蚀。

② 240℃<温度≤340℃时，硫化物开始分解，生成 H_2S，对设备有腐蚀性，并随温度升高而随之腐蚀加重。

③ 340℃<温度≤400℃，H_2S 开始分解为 H_2 和 S。其腐蚀反应式为：

$$Fe+S \longrightarrow FeS$$

$$R—SH(硫醇)+Fe \longrightarrow FeS+不饱和烃$$

所生成的 FeS 膜，有保护性，可防止进一步的腐蚀作用，但有酸(如盐酸、环烷酸)存在时，能破坏 FeS 膜，从而强化了硫化物的腐蚀。

④ 温度在 420~430℃之间，高温硫对设备腐蚀最快。

⑤ 当温度>480℃时，硫化物近于完全分解，腐蚀率下降。当温度再高，大于 500℃时，则高温氧化腐蚀显著，不属于硫化物腐蚀范围。

10.5.1.2 无机盐

原油开采过程中所带入的水中都含有盐类，其中主要是氯化钠、氯化镁和氯化钙。在原油加工过程中，氯化镁和氯化钙很容易受热水解，生成具有强烈腐蚀性的氯化氢。氯化钠难水解，即使温度达 500℃时，尚无水解现象，故不产生 HCl。

10.5.1.3 环烷酸

环烷酸 RCOOH(R 为环烷基)是石油中一些有机酸的总称。其相对分子质量在很大范围(180~350)内变化，主要是指饱和环状结构的酸及其同系物，还包括一些芳香族酸和脂肪酸。低分子环烷酸腐蚀性最强，温度和流速对腐蚀影响大。

① 温度<220℃时，对金属无腐蚀性。

② 环烷酸的腐蚀起始于 220℃，随温度上升，腐蚀渐增，在 230~280℃时腐蚀最大，温度再提高，腐蚀又下降。这是由于环烷酸部分气化，但还未冷凝，而在液相中酸浓度降低所致。

③ 接近 350℃，环烷酸气化速度高，腐蚀加剧。当温度上升到 400℃以上时，由于环烷酸基本全部气化，气流中酸性物浓度下降，对设备的高温部位不产生腐蚀。

通常以原油中的酸值来判断环烷酸的含量，当原油中酸值大于 0.5mg KOH/g(原油)时，就能引起设备的腐蚀。

10.5.1.4　氮化物

石油中的氮化物主要为吡啶、吡咯及其衍生物。这些氮化物，在原油深度加工如催化裂化及焦化等装置中，由于温度高或催化剂的作用，可分解生成可挥发的氨和氰化物(HCN)。

分解生成的氨将在焦化及加氢等装置中形成 NH_4Cl，造成冷换设备管束堵塞或造成塔盘垢下腐蚀。HCN 的存在对催化装置低温 H_2S-H_2O 部位的腐蚀起促进作用。

10.5.2　石油炼制过程中的腐蚀及其原因分析

10.5.2.1　硫腐蚀的几种主要类型

在原油加工过程中，由于非活性硫不断向活性硫转变，使硫腐蚀不仅存在于一次加工装置，也存在于二次加工装置，甚至延伸到下游化工装置，可以说硫腐蚀贯穿于炼油的全过程。再加上硫腐蚀与氧化物、氯化物、氮化物、氰化物等腐蚀介质的共同作用，形成了错综复杂的腐蚀体系。结合生产实际，一般将硫腐蚀分为：低温轻油部位的腐蚀；湿硫化氢应力腐蚀开裂；高温硫腐蚀；连多硫酸引起的腐蚀；硫酸露点腐蚀。

(1) 低温轻油部位的腐蚀

① $HCl+H_2S+H_2O$ 型腐蚀。

HCl 主要是原油中的无机盐(主要是氯化镁和氯化钙)在一定温度下水解生成。H_2S 来自原油中 H_2S 和原油中硫化物分解。H_2O 来自原油开采过程中带入的以及塔顶工艺防腐蚀注水。

由于 HCl 和 H_2S 的沸点都非常低，因此在石油加工过程中伴随着油气集聚在分馏塔顶，遇到蒸汽冷凝水会形成 pH 值达 1~1.3 的强酸性腐蚀介质。主要腐蚀部位在气液相变处，如减压蒸馏塔塔顶、塔盘及冷凝冷却系统。此种腐蚀对碳钢呈均匀腐蚀和坑蚀，对 0Cr13 为孔蚀，对奥氏体不锈钢为应力腐蚀开裂。

H_2S 与钢反应生成了 FeS，具有保护膜作用，可由于 Cl^- 的存在，又破坏了保护膜，这种交替腐蚀作用大大加快了腐蚀速率，如再有水存在，腐蚀会更快。所以这是炼油厂腐蚀最严重的部位之一。

② $HCN+H_2S+H_2O$ 型腐蚀。

原油中的硫化物在催化裂化反应条件下分解出 H_2S，同时一些氮化物也以一定比例存在于裂解产物中，其中 1%~2%的氮化物以 HCN 形式存在，从而在催化裂化装置吸收解吸系统形成了 $HCN+H_2S+H_2O$ 腐蚀环境，HCN 的存在对 H_2S+H_2O 的腐蚀起促进作用。随 CN^- 浓度增加，在吸收解吸系统中的腐蚀性也增强，当催化原料中氮的总量大于 0.1%时，就会引起设备的严重腐蚀。

③ RNH_2(乙醇胺)$+CO_2+H_2S+H_2O$ 型腐蚀。

腐蚀发生在干气和液化石油气脱硫再生塔底部系统及富液管线系统，此种腐蚀在碱性介质下(pH 值不小于 8)呈现为应力腐蚀开裂和均匀减薄的形态。均匀腐蚀主要是 CO_2 引起的，而应力腐蚀开裂是由胺、二氧化碳、硫化氢和设备所受的应力引起的。

(2) 湿硫化氢的腐蚀

湿硫化氢环境广泛存在于炼油厂二次加工装置的轻油部位,如催化裂化装置的吸收稳定部分、加氢裂化和加氢精制装置流出物空冷器以及加氢脱硫装置高压分离器械和下游过程设备等。

湿硫化氢对碳钢设备可以形成两方面的腐蚀：均匀腐蚀和湿硫化氢应力腐蚀开裂。后者包括氢鼓泡、氢致开裂和硫化物应力腐蚀开裂。

(3) 高温硫腐蚀

高温硫化物腐蚀是指温度在 240℃以上的重油部位硫、硫化氢和硫醇形成的腐蚀。典型的高温硫化物腐蚀环境存在于蒸馏装置常、减压塔的下部及塔底管线，常压重油和减压渣油换热器等；催化裂化装置主分馏塔的下部；延迟焦化装置主分馏塔的下部等。

① $S+H_2S+RSH$ 型高温硫腐蚀。

在高温的条件下，活性硫与金属能直接反应，它出现在与物流接触的各个部位，表现为均匀腐蚀形貌，其中以硫化氢的腐蚀性最强。

当温度升高时，一方面促进活性硫化物与金属的化学反应，同时又促进非活性硫的分解。高温硫腐蚀速度的大小，虽然取决于原油中活性硫的多少，但是与总硫量也有关系。当温度高于240℃时，随温度升高，硫腐蚀逐渐加剧，特别是硫化氢在350~400℃时，能分解出S和H_2，分解出来的元素S比H_2S腐蚀更剧烈，到430℃时腐蚀达到最高值。

高温硫腐蚀，开始时速度很快，一定时间后由于生成了硫化铁保护膜，会使腐蚀速度恒定下来，而介质的流速越高，保护膜容易脱落，腐蚀加剧。

② H_2+H_2S 型腐蚀。

在加氢裂化和加氢精制等临氢装置中，由于H_2的存在加速H_2S的腐蚀，在240℃以上形成高温H_2S+H_2腐蚀环境，这种腐蚀主要发生在加氢裂化装置的反应器、加氢脱硫装置的反应器以及催化重整装置原料精制部分的石脑油加氢精制反应器等。

(4) 连多硫酸引起的应力腐蚀开裂

装置运行期间遭受硫的腐蚀，在设备表面生成了硫化物；装置停工期间，由于氧(空气)和水的进入，与设备表面生成的硫化物反应生成连多硫酸($H_2S_xO_6$)，在连多硫酸和拉伸应力的共同作用下，就有可能发生连多硫酸应力腐蚀开裂。

连多硫酸应力腐蚀开裂最易发生在不锈钢或高合金材料制造的设备上，通常是高温、高压含氢环境下的反应塔器及其衬里和内构件、储罐、换热器、管线、加热炉炉管，特别在加氢脱硫、加氢裂化、催化重整等系统中用奥氏体钢制成的设备上。

(5) 高温烟气硫酸露点的腐蚀

加热炉中的燃料油在燃烧过程中生成含有SO_2和SO_3的高温烟气，在加热炉的低温部位，SO_2和SO_3与空气中水分共同在露点部位冷凝，产生硫酸露点腐蚀。这种腐蚀多发生在炼油厂中加热炉的空气预热器和烟道，废热锅炉的省煤器及管道等。

高温烟气硫酸露点腐蚀与普通的硫酸腐蚀有本质的区别。普通的硫酸腐蚀是硫酸与金属表面的铁反应生成$FeSO_4$。而高温烟气硫酸露点腐蚀首先也生成$FeSO_4$，但$FeSO_4$在烟灰沉积物的催化作用下与烟气中的SO_2和O_2进一步作用生成$Fe_2(SO_4)_3$，而$Fe_2(SO_4)_3$对SO_2转向SO_3的过程有催化作用，当pH值低于3时，$Fe_2(SO_4)_3$本身也将对金属腐蚀而生成$FeSO_4$。因此，形成了$FeSO_4 \rightarrow Fe_2(SO_4)_3 \rightarrow FeSO_4$的腐蚀循环，大大加速了腐蚀速率。据国内报道，普通碳钢设备因这种腐蚀导致穿孔的最短时间仅为12天。

10.5.2.2 环烷酸腐蚀

环烷酸腐蚀通常发生在加工总酸值大于0.5mg KOH/g原油，操作温度介于260~400℃工段的设备中。环烷酸可与金属裸露表面直接反应生成环烷酸铁，而不要水的参与

$$Fe+2RCOOH(\text{环烷酸})==Fe(RCOO)_2+H_2$$

环烷酸铁盐可溶于油中，因此腐蚀表面不易成膜，由于表面不生成积垢，腐蚀后可形成轮廓清晰的蚀坑或流线状槽纹。当有H_2S存在的情况下，会形成一层硫化物钝化膜，这层膜随酸浓度的大小可提供某种程度的保护，但环烷酸能与硫化物膜反应生成可溶性环烷酸铁。

$$Fe + H_2S = FeS + H_2$$

$$Fe(RCOO)_2 + H_2S = FeS + 2RCOOH$$

$$FeS + 2RCOOH = Fe(RCOO)_2 + H_2S$$

含有环烷酸的原油常诱发孔蚀，这可能是由湍流或钝化膜破坏而引发的局部腐蚀。

介质的流速和湍流是环烷酸腐蚀的两个重要参数，腐蚀速率总是随流速的加快而线性地增加，另外，在湍流区域(T型区、弯头和泵)环烷酸的腐蚀最为严重。

10.5.2.3　高温钒的腐蚀

中东含硫原油钒含量较高，在催化裂化再生器中，钒除了破坏分子筛结构而使催化剂永久失效外，还会在高温燃烧过程中生成五氧化二钒。钒的氧化物既能破坏金属保护膜，又能与三氧化二铬形成复合氧化物，使铬镍耐热钢受到破坏。加热炉的燃料也是如此，其钒含量过高时也会造成严重的腐蚀。因此脱重金属也是加强含硫原油设备防腐中的重大课题。

10.5.3　石油炼制过程中的腐蚀控制途径

10.5.3.1　工艺防腐技术措施

① 常、减压系统装置采用以电脱盐为核心的“一脱四注”工艺防腐技术，使原油经二级电脱盐后，含盐量控制在3 mg/L以下为好。

原油深度脱盐同时脱除了其他有害杂质，不仅减轻了一次加工装置的设备腐蚀，也减少了二次加工中腐蚀介质的含量，从而为二次加工设备的长周期安全运行创造了条件。

石油炼厂的常压系统流程和“一脱四注”的简单示意如图10-3所示。

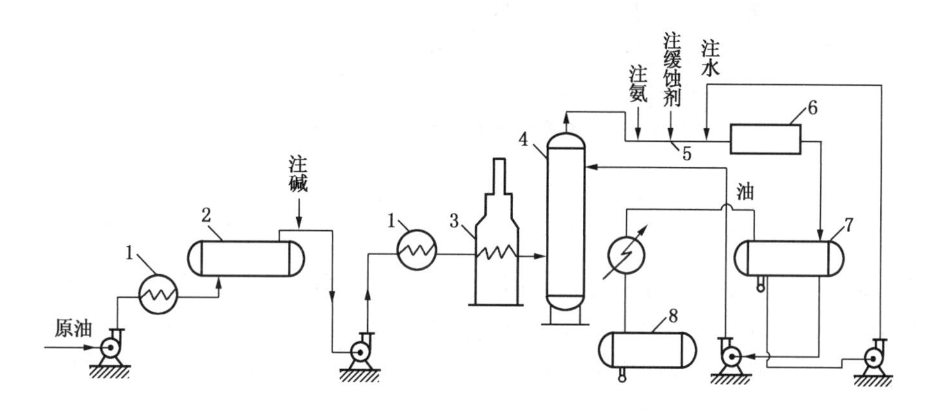

图10-3　炼厂常压系统流程简图及“一脱四注”示意

1—换热器；2—电脱盐；3—加热炉；4—常压塔；5—挥发线；6—空冷器；7—回流罐；8—产品罐

在常压及减压系统中，腐蚀的主要部位在塔顶馏出系统挥发线空冷器进口及出口。空冷器进口为油水混合液相，腐蚀比出口严重，尤其当塔顶温度较低(在102℃左右)时，在空冷器进口水汽发生相变，有水冷凝出来。总之，相变部位的腐蚀比水相腐蚀严重，水相腐蚀比油相腐蚀严重，而气相腐蚀则不明显。

常、减压塔顶的腐蚀环境为$HCl-H_2S-H_2O$系统腐蚀，为消除对腐蚀有害的成分将用“一脱四注”，即原油脱盐、注碱、挥发线注氨、注缓蚀剂、注水。

脱盐：脱盐的目的是去除原油中引起腐蚀的盐类。不能水解的氯化钠易脱去，易水解的$MgCl_2$、$CaCl_2$难脱去。因此，经电脱盐后仍会残留一小部分$MgCl_2$、$CaCl_2$，仍会水解生成氯化氢，与水生成盐酸，发生强烈的腐蚀。

注碱：原油在脱盐后注碱能部分控制残留 $MgCl_2$、$CaCl_2$ 的水解，减轻氯化氢的发生量；如一旦水解，也能中和一部分生成的盐酸。另外在碱性条件下也能减轻高温重油中的 $S-H_2S-RSH$ 和环烷酸的腐蚀作用。

注氨和注缓蚀剂：脱盐和注碱仍不能完全抑制的一部分氯化氢气体，可在挥发线用注氨来中和，实践证明，必须同时注缓蚀剂，以减轻中和而产生的固态 NH_4Cl 沉积物造成的垢下局部腐蚀。

注水：油水混合气体从塔顶进入挥发线时，一般温度在水的露点以上(水为气相)，腐蚀轻微，随着温度逐渐降低，达到露点时，水气开始凝结成水(液相)。初始，少量液滴与多量氯化氢气体接触，液滴中 HCl 浓度很高，pH 值很低，其腐蚀性强烈。这种相变部位通常在空冷器的入口处，腐蚀极为严重，由于空冷器结构复杂，壁很薄，价格昂贵。为了延长空冷器的寿命，设法将腐蚀最严重的相变部位移前至结构简单、价格便宜、壁厚的挥发线部分。采用在挥发线注入水(最好是碱性水)，注入大量碱性水不但可以使相变区移至挥发线，而且还可冲稀、中和冷凝水中的 HCl 浓度，减轻腐蚀。另外还可溶解沉积的氯化铵，防止氯化铵对设备的堵塞。

常压精馏系统在工艺上采用了上述措施后，腐蚀大为减轻，如图 10-4 所示。

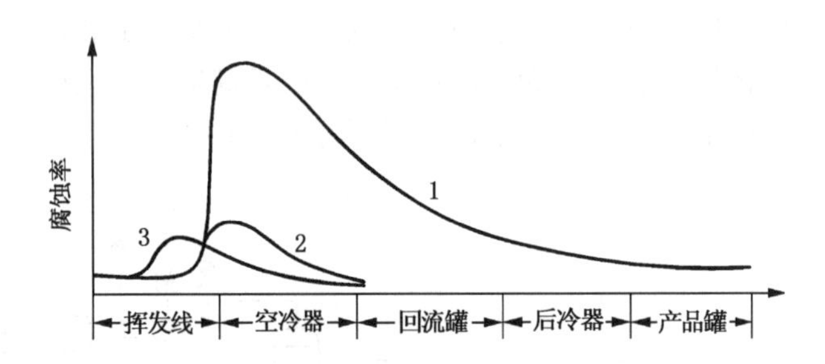

图 10-4　常压塔顶馏出系统腐蚀情况示意

1—不注氨、不注缓蚀剂；2—注氨、注缓蚀剂、不注水；3—注氨、注缓蚀剂、注水

由图可见，当不注氨也不注缓蚀剂(曲线 1)时，空冷器入口处腐蚀严重；在挥发线注氨和注缓蚀剂(曲线 2)后，腐蚀大为减轻，但仍以空冷器入口处腐蚀率为最大；如果再在挥发线处注水(曲线 3)，则不仅腐蚀率大为降低，而且将腐蚀最严重的地方由空冷器转移到器壁较厚、价格较便宜、且容易更换的挥发线部位。

② 催化裂化装置中在分馏塔顶馏出系统均进行注氨。注氨不仅对腐蚀介质 H_2S 和 HCN 起到了稀释、中和作用，减轻了设备的腐蚀，同时减轻了冷换设备及稳定吸收塔的氢鼓泡发生。

③ 铂重整装置中配备脱氧反应器，应用脱氧剂吸收、除氯的工艺防腐技术，大大减少了循环氢的氯含量。这不仅减少了氯离子对不锈钢设备的腐蚀破坏，也减少了系统设备因 NH_4Cl 沉积结垢造成的堵塞现象。

10.5.3.2　选用耐蚀材料

在高温高压部位、临氢系统以及预先确定为腐蚀环境比较苛刻的设备，一般选用相应档次较高的耐蚀材料。

① 常、减压蒸馏装置的常、减压塔用 A_3+0Cr13，塔盘用 1Cr18Ni9Ti。炼油装置塔体高温部位，可选用 A_3+0Cr13 或 0Cr13Al 之类的铁素体不锈钢复合钢板，内件可选用 0Cr13、

12AlMoV 等，换热管可选用 Cr5Mo 和碳钢渗铝。管线使用 Cr5Mo，但对于转油线弯头等冲刷腐蚀严重的部位可选用 316L。

含 Mo 的不锈钢被认为是最好的耐环烷酸腐蚀的材料。

碳钢渗铝，可以有效抑制高温硫腐蚀。实践证明：常、减压塔内构件、高温部位的换热器的管束、加热炉的炉管等经表面渗铝后，极大地提高了材料的耐蚀性和抗氧化性能，可与 18-8 和 316L 媲美。

② 催化裂化装置的吸收塔、解吸塔、稳定塔内全部采用 18-8 钢衬里，内件也用不锈钢制造，显著减轻了设备的腐蚀。

③ 加热炉对流炉管，为了防止露点腐蚀，一是提高水管壁温度，二是选用抗露点腐蚀的 ND 钢作炉管。ND 钢是在钢中加入了合金元素 Cu、Sb 和 Cr，采用特殊的冶炼和轧制工艺，保证其表面能形成一层富含 Cu、Sb 的合金层。该钢种在国内几家炼厂加热炉系统的应用，取得了良好的抗腐蚀效果。

10.5.3.3　防腐涂、镀层的应用

① 轻油罐内壁采用环氧呋喃树脂涂料。

② 苯罐、溶剂罐采用无机富锌漆。

③ 液态烃罐、酸性水罐内表面采用喷铝加树脂密封。

④ 碳钢换热器、塔盘、容器等采用非晶态镍磷镀层技术。

⑤ 高含硫污水罐采用 STIC-91 型重防腐材料。

10.5.3.4　电化学保护

油罐阴极保护技术及其配套产品已在多家炼油厂的油罐上成功应用。

大型石油储罐长效防腐蚀技术，采用了电化学保护与专用防腐蚀涂料相结合的方法，主要包括：F-Ⅰ型油罐专用防腐蚀涂料，应用于油罐内底板与牺牲阳极的阴极保护配套使用，主要特性为耐油、耐阴极剥离；F-Ⅱ型油罐专用防腐蚀涂料主要应用于内壁防静电；F-Ⅲ型油罐外壁防腐蚀涂料，其最主要特性为与基体粘接力强，耐大气腐蚀性能好。与阴极保护相结合用于防止大型储罐罐底外土壤腐蚀。

10.5.3.5　其他腐蚀控制

① 由于连多硫酸应力腐蚀开裂是在设备停工时发生，因此当装置由于停车、检修等原因处于停工时，应参照 NACE 推荐执行标准 RP170-97《奥氏体不锈钢和其他奥氏体合金炼油设备在停工期间产生连多硫酸应力腐蚀开裂的防护》。

② 对在用压力容器及Ⅰ、Ⅱ、Ⅲ类压力管道，要加强理化检验，发现超标缺陷，要及时处理；同时要做好设备、管道的定点测厚工作，发现腐蚀严重的设备、管道要及时组织鉴定处理，确保生产装置安全、长周期的运行。

第 11 章　电力工业中的腐蚀

随着国民经济的迅速发展，电力工业在腾飞，电能的应用不仅影响到社会物质生产各侧面，也越来越广泛地渗透到人类生活的每个层次。电气化在某种程度上成为现代化的同义语，电气化程度已成为衡量社会物质文明发展水平的重要标志。

我国蕴藏在自然界中的能源丰富多种，据查，煤炭和水力资源的总储量较丰富，而石油、天然气和核能等资源相对较少。

将自然界的各种能源转变成电能的工厂称之为发电厂。按能源的种类不同发电厂主要分火力发电厂(以煤、石油、天然气为燃料)、水力发电厂(以水的位能作动力)、核能发电厂,其他还有风力、地热、太阳能、潮汐能发电厂等。目前我国以火力发电为主,发电量占全国总量的70%以上,多处大型水力发电工程正在加紧建设中,核能发电厂的建设也已取得重大成绩。

电能生产的过程中，不少设备所处的工况条件较为苛刻，因此分析电力系统的腐蚀情况做好防护工作，对于保障电力工业正常运行至关重要。

11.1　火力发电系统中的腐蚀

火力发电是由锅炉产生的过热蒸汽，以高速流动蒸汽冲动汽轮机而带动发电机工作。其简单的流程示意见图 11-1。

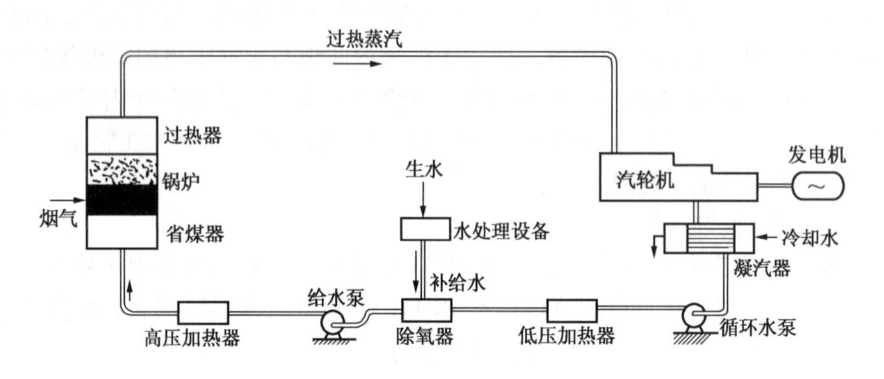

图 11-1　火电厂的电能生产过程示意

锅炉产生的过热蒸汽沿主蒸汽管道进入汽轮机，带动发电机。在汽轮机内做功后温度和压力均降低后排入凝汽器，被水冷却，凝水汇集在凝汽器中的热水井中，由泵打入低压加热器后除氧，继续加热经泵升压、加温后给水自省煤器入口集箱入锅炉。它流经省煤器，受热后经出口管道从汽包两端引入，给水在汽包两端引入后经内部多孔的给水管路均匀分配，与炉水混合经下降管进入炉膛。水通过受热的水冷壁向上流动并产生蒸汽，从汽包中分离出来的饱和蒸汽依次经顶棚管进入高温过热器。汽包分离出来的水与给水混合后进入炉膛水冷壁再进行循环。

11.1.1　火力发电过程中的腐蚀及原因分析

11.1.1.1　介质特点

火力发电生产中主要接触的介质是水和汽。

① 在补给水、凝结水以及生产中返回的水中，都溶有一定的氧，这是在中性介质中引起腐蚀的去极化剂。

② 通常淡水中含有各种溶解的盐类，尤其是 Ca^{2+}、Mg^{2+}、HCO_3^-、SO_4^-、SiO_3^{2-}、Cl^-等，这些杂质离子进入加热系统中，容易引起腐蚀和结垢。

因此，火力发电过程中，系统给水必须经过软化处理，除去各种有害的盐分以及溶解在水中的氧。除此之外，为了防止系统中的腐蚀，机组往往是采用碱性水运行，通常需调节水的 pH 值在 8. 5~9. 2(兼顾碳钢和黄铜两种主要的材质)的情况下运行。

火力发电厂热力设备的腐蚀主要是锅炉、汽轮机和凝汽器等主要设备的腐蚀。

11. 1. 1. 2　锅炉的腐蚀

锅炉管子受热面是在高温、应力和介质的作用下长期工作，管子外壁受烟气作用，内壁受水、汽的作用。锅炉腐蚀中最常见的是水冷壁管、再热器、过热器和省煤器的腐蚀爆管(电力行业中俗称为“四管”爆漏)。

运行中的氧去极化腐蚀引起省煤器管穿孔泄漏；由于氧和酸、碱造成水冷壁管腐蚀而穿孔或脆爆；如果凝汽器中管子有丝毫泄漏，会使凝结水、给水、锅炉水和蒸汽均遭受污染，锅炉机组尤以水冷壁会有附着物和结垢，引发垢下闭塞区酸化导致腐蚀；由于高温引起锅炉管外壁氧化而腐蚀，高温氧化也可引起过热器管内外壁腐蚀和蠕胀破裂。在锅炉停用时期，往往是处于湿热状态，水膜中含氧量可达饱和状态，腐蚀较为强烈，当锅炉再起用时，由于停用腐蚀造成了多处泄漏，被迫再次泄漏停炉。

以“四管”爆漏为主的锅炉故障占火电厂总故障的 70%以上，高温高压的水汽喷出，不但机组不能继续运行，造成经济损失，而且还可能导致人身伤亡。例如，1995 年度，华东电网锅炉因“四管”爆漏引起非计划停运次数达 115 次，损失电量为 29 亿千瓦时。

11. 1. 1. 3　汽轮机的腐蚀

汽轮机的叶片是在高温、高压蒸汽的长期作用下工作，要承受离心的拉应力、弯曲应力及汽流脉动所造成的动应力，蒸汽中的氧和凝结的小水滴以及所含有的杂质，使叶片等部件产生严重的腐蚀。运行中叶片因腐蚀造成的事故约占汽轮机事故的 40%。

锅炉引出的蒸汽中可能含有的杂质有：

① 呈汽态的有被蒸汽溶解的硅酸和各种钠化合物等。

② 呈固态微粒状的有铁的氧化物，在过热蒸汽中干析但又未沉积的固态钠盐，中低压锅炉的过热蒸汽中还有微小 NaOH 浓缩液滴。

另外，少数水质工况不良的锅炉引出的蒸汽中甚至还可能有 H_2S、SO_2、有机酸和氯化氢等气态杂质。

汽轮机的腐蚀主要是磨损和沉积物腐蚀。

过热蒸汽对汽轮机通流部分的损伤，主要在轮机的高压高温部件喷嘴及叶片上，以高压蒸汽入口处最为严重，汽流下游逐渐减轻。尤其在汽流高速通过的部位，喷嘴、叶片磨损变粗糙，喷嘴的通流截面形状发生变化，大大降低了汽轮机的效率。如果机组起动次数频繁，负荷变化大、速度快，则磨损越加严重。

蒸汽中的杂质，若在汽轮机通流部位形成了沉积物，对机组的效率、出力和可靠性均有显著影响。喷嘴上有沉积物形成，会改变喷嘴的基本型线，可能导致汽流扰离，增大热损，加剧对叶片的流动激振，叶片上沉积物聚集，引起通道变窄，表面光洁度变差，效率下降，并增大推力轴承的负荷，甚至引起推力事故而造成机内零部件严重损坏。沉积物还导致腐蚀的加速。

另外，汽轮机内，各级叶片间的迷宫汽封，可因充满盐类和氧化铁沉积物而降低密封效果，阀杆和阀套间隙如有这类杂质，导致阀动作失灵而报废。

11.1.1.4　凝汽器系统的腐蚀

凝汽器是热力发电机组中的重要附属设备，是确保热力循环顺利进行不可缺的设备，它与整台机组的经济性、安全性密切相关，也是热力发电厂倍受关注的设备之一。

发电厂的水汽回路以及加热系统、冷却系统，广泛采用 Cu 和 Cu 合金，腐蚀使发电设备使用寿命、运行可靠性大大降低。尤其是凝汽器中铜管的腐蚀带来的后果极为严重。

凝汽器的腐蚀有：

① 黄铜脱锌选择性腐蚀，主要是呈栓塞状破坏，这是一种局部腐蚀形式。由于锌的溶解形成蚀孔，栓状的腐蚀产物是多孔而脆性的铜残渣，它沿管壁垂直方向侵蚀，直至穿透管壁造成泄漏。尤其在导电性好，含 Cl^-浓度高、能破坏铜管表面保护性氧化膜的情况，如用海水作冷却水时容易发生。

同样，表面有多孔沉积物，如水中盐类沉积形成垢，造成通气差异。水流不畅或死角部位，如排水后，未经吹干的凝汽器里都很容易发生脱锌腐蚀。

② 氨腐蚀。有氨存在同时有氧时，铜发生氨腐蚀，其反应如下：

$$\text{阳极}\quad Cu+4NH_3 \longrightarrow [Cu(NH_3)_4]^{2+}+2e$$

$$\text{阴极}\quad 1/2O_2+H_2O+2e \longrightarrow 2OH^-$$

氨腐蚀使管壁均匀减薄，有时在管壁上形成横向条纹状蚀沟，多见于铜管支承隔板的两侧，如空冷区上部有隔板覆盖的腐蚀较重，尤其在空抽区，位于凝汽器的中部则更为严重。

这是由于发电厂给水时通常采用氨或氨与联氨处理，因而蒸汽中的氨在空冷区和空抽区会发生氨的局部富集，且在空抽区刚凝水时，蒸汽冷凝水量很少，将产生氨大大超过主蒸汽中的浓度而浓缩的现象。当汽轮机的负荷降低时，由于空冷区氨浓度增加，氨腐蚀也加剧。

氨的腐蚀与含氨量和含氧量有很大关系。pH 值从 6~6.5 上升到 8~8.5 时，铜的腐蚀可降低 100 倍，而当 pH 值大于 9.5 后，铜的腐蚀又开始增大。而氧含量低时，同样的氨含量则腐蚀要小，如图 11-2 所示。当 O_2 含量为 0.8μg/kg，NH_3 含量大于 10mg/kg 时，腐蚀才开始发生。

③ 应力腐蚀破裂。在加工制造(如铜管胀管)、安装过程中造成残余应力以及汽轮机排汽和凝结水的冲击等，加之水中有氨，一旦漏入空气(有氧)，很可能会产生应力腐蚀破裂。

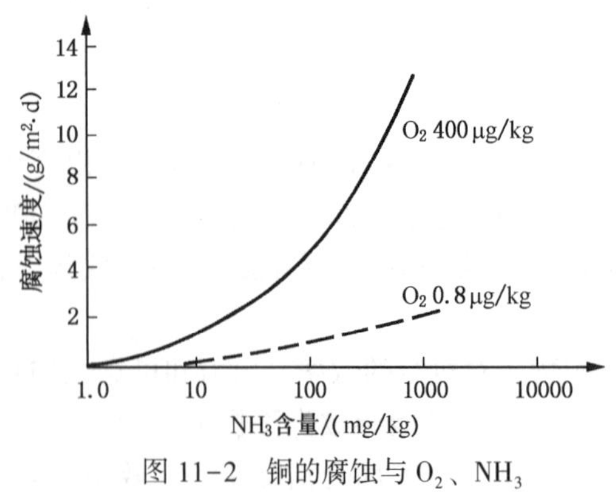

图 11-2　铜的腐蚀与 O_2、NH_3 含量的关系

④ 腐蚀疲劳。汽轮机排汽冲击导致管束的振动，铜管受交变应力作用，在水中的 NH_3、O_2、CO_2 作用下会引起腐蚀疲劳。

⑤ 电偶腐蚀。凝汽器中，如淡水冷却时，管材用黄铜、白铜制作而管板为碳钢，此时管子电位比管板高，管板为阳极遭腐蚀。如海水冷却时，管材用铝黄铜、白铜或钛，有时也用奥氏体不锈钢，而管板用锡黄铜(如 HSn62-1)，此时管材的电位仍然比管板高，管板为阳极而腐蚀。

11.1.2 火力发电过程中腐蚀的控制途径

(1) 选择耐蚀金属材料

制造热力设备的金属材料主要是铁基材料，如碳钢、合金钢。

锅炉：蒸汽温度<450℃，低压锅炉钢管用10号、20号优质碳素钢。蒸汽温度>450℃，中高压锅炉除水冷壁管和省煤器用20号钢外，其他用合金钢，锅炉管子用抗氧化耐蚀钢。

汽轮机主轴，叶片材料：在高温下运行要有足够的蠕变极限，持久强度、塑性和组织稳定性，并有一定的抗蒸汽腐蚀性能。主轴主要用中碳钢(如35号钢)和合金钢(如35CrMoV，20CrWMoV等)。叶片还需有良好的抗振性和冷热加工性能，选用1Cr13、2Cr13、强化型Cr11MoV、Cr12MoV等。

热交换器设备(如凝汽器等)：要传热好，耐蚀，通常用铜基材料，如黄铜、白铜、青铜及钛合金等。

(2) 除氧及控制水质

水中溶解氧的去除以及有害盐分的去除是系统防腐的重要途径。另外要注意，加氨既除去氧又中和 CO_2，可大大降低腐蚀，但如氨量过多，氨的挥发又会使铜腐蚀。对于钢当pH值为9.5以上时可减缓腐蚀，而对于铜pH值为8.5~9.5时不腐蚀。兼顾两者，故调节给水pH值为8.8~9.3的情况下运行。

(3) 改进设计，严格操作

进汽轮机前主蒸汽管道设滤阀防较大固体颗粒进入。设置旁路，在启动时，先让高流速蒸汽先走旁路，因其中含固粒杂质较多，然后再进入汽轮机中，可减轻汽轮机的磨损。另外机组运行时，应避免频繁起停、负荷变化、温度变化过大。对锅炉和主蒸汽管道进行定期酸洗以免腐蚀产物剥落，也都可减轻对汽轮机的腐蚀。

改进结构及安装防凝汽器管束剧振，对热交换器防加热管束温度大幅度和高频率地波动，可防这些设备的腐蚀疲劳。

注意机组运行中汽轮机和凝汽器的严密性，防止空气漏入，可有效减轻系统中的各种腐蚀。

(4) 消除应力并加缓蚀剂

对于锅炉的“碱脆”，消除应力，并加缓蚀剂(如 $NaNO_3$，磷酸盐等)可防止。

(5) 阴极保护

阴极保护亦可防凝汽器的腐蚀，与缓蚀剂联合保护则更有效。

阴极保护亦可防凝汽器管板连接处的电偶腐蚀，用牺牲阳极的阴极保护并与涂料联合，效果更佳，经济、实用。

11.2 水力发电系统中的腐蚀

水力发电是将天然水流的位能和动能所蕴藏的不可再生的能源通过水轮机，而带动发电机工作。其简单的流程示意见图11-3。

由图可知，水力发电是从河流较高处或水库内引水，利用水的压力或流速冲动水轮机旋转，将水能变成机械能，带动发电机再将机械能转换成电能。

我国是世界上水能资源最丰富的国家，蕴藏量为6.76亿kW。根据国际经验，优先发展水电是发展能源的客观规律。举世瞩目的三峡工程，总库容为393亿 m^3，装机容量为1820万kW，年平均发电量为847亿kW·h，是世界上最大的水电站。中华儿女百年梦想，半世纪论证，十年艰辛建设，谱写了世界水电建设史上光辉的一页。

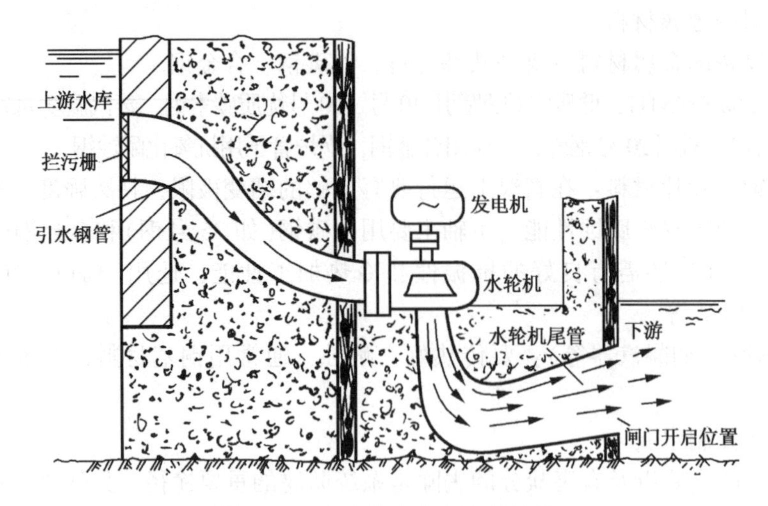

图 11-3 水力发电生产流程示意

11.2.1 水力发电过程中的腐蚀及原因分析

11.2.1.1 水源特点

我国河流含沙量严重为世界之最，以黄河干流及长江上游干支流尤为突出，黄河年输沙量为 16 亿 t，中游平均含沙量高达 37.5kg/m^3，长江次之。仅黄河、长江的输沙量就占世界 12 条大江大河总量的 34%。年输沙量绝大多数是集中在汛期，一般约占年总输沙量的 80%。

11.2.1.2 水轮机的腐蚀

水的能量与其流量和落差(水头)成正比，利用水能发电的关键是要集中大量的水和造成大的水位落差。而水电站的主要设备水轮机，是在如此大的水位落差、高含沙量、高流速水流的冲击下，经受着严重的空泡腐蚀和磨损腐蚀。

(1) 水轮机的空泡腐蚀

① 翼型空化和空泡腐蚀(见图 11-4)。

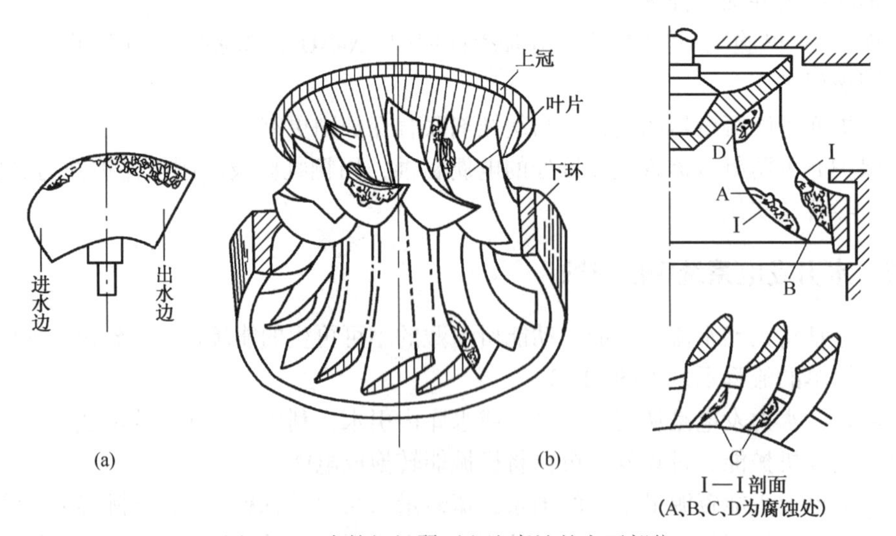

图 11-4 水轮机机翼型空泡腐蚀的主要部位

(a)轴流式转轮的；(b)混流式转轮的

反击式水轮机主要的空化和空蚀形态是这种类型。液体绕流翼形时，背面的压力往往为负压，当负至区压力低于环境汽化压力以下时，发生空化引起空泡腐蚀。空蚀与介质(有杂质)、材质、不同工况运行时间的长短、设计不良和制造质量不高的情况，以及运行工况较差等均有关系。在大多数情况下，空蚀区分布在叶片背面下部偏出水边，(见图 11-4a)。而混水式水轮机的空蚀主要位于下环处及环内表面，(见图 11-4b)。

② 间隙空化和空泡腐蚀，见图 11-5。

转桨式水轮机多数发生这种类型。当水流通过狭小通道或间隙时，引起局部流速升高，当压力降至一定程度时发生。它发生在叶片外缘与转轮室之间以及叶片根部与转轮体之间的间隙附近区域。而对混水式，主要在导叶上下端面、根部与立面密封及顶盖底环上，相当于导叶全关位置的区域上出现间隙空蚀，这往往是导叶关闭泄水所致。

③ 局部空化和空泡腐蚀，见图 11-6。

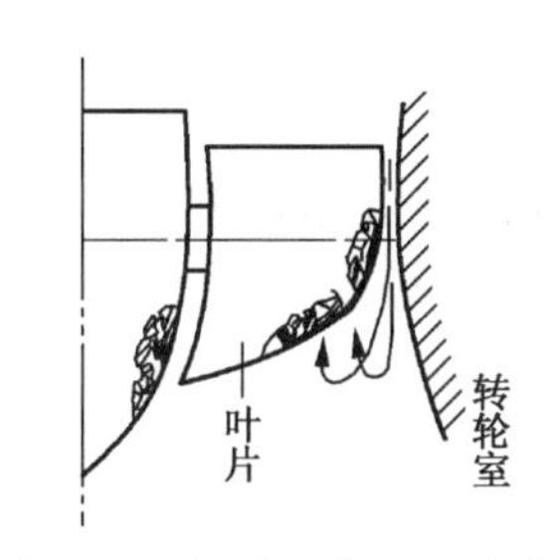

图 11-5　间隙空化和空泡腐蚀

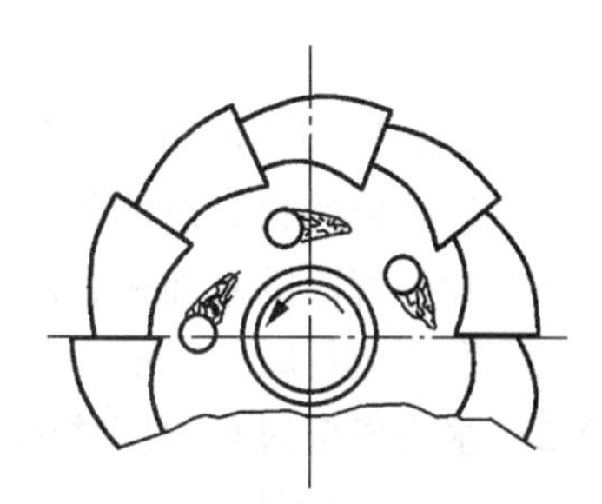
图 11-6　减压孔口的局部空蚀

主要由于铸造和加工缺陷形成表面不平整部位引起的局部流态突然变化而造成。常发生在限位销、螺钉孔、焊接缝以及混流式水轮机转轮上冠减压孔等处与水流相对运动方向相反的一侧。

④ 空腔空化和空泡腐蚀。

空腔空化是反击式水轮机所特有的一种旋涡空化，尤以混流式水轮机为最突出。空腔空化是水轮机在非设计工况运行时，转轮出口水流存在一定的圆周速度分量，在此作用下，在转轮后产生涡带，涡带中心形成很大的负压，这种涡带一般以低于水轮机转速频率在尾水管中作非轴对称旋转，造成尾水管中的流速场和压力场发生周期变化，引起管壁空泡腐蚀。并将使机组产生振动和噪音，严重时引起运行不稳，尾水进口管边壁处腐蚀尤为严重。

空泡腐蚀的形貌，轻的痕迹为疏松的针状麻面，严重时为蜂窝状或海绵状，这种腐蚀常见水中负压面，如叶片的背面等处。

(2) 水轮机的磨损腐蚀

通常，磨损腐蚀随流速增大而增强，当流速超过临界流速值时，腐蚀速度急剧增大。水轮机处在含沙高的多相水流中，因固相颗粒的冲击作用，磨损腐蚀更加严重。

磨损腐蚀的形貌，轻者表面目视密实光滑，但有明显沿含沙水流方向性。中等程度时，呈现鱼鳞坑状。严重时形成沟槽，这种腐蚀常见于泥沙的正压面，如叶片正面处及过流部件的表面。

国产的水力机械空蚀磨损比较突出,据调查,一般平均为Ⅲ级,有的严重甚至发展到Ⅴ级,这就使检修周期大为缩短,检修工作量大增。不仅耗资很大,而且严重影响生产正常运行。

关于评定水轮机空蚀的标准，我国正在制订中，以往一般采用空蚀指数 K_h 来评定水轮机的空蚀程度，如表 11-1 所示。

表 11-1　空蚀的评定标准

空蚀等级	空蚀指数 K_h		空蚀程度
	10^{-4}mm/h	mm/a	
Ⅰ	<0.0577	<0.05	轻微
Ⅱ	0.0577~0.115	0.05~0.1	中等
Ⅲ	0.115~0.577	0.1~0.5	较严重
Ⅳ	0.577~1.15	0.5~1.0	严重
Ⅴ	≥1.15	≥1.0	极严重

K_h 的表达式为：

$$K_h = \frac{V}{St}$$

式中　K_h——水轮机的空蚀指数，10^{-4}mm/h；

V——空蚀掉的材料总体积（损坏面积以 m^2 计，空蚀深度以 mm 计），$m^2 \cdot mm$；

S——叶片背面的总面积，m^2；

t——发电运行时间，h。

11.2.2　水力发电过程中腐蚀的控制途径

（1）减少过机含沙量

高流速、多相（含沙、气泡）流对水轮机的腐蚀特别严重。因此，减少水中含沙量，减弱固相颗粒对材料的冲击磨损作用，可以有较降低水轮机的腐蚀。

认真研究排沙问题，选建电厂勘察初期就要有可行性排沙方案。在工程上采取措施，如建水库、沉沙池等。运行后，要认真监督并合理调度排沙方案，尽量减少过机泥沙。

（2）提高水轮机的耐蚀性能

合理选择参数，改善水力特性，完善结构设计，提高制造工艺水平，从这几方面采取措施就是尽量不造成压力降低到足以引起空泡腐蚀。或是要降低关键部位的相对流速保持水流平顺流动，尽量减低磨损腐蚀。

（3）选择抗磨损耐蚀材料

抗磨材料要求硬度高而且韧性也要强，质量均一，结晶颗粒细，结构致密，抗拉力强，加工后硬度增大等，现常用 18-8 不锈钢、NiCr 钢、NiCrMo 钢、13%Cr 钢等。

（4）防腐层

大型轴流式和混流式水轮机以及水轮机大面积耐磨防腐层应用非金属涂层较多。由于涂层表面光滑、弹性变形能力好，因此在较平顺的水流下，具有良好的耐磨性，而且，费用较低，工期短，母材不变形等优点。但由于与母材的结合较弱，有在受气和强水流冲击容易从母材上脱落的缺点。

金属粉末喷焊，工件上喷焊一薄层，该层硬度高，抗空蚀和磨损腐蚀。多用于高含沙水流和高水头的铸钢件，钢板焊接结构以及抗磨板、转轮叶片等，对于轴承、控制环、护板等通过喷焊，大大提高了抗磨性能。

发达国家在水轮机上应用等离子喷涂陶瓷护面层以及热喷涂碳化钨面层，耐磨好，但费用高，技术亦难。

(5) 补气

向有空蚀部位补加入少量空气可减轻或消除空蚀。补入空气的作用，是在空泡溃灭时对母材起衬垫作用。自从 1977 年以来，新安江水电站的混流式水轮机转轮叶片上采用此法防护，经检测证明，效果良好，显著减轻了腐蚀。

(6) 阴极保护

阴极保护对磨损腐蚀效果好，对空泡腐蚀也有效，但防护机制有分歧，有学者认为阴极保护对空蚀的作用，是由于在被保护设备表面会析出氢气，对空泡溃灭起缓冲作用。

阴极保护对水轮机腐蚀的防护是有效的，为了提高保护效果必须要注意：

① 辅助阳极的合理分布：应该在模拟水轮机的结构和工况条件下进行电流分布能力的测定，来具体确定阳极的位置和布置形式，做到用有限的阳极获得最佳的分散能力。

② 合理选取保护电位：应该在模拟实际的工况条件下(高流速、含沙量等)进行保护电位的测定，然后分析并选取。

③ 最好用牺牲阳极的阴极保护与涂料联合保护，效果会更好，也更经济。

阴极保护的初步设计，应经现场运行的验证，并修改之，以达到应用中获得最佳的效果。

11.3 核能发电系统中的腐蚀

核反应释放出的能量巨大，要比化学反应释放的能量大几百万倍以上。一旦人类实现受控核反应，并加以充分利用，有望最终彻底解决能源问题。21 世纪有望成为核能和平利用充分发展的时代。

核能用于发电为目的而建立起来的核电站，是一种既清洁又安全可靠的能源发生装置。核电站设计严密，装设有多层安全屏障，如核燃料元件包壳、压力壳、安全壳等，并有一系列防止各种事故出现的应急措施。核电站必须十分注意核电装备的质量，尤其对其中的材料腐蚀问题要充分了解，才能确保核电站安全正常运行。

现代核电站除了选用的核反应堆类型不同外，其他系统的装置大致相同。主要有核蒸气供给系统和常规系统所组成。用于核电工业的核反应堆类型主要有：轻水堆(包括沸水堆及压水堆等)、重水堆及天然铀石墨气冷堆与高温气冷堆，目前以轻水堆中压水堆为主。

压水堆型核电站系统简图见图 11-7。

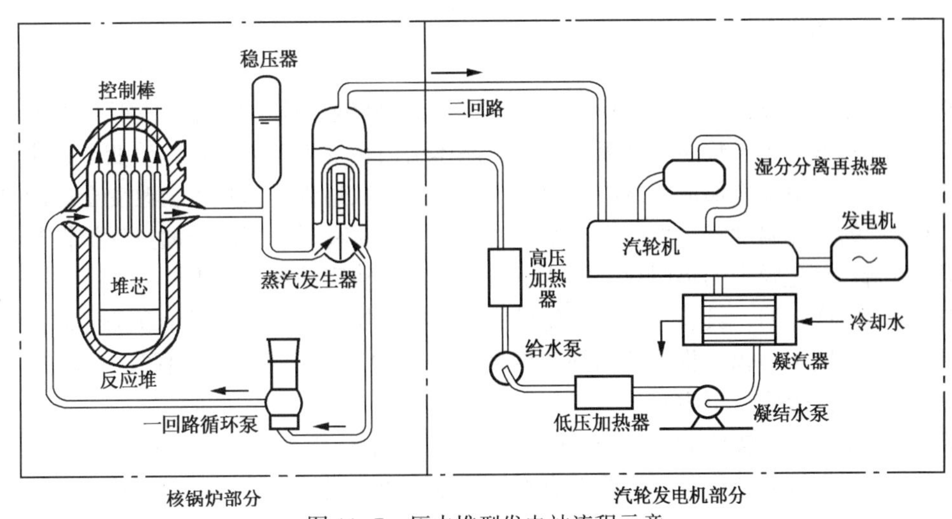

图 11-7　压水堆型发电站流程示意

11.3.1 核电中腐蚀介质的特征

(1) 射线与辐照

核反应堆是一个强大的核辐射源。核电站中常接触到的有 α 射线、β 射线、γ 射线和中子流等，还有质子流、氘核流带电重粒子束。这些射线对材料的腐蚀起一定作用。因此，被其他工业应用证明是耐蚀的任何材料，在核电系统采用前，必须研究、了解其辐照腐蚀问题。实践表明，铝、锆、不锈钢等金属和合金有一定的耐辐照腐蚀性。

(2) 高温高压水

核电系统中选用的核反应堆主要是以水作为冷却剂。由于水的比热高，较耐辐照，容易净化，储量丰富、成本低，特别是水具有良好的慢化效果，所以一直广泛地用作反应堆的冷却剂。水在通道内流动时，通过接触面传递热量的同时，还与结构材料发生反应，引起腐蚀。例如，水与元件包壳材料铝或锆之间反应生成相应的 Al_2O_3 或 ZrO_2 等腐蚀产物。水还因辐照而分解产生活性离子，从而加速腐蚀破坏。

11.3.2 核电站中的腐蚀及其原因分析

11.3.2.1 辐照腐蚀

辐照对金属的耐蚀性是通过辐解效应(腐蚀性介质被辐照分解导致成分改变)、辐照-电化学效应(金属表面原子吸收辐射能后使能量增高)、结构效应(辐照相变、微观缺陷的形成等)的影响。另外，腐蚀产物的活化对辐照腐蚀也有影响。

(1) 辐解效应的影响

水辐解的氧化性组分(如 O_2、H_2O_2)的还原会加速腐蚀的阴极过程，使电极电位正向移动。这一结果的影响取决于变化前后的电位在极化曲线中所处的位置。对于可钝化金属，例如铝及其合金在含氧水溶液中，辐照使其阴极过程加快，但腐蚀电位仍处于钝化区，阳极过程没有变化。因此一般说来辐照对钝化性能强的金属的耐蚀性影响不大。而对不可钝化的金属则加速腐蚀。例如在充气的除盐水中，稳定的氧化性辐解产物 O_2、H_2O_2 等的浓度可达 0.01mol/L，辐解产物氧的产生将使碳钢的高温腐蚀加速 3 倍左右。试验亦表明，在 10^{12} 中子/cm^2 · s 热中子辐照下，20 号钢的腐蚀速度因辐解效应也提高 3~5 倍。

(2) 辐照电化学效应的影响

在辐射线作用下，金属原子特别是表面原子吸收辐射能后提高了能量，有利于电化学反应进行，使腐蚀速度有所提高。

(3) 结构效应的影响

18-8 型奥氏体不锈钢在中子辐照下发生从奥氏体到铁素体的转变，使钢在含氯化物介质中的耐蚀性降低。中子辐照会使氧化锆单斜晶体结构转变为斜方结构，改变了氧化膜的保护性能。氧化膜辐射损伤形成的缺陷对膜的导电率及扩散过程的影响也会改变金属的腐蚀速度。在压水堆的工作温度下，堆材料在水中的腐蚀受金属离子、氧离子通过保护性氧化膜的扩散过程控制。氧化膜中的辐照缺陷加速了扩散过程，使腐蚀速度增大。

许多实验同样表明，具有保护性氧化膜的金属材料如锆合金、不锈钢和珠光体钢等，在反应堆的运行温度下，辐照将使其腐蚀速度增大 1.2~4.4 倍。并随着辐照剂量的进一步增高，辐照增强腐蚀效应也更为明显。

辐解效应是反映了辐照对腐蚀介质的作用；辐照-电化学效应是从能量角度反映了辐照对金属腐蚀电化学性质的作用；结构效应则是辐照改变金属的相结构，形成缺陷，特别是对氧化膜的影响而导致腐蚀速度的变化。总之，反应堆材料在水溶液中辐照腐蚀是多因素间协同作用的复杂过程。

（4）腐蚀产物的活化

和其他高温水系统不同，反应堆的高强度辐射场会使冷却剂和腐蚀产物活化。通常，反应堆用材料的腐蚀速率很低，但由于冷却剂对材料浸润面积相当大，腐蚀产物的总量相当可观。由表 11-2 中所列腐蚀产物的释放率可知，一个 100×10^4 kW 的压水堆在第一年运行期间，一回路腐蚀产物的累积释放量为 50~70 kg，以后每年增加 30~50 kg，如果核电站安全运行 40 年，腐蚀产物的释放总量可达 2 t 之多。溶解或悬浮在冷却剂中的腐蚀产物流经或沉积在堆芯，被中子活化，活化的腐蚀产物逐渐布满整个回路，成为冷却剂放射性的主要来源。因此，一个核电站每年用高额费用对辐射场内进行维修和保养，使腐蚀产物的放射性不超过电站的允许水平，也是减少辐照腐蚀的一个重要方面。

表 11-2　腐蚀产物释放率

区　域	材　料	腐蚀产物释放率/（mg/dm^2·月）	
		初期（两个月）	定值①
堆　芯	304 不锈钢 因科镍-600 锆-4	1 6 可忽略	0.5 1.5 可忽略
堆芯外	304 不锈钢 因科镍-600 锆-4	1 6 13	0.5 1.5 0.5

① 指腐蚀产物释放率趋近定值。

11.3.2.2　反应堆燃料元件包壳材料的腐蚀

早期核电站的元件包壳材料都是用不锈钢，如 304 型等。由于锆合金在中子吸收截面方面，仅是钢的 1/13（微观吸收截面）和 1/27（宏观吸收截面），所以在同样的耐蚀条件下，锆能节省中子。这在核反应堆的设计中极为重要，因此 20 世纪 70 年代以来，不锈钢都被锆合金所代替。

Zr-2 合金主要用于沸水堆作为包壳材料。而 Zr-4 合金则用作压力堆及重水动力堆的包壳材料，亦存在下列腐蚀问题。

（1）均匀腐蚀及其影响因素

锆包壳在高温冷却水内的腐蚀，先生成一层附着力强有保护作用的黑而致密的氧化膜，其腐蚀过程为

$$Zr+2H_2O \longrightarrow ZrO_2+2H_2$$

其组成为 ZrO_{2-n}（$n<0.005$）的单斜晶系。当膜增厚到一定程度后，氧化膜由黑而致密转化为灰色，进而灰白疏松，保护作用大大削弱。接着腐蚀膜进一步加厚（1000 mg/dm^2 左右），在应力作用下，开始剥落。其内应力来源于锆原子形成氧化锆时体积增加（约 1.56 倍），外应力来源于机械摩擦、碰撞、划伤等。

影响腐蚀的因素有：

① 温度：锆合金的均匀腐蚀速率随温度升高而增加，其氧化膜保护性开始变差的腐蚀转折点的出现也越早，见图 11-8、图 11-9。

② 合金元素：对锆合金均匀腐蚀不利影响的有氮、碳、钛等，其有害作用的临界含量对 Ti 为 1%左右，对 N、C 均为 0.004%左右。超过该值有害作用明显。

③ 水质影响：水中含有氯离子，即使高达 10^{-2}mol/L 时，亦无害，而氟离子则是危险的，仅 10 mg/L 就会明显增加锆合金的初始腐蚀量。水中含 1500 mg/L 硼(H_3BO_3)时，对 Zr-2合金在 315℃动水中的腐蚀速率无影响。

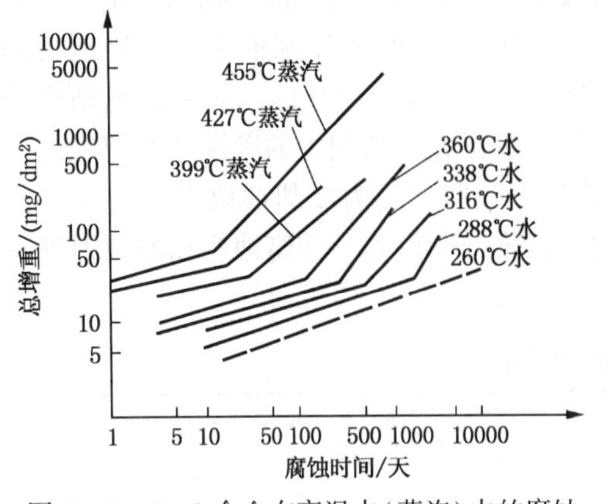

图 11-8　Zr-2 合金在高温水(蒸汽)中的腐蚀

——实验数据；----外推值

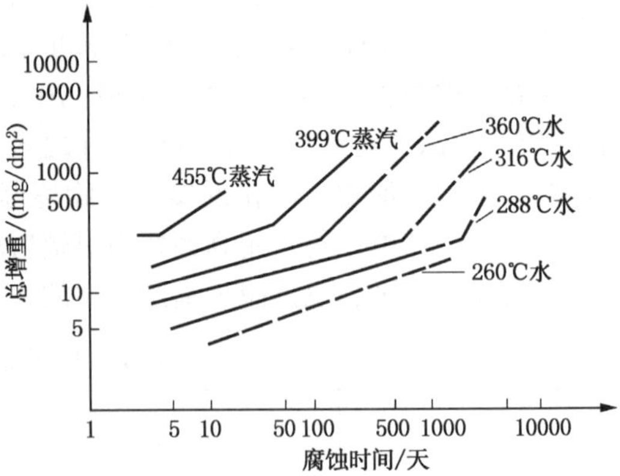

图 11-9　Zr-4 合金在高温水(蒸汽)中的腐蚀

④ pH 值影响：pH 值偏高，易产生碱蚀，应以 pH 值 7~8 为宜。NH_4OH 为弱碱对 Zr-2 合金腐蚀无影响，而 LiOH 及 KOH 等强碱则影响显著。例如 LiOH≥0. 1 mol/L 时，腐蚀开始加速，在表面沸腾条件下，LiOH 可在缝隙处浓集从而加速锆合金的腐蚀。特别在实际的工程中与 Zr-2 合金包壳间产生缝隙处，也会发生因 LiOH 浓集引起的腐蚀。

⑤ 辐照效应及水中含氧量：在高温水和水蒸气中，锆合金在有辐照场的水中，氧的存在会显著提高腐蚀速率，在含氧水中，中子通量的提高，同样也会使锆合金的腐蚀加剧。如果在压水堆的冷却剂中，保持很低的氧含量，则中子辐照的加速作用减弱。

⑥ 热流：热流使包壳表面氧化膜增厚，由于热阻增加，热传导困难，从而使金属与氧化物界面温度升高，导致腐蚀加速。如果燃料组件构成存在局部死水缝隙时，热流还会使该区水中有害离子浓集而引起局部腐蚀。

另外，为了提高核燃料元件的利用，核电站都向高燃耗方向发展，元件提高燃耗后，在堆内停留时间长，氧化膜与水垢明显增厚，因而提高了元件壁面温度，加快了氧的扩散速率导致腐蚀速率增加。其结果又引起氧化膜的增厚，如此恶性循环，使锆包壳外表面遭受更为严重的腐蚀，最终发生膜的破裂剥落，使包壳减薄，而剥落物还会增加一回路冷却剂放射性强度。

(2) 氢脆

氢脆是由元件包壳内表面吸氢所引起的。

在燃料芯块中存在有氢和水分时，水在芯块辐照过程中，分解为氢和氧，后者与锆内表面形成 ZrO_2 腐蚀膜，随着氧化膜的不断形成，氧不断消耗，而氢则不断积累。由于缺氧，氧化膜难以保持其完整性而出现缺陷。只要缺陷有 $10^{-4}cm^2$ 左右时，一旦氢分压超过 10Pa，氢就会快速穿过缺陷，吸附在包壳内表面，与锆形成 δ 相($ZrH_{1.6}$)，其体积要比锆增大 13%左右，形成疏松结构，堆积在内表面，形成鼓泡。这些氢化物，在内热外冷的包壳壁的温度梯度下，由内壁向外壁迁移扩散，同时形成许多微小贯穿的放射状裂纹，如图 11-10 所示。此时，若堆功率有急剧变化时，包壳管会由于受高应力作用而破裂。

（3）应力腐蚀破裂

应力因素：由于 UO_2 芯块的膨胀系数大于锆合金包壳，在高温运行时，膨胀使芯块与包壳紧密接触，并迫使包壳管沿轴向和径向伸长，即施加给包壳双轴拉应力的作用，同时存在辐照场时，UO_2 会发生辐照肿胀，更加剧了包壳的应力和应变。

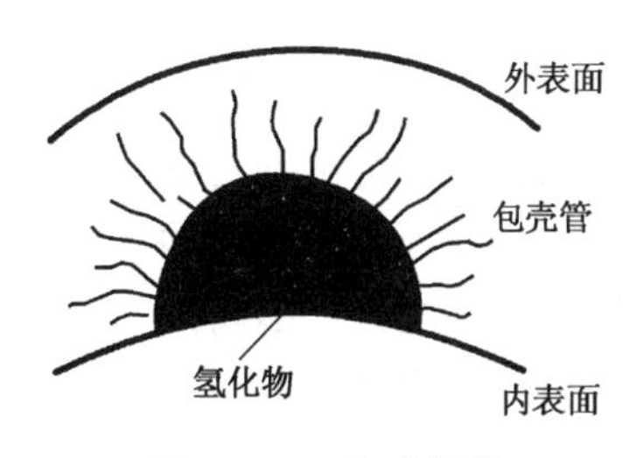

图 11-10　包壳管的氢脆破损

化学因素：在辐照下产生的碘由内层向外层扩散并沉积于芯块裂纹和对应的包壳内壁上，形成一层均匀的 ZrI_4，此反应可能在局部地区特别剧烈而形成点坑。在应力足够大的集中点，将出现裂纹，然后碘蒸汽与裂纹尖端的 Zr 又形成 ZrI_4 膜，由于应力集中，使尖端的膜破裂，促使碘往深层深入，再产生新膜，如此这样膜的不断形成和破裂，使裂纹在低应力下扩展直至断裂。

引起应力腐蚀破裂的腐蚀剂有碘、铯、镉及其他裂变产物如溴、铷、锝等。

11.3.2.3　蒸汽发生器的腐蚀

蒸汽发生器是蒸汽系统中的关键设备，也是一回路与二回路间热交换的通道与枢纽。根据核电站的运行情况证明，蒸汽发生器是事故多发区之一，其中尤以传热管的腐蚀破损为最严重。

蒸汽发生器结构的示意以及主要腐蚀类型和发生部位示于图 11-11。

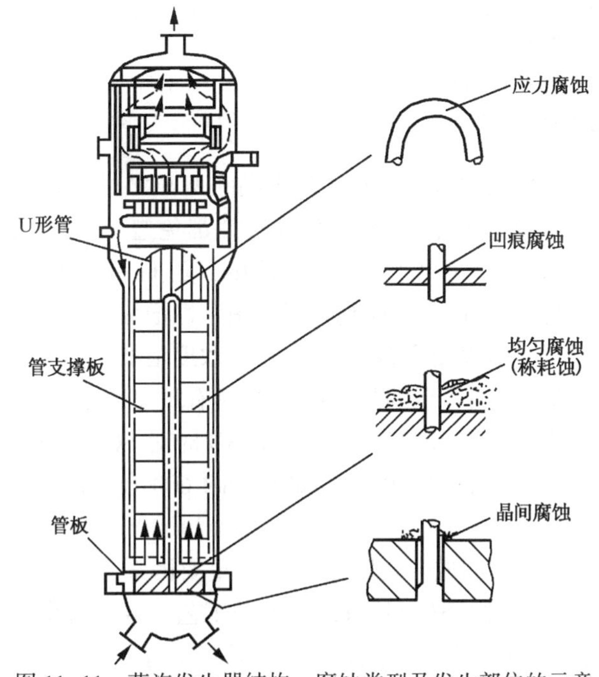

图 11-11　蒸汽发生器结构、腐蚀类型及发生部位的示意

（1）局部均匀腐蚀（耗蚀）

腐蚀部位是发生在二次水侧埋在泥渣中的传热管表面上。这是由于在洁水处理过程中磷酸盐产生和积累起来的沉淀物泥渣。尤其在干湿交替区内磷酸盐反复析出和溶解而被浓缩后，对奥氏体不钝钢的钝化膜进行破坏，管材中的 Ni 与磷酸生成磷酸盐造成管壁局部均匀

溶解而减薄所致。有时亦出现蚀点。

(2) 凹痕腐蚀

当传热管与碳钢支撑板之间存在缝隙而发生腐蚀时，其产物 Fe_3O_4 的积累，又因体积膨胀给管子在环向以很大的压力，导致管子产生塑性变形而压扁，造成流道减小和堵塞，这种破坏形式称之为凹痕腐蚀。

(3) 应力腐蚀

在含有 Cl^-、O_2 或 OH^- 的高温水中，18-8 型不锈钢对应力腐蚀敏感性很强。提高镍含量，可以提高不锈钢的耐氯离子的应力腐蚀。因此发展了高镍合金。

影响高镍合金应力腐蚀的因素：

① 合金成分影响。合金中的镍和铬的含量对 SCC 的影响见图 11-12 和图 11-13 所示。

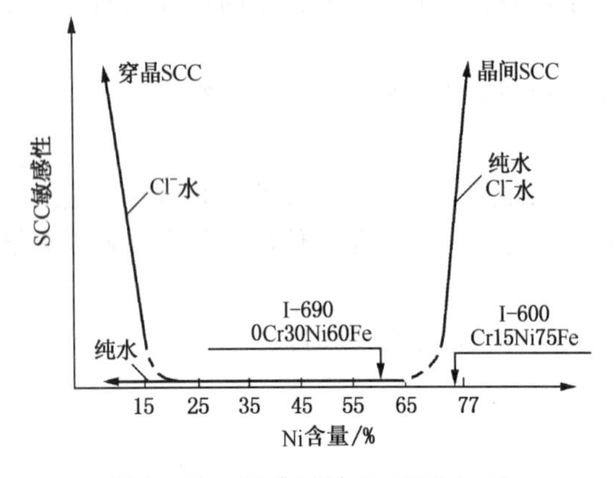

图 11-12 Ni 含量对 Fe-18%Cr-Ni 合金应力腐蚀行为的影响

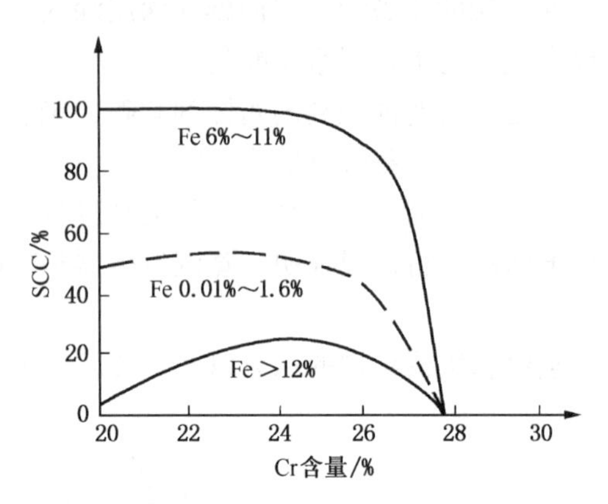

图 11-13 Cr、Fe 含量对应力腐蚀的影响

（U 试样，300℃，50%NaOH 中试验 27 天）

由图 11-11 可见，当 Ni 含量≥65%时，产生晶间型 SCC，当 Ni 含量≤25%时，出现穿晶型 SCC，而在 25%~65%范围内，对各种类型 SCC 都免遭 SCC，由此可知 Inconel 690 比 Inconel 600 要好。对于在许多含氯离子的中型介质中，随 Fe-Cr-Ni 合金中 Ni 含量的增加，穿晶型 SCC 改善的同时晶间型 SCC 当 Ni 高含量时敏感性增加。

合金中含 Cr 量的增加，可以使合金表面膜中 Cr 浓度增加，形成致密、稳定、粘结性和塑性均好的表面膜，对防止高镍合金的晶间型 SCC 具有重要作用。但与 Cr 作用相配的元素还有 Fe，如图 11-12 所示。由图可知当 Cr 含量>28%时对 SCC 免疫，当 Cr 含量<28%时，Fe 为 6%~11%时最易发生应力腐蚀。由此可知 Inconel 600 合金抗 SCC 不理想，I-690 合金就比较好。

② 介质影响。对腐蚀有害的成分是影响 SCC 的重要因素，因此，对一回路侧要严格控制氧含量和 pH 值。对二回路则应选择适宜的水处理工艺，减少对腐蚀有害的成分，防止腐蚀生成泥渣。而在实际运行中，由于缝隙和干湿交替区的存在，传热构件某些部位可使 Cl^- 和 OH^- 高度浓集。此外，外界冷却水泄漏时会带入 OH^- 或离子交换树脂释放 NaOH，均可使水中 OH^- 大为提高。如海水冷却漏入二回路，可使水中 Cl^- 含量剧增，这些因素使材料的应力腐蚀敏感性增高，因此，在选择耐蚀传热管材料时，必须注意先在含高 Cl^- 和高 OH^- 的水中进行试验。

③ 应力影响。在实际使用中，传热管具有的工作应力，在加工制造过程中，如拉拔、

弯曲、装配等工序中所产生的残余应力都会使材料产生 SCC 敏感性。

（4）晶间腐蚀

核反应堆结构材料中，不锈钢的用量比例占很大，这是由于不锈钢能形成钝化膜，而具有优异的耐均匀腐蚀性能。

随着反应堆的发展，温度、压力等参数的不断提高，在不锈钢的使用中不断发现严重的晶间腐蚀问题。这是由于固溶的奥氏体不锈钢在 400~850℃的腐蚀介质中长期使用或在该敏化温度下保温或缓慢冷却时，固溶体中过饱和的碳会沿晶界析出$(Cr, Fe)_{23}C_6$，使晶界附近的含 Cr 量低于维持钝化所需的量，形成易腐蚀的贫铬区在腐蚀介质中成为阳极而引起晶间腐蚀。

11.3.2.4　海水冷却器及泵的腐蚀

我国淡水资源严重短缺，大力开发海水的直接利用势在必行。位于海边的核电站中常规冷却部分大多采用海水作为冷却介质。众所周知，海水是天然介质中腐蚀最严重的一种介质，其中又存在着大量的活性 Cl^-。因此，对普通的钢铁及不锈钢等腐蚀均严重。特别是在流动海水中，腐蚀随流速增大而加剧，当流速超过临界流速值时，磨损腐蚀的腐蚀速率急剧增大，此时，不但均匀腐蚀随之更为严重，而且孔蚀等局部腐蚀的敏感性也随之增大，在更高的流速下，还会引起湍流腐蚀和空泡腐蚀。

与静态条件下相比，在流动介质中的腐蚀之所以如此严重，实质上是由于腐蚀电化学因素与流体动力学因素间的协同效应所致。实践也已经证明，在流动海水中，磨损腐蚀的协同效应中，腐蚀电化学因素起主导作用。

11.3.3　核电站中腐蚀的控制途径

（1）选用耐蚀金属材料

为了保证反应堆的安全运行，不断改进和研制耐水、耐高温、耐辐照的系列耐蚀合金，以满足核反应堆核燃料元件及结构材料的需求。

元件包壳材料早期采用不锈钢，后被锆合金取代，Zr-2 合金易吸氢形成氢脆，又产生了 Zr-4 合金和无镍 Zr-2 合金。蒸汽发生器传热管材料早期采用 18-8 型不锈钢，后采用 Inconel-600合金，现又发展了改进型 Inconel-690 合金，其抗应力腐蚀的性能经实际生产应用证明确实更优越。

（2）合理的结构设计

为了防止泥渣引起的严重腐蚀，除改善水处理工艺外，主要通过改进设计，便于泥渣的排出。可以添流量分配板，使管束间横向冲刷力加大，迫使泥渣集中于中心部，并通过新增设排污管排出，使泥渣沉积厚度显著减少，大大减轻腐蚀。

为了防止凹痕腐蚀，将原管子的支撑结构（见图 11-14a）改成栅格支撑板结构（见图11-14b）。原结构用开有通流孔的管板支撑传热管，这种结构腐蚀产物容易积存，从而形成干湿交替，造成腐蚀的不利条件。改进的结构用栅格支撑板结构，使管与支撑板接触面积大为减少，在有一定流速介质冲刷下，也不易积存腐蚀产物。从而解决了此种腐蚀。

（3）严格控制水质条件消除对腐蚀有害的成分

对一回路侧，要严格掌握水的净化条件，尽量降低氧含有量，并控制合适的 pH 值以防碱蚀。二回路侧应选择合理的水处理工艺，除氧、除去水中的固体残渣，以保持理想的水质情况。

（4）加防腐层

根据设备所处温度不同，介质条件不同，采用相应的防腐涂层和镀层，可减轻腐蚀，对于海水系统可以衬胶处理亦可有良好的防腐效果。

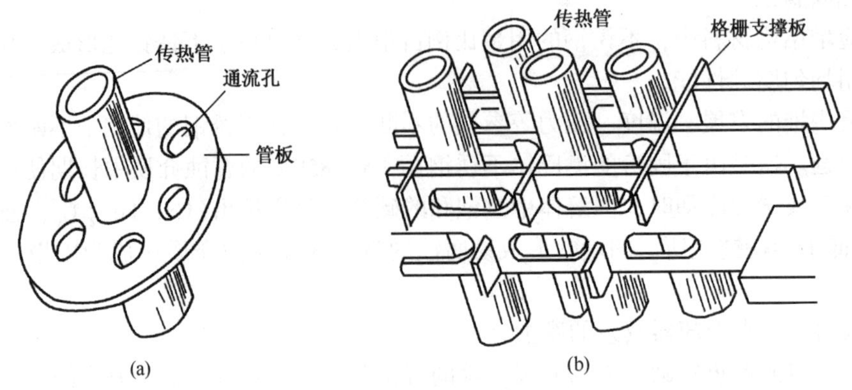

图 11-14　管-支撑板的结构改进

（a）原结构（开孔的管板支撑结构）；（b）改进后结构（栅格支撑板结构）

（5）阴极保护

阴极保护可防水介质特别是海水介质的腐蚀，阴极保护与涂料联合保护是被公认为最经济最有效的防腐方法。单用涂料防腐，由于大面积施工不可能没有气孔针眼等缺陷，安装过程中难免不被擦伤，这些部位是涂料防腐的弱点，一旦腐蚀则涂料脱落，效果欠佳。单用阴极保护，效果很好但电流消耗大。因此两者结合，优势互补，效果最佳。

对于一些局部腐蚀如孔蚀、缝隙腐蚀、应力腐蚀破裂等，阴极保护也是很有效的一种防护方法。

对海水输送泵，由于处在高流速运行海水中腐蚀极严重。生产实践已经证明，涂料与牺牲阳极法的阴极保护联合防腐也是一种经济、高效的防腐方法。

（6）反应堆的定期清洗和去污

水冷堆在运行过程中，腐蚀产物会不断积累，其中沉积于元件包壳表面的腐蚀产物，在反应堆、堆芯区活化，并释放与迁移到一回路的各处。随着运行时间不断延长，反应堆一回路系统的放射性水将逐渐上升，这不仅给运行与维修人员造成不安全因素，而且会进一步加剧腐蚀。所以反应堆在运行一定年限后，需要清洗和去污处理以除去和减低其放射性。

第 12 章　大型水利枢纽工程中的腐蚀

我国大型水利枢纽工程一般由两部分组成，一是通航建筑物，二是水力发电及泄洪建筑物。在水利枢纽工程中，金属结构设备是其重要组成部分，金属材料的用量非常大。在举世闻名的长江三峡水利枢纽工程中，钢材用量高达 25 万吨，钢筋 35.43 万吨，需要进行防腐蚀处理的总面积达 240 多万平方米。可见，腐蚀及其控制在水利建设中具有重要的作用，是关系到水利枢纽的安全可靠、保证正常生产的关键技术之一。

12.1　水利枢纽中钢结构的腐蚀

12.1.1　水利枢纽中主要的金属构件和设备

（1）船闸金属结构

船闸金属结构按工作环境可分为室外设备、室内设备和水下设备三大部分。室外设备主要有人字工作门、各类检修工作门、浮式系船柱、各种安全栏栅等。室内设备主要有各类起闭机及其附属设备、各类泵系、管道等。水下设备主要包括反向弧形工作门及其附属设备、运行挡水和检修设备的水下工作部分、水工建筑设施及各类埋件、泄水工作阀门等。此外还有在干湿环境交替工作的船闸人字门、门槽埋件等。

（2）发电厂金属结构及其附属设备

水力发电厂建筑物主要金属结构和附属设备有：电站进口拦污栅、检修门、快速门、压力钢管、尾水门、厂房钢结构、输变电铁塔架及水轮发电机组及其附属设备等。

（3）泄洪建筑部分

包括大坝深孔、表孔、导流底孔及相应的闸门和闭启设备，在导流底孔孔口下游还有反钩检修叠梁等。在动水环境下的有大坝泄洪用表孔、潜孔、底孔、排沙孔工作门及事故检修门等。所有闸门机械及钢结构埋件压力钢管外壁为与混凝土结合的钢结构。

12.1.2　水利枢纽中钢结构腐蚀特点及原因分析

（1）室内外钢结构的大气腐蚀

大气腐蚀的程度随地区大气被污染的情况而不同。例如葛洲坝水利枢纽所处的大气环境比较恶劣，春夏季常有 4~6 级大风，且伴有雷电。夏季气温高，可达 39℃甚至 42℃，冬季气温为-2℃。年平均大气相对湿度较高≥75%。下游地区工厂排放 SO_2 导致酸雨产生。金属结构在这种污染的大气中腐蚀破坏十分严重，涂料防护效果不理想，使用不足一年便出现大面积锈蚀。

（2）高速水流下的磨损腐蚀

水力发电过程和水轮机的腐蚀详见第 11 章 11.2.1。

处于高速水流下的工作部位，由于流体动力学因素与电化学因素间的协同效应，腐蚀要比静态下的严重得多，如水中含有泥沙，加之泥沙固相颗粒的冲击使腐蚀更加严重，如压力钢管内壁、拦污栅、人字门及闸门等往往受到这种磨损腐蚀。

在泄洪孔内各种闸门背面、压力钢管下端、人字门系船柱水面上下区域等处，由于高速水流作用下会出现涡流使水空化，导致出现空泡腐蚀。

(3) 金属焊接处的腐蚀

金属构件不同材料(如16Mn钢和A_3钢等)的焊接处，由于金属构成了电偶对，加之焊接造成的残余应力以及焊接构件造成死角或无排水孔而易积水的部位，常发生严重的局部腐蚀，如人字闸门、事故检修门等设备的焊接处。其腐蚀产物结构疏松，往往凹形蚀坑较深。

(4) 水生物附着引起的腐蚀

由于船闸及其附近水流速度较低的部位，行船带来的垃圾抛弃物给微生物生长造成了有利环境，水生物的附着，其分泌物导致局部酸性条件，引起金属的局部腐蚀，出现蚀坑和蚀点。

有时水下金属结构遭受几种腐蚀(如磨损腐蚀、空蚀及水生物引起的腐蚀)联合作用导致更为严重的腐蚀，如某泄洪闸经10年运行，10~12 mm厚的钢板已腐蚀了一半。一船闸于1981年开始运行，1984年检查，发现闸门底板原板厚22 mm已腐蚀减薄了8 mm。

12.2 水利枢纽中金属构件与设备腐蚀的控制途径

12.2.1 防腐覆盖层

(1) 热喷锌

目前我国水利枢纽中，对各类闸门的防护处理多采用热喷锌方法。由于锌对钢材有阴极保护的作用。因此，喷锌防腐涂层对于自然大气和水环境下的腐蚀控制是很有效的。如三河闸水利枢纽，对闸门喷锌处理，使用8年，2000年检查时，仍无任何锈蚀。葛洲坝电厂二江弧形门，1993年进行喷锌防护。对于长期处于大气环境下使用的闸门，如锁定于机房面的泄水闸检修门、机组进水口的工作门和检修门，喷锌防护层至今完好。然而对于工况条件较差的部分，如长期处于水下环境工作的闸门，尤其是受泥水冲刷的闸门防腐效果要差些，如二江泄水闸弧形门面板，喷锌防护仅经过一个汛期便出现40%面积的锈蚀。

值得注意的是，该技术的防腐效果与施工质量关系很大，因此，严格按操作规程精心施工与否往往是防护技术成功的关键。

(2) 涂料

虽然水性无机富锌涂料中的锌对钢基体也有阴极保护作用，可现场应用证明，单独使用该涂料，效果并不理想。如果先经喷锌涂覆后，再用水性无机富锌涂料进行复合保护，其保护效果很好。如对大江冲沙闸弧形工作门(9个孔)等总计几万平方米面积上设施了这种复合涂层保护，保护体系效果好，多年来未见锈蚀破坏。

BW9300变形环氧防护层与基体结合牢固，表面光亮，坚固耐磨。经现场拦污栅大面积的试用，效果良好，无锈蚀，目前在扩大应用中。

12.2.2 阴极保护

阴极保护对水中金属构件的腐蚀控制是有效的方法之一。如与涂料联合防护，效果更佳，亦是最经济有效的方法。

第 13 章　铁路运输工业中的腐蚀

铁路运输工业在我国国民经济和人民生活中一直都占有很重要的地位。特别是改革开放以来，国民经济飞速发展，人民生活水平有了较大的提高。因此，经济活动、人员往来不断增加。近年来，随着我国铁路运行速度的一再提高，新建铁路的不断增加，尤其是举世瞩目的北京——拉萨铁路的即将完工，通车使铁路运输在国民经济中的地位不断加强更为重要。

在铁路运输工业中，钢铁的使用量最大。铁路钢结构种类很多，主要有钢轨、钢梁、机车车辆、电气化铁道的输电铁塔、接触网金属机具和夹具等。

铁路钢结构所处的环境复杂，腐蚀既普遍又严重，所以对铁路钢结构及金属零部件进行有效的腐蚀控制工作，是提高铁路运输能力、保证铁路运输安全、节约资源和能源的重要措施之一。

13.1　铁路运输工业中的腐蚀特点及腐蚀原因分析

13.1.1　腐蚀介质特点

铁路运输工业中的钢结构主要经受大气腐蚀、水溶液和土壤腐蚀。

大气：由于我国幅员辽阔，钢结构所接触的大气几乎涉及我国所有的气候类型。

① 酸雨气候，雨水的 pH 值可低至 4.0 左右，以贵阳、重庆地区最典型。

② 海洋气候，由于海水蒸发，形成含有大量盐分的大气环境。

③ 风沙性气候，沙漠地区干旱、少雨，风力强大而频繁，严重时会形成沙尘暴，往往大气中还含有高盐分的沙尘条件，主要是西北地区。

④ 高原大气，青藏高原光照丰富，太阳辐射量高。在人口聚居集中、工业区，高海拔地区的大气亦受到污染。

⑤ 热带雨林环境，年温差小、气温高、多雨、日照丰富、雾浓露重，尤以云南西双版纳地区最典型。

以上的这些气候条件下的腐蚀要比一般大气条件下的严重得多。

土壤：在潮湿的隧道中，通风不良，湿度大，青海、乌鲁木齐等地区的盐碱地以及海滨盐土中腐蚀较严重。

13.1.2　铁道机车车辆的腐蚀

铁道车辆主要指铁路机车、客车和货车。铁路用的动力机车有三大类：蒸汽机车、内燃机车和电力机车。蒸汽机车已逐步被淘汰。它主要的腐蚀破坏是水箱内的腐蚀，尤其是焊缝腐蚀，导致大量漏水。目前我国铁路主要牵引动力是内燃机和电力机车。

13.1.2.1　内燃机车的腐蚀特点

内燃机车腐蚀包括两部分：

① 车体部分钢结构主要是受大气腐蚀。

② 机车内部发动机冷却水系统的腐蚀。

内燃机机车的冷却系统与其他工业的冷却系统有很大的不同，其特点是循环方式为闭式循环系统，冷却水量少，水量范围在 500~1800 L 不等。使用周期长，可达数月之久。工作温度高，其最高范围为80~90℃，流速在1 m/s以下。

冷却系统所用材质种类较多，其中包括铸铁、铸钢、中碳钢、合金钢、紫铜、黄铜、铝及铝合金以及焊料等，此处还有各种非金属垫圈。因此，除均匀腐蚀外，电偶腐蚀是系统中的主要腐蚀类型之一。

内燃机车是运行在铁路线上的动设备，柴油机运转和机车运行都产生振动，特别是汽缸工作时，缸壁振动很大，使得机车冷却系统处于受振状态，特别是柴油机汽缸活塞运动在换向时以很大的冲击力打击缸套壁，使缸壁变形，同时使邻近的冷却介质产生空化作用。因此，空泡腐蚀(空蚀、穴蚀)也是内燃机车的主要腐蚀破坏形式之一。以缸套的空蚀最为普遍，某些机型还相当严重。就国产机车而言，东方红型系列机车的空蚀最严重。如某机务段配属42台东方红21型机车，一年中因空蚀而报废缸套366个，机体空蚀也很严重。

内燃机车冷却系统不仅产生均匀腐蚀而且亦产生不同的局部腐蚀，其系统的使用材质及腐蚀破坏的主要类型综合如表13-1所示。

表13-1　内燃机车冷却系统的材质及腐蚀破坏类型

部　件	材　质	腐蚀破坏类型
柴油机机体	铸铁	均匀腐蚀，孔蚀
汽缸套	铸铁	均匀腐蚀，空蚀，孔蚀
冷却单节	紫铜、焊料	电偶腐蚀，应力腐蚀破裂
中冷器	紫铜、铸铝、铸铁	均匀腐蚀，垢下腐蚀
热交换器	紫铜，铸铝、铸铁	均匀腐蚀，垢下腐蚀
水　泵	铸铝、铸铁、黄铜	磨损腐蚀，空蚀，电偶腐蚀
密封圈、软管、O形环	橡胶	溶胀，龟裂，磨耗

13.1.2.2　客车与货车的腐蚀特点

客车包括软、硬座车及卧车、发电车、邮政车和行李车等。货车中有敞车、罐车、棚车、保温车等。它们主要受大气腐蚀。对货车，根据载物性质不同，腐蚀不同。

铁道车辆产生局部腐蚀的部位往往是易于积水和尘埃、污物的地方。以客车为例，其地板，尤其是厕所、盥洗室的地板以及雨檐、窗框附近常常是腐蚀最严重的部位。其他如墙板的塔接处，由于是锈焊，则产生缝隙腐蚀，即使满焊，如果不加处理，则缝隙腐蚀也很严重。运煤敞车除了上述的缝隙腐蚀外，因煤中含硫化物，冬季运煤还加降凝剂(常常是氯化物)，会受到电化学腐蚀。保温车要经受盐水腐蚀等。

13.1.3　钢轨的腐蚀

铁路钢轨的腐蚀随着环境、运载量的大小不同差异很大。严重的腐蚀主要发生在海滨、盐湖地区及潮湿的隧道(特别是长隧道)中。例如像重庆的恩哥石隧道、中梁山隧道，广州的南岭隧道和樟河2#隧道等，内部常年滴水，通风效果差，相对湿度大于90%，含SO_2、NO_2等有害气体，使钢轨表面凝聚的水膜不易挥发，提供了充足的电化学腐蚀条件H_2O和O_2，并且有害气体使水膜的pH值降低，成为严重大气腐蚀的典型条件。不仅如此，钢轨还受到土壤腐蚀。表13-2为隧道因腐蚀的更换费用及相关数据(材料费按3700万元/t，人工费按6.8万元/km计算)。

钢轨的主要腐蚀破坏形式有：

① 均匀腐蚀：轨腰、轨底大面积的锈蚀，锈片疏松且发脆，成片地脱落，导致钢轨迅

速减薄，使钢轨安全使用寿命显著缩短。这种腐蚀情况多数发生在漏水严重、大气污染较重的隧道中或盐碱地上铺设的钢轨上。

表 13-2　南岭、樟河 2#隧道的钢轨更换费用

项　目	单　位	南岭隧道	樟河 2#隧道
钢轨长度	m	6105	1417
服役期	年度	1993~1999	1993~1999
通过总重量	亿吨	约 4. 1	约 4. 1
更换的材料费	万元	6. 105×60×3700 = 135. 5	1. 417×60×3700 = 31. 5
更换人工费	万元	6. 8×6. 105 = 41. 5	6. 8×1. 417 = 9. 6
合计费用	万元	177	41. 1

② 腐蚀疲劳：由于隧道内环境恶劣，存在腐蚀介质，在当火车通过时产生的低频率应力作用下，钢轨端部接头的第 1、第 2 螺孔处容易产生腐蚀疲劳而出现裂纹，最终造成钢轨断裂事故。这种裂纹的出现几率，隧道内明显高于隧道之外。为了防止轨底盲区锈蚀引起的钢轨断裂事故，铁道部规定：腐蚀严重的隧道钢轨降低一个等级使用，通过 6 亿吨重量强制更换。

另外，钢轨的腐蚀破坏形式还有腐蚀磨损，主要是由于钢轨的踏面和弹条扣件中垫片等处出现的机械力和表面化学反应共同作用所致。

13. 1. 4　铁路桥梁的腐蚀

铁路桥梁是铁路的关键、重要设备。我国铁路现共有桥梁 36000 多座、120000 多孔。铁路桥梁一般分为钢桥和混凝土桥两种。

13. 1. 4. 1　铁路钢桥的腐蚀特点

铁路钢桥按桥面位置不同，分为上承梁、下承梁和中承梁等。按梁式的不同分为简支梁、悬臂梁和连续梁的桥跨结构。

铁路桥梁的钢结构长年暴露在室外大气中，目前我国运营的铁路线拉得很长，涉及了我国寒冷、寒温、暖温、干燥性的气候(如东北、华北、中原地区)，湿热、亚湿热、含有盐雾的海洋性气候(如华东、华南)，风沙性气候(如西北地区)，及湿热、酸雨的气候(如西南地区)。由于所处的外部环境不同、钢桥的部位不同，所接触的腐蚀介质也不尽相同，钢桥的腐蚀特点、腐蚀严重程度也不相同。

① 钢梁大面积部位的腐蚀程度也与所处的气候条件有很大关系，主要受大气中的污染物(如 CO_2、SO_2、NO_x 等)的情况不同而有不同，但均属均匀腐蚀。

② 纵梁、上承板梁、箱形梁上盖板部位。主要受到雨水、潮气、盐水(保温车滴漏)、污水(餐车、客车、牲畜车排放)、酸碱等有害物质(货车的跑冒滴漏)及枕木与盖板之间积水等的腐蚀，以及列车通过时震动摩擦产生的腐蚀磨损。这些部位的腐蚀形貌主要呈现局部腐蚀。

③ 下翼缘部位。支座附近钢梁下翼缘由于堆积垃圾、脏物又不便清除，易产生缝隙腐蚀等局部腐蚀。

④ 栓焊梁螺栓连接部位、螺栓接点外露部位。该部位应力比较集中，也较钢梁大面积部位易积水和存留灰尘，也易产生缝隙腐蚀等局部腐蚀。

⑤ 焊缝部位。该部位在焊接过程中易产生缺陷，而且所产生的焊渣是由铁的氧化物和无机盐类、松香等组成的多孔混杂体，极易吸收水汽和有害气体而产生腐蚀。

13.1.4.2 铁路混凝土桥梁的腐蚀特点

目前我国铁路有各种跨度及类型的混凝土梁 110000 多孔，占全部桥梁总数的近 90%，在铁路干线上的简支混凝土梁均由两片 T 形梁组成，两片梁横隔板连接方式是将钢板与梁体隔板预埋角钢焊接，然后灌注混凝土。

对于混凝土桥梁的腐蚀问题，随着国内外混凝土桥梁病害事故增加和对混凝土劣化机理认识的加深而逐步重视起来。近年来，对混凝土中的金属特别是钢的腐蚀备受关注，因为在某些类型的结构中这个问题广泛存在，而且修补困难耗资巨大。

铁路混凝土梁常见腐蚀病害主要表现为：混凝土腐蚀剥落、裂纹和钢筋锈蚀等。

（1）混凝土的碳化

碳化是混凝土的一种主要腐蚀形式。当混凝土硬化后留存在水泥石料孔隙里的水分具有很高的 pH 值。在这种高碱性环境中埋置钢筋容易产生钝化，从而阻止了混凝土中钢筋的锈蚀。混凝土作为碱性材料处于含有酸性气体（CO_2、SO_2、HCl 等）的空气中时，会发生中和作用。CO_2 与混凝土中的氢氧化钙作用称之为碳化，导致混凝土的碱性下降，当完全碳化后其 pH 值可降至 9 以下，此时钢筋表面的钝化膜因失去保护性而被破坏，导致钢筋锈蚀。由于空气中，酸性气体 CO_2 的含量最高，所以混凝土的碳化深度是评价钢筋混凝土桥梁腐蚀破坏和耐久性的一个重要指标。

混凝土的碳化速度，随水灰比的减小而降低。施工质量不当，早期养护不良，其碳化速度显著增大。一般情况下如采用矿渣水泥时，碳化较快，其碳化深度与水泥用量成反比。当混凝土中加塑化剂、发泡剂和快硬剂等时，可减弱碳化作用。碳化深度亦随混凝土的强度等级的提高而下降，但处于拉应力状态下的混凝土，抗碳化能力较弱。另外，CO_2 等酸性气体的含量越高，温度和压力的周期性变化都会加速混凝土的碳化，直接受风压作用面比不受风压作用面的碳化速度快。炎热的夏季气候条件下，碳化速度快，而零下的温度时，混凝土的碳化速度最慢。

（2）混凝土的裂纹

裂纹是混凝土结构物最常见的病害，亦是混凝土腐蚀破坏的一种形式。铁路混凝土桥梁、轨枕和电杆的裂纹相当严重，隧道、涵洞混凝土的裂纹也屡见不鲜。由于腐蚀裂纹产生的原因不同，其形貌也不同。如：

① 钢筋锈蚀产生的裂纹，沿钢筋方向，延伸到钢筋，裂纹上口大，且发展很快。

② 混凝土碳化产生的裂纹，呈现不规则多项裂纹。

③ 混凝土碱骨料反应产生的裂纹，一般围绕骨料呈现放射性不规则裂纹。

（3）钢筋的腐蚀

混凝土梁钢筋的腐蚀一般有两种情况。一是由于混凝土的碳化造成钢筋表面的钝化膜失去保护性而产生的锈蚀。二是由于混凝土出现裂纹，有害介质通过裂纹渗入直接侵蚀钢筋而产生锈蚀。

基于以上原因，服役中的混凝土桥梁常常由于混凝土碳化、冻融、雨水作用、冬季施工掺加盐和冷藏车盐水渗漏到结构物上，以及底缘钢筋布置过密、石子粒径过大，混凝土保护层不密实都会引起混凝土保护层脱落，混凝土腐蚀和钢筋锈蚀。此外，预应力梁封端混凝土接缝积水乃至脱落引起梁端钢材锈蚀，由于支座锈死、活动受阻也会引起支座处梁体混凝土拉裂。可见，混凝土桥梁的腐蚀问题既普遍又严重，为保持其使用的耐久性，必须定期检查，认真维护。

13.1.5 铁路其他金属构件的腐蚀

铁路部门除了机车车辆、钢轨和桥梁外，其他的重要的金属结构，如轨道联结的扣件以及钢轨和电气化铁道的输电铁塔、接触网等。

13.1.5.1 轨道扣件的腐蚀特点

铁路线路与桥隧的轨道联结扣件主要包括线路轨道的螺纹道钉、轨距挡板、弹条和桥梁明桥面的钩头、护木、防爬螺栓、分开式扣件的螺纹道钉、轨卡螺栓及其配套的螺母、垫圈等。这些扣件与钢轨、轨枕组成轨道构架，直接承受着列车荷载纵向、横向和垂直方向的外力作用，并将外力较好地传递到路基或梁跨，是行车设施中的重要组成部分。这些扣件长期遭受着恶劣的大气环境和列车排泄物的污染，腐蚀破坏十分普遍，例如轨道外侧的扣件，更易受列车排放的脏污物和货车泄漏的有害物的腐蚀。隧道内的轨道扣，长期受高湿度、高浓度有害介质的腐蚀。钢梁桥明桥面上的扣件，受江河潮气和盐雾等有害物质的污染而锈蚀等。从腐蚀形貌来看，有均匀腐蚀，亦有局部腐蚀，如扣件等各种零件的接触面和污染物堆积处的缝隙腐蚀，扣件受反复挤压部位(如扣板、弹条、垫圈、螺栓丝扣等)的应力腐蚀和受动载作用而反复摩擦部位(如螺栓杆颈部等)的磨损腐蚀等。

13.1.5.2 电气化铁道的腐蚀特点

随着铁路运输发展以及电气化技术的不断提高和完善，电气化的优势也越来越明显。但输电接触网中金属设备如钢支柱、导线、承力索等由于腐蚀破坏导致接触悬挂损坏，直接影响供电安全，甚至造成中断运输的严重后果。例如来沙线在 1989 年由于钩头鞍子腐蚀折断而发生事故，致使导线、承力索损失近千米，支柱折断 3 根，中断行车 48 小时。又如重庆铁路局地处西南地区，大气中的二氧化物、氮氧化物及降尘颗粒物含量均很高，雨水呈酸性，大气污染严重，铁路电气化接触网系统金属遭受严重的腐蚀。在接触网各种检修工作中的 60%~70%是由于金属腐蚀破坏所造成的。

13.2 铁路运输工业中腐蚀的控制途径

铁路运输工业中的防腐技术，是根据钢结构的特点及其腐蚀特性采用不同的措施。

13.2.1 涂料

铁路钢桥、机车车辆一般采用涂料进行防腐，铁路用涂料主要分钢梁涂料和机车车辆涂料两大类，其他设施如电气化铁道的输电塔基本上与钢梁涂料相同。

① 铁路钢桥，在国内外一般都是采用涂料保护。涂料采用底面漆配套使用，充分发挥底漆的防锈作用和面漆的耐老化作用。常用的底漆为红丹防锈漆和富锌底漆(阴极保护型的重防腐涂料)；中间漆为云铁环氧漆；面漆为醇酸面漆、聚氨酯面漆等。例如，南京长江大桥使用的油漆涂装体系是 2 道红丹酚醛底漆和 3 道云铁醇酸面漆，使用中一般每隔 7~8 年需进行一次维护涂装即涂装一次面漆。又如 1998 年开始修建的芜湖长江大桥，使用的油漆涂装体系是 2 道环氧富锌底漆，1 道云铁环氧中间漆和 2 道灰铝粉石墨醇酸面漆。一般在使用中每隔 12~15 年需进行一次维护性涂装。

② 机车车辆防腐，20 世纪 80 年代后，相继研究、开发和引进了客车高性能涂料、货车厚浆型醇酸面漆、604 环氧重防腐涂料等，同时引进或自行制造了预处理线。钢材使用耐锈钢、喷抛丸后涂预涂底漆、车辆采用高性能重防腐涂料被称为提高铁道车辆防腐能力的三大措施，使车辆的涂装水平和整体防腐能力大大提高。近年来，随着我国客车新车种不断增加，客车涂装体系向着重防腐、多彩化方向发展。

客车涂装体系：由预涂底漆、防锈底漆和面漆组成。预涂底漆又称车面底漆，是只对钢材进行除锈后，在进行冷热加工组装成钢结构之前防止生锈而涂的底漆，是一种临时保护性底漆，它既要与钢材和防锈底漆结合好，又要具有一定的防锈能力。防锈底漆，都是采用环氧类的，特殊的车种采用双组分环氧防锈底漆。面漆是用于客车车体外部最后一道涂层，主要起抵抗大气老化和装饰作用。客车采用的面漆，基本上都是丙烯酸或聚氨酯改性醇酸面漆，准高速、双层客车等高档车采用双组分丙烯酸聚氨酯面漆或脂肪族聚氨酯面漆，其耐大气老化和装饰性等性能均优于醇酸类漆。沥青浆用于车体钢结构内部和底架的涂装，主要起防腐作用。

货车涂装体系包括底漆和面漆。主要注重外部，内部涂装较简单(罐车内部不涂漆，敞车内部要求简单)。货车种类较多，所用油漆也有较大的差别。目前使用的底漆主要有环氧酯和丙烯酸两类，面漆采用厚浆型醇酸漆，以提高防腐能力。冷藏车和家畜车，由于使用条件恶劣，防腐不同于一般货车，而类似客车。此外，运煤敞车由于苛刻的机械破坏和腐蚀环境，采用耐磨性、抗冲击性和防蚀性都较好的环氧沥青玻璃鳞片涂料等。

总之应根据车辆的结构、不同的用途和腐蚀情况，选择不同涂料配套涂装体系来达到防腐蚀的目的，从而保证车辆的使用寿命。

13.2.2　缓蚀剂防腐

内燃机车、空调、发电车的冷却水循环系统通常采用缓蚀剂防腐。该系统的缓蚀剂必须具有：

① 对多种金属都有较好的缓蚀效果。不仅对铸铁、铸钢、中碳钢、合金钢、紫铜、黄铜有较强的缓蚀效果，而且对铝和焊料等有色金属也要有较好的缓蚀效果。

② 不仅对均匀腐蚀、局部腐蚀有好的缓蚀性能，而且对空泡腐蚀也要有较好的缓蚀性能。

③ 价廉，来源广泛，且无毒或低毒。符合日趋严格的排放标准。

目前在我国广泛使用于内燃机车冷却系统的缓蚀剂主要是无机盐组成的复合缓蚀剂。

13.2.3　选择耐蚀材料

对于电气化铁道供电接触网的腐蚀问题，一般是从选材着手。如导线通常采用铜导线，而不采用铝导线以避免电偶腐蚀。吊弦视情况不同采用镀锌铁线吊弦、不锈钢吊弦、耐候钢吊弦、铜包钢吊弦、塑料包覆吊弦等。承力索采用镀锌多股钢绞线。定位器、腕臂采用镀锌钢管等。

13.3　铁路运输工业中防腐技术的发展动向

随着铁路列车高速、重载和城市轻轨铁路的发展以及严格的环保限制，对铁路运输工业的防腐蚀也提出新的要求。

(1) 长效型防腐层

铁路列车提速后，列车间隔时间越来越短，线路维护人员上路检修的时间越来越少，上路的危险性越来越高。为了保证运输的安全，必须提高运营线路、车辆的使用安全性，保证它们不被腐蚀所破坏。要求开发新的涂料品种、新的涂装体系，并引进更先进的技术。如车辆涂装中正在试用的氟碳涂料，钢桥涂装体系正在试用的自固型水性无机富锌涂料底漆、可复涂型脂肪族聚氨酯涂料长效型体系面漆等。同时也在引进采用电弧喷铝镀层为底层，采用涂料的复合涂装体系为面层等技术。钢轨扣件等部件正在试用粉末渗锌、多元气体共渗，离子氮化等表面处理技术来提高防腐性能。

（2）环保型防腐技术

目前的研发重点是环保型涂料。环保型涂料一般包括两个方面：一是其中挥发生成有机化合物含量（VOC）特别是有毒气体成分较低。二是重金属盐的含量低。因此在新制定的铁路车辆用漆供货技术条件（TB/T 2260 和 TB/T 2707）中规定了底漆的不挥发物含量不小于60%，其中环氧防锈漆的不挥发物含量不小于 80%，聚氨酯底漆的不挥发物含量不小于70%，均高于一般用途的产品。

第 14 章　合理的防腐蚀设计

在实际的工况条件下，人们直接遇到的是一个构件、一台设备或一套装置系统暴露在环境中或在实现某种生产工艺过程中的腐蚀，这套系统可以是由多种材料经设计、制造、组装而成的一个整体。因此要把装置的腐蚀作为一个整体加以考虑。尤其对于腐蚀较为严重的化工设备或装置来讲，如果只单纯地处理材料与环境作用而形成的腐蚀问题，那腐蚀控制的手段就只能从材料本性、环境和两相界面这三个方面去考虑。但对于材料已加工成的设备，即设备设计(包括设备结构、形状、加工及安装和布置等)也有效地影响着腐蚀。另外，为了实现一个既定的生产工艺流程，其中有的设备腐蚀难以解决时，只要在不影响生产产品的性能和质量的前提下，可以适当考虑局部改变工艺流程，同样可有效地减轻系统中设备的腐蚀难题。可见，实际生产中的腐蚀及其控制是个复杂的系统工程。

下面从防腐的角度出发，结合生产中的典型实例，重点讨论设备设计及工艺流程的考虑(工艺设计)对腐蚀及其控制的影响，阐明防腐结构设计和工艺设计，同样可以大大减轻甚至消除腐蚀造成的危害。

14.1　防腐结构设计

(1) 结构形式应尽量简单并合理

形状结构简单的构件容易采取防腐措施，便于排除故障、有利维修、保养和检查。因此在可能的条件下采用圆筒形结构要比方形或其他框架结构好。复杂结构往往存在许多缝隙、液体滞留部位等，那些地方容易引起腐蚀，特别是局部腐蚀，如图 14-1 所示。

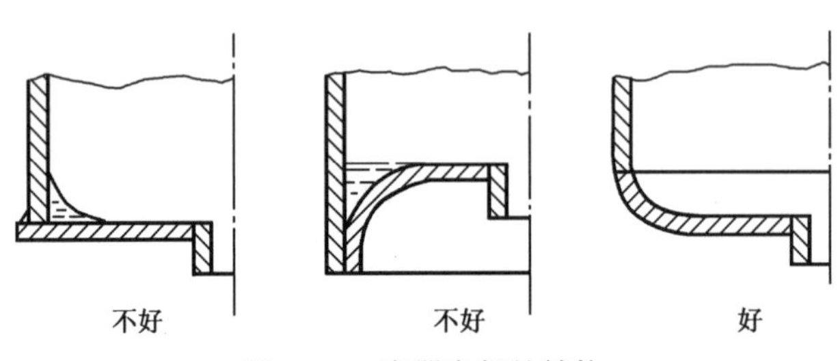

图 14-1　容器底部的结构

(2) 便于制造、维修或局部更换

由于腐蚀，设备的维修或局部更换往往是不可避免的。因此，可将易出故障的部位或将易发生腐蚀的部位适当集中，使本体部位简化，见图 14-2。

图 14-3 是生产聚乙烯醇的粉末分离器，含有乙酸的活性炭粉经过分离器时，下锥体部分因流速较大而产生了严重的腐蚀磨损，而上锥体部分腐蚀很轻，因此将原设计下锥体部分改成可拆换的部件，这样便于修补，比较合理。

(3) 消除滞流液、沉积物引起的腐蚀

设备中局部液体残留或固体物质沉降堆积不仅会在设备操作时局部增浓或富集，引起腐蚀，而且在停车时设备内残留液体会引起浓差腐蚀，如在液体滞留部位，有固体物质沉积又会引起沉积物腐蚀。因此，设计时要避免死角和排液不尽的死区以及液体流通不畅的间隙等。如图 14-4 所示。

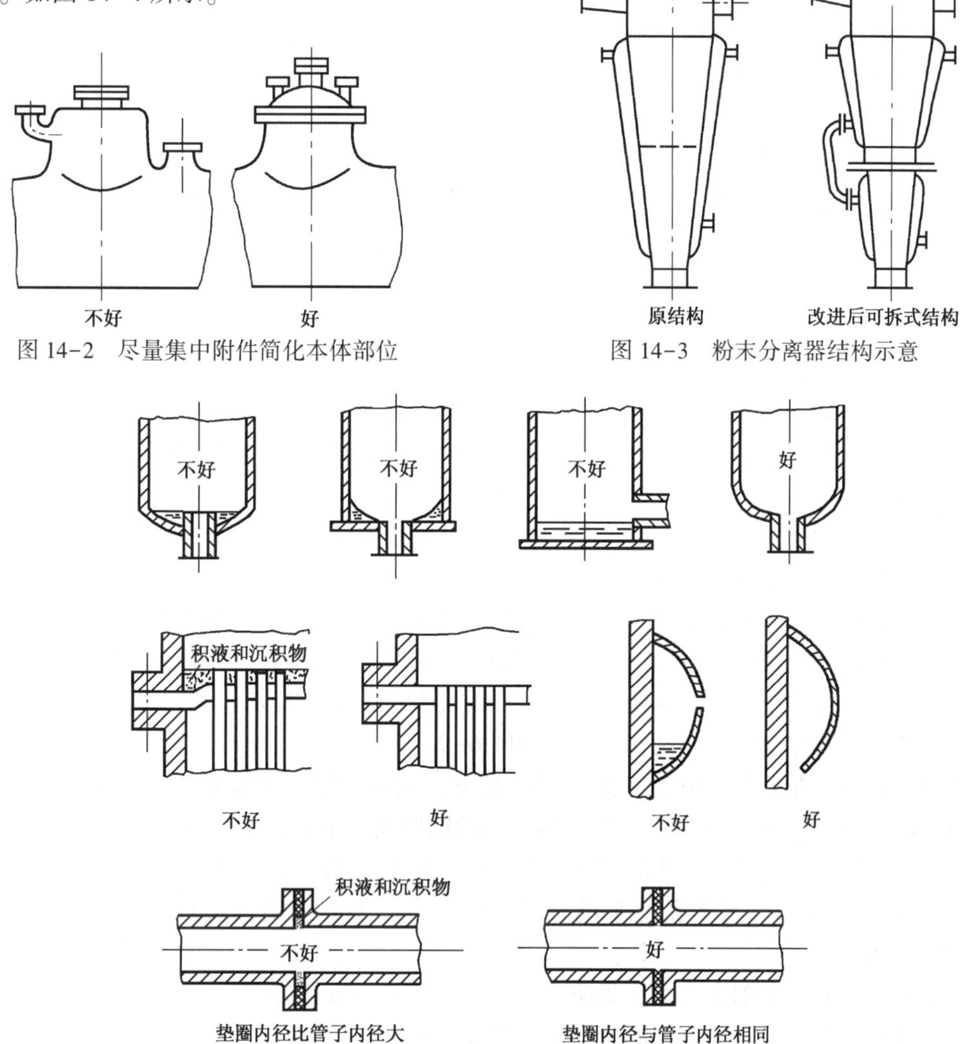

图 14-2　尽量集中附件简化本体部位

图 14-3　粉末分离器结构示意

图 14-4　避免滞流液和沉积物的结构

（4）防止不利的连接、接触方式引起的腐蚀

① 不同类型金属件彼此连接，尽可能不采用铆接和螺栓连接结构，而采用焊接结构。实际上，前两种结构的接触面上可能并没有紧密贴合，特别是板的边缘和垫片就显得更加突出。这样，液体(如降水、缝隙聚集液体等)会流入缝隙中或尘粒会聚集，从而引起腐蚀，如图 14-5 所示。

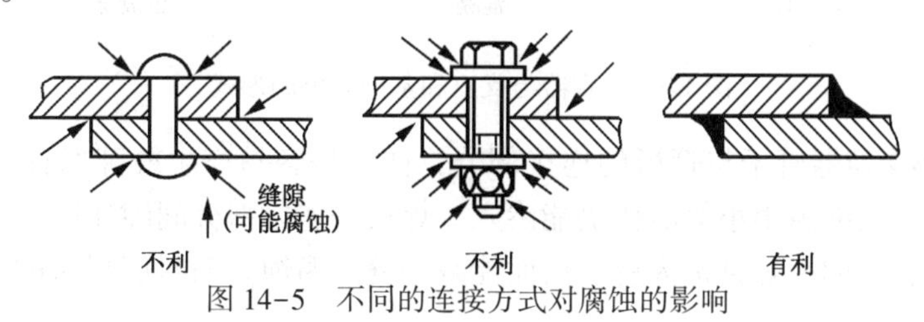

图 14-5　不同的连接方式对腐蚀的影响

② 焊接时尽可能采用对焊、连续焊而不采用搭接焊，以免形成缝隙腐蚀。或采取措施(如敛缝、锡焊或涂层等)将缝隙封闭起来，参见6.4.3中的图6-25。

③ 在设计带有垫圈垫片的连接件(如法兰连接)时，要注意垫圈的尺寸大小，垫圈尺寸过大，在零件边缘翘起，垫圈下易形成缝隙。垫圈过小时，脏物易嵌入，这些部位易造成缝隙腐蚀和孔蚀。垫片最好采用不渗透的材料，而尽可能不用纤维性的和有吸湿能力的材料。

使用垫圈时，尺寸大小应合适，用环形密封圈的结构更好。另外与加缓蚀剂的玛蹄脂层相结合的垫圈，对防止连接件连接处的腐蚀效果较好，其详细结构参见6.4.3中的图6-26。

④ 不同金属在腐蚀介质中连接时，应注意避免产生电偶腐蚀。一般要尽量选用在电偶序中电位相近的材料，如两种材料的电位差小于50 mV时不致引起太大的电偶腐蚀。当必须选用不同金属材料直接连接时，要用绝缘材料将两者完全隔离开，参见6.2.4中的图6-8。

图中(a)为钢板用铝铆钉连接，形成了小阳极-大阴极的危险结构，使铝铆钉腐蚀严重。

图中(b)为铝板用钢铆钉连接，铝板为阳极，因此钢铆钉头处的铝板产生了局部腐蚀。

图中(c)为钢板和铝板用铜铆钉连接。相对铜铆钉，钢板和铝板均为阳极，所以铜铆钉头处的钢和铝板均腐蚀。

图中(d)为钢板与青铜板连接，二者之间采用绝缘垫片隔开，同时螺钉、螺母也要用绝缘套管及绝缘垫片与主体金属隔开，以防电偶腐蚀。

当设计中有异种金属接触时，一定要考虑阴阳极面积比，一定要避免小阳极-大阳极的危险结构，特别对于紧固件(见6.2.2中的图6-5)更为重要。同样为了防止异种金属接触产生电偶腐蚀，也可采用耐蚀涂料使之与腐蚀介质隔开，此时应特别注意，涂料应涂在电偶对中贵金属部分，其详细情况参见6.2.4中的图6-9。

如果涂料只涂在电偶对中贱金属(碳钢)部分，则由于涂层大面积施工时不可能没有缺陷(如针眼、气孔)，缺陷部分露出基体相对不锈钢形成了小阳极-大阴极的结构，因而引起了保护涂层中的严重的孔蚀，使涂层下面的金属(碳钢)反而穿孔而泄漏。

⑤ 为避免容器底部与多孔性基础直接接触，而产生缝隙腐蚀损坏容器底板。可采用图14-6中的形式。

最好把容器放到型钢支架上。为防止流下的液体腐蚀容器底部，在容器外面还可焊上一个裙边。另外，如果把容器放到沥青层上也能显著减轻缝隙腐蚀。

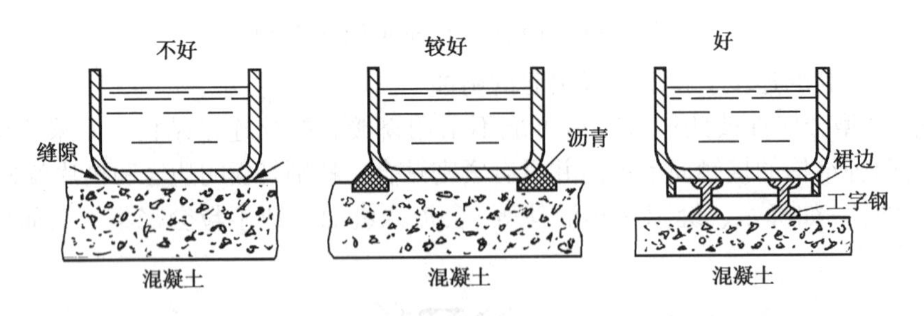

图14-6　容器与支座和基础接触的形式

⑥ 列管式热交换器管子与管板的连接部分，往往是容易产生缝隙腐蚀的部位。胀管法使管和板连接，其间缝隙很小但液体仍能渗入。焊接法连接部分间隙比胀管法大，易产生缝隙腐蚀，如将管板间的缝隙再扩大些，反而能减轻缝隙腐蚀。而封底焊法的连接，消除了管

板间的缝隙是最好的一种防蚀结构，见图 14-7。

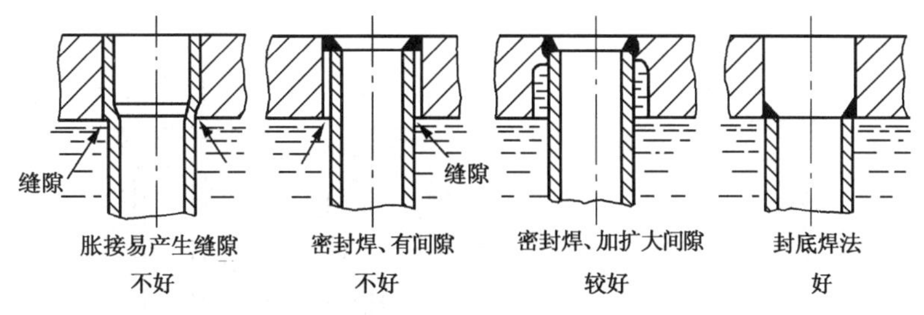

图 14-7 管子和管板的连接方式

(5) 避免冷凝液引起的腐蚀(露点腐蚀)

钢制烟囱的各节圆筒之间用增厚圆环连在一起，外部有绝热层防止散热。为了增加强度，其外再焊一圈加强筋，见图 14-8。实际上加强筋是起了散热作用。如果温度低于热烟气的露点，在此区域析出冷凝液而导致严重的露点腐蚀。应改进为不要采用起冷却作用的加强筋，全部应采用绝热层措施，防止热损失，不形成冷凝液，腐蚀轻微。

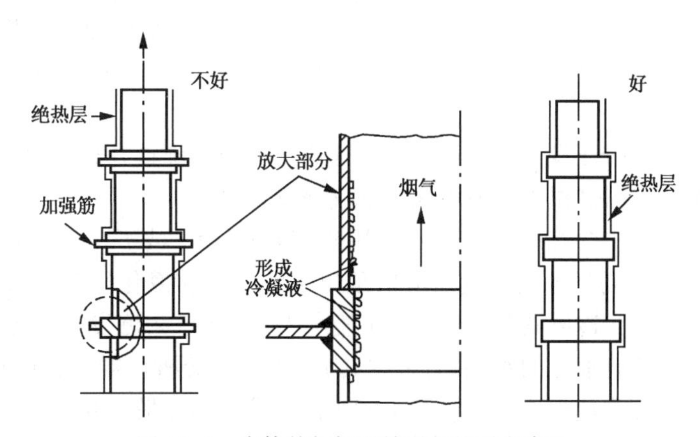

图 14-8 壳体外部加强筋引起的露点腐蚀

大型合成氨厂尿素合成塔顶部气相部分，由于有两个大吊钩(吊装用)露在保温层外，因而造成在塔的内部可以清楚地看到一个从吊钩内部发源顺流而下的冷凝液腐蚀沟，这也是由于吊钩散热使该处塔内的水汽冷凝所致。

此外，热管道的支承结构设计不合理也会发生冷凝液的腐蚀，见图 14-9。

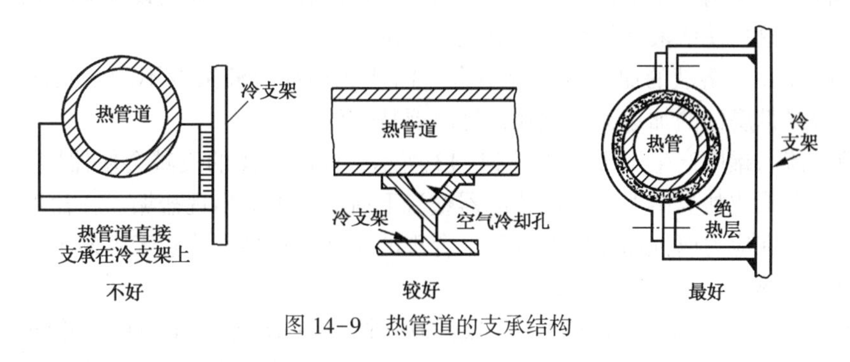

图 14-9 热管道的支承结构

可见，在温度和热量对腐蚀的影响中，传热面的腐蚀是一个重要的问题。腐蚀过程与通过的热流量有关，因此，在设计换热器、带夹套的反应釜时要仔细分析其影响，例如用双套管来干燥湿气体的情况，见图 14-10。

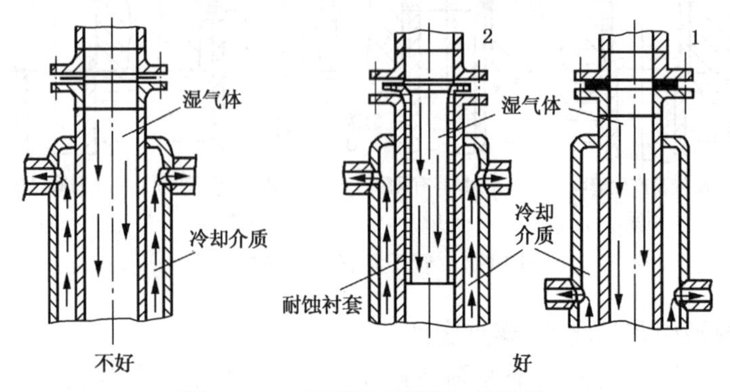

图 14-10　双套管干燥湿气体装置

用双套管装置来干燥湿气体是通过冷却使其中的液相冷凝而干燥气体。在设计套管时，应使被干燥的湿气体与冷却介质之间的热交换逐渐进行，否则会有冷凝液析出，造成严重的露点腐蚀。在套管上的排出管安装应留有一段缓慢流动段，则可使热交换缓慢进行(图中1)，以显著减轻腐蚀。可能的情况下，在套管内衬一个由耐蚀材料制成的衬套，以避免腐蚀(图中 2)。

特别要注意的是在带压设备中，由于蒸汽压高，介质的沸点升高，因此在很高的温度下就可能出现冷凝液，此时液温高，所以腐蚀速度非常快。

另外，还要注意气中含有痕量水时可能引起的腐蚀。例如某厂一分馏塔的进料，包括氟代烃、氯化氢气、痕量氟化氢及氯气。从塔顶出来的氯气和氯化氢气，通过盐水冷凝器降温。仅仅使用几个星期，冷凝器管子的冷端(盐水入口)从工艺侧发生腐蚀破坏。这是由于原来分馏塔的进气中含有痕量的水(百万分之几)，工厂的分析仪器没有检测出来。因氯气、氯化氢气和水汽的共存会使露点升高。气中的水汽在管子温度最低的部位冷凝，从而形成强腐蚀性介质，造成冷凝器管子腐蚀穿孔。

(6) 避免环境差异引起的腐蚀

环境差异通常是指温度差、浓度差和通气差等。基于这类原因会造成氧浓差电池或离子浓差电池，从而导致腐蚀。

图 14-11 中，由于设备的加热器位置不合适，造成了局部区域过热。由于温差不同，各处电位不同，产生腐蚀电池，从而加速了局部区域的腐蚀。正确的设计应将加热器置于容器的中央部位，这样使溶液加热均匀，避免了腐蚀。

图 14-12 是由于溶液的加料口位置不合适而造成局部溶液浓度不均，同样引起各处有电位差而导致局部腐蚀的加速，因此在设计时要特别注意。

如果液体流入罐中产生飞溅，如图 14-13 所示，此时液体的飞溅会使器壁上积聚凝液，溶液浓缩，甚至形成盐类结垢。液体若沿器壁流下后，也可能出现盐垢。在盐垢后面以及溶液的浓缩区，存在应力腐蚀和孔蚀的危险。合理的设计应将加液管置于容器中央，其管口接近液面或插入液体中。

如图 14-14 所示，为了减轻通气差引起的腐蚀，可在容器内加挡板，并使加液管插入液体中，避免液体扰动、喷溅，以减少空气夹带，从而降低腐蚀。

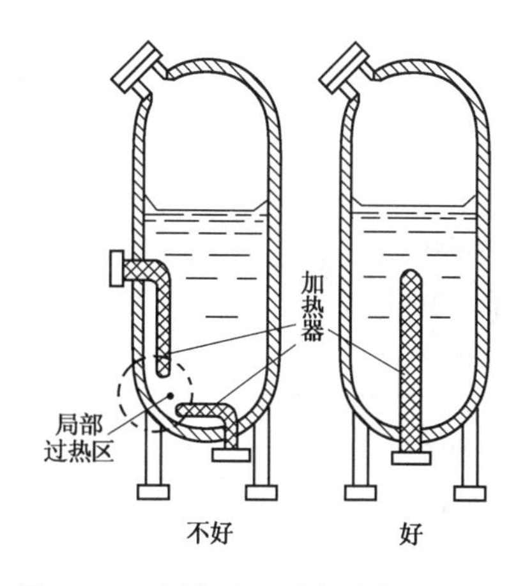

图 14-11　局部液温过高对腐蚀的影响

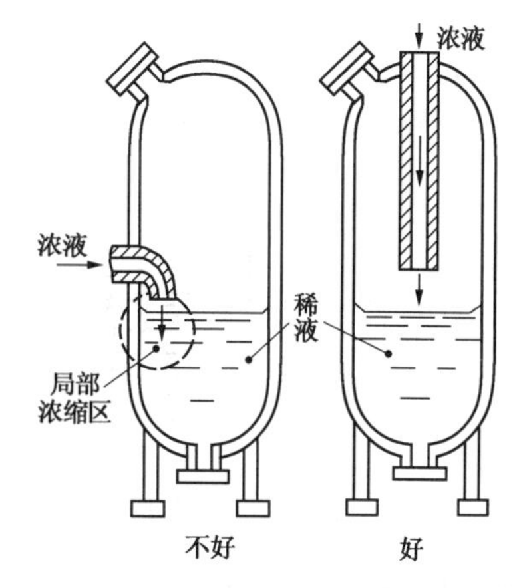

图 14-12　局部溶液浓度过高对腐蚀的影响

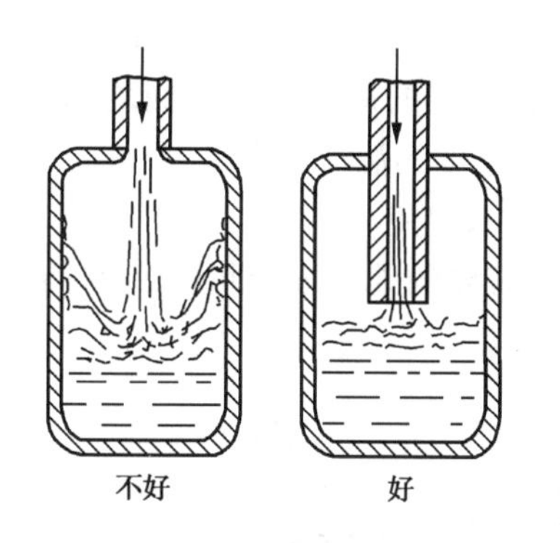

图 14-13　飞溅对腐蚀的影响

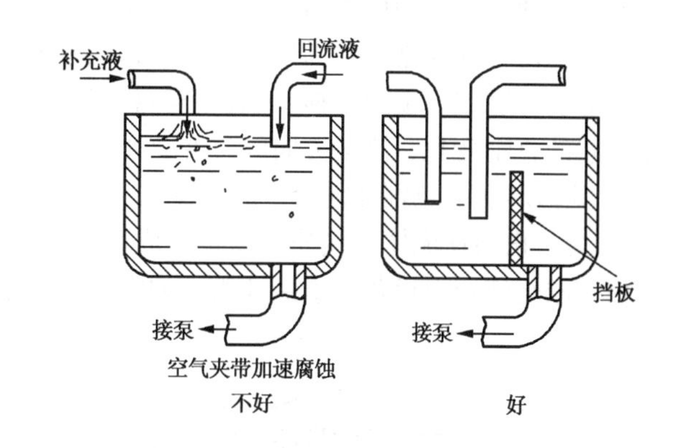

图 14-14　避免通气差的设计

（7）避免应力以降低应力腐蚀破裂的倾向

设计时应注意避免承载零件在最大应力点由于凹口、截面突然变化、尖角、沟槽、键槽、油孔、螺线等而削弱。

为了降低应力集中，减小应力腐蚀倾向，零件在改变形状或尺寸时，不要有尖角，而应有足够的圆弧过渡，见图 14-15(a)。

焊接设备时，应尽可能减少聚集的、交叉的和闭合的焊缝，以减少残余应力，见图14-15(b)。

材料厚度不同时，焊接会使薄的部分发生过热区，设计时应考虑厚度尽可能差不多以减

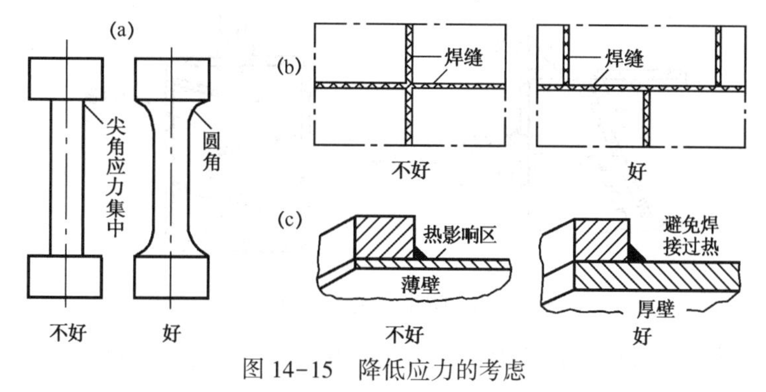

图 14-15　降低应力的考虑

少热应力，如图 14-15(c)所示。

另外，在安装设备连接时，不要把受腐蚀作用的设备，刚性地附接在遭冲击载荷构件上，应用具有弹性的结构相连接，如图 14-16所示。

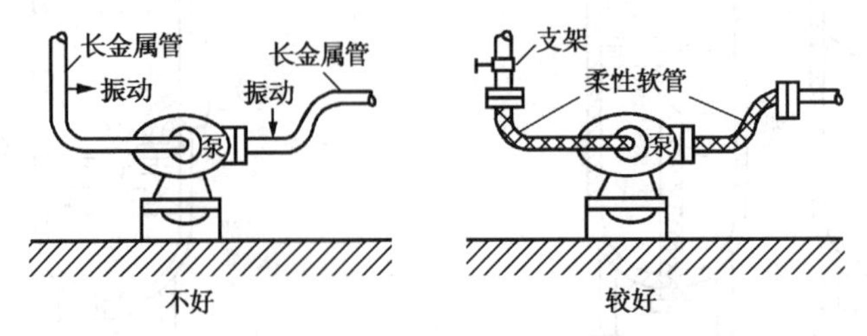

图 14-16　避免受腐蚀设备遭冲击载荷的连接

(8) 避免腐蚀介质流动引起的腐蚀

通常腐蚀随流速的增大而严重，特别在高速流动的情况下，流动形态已由层流变成了湍流，不但均匀腐蚀加剧而且局部腐蚀的敏感性也随之增大。因此，设计时为避免不合适的流动形态对设备造成严重的磨损腐蚀，应注意流速最好控制在一定的适当值以下而均匀流动，避免形状的急剧变化、流动方向的急变及死角等，以防引起过度的湍流、涡流。

① 几何形状的急剧变化会引起涡流，见图 14-17，应力求避免。

② 为防止高速流体直接冲击设备造成磨损腐蚀，可在需要的地方安装可拆卸的挡板或折流板以减轻液流对设备的直接冲击，如图 14-18 所示。

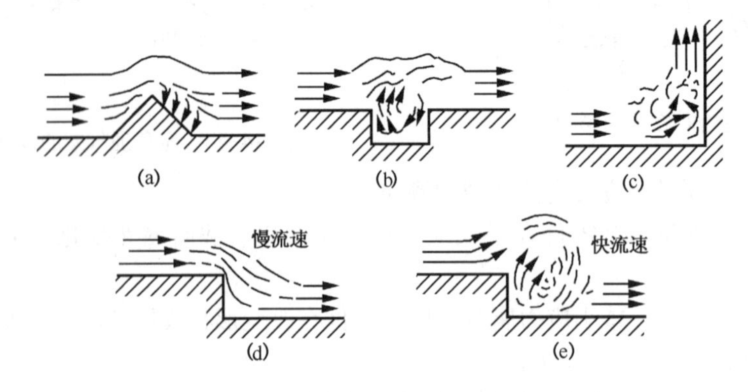

图 14-17　几何形状的急剧变化引起涡流的示意

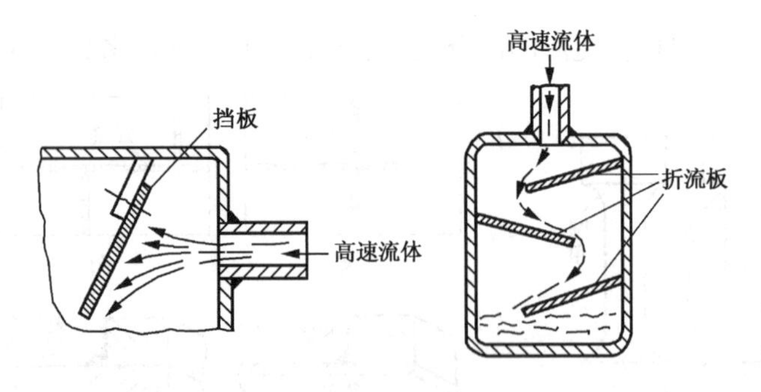

图 14-18　防止高速流体冲击设备

③ 在管线系统中，截面需开孔而可能形成湍流时，应选择对流体阻力较小的结构，如

用文丘里管就比用孔板为好，见图 14-19(a)。管线的弯曲，应尽量避免直角弯曲，通常管子的弯曲半径应为管径的 3 倍左右，该值因材料不同而有所不同。对软钢和铜管线取弯曲半径为管径的 3 倍，90/10 铜镍合金管线取 4 倍，强度特别小或高强钢则取管径的 5 倍，见图 14-19(b)。总之，流速越高应取的弯曲半径也越大。

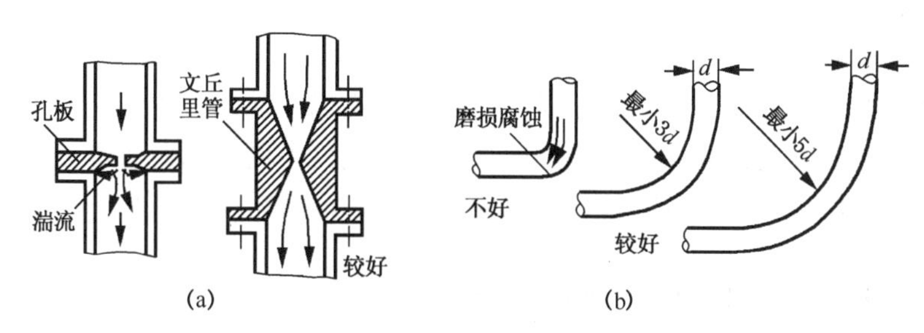

图 14-19　减轻涡流产生的设计

在高流速管线的接头部位，不应采用 T 型分叉结构，尽量采用曲线逐渐过渡的结构，如图 14-20(a)所示。若在管线中安装孔板流量计时要应注意安装的位置，应距离管线转弯处一定长的距离，以保证均匀平稳的流动状态，从而减轻管中的磨损腐蚀，见图 14-20(b)。

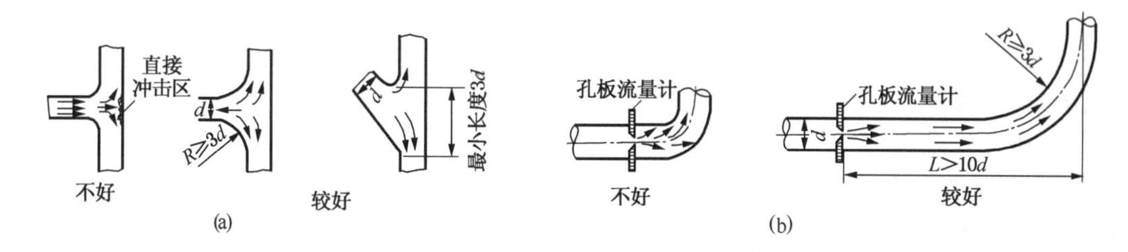

图 14-20　合理的管路设计以保证合适的流动形态

14.2　提高机械加工水平

14.2.1　焊接对腐蚀的影响

在焊接过程中产生的表面缺陷、组织变化及残余应力对材料的腐蚀性能有影响。

(1) 焊接缺陷的影响

对腐蚀性能影响较大的焊接表面缺陷有焊瘤、咬边和喷溅及根部未焊透等。

焊接电流过小或焊接速度过慢时，易产生焊瘤，它是熔敷金属堆到未熔化的母材边界上所造成，见图 14-21(a)。焊瘤与母材间会形成缝隙，也能形成应力集中。

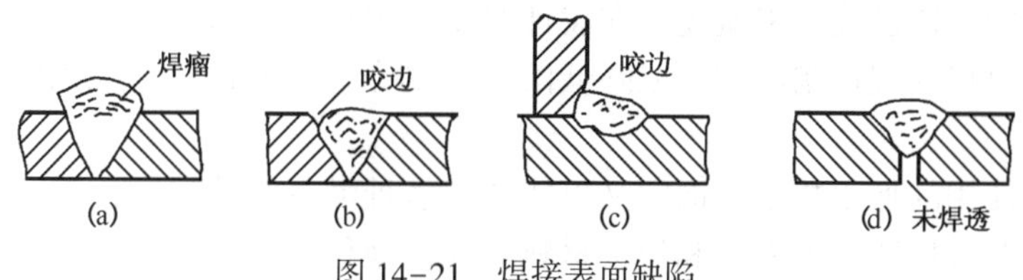

图 14-21　焊接表面缺陷

焊接电流和焊接速度过大，以及角焊时焊条角度不适当都可能产生咬边，它是焊缝边界区的母材因焊接时电弧的作用挖成的槽，如图 14-21(b)、(c)所示。咬边也是形成应力集中的根源，它的凹陷也会形成缝隙而引起缝隙腐蚀。

喷溅是熔融金属的小粒子飞散后附着在母材表面。其产生的原因是黏性熔渣、电流过大、夹有水分和电弧过长及焊接角度不适当等。喷溅和母材间也会形成缝隙而引起沉积物腐蚀。

另外，焊缝未焊透造成的缝隙和孔洞也能形成缝隙腐蚀，如图 14-21(d)所示。

设计时，应规定合理的焊接工艺，焊后应对焊缝进行仔细打磨除去喷溅物，可改善焊缝的抗应力腐蚀和缝隙腐蚀的性能。

(2) 焊接热影响区组织变化的影响

在焊接过程中，靠近焊缝处的基体很快被加热到高温，而后又逐渐冷却下来，随与焊缝的距离不等，基体金属上各部分的加热温度、冷却速度就不同，因此各部分的组织也就不相同。靠焊缝近处，在高温停留时间长，晶粒变得粗大，而且组织也不均匀，所以其机械性能和耐腐蚀性都较差些。

热影响区的大小对金属的性能影响关系密切。通常，热影响区越小，焊接时产生的内应力越大，易出现裂纹。反之，热影响区越大，减小了热应力。所以，在焊接时产生的内应力不足以形成裂缝的条件下，使热影响区越小越好。

(3) 焊接对不锈钢耐蚀性能的影响

对奥氏体不锈钢，在焊接过程中，焊缝附近产生高温粗晶区，而在 600~850℃的温度区间内，沿晶界析出碳化铬，使处在敏化温度范围内的焊缝热影响区会产生晶间腐蚀，又称焊缝热影响腐蚀，在靠近焊缝处有时也发生刀状腐蚀。

对铁素体不锈钢，焊接时由于在熔合处母材晶粒长大，使焊接接头韧性降低，由于铁素体不锈钢敏化温度在 925℃以上，故在邻近熔合线处可产生刀状腐蚀。

(4) 焊接残余应力对应力腐蚀的影响

由于焊接时局部加热及焊缝金属的收缩而引起的内应力称为焊接残余应力。其数值通常是很高的，最大值甚至可以接近板材的屈服极限。如处在特定的介质中，就可能引起焊缝区的应力腐蚀破裂。尤其是将冷加工而使屈服极限上升的不锈钢板材进行焊接时，焊接残余应力能上升到已经提高了的屈服极限左右，这时的应力腐蚀有可能处于更危险的状态。例如，某树脂厂烧碱车间生产的碱液通过管道输送到储罐，经泵加压再分别输送到各厂用，碱管总长 3600 m。碱液为 30%左右的 NaOH 溶液，杂质为 NaCl(含量小于 5%)。碱液温度为常温，压力 1.2MPa。在冬季为防止管内物料结晶堵塞，设计了蒸汽(压力为 0.8MPa)伴热管。使用一段时间后，发现从泵站到各厂输送管线发生泄漏，尤以冬季开伴热蒸汽后泄漏更是频繁。泄漏处管上有穿透裂纹，宏观裂纹平行于焊缝，距离 7mm 左右，这是碳钢管道在 NaOH 溶液中发生应力腐蚀破裂——“碱脆”的腐蚀事例。由于管道焊缝存在焊接残余应力，NaOH 浓度为 30%，采用蒸汽伴热，对溶液温度又不测量和控制，因此温度过高，超出了碱脆发生的界限，导致破裂发生。

解决这个问题应通过设计来避免。在设计时规定焊接后应消除残余应力；也可改变加热方式，不使用蒸汽伴热或控制温度；或降低溶液中的杂质 NaCl 含量，使溶液不结晶而不需要伴热。

焊接是广泛使用的加工技术，而它又可能造成多种潜在腐蚀问题，所以设计时应予以高度重视。焊接需要选择适当的方法和焊接材料，并按规程认真操作，防止焊接缺陷，焊后进行处理，消除产生对材料耐腐蚀有害的影响。

14.2.2 铸造对腐蚀的影响

一般说来，在材质和介质条件相同的情况下，铸钢件比轧材的耐蚀性要差。其主要原因是铸造质量引起。生产中绝大部分的不锈钢铸件是由于缩孔、气孔、砂眼和夹渣等铸造缺陷引起腐蚀渗漏而报废。铸件厚度相差太大的部位，因冷却速度不均造成内应力过大而产生裂纹，并易造成缩孔。因此，除了要改进铸造工艺、调整铸钢成分设计外，在结构设计时，应避免尖角、厚度的突变等。

14.2.3 冷热作成型对腐蚀的影响

冷作加工时，常产生较大的残余应力，加工程度大冷作硬化性高时，残余应力更高，对腐蚀的影响也大。例如热交换器管端的胀管部分，腐蚀更为显著。核电站的高压水加热器中，蒙乃尔合金制作的U形管的弯曲部分容易产生细微的裂纹等。冷作产生的残余应力会促进应力腐蚀。

热加工虽然引起的残余应力较小，但加热不均匀、不适当的冷却操作及升温受约束均可产生危险的残余应力。不锈钢在敏化温度范围内加热可能产生晶间腐蚀倾向，热加工还可能引起碳钢的脱碳等。因此设计时，应注意选择正确的热加工工艺。对不锈钢应选择适当的加热温度和时间，避免在敏化区进行处理。

14.2.4 表面处理对腐蚀的影响

通常钢(尤其是不锈钢)的表面质量越好、越光洁，则耐蚀性越好，设备或零件在制造过程中，表面往往有熔渣、污物、氧化皮、擦伤和划痕等，这些部位有可能成为产生浓差电池，成为局部腐蚀的诱发中心。例如，某厂使用的加热盘管外用304型不锈钢包覆，在海边附近的工地上储存了几年后被使用。安装时发现有将近20%的加热管已破裂，很多部位出现裂纹，经检查，盘管表面多处有红棕色锈点，裂纹从锈点开始。这是由于不锈钢盘管表面在加工过程中受到铁颗粒污染，在潮湿的海洋大气条件下铁颗粒生锈，腐蚀产物易吸湿，从而引发沉淀物下腐蚀，同时加速氯离子吸附和浓缩，最终造成严重的应力腐蚀破裂。又如某厂一条304型不锈钢管线在试压时就发生泄漏。检查不锈钢管表面，发现存在大量纵向划痕，划痕上已经生锈，泄漏从此锈点开始，除去锈点，便暴露出裂纹。原因是该不锈钢管在加工时，使用了碳钢夹具，造成不锈钢表面磨损、划痕和铁颗粒的嵌入。在暴露潮湿的大气中后，划伤区生锈，导致应力腐蚀破裂的发生而使管道出现裂缝并泄漏。

以上事例说明，在不锈钢设备加工制造过程中，要注意防止表面损伤和沾污，特别要防止铁颗粒的污染和环境中有活性氯离子的存在。这是因为不锈钢的耐蚀性来自容易钝化、表面生成的一层保护性表面膜，这些因素可造成钝化膜的局部破坏，从而引发孔蚀、缝隙腐蚀、应力腐蚀破裂等局部腐蚀。

此外，在不锈钢加工时切记不能使用钢丝刷，碳钢夹具等工具，否则会造成表面铁颗粒污染而构成恶劣的局部腐蚀条件。所以保持不锈钢管道、设备表面均匀洁净，对提高钝化膜的稳定性，防止局部腐蚀产生至关重要。所谓不锈钢，必须洁净才能“不锈”。

14.3 合理的工艺设计

实际的生产是复杂的，尤其是化工生产。化工的工艺流程也是各种各样的，不同的工艺流程处理的是各种不同种类、不同浓度、温度和压力各异的化工介质。它们对各种材料及其制成的各种设备具有不同的腐蚀性能。

实践已表明设备的选材、设计、制造、安装对其耐蚀性能有很大影响。但设备是在一定的工艺流程中在具体的工艺操作参数下运行的，所以说“腐蚀发生在设备上，但根子往往却在工艺上”。事实上，不少腐蚀问题是与化工工艺流程分不开的，如果工艺流程和布置不合理，则很可能造成许多难以解决的腐蚀问题。因此，在化工工艺设计的同时，必须充分考虑腐蚀发生的可能性及防护途径。否则，腐蚀问题解决不了，再先进的新技术、新工艺就无法实现。例如，热法联碱工艺较冷法流程短，但生产过程中高温氯化铵浓缩对设备的腐蚀极为严重，因而难以推广。再如甲醇低压羰基化制乙酸工艺，实验室试验已完成，但主反应器的腐蚀条件极为苛刻，使工业化难以实现。

(1) 除去气体中的水分以降低腐蚀性

常温下干燥气体对金属腐蚀很小，而气体中夹带水分时，腐蚀就会很严重，在设计时，为了防腐就必须在工艺流程中增加冷却和干燥设备以除去气体中的水分。

例如在氯碱生产中，常温干燥氯气和氯化氢气体，只引起金属的轻微腐蚀。而带有水蒸气的湿氯气会发生水解，生成盐酸和次氯酸，次氯酸又可分解放出新生态氧，这些介质的腐蚀性极强。为了避免湿氯气对后序氯加工系统的腐蚀，故需用浓硫酸干燥，除去其中的水分，其干燥过程见本书 9. 4. 4 节。

(2) 高温度使气体中水分蒸发或不能冷凝，以降低腐蚀

合成氨生产的半水煤气变换系统中，在进入变换炉之前，半水煤气与水蒸气按一定比例混合后的原料气，要先加热到一定温度。原设计是用一段变换炉出来的高温变换气在热交换器中加热原料气。由于原料气中含有大量的水，半水煤气中的硫化氢和二氧化碳使水带有微酸性，再加上气流的冲刷及胀管时形成的残余应力等因素，使换热器的腐蚀非常严重，曾被称为氮肥中三大腐蚀问题之一。

列管腐蚀的关键是混合后的原料气温度偏低，带有水分，因此解决问题的途径就要提高半水煤气的温度，以消除所带的水分，使半水煤气干燥，将严重的电化学腐蚀转化成很轻微的化学腐蚀。具体的做法如图 14-22 所示，将饱和蒸汽先通增设的蒸汽预热器过热至230~240℃再进入混合器与半水煤气混合，将原料气由 180℃提高到 200℃，消除了水分，使热交换器的腐蚀显著减轻。

可见，气体中的水分在工艺流程中存在的状态及其变化，对设备的腐蚀至关重要，若不注意后果严重。

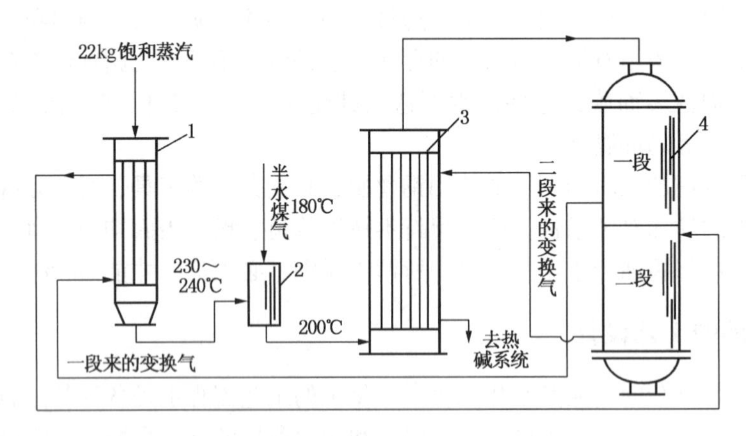

图 14-22 增设蒸汽预热器的加压变换系统

1—蒸汽预热器；2—半水煤气、蒸汽混合器；3—热交换器；4—变换炉

燃气采暖炉的热交换器的腐蚀就是一例。

原设计中排出烟气的温度较高，热交换器中没有水冷凝，腐蚀轻微。某公司设计的 LENNOX G21 采暖炉，为了提高热效率，将其中换热器排出的烟气温度降至 30~50℃，同时

还将热交换器的材质档次提高，采用了 304L 不锈钢，并保证使用寿命达 15 年。可在使用 3~7年间的采暖炉中抽查了 70 台，竟发现有 35 台泄漏，损坏率达 50%，未查的百余台亦处在泄漏的临界状态。经检测，由于设计时降低了烟气的排出温度，造成换热器管内有冷凝液产生，燃气中又有杂质 Cl^- 和 S^{2-} 并溶于冷凝液中，加剧了腐蚀。尽管炉子夏季不工作，但热交换器内的腐蚀状态保持着，使不锈钢换热管发生严重的孔蚀(尤其在弯管部位)，导致多处泄漏。这不仅造成经济上的巨大损失，而且烟气窜入室内，严重威胁着人的生命安全。这是一项盲目追求热利用率的错误设计。

(3) 去除对腐蚀有害的成分降低腐蚀

原油中的主要成分是各种烃类，这对金属设备不产生腐蚀，但在采油过程中带入了水分、盐类等，在原油炼制过程中会转成对腐蚀有害的物质。近年来，又引进了中东的含硫原油，造成了石油炼制过程中存着一系列的严重腐蚀问题。为解决这一问题，针对腐蚀的有害成分采取了工艺性防腐措施——“一脱四注”，具体程序见本书 10.5.3 节，有害成分的去除，有效地降低了腐蚀。

(4) 改进工艺流程防止腐蚀

有些时候，设备的腐蚀问题，难以从选材、设备设计上去解决，如在不影响产品质量的前提下调整工艺，往往可以取得事半功倍的效果。尽管调整工艺会对生产带来些不便，甚至有些不利影响，但如果设备腐蚀问题得不到解决，对生产的影响会更大。

例如某厂乙酸蒸发器用 0Cr17Ni14Mo3 不锈钢制造，操作压力 0.08MPa，操作温度 135~140℃，乙酸蒸汽进混合器与乙炔混合。由于乙酸温度高，以及压力、冲刷等因素联合作用，0Cr17Ni14Mo3 不锈钢也只能用几个月就腐蚀破坏。

后来改进了工艺流程，将乙炔气直接通入蒸发器，使乙酸的蒸发温度下降到 80~85℃，使蒸发器的腐蚀大大减轻，如图 14-23 所示。

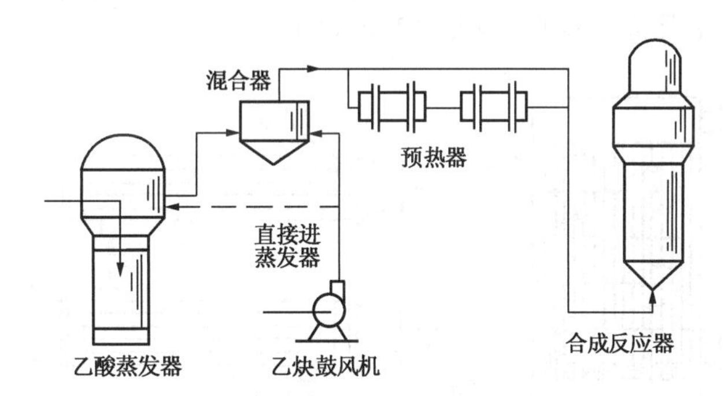

图 14-23　聚乙烯醇生产流程的改进(减轻乙酸蒸发器的腐蚀)

通常，温度对金属腐蚀的影响是很大的。大多数情况下，温度升高都使金属腐蚀速度增大。有时温度只升高几度，可使金属的腐蚀速度增大几倍，材料由耐蚀等级降为不耐蚀。因此，选材时应对材料服役的环境温度限制给予足够的重视，否则会造成设备的严重腐蚀破坏。

上述解决方案很理想，修改了的工艺路线是将乙炔气直接通入蒸发器，使蒸发器内乙酸蒸汽的分压减小，随之乙酸的蒸发温度也就降低。这样，既解决了蒸发器的腐蚀，又不影响生产。这是通过工艺改造成功解决设备腐蚀问题的一个典型事例。

生产工艺与设备腐蚀有着密切的关系，因此，在为了生产必须改变工艺时，一定要分析对设备材料腐蚀可能造成的不利影响，否则会造成意想不到的腐蚀问题。例如：

某厂高压蒸汽管道的膨胀节是用 321 型不锈钢(0Cr18Ni11Ti)制造，发生破裂事故，新换一个同质的膨胀节，10 天后又发生了破裂，将材质改为 Inconel 600 (0Cr15Ni75Fe)，使用 8 天后也发生破裂。经鉴定，为苛性应力腐蚀破裂(碱脆)。这是由于锅炉水处理工艺改变，除氧剂由亚硫酸钠改为联氨所致。

锅炉的腐蚀是水中的溶解氧造成的，化学法除氧是用药剂与氧反应将氧消耗掉，常用亚硫酸钠和联氨。亚硫酸钠与氧反应转变为硫酸钠，其缺点是增加了水中的含盐量，在温度较高时亚硫酸钠还可能分解生成有害物质 H_2S 和 SO_2。而联氨与氧反应生成的是氮气和水：

$$N_2H_4+O_2 \longequal N_2+2H_2O$$

它的优点是不会污染水质。本事例中，只考虑到联氨的优点，将水处理工艺用亚硫酸钠改为联氨来除氧，可联氨是一种碱性物质，用作膨胀节的波纹管在加工成型过程中产生了很大的残余应力，在波纹管的峰顶碱容易潴留。除氧工艺的改变，虽然可以提高除氧的质量，而对膨胀节波纹管却造成严重的腐蚀破裂，反而使生产不能正常运行。

(5) 工艺设计改进与设备结构设计改进相结合以降低腐蚀

国内大中型合成氨厂过去使用的压缩机三段出口冷却器均采用直立式列管冷却器，水走管内，经过脱硫变换的半水煤气走管外(管间)，并沿挡板作“S”形流动。由于管外气体中含硫化物浓度高达 1 g/m³ 以上(当硫化物浓度>60 mg/m³ 时，碳钢的腐蚀速度随浓度增加而急剧增大)，使管间腐蚀严重。其腐蚀产物是一种片状、疏松、多孔、附着力很差的多硫化铁，且体积比碳钢大 2.5~4 倍，由于管间距离很小，挡板又多，腐蚀产物不能很好排走，很快又造成管间的严重堵塞。除了腐蚀堵塞外，这类冷却器由于在脉冲气流冲击下，管子不断振动，并被挡板孔眼处磨损成环状缩颈而穿漏，使用寿命很短，检修频繁，严重影响生产正常运行，见图 14-24(a)。

改进后的新设计主要特点如下，见图 12-24(b)。

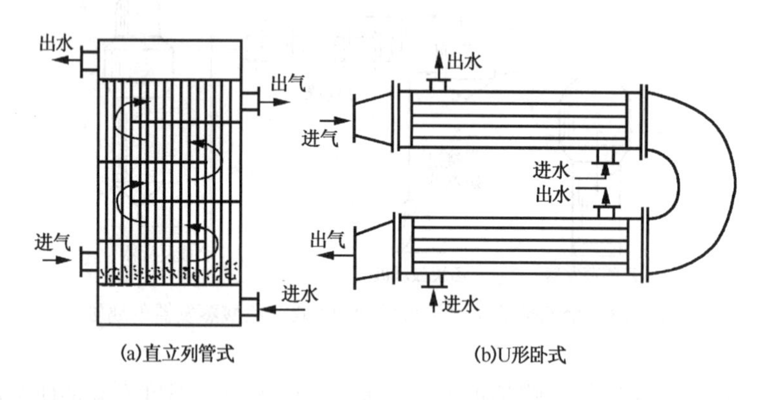

图 14-24　压缩机三段出口冷却器

结构改进：将直立式改成 U 形卧式结构。

工艺改进：将气走管间改走管内，水则走管间。

将气体流速从 3~4 m/s 提高到 8 m/s。

气走管内(气体压力为 2~3MPa)，可避免气体冲击所引起挡板对列管的磨损，同时可减少外壳的厚度。既可省钢材，又可避免对壳体进行高压密封时遇到的问题。

采用卧式结构，同时提高气体流速并走管内，流道畅通，这就能使冷凝下来的腐蚀介质、腐蚀产物及污垢能迅速而及时从冷却器中排走。既能减轻腐蚀又可避免堵塞，可长期保持较好的冷却效率，大大延长了检修周期和设备使用寿命。

（6）严格工艺操作、设备运行和维护以免腐蚀事故的发生

工艺条件对设备材料的腐蚀往往起着决定性的作用。而设备的选材、结构和强度设计都是以工艺设计为前提，但必须与腐蚀控制要求相结合。尤其是新技术、新工艺的开发，往往需采用更强的工艺参数，因而也意味着更严酷的腐蚀条件，因此兼顾工艺要求和腐蚀控制要求的工艺参数是否恰当，操作是否平稳，维护是否良好，都会影响到设备的耐蚀性能和使用寿命。工艺操作参数也是设备所处的腐蚀环境参数，如果实际环境条件超出了设备的耐蚀性环境条件的范围，必然会造成设备过早的腐蚀损坏。

① 规范操作规程，工艺参数的指标应在设备材料耐蚀环境条件范围内。在设备运行中，必须严格按照操作规程控制工艺参数，保持操作平稳，防止工艺参数大幅度波动。由于工艺参数大幅度波动，如超温、超压、超流量，将使设备腐蚀环境严重恶化，腐蚀破坏加速，甚至导致设备穿孔、破裂等酿成大事故。例如某厂引进 30 万吨/年合成氨生产装置中的脱碳塔，采用五氧化二钒(V_2O_5)作为缓蚀剂防腐，保持 V^{5+}/V^{3+}在一定比例，防腐效果很好。由于操作不当引起 V^{5+}量偏低，竟达一星期之久，最终导致全塔严重腐蚀并堵塞，被迫全厂停产检修，造成的经济损失巨大。又如维尼纶厂的乙酸提浓塔，是聚乙烯醇装置中的一个重要设备，进料为浓度 50%左右的无氧乙酸，塔釜为浓乙酸(浓度在 96%以上)，介质呈还原性。塔内温度 92～123℃，塔体和筛板材质用纯铜。投产后由于操作波动大，开停车频繁，使物料中进入一定量的氧，使铜产生了严重的腐蚀，不到两年，塔体多处腐蚀穿孔导致泄漏，下部塔板被腐蚀殆尽。后来操作稳定，腐蚀情况得到了明显改善。因为无氧的还原性介质乙酸中，铜的耐蚀性能优良。

当原料来源改变，工艺水水质改变时，要分析是否含有害杂质，要弄清原料成分的变化及对腐蚀的可能影响。例如氮肥生产以煤、重油或天然气为原料，这些原料中的含硫量不同，对设备的腐蚀影响很大。应掌握变化，事先采取措施，才可以防患于未然，保持生产过程的平稳正常。

尤其要注意的是，对不锈钢设备，要严格控制工艺水或冷却水中的氯离子的含量，这已是腐蚀控制的一个常识。过去有的厂硝酸生产中所用吸收水，因含氯离子超标，造成了不锈钢硝酸吸收塔的严重腐蚀，底部只剩下很薄的一层。又如某染料厂硫酸系统中，接触浓硫酸溶液的不锈钢装置，加工制造后试水压时，由于没遵守试压水中 Cl^-的限制(应低于 1mg/L Cl^-)，而是用普通自来水(Cl^-含量为 16～20mg/L)进行了水压试验，泄水后该设备放置了 3 个月，等到安装时发现多处破裂而报废。这是由于积聚在设备死角、缝隙处的水，逐渐蒸发，Cl^-浓集导致产生了应力腐蚀破裂。这些教训是很深刻的。

② 制订正确的开工、停工程序，以减轻对设备造成的腐蚀危害。通常在设计中主要顾及的是正常操作时的工艺参数，而开工-停工过程由于操作波动，往往出现异常情况，很容易出现对设备造成正常操作中没有的腐蚀问题。

开工时，事先应分析工艺参数的变化，采取措施，努力保持操作平稳，避免工艺参数大幅度长时间超标，以防不利影响。停工后，注意对设备内的存液、废渣、废气、废水即时排放干净。对有些设备(如锅炉等)在停工期间还要注入停炉保护剂(缓蚀剂或惰性气体)以避免生锈。对停工后需要清洗的设备，要严格按操作程序进行。例如浓硫酸设备把酸泄空后必须用水清洗干净，否则浓硫酸的吸湿性很强，会使浓硫酸稀释变成稀硫酸，使腐蚀大大加

剧。而对不锈钢或钛制热交换器管子表面垢层清洗时，切记不能用钢丝刷或用铁制工具硬性刮擦，以避免造成表面铁污染，导致严重的局部腐蚀。

③ 设备运行期间，要注意观察腐蚀迹象，并做好记录，以分析设备腐蚀情况，为改进耐蚀材料、防腐设计和防腐技术积累充分的资料。由于设备的腐蚀是在设备运行过程中进行和积累的，腐蚀的变化也是随着生产过程而发生的，腐蚀的后果总会引起一些可能观察到的异常。如尽早发现，可以及时采取补救措施，避免突发的腐蚀破坏事故。一旦设备发生腐蚀破坏事故，为了找出原因，有关的工艺操作记录和观察的现象都是必不可少的宝贵资料。所以，操作人员应加强腐蚀与防护知识，了解生产设备的腐蚀与防护，提高防腐管理工作水平。

④ 对于使用防护技术的设备，良好的腐蚀控制和维护是发挥最佳保护效果的有力保证。例如：

有表面覆盖层的设备(尤其是非金属材料衬里的设备)，要防止温度的急剧变化、强烈的机械振动，禁止敲打和施焊，以免影响覆盖层和基体的结合，造成覆盖层破裂、变形和脱落。

使用缓蚀剂保护的设备，要严格控制缓蚀剂的浓度和使用条件，防止因浓度偏低造成保护效果降低或甚至完全丧失。尤其对于氧化型的缓蚀剂浓度过高与不足都会使腐蚀增大，而且浓度过低时不仅不起缓蚀作用反而会加速腐蚀。

对采用电化学保护的设备，要进行严格的科学管理，使设备的电位处于最佳保护电位范围。特别是阳极保护，技术要求高，最好有专人负责，要保证控制电位在稳定的钝化区，防止局部表面活化引起全设备的电解腐蚀。在 20 世纪 70 年代小氮肥推广碳化塔阳极保护技术中，当时的小氮肥厂原料困难，焦炭质量难保证，导致碳化液中含 S^{2-} 高，操作本身也不易稳定，加之操作人员缺乏必要的阳极保护知识和严格的维护管理，经常使碳化塔局部活化引起全塔活化溶解，反复的钝化和活化操作导致塔的某些部位局部穿孔使之被迫停止，对推广工作带来极大的不利。其教训也是很深刻的。

总之，在现代设计工作中，获得必不可少的腐蚀及其控制的综合知识是十分必要的。面对生产实践，涉及的腐蚀问题各种各样，靠任何单一个专业的设计者来完成是很困难的，因此工程设计人员要与腐蚀控制的设计者相互交流、密切合作，把腐蚀及其控制的基本理论和必要的知识渗透到工程设计中去。

第 15 章　腐蚀控制途径简介

腐蚀是一个自发的过程，人们无法抗拒，但是，可以在其过程中设置重重障碍使腐蚀速度降至工程应用中可以允许的程度。也就是说腐蚀是可控制的。根据腐蚀及其控制原理和生产实践中的应用经验，不同的腐蚀情况可采用的腐蚀控制途径也是多种多样的。

15.1　正确选用耐蚀材料

选材是一项细致而又复杂的工作。它既要考虑工艺条件及其生产中可能发生的变化，又要考虑材料的结构、性能及其在使用中可能发生的变化。关于材料的耐蚀性能，见防腐蚀工程师必读丛书《工程材料及其耐蚀性》。这里仅对有关耐蚀材料的选材原则作一简单介绍。

15.1.1　设备的工作介质条件

工作介质的情况是选材时首先要分析和考虑的问题。

（1）介质的性质、浓度、温度和压力

介质的性质如酸碱性、导电性、氧化还原性以及生成腐蚀产物的性质等。尤其要注意介质中是否含杂质，杂质的性质又如何。如有活性离子 Cl^-，即使是微量，也会促进腐蚀。例如硝酸是氧化性酸，应选不锈钢、铝、钛等易形成良好氧化膜的材料。盐酸是还原性酸，选用非金属材料则有其独特的优点。

介质的浓度不同，金属的耐蚀性亦不同。稀硝酸中用不锈钢好，当浓度大于 80%时则不锈钢因过钝化反而不耐蚀，而要用纯铝，因此铝是制造浓硝酸设备的优良材料之一。

通常温度升高，腐蚀速度加快。在常温下稳定的材料，高温时就不一定稳定。例如当浓度大于 70%H_2SO_4 中，碳钢在常温下是耐蚀的，可温度高于 70℃时就不耐蚀。而高分子材料在高温时要考虑老化、蠕变和分解的问题。低温时，还要考虑材料的冷脆问题。例如在深度冷冻的装置中，不能用碳钢，而要选用铜、铝或不锈钢。

另外，设备的压力越高，对材料的耐蚀要求越高，所需要材料的强度要求也越高。非金属材料、铝、铸铁等很难在有压力的条件下工作，这时需考虑选用强度高的材料或衬里结构等，当设备衬里时还应考虑负压的影响。

（2）设备的类型和结构

要考虑工艺过程、设备用途及其结构设计的特点来选材。例如，换热器除了要求材料有良好的耐蚀性外，还要求有良好的导热性，表面光滑，不易在其上生成垢层。泵是流体输送机械，材料要具有良好的抗磨损腐蚀性能和良好的铸造性能等。

（3）环境对材料的特殊腐蚀

特别要注意电偶腐蚀、缝隙腐蚀、孔蚀、晶间腐蚀、应力腐蚀破裂及腐蚀疲劳等类型的局部腐蚀。这些腐蚀的平均腐蚀率并不大，且有时在没有明显征兆下就会发生，危害很大，选材时应特别注意。例如不锈钢、铝在海水中可能产生孔蚀。

（4）产品的特殊要求

在染料生产和合成纤维生产中，不允许金属离子的污染，一般均采用不锈钢。而医药、食品工业中，不能选用有毒的铅，而选用铝、不锈钢、钛、搪瓷及无毒的非金属材料。

15.1.2 材料性能

作为结构材料除对材料的耐蚀性能有其特有的要求外，一般要具有一定的强度、塑性和冲击韧性。材料的加工工艺性能的好坏往往是决定该材料能否用于生产的关键。例如铅的强度低，不能做独立的结构材料使用，一般只作为设备的衬里材料。又如高硅铸铁在很多介质中耐蚀性能都很好，但因其又硬又脆，切削加工困难，只能采用铸造工艺，但成品率较低，使设备成本增高，故限制了它的使用。还有一些新研制的耐蚀用钢，由于焊接性能不过关，也无法推广应用。

此外，要有经济观点，要考虑材料的价格和来源。

根据上述选材原则在具体选材时还应注意：

① 对查阅的资料和手册上的腐蚀数据，应作分析。由于手册上大多是单一成分、比较理想的条件下的腐蚀数据，而实际介质中往往含有多种成分，实际工况条件更为复杂，特别是某些少量杂质，对腐蚀影响很大，这些因素在手册中常常是没有反映。因此，手册上的数据只能作为参考，不能作为设计的惟一依据。

② 要对类似条件下材料的实际应用经验进行调查研究和分析，以辅助数据的不足。

③ 特别对新工艺，在缺乏足够数据和使用经验时，就要进行材料的耐蚀性能试验，为初选提供依据。

④ 比较重要的设备，还应在规定的实际环境条件下的实验室和动态条件下进行实验以验证初选的结果。

⑤ 对特别重要的设备有时还要补充在实际运转条件下的模拟试验，或进行模拟小设备的试验等。

15.2 合理的防腐设计

实际工况条件下的腐蚀比较复杂，腐蚀破坏的形式亦多种多样，影响因素诸多。正确选材后，设备结构设计、工艺设计对腐蚀的影响极为重要。人们说“腐蚀是从绘图板开始的”这就意味着一个构件、一套设备、一个新工艺，当它还在绘图阶段，就应该考虑防腐蚀，这可避免或减轻材料的许多腐蚀损伤。因此将腐蚀及其控制的基本知识与系统的结构设计和工艺设计相结合，采用对防止腐蚀有利的设计同样是腐蚀控制的重要途径。详见，第 14 章合理的防腐设计。

15.3 电化学保护

改变材料表面的电化学条件以降低腐蚀或使腐蚀停止的方法称为电化学保护。它又分阴极保护和阳极保护两种。

15.3.1 阴极保护

将系统中被保护设备变成阴极，使之阴极极化以减小或停止金属腐蚀的方法叫作阴极保护法。阴极极化可采用两种方法来实现。

① 外加电流阴极保护法：将被保护设备与直流电源的负极相连，使之变成阴极。利用外加阴极电流进行阴极极化，如图 15-1(a)所示。

② 牺牲阳极阴极保护法：在被保护设备上连接一个电位更负的金属作阳极(例如在钢上连接锌块)，它与被保护金属在电解液中形成大电池，使被保护设备阴极极化，如图 15-1(b)所示。

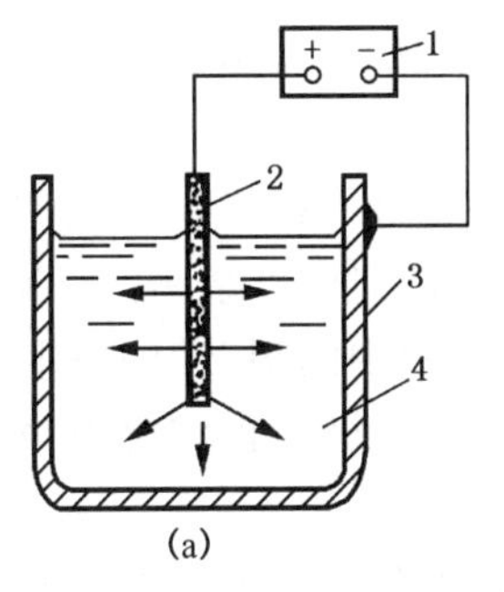

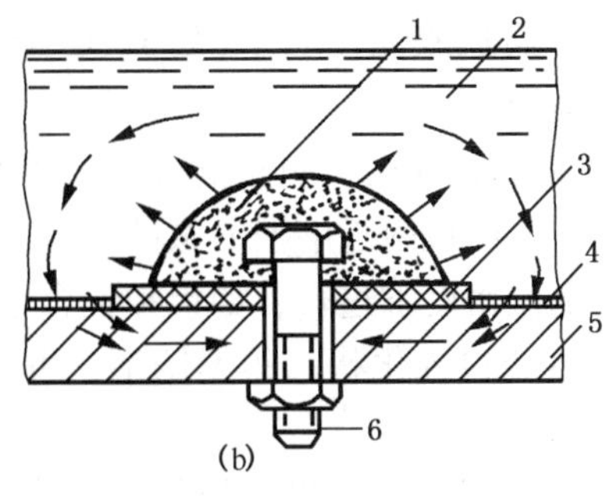

图 15-1　阴极保护结构示意

（a）外加电流法；
1—直流电源；
2—辅助阳极；
3—被保护设备；
4—腐蚀介质

（b）牺牲阳极法
1—牺牲阳极；
2—腐蚀介质；
3—绝缘垫；
4—屏蔽层；
5—被保护设备；
6—连接螺栓

外加电流法主要的优点是，保护参数可调，使设备的保护常处于最佳状态。输出功率大，保护范围宽，适用于各种介质中(包括淡水和混凝土环境)，用于大型工程时成本很低。其缺点是需要大型直流电源装置，保护系统结构较复杂，智能化管理实现后可不需要专职操作人员，其维护和管理水平会进一步提高。

牺牲阳极法的主要优点是，不需要外部电源，应用性广泛。施工、安装简单，用于小型工程成本很低，无须操作和日常维护。其缺点是保护参数不可调，过高电阻率环境中不适宜使用。

在阴极保护中，判断金属是否达到完全保护，通常采用最小保护电位和最小保护电流密度两个控制参数。

根据腐蚀原理，要使金属达到完全保护，必须将金属加以阴极极化，使它的总电位达到其腐蚀微电池阳极的平衡电位(见图 3-33)，这时的电位称之为最小保护电位。它的数值与金属的种类和介质的条件有关。此电位所对应的电流密度称之为最小保护电流密度。它的数值除与金属种类、介质条件有关外，还与表面状态(有无保护膜，漆膜的完整程度等)有关，因此在保护电位一定的情况下，保护电流密度可以是个变数。

上述两个参数中，保护电位是主要的决定性的参数，因为电极过程决定电极电位，如金属的阳极溶解，电极上的气体析出都是决定于电极电位。所以保护电位决定着金属的保护程度，用来控制和判断阴极保护是否完全。

原则上讲任何材料和设备在任何连续能导电的介质中都可以应用阴极保护，而且保护简单易行，效果好。但在实际工程上应用时，必须从效果和经济性上综合考虑。

阴极保护的应用范围：

① 腐蚀介质必须导电，且要有足够的量以便能建立起连续的电路。因此在气体介质，大气以及其他不导电的介质中，不能应用。

② 被保护设备的形状、结构不要太复杂。否则可能产生“遮蔽现象”，使阳极布置困难，被保护设备表面各部位电流分布不均匀，会造成有的部位电流少达不到保护电位，则保护不足。而另一部位由于电流集中又会造成“过保护”而腐蚀。

③ 金属在所处介质中的阴极极化程度要大，也就是说，施加一定的电流后金属的电位向负方向移动的程度要大(容易进行极化)，否则消耗电流大，不经济。通常，在中性盐溶

液、土壤、大气、海水、江水以及碱溶液、弱酸性溶液(如磷酸)、有机酸(如乙酸)等溶液中宜采用阴极保护。而强酸性介质中(如 HCl、HNO_3、H_2SO_4)由于阴极极化很难、耗电太多，不经济，故不适用。

④ 常用金属材料，如碳钢、铜及铜合金、铝及铝合金、铅以及不锈钢等都可采用阴极保护。在阴极保护中，阴极附近溶液的碱性会增加，因此对两性金属铝、铅的阴极保护要注意必须在不太大的电流密度下进行，如铝和铝合金在海水中的阴极保护要防止电流过大时的“负保护效应”。对处于过钝化状态的不锈钢，可以采用阴极保护使之电位负移至钝化区而降低腐蚀。

⑤ 阴极保护对于缝隙腐蚀、磨损腐蚀、应力腐蚀破裂、腐蚀疲劳以及黄铜脱锌等特殊腐蚀的防止也有很好的效果。

⑥ 阴极保护与涂料联合被公认为是最经济有效的防护方法。单独用涂料防腐，大面积施工时，不可避免有气孔和针眼，这些缺陷处优先腐蚀导致涂层脱落失效。单独用阴极保护，效果好，但耗电相对要大。两者联合后，涂料的施工缺陷受到阴极保护。而设备表面有涂料存在时，不仅降低了电流消耗，而且显著改善电流的分布能力，从而使保护效果进一步提高。

15.3.2 阳极保护

将系统中的被保护设备与外加直流电源的正极相连变成阳极，使之阳极极化至一定的电位，获得并维持钝态，使阳极过程受阻，导致腐蚀速度显著降低。这种方法称为阳极保护法。

金属或设备在所处的介质中的阳极极化曲线具有明显的钝化特征时(如图 5-2 所示)，这一体系才具有采用阳极保护的可能性。阳极保护实施的关键是建立和保持钝态。实施阳极保护时，应先针对具体系统进行主要参数的测定。

(1) 致钝电流密度 i_{cp}

i_{cp}表示设备进入钝态的难易程度和致钝过程中设备的阳极溶解程度。因此希望 i_{cp} 越小越好。影响致钝电流密度的因素除金属材料和腐蚀介质的性质(包括组成、浓度、pH 值和温度)外，还与致钝时间有关。由于建立钝化膜需要一定的电量，延长钝化时间，可以减小致钝电流密度，但两者的乘积并不是一个常数，因为 $i_{致钝}$ 并不是全部用来生成钝化膜(有一部分是用于电解腐蚀)，而是以一定的电流效率生成钝化膜。$i_{致钝}$小，电流效率就低，大部分的电流是消耗在金属腐蚀上。由此可见合理选择致钝电流密度，既要考虑不使设备的电容量过大，又要考虑在建立钝化时，不使金属受到太大的电解腐蚀。

(2) 维钝电流密度 i_p

从理论上讲，i_p 是代表在阳极保护时，金属的腐蚀速度。它的数值越低越好。但在实际生产的介质中，情况较复杂，有些杂质离子的存在可能产生副反应也消耗电流，另外如含有活性阴离子 Cl^-时，维钝电流也会增加，此时，必须用其他的方法测出保护条件下的真实腐蚀速度，判定保护效果。对于维钝电流较高且经常波动的体系中，尽管保护效果尚好，但一则耗电大二则操作很不稳定，一般不宜采用阳极保护。

(3) 稳定钝化区的电位范围 E_p-E_{tp}

钝化区电位区间越宽越好，便于电位控制稍有波动不致发生活化的危险。在钝化区内的各电位下，有一个最佳保护电位，在这电位下钝化膜最致密，表面膜电阻最大，保护效果最好。例如碳钢在碳酸氢铵生产液中，稳定钝化区的电位范围为-400～+800mV(S. C. E)，而最佳保护电位为+500～+700mV(S. C. E)。因此，阳极保护时其阳极电位控制在最佳电位时，维钝电流密度最小，保护效果最佳。实践证明，控制在最佳电位偏向过钝化电位侧时，操作稳定，可以避免阳极电位进入活化区的危险。

阳极保护适用于无活性阴离子(如 Cl^- 等)的氧化性介质中，例如碳钢、不锈钢在硫酸、硝酸等溶液中的腐蚀。此系统若采用阴极保护，则保护电流太大，耗电大，不经济，故不宜用。而用阳极保护，有特效。

15.3.3 阳极保护与阴极保护的比较

阳极保护和阴极保护都属于电化学保护，但它们又具有各自的特点：

① 阳极保护的应用范围比阴极保护要窄得多。从原理上讲，一切金属在电解液中都可以进行阴极保护(除有负保护效应者)。而阳极保护是有条件的，它只适用于金属在该介质中能进行阳极钝化的情况。

② 阳极保护所需直流电源的容量要比阴极保护的大得多。因为阳极保护开始要用大电流建立钝态，这个致钝电流要比日常维护的电流大百倍，甚至千倍。建立钝化后，维钝电流即使再小，腐蚀也没有百分之百停止。而阴极保护，保护电流不代表腐蚀速度，而是代表腐蚀被抑制的程度，如果电位控制得当，可以使腐蚀完全停止。

③ 阳极保护下的金属仍具有较高的热力学不稳定性，而只是动力学受阻，使腐蚀速度降低。因此，阳极保护电位一旦偏离钝化区都会加速腐蚀，所以要用恒电位装置使电位严格控制在最佳保护电位。而对于阴极保护来说，当保护电位偏离时，只是降低保护效果，不会引起腐蚀加剧，比较安全。

④ 阴极保护，要防止电位过负引起“过保护”而可能产生氢脆，尤其对加压设备要特别注意，避免危险。而阳极保护，氢脆只会发生在辅助阴极上，危险性要小得多，但阳极保护也要防止“过钝化”引起的腐蚀。

⑤ 阴极保护的辅助电极是阳极，是要溶解的，尤其要在强腐蚀介质中找到在阳极电流作用下耐蚀、价廉的材料不大容易，使得在这些化工介质中应用阴极保护受到限制。而阳极保护的辅助电极是阴极，本身会受到一定的阴极保护。

总之，在强氧化性介质中又无活性阴离子的情况下，可以优先考虑阳极保护。如果氢脆不可忽略，可采用阳极保护。在既可采用阴极保护，又可采用阳极保护，并且二者的保护效果相差不多时，则应优先考虑采用阴极保护。

关于电化学保护技术的详细论述见防腐蚀工程师必读丛书《阴极保护和阳极保护》。

15.4 介质处理

介质处理主要是降低介质对金属腐蚀的作用或加入缓蚀剂抑制金属的腐蚀速度。

15.4.1 去除介质中溶解的氧

水中有害物质之一是溶解在水中的氧，它会使金属引起氧去极化的腐蚀。常用的除氧方法有热力法和化学法两类。

(1) 热力除氧

根据气体溶解定律可知，气体在水中的溶解度与该气体在液面上的分压成正比。因此，在敞口体系中，随着水的温度升高，气水界面上的水蒸气分压增大，其他气体的分压降低，则在该水中的溶解度下降，当水达到沸点时，气水界面上的水蒸气的压力和外界压力相等，其他气体的分压都为零，也即这时的水不再具有溶解气体的能力。所以将水加热至沸点可使水中的氧和其他各种气体解析出来。

热力法不仅能除去水中的氧和二氧化碳，而且还会使水中的碳酸氢根发生分解，即

$$2HCO_3^- \rightleftharpoons CO_2\uparrow + CO_3^{2-} + H_2O$$

因为除去了游离的 CO_2，上式平衡向右移动。如果温度越高，加热时间越长，加热蒸汽中 CO_2 浓度越低，碳酸氢根的分解率就越高，其出水的 pH 值也就越高。

例如锅炉给水的除氧，是防止腐蚀的有效措施，许多电厂就采用热力法除氧。因为锅炉给水本身就必须加热，而且这种方法去氧不需要加入化学药品，不会带来水汽质量的污染问题。

热力除氧通常在除氧器内用蒸汽加热水，除氧器的结构要注意应能使水和汽分布均匀，流动通畅以及水汽之间有足够的接触时间。在除氧的过程中，应将水加热至沸点，如加热不足而使温度低于该压力下的沸点，则水中残留的含氧量会增大。如果沸点为 100℃ 水只加热到 99℃，氧在水中的残留量可达 0.1 mg/L。另外，热力除氧对解吸出来的气体应能通畅地排走，否则，气相中残留氧量较多，也会影响水中氧的逸出速度，从而使出水中的残留氧量升高。

(2) 化学除氧

化学除氧是往水中加化学药剂使氧被消耗掉达到除氧的目的。用于化学除氧的药剂必须能和氧快速完全地反应，药品本身及其反应产物对锅炉运行无害等条件。例如，在电厂中常用的化学除氧的药品有联氨、亚硫酸钠等。

① 联氨是一种还原剂，它可将水中的溶解氧还原，反应式如下：

$$N_2H_4 + O_2 \longrightarrow N_2 + 2H_2O$$

其反应产物 N_2 和 H_2O 对热力系统没有任何害处。当温度高于 200℃ 时，水中的 N_2H_4 可将 Fe_2O_3 还原成 Fe_3O_4、FeO 以至 Fe。同样联氨也能将 CuO 还原成 Cu_2O 以至 Cu。因此联氨的这些性质对防止锅炉内结铁垢和铜垢均有利。

联氨除氧的合理的条件为：温度 200℃ 左右，pH 值 9~11 的碱性介质和适当过量。在电厂中，通常使用的处理剂为 40%$N_2H_4 \cdot H_2O$ 溶液，给水中联氨的量可控在 20~50 μg/L。应用时，要特别注意联氨有挥发性、有毒、易燃，因此在运输、储存、化验及使用过程中的安全。

② 亚硫酸钠也是一种还原剂，能和水中溶解的氧作用生成硫酸钠，其反应如下

$$2Na_2SO_3 + O_2 \longrightarrow 2Na_2SO_4$$

反应产物增加水中的盐量。在高温时，亚硫酸钠的水溶液可能分解而产生有害物质：

$$4Na_2SO_3 \longrightarrow 3Na_2SO_4 + Na_2S$$

$$Na_2S + 2H_2O \longrightarrow 2NaOH + H_2S$$

$$Na_2SO_3 + H_2O \longrightarrow 2NaOH + SO_2$$

当 SO_2、H_2S 等气体被蒸汽带入汽轮机后，会腐蚀汽轮机叶片，也会腐蚀凝汽器、加热器铜管和凝结水管道。因此亚硫酸钠除氧通常只在中压电厂中应用，高压电厂则不大用。

15.4.2 调节介质的 pH 值

在工业冷却用水和锅炉给水中，如果水中含有酸性物质，使其 pH 值偏低（pH 值<7），则可能还产生氢去极化腐蚀，而且钢在酸性介质中表面也不易生成保护膜。这种情况下，提高水的 pH 值是防止氢去极化腐蚀和表面保护膜被破坏的有效措施，通常是加氨或胺处理。

(1) 加氨处理

为了提高给水的 pH 值，最实用的是往水中加氨水，以中和二氧化碳而提高其的 pH 值。反应式如下

$$NH_3 + H_2O \rightleftharpoons NH_4OH$$

$$NH_4OH + H_2CO_3 \longrightarrow NH_4HCO_3 + H_2O$$

$$NH_4OH + NH_4HCO_3 \longrightarrow (NH_4)_2CO_3 + H_2O$$

加氨量以使给水的 pH 值为 8.5~9.2 为宜。

用氨来调节给水的 pH 值也是目前许多电厂常采用的防腐措施，它可减轻水中 CO_2 对钢和铜的腐蚀。但要避免加氨处理过程中对黄铜的腐蚀问题。因为当水中有氨存在时，它可以使铜原来表面不溶于水的氢氧化铜保护膜转化成易溶于水的 $Cu(NH_3)_4^{2+}$ 络离子，而可能使黄铜遭受腐蚀。生产实践已经证明：加氨的防腐效果显著，但要保证汽水系统中的氧含量非常低(不存在氧化性物质)，加氨量又不能过多。而当水中除氨外，还有溶解氧时，确有可能发生腐蚀。所以，正确进行加氨处理，不仅可减缓热力系统设备的腐蚀，而且系统中汽水的含铁和含铜量降低，也有利于消除锅炉内部形成水垢和水渣。

(2) 加胺处理

某些胺具有碱性，能中和水中的二氧化碳，也可用胺类来提高 pH 值。另外胺不会与铜、锌离子形成络合离子，宜用于给水处理。如上所述，氨处理不当时，有腐蚀黄铜的危险，而用胺处理就不会发生这种情况，但胺处理的缺点是药品价格贵。

15.4.3 降低气体介质中的湿分

气体介质中水分的含量及水的存在形态是影响腐蚀的关键。当气体中含水分较多时，就有可能在金属表面形成冷凝水膜，而使腐蚀加剧。例如湿氯、湿氯化氢比干氯气、干氯化氢对金属的腐蚀严重得多。湿大气腐蚀要比干大气腐蚀也严重。而且腐蚀率往往随气体相对湿度增加而增加。因此，降低气体介质中的湿分是减缓金属腐蚀的有效途径之一。

通常降低气体介质中的湿分有三种方法：一是采用干燥剂吸收气体中的湿分；另一是采用冷凝的方法从气体中除去湿分；还有采用提高气体温度，降低其中的相对湿度，使水汽不致冷凝。

对于体积较小的空间，例如包装箱及金属制品的小型储存仓库等，可以采用硅胶、活性氧化铝和生石灰等作干燥剂来降低空间中大气的相对湿度。对于化工生产中的大量湿气体，例如氯碱工业中电解产生的湿氯气，则先用冷凝的方法，使氯气去除大量水分，然后再用浓硫酸作干燥剂进一步吸收氯气中的水分，这两种方法联合使用，经济高效。

15.4.4 添加缓蚀剂

缓蚀剂是一种以适当的浓度和形式存在于介质(环境)中，可以防止或降低腐蚀的物质或复合物。尽管有缓蚀性能的物质也不少，但是有实用价值的缓蚀剂，只是那些加入浓度很低，价格便宜，没有对环境的污染又能显著降低金属腐蚀的物质。

缓蚀剂防腐由于设备简单，使用方便，投资少，收效大，而且整个系统中凡是与介质接触的设备、管道、阀门、机器、仪表等均可受到保护，这一点是任何其他防腐措施都不可比拟的。因此，在石油、化工、钢铁、机械、动力和运输等部门广泛应用。

关于缓蚀剂保护详见防腐蚀工程师必读丛书《表面工程技术和缓蚀剂》中的缓蚀剂部分。这里仅对有关缓蚀剂应用中的条件作简单介绍。

缓蚀剂的保护效果与金属材料、介质条件及缓蚀剂的种类和用量等均有密切关系，而缓

蚀剂的使用浓度又随种类和使用条件的不同而异。可见缓蚀剂的应用有严格的选择性。因此，采用缓蚀剂防腐时，应认真考虑下列适用条件。

(1) 保护对象

适宜采用缓蚀剂保护的金属有铁及其合金、铜及其合金、铝及其合金、锌、钛、锡等和镀层。在选择缓蚀剂时，要考虑金属的腐蚀性质。例如对难以钝化的金属，采用氧化型缓蚀剂就没有效果。当系统中的设备有不同种类的金属共存时，应采用对共存金属均有保护效果的缓蚀剂或采用能分别抑制有关金属的复合缓蚀剂，例如在内燃机冷却水系统中共存着铁(发动机)和铜(散热器)，为防腐蚀，在冷冻液中应加入硼酸盐和巯基苯并噻唑(MBT)，前者可防铁的腐蚀，后者可防铜的腐蚀。

(2) 腐蚀环境

① 酸性水溶液。当 pH 值小于 4~5 时，腐蚀的阴极过程主要是氢去极化。此时的金属表面难以生成不溶性的氢氧化物，因此，在这种情况下不宜采用氧化型和沉淀型缓蚀剂，应采用吸附型缓蚀剂。必须指出的是对于较浓的强酸，即使加有缓蚀剂，腐蚀速度仍然较大，故不宜用作长期的保护方法。通常只用于酸洗除锈或去垢等短时间的操作。

② 中性水溶液。无论是淡水、工业冷却水还是海水、盐水等，其腐蚀大都是溶解氧的去极化而引起，因此采用氧化型和沉淀型缓蚀剂较为有利。水中 Ca^{2+}、Mg^{2+}等阳离子的存在可以增大聚磷酸盐和硅酸盐缓蚀剂的效果。而水中的阴离子如 Cl^-、S^{2-}是有害的。Cl^-吸附在铁的表面妨碍其钝化，所以氧化型缓蚀剂的量应随 Cl^-的浓度增加而增加。而 S^{2-}具有还原性，故氧化型缓蚀剂无效。对于有硫酸盐还原菌存在下的腐蚀性介质和无溶解氧的腐蚀溶液中，由于细菌的生命活动会产生对腐蚀有害的成分，也不宜采用氧化型的缓蚀剂，而采用沉淀型和吸附型的缓蚀剂为宜。

③ 碱性水溶液。大多数金属在碱性水溶液中会生成氢氧化物沉淀膜或钝化膜，因而腐蚀不严重。只有铝、锌两性金属腐蚀严重。在碱性不太强的水溶液中，对铝沉淀型缓蚀剂有效，如螯合剂、硅酸盐、琼胶等，而吸附型的则不太有效。对于锌的碱腐蚀，硫化钠(用量0.4%)有一定的缓蚀效果。

④ 含石油的介质。在石油与水共存的介质中，应该从水与油两方面来选缓蚀剂。油中应采用油溶性的吸附型缓蚀剂或采用性质介于油溶性和水溶性之间的乳化性缓蚀剂。

⑤ 大气介质。在大气中应采用在常温下具有一定蒸汽压的挥发性缓蚀剂，挥发性缓蚀剂可添加在防锈油中，也可浸渍在包装材料中，如防锈纸等。二环己胺亚硝酸盐和环己胺碳酸盐是钢铁用的气相缓蚀剂，而苯并三唑是铜的气相缓蚀剂。

(3) 环境保护问题

① 毒性。不少缓蚀剂效果很好，但有一定的毒性。如砷化物、铬酸盐等，随着环境保护要求日趋严格，已不被采用。长期大剂量的与环己胺、二环己胺、乙醇胺等缓蚀剂接触对人体也有损害。所以在应用缓蚀剂时，应尽可能采用无毒或低毒的，而废水的排放应严格按照国家水中有害物质的排放标准进行毒性消除处理。

② 细菌和藻类的繁殖。有些缓蚀剂如磷酸盐、亚硝酸盐等，可成为细菌和藻类的营养源，会助长细菌和藻类大量繁殖生长，严重时导致管道堵塞和造成排放后的赤潮，因此使用这类缓蚀剂时要加杀菌灭藻剂。

(4) 经济性

直流水因为缓蚀剂流失太大，即使再便宜的缓蚀剂也不经济，故不宜采用缓蚀剂保护。

对于循环水以及酸洗除锈或除垢等有限量的介质采用缓蚀剂比较适宜。

总之，用于工业生产中的缓蚀剂，具有良好的缓蚀性能只是满足了最基本的条件和要求，要真正得到应用，还须通过一系列的试验，层层筛选方能符合各种特定要求，确定其可用性。由此可知，缓蚀物质虽多，但要真正找到能满足工业实际应用的优秀缓蚀剂仍属不易。

15.5 金属表面覆盖层

用耐蚀性较强的金属或非金属来覆盖耐蚀性较弱的金属，将基体金属与腐蚀性介质隔离开来以达到减缓腐蚀的目的，统称为金属表面覆盖层。为了达到防腐的目的，防腐覆盖层必须具有：

① 覆盖层本身在介质中耐蚀，与基体金属结合牢固，附着力好；

② 覆盖层应完整，孔隙率小；

③ 有良好的物理机械性能；

④ 有一定的厚度和均匀性。

防腐覆盖层的施工方法主要有：涂、镀、喷、渗、衬以及氧化、磷化等。

有关防腐覆盖层的详细论述见防腐工程师必读丛书《表面工程技术和缓蚀剂》的表面镀覆层部分。

非金属防腐覆盖层有衬里和涂料。

涂料与涂装技术由于施工方便，不受构件大小、结构复杂的限制。可供选择的品种多，能适合多种用途；成本和施工费用较其他防腐措施低。因此是最经济、应用最广泛的有效保护方法。

涂料的耐蚀性能是指漆膜而言，如果漆膜破坏如有针孔、龟裂、鼓泡、脱落等，则金属上会形成小阳极-大阴极的腐蚀电池而使金属受到腐蚀。在实际施工中，尤其是大面积施工或难施工的部位，较难形成完整无孔的漆膜。另外在设备运输、安装及生产过程中，难免会使漆膜碰坏，如在温差变化较大时，易引起漆膜开裂。所以涂料在强腐蚀性介质、高温以及受较大冲击、振动、摩擦作用的设备中，使用也受到一定限制。

关于涂料和涂装的详细论述见防腐工程师必读丛书《防腐蚀涂料与涂装》。

总之，一种防腐措施，不可能解决很多腐蚀问题，而一个腐蚀问题也不只是用一种防腐方法来解决，或许二种或二种以上的方法联合使用是最经济有效的。因此面对生产中的腐蚀问题要具体分析，认真、科学地选择防腐对策。

结束语

腐蚀引起材料大量损耗和流失，造成资源的极大浪费。腐蚀的废弃物、物料的跑冒滴漏造成了环境的严重污染。新世纪，随着我国经济的腾飞，随着科学技术的飞速发展，人们在发展当代经济的同时，也要为我们的子孙后代的发展留下良好的环境。因此，节约宝贵的资源、原材料和能源，保护人类生存的环境则是实现可持续发展战略的关键。

腐蚀控制是最有效的节约措施，在防止地球上有限的矿产资源过早枯竭和环境保护等重大课题中是一项可供直接利用的重要技术，是建设节约型社会的重要部分。如果说医学是研究和保护人类本身健康的科学，环境科学是研究和保护人类(包括生物)生存的自然环境不受污染的科学，那么腐蚀科学则是研究和保护人类生存和生产活动中的重要基础设施——金属结构和设备不被侵蚀的科学。腐蚀科技工作者好比是设备的医生，因此要像关注医学、环境科学和减灾一样关注腐蚀问题。

在新世纪中，要继续普及防腐知识，加强腐蚀基础性研究，开发新型、高性能、环境友好型的耐蚀材料和防护技术，并积极地推广应用到国民经济各领域之中。讲究“在使用期内总费用的技术/经济综合分析”，切实做好腐蚀控制的管理工作，为实现腐蚀的全面控制，减少经济损失，节约资源，保护环境而充分发挥作用。

参 考 文 献

1 查全性等著.电极过程动力学导论(第三版).北京:科学出版社,2002

2 曹楚南编著.腐蚀电化学(第二版).北京:化学工业出版社,2004

3 曹楚南主编.中国材料的自然环境腐蚀.北京:化学工业出版社,2005

4 肖纪美编著.应力作用下的金属腐蚀.北京:化学工业出版社,1990

5 左景伊著.应力腐蚀破裂.西安:西安交通大学出版社,1985

6 柯伟主编.中国腐蚀调查报告.北京:化学工业出版社,2003

7 魏宝明主编.金属腐蚀理论及应用.北京:化学工业出版社(1984 年),2001 年第 8 次印刷

8 杨德钧,沈卓身主编.金属腐蚀学(第二版).北京:冶金工业出版社,2003

9 P.R.罗伯奇著,吴荫顺等译.腐蚀工程手册.北京:中国石化出版社,2004

10 周本省编著.工业冷却水系统中金属的腐蚀与防护.北京:化学工业出版社,1993

11 褚武扬著.氢损伤和滞后断裂.北京:冶金工业出版社,1988

12 中国腐蚀与防护学会金属腐蚀手册编委会编.金属腐蚀手册.上海:上海科学技术出版社,1987

13 н. д. 托乌晓夫著,华保定等译.金属腐蚀及其保护理论.北京:机械工业出版社,1965

14 日本化学会编,岡本剛,井上勝也著.腐食と防食(三訂).大日本图书株式会社出版,1987

15 M.Pourbaix. Lectures on Electrochemical Corrosion.Plenum Press,1973

16 M.G.Fontana,N.D.Greene.Corrosion Engineering(Second Edition). McGraw-Hill Book Co.Press,1973

17 化工部化工机械院主编,于福洲等编.腐蚀与防护手册——化工生产装置的腐蚀与防护.北京:化学工业出版社,1991

18 中国腐蚀与防护学会主编,卢绮敏等编著.石油工业中的腐蚀与防护.北京:化学工业出版社,2001

19 中国腐蚀与防护学会主编,许维钧等编著.核工业中的腐蚀与防护.北京:化学工业出版社,1993

20 熊信银主编.发电厂电气部分(第三版).北京:中国电力出版社,2004

21 刘大恺主编.水轮机(第三版).北京:中国水利出版社,1997

22 朱相荣,王相润等编著. 金属材料的海洋腐蚀与防护. 北京:国防工业出版社,1999